JSP 项目开发全程实录
（第 3 版）

陈丹丹　高　飞　编著

清华大学出版社

北京

内 容 简 介

《JSP 项目开发全程实录（第 3 版）》以都市供求信息网、图书馆管理系统、企业电子商城、企业快信——短信+邮件、企业人力资源管理系统、办公自动化管理系统、物流信息网、网络在线考试系统、编程体验 BBS——论坛系统和在线音乐吧 10 个实际项目开发程序为案例，从软件工程的角度出发，按照项目的开发顺序，系统、全面地介绍了程序开发流程。从开发背景、需求分析、系统功能分析、数据库分析、数据库建模、网站开发到网站的发布，每一过程都作了详细的介绍。

本书及光盘特色还有：10 套项目开发完整案例，项目开发案例的同步视频和其源程序。登录网站还可获取各类资源库（模块库、题库、素材库）等项目案例常用资源，网站还提供技术论坛支持等。

本书案例涉及行业广泛，实用性非常强。通过对本书的学习，读者可以了解各个行业的特点，能够针对某一行业进行软件开发，也可以通过光盘中提供的案例源代码和数据库进行二次开发，以减少开发系统所需要的时间。

图书在版编目（CIP）数据

JSP 项目开发全程实录/陈丹丹，高飞编著. —3 版. —北京：清华大学出版社，2013（2021.7 重印）
　（软件项目开发全程实录）
　ISBN 978-7-302-33767-6

Ⅰ. ①J…　Ⅱ. ①陈…　②高…　Ⅲ. ①JAVA 语言-网页制作工具　Ⅳ. ①TP312　②TP393.092

中国版本图书馆 CIP 数据核字（2013）第 211424 号

责任编辑：赵洛育
封面设计：陈　敏
版式设计：文森时代
责任校对：张兴旺
责任印制：杨　艳

出版发行：清华大学出版社
　　　　　网　　　址：http://www.tup.com.cn，http://www.wqbook.com
　　　　　地　　　址：北京清华大学学研大厦 A 座　　　　　邮　　编：100084
　　　　　社 总 机：010-62770175　　　　　　　　　　　　邮　　购：010-62786544
　　　　　投稿与读者服务：010-62776969，c-service@tup.tsinghua.edu.cn
　　　　　质 量 反 馈：010-62772015，zhiliang@tup.tsinghua.edu.cn
印 装 者：三河市龙大印装有限公司
经　　销：全国新华书店
开　　本：203mm×260mm　　　印　　张：35　　　字　　数：961 千字
　　　　　（附 DVD 光盘 1 张）
版　　次：2008 年 6 月第 1 版　2013 年 10 月第 3 版　　印　　次：2021 年 7 月第 4 次印刷
印　　数：26601~26900
定　　价：89.80 元

产品编号：051402-02

前言（第3版）

编写目的与背景

众所周知，当前社会需求和高校课程设置严重脱节，一方面企业找不到可迅速上手的人才，另一方面大学生就业难。如果有一些面向工作应用的案例参考书，让大学生得以参考，并能亲手去做，势必能缓解这种矛盾。本书就是这样一本书：项目开发案例型的、面向工作应用的软件开发类图书。编写本书的首要目的就是架起让学生从学校走向社会的桥梁。

其次，本书以完成小型项目为目的，让学生切身感受到软件开发给工作带来实实在在的用处和方便，并非只是枯燥的语法和陌生的术语，从而激发学生学习软件的兴趣，让学生变被动学习为自主自发学习。

第三，本书的项目开发案例过程完整，不但适合在学习软件开发时作为小型项目开发的参考书，而且可以作为毕业设计的案例参考书。

第四，丛书第1版于2008年6月出版，于2011年1月改版，因为编写细腻，配备全程视频备受读者瞩目，丛书累计销售16万册，成为近年来最受欢迎的软件开发项目案例类丛书之一。

在以上背景下，我们根据读者朋友的反馈，与时俱进，对丛书进行了改版。

本书特点

视频讲解

对于初学者来说，视频讲解是最好的导师，它能够引导初学者快速入门，使初学者感受到编程的快乐和成就感，增强进一步学习的信心。鉴于此，本书为每一个案例都配备了视频讲解，初学者可以通过视频讲解实现案例中的功能。

典型案例

本书案例均从实际应用角度出发，应用了当前流行的技术，涉及的知识广泛，读者可以从每个案例中积累丰富的实战经验。

代码注释

为了便于读者阅读程序代码，书中的代码均提供了详细的注释，并且整齐地纵向排列，可使读者快速领略作者意图。

📖 代码贴士

案例类书籍通常会包含大量的程序代码，冗长的代码往往令初学者望而生畏。为了方便读者阅读和理解代码，本书避免了连续大篇幅的代码，将其分割为多个部分，并对重要的变量、方法和知识点设计了独具特色的代码贴士。

✎ 知识扩展

为了增加读者的编程经验和技巧，书中每个案例都标记有注意、技巧等提示信息，并且在每章中都提供有一项专题技术。

本书约定

由于篇幅有限，本书每章并不能逐一介绍案例中的各模块。作者选择了基础和典型的模块进行介绍，对于功能重复的模块，由于技术、设计思路和实现过程基本雷同，因此没有在书中体现。读者在学习过程中若有相关疑问，请登录本书官方网站。本书中涉及的功能模块在光盘中都附带有视频录像，方便读者学习。

适合读者

本书适合作为计算机相关专业的大学生、软件开发相关求职者和爱好者的毕业设计和项目开发的参考书。

本书服务

为了给读者提供更为方便快捷的服务，读者可以登录本书官方网站：www.rjkflm.com，或者加入QQ：4006751066 进行交流。

本书作者

本书由明日科技软件开发团队组织编写，主要由陈丹丹、高飞执笔，如下人员也参与了本书的编写工作，他们是：李贺、王小科、杨贵发、王国辉、张鑫、杨丽、高春艳、陈英、宋禹蒙、刘佳、辛洪郁、刘莉莉、王雨竹、隋光宇、郭鑫、刘志铭、李伟、张金辉、李慧、刘欣、李继业、潘凯华、赵永发、寇长梅、赵会东、王敬洁、李浩然、苗春义、张金辉、刘清怀、张世辉、张领等，在此一并感谢！

在编写本书的过程中，我们本着科学、严谨的态度，力求精益求精，但错误、疏漏之处在所难免，敬请广大读者批评指正。

感谢您购买本书，希望本书能成为您的良师益友，成为您步入编程高手之路的踏脚石。

宝剑锋从磨砺出，梅花香自苦寒来。祝读书快乐！

编　者

目　录

Contents

第 1 章

都市供求信息网

（Struts 2.0+SQL Server 2005 实现）

在全球知识经济和信息化高速发展的今天，无论是生活、工作还是学习，信息都是决定成败的关键。小到生活中的需求，大到企业的发展，特别是对企业实现跨地区、跨行业、跨国经营，信息都起着至关重要的作用。而电子商务作为一种新的商务运作模式，越来越受到企业的重视。

本章通过应用 Struts 2.0+SQL Server 2005 开发一个流行的电子商务网站——都市供求信息网。

通过阅读本章，可以学习到：

▶▶ 了解供求信息网站开发的基本过程

▶▶ 掌握如何进行需求分析和编写项目计划书

▶▶ 掌握分析并设计数据库的方法

▶▶ 熟悉应用 Struts 2.0 框架进行开发

▶▶ 了解 Struts 2.0 中的标签

▶▶ 掌握在 Struts 2.0 中进行表单验证的方法

▶▶ 掌握在 Eclipse 中使用 JUnit 工具进行单元测试的方法

▶▶ 掌握网站发布的方法

1.1 开发背景

天下华源信息科技有限公司是一家集数据通信、系统集成、电话增值服务于一体的公司。公司为了扩大规模，增强企业的竞争力，决定向多元化发展，借助 Internet 在国内的快速发展，聚集部分资金投入网站建设，以向企业提供有偿信息服务为盈利方式，为企业和用户提供综合信息服务。现需要委托其他单位开发一个信息网站。

1.2 系统分析

1.2.1 需求分析

对于信息网站来说，用户的访问量是至关重要的。如果网站的访问量很低，那么就很少有企业与其合作，也就没有利润可言了。因此，信息网站必须为用户提供大量的、免费的、有价值的信息，才能够吸引用户。为此，网站要尽可能地提供多方面的信息，这些信息主要来自于生活、工作与学习方面。另外，网站不仅要为企业提供各种有偿服务，还需要额外为用户提供大量的无偿服务。

1.2.2 可行性分析

1. 引言

☑ 编写目的。

为了给软件开发企业的决策层提供是否实施项目的参考依据，现以文件的形式分析项目的风险、项目需要的投资与效益。

☑ 背景。

天下华源信息科技有限公司是一家以信息产业为主的高科技公司。公司为了扩展业务，需要一个 C2C（消费者与消费者之间）和 B2C（企业与消费者之间）业务平台，现需要委托其他公司开发一个供求信息的网站，项目名称为"都市供求信息网"。

2. 可行性研究的前提

☑ 要求。

网站要求为用户有偿或无偿提供尽可能全面的信息，涵盖生活、工作与学习各方面，如求职、招聘、家教、招商、房屋、车辆、出售和求购等信息。

☑ 目标。

一方面为用户的生活、工作提供方便，另一方面提高企业知名度，为企业产品宣传节约大量成本。

☑ 评价尺度。

根据用户的需求，网站中发布的信息要准确、有效、全面，考虑对企业及国家的影响，对一些非法、不健康的信息要及时删除。此外，应加强网站的安全性，避免在遭受到有意或无意的破坏时，导致系统瘫痪，造成严重损失。

3．投资及效益分析

☑　支出。

根据预算，公司计划投入 8 个人，为此需要支付 9 万元的工资及各种福利待遇；项目的安装、调试以及用户培训、员工出差等费用支出需要 2 万元；在项目后期维护阶段预计需要投入 2 万元的资金，累计项目投入需要 13 万元。

☑　收益。

客户提供项目资金 30 万元。对于项目运行后进行的改动，采取协商的原则，根据改动规模额外提供资金。因此，从投资与收益的效益比上，公司可以获得 17 万元的利润。

项目完成后，会给公司提供资源储备，包括技术、经验的积累。

4．结论

根据上面的分析，在技术上不会存在问题，因此项目延期的可能性很小。在效益上，公司投入 8 个人、2 个月的时间获利 17 万元，比较可观。另外，在公司今后发展上还可以储备网站开发的经验和资源。因此，认为该项目可以开发。

1.2.3　编写项目计划书

1．引言

☑　编写目的。

为了能使项目按照合理的顺序开展，并保证按时、高质量地完成，现拟订项目计划书，将项目开发生命周期中的任务范围、团队组织结构、团队成员的工作任务、团队内外沟通协作方式、开发进度、检查项目工作等内容描述出来，作为项目相关人员之间的约定以及项目生命周期内的所有项目活动的行动基础。

☑　背景。

都市供求信息网是本公司与天下华源信息科技有限公司签定的待开发项目，网站性质为信息服务类型，可为信息发布者有偿或无偿提供招聘、求职、培训、房屋和出售等信息。项目周期为两个月。项目背景规划如表 1.1 所示。

表 1.1　项目背景规划

项 目 名 称	签定项目单位	项目负责人	参与开发部门
都市供求信息网	甲方：天下华源信息科技有限公司	甲方：华经理	设计部门
	乙方：天天网发网络科技有限公司	乙方：夏经理	开发部门 测试部门

2．概述

☑　项目目标。

都市供求信息网主要为用户提供信息服务，因此应尽可能多地提供各类信息，例如求职、招聘、培训、招商、房屋、车辆、出售、求购等信息。项目发布后，要能为用户生活、工作和学习提供便利，同时提高企业知名度，为企业产品宣传节约大量成本。整个项目需要在两个月的期限结束后，交给客户进行验收。

　☑　产品目标与范围。

一方面都市供求信息网能够为企业节省大量人力资源，企业不再需要大量的业务人员去跑市场，从而间接为企业节约了成本；另一方面，都市供求信息网能够收集大量供求信息，将会有大量用户访问网站，有助于提高企业知名度。

　☑　应交付成果。

项目完成后，应交付给客户编译后的都市供求信息网的资源文件、系统数据库文件和系统使用说明书。

将开发的都市供求信息网发布到 Internet 上。

网站发布到 Internet 上后，对网站进行 6 个月无偿维护与服务，超过 6 个月后进行有偿维护与服务。

　☑　项目开发环境。

操作系统为 Windows 2003，安装 JDK1.5 以上版本的 Java 开发包，选用 Tomcat 6.0 作为 Web 服务器，采用 SQL Server 2005 数据库系统，应用 Struts 2.0 开发框架。

　☑　项目验收方式与依据。

项目开发完成后，首先进行内部验收，由测试人员根据用户需求和项目目标进行验收。项目在通过内部验收后，交给客户进行验收，验收的主要依据为需求规格说明书。

3．项目团队组织

　☑　组织结构。

本公司针对该项目组建了一个由公司副经理、项目经理、系统分析员、软件工程师、网页设计师和测试人员构成的开发团队，团队结构如图 1.1 所示。

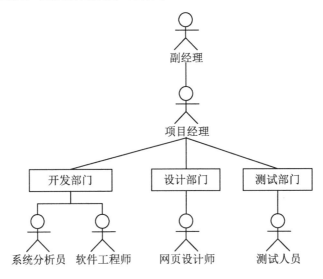

图 1.1　项目开发团队结构

☑　人员分工。

为了明确项目团队中每个人的任务分工，现制定人员分工表，如表 1.2 所示。

表 1.2　人员分工表

姓　　名	技 术 水 平	所 属 部 门	角　色	工 作 描 述
秦某	MBA	经理部	副经理	负责项目的审批、决策的实施
汉某	MBA	项目开发部	项目经理	负责项目的前期分析、策划、项目开发进度的跟踪、项目质量的检查
魏某	中级系统分析员	项目开发部	系统分析员	负责系统功能分析、系统框架设计
唐某	中级软件工程师	项目开发部	软件工程师	负责软件设计与编码
宋某	中级软件工程师	项目开发部	软件工程师	负责软件设计与编码
元某	初级软件工程师	项目开发部	软件工程师	负责软件编码
明某	中级美工设计师	设计部	网页设计师	负责网页风格的确定、网页图片的设计
清某	中级系统测试工程师	项目开发部	测试人员	对软件进行测试、编写软件测试文档

1.3　系 统 设 计

1.3.1　系统目标

根据需求分析以及与客户的沟通，都市供求信息网需要达到以下目标。

☑　界面设计友好、美观。

☑　在首页中提供预览信息的功能，并且信息分类明确。

☑　用户能够方便地查看某类别中的所有信息和信息的详细内容。

☑　能够实现站内信息搜索，如定位查询、模糊查询。

☑　对用户输入的数据，能够进行严格的检验，并给予信息提示。

☑　具有操作方便、功能强大的后台信息审核功能。

☑　具有操作方便的后台付费设置功能。

☑　具有易维护性和易操作性。

1.3.2　系统功能结构

都市供求信息网分为前台、后台两部分，前台主要实现信息的显示、搜索与发布功能，其中信息的显示包括列表显示与详细内容显示，而列表显示又分为首页信息列表显示、查看某类别下所有信息的列表显示和搜索结果列表显示；搜索功能主要包括定位搜索和模糊搜索。后台主要实现的功能为信息显示、信息审核、信息删除、付费设置与退出登录，其中的信息显示功能也分为列表显示与详细内容显示。都市供求信息网前台功能结构如图 1.2 所示，后台功能结构如图 1.3 所示。

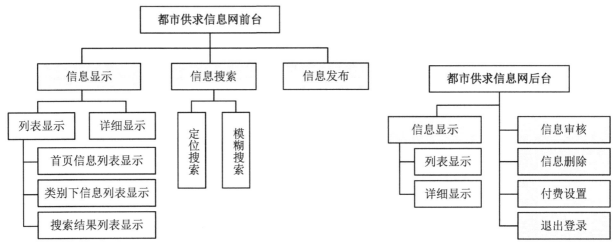

图 1.2　都市供求信息网前台功能结构　　　　图 1.3　都市供求信息网后台功能结构

1.3.3　系统流程图

都市供求信息网的系统流程如图 1.4 所示。

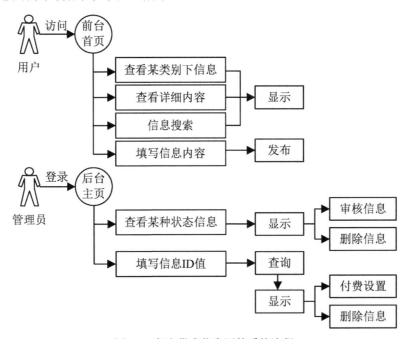

图 1.4　都市供求信息网的系统流程

1.3.4　系统预览

都市供求信息网中有多个页面，下面列出网站中几个典型页面的预览，其他页面可以通过运行光盘中本系统的源程序进行查看。

都市供求信息网的前台首页如图 1.5 所示，在该页面中将列表显示已付费信息，分类显示免费信息；通过单击导航栏中的信息类别超链接，将显示该类别下的所有信息，如图 1.6 所示。

图 1.5 前台首页（光盘\TM\01\view\default.jsp）　　图 1.6 显示某类别信息（光盘\···\show\listshow.jsp）

信息发布页面如图 1.7 所示，用户可通过此页面发布信息，在页面中用户需要选择要发布信息的类别，然后填写信息内容和联系方式等；后台信息显示页面如图 1.8 所示，在该页面中，管理员可删除信息，并通过单击"审核"或信息标题超链接进入信息审核页面审核信息。

图 1.7 信息发布页面（光盘\···\add\addInfo.jsp）　　图 1.8 后台信息显示（光盘\···\admin\info\listshow.jsp）

说明　由于路径太长，因此省略了部分路径，省略的路径是"TM\01\pages"。

1.3.5 构建开发环境

在开发都市供求信息网时，需要具备以下开发环境。

服务器端：

☑ 操作系统：Windows 2003。

☑　Web 服务器：Tomcat 6.0。

☑　Web 开发框架：Struts 2.0。

☑　Java 开发包：JDK 1.5 以上。

☑　数据库：SQL Server 2005。

☑　浏览器：IE 6.0。

☑　分辨率：最佳效果为 1024×768 像素。

客户端：

☑　浏览器：IE 6.0 及以上版本。

☑　分辨率：最佳效果为 1024×768 像素。

下面介绍 JDK 及 Tomcat 的安装，对于 Struts 2.0 框架的搭建可参看 1.14 节"Struts 2.0 框架搭建与介绍"。

1．JDK 的下载与安装

本系统采用的是 JDK 1.6 版本，读者可到 Sun 公司的官方网站下载。下载过程如下：

（1）打开 IE 浏览器，在地址栏中输入"http://java.sun.com/javase/downloads/index.jsp"，进入下载页面。

（2）单击 Downloads 按钮进入 JDK 下载页面，在该页面中需要选中 Accept License Agreement 单选按钮接受许可协议后，才可以下载。

（3）根据使用的操作系统来下载相应的 JDK 安装文件，笔者选择的是下载 Windows 系统下的 JDK 安装文件，单击 Windows offline Installation,Multi-language 超链接进行下载。

下载后的文件名称为 jdk-6u3-windows-i586-p.exe，双击该文件即可开始安装。具体安装步骤如下：

（1）双击 jdk-6u3-windows-i586-p.exe 文件，在弹出的对话框中单击"接受"按钮，接受许可协议。

（2）在弹出的"自定义安装"对话框中，单击"更改"按钮更改安装路径，其他保持默认选项，如图 1.9 所示。

（3）单击"下一步"按钮，开始安装。

（4）在安装过程中会弹出另一个"自定义安装"对话框提示用户选择 Java 运行时环境的安装路径。单击"更改"按钮更改安装路径，其他保持默认选项，如图 1.10 所示。

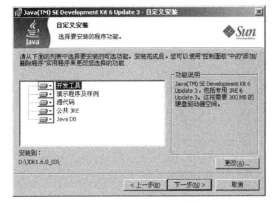　　

图 1.9　选择 JDK 安装路径　　　　　　　　　　图 1.10　选择 JRE 安装路径

（5）单击"下一步"按钮继续安装。

（6）单击"完成"按钮完成安装。

JDK 安装完成后，需要设置环境变量及测试 JDK 配置是否成功。操作步骤如下：

（1）右击"我的电脑"，在弹出的快捷菜单中选择"属性"命令。在弹出的"系统特性"对话框中选择"高级"选项卡，并单击"环境变量"按钮。

（2）在弹出的"环境变量"对话框中，单击"系统变量"区域中的"新建"按钮新建变量，将弹出"新建系统变量"对话框。

（3）在"新建系统变量"对话框中的"变量名"文本框中输入"JAVA_HOME"，在"变量值"文本框中输入 JDK 的安装路径"D:\JDK1.6.0_03"，如图 1.11 所示。单击"确定"按钮，完成变量 JAVA_HOME 的创建。

（4）查看是否存在 PATH 变量，若存在则加入%JAVA_HOME%\bin 值，如图 1.12 所示。

图 1.11　创建 JAVA_HOME 变量

图 1.12　编辑 PATH 变量

若不存在，则创建该变量，并设置为%JAVA_HOME%\bin 值。

（5）查看是否存在 CLASSPATH 变量，若存在则加入如下值：

.;%JAVA_HOME%\lib\dt.jar;%JAVA_HOME%\lib\tools.jar

若不存在，则创建该变量，并设置上面的变量值。

（6）接下来测试 JDK 配置是否成功。在"运行"窗口中输入"cmd"命令，进入 MS-DOS 命令窗口。进入任意目录下后输入"javac"命令，按 Enter 键后，系统会输出 javac 命令的使用帮助信息，如图 1.13 所示。这说明 JDK 的配置成功，否则需要检查上面步骤的配置是否正确。

图 1.13　输出 javac 命令的使用帮助

2. Tomcat 的下载与安装

本系统采用的是 Tomcat 6.0 版本，读者可到 Tomcat 官方网站下载。下载过程如下：

（1）打开 IE 浏览器，在地址栏中输入"http://tomcat.apache.org"，进入 Tomcat 官方网站。

（2）单击网站左侧 Download 区域中的 Tomcat 6.x 超链接，进入 Tomcat 6.x 下载页面，如图 1.14 所示。在该页面中单击 Windows Service Installer（pgp,md5）超链接，下载 Tomcat。

下载后的文件名为 apache-tomcat-6.0.14.exe，双击该文件即可安装 Tomcat。具体安装步骤如下：

（1）双击 apache-tomcat-6.0.14.exe 文件，弹出安装向导对话框，单击 Next 按钮后，将弹出许可协议对话框。

（2）单击 I Agree 按钮，接受许可协议后，将弹出 Choose Components 对话框，供用户选择需要安装的组件，在这里保留其默认选项，如图 1.15 所示。

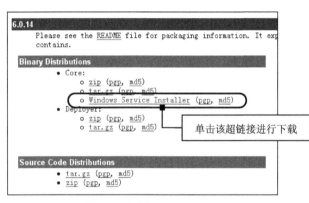
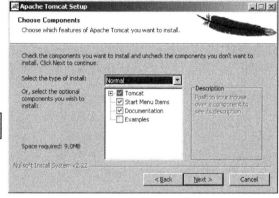

图 1.14　下载 Tomcat　　　　　　　　图 1.15　选择要安装的 Tomcat 组件

（3）单击 Next 按钮，在弹出的 Choose Install Location 对话框中更改 Tomcat 的安装路径，如图 1.16 所示。

（4）单击 Next 按钮，在弹出的对话框中设置访问 Tomcat 服务器的端口及用户名和密码，这里保留默认配置，即端口为 8080，用户名为 admin，密码为空。

（5）单击 Next 按钮，在弹出的 Java Virtual Machine 对话框中选择 Java 虚拟机路径，这里选择 JDK 的安装路径，如图 1.17 所示。

（6）单击 Install 按钮，开始安装 Tomcat。

（7）安装完成后，选择"开始"/"程序"/Apache Tomcat 6.0/Monitor Tomcat 命令，在任务栏右侧的托盘中将出现图标，右击该图标，选择 Start service 命令，启动 Tomcat。

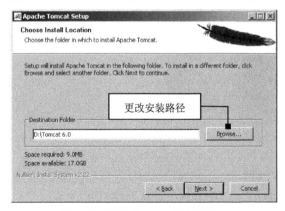
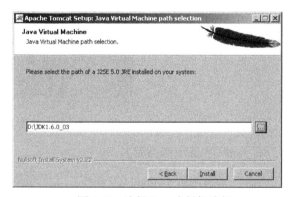

图 1.16　更改 Tomcat 安装路径　　　　　　图 1.17　选择 Java 虚拟机路径

（8）打开 IE 浏览器，在地址栏中输入"http://localhost:8080"，若出现如图 1.18 所示的页面，则说明 Tomcat 安装成功。

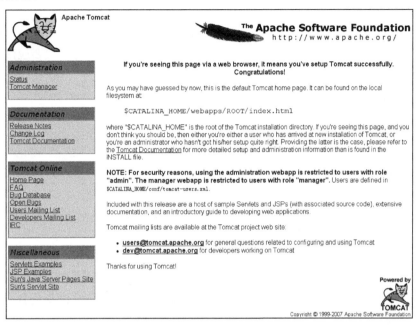

图 1.18　Tomcat 启动界面

1.3.6　文件夹组织结构

在编写代码之前，可以把系统中可能用到的文件夹先创建出来（例如，创建一个名为 images 的文件夹，用于保存网站中所使用的图片），这样不但可以方便以后的开发工作，也可以规范网站的整体架构。本系统的文件夹组织结构如图 1.19 所示。

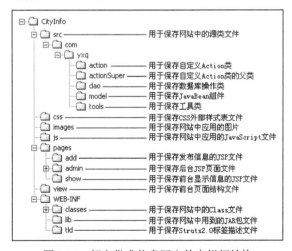

图 1.19　都市供求信息网文件夹组织结构

1.3.7　编码规则

编码规范可使程序员在编程时注意一些细节问题，提高程序的可读性，让程序员能够尽快地理解代码，并帮助程序员编写出规范的、利于维护的程序代码。在开发项目时，主要应注意程序中的编码规则和数据库的编码规则，下面分别进行介绍。

1．程序编码规则

程序的编码规则，可分为命名规则与书写规则。

☑　命名规则。

在程序中进行命名时，应注意以下几点。

（1）常量的命名。

常量名通常使用大写，并且能够"见其名知其意"。若由单词组成，单词间用下划线隔开，例如，定义一个 MIX_VALUE 常量用来存储一个最小值。

（2）变量的命名。

变量名应为小写，且要有意义，尽量避免使用单个字符，否则遇到该变量时很难理解其用途。临时的变量，如记忆循环语句中的循环次数，通常可命名为 i、k 这样的单字符变量名。

（3）方法的命名。

方法被调用以执行一个操作，所以方法名应是对该操作的描述。方法名的首字母应该小写，若由多个单词组成，则其后单词的首字母大写。例如，用来添加用户的方法，可命名为 addUser()。

（4）包的命名。

包名的前缀应全部由小写英文字母组成，例如 java.io。

（5）类、接口的命名。

类名与接口名应使用名词，首字母需大写；若由多个单词组成，则每个单词的首字母应大写；尽量使名字简洁且富于描述性。例如 RandomAccessFile。

☑　书写规则。

在编写代码时，应注意以下几点。

（1）在声明变量时，尽量使每个变量的声明单独占一行，即使是声明相同类型的变量，这样有助于加入注释。局部变量应在声明的同时进行初始化，在类型与标识符之间可使用空格或制表符。例如：

```
int      store=100;              //库存量
int      sale=20;                //售出数量
float    price=49.5f;            //价格
```

（2）语句应以英文状态下的分号";"结束，且应使每条语句单独占一行。

（3）尽量不要使用技巧性很高但难懂、易混淆的语句，这会增大后期项目维护的难度。

（4）在代码进行缩进时，应使用制表符来代替空格。

（5）编写代码时，要适当地使用空行分隔代码，便于阅读者很快地了解代码结构，并且要在难以理解的部分及关键部分加入注释。

2．数据库编码规则

☑　数据库的命名。

本书中所有数据库的命名都是以"db_"开头，db 为 database 的缩写，后面加上对数据库进行描述的相关英文单词或缩写，如表 1.3 所示。

表 1.3　数据库的命名举例

数据库名称	描　述
db_CityInfo	都市供求信息网（第 1 章）所使用的数据库
db_librarySys	图书馆管理系统（第 2 章）所使用的数据库
db_shopping	企业电子商城（第 3 章）所使用的数据库

☑　数据表的命名。

本书中所有数据表的命名都是以"tb_"开头，tb 为 table 的缩写，后面加上对数据表进行描述的相关英文单词或缩写，如表 1.4 所示。

表 1.4　数据表的命名举例

数据表名称	描　述
tb_info	存储信息的数据表
tb_type	存储信息类别的数据表
tb_user	存储信息发布者的数据表

☑　字段的命名。

对于数据表中的字段，应命名为小写英文字母，并且要"见其名知其意"，以便从名字上便能得知该字段所存储内容的意义，如表 1.5 所示。

表 1.5　字段的命名举例

字　段　名　称	描　述
user_name	存储用户名
user_password	存储用户密码
user_sex	存储用户性别

1.4　数据库设计

数据库的设计在程序开发中起着至关重要的作用，往往决定了在后面的开发中如何进行程序编码。一个合理、有效的数据库设计可降低程序的复杂性，使程序开发的过程更为容易。

1.4.1　数据库分析

本系统是一个中型的供求信息网站，考虑到开发成本、用户信息量及客户需求等问题，决定采用 Microsoft SQL Server 2005 作为项目中的数据库。

Microsoft SQL Server 是一种客户/服务器模式的关系型数据库，具有很强的数据完整性、可伸缩性、可管理性、可编程性；具有均衡与完备的功能；具有较高的性价比。SQL Server 数据库提供了复制服务、数据转换服务、报表服务，并支持 XML 语言。使用 SQL Server 数据库可以大容量地存储数据，并对数据进行合理的逻辑布局，应用数据库对象可以对数据进行复杂的操作。SQL Server 2005 也提供了 JDBC 编程接口，这样可以非常方便地应用 Java 来操作数据库。

1.4.2　数据库概念设计

根据以上对系统所作的需求分析及系统设计，规划出本系统所使用的数据库实体，分别为供求信息实体、信息类别实体和管理员实体。下面分别介绍这些实体并给出它们的 E-R 图。

☑　供求信息实体。

供求信息实体包括信息编号、所属类型、信息标题、信息内容、联系人、联系电话、E-mail、发布时间、审核状态和付费状态属性。其中审核状态与付费状态属性分别用来标识信息是否审核与付费，1 表示"是"，0 表示"否"。供求信息实体的 E-R 图如图 1.20 所示。

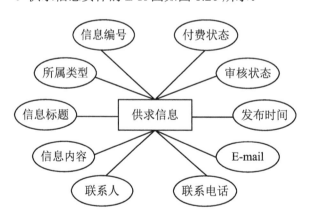

图 1.20　供求信息实体 E-R 图

☑　信息类别实体。

信息类别实体包括类别编号、类别标识、类别名称和类别介绍属性。信息类别实体的 E-R 图如图 1.21 所示。

☑　管理员实体。

管理员实体包括编号、用户名和密码属性。管理员实体的 E-R 图如图 1.22 所示。

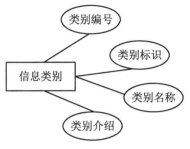

图 1.21　信息类别实体 E-R 图

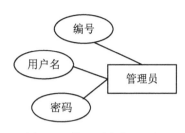

图 1.22　管理员实体 E-R 图

1.4.3　数据库逻辑结构

根据 1.4.2 节的数据库概念设计，需要创建与实体对应的数据表 tb_info、tb_type 和 tb_user，分别对应着供求信息实体、信息类别实体和管理员实体。其中数据表 tb_info 与 tb_type 之间相互关联，在后面会给出它们的关系图。

图 1.23　db_CityInfo 数据库所包含的数据表结构图

为了使读者对本系统的数据库结构有一个更清晰的认识，下面给出数据库中所包含的数据表的结构图，如图 1.23 所示。

1．各数据表的结构

本系统共包含 3 个数据表，下面分别介绍这些表的结构。

☑　tb_info（供求信息表）。

供求信息表用来保存发布的所有类别的信息，该表的结构如表 1.6 所示。

表 1.6　tb_info 表的结构

字 段 名	数据类型	是否为空	是否主键	默 认 值	描 述
id	smallint(2)	No	Yes		ID（自动编号）
info_type	smallint(2)	Yes		NULL	信息类别
info_title	varchar(80)	Yes		NULL	信息标题
info_content	varchar(1000)	Yes		NULL	信息内容
info_linkman	varchar(50)	Yes		NULL	联系人
info_phone	varchar(50)	Yes		NULL	联系电话
info_email	varchar(100)	Yes		NULL	E-mail 地址
info_date	datetime(8)	Yes		NULL	发布时间
info_state	varchar(1)	Yes		0	审核状态
info_payfor	varchar(1)	Yes		0	付费状态

其中，info_type 字段表示信息所属类别，与 info_type 表中的 type_sign 字段相关联。info_state 字段和 info_payfor 字段分别用来表示信息的审核状态与付费状态，取值为 1 表示"已通过审核"或"已付费"状态，取值为 0 表示"未通过审核"或"未付费"状态。

☑ tb_type（信息类别表）。

信息类别表用来保存信息所属的类别，如招聘信息、求职信息等，该表的结构如表 1.7 所示。

表 1.7　tb_type 表的结构

字　段　名	数据类型	是否为空	是否主键	默　认　值	描　　述
id	smallint(2)	No			ID（自动编号）
type_sign	smallint(2)	Yes	Yes	NULL	类别标识
type_name	varchar(20)	Yes		NULL	类别名称
type_intro	varchar(20)	Yes		NULL	类别介绍

☑ tb_user（管理员表）。

管理员表用来保存管理员信息，该表的结构如表 1.8 所示。

表 1.8　tb_user 表的结构

字　段　名	数据类型	是否为空	是否主键	默　认　值	描　　述
id	smallint(2)	No	Yes		ID（自动编号）
user_name	varchar(20)	Yes		NULL	管理员名称
user_password	varchar(10)	Yes		NULL	密码

2．数据表之间的关系设计

本系统设置了如图 1.24 所示的数据表之间的关系，该关系实际上也反映了系统中各个实体之间的关系。设置了该关系后，当更新 tb_type 数据表的 type_sign 字段的内容后，就会自动更新 tb_info 数据表的 info_type 字段的内容。

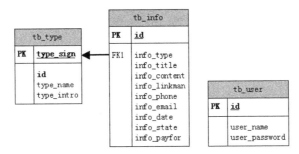

图 1.24　数据表之间的关系

1.4.4　创建数据库及数据表

本节介绍如何在 SQL Server 2005 的企业管理器中创建数据库及数据表，在创建数据表时以创建 tb_info 数据表为例进行介绍。

1．创建数据库

（1）确认是否安装了 SQL Server 2005 数据库，若没有则需进行安装。

（2）安装后，选择"开始"/"程序"/Microsoft SQL Server 2005/SQL Server Management Studio 命令，启动 SQL Server 企业管理器，并展开控制台根目录，如图 1.25 所示。

（3）右击"数据库"节点，选择"新建数据库"命令，将弹出"数据库属性"对话框，在名称文本框中输入数据库名称"db_CityInfo"，其他选项保持默认。

（4）单击"确定"按钮完成数据库 db_CityInfo 的创建。

2. 创建数据表

数据库创建成功后，展开图 1.25 中的"数据库"选项，刚创建的数据库会在这里显示，如图 1.26 所示。下面以创建 tb_info 数据表为例介绍创建数据表的步骤。

图 1.25　展开控制台根目录

图 1.26　成功创建数据库

（1）展开 db_CityInfo 数据库，右击"表"节点，在弹出的快捷菜单中选择"新建表"命令，将弹出用来创建表的对话框。

（2）根据表 1.6 所示的数据表 tb_info 的结构设计数据表，如图 1.27 所示。

其中 id 字段被设置为主键。其创建方法为：在 id 行中右击，在弹出的快捷菜单中选择"设为主键"命令，即可完成主键的创建。若"设为主键"命令已被选中，再次单击可取消主键的设置。

（3）表结构设置完成后，单击左上角的"保存"按钮，在弹出的对话框中输入数据表名称"tb_info"，然后单击"确定"按钮保存数据表。

（4）数据表创建成功后，将在 SQL Server 企业管理器窗口的右侧区域中显示，如图 1.28 所示。

（5）按照以上步骤创建其他数据表。

图 1.27　设计 tb_info 表结构

图 1.28　显示创建的数据表

1.5 公共类设计

在开发程序时，经常会遇到在不同的方法中进行相同处理的情况，例如数据库连接和字符串处理等，为了避免重复编码，可将这些处理封装到单独的类中，通常称这些类为公共类或工具类。在开发本网站时，用到数据库连接及操作类、分页类和字符串处理类 3 个公共类，下面分别介绍。

1.5.1 数据库连接及操作类

DB 类主要是对数据库的操作，如连接、关闭数据库及执行 SQL 语句操作数据库。每一种操作对应一个方法，如 getCon()方法用来获取数据库连接，closed()方法用来关闭数据库连接，而对数据库的增、删、改、查等操作都在 doPstm()方法中实现，该方法是通过 PreparedStatement 对象来执行 SQL 语句的。下面介绍 DB 类的创建过程。

（1）导入所需的类包。代码如下：

例程 01　代码位置：光盘\TM\01\src\com\yxq\dao\DB.java

```
import java.sql.Connection;            //表示连接到某个数据库的连接
import java.sql.DriverManager;         //用来获取数据库连接
import java.sql.PreparedStatement;     //用来执行 SQL 语句
import java.sql.ResultSet;             //封装查询结果集
import java.sql.SQLException;          //异常处理类
```

（2）声明类的属性并赋值。代码如下：

例程 02　代码位置：光盘\TM\01\src\com\yxq\dao\DB.java

```
private Connection con;                //声明一个 Connection 对象
private PreparedStatement pstm;        //声明一个 PreparedStatement 对象
private String user="sa";              //登录数据库的默认用户名
private String password="";            //登录数据库的密码
private String className="com.microsoft.sqlserver.jdbc.SQLServerDriver";    //数据库驱动类路径
private String url="jdbc:sqlserver://localhost:1433;DatabaseName=db_CityInfo";    //数据库 URL
```

（3）覆盖默认构造方法，在该方法中实现数据库驱动的加载。这样，当通过 new 操作符实例化一个 DB 类的同时，就会加载数据库驱动。代码如下：

例程 03　代码位置：光盘\TM\01\src\com\yxq\dao\DB.java

```
public DB(){                           //DB 类的构造方法
    try{                               //必须使用 try-catch 语句捕获加载数据库驱动时可能发生的异常
        Class.forName(className);      //加载数据库驱动
    }catch(ClassNotFoundException e){  //捕获 ClassNotFoundException 异常
        System.out.println("加载数据库驱动失败！");
        e.printStackTrace();           //输出异常信息
    }
}
```

（4）创建获取数据库连接的方法 getCon()，方法中使用 DriverManager 类的 getConnection()静态方法获取一个 Connection 类实例。代码如下：

例程 04　　代码位置：光盘\TM\01\src\com\yxq\dao\DB.java

```java
/**创建数据库连接*/
public Connection getCon(){
    try {
        con=DriverManager.getConnection(url,user,password);  //建立连接，连接到由属性 url 指定的数据库 URL，
                                                             //并指定登录数据库的用户名和密码
    } catch (SQLException e) {
        System.out.println("创建数据库连接失败！");
        con=null;
        e.printStackTrace();
    }
    return con;
}
```

（5）创建对数据库进行增、删、改、查等操作的 doPstm()方法，方法中使用了 PreparedStatement 类对象来执行 SQL 语句。之所以可以将这些操作在一个方法中实现，是因为 doPstm()方法中设置的两个参数——sql 和 params。sql 为 String 型变量，存储了要执行的 SQL 语句；params 为 Object 类型数组，存储了为 sql 表示的 SQL 语句中"?"占位符赋值的数据。为 SQL 语句中的"?"占位符赋值，可通过 PreparedStatement 类对象的 setXXX()方法实现，然后调用 execute()方法执行 SQL 语句。

例如，为 select * from table where name=?语句中的"?"赋值，若 name 字段类型为 char 或 varchar，则应使用如下代码：

```java
pstm.setString(1,"yxq")
```

其中，pstm 为 PreparedStatement 类对象，整数 1 表示 SQL 语句中第一个"?"占位符，yxq 为赋予该占位符的值。若 name 字段类型为整型，则应使用 setInt()方法来赋值。

还可以使用 setObject()方法，在无法判断字段类型的情况下进行赋值。doPstm()方法就应用了该方法进行赋值，代码如下：

例程 05　　代码位置：光盘\TM\01\src\com\yxq\dao\DB.java

```java
public void doPstm(String sql,Object[] params){
    if(sql!=null&&!sql.equals("")){
        if(params==null)params=new Object[0];
        getCon();                                       //调用 getCon()方法获取数据库连接
        if(con!=null){
            try{
❶              pstm=con.prepareStatement(sql,ResultSet.TYPE_SCROLL_INSENSITIVE,
                                          ResultSet.CONCUR_READ_ONLY);
                for(int i=0;i<params.length;i++){
                    pstm.setObject(i+1,params[i]);
                }
❷              pstm.execute();                         //执行 SQL 语句
            }catch(SQLException e){
                System.out.println("doPstm()方法出错！");
```

```
                e.printStackTrace();                        //输出错误信息
            }
        }
    }
}
```

📢 代码贴士

❶ 调用 Connection 对象的 prepareStatement()方法获取 PreparedStatement 类对象 pstm。参数 sql 为要执行的 SQL 语句；通过设置 ResultSet.TYPE_SCROLL_INSENSITIVE 与 ResultSet.CONCUR_READ_ONLY 两个参数，在查询数据库后，可获得可滚动的结果集。

❷ 调用 PreparedStatement 类对象的 execute()方法执行 SQL 语句。该方法可执行任何类型的 SQL 语句，如查询、添加等。execute()方法返回的是 boolean 型值，若为 true，则表示执行 SQL 语句后的结果中第一个结果为 ResultSet 对象；若为 false，则表示第一个结果为更新数据库所影响的记录数或表示不存在任何结果。若第一个结果为 ResultSet 对象，可通过 PreparedStatement 类对象的 getResultSet()方法返回；若第一个结果为更新数据库后所影响的记录数，可通过 PreparedStatement 类对象的 getUpdateCount()方法返回。通过 PreparedStatement 类对象的 getMoreResults()方法可指向下一个结果，若该结果为 ResultSet 对象，则返回 true；若该结果为更新数据库后所影响的记录数或不再有结果存在，则返回 false。执行 getMoreResults()方法后，会自动关闭之前通过 getResultSet()方法获得的 ResultSet 对象。

（6）执行查询的 SQL 语句后，返回的结果是 ResultSet 结果集对象；执行更新的 SQL 语句，则返回所影响的记录数。DB 类中的 doPstm()方法用来操作数据库，但其并没有返回值，那么在执行了上述两种 SQL 语句后，可通过创建以下方法来返回结果。

创建返回 ResultSet 结果集对象的方法的代码如下：

例程 06　代码位置：光盘\TM\01\src\com\yxq\dao\DB.java

```
public ResultSet getRs() throws SQLException{
    return pstm.getResultSet();     //调用 PreparedStatement 类对象的 getResultSet()方法返回 ResultSet 对象
}
```

创建返回执行更新的 SQL 语句后所影响的记录数的方法的代码如下：

例程 07　代码位置：光盘\TM\01\src\com\yxq\dao\DB.java

```
public int getCount() throws SQLException{
    return pstm.getUpdateCount(); //调用 PreparedStatement 类对象的 getUpdateCount()方法返回影响的记录数
}
```

这样，在执行 doPstm()方法操作数据库后，就可调用其中一个方法返回需要的值。例如：

```
mydb.doPstm(sql, null);                          //操作数据库
ResultSet rs=mydb.getRs();                       //获取结果集对象
```

其中，mydb 为 DB 类的实例，sql 为查询 SQL 语句。

1.5.2　业务处理类

OpDB 类实现了处理本系统中用户请求的所有业务的操作，如信息显示、信息发布、管理员登录、信息审核、信息删除等。几乎每一个用户请求的业务，在 OpDB 类中都对应着一个方法，具有相同

性质的业务可在一个方法中实现。在这些方法中，通过调用 DB 类中的 doPstm()方法来对数据库进行操作。

OpDB 类中的方法与方法所处理的业务如表 1.9 所示。

表 1.9　OpDB 类中的方法

方　　法	返　回　值	实　现　业　务
OpGetListBox()	java.util.TreeMap	初始化主页导航菜单项与后台下拉列表框选项
OpListShow()	java.util.List	信息列表显示
OpSingleShow()	com.yxq.model.InfoSingle	查看信息详细内容
OpUpdate()	int	信息发布、信息审核、信息删除、付费设置
LogOn()	boolean	管理员登录
OpCreatePage()	com.yxq.model.CreatePage	分页设置

1．OpGetListBox()方法

该方法用来获取所有的信息类别，以实现前台页面中的导航菜单项与后台的"信息类别"下拉列表框中的选项。方法中首先调用 DB 类的 doPstm()方法查询 tb_type 数据表中的所有记录，然后依次取出每条记录中的 type_sign 与 type_intro 字段内容，并分别作为 TreeMap 对象的 key 值与 value 值进行保存，最后返回该 Map 对象。OpGetListBox()方法的代码如下：

例程 08　代码位置：光盘\TM\01\src\com\yxq\dao\OpDB.java

```
public TreeMap OpGetListBox(String sql,Object[] params){
    TreeMap typeMap=new TreeMap();                          //创建一个 TreeMap 对象
    mydb.doPstm(sql, params);                               //调用 DB 类的 doPstm()方法查询数据库
    ResultSet rs=mydb.getRs();                              //获取 ResultSet 结果集对象
    if(rs!=null){
        while(rs.next()){                                  //循环判断结果集中是否还存在记录
            Integer sign=Integer.valueOf(rs.getInt("type_sign")); //获取当前记录中 type_sign 字段内容
            String intro=rs.getString("type_intro");       //获取当前记录中 type_intro 字段内容
            typeMap.put(sign,intro);        //将获取的内容分别作为 Map 对象的 key 值与 value 值进行保存
        }
        rs.close();                                        //关闭结果集
    }                                                      //while 循环结束
    return typeMap;
}
```

该方法在处理用户访问前台首页请求的 Action 类中被调用，在该 Action 类中将返回的 TreeMap 对象保存在 session 范围内，在请求返回 JSP 页面后，可通过 Struts 2.0 标签获取该 TreeMap 对象，实现导航菜单或下拉列表。

2．OpListShow()方法

OpListShow()方法用来实现具有列表显示信息功能的业务，例如搜索信息、查看某类别下的所有信息等。在方法中首先调用 DB 类的 doPstm()方法查询数据库，接着调用 getRs()方法获取查询后的结果集，然后依次将结果集中的记录封装到 InfoSingle 类对象中，并将该对象保存到 List 集合中，最后返回该 List 集合对象。OpListShow()方法的关键代码如下：

例程 09 代码位置：光盘\TM\01\src\com\yxq\dao\OpDB.java

```
public List OpListShow(String sql,Object[] params){
    List onelist=new ArrayList();
    mydb.doPstm(sql, params);                          //调用 DB 类的 doPstm()方法查询数据库
    ResultSet rs=mydb.getRs();                         //获取 ResultSet 结果集对象
    if(rs!=null){
        while(rs.next()){
            InfoSingle infoSingle=new InfoSingle();    //创建一个 InfoSingle 类对象
            //以下代码将记录封装到 infoSingle 对象中
            infoSingle.setId(rs.getInt("id"));
            infoSingle.setInfoType(rs.getInt("info_type"));
            ……//省略了其他类似代码
            onelist.add(infoSingle);                    //将 infoSingle 对象保存到 List 集合对象中
        }
    }
    return onelist;
}
```

3．OpSingleShow()方法

该方法实现了查看信息详细内容的功能，如在前台查看某信息的详细内容、在后台进行信息审核与付费设置时用来显示被操作信息的详细内容。方法中首先查询数据库，获取指定条件的记录，然后将记录封装到 InfoSingle 类对象中，最后返回该对象。OpSingleShow()方法的关键代码如下：

例程 10 代码位置：光盘\TM\01\src\com\yxq\dao\OpDB.java

```
public InfoSingle OpSingleShow(String sql,Object[] params){
    InfoSingle infoSingle=null;                        //声明一个 InfoSingle 类对象
    mydb.doPstm(sql, params);                          //调用 DB 类的 doPstm()方法查询数据库
    ResultSet rs=mydb.getRs();                         //获取 ResultSet 结果集对象
    if(rs!=null&&rs.next()){                            //如果 rs 不为 null，并且存在记录
        infoSingle=new InfoSingle();                   //实例化 InfoSingle 对象
        infoSingle.setId(rs.getInt("id"));
        infoSingle.setInfoType(rs.getInt("info_type"));
        ……//省略了其他类似代码
        rs.close();
    }
    return infoSingle;
}
```

4．OpUpdate()方法

本系统的信息发布、信息审核、信息删除和付费设置业务具有相同的性质，即都是根据指定的 SQL 语句来更新数据库。OpUpdate()方法用来实现具有该性质的业务，方法中首先调用 DB 类的 doPstm() 方法更新数据库，接着调用 getCount()方法获取更新操作所影响的记录数，最后返回该记录数。OpUpdate()方法的关键代码如下：

例程 11 代码位置：光盘\TM\01\src\com\yxq\dao\OpDB.java

```
public int OpUpdate (String sql,Object[] params){
    int i=-1;
```

```
        mydb.doPstm(sql, params);                    //调用 DB 类的 doPstm()方法更新数据库
        i=mydb.getCount();                           //获取更新操作所影响的记录数
        return i;
    }
```

5. LogOn()方法

LogOn()方法用来实现管理员登录操作的身份验证业务，该方法通过查询数据库来判断请求登录的用户是否存在，若存在则返回 true，否则返回 false。LogOn()方法的关键代码如下：

例程 12　代码位置：光盘\TM\01\src\com\yxq\dao\OpDB.java

```
public boolean LogOn(String sql,Object[] params){
        mydb.doPstm(sql, params);                    //查询数据库
        ResultSet rs=mydb.getRs();                   //获取结果集
        boolean mark=(rs==null||!rs.next()?false:true);  //判断用户是否存在，不存在返回 false，存在返回 true
        return mark;
    }
```

6. OpCreatePage()方法

OpCreatePage()方法用来设置分页信息，这些信息包括总记录数、总页数、当前页、分页状态和分页导航链接等。该方法存在多个参数，这些参数及说明如表 1.10 所示。

表 1.10　OpCreatePage()方法中的参数

参 数 名 称	类 　 型	说 　 明
sqlall	java.lang.String	查询符合条件的所有记录的 SQL 语句
params	java.lang.Object[]	存储了要赋给 SQL 语句中 "?" 占位符的值
perR	int	每页显示的记录数
strCurrentP	java.lang.String	当前页码
gowhich	java.lang.String	导航链接所请求的目标资源

OpCreatePage()方法主要用于将分页信息封装到 CreatePage 类对象中，然后返回该 CreatePage 对象。在 CreatePage 类中定义了存储分页信息的属性，并且创建了对应的 setXXX()与 getXXX()方法来存取这些属性。CreatePage 类的介绍可查看 1.5.3 节。OpCreatePage()方法的关键代码如下：

例程 13　代码位置：光盘\TM\01\src\com\yxq\dao\OpDB.java

```
public CreatePage OpCreatePage(String sqlall,Object[] params,int perR,String strCurrentP,String gowhich){
        CreatePage page=new CreatePage();            //创建一个 CreatePage 类对象
        page.setPerR(perR);                          //设置每页显示记录数
        if(sqlall!=null&&!sqlall.equals("")){
            DB mydb=new DB();
            mydb.doPstm(sqlall,params);              //查询数据库
            ResultSet rs=mydb.getRs();               //获取结果集
            if(rs!=null&&rs.next()){
                rs.last();                           //将指针移动到结果集的最后一行
                page.setAllR(rs.getRow());  //调用 getRow()方法获取当前记录行数（总记录数），然后设置总记录数
                page.setAllP();                      //设置总页数
                page.setCurrentP(strCurrentP);       //设置当前页
```

```
        page.setPageInfo();                        //设置分页状态信息
        page.setPageLink(gowhich);                 //设置分页导航链接
        rs.close();                                //关闭结果集
        }
    }
    return page;
}
```

1.5.3　分页类

CreatePage 类用来封装分页信息，这些信息都保存在 CreatePage 类的相应属性中。CreatePage 类的属性如下：

例程 14　代码位置：光盘\TM\01\src\com\yxq\model\CreatePage.java

```
private int CurrentP;                              //当前页码
private int AllP;                                  //总页数
private int AllR;                                  //总记录数
private int PerR;                                  //每页显示的记录数
private String PageLink;                           //分页导航栏信息
private String PageInfo;                           //分页状态显示信息
```

在类的构造方法中为这些属性赋初始值。CreatePage 类的构造方法如下：

例程 15　代码位置：光盘\TM\01\src\com\yxq\model\CreatePage.java

```
public CreatePage(){
    CurrentP=1;                                    //设置当前页码为 1
    AllP=1;                                        //设置总页数为 1
    AllR=0;                                        //设置总记录数为 0
    PerR=3;                                        //设置每页显示 3 条记录
    PageLink="";
    PageInfo="";
}
```

分页信息中的总记录数，需要通过查询数据库来获得，其实现可查看 1.5.2 节对 OpDB 类中的 OpCreatePage()方法的介绍。CreatePage 类中用来设置总记录数的方法如下：

例程 16　代码位置：光盘\TM\01\src\com\yxq\model\CreatePage.java

```
/** 设置总记录数 */
public void setAllR(int AllR){
    this.AllR=AllR;
}
```

总页数需要在获得总记录数后与每页显示的记录数经计算得到，其算法为：总页数=(总记录数%每页显示记录==0)?(总记录数/每页显示记录):(总记录数/每页显示记录+1)，所以要先设置总记录数，然后再设置总页数。CreatePage 类中用来设置总页数的方法如下：

例程 17　代码位置：光盘\TM\01\src\com\yxq\model\CreatePage.java

```
/** 计算总页数 */
```

```
public void setAllP(){
    AllP=(AllR%PerR==0)?(AllR/PerR):(AllR/PerR+1);
}
```

在设置当前页码时，要判断由参数传递的当前页码是否有效，例如传递的值是否为数字形式、是否小于 1、是否大于总页数等，对这些情况要进行相应的处理。CreatePage 类中用来设置当前页码的方法如下：

例程 18　代码位置：光盘\TM\01\src\com\yxq\model\CreatePage.java

```
/** 设置当前页码 */
public void setCurrentP(String currentP) {
    if(currentP==null||currentP.equals(""))
        currentP="1";
    try{
        CurrentP=Integer.parseInt(currentP);
    }catch(NumberFormatException e){        //若参数传递的当前页码不是数字形式
        CurrentP=1;                          //将当前页码设为 1
        e.printStackTrace();
    }
    if(CurrentP<1)                           //若当前页码小于 1
        CurrentP=1;                          //将当前页码赋值为 1
    if(CurrentP>AllP)                        //若当前页码大于总页数
        CurrentP=AllP;                       //将当前页码赋值为总页数，即最后一页
}
```

调用以上方法后，就可调用设置分页状态显示信息的方法来设置分页状态显示信息。该方法的代码如下：

例程 19　代码位置：光盘\TM\01\src\com\yxq\model\CreatePage.java

```
/** 设置分页状态显示信息 */
public void setPageInfo(){
    if(AllP>1){
        PageInfo="<table border='0' cellpadding='3'><tr><td>";
        PageInfo+="每页显示："+PerR+"/"+AllR+" 条记录！ ";
        PageInfo+="当前页："+CurrentP+"/"+AllP+" 页！ ";
        PageInfo+="</td></tr></table>";
    }
}
```

另外，还需要设置分页导航栏信息。在设置该信息时，需要判断总页数，若总页数大于 1，则显示分页导航链接，否则不显示。CreatePage 类中用来设置分页导航栏信息的方法如下：

例程 20　代码位置：光盘\TM\01\src\com\yxq\model\CreatePage.java

```
/** 设置分页导航栏信息 */
public void setPageLink(String gowhich){
    if(gowhich==null)
        gowhich="";
    if(gowhich.indexOf("?")>=0)
        gowhich+="&";
```

```
else
    gowhich+="?";
if(AllP>1){                                    //如果总页数大于 1 页，生成分页导航链接
    PageLink="<table border='0' cellpadding='3'><tr><td>";
    if(CurrentP>1){                            //若当前页码大于 1，则显示"首页"和"上一页"超链接
        PageLink+="<a href='"+gowhich+"showpage=1'>首页</a> ";
        PageLink+="<a href='"+gowhich+"showpage="+(CurrentP-1)+"'>上一页</a> ";
    }
    if(CurrentP<AllP){                         //若当前页码小于总页数，则显示"下一页"和"尾页"超链接
        PageLink+="<a href='"+gowhich+"showpage="+(CurrentP+1)+"'>下一页</a> ";
        PageLink+="<a href='"+gowhich+"showpage="+AllP+"'>尾页</a>";
    }
    PageLink+="</td></tr></table>";
}
}
```

1.5.4 字符串处理类

字符串处理类用来解决程序中经常出现的有关字符串处理的问题，在本系统的字符串处理类中实现了转换字符串中的 HTML 字符和将日期型数据转换为字符串的两种操作。下面介绍字符串处理类 DoString 的实现过程。

（1）创建转换字符串中 HTML 字符的方法 HTMLChange()。代码如下：

例程 21　代码位置：光盘\TM\01\src\com\yxq\tools\DoString.java

```
public static String HTMLChange(String source){
    String changeStr="";
    changeStr=source.replaceAll("&","&amp;");          //转换字符串中的"&"符号
    changeStr=changeStr.replaceAll(" "," ");      //转换字符串中的空格
    changeStr=changeStr.replaceAll("<","&lt;");        //转换字符串中的"<"符号
    changeStr=changeStr.replaceAll(">","&gt;");        //转换字符串中的">"符号
    changeStr=changeStr.replaceAll("\r\n","<br>");     //转换字符串中的回车换行
    return changeStr;
}
```

（2）创建转换日期格式为 String 型的方法 dateTimeChange()。代码如下：

例程 22　代码位置：光盘\TM\01\src\com\yxq\tools\DoString.java

```
public static String dateTimeChange(Date source){
    SimpleDateFormat format=new SimpleDateFormat("yyyy-MM-dd HH:mm:ss");
    String changeTime=format.format(source);
    return changeTime;
}
```

该方法主要是调用 java.text.SimpleDateFormat 类来转换日期型数据为 String 型。使用该类进行转换，首先创建一个 SimpleDateFormat 类对象，在创建的同时指定了格式化日期为 String 后的格式为 yyyy-MM-dd HH:mm:ss，即"年-月-日 时:分:秒"，然后调用该类的 format(java.util.Date date)方法将 Date 型转换成 String 型。

1.6　前台页面设计

1.6.1　前台页面概述

　　页面是用户与程序进行交互的接口，用户可从页面中查看程序显示的信息，程序可从页面中获取用户输入的数据，所以在进行页面的设计时，不仅要从程序开发的角度分析，还要考虑到页面的美观及布局。本系统的前台页面中就充分考虑到了这些问题，因此，本系统中所有的前台页面都采用一种页面框架。该页面框架采用二分栏结构，分为 4 个区域，即页头、侧栏、页尾和内容显示区。都市供求信息网的前台首页运行效果如图 1.29 所示。

图 1.29　前台首页运行效果

1.6.2　前台页面技术分析

　　实现前台页面框架的 JSP 文件为 IndexTemp .jsp，该页面的布局如图 1.30 所示。

　　本系统中，对前台用户所有请求的响应都通过该框架页面进行显示。在 IndexTemp.jsp 文件中主要采用 include 动作和 include 指令来包含各区域所对应的 JSP 文件。因为页头、页尾和侧栏是不变的，所以可以在框架页面中事先指定；而对于内容显示区中的内容则应根据用户的操作来显示，所以该区域要显示的页面是动态改变的，可通过一个存储在 request 范围内的属性值指定。例

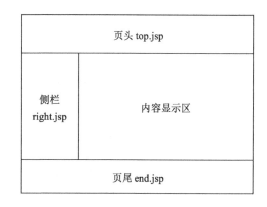

图 1.30　IndexTemp.jsp 页面布局

如，对用户访问网站首页的请求，可在处理该请求的类中向 request 中注册一个属性，并设置其值为 default.jsp，这样当响应返回到框架页面后，可在页面中获取该值，根据该值加载相应页面；若用户触发了"发布信息"请求，则设置该属性值为 addInfo.jsp，此时在 IndexTemp.jsp 中就会显示信息发布的页面。

1.6.3 前台页面的实现过程

根据以上的页面概述及技术分析，需要分别创建实现各区域的 JSP 文件，如实现页头的 top.jsp、实现侧栏的 left.jsp、页尾文件 end.jsp 和首页中需要在内容显示区显示的 default.jsp 等 JSP 文件。下面主要介绍框架页面 IndexTemp.jsp 的实现。

以下为 IndexTemp.jsp 文件中的 Scriptlet 脚本程序。

例程 23　代码位置：光盘\TM\01\WebContent\view\IndexTemp.jsp

```
<%@ taglib uri="/struts-tags" prefix="s2"%>
<%
❶        String path = request.getContextPath();
❷        String basePath =
request.getScheme()+"://"+request.getServerName()+":"+request.getServerPort()+path+"/";
❸        String mainPage=(String)request.getAttribute("mainPage");
   if(mainPage==null||mainPage.equals(""))
        mainPage="default.jsp";
%>
```

代码贴士

❶ 获取上下文路径，获取的值以"/"开头，然后加上应用名称。

❷ 生成一个路径，该路径将被用于在<base>HTML 标识中设置当前路径。其中，getScheme()方法用来获取网络协议，getServerName()方法用来获取服务器名称，getServerPort()方法用来获取服务器端口。所以该行代码最终会生成类似"http://localhost:8080/CityInfo/"的路径。

❸ 获取要在内容显示区中显示的文件的路径，默认为 default.jsp，即与 IndexTemp.jsp 处于同一目录下的 default.jsp 文件。mainPage 变量将被作为<jsp:include>动作标识的属性值。

以下为 IndexTemp.jsp 文件中实现页面显示的代码。

例程 24　代码位置：光盘\TM\01\WebContent\view\IndexTemp.jsp

```
<html>
<head>
  <title>都市信息网</title>
❶        <base href="<%=basePath%>">
❷        <link type="text/css" rel="stylesheet" href="css/style.css">
</head>
<body background="images/back.gif">
    <center>
        <table>
            <tr><td colspan="2"><jsp:include page="top.jsp"/></td></tr>          <!-- 包含页头文件 -->
            <tr>
                <td><jsp:include page="left.jsp"/></td>                          <!-- 包含侧栏文件 -->
```

❸   `<td><jsp:include page="<%=mainPage%>"/></td>`
              `</tr>`
              `<tr><td colspan="2"><%@ include file="end.jsp" %></td></tr>`   `<!-- 包含页尾文件 -->`
          `</table>`
       `</center>`
`</body>`
`</html>`

📢 **代码贴士**

❶ 通过<base>HTML 标识设置当前路径，这样，在该页面中的所有的 URI（包括在该页面中通过 include 指令与动作标识包含的其他页面中的 URI）都是相对于 basePath 指定的路径。

❷ 通过<link>HTML 标识包含外部 CSS 样式文件，其中 href 属性用来指定文件位置。

❸ 通过 include 动作标识包含需要在内容显示区显示的 JSP 文件。

1.7 前台信息显示设计

1.7.1 信息显示概述

信息显示是本系统要实现的主要功能之一，根据需求分析与系统设计，在前台要实现 3 种显示方式：首页面的信息列表显示、某类别中所有信息的列表显示和某信息详细内容的显示。下面分别对这 3 种方式进行介绍。

1．首页信息的列表显示

该显示实现的效果是：以超链接方式显示信息的标题，单击这些超链接可查看该信息的详细内容。该显示方式将付费信息与免费信息进行分类显示。对于所有类别的付费信息按照信息的发布时间降序排列显示，如图 1.31 所示；对于免费信息，进行归类显示，并且每一类中按照信息的发布时间降序排列，显示前 5 条记录，如图 1.32 所示。

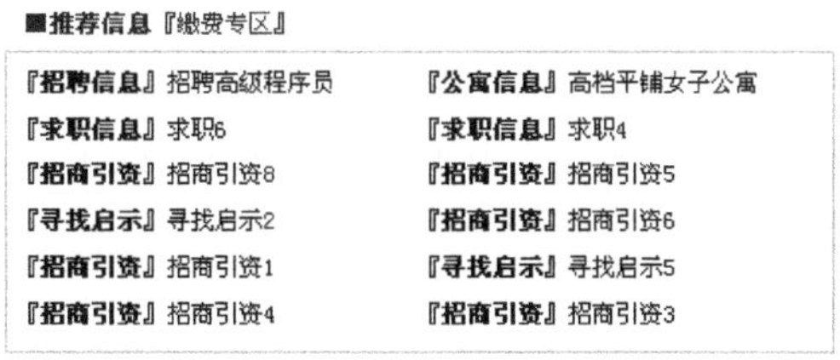

图 1.31 首页中列表显示付费信息

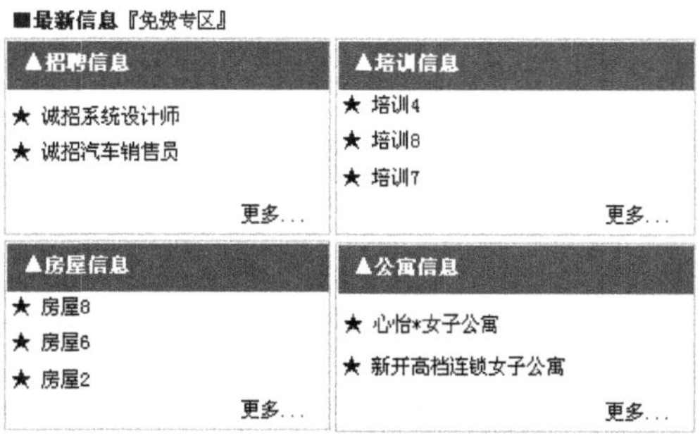

图 1.32 首页中分类显示免费信息

2．某类别中所有信息的列表显示

该显示实现的效果是：显示出该类别中所有信息的详细内容。该显示方式同样将付费信息与免费信息进行分类显示，并且对所有已通过审核的付费信息与所有已通过审核的免费信息都按照信息的发布时间降序排列显示。当用户单击导航栏中的超链接后，就会通过该方式显示信息，如图 1.33 所示。

图 1.33　某类别中所有信息的列表显示效果

3．某信息详细内容的显示

该显示实现的效果是：显示选择的某信息的详细内容。当用户单击信息标题超链接后，就会显示该信息的详细内容，如图 1.34 所示。

图 1.34　某信息详细内容的显示效果

对于前台的信息显示，应该显示已通过审核的信息；对于免费信息的列表显示，要进行分页的显示。

1.7.2　信息显示技术分析

下面将对 1.7.1 节介绍的 3 种显示方式的实现技术进行分析。另外，由于在实现列表显示时，还会涉及到分布，所以本节将对信息列表显示中的分页技术进行分析。

1．首页列表显示技术分析

首页的信息显示又分为付费信息的显示与免费信息的显示，下面分别介绍。

☑　实现付费信息显示的技术分析。

该技术要实现的是以超链接形式显示出数据库中所有已付费信息的标题。要实现这样一个目的，可先按照用户访问、程序处理、页面显示这样的程序流程进行反向分析。

（1）先来考虑如何在 JSP 页面中输出信息。可设想将要显示的已付费信息都存在一个 List 集合对象中，则在页面中可通过 Struts 2.0 的 iterator 标签遍历这个集合，然后再使用 property 标签输出信息，实现信息的列表显示。

（2）接下来考虑如何在程序中生成这样的 List 集合对象。因为信息都以记录形式保存在数据库中，要在页面中显示信息，就必须先查询数据库，获取符合已付费条件的记录，然后依次将每条记录封装到对应的 JavaBean 中，再创建一个 List 集合对象存储这些 JavaBean。这个过程实际上就是将信息从以记录存储的形式转换为通过 JavaBean 进行封装的过程，如图 1.35 所示。

（3）最后考虑如何生成 SQL 查询语句。查询数据库获取所有显示在前台的已付费信息，需要两个条件——已通过审核和已付费。这两个条件都是已知的，不需要从请求中来获取，所以当用户访问首页时，可直接在处理类中生成 SQL 语句。

☑　实现免费信息显示的技术分析。

该技术要实现的是以超链接形式显示出每个类别中最新发布的前 5 条免费信息的标题。在实现之前，同样可采用实现付费信息显示的技术分析，但在分析的第（2）步中，此时的 List 集合对象中存储的不是 JavaBean，而是另外一个 List 集合对象，在这个 List 集合对象中存储的是封装信息的 JavaBean，如图 1.36 所示。这样存储信息，是为了在页面中进行归类显示免费信息，显示的效果如图 1.32 所示。

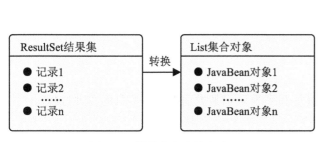

图 1.35　转换信息存储方式

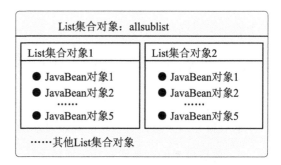

图 1.36　存储免费信息的 List 集合对象

2. 某类别中所有信息的列表显示技术分析

该技术要实现的是列表显示该类别下所有已通过审核的信息的详细内容。它与首页付费信息显示技术的实现是相同的，只不过在页面中进行显示时，显示的是信息的详细内容，这只需通过 property 标签输出 JavaBean 中所有属性值即可实现。

3. 某信息详细内容显示技术分析

该技术要实现的是显示被选中信息的详细内容。与之前实现列表显示技术不同的是，这里不需要 List 集合对象，因为只显示一条记录，可直接将查询到的信息封装到 JavaBean 对象中后，在响应的页面中通过 property 标签输出。此时 property 标签的应用与前面列表显示中 property 标签的使用是不同的，主要体现在标签的 value 属性值的设置上。

4. 信息列表显示中的分页技术分析

在列表显示信息时，必须要考虑分页的实现，本系统是通过数据库分页查询的方法实现的。数据库分页是指通过查询语句从数据库中查询出某页所要显示的数据。例如，某一数据表中有 10 条记录，若以每页 4 条记录来进行显示，要显示第 2 页信息，则只需查询从第 5 条开始到第 8 条的所有记录。

例如，某数据表存在一个名称为 id 的字段。将其设置为自动编号，这样数据表中的记录就会以该字段递增排列。若对该表进行分页查询，可使用如下查询语句，查询出只在当前页中需要显示的所有记录。

```
select top m * from tb_table where id>(select MAX(id) from(select top (n-1)*m (id) from tb_table) as maxid)
```

其中，n 为当前页码；m 为每页显示的记录数；id 是一个被设为自动递增的字段名；select top(n-1)*m (id) from tb_table 子查询语句表示从 tb_table 表中查询出第 n 页前的所有记录；select MAX(id) from（子查询语句 1）as maxid 表示从子查询语句 1 中查询出字段 id 中的最大值。

所以整个 SQL 语句表示在 tb_table 表中，以 id 字段的内容大于一个指定值的记录为起点，查询出前 m 条记录，该指定值为前 n-1 页中 id 字段内容中的最大值。

注意

查询第一页中的记录，应使用 select top m * from tb_table 语句。

本系统是按照信息的发布时间来显示信息的，最新发布的信息显示在最顶部，所以对查询出的记录要按照发布时间进行降序排列。此时分页查询的 SQL 语句应使用信息的发布时间作为分页的条件，而不能再使用设为自动编号的字段了。

1.7.3 列表显示信息的实现过程

　　列表显示信息用到的数据表：tb_info 和 tb_type。

本节将分别介绍首页信息的列表显示的实现过程和列表显示某类别中所有信息的实现过程。

1．首页信息的列表显示实现过程

首页信息的列表显示，分为付费信息和免费信息的列表显示，下面先来介绍列表显示付费信息的实现过程。

☑　列表显示付费信息的实现过程。

（1）创建 JavaBean：InfoSingle。根据前面的技术分析，需要将从信息表中查询出的已通过审核的付费信息封装到 JavaBean 中，然后保存到 List 集合对象中。所以先来创建这个 JavaBean，该 JavaBean 中的每个属性要对应表中的字段。代码如下：

例程 25　代码位置：光盘\TM\01\src\com\yxq\model\InfoSingle.java

```java
package com.yxq.model;

public class InfoSingle {
    private int id;                         //信息 ID
    private int infoType;                   //信息类型
    private String infoTitle;               //信息标题
    private String infoContent;             //信息内容
    private String infoLinkman;             //联系人
    private String infoPhone;               //联系电话
    private String infoEmail;               //E-mail 地址
    private String infoDate;                //信息发布时间
```

```
    private String infoState;                              //信息审核状态
    private String infoPayfor;                             //信息付费状态
    …//省略了属性的 getXXX()与 setXXX()方法
    public String getSubInfoTitle(int len){                //截取信息标题
        if(len<=0||len>this.infoTitle.length())
            len=this.infoTitle.length();
        return this.infoTitle.substring(0,len);
    }
}
```

（2）创建处理访问网站首页请求的 Action 类 IndexAction。Struts 2.0 中的 Action 类通常继承自 com.opensymphony.xwork2.ActionSupport 类，在 Action 类中可实现 execute()方法，当请求转发给 Action 类时，Action 类会自动调用 execute()方法来处理请求，这与 Struts 之前版本中 Action 类的处理是相同的。InexAction 类中用来生成保存付费信息的 List 集合对象的代码如下：

例程 26　代码位置：光盘\TM\01\src\com\yxq\action\IndexAction.java

```
package com.yxq.action;

import java.util.List;
import java.util.TreeMap;
import com.yxq.actionSuper.MySuperAction;
import com.yxq.dao.OpDB;
public class IndexAction extends MySuperAction { // MySuperAction 为自定义类，该类继承了 ActionSupport 类
    public static TreeMap typeMap;                         //用来存储信息类别
    public String execute() throws Exception {             //实现 Action 类的 execute()方法，该方法返回 String 型值
        /* 查询所有收费信息，按发布时间降序排列 */
        OpDB myOp=new OpDB();                              //创建一个处理业务的 OpDB 类对象
        String sql1="select * from tb_info where (info_state='1') and (info_payfor = '1') order by info_date
desc";
        List payforlist=myOp.OpListShow(sql1,null);        //调用业务对象中获取信息列表的方法，返回 List 对象
        request.setAttribute("payforlist",payforlist);     //保存 List 对象到 request 对象中
        session.put("typeMap",typeMap);                    //保存 typeMap 对象
        /* 查询免费信息，按发布时间降序排列 */
        …//代码省略
        return SUCCESS;                                    //返回 Action 类中的最终静态常量 SUCCESS，其值为 success
    }
    static{                                                //静态代码块，在 IndexAction 类第一次被调用时执行
        OpDB myOp=new OpDB();
        /* 初始化所有信息类别 */
        String sql="select * from tb_type order by type_sign";
        typeMap=myOp.OpGetListBox(sql,null);               //调用业务对象中实现初始化信息类别的方法，返回
                                                             TreeMap 对象
        if(typeMap==null)
            typeMap=new TreeMap();
        /* 初始化搜索功能的下拉列表框选项 */
        …//代码省略
    }
}
```

在 static 静态代码块中，主要进行初始化操作。OpGetListBox()方法返回的 TypeMap 对象存储了信息类别，具体代码可查看 1.5.2 节业务处理类中介绍的 OpGetListBox()方法。该 TypeMap 对象中存储的内容如图 1.37 所示。

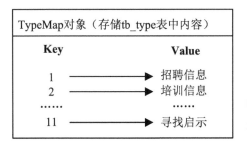

图 1.37　TypeMap 对象存储的内容

上述代码在调用业务处理对象的 OpListShow()方法后，获取了存储付费信息的 List 集合对象，然后将该 List 集合对象保存到了 request 对象中。在 Struts 2.0 的 Action 类中若要使用 HttpServletRequest、HttpServletResponse 类对象，必须使该 Action 类继承 ServletRequestAware 和 ServletResponseAware 接口。另外，如果仅仅是对会话进行存取数据的操作，则可继承 SessionAware 接口，否则可通过 HttpServletRequest 类对象的 getSession()方法来获取会话。Action 类继承了这些接口后，必须实现接口中定义的方法。在 IndexAction 类的父类 MySuperAction 中就继承了这些接口。代码如下：

例程 27　代码位置：光盘\TM\01\src\com\yxq\actionSuper\MySuperAction.java

```java
package com.yxq.actionSuper;

import java.util.Map;
import javax.servlet.http.HttpServletRequest;
import javax.servlet.http.HttpServletResponse;
import org.apache.struts2.interceptor.ServletRequestAware;
import org.apache.struts2.interceptor.ServletResponseAware;
import org.apache.struts2.interceptor.SessionAware;
import com.opensymphony.xwork2.ActionSupport;
public class MySuperAction extends ActionSupport implements SessionAware,ServletRequestAware,
ServletResponseAware {
    protected HttpServletRequest request;
    protected HttpServletResponse response;
    protected Map session;                              //session 对象的类型为 Map
    public void setSession(Map session) {              //继承 SessionAware 接口必须实现的方法
        this.session=session;
    }
    public void setServletRequest(HttpServletRequest request) {//继承 ServletRequestAware 接口必须实现的方法
        this.request=request;
    }
    public void setServletResponse(HttpServletResponse response) {  //继承 ServletResponseAware 接口必
                                                        须实现的方法
        this.response=response;
    }
}
```

（3）配置 Struts 2.0 的配置文件。本系统创建了一个名为 cityinfo.xml 的配置文件，在该文件中配置用户请求动作。以下代码为对访问首页请求的配置：

例程 28　代码位置：光盘\TM\01\WebContent\WEB-INF\classes\cityinfo.xml

```xml
<?xml version="1.0" encoding="UTF-8"?>
<!DOCTYPE struts PUBLIC
    "-//Apache Software Foundation//DTD Struts Configuration 2.0//EN"
    "http://struts.apache.org/dtds/struts-2.0.dtd">
❶    <struts>
❷        <package name="cityInfo" extends="struts-default">
         <!-- 访问首页 -->
❸            <action name="goindex" class="com.yxq.action.IndexAction">
❹                <result>/view/IndexTemp.jsp</result>
            </action>
        </package>
</struts>
```

📢 代码贴士

❶ Struts 2.0 配置文件的根元素。

❷ 配置包空间，name 属性指定该空间的名称，extends 属性指定继承的包空间。

❸ 配置 Action 动作，name 属性指定 Action 动作名称，class 属性指定 Action 处理类。

❹ 指定处理结果后，返回的视图资源。<result>元素的 name 属性指定了从 IndexAction 类中返回的字符串，省略 name 属性的<result>等价于<result name="success">。

通过上面的配置，则任何访问*/goindex.action 路径的请求都会由 IndexAction 类进行处理。下面在 struts.xml 文件中包含 cityinfo.xml 文件，对 Struts 2.0 中的配置文件的介绍可查看 1.16.2 节"Struts 2.0 框架介绍"中的内容。struts.xml 文件的配置如下：

例程 29　代码位置：光盘\TM\01\WebContent\WEB-INF\classes\struts.xml

```xml
<?xml version="1.0" encoding="UTF-8"?>
<!-- 指定配置文件的 DTD 信息 -->
<!DOCTYPE struts PUBLIC
    "-//Apache Software Foundation//DTD Struts Configuration 2.0//EN"
    "http://struts.apache.org/dtds/struts-2.0.dtd">
<struts>
    <!-- 通过 include 元素包含其他配置文件-->
    <include file="cityinfo.xml"/>
</struts>
```

（4）创建用来显示首页内容的 default.jsp 文件，编写实现列表显示付费信息的代码。在该页面中通过 Struts 2.0 标签获取已存储 request 对象中的 List 集合对象，然后遍历该集合对象，输出信息。default.jsp 文件中用来实现付费信息列表显示的代码如下：

例程 30　代码位置：光盘\TM\01\WebContent\view\default.jsp

```jsp
❶    <%@ taglib uri="/struts-tags" prefix="s2"%>
     <!-- 缴费专区 -->
❷    <s2:set name="payforlist" value="#request.payforlist"/>
```

```
<table>
    <tr><td colspan="2"><font color="#004790"><b>■推荐信息</b>『缴费专区』</font></td></tr>
    <tr>
        <td>
            <table>
❸                  <s2:if test="#payforlist==null||#payforlist.size()==0">
                    <tr height="30"><td>★★★ 缴费后，您发布的信息就可在这里显示！★★★</td></tr>
                </s2:if>
                <s2:else>
❹                      <s2:iterator status="payforStatus" value="payforlist">
❺                      <s2:if test="#payforStatus.odd"><tr></s2:if>
❻                          <td>『<b><s2:property value="#session.typeMap[infoType]"/></b>』<a
href="info_SingleShow.action?id=<s2:property value='id'/>"><s2:property
value="getSubInfoTitle(20)"/></a></td>
                        <s2:if test="#payforStatus.even"></tr></s2:if>
                    </s2:iterator>
                </s2:else>
            </table>
        </td>
    </tr>
</table>
```

🔊)) 代码贴士

❶ 通过 taglib 指令引入 Struts 2.0 标签，并指定一个前缀。

❷ 获取 request 范围内 payforlist 属性存储的 List 集合对象，赋值给变量 payforlist。代码中 value 的属性 #request.adminlistshow 等价于 request.getAttribute("adminlistshow")。

❸ 判断 payforlist 变量引用的 List 集合对象是否存在或大小是否为 0。

❹ 遍历 payforlist 变量引用的 List 集合对象，属性 status 用来创建一个 IteratorStatus 类实例，IteratorStatus 类封装了从 value 属性指定的集合对象中遍历出的当前元素在该集合对象中的状态，如在该集合对象中的索引序号（从 0 开始）、在该集合中的位置是否为奇数或偶数、是否为该集合对象中的第一个元素或最后一个元素等。

❺ 代码中 test 属性指定的表达式的意义为：如果当前元素在集合对象中的位置是奇数，则输出标签体中的内容。

❻ 通过<property>标签输出付费信息。该行中第一个<property>标签输出信息类别，第二个<property>标签输出信息 ID，第三个<property>标签输出 InfoSingle 类对象的 getSubInfoTitle()方法返回的值。

在首页中列表显示付费信息的运行效果如图 1.31 所示。

☑ 列表显示免费信息的实现过程。

（1）根据 1.7.2 节中的首页列表显示免费信息技术的分析，在 IndexAction 类的 execute()方法中编写如下代码来生成存储免费信息的 List 集合对象。

例程 31 代码位置：光盘\TM\01\src\com\yxq\action\IndexAction.java

```
/* 查询免费信息，按发布时间降序排列 */
List allsublist=new ArrayList();
if(typeMap!=null&&typeMap.size()!=0){
❶      Iterator itype=typeMap.keySet().iterator();
❷      String sql2="SELECT TOP 5 * FROM tb_info WHERE (info_type = ?) AND (info_state='1') AND (info_payfor
= '0') ORDER BY info_date DESC";
❸      while(itype.hasNext()){
```

```
            Integer sign=(Integer)itype.next();                //获取信息类别
            Object[] params={sign};
            List onesublist=myOp.OpListShow(sql2, params);    //调用业务对象中获取信息列表的方法，返回 List 对象
            allsublist.add(onesublist);
        }
    }
    request.setAttribute("allsublist",allsublist);
```

◀))) 代码贴士

❶ 先调用 Map 对象的 keySet()方法获取 typeMap 对象中包含的所有 key 值，返回一个 java.util.Set 类对象，然后调用 Set 对象的 iterator()方法转换为 Iterator 对象。

❷ 查询 tb_info 数据表中符合已通过审核、免费的和信息类别为指定值这 3 个条件的前 5 条记录，并按发布时间降序排列。

❸ 依次将 typeMap 对象中的 key 值作为❷中 SQL 语句的信息类别值查询 tb_info 数据表。在该 while 循环中将依次查询所有类别的符合条件的信息。

（2）在显示首页内容的 default.jsp 文件中，编写实现列表显示免费信息的代码。该页面中通过 Struts 2.0 标签获取已存储 request 对象中的 allsublist 集合对象，然后遍历该集合对象。如图 1.36 所示，从 allsublist 对象中遍历出的对象是一个存储了某一类信息的 List 集合对象，因此再对该对象进行遍历，输出该类中的信息。这样，就通过两个 iretator 标签实现了免费信息的列表显示，并进行归类。default.jsp 文件中用来实现免费信息列表显示的代码如下：

例程 32　代码位置：光盘\TM\01\WebContent\view\default.jsp

```
<!-- 免费专区 -->
❶    <s2:set name="allsublist" value="#request.allsublist"/>
<table>
        <tr><td colspan="2"><font color="#004790"><b>■最新信息</b>『免费专区』</font></td></tr>
❷        <s2:if test="#allsublist==null||#allsublist.size()==0">
            <tr><td>★★★ 在这里显示免费发布的信息！★★★</td></tr>
        </s2:if>
        <s2:else>
❸            <s2:iterator status="allStatus" value="allsublist">
                <s2:if test="#allStatus.odd"><tr></s2:if>
                    <td align="center">
                        <table>
❹                            <s2:iterator status="oneStatus">
❺                                <s2:if test="#oneStatus.index==0">
                                    <tr><td><b><font color="white">
                                        ▲<s2:property value="#session.typeMap[infoType]"/>
                                    </font></b></td> </tr>
                                </s2:if>
❻                                <tr><td>★ <a href="info_SingleShow.action?id=<s2:property value='id'/>">
<s2:property value="getSubInfoTitle(20)"/></a></td></tr>
❼                                <s2:if test="#oneStatus.last">
❽                                    <tr><td><a href=info_ListShow.action?infoType=<s2:property
value='infoType'/>">更多...</a>  </td></tr>
                                </s2:if>
                            </s2:iterator>
```

```
        </table>
      </td>
      <s2:if test="#allStatus.even"></tr></s2:if>
    </s2:iterator>
  </s2:else>
</table>
```

代码贴士

❶ 获取 request 范围内 allsublist 属性存储的 List 集合对象，赋值给变量 allsublist。

❷ 判断 allsublist 变量引用的 List 集合对象是否存在或大小是否为 0。

❸ 遍历 allsublist 变量引用的 List 集合对象。

❹ 遍历当前从 allsublist 变量引用的 List 集合对象中遍历出的对象。

❺ 如果当前元素为第一个元素，执行<if>标签体中的内容，该标签体内的代码用来输出信息类别。

❻ 以超链接形式显示信息标题，该超链接请求的路径为 Info/work/info_SingleShow.action，根据在 Struts 2.0 配置文件中的配置，将调用 InfoAction 类中的 SingleShow()方法处理请求。

❼ 如果当前元素为最后一个元素，则执行<if>标签体中的内容，该标签体内的代码用来输出"更多"超链接。

❽ 该超链接请求的路径为 Info/work/info_ListShow.action，根据在 Struts 2.0 配置文件中的配置，将调用 InfoAction 类中的 ListShow ()方法处理请求。

在首页中列表显示免费信息的运行效果如图 1.32 所示。

2. 列表显示某类别中所有信息的实现过程

当用户单击导航菜单中的类别时，将会列表显示该类别中的所有信息，其实现与首页付费信息显示技术是相同的。下面介绍列表显示某类别中所有信息的实现过程。

（1）创建处理用户请求的 Action 类 InfoAction。在该类中创建 ListShow()方法来处理列表显示某类别中所有信息的请求。代码如下：

例程 33 代码位置：光盘\TM\01\src\com\yxq\action\InfoAction.java

```
package com.yxq.action;

import java.util.List;
import com.yxq.actionSuper.InfoSuperAction;
import com.yxq.dao.OpDB;
import com.yxq.model.CreatePage;
public class InfoAction extends InfoSuperAction {
    public String ListShow(){                          //处理列表显示某类别中所有信息的请求
        request.setAttribute("mainPage","/pages/show/listshow.jsp");   //设置在内容显示区中显示的页面
        String infoType=request.getParameter("infoType");          //获取信息类别
        Object[] params={infoType};
        OpDB myOp=new OpDB();                          //创建一个业务处理对象
        /* 获取所有的付费信息 */
        String sqlPayfor="SELECT * FROM tb_info WHERE (info_type = ?) AND (info_state='1') AND
(info_payfor = '1') ORDER BY info_date DESC";          //查询某类别中所有付费信息的 SQL 语句
        List onepayforlist=myOp.OpListShow(sqlPayfor, params); //获取所有付费信息
        request.setAttribute("onepayforlist",onepayforlist);   //保存 onepayforlist 对象
        /* 获取当前页要显示的免费信息 */
```

```
            String sqlFreeAll="SELECT * FROM tb_info WHERE (info_type = ?) AND (info_state='1') AND
(info_payfor = '0') ORDER BY info_date DESC";              //查询某类别中所有免费信息的 SQL 语句
            String sqlFreeSub="";                         //查询某类别中某一页的 SQL 语句
            int perR=3;                                   //每页显示 3 条记录
            String strCurrentP=request.getParameter("showpage");   //获取请求中传递的当前页码
            String gowhich="Info/work/info_ListShow.action?infoType="+infoType;   //设置分页超链接请求的资源
            CreatePage createPage=myOp.OpCreatePage(sqlFreeAll, params,perR,strCurrentP,gowhich);
            /*调用 OpDB 类中的 OpCreatePage()方法计算出总记录数、总页数，并且设置当前页码，这些信息都
封装到了 createPage 对象中*/
            int top1=createPage.getPerR();                //获取每页显示记录数
            int currentP=createPage.getCurrentP();        //获取当前页码
            if(currentP==1){                              //设置显示第 1 页信息的 SQL 语句
                sqlFreeSub="SELECT TOP "+top1+" * FROM tb_info WHERE (info_type = ?) AND (info_state =
'1') AND (info_payfor = '0') ORDER BY info_date DESC";
            }
            else{                          //设置显示除第 1 页外，其他指定页信息的 SQL 语句
                int top2=(currentP-1)*top1;
                sqlFreeSub="SELECT TOP "+top1+" * FROM tb_info i WHERE (info_type = ?) AND (info_state
= '1') AND (info_payfor = '0') AND (info_date < (SELECT MIN(info_date) FROM (SELECT TOP "+top2+"
(info_date) FROM tb_info WHERE (info_type = i.info_type) AND (info_state = '1') AND (info_payfor = '0')
ORDER BY info_date DESC) AS mindate)) ORDER BY info_date DESC";
            }
            List onefreelist=myOp.OpListShow(sqlFreeSub, params);   //获取当前页要显示的免费信息
            request.setAttribute("onefreelist",onefreelist);        //保存 onefreelist 对象
            request.setAttribute("createPage", createPage);         //保存封装了分页信息的 JavaBean 对象
            return SUCCESS;
        }
    }
}
```

InfoAction 类继承了自定义类 InfoSuperAction，InfoSuperAction 继承了 MySuperAction 类（在 1.7.4 节将介绍 InfoSuperAction 类）。在 InfoAction 类中并没有实现 execute()方法来处理请求，而是创建了 ListShow()方法来处理列表显示某类别中所有信息的请求，这种改变调用默认方法的功能，与之前 Struts 版本中的 org.apache.struts.actions.DispatchAction 类实现的功能有些类似。改变 Struts 2.0 中这种默认方法的调用可通过两种方法实现：

☑　通过<action>元素的 method 属性指定要调用的方法。

☑　在请求 Action 时，在 Action 名字后加入"!xxx"，其中 xxx 表示要调用的方法名。

下面分别进行介绍。

若存在一个 Action 类 LogXAction，该类中存在 login()和 logout 方法()。代码如下：

```
package com.action;
import com.opensymphony.xwork2.ActionSupport;
public class LogXAction extends ActionSupport{
    public String login(){
        System.out.println("用户登录");
        return SUCCESS;
    }
    public String logout(){
        System.out.println("成功注销");
        return SUCCESS;
```

```
        }
}
```

在 JSP 页面中提供"登录"和"注销"两个超链接，当用户单击"登录"超链接时，调用 LogXAction 类，并执行 login()方法；当单击"注销"超链接时，调用 LogXAction 类，并执行 logout()方法。

先来介绍第一种方法的实现：通过 struts.xml 文件中<action>元素的 method 属性指定调用的方法。

在 struts.xml 文件中进行如下配置：

```
<struts>
    <package name="logX" extends="struts-default">
        <!-- 用户登录配置 -->
        <action name="in" class="com.action.LogXAction" method="login">
            <result>/login.jsp</result>
        </action>
        <!-- 用户注销配置 -->
        <action name="out" class="com.action.LogXAction" method="logout">
            <result>/logout.jsp</result>
        </action>
    </package>
</struts>
```

在 JSP 页面中实现"登录"与"注销"超链接的代码如下：

```
<a href="in.action">登录</a>
<a href="out.action">注销</a>
```

完成如上编码后，单击"登录"超链接，将在控制台中输出"用户登录"，单击"注销"超链接将输出"成功注销"。

在上面 struts.xml 文件的配置中，可以通过一个<action>元素来配置"登录"与"注销"两个请求。实现代码如下：

```
<package name="logX" extends="struts-default">
    <action name="user_*" class="com.action.LogXAction" method="{1}">
        <result>/{1}.jsp</result>
    </action>
</package>
```

代码中<action>元素的 name 属性值为"user_*"，其中"*"表示可取任意值，"{1}"占位符将被赋值为"*"部分的内容。

更改 JSP 页面中"登录"与"注销"超链接代码：

```
<a href="user_login.action">登录</a>
<a href="user_logout.action">注销</a>
```

经过上述编码后，单击"登录"超链接将调用 login()方法，单击"注销"超链接将调用 logout()方法。

下面介绍第二种方法的实现：在请求 Action 时，在 Action 名字后加入"!xxx"。

首先在 struts.xml 配置文件中进行如下配置：

```
<package name="logX" extends="struts-default">
    <action name="logInOut" class="com.action.LogXAction">
        <result>/message.jsp</result>
    </action>
</package>
```

更改 JSP 页面中"登录"与"注销"超链接代码：

```
<a href="logInOut!login.action">登录</a>
<a href="logInOut!logout.action">注销</a>
```

经过上述编码后，单击"登录"超链接将调用 login()方法，单击"注销"超链接将调用 logout()方法。

（2）配置 cityinfo.xml 配置文件。

例程 34　代码位置：光盘\TM\01\WebContent\WEB-INF\classes\cityinfo.xml

```
<!-- 前台信息处理 -->
<action name="info_*" class="com.yxq.action.InfoAction" method="{1}">
    <result>/view/IndexTemp.jsp</result>
    <result name="input">/view/IndexTemp.jsp</result> <!-- 指定进行信息发布时,表单验证失败后返回的页面 -->
</action>
```

上述的配置，是针对单击导航菜单中的超链接所触发的请求的配置。在 view 目录下的 top.jsp 页面中实现的导航菜单的代码如下：

例程 35　代码位置：光盘\TM\01\WebContent\view\top.jsp

```
<s2:set name="types" value="#session.typeMap"/>
<s2:iterator status="typesStatus" value="types">
    <td>
        <a href="info_ListShow.action?infoType=<s2:property value='key'/>" style="color:white">
            <s2:property value="value"/>
        </a>
    </td>
</s2:iterator>
```

（3）创建要在框架页面中的内容显示区中显示的 listhshow.jsp 页面，在该页面中编码实现显示某类别中的所有信息。下面为列表显示免费信息的代码，显示付费信息的代码与此相同，这里不再给出。

例程 36　代码位置：光盘\TM\01\WebContent\view\default.jsp

```
<!-- 列表显示免费信息 -->
<s2:set name="onefreelist" value="#request.onefreelist"/>
<table>
<s2:if test="#onefreelist==null||#onefreelist.size()==0">
    <tr><td align="center">★★★ 在这里显示免费发布的信息！★★★</td></tr></s2:if>
<s2:else>
    <tr><td><font color="#004790"><b>
        ■最新<s2:property value="#session.typeMap[#onefreelist[0].infoType]"/></b>『免费专区』
```

```
</font></td></tr>
<s2:iterator status="onefreeStatus" value="onefreelist">
    <s2:if test="#onefreeStatus.odd">
        <tr><td align="center" style="border:1 solid" bgcolor="#F0F0F0"></s2:if>
    <s2:else>
        <tr><td align="center" style="border:1 solid" bgcolor="white"></s2:else>
            <table>
                <tr>
                    <td colspan="2">【<s2:property value="#session.typeMap[infoType]"/>】</td>
                    <td align="right">发布时间：『<s2:property value="infoDate"/>』 </td>
                </tr>
                <tr><td colspan="3"><s2:property value="infoContent"/></td></tr>
                <tr>
                    <td>联系电话：<s2:property value="infoPhone"/></td>
                    <td>联系人：<s2:property value="infoLinkman"/></td>
                    <td>E-mail：<s2:property value="infoEmail"/></td>
                </tr>
            </table>
        </td>
    </tr>
    <tr height="1"><td></td></tr>
</s2:iterator>
<tr><td align="center"><jsp:include page="/pages/page.jsp"/></td></tr>      <!-- 包含分页导航栏页面 -->
</s2:else>
</table>
```

在例程 36 中，<jsp:include page="/pages/page.jsp"/>用来包含实现分页导航栏的页面。分页导航栏页面的代码如下：

例程 37 代码位置：光盘\TM\01\WebContent\pages\page.jsp

```
<%@ taglib uri="/struts-tags" prefix="s2"%>
<table>
    <tr>
        <td><s2:property escape="false" value="#request.createpage.PageInfo"/></td>
        <td><s2:property escape="false" value="#request.createpage.PageLink"/></td>
    </tr>
</table>
```

代码中设置了 property 标签的 escape 属性，表示是否忽略 HTML 语言，false 表示不忽略，当输出 value 属性指定的值时，若其中包含 "<" 或 ">" 或其他 HTML 标识，则将被解析为有效的 HTML 语法后输出；否则，设为 true，表示忽略 HTML 语言，将原封不动地输出 value 属性指定值。

1.7.4   显示信息详细内容的实现过程

　　显示信息详细内容用到的数据表：tb_info。

　　当用户在前台单击以超链接形式显示的某信息标题时，就触发了查看信息详细内容的请求，该请求的处理是在 InfoAction 类中的 SingleShow()方法中实现的，请求处理结束后，返回 JSP 页面进行显示。

1．创建处理请求的 SingleShow()方法

在 SingleShow()方法中，首先从请求中获取要查看详细内容的信息的 ID 值，并定义查询 SQL 语句，然后将这两个值作为参数来调用业务处理对象 myOp 的 OpSingleShow()方法，在该方法中将查询到的记录封装到 InfoSingle 类对象中，然后返回该 InfoSingle 类对象，具体代码可查看 1.5.2 节介绍的 OpSingleShow()方法。SingleShow()方法的代码如下：

例程 38　代码位置：光盘\TM\01\src\com\yxq\action\InfoAction.java

```
public String SingleShow(){
    request.setAttribute("mainPage","/pages/show/singleshow.jsp");
    String id=request.getParameter("id");                          //获取请求中传递信息的 ID
    String sql="SELECT * FROM tb_info WHERE (id = ?)";             //生成查询 SQL 语句
    Object[] params={id};
    OpDB myOp=new OpDB();                                          //创建一个业务处理对象
    infoSingle=myOp.OpSingleShow(sql, params);                    //获取要查看的信息
    if(infoSingle==null){                                          //若为 null，表示要查看的信息不存在
        request.setAttribute("mainPage","/pages/error.jsp");       //设置要显示的 JSP 页面
        addFieldError("SingleShowNoExist",getText("city.singleshow.no.exist"));    //设置提示信息
    }
    return SUCCESS;
}
```

代码中将 OpSingleShow()方法返回的 InfoSingle 类对象赋值给了 infoSingle，infoSingle 是在 InfoAction 类的父类 InfoSuperAction 中定义的属性。InfoSuperAction 类的代码如下：

例程 39　代码位置：光盘\TM\01\src\com\yxq\actionSuper\InfoSuperAction.java

```
package com.yxq.actionSuper;

import com.yxq.model.InfoSingle;
import com.yxq.model.SearchInfo;
public class InfoSuperAction extends MySuperAction {
    protected InfoSingle infoSingle;        //用来封装从数据表中查询出的记录和发布信息时的表单数据
    protected SearchInfo searchInfo;        //用来封装搜索时的表单数据
    …//省略了属性的 getXXX()与 setXXX()方法
}
```

2．配置 cityinfo.xml 文件

查看信息详细内容请求的配置与列表显示某类别中所有信息请求的配置是同一个配置，可参看例程 34。

3．创建显示详细信息的 singleshow.jsp 页面

singleshow.jsp 页面内容将显示在框架页面中的内容显示区中，在该页面中编码实现要查看信息的详细内容。代码如下：

例程 40　代码位置：光盘\TM\01\WebContent\pages\show\singleshow.jsp

```
<table>
    <s2:if test="infoSingle==null">
```

```
        <tr ><td colspan="2">★★★  查看信息详细内容出错！★★★</td></tr></s2:if>
    <s2:else>
        <tr>
            <td>信息类别：</td>
            <td><s2:property value="#session.typeMap[infoSingle.infoType]"/></td>
        </tr>
        <tr>
            <td>发布时间：</td>
            <td><s2:property value="infoSingle.infoDate"/></td>
        </tr>
            …//省略了显示其他信息的代码
    </s2:else>
</table>
```

　　细心的读者会发现<s2:if test="infoSingle==null">中 test 属性所指定的表达式中没有使用"#"符号，这是因为请求从 InfoAction 类处理结束，转发到 singleshow.jsp 页面后，当前堆栈顶部存储的是 InfoAction 类对象的引用。因此，此时在 singleshow.jsp 页面中使用 Struts 2.0 标签时，都是以 InfoAction 类对象为基准，所以<s2:if test="infoSingle==null">中 test 属性指定的表达式，就相当于判断 InfoAction 类对象的 getInfoSingle()方法返回的值是否为 null。同理，在后面的 property 标签中，如<s2:property value="infoSingle.infoDate"/>输出的值，就相当于先调用 InfoAction 类对象的 getInfoSingle()方法返回 InfoSingle 类对象，再调用 InfoSingle 对象的 getInfoDate()方法，所以<s2:property value="infoSingle.info-Date"/>等价于<s2:property value="getInfoSingle().getInfoDate()"/>。

　　能够这样使用的前提是在 InfoAction 类中或其父类中提供 infoSingle 属性及属性的 getInfoSingle()与 setInfoSingle()方法，可查看例程 39。最终的运行效果如图 1.34 所示。

1.8　信息发布模块设计

1.8.1　信息发布模块概述

　　单击页面顶部的"发布信息"超链接，将进入信息发布页面。在该页面中，用户可从下拉列表中选择一种信息类别（共包括 11 个信息类别：公寓信息、招聘信息、求职信息、培训信息、家教信息、房屋信息、车辆信息、求购信息、出售信息、招商引资、寻找启示），然后输入其他信息，如图 1.38 所示。

　　信息录入完成后，单击"发布"按钮，即可发布信息。此时，程序会先验证用户是否输入了信息，若验证失败，则返回信息发布页面，进行相应提示；若验证成功，则会继续验证输入的联系电话和 E-mail 格式是否正确；若该验证成功，则向数据库中插入记录，完成发布操作；信息发布成功后，返回给用户信息的 ID 值。发布的信息还需要管理员进行审核，只有审核成功的信息才能显示在前台页面中。信息发布的流程如图 1.39 所示。

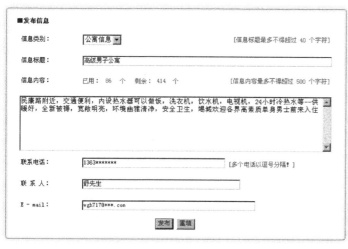

图 1.38　信息发布页面

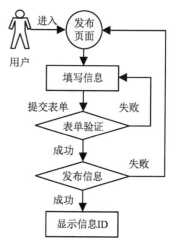

图 1.39　信息发布流程

1.8.2　信息发布模块技术分析

信息发布技术所要实现的是将用户填写的数据保存到数据表中。要实现这样一个目的，首先要解决在 Struts 2.0 中如何获取表单数据以及如何验证表单数据的问题。下面分别进行介绍。

1. 如何获取表单数据

在 Struts 2.0 中不存在与表单对应的 ActionForm，而是直接在处理类中设置与表单字段对应的属性，并为属性创建 setXXX() 与 getXXX() 方法来获取、返回表单数据。

下面以应用 Struts 2.0 实现一个简单的用户登录为例介绍如何获取表单数据。当用户输入的用户名为 tsoft、密码为 111 时，则登录成功，返回到 welcome.jsp 页面，显示用户输入的用户名和密码。

首先，创建一个请求处理类 LoginAction，表单请求被提交到该类中进行处理，为了能够获取表单数据，需要创建与表单字段对应的属性并设置它们的 setXXX() 与 getXXX() 方法。LoginAction 类的具体代码如下：

```
package com.action;
import com.opensymphony.xwork2.ActionSupport;
public class LoginAction extends ActionSupport {
    private String userName;              //对应表单中的"用户名"字段
    private String userPass;              //对应表单中的"密码"字段
    private String message;               //用来保存提示消息
    ……//省略了属性的 setXXX() 与 getXXX() 方法
    public String execute() {
        if(userName.equals("tsoft")&&userPass.equals("111")) {
            message="登录成功！";
            return "yes";
        }else{
            message="登录失败！";
            return "no";
        }
```

```
        }
    }
```

然后，创建登录页面 login.jsp，在该页面中应用 Struts 2.0 标签来创建一个 Form 表单、文本输入框、密码输入框和"登录"、"重置"按钮，运行效果如图 1.40 所示。

图 1.40　用户登录

login.jsp 页面的关键代码如下：

```
        <%@ taglib uri="/struts-tags" prefix="s" %>
❶    <s:form action="login.action" theme="simple">
<table border="0">
    <tr>
        <td>用户名：</td>
❷            <td><s:textfield name="userName"/></td>
    </tr>
    <tr>
        <td>密  码：</td>
❸            <td><s:password name="userPass"/></td>
    </tr>
</table>
</s:form>
```

代码贴士

❶ <form>标签用于生成一个表单，其 action 属性指定请求路径，若该路径以".action"为后缀，则会到 Struts 2.0 的配置文件中查找与之对应的配置，根据配置将请求转发给对应的 Action 类进行处理；将 theme 属性值设为 simple，可以取消其默认的表格布局。

❷ <textfield>标签表示文本输入框，其 name 属性指定了该文本框与表单处理类中对应的属性 userName。实际上，<textfield>标签的 name 属性值并不是必须与处理类中的属性具有相同的名称。如上述代码，当表单提交后，会自动调用处理类中的 setUserName()方法和 setUserPass()方法将表单数据赋值给类中指定的属性，因此该属性的命名是任意的，如命名为 myName。不过为了便于理解，通常情况下都是将属性与表单字段设置为相同的名称，读者也应按照该规则命名。

❸ <password>标签表示密码输入框，其用法同❷。

其次，在配置文件中对表单所请求的路径进行配置。配置代码如下：

```
<package name="login" extends="struts-default">
    <action name="login" class="com.action.LoginAction">
        <result name="yes">welcome.jsp</result>          <!-- 配置登录成功后返回的页面 -->
        <result name="no">welcome.jsp</result>           <!-- 配置登录失败后返回的页面 -->
    </action>
</package>
```

关于 Struts 2.0 配置文件的介绍，读者可查看 1.14.2 节。

接下来，创建登录操作后的提示页面 welcome.jsp，在该页面中输出用户登录结果，并输出用户输入的用户名和密码。welcome.jsp 页面的关键代码如下：

```
<%@ taglib uri="/struts-tags" prefix="s" %>
<b><s:property value="message"/></b>
```

```
<table>
    <tr>
        <td>
            用户名：<b><s:property value="userName"/></b>--
            密  码：<b><s:property value="userPass"/></b>
        </td>
    </tr>
</table>
```

welcome.jsp 页面是从 LoginAction 处理类中进行请求转发来访问的，只有在这种情况下，<property>标签采用如上用法时，才能输出 LoginAction 类中 message、userName 和 userPass 属性的值；否则若是通过地址栏或超链接直接访问 welcome.jsp 页面，如上用法的<property>标签将不输出任何值。

最后，分别在"用户名"和"密码"输入框中输入"tsoft"和"111"，单击"登录"按钮，将出现如图 1.41 所示的运行结果。

若输入的数据为"yxq"和"123"，则出现如图 1.42 所示的运行结果。

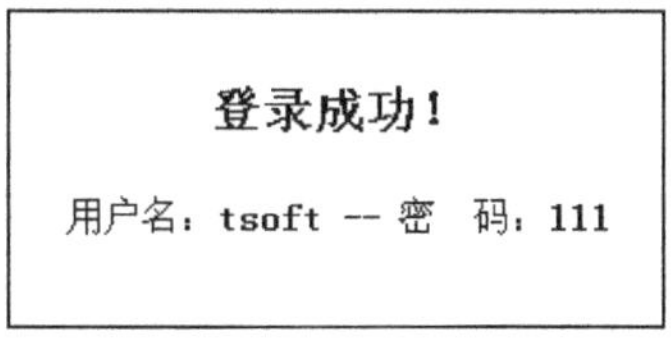

登录成功！
用户名：tsoft -- 密　码：111

图 1.41　登录成功

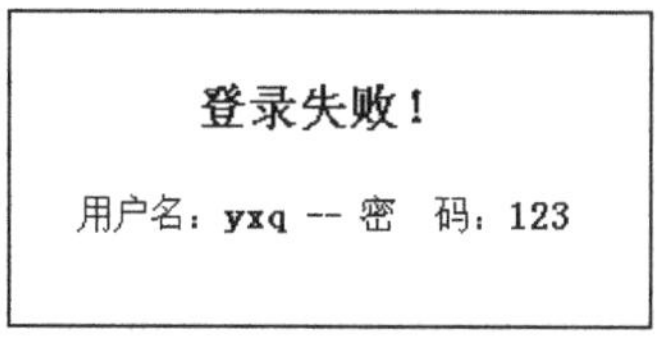

登录失败！
用户名：yxq -- 密　码：123

图 1.42　登录失败

Struts 2.0 还允许将封装表单数据的代码从 Action 类中分离出来，写在另一个 JavaBean 中。例如，将上述例子进行如下修改。

首先，创建一个存储表单数据的 JavaBean。代码如下：

```
package com.model;

public class User {
    private String userName;                    //对应表单中的"用户名"字段
    private String userPass;                    //对应表单中的"密码"字段
     …//省略了属性的 setXXX()与 getXXX()方法
}
```

然后，创建处理类 LoginAction。代码如下：

```
package com.action;

import com.model.User;
import com.opensymphony.xwork2.ActionSupport;
public class LoginAction extends ActionSupport {
    private User user;
     private String message;
    public User getUser() {
        return user;
    }
    public void setUser(User user) {
```

```
            this.user = user;
        }
        …//省略了 message 属性的 setXXX()与 getXXX()方法
        public String execute() {
            if(user.getUserName().equals("tsoft")&&user.getUserPass().equals("111")) {
                message="登录成功！";
                    return "yes";
            }else{
                message="登录失败！";
                    return "no";
            }
        }
    }
```

其次，修改 login.jsp 页面。修改部分的代码如下：

```
<tr>
    <td>用户名：</td>
    <td><s:textfield name="user.userName"/></td>
</tr>
<tr>
    <td>密  码：</td>
    <td><s:password name="user.userPass"/></td>
</tr>
```

Struts 配置文件不需要修改，接下来修改 welcome.jsp 文件。

```
<%@ taglib uri="/struts-tags" prefix="s" %>
<font size="3"><b><s:property value="message"/></b></font>
<table border="0">
    <tr>
        <td>
            用户名：<b><s:property value="user.userName"/></b>--
            密  码：<b><s:property value="user.userPass"/></b>
        </td>
    </tr>
</table>
```

最后，分别在"用户名"和"密码"文本框中输入"tsoft"和"111"，运行结果与图 1.41 所示相同。

2. Struts 2.0 中的表单验证

在 Struts 2.0 中可使用校验框架和 Action 类中的验证方法来对表单数据进行验证，本系统采用的是第二种方法。

Action 类中的验证方法的命名规则为 validateXXX()，其中 XXX 表示 Action 类中用来处理请求的某个方法名称。当请求被转发给 Action 类时，该 Action 会根据用户请求来调用相应的方法处理请求，若在这之前需要进行表单数据验证，则可实现与该方法对应的 validateXXX()验证方法进行验证。

例如，本系统中用来处理前台操作的 Action 类中的 Add()方法用来处理信息发布的请求，在 Add() 方法中需要编写向数据表中插入记录的代码，所以在这之前需要验证用户输入的表单数据是否为空，可在 Action 类中实现 validateAdd()方法进行验证，验证成功后，会自动调用 Add()方法。

validateXXX()验证方法不需要返回值，在方法中可将提示信息通过 addFieldError()方法进行保存，这样，返回验证失败的提示页面后，就可通过 fielderror 标签输出提示信息。

Struts 2.0 将根据是否调用了 addFieldError()方法判断验证是否成功，若 validateXXX()方法的程序流程执行了 addFieldError()方法，则验证失败，那么在 validateXXX()方法的流程结束后，将返回到配置文件中指定的 JSP 页面。

例如，本系统在配置文件中对登录操作进行的配置如下：

```
<action name="login_*" class="com.yxq.action.AdminAction" method="{1}">
    <result name="input">/pages/admin/Login.jsp</result>
    <result name="login">/pages/admin/view/AdminTemp.jsp</result>
    <result name="logout" type="redirectAction">index</result>
</action>
```

其中加粗的代码就是对表单验证失败时的配置，此时<result>元素的 name 属性值必须为 input，/pages/admin/ogin.jsp 则表示验证失败后返回的页面。

3. 解决 Struts 2.0 中的中文乱码问题

在 Struts 2.0 中解决中文乱码问题，可通过一种简单的方法实现。在应用的 WEB-INF/classes 目录下创建一个 struts.properties 资源文件，Struts 2.0 默认会加载 WEB-INF/classes 目录下的该文件，在该文件中进行如下编码：

```
struts.i18n.encoding=gb2312
```

其中，struts.i18n.encoding 指定了 Web 应用默认的编码。

1.8.3　信息发布模块的实现过程

📇　信息发布模块用到的数据表：tb_info。

用户通过单击页面顶部的"发布信息"超链接进入信息发布页面，在该页面中填写发布信息后，提交表单，在 InfoAction 处理类中获取表单数据进行验证，验证成功后向数据表中插入数据，完成信息的发布。下面按照这个操作流程，介绍信息发布的实现过程。

1. 实现页面顶部的"发布信息"超链接

在 view 目录下的 top.jsp 文件中实现进入信息发布页面的"发布信息"超链接。代码如下：

例程 41　代码位置：光盘\TM\01\WebContent\view\top.jsp
```
<a href="info_Add.action?addType=linkTo" style="color:gray">[发布信息]</a>
```

该超链接请求的路径为 info_Add.action，根据在 Struts 配置文件中的配置，由 InfoAction 类中的 Add()方法处理该请求，参数 addType 通知 Add()方法当前请求的操作，其值为 linkTo 表示仅连接到信息发布页面；若为 add，则表示向数据表中插入记录。

2．创建发布信息的 addInfo.jsp 页面

在信息发布页面中包含一个表单，该表单中的元素如表 1.11 所示。

表 1.11　信息发布页面所涉及的表单元素

名　　称	元 素 类 型	重 要 属 性	含　　义
addType	`<input type="hidden">`	name	通过该表单元素，InfoAction 类的 Add()方法判断要进行的操作
infoSingle.infoType	`<s2:select>`	name、list	信息类别下拉列表框
infoSingle.infoTitle	`<s2:textfield>`	name	信息标题
infoSingle.infoContent	`<s2:textarea>`	name	信息内容
infoSingle.infoPhone	`<s2:textfield>`	name	联系电话
infoSingle.infoLinkman	`<s2:textfield>`	name	联系人
infoSingle.infoEmail	`<s2:textfield>`	name	E-mial 地址

addInfo.jsp 页面的关键代码如下：

例程 42　代码位置：光盘\TM\01\WebContent\pages\add\addInfo.jsp

```
<%@ taglib prefix="s2" uri="/struts-tags" %>
<s2:form action="info_Add.action" theme="simple">
    <input type="hidden" name="addType" value="add"/>
    <tr>
        <td>信息类别：</td>
❶              <td> <s2:select emptyOption="true" list="#session.typeMap"
name="infoSingle.infoType"/></td>
        <td>[信息标题最多不得超过 40 个字符]  </td>
    </tr>
❷       <tr> <td colspan="3"><s2:fielderror><s2:param value="%{'typeError'}"/></s2:fielderror></td></tr>
    <tr>
        <td>信息标题：</td>
        <td colspan="2"><s2:textfield name="infoSingle.infoTitle"/></td>
    </tr>
    <tr><td colspan="3"><s2:fielderror><s2:param value="%{'titleError'}"/></s2:fielderror></td></tr>
    …//省略了实现其他表单字段的代码
</s2:form>
```

📣 代码贴士

❶ `<select>`标签用来实现下拉列表框，emptyOption 属性取值为 true，表示第一个下拉列表项为空白，取值为 false 或省略该属性，则不生成空白列表项；list 属性则指定用来生成下拉列表项的数据源，若该数据源是一个 Map 对象，则默认会将该 Map 对象的 key 值作为列表项的值（在程序中使用），将 value 值作为列表项的标签（显示给用户）；name 属性指定了与表单的处理类中对应的 setXXX()与 getXXX()方法。

❷ `<fielderror>`标签用来输出通过 Action 类的 addFieldError()方法保存的信息，`<param>`标签则指定要输出保存的信息。如果要输出保存的全部信息，可使用`<s2:fielderror/>`。"%{}"用来计算表达式，被计算的表达式写在"{}"中，如`<s2:property value="%{100+1}"/>`，将输出"101"，所以，代码中为`<param>`标签的 value 属性指定的是字符串值 typeError，若写为`<s2:param value="typeError"/>`，则此时的 typeError 相当于一个页面变量。例如，`<s2:set name="myError" value="%{'typeError'}"/><s2:param value="myError"/>`与`<s2:param value="%{'typeError'}"/>`实现的功能是相同的。

3．在 InfoAction 类中实现处理信息发布请求的方法

例程 42 中指定表单所触发的请求为 info_Add.action，根据例程 34 中 cityinfo.xml 文件的配置，表单将被提交到 InfoAction 类的 Add()方法中进行处理，在这之前需要进行表单验证。下面先来创建验证表单的方法。

☑　创建验证表单的 validateAdd()方法。

在该方法中，先获取表单数据，然后依次进行验证。首先验证用户输入是否为空，在都不为空的情况下，再验证输入的联系电话和 E-mail 格式是否正确。在验证过程中，若验证失败，则调用 addFieldError()方法保存提示信息。validateAdd()方法的代码如下：

例程 43　代码位置：光盘\TM\01\src\com\yxq\action\InfoAction.java

```
public void validateAdd(){
    int type=infoSingle.getInfoType();                          //获取信息类别表单数据
    String title=infoSingle.getInfoTitle();                     //获取信息标题表单数据
    String content=infoSingle.getInfoContent();                 //获取信息内容表单数据
    String phone=infoSingle.getInfoPhone();                     //获取联系电话表单数据
    String linkman=infoSingle.getInfoLinkman();                 //获取联系人表单数据
    String email=infoSingle.getInfoEmail();                     //获取 E-mail 地址表单数据
    boolean mark=true;
    if(type<=0){
        mark=false;
        addFieldError("typeError",getText("city.info.no.infoType"));  //getText(String key)方法用来获取
                                                                      //  properties 资源文件中 key 指定的
                                                                      //  键值存储的内容

    }
    …//省略了其他表单数据的验证
    if(mark){                                                    //若表单数据都不为空
        …//省略了验证联系电话和 E-mail 格式的代码
    }
}
```

☑　创建处理请求的 Add()方法。

表单验证成功后，调用 Add()方法处理请求。在该方法中先获取表单数据，然后生成 SQL 语句，最后调用 OpDB 类对象的 OpUpdate()方法向数据表中插入记录，完成信息发布。Add()方法的代码如下：

例程 44　代码位置：光盘\TM\01\src\com\yxq\action\InfoAction.java

```
public String Add(){
    String addType=request.getParameter("addType");            //获取访问该方法的请求要进行的操作
    if(addType==null||addType.equals("")){
        request.setAttribute("mainPage","/pages/add/addInfo.jsp");
        addType="linkTo";
    }
    if(addType.equals("add")){                                  //执行信息发布操作
        request.setAttribute("mainPage","/pages/error.jsp");
        OpDB myOp=new OpDB();
        Integer type=Integer.valueOf(infoSingle.getInfoType()); //获取信息类别
```

```
String title=infoSingle.getInfoTitle();                          //获取信息标题
String content=DoString.HTMLChange(infoSingle.getInfoContent());  //转换信息内容中的 HTML 字符
String phone=infoSingle.getInfoPhone();                          //获取联系电话
phone =   phone.replaceAll(",","●");                             //替换"，"符号
String linkman=infoSingle.getInfoLinkman();                      //获取联系人
String email=infoSingle.getInfoEmail();                          //获取 E-mail 地址
String date=DoString.dateTimeChange(new java.util.Date());       //获取当前时间并转换为字符串格式
String state="0";                                                //设置已审核状态为 0
String payfor="0";                                               //设置已付费状态为 0
Object[] params={type,title,content,linkman,phone,email,date,state,payfor};
String sql="insert into tb_info values(?,?,?,?,?,?,?,?,?)";
int i=myOp.OpUpdate(sql,params);            //调用业务对象的 OpUpdate()方法向数据表中插入记录
if(i<=0)                                     //操作失败
    addFieldError("addE",getText("city.info.add.E"));           //保存失败提示信息
else {                                                          //操作成功
    sql="select * from tb_info where info_date=?";              //生成查询刚刚发布信息的 SQL 语句
    Object[] params1={date};
    int infoNum=myOp.OpSingleShow(sql, params1).getId();        //获取刚刚发布信息的 ID 值
    addFieldError("addS",getText("city.info.add.S")+infoNum);   //保存成功提示信息
    }
}
return SUCCESS;
}
```

4．配置 cityinfo.xml 文件

对信息发布请求的配置，与列表显示某类别中所有信息请求的配置相同，可参看例程 34。

1.8.4　单元测试

在进行软件开发的过程中，避免不了出现错误或未发现的 Bug，这些错误和 Bug 发现得越早，对后面的开发和维护越有利，因此测试在软件开发的过程中显得越来越重要。软件测试通常可分为单元测试、综合测试和用户测试，其中单元测试是开发过程中最常用的。

1．单元测试概述

具体来说，单元就是指一个可独立完成某个操作的程序元素，通常为方法或过程，所以单元测试就是针对这个方法或过程进行的测试。但通常情况下，几乎很少存在不与其他方法发生调用与被调用关系的方法，所以也可将对一组用来完成某个操作的方法或过程进行的测试称为单元测试。

对单元的理解可归纳为以下几点：

☑　不可再分的程序模块。

☑　该模块实现了一个具体的功能。

☑　实现了某一功能的模块，与程序中其他模块不发生关系。

对于面向过程的语言来说，如 C 语言，进行的单元测试一般针对的是函数或过程，而像 Java 这种面向对象的语言，通常是针对类进行单元测试。

对单元测试的理解可归纳为以下几点：

☑　单元测试是一种验证行为。

程序中的每一项功能都可以通过单元测试来验证其正确性。它为以后的开发提供支持，就算是开发后期，也可以轻松地增加功能或更改程序结构，而不用担心这个过程中会破坏重要的东西；而且它为代码的重构提供了保障。这样，开发员可以更自由地对程序进行改进。

☑　单元测试是一种设计行为。

编写单元测试将使开发员从调用者的角度观察、思考。特别是先写测试，迫使开发人员把程序设计成易于调用和可测试的。

☑　单元测试是一种编写文档的行为。

单元测试是展示类或函数如何使用的最佳文档，这份文档是可编译、可运行的，并且永远保持与代码同步。

2．单元测试带来的好处

☑　对于开发人员来说，进行单元测试可以大大减少程序的调试时间及程序中的 Bug。

☑　对于整个项目来说，减少了调试时间，缩短了项目开发周期。对项目中的模块进行单元测试后，保证项目最后交付给用户进行测试时有可靠依据。

☑　对于测试人员来说，减少了反馈的问题。

☑　最主要的是，为项目的后期维护带来了很大的方便，并可减少后期维护的费用。

3．JUnit 单元测试工具的介绍与使用

JUnit 是程序单元测试的框架，专门用于测试 Java 开发的程序。同类产品还包括 NUnit（.Net）、CPPUnit（C++），都属于 xUnit 中的成员。目前 JUnit 的最新版本是 JUnit 4.10。在 Eclipse 开发工具中已经集成了 JUnit 的多个版本，本节将介绍如何在 Eclipse 中使用 JUnit 进行单元测试。在介绍 JUnit 的使用之前，先来看一下测试成功与失败后的运行结果，如图 1.43 和图 1.44 所示。

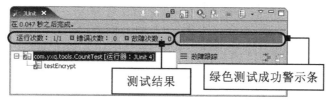

图 1.43　单元测试成功

图 1.44　单元测试失败

下面介绍如何在 Eclipse 中使用 JUnit 进行单元测试。

（1）在 Eclipse 中新建一个 Java 项目。

（2）右击项目，在弹出的快捷菜单中选择"构建路径/添加库"命令，在弹出的"添加库"对话框中选择 JUnit 选项，如图 1.45 所示。

（3）单击"下一步"按钮，在弹出的"JUnit 库"对话框中选择 JUnit 库版本为 JUnit4，单击"完成"按钮，完成 JUnit 测试环境的搭建。

（4）创建一个名为 Count 的 Java 类，在该类中实现一个 encrypt()方法，该方法用于将传递的整数进行简单的加密，并返回加密后的值。创建 Count 类的代码如下：

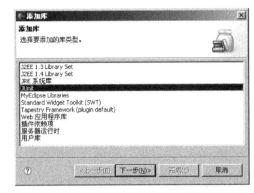

图 1.45　"添加库"对话框

```java
package com.yxq.tools;
public class Count {
    public String encrypt(int input){
        int temp=2*input+100;
        String over="YXQ"+temp;
        return over;
    }
}
```

（5）测试 Count 类。右击 Count.java 类文件，在弹出的快捷菜单中选择"新建"/"JUnit 测试用例"命令，在弹出的"JUnit 测试用例"对话框中进行如图 1.46 所示的设置。

（6）单击"下一步"按钮，在弹出的"测试方法"对话框中，选择要测试的类中的方法，如图 1.47 所示。

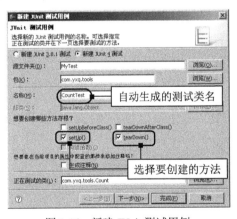

图 1.46　新建 JUnit 测试用例

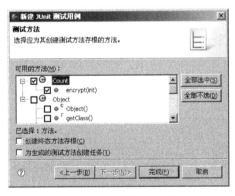

图 1.47　选择测试方法

（7）单击"完成"按钮，完成测试类 CountTest 的创建。最终 CountTest 类的代码如下：

```java
package com.yxq.tools;

import static org.junit.Assert.*;
import org.junit.After;
```

```
import org.junit.Before;
import org.junit.Test;
public class CountTest {
    @Before
    public void setUp() throws Exception {          //初始化方法，执行 CountTest 类时，先来执行该方法
    }
    @After
    public void tearDown() throws Exception {        //清理方法，测试结束后执行该方法
    }
    @Test
    public void testEncrypt() {        //在被测试的方法名前自动加入 test 并使方法名的第一个字母大写
        fail("尚未实现");
    }
}
```

（8）对 CountTest 类进行如下编码：

```
private Count count;
@Before
public void setUp() throws Exception {
    count=new Count();                              //创建 Count 类对象
}
@After
public void tearDown() throws Exception {
    count=null;                                     //销毁 count 对象
}
@Test
public final void testEncrypt() {                   //测试将整数 10 进行加密后的结果是否为 YXQ120
    assertEquals("测试 testEncrypt()方法失败！ ",count.encrypt(10),"YXQ120");
}
```

上述代码中的 assertEquals()方法是 org.junit.Assert 类中的静态方法。其用法如下：

assertEquals(String message,String expected,String actual)

其中，参数 message 表示断言失败输出的信息，该参数可以省略；expected 表示期望的数据；actual
表示实际的数据。assertEquals()方法用来断言 expected 表示的数据与 actual 表示的数据相等，若不等，
则抛出异常并输出 message 表示的提示信息。

在 Assert 类中，常见的 assertXxx()方法如表 1.12 所示。

表 1.12　Assert 类中常用 assertXxx()方法

方　　法	功　能　描　述
assertEquals(type expected,type actual)	断言两个对象相等，其中 type 表示数据类型，如基本数据类型、数组、Object 类
assertNull(Object object)	断言对象为 NULL
assertNotNull(Object object)	断言对象不为 NULL
assertSame(Object expected,Object actual)	断言两个引用变量引用的是同一个对象

续表

方　　法	功 能 描 述
assertNotSame(Object expected,Object actual)	断言两个引用变量引用的不是同一个对象
assertTrue(boolean condition)	断言指定的条件为 True
assertFalse(boolean condition)	断言指定的条件为 False
fail(String message)	中断测试，并输出 message 表示的信息

（9）运行测试。单击 Eclipse 菜单栏中的 ▶ 按钮，在弹出的菜单中选择"运行方式"/"JUnit 测试"命令运行测试，若显示图 1.43 所示的运行结果，则说明 Count 类中的 encrypt()方法正确；否则，则说明 encrypt()方法中存在错误或方法实现的功能与预设不同。

1.9　后台登录设计

1.9.1　后台登录功能概述

用户通过单击前台页面顶部的"进入后台"超链接，进入后台登录页面，如图 1.48 所示。

为了防止任意用户进入后台进行非法操作，所以设置登录功能。当用户没有输入用户名和密码，或输入了错误的用户名和密码进行登录时，会返回登录页面显示相应的提示信息，如图 1.49 所示。

图 1.48　用户登录页面

图 1.49　登录失败

后台登录模块的操作流程如图 1.50 所示。

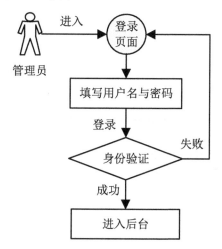

图 1.50　后台登录模块流程

在实现登录功能时，对于已经登录的用户，当再次单击前台页面顶部的"进入后台"超链接时，应直接进入后台主页，而不是再次显示图 1.48 所示的登录页面要求用户登录，该功能的具体实现过程，将在 1.9.3 节中进行介绍。

1.9.2　后台登录技术分析

在后台登录模块中，已登录的用户可跳过登录页面，直接进入后台主页。实现该功能的主要技术是：在当前用户登录成功后，向 Session 中注册一个属性，并为该属性赋值，当用户再次单击"进入后台"超链接时，在程序中先获取存储在 Session 中该属性的值，然后通过判断其值来得知当前用户是否已经登录，从而决定将请求转发到登录页面还是后台首页。

1.9.3　后台登录的实现过程

> 📋　后台登录用到的数据表：tb_user。

根据技术分析，用户单击页面顶部的"进入后台"超链接请求登录时，会先判断用户是否已经登录。若没有登录，则进入登录页面，在该页面中填写用户名和密码后，提交表单，在 Action 处理类中获取表单数据进行验证，验证成功后查询数据表，查询是否存在用户输入的用户名和密码；若存在，则登录成功，进入网站后台。如果用户已经登录，则直接进入后台。下面按照这个流程，介绍后台登录的实现过程。

1．实现"进入后台"超链接

在 view 目录下的 top.jsp 文件中实现进入后台的超链接。代码如下：

例程 45　代码位置：光盘\TM\01\WebContent\view\top.jsp

```
<a href="log_isLogin.action">[进入后台]</a>
```

上述代码实现的超链接所请求的路径为 log_isLogin.action，触发该超链接产生的请求将由 LogInOutAction 类中的 isLogin()方法处理，isLogin()方法用来判断用户是否已经登录。

2．设计登录页面 Login.jsp

在登录页面中，应包含一个表单，并提供"用户名"和"密码"两个表单字段以便用户输入数据。Login.jsp 页面的关键代码如下：

例程 46 代码位置：光盘\TM\01\WebContent\pages\admin\Login.jsp

```jsp
<%@ taglib prefix="s2" uri="/struts-tags" %>
<s2:form action="log_Login.action" theme="simple">
    <tr><td colspan="2"><s2:fielderror/></td></tr>                <!--  输出提示信息 -->
    <tr>
        <td>用户名：  </td>
        <td><s2:textfield name="user.userName" size="30"/></td>
    </tr>
    <tr>
        <td>密  码：  </td>
        <td><s2:password name="user.userPassword" size="30"/></td>
    </tr>
</s2:form>
```

3．创建封装登录表单数据的 JavaBean

该 JavaBean 用来保存输入的用户名和密码。代码如下：

例程 47 代码位置：光盘\TM\01\src\com\yxq\model\UserSingle.java

```java
package com.yxq.model;

public class UserSingle{
    private String userName;                        //对应表单中的"用户名"字段
    private String userPassword;                    //对应表单中的"密码"字段
    …//省略了属性的 setXXX()与 getXXX()方法
}
```

4．创建 LogInOutAction 类

LogInOutAction 类用来处理用户登录和退出登录请求。代码如下：

例程 48 代码位置：光盘\TM\01\src\com\yxq\action\LogInOutAction.java

```java
package com.yxq.action;

import com.yxq.actionSuper.MySuperAction;
import com.yxq.dao.OpDB;
import com.yxq.model.UserSingle;
public class LogInOutAction extends MySuperAction {
    protected UserSingle user;                      //封装表单数据的 JavaBean
    public UserSingle getUser() {
        return user;
    }
    public void setUser(UserSingle user) {
```

```
        this.user = user;
    }
    …//此处为判断当前用户是否登录的 isLogin()方法
    …//此处为验证用户身份的 Login()方法
    …//此处为处理退出登录的 Logout()方法
    …//此处为表单验证方法 validateLogin()
}
```

当用户触发"进入后台"超链接后，请求由 LogInOutAction 类中的 isLogin()方法验证用户是否已经登录。isLogin()方法的代码如下：

例程 49　代码位置：光盘\TM\01\src\com\yxq\action\LogInOutAction.java

```
/** 功能：判断当前用户是否登录 */
public String isLogin(){
    Object ob=session.get("loginUser");
    if(ob==null||!(ob instanceof UserSingle)) //如果对象为空，或者不是 UserSingle 类的实例，表示没有登录
        return INPUT;                          //返回登录页面
    else                                       //已经登录
        return LOGIN;                          //进入后台
}
```

若用户没有登录，则进入登录页面，在该页面中输入用户名和密码后提交表单进行登录，请求将被提交到 LogInOutAction 类中的 Login()方法进行身份验证。Login()方法的代码如下：

例程 50　代码位置：光盘\TM\01\src\com\yxq\action\LogInOutAction.java

```
/** 功能：查询数据表，验证是否存在该用户 */
public String Login(){
    String sql="select * from tb_user where user_name=? and user_password=?";
    Object[] params={user.getUserName(),user.getUserPassword()};   //获取输入的用户名和密码，并保存
    OpDB myOp=new OpDB();
    if(myOp.LogOn(sql, params)){                                    //存在该用户，登录成功
        session.put("loginUser",user);                             //保存当前用户到 session 中
        return LOGIN;                                              //进入后台
    }
    else{                                                          //用户名或密码错误
        addFieldError("loginE",getText("city.login.wrong.input")); //保存提示信息
        return INPUT;                                              //返回登录页面
    }
}
```

请求被提交给 Login()方法之前，需要进行表单验证，所以可实现 validateLogin()方法来验证表单，其实现代码比较简单，这里不再给出，具体代码读者可查看本书附带光盘。

5．配置 cityinfo.xml 文件

之所以能在触发"进入后台"超链接和提交登录表单后，请求 LogInOutAction 类相应的方法进行处理，是因为在 cityinfo.xml 文件中指定了它们之间的关系。配置代码如下：

例程 51　代码位置：光盘\TM\01\WebContent\WEB-INF\classes\cityinfo.xml

```xml
<!-- 管理员登录/退出 -->
<action name="log_*" class="com.yxq.action.LogInOutAction" method="{1}">
    <result name="input">/pages/admin/Login.jsp</result>
    <result name="login">/pages/admin/view/AdminTemp.jsp</result>
    <result name="logout" type="redirectAction">goindex</result>
</action>
```

1.10　后台页面设计

1.10.1　后台页面概述

本系统中所有的后台页面都采用了同一个页面框架，该页面框架采用二分栏结构，分为 4 个区域，即页头、侧栏、页尾和内容显示区，该页面框架的总体结构与前台页面框架的结构相同。网站后台首页的运行效果如图 1.51 所示。

图 1.51　后台首页的运行效果

1.10.2　后台页面技术分析

本系统中，实现后台页面框架的 JSP 文件为 AdminTemp.jsp，该页面的布局如图 1.52 所示。

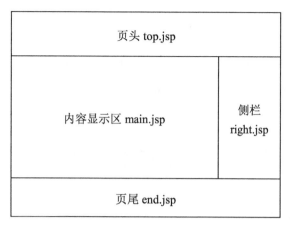

图 1.52　AdminTemp.jsp 页面布局

本系统中，对后台管理员所有请求的响应都通过该框架页面进行显示。在 AdminTemp.jsp 文件中主要采用 include 动作和 include 指令来包含各区域所对应的 JSP 文件。其实现技术与前台页面的实现技术是相同的，读者可查看 1.6.2 节介绍的前台页面实现技术分析。

1.10.3　后台页面的实现过程

根据以上的页面概述及技术分析，需要分别创建实现各区域的 JSP 文件，如实现页头的 top.jsp、实现内容显示区的 main.jsp、实现侧栏的 right.jsp、实现页尾的 end.jsp 等。下面主要介绍框架页面 AdminTemp.jsp 和 main.jsp 页面的实现。

在 AdminTemp.jsp 页面中应用 include 指令和动作标识来包含各区域对应的 JSP 文件。代码如下：

例程 52　代码位置：光盘\TM\01\WebContent\pages\admin\view\AdminTemp.jsp

```
<table>
    <tr><td colspan="2"><%@ include file="top.jsp"%></td></tr>          <!-- 包含页头文件 -->
    <tr><td colspan="2"></td></tr>
    <tr>
        <td><jsp:include page="main.jsp"/></td>                         <!-- 包含 main.jsp 文件 -->
        <td><jsp:include page="right.jsp"/></td>                        <!-- 包含侧栏文件 -->
    </tr>
    <tr><td colspan="2"></td></tr>
    <tr><td colspan="2"><%@ include file="end.jsp" %></td></tr>         <!-- 包含页尾文件 -->
</table>
```

在 main.jsp 文件中实现了内容显示区中的背景图片，并在该页面中加载要显示在内容显示区中的 JSP 文件。代码如下：

例程 53　代码位置：光盘\TM\01\WebContent\pages\admin\view\main.jsp

```
<%
    String mainPage=(String)request.getAttribute("mainPage");
    if(mainPage==null||mainPage.equals(""))
        mainPage="default.jsp";
```

```
%>
<table>
    <tr><td><img src="images/default_t.jpg"></td></tr>
    <tr><td background="images/default_m.jpg" valign="top"><jsp:include
page="<%=mainPage%>"/></td></tr>
    <tr><td><img src="images/default_e.jpg"></td></tr>
</table>
```

1.11　后台信息管理设计

1.11.1　信息管理功能概述

根据需求分析，后台信息的管理功能主要包括信息显示、信息审核、信息删除和信息付费设置。下面分别介绍后台信息管理中的各功能。

1．信息显示功能介绍

后台信息显示功能，分为信息的列表显示和详细内容显示。列表显示的信息由管理员选择的状态类型决定。显示状态分为付费状态和审核状态两种，如图 1.53 所示。

管理员在状态区域中选择显示方式，并在"信息类别"下拉列表框中选择要显示信息的信息类别，单击"显示"按钮提交表单，则程序会按照该显示方式列表显示出符合条件的所有信息，如图 1.54 所示。

审核[招聘信息]

序号	信息ID	信息标题	发布时间	付费	审核	操作
1	10	诚招系统分析师	2007-10-01 08:10:20	是	是	√审核 ×删除
2	9	招聘程序员	2007-09-01 08:10:10	是	否	√审核 ×删除
3	4	招聘会计	2007-04-01 08:00:30	是	是	√审核 ×删除
4	3	招聘库管员	2007-03-01 08:00:20	是	是	√审核 ×删除
5	2	招聘大客车司机	2007-02-01 08:00:10	是	是	√审核 ×删除
6	1	诚招汽车销售员	2007-01-01 08:00:00	否	是	√审核 ×删除
7	7	招聘话务员	2006-07-01 08:00:50	是	是	√审核 ×删除
8	5	诚招软件测试员	2006-05-01 08:00:40	否	是	√审核 ×删除

每页显示:8/9 条记录! 当前页:1/2 页!　　　　　　　　　　下一页 尾页

图 1.53　显示方式　　　　　　　　　　图 1.54　列表显示信息

当用户单击列表显示出的信息的标题或"审核"超链接后，将显示该信息的详细内容。

2．信息审核功能介绍

用户发布信息后，并不能直接显示在页面中，需要由管理员来审核该信息是否可以发布。要进行信息审核，首先需要显示出"未审核"的信息。可从后台主页右侧的功能区的"显示方式"栏中选择"付费状态"为"全部"，"审核状态"为"未审核"的显示方式，并在"信息类别"下拉列表框中选择信息类别，如图 1.55 所示，单击"显示"按钮，则显示该类别下的所有未审核信息。

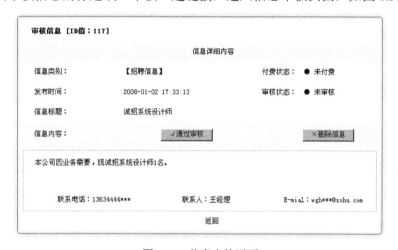

图 1.55 显示未审核信息

接下来单击要审核信息的标题或"审核"超链接，进入信息审核页面，如图 1.56 所示。

图 1.56 信息审核页面

在该页面中查看信息详细内容，单击"通过审核"按钮，即可将该信息设置为已通过审核状态。信息审核成功后，会按照之前已选择的显示方式，重新进行查询并显示结果。

3．信息删除功能介绍

信息删除用来删除一些已发布的无效信息，从图 1.54 可以看到，在每条信息的操作栏中，都提供了一个"删除"超链接，单击该超链接，即可删除对应的信息。另外，也可以通过图 1.56 所示的信息审核页面中的"删除信息"按钮来实现删除操作。信息删除成功后，同样会按照之前已选择的显示方式，重新进行查询并显示结果。

4．信息付费管理功能概述

付费管理功能可将信息设置为"已付费"状态。已付费的信息在前台页面显示时，始终显示在页面的顶部位置，以便第一时间被浏览。在本系统中，用户在前台发布的信息，默认都是免费信息。若想将发布的信息在"缴费专区"中显示，信息发布者首先需要缴纳费用，然后提供信息的 ID 值，由系统管理员根据该 ID 值查询信息，最后将该信息设置为"已付费"状态。需要信息发布者提供的 ID 值，是在信息发布成功后，由系统提供给用户的。

管理员要进行付费设置，首先需要登录到后台，然后在功能区的"付费设置"栏中输入要进行付费设置的 ID 值，查询出该信息，如图 1.57 所示。单击"设为付费"按钮，可将该信息设置为"已付费”状态。

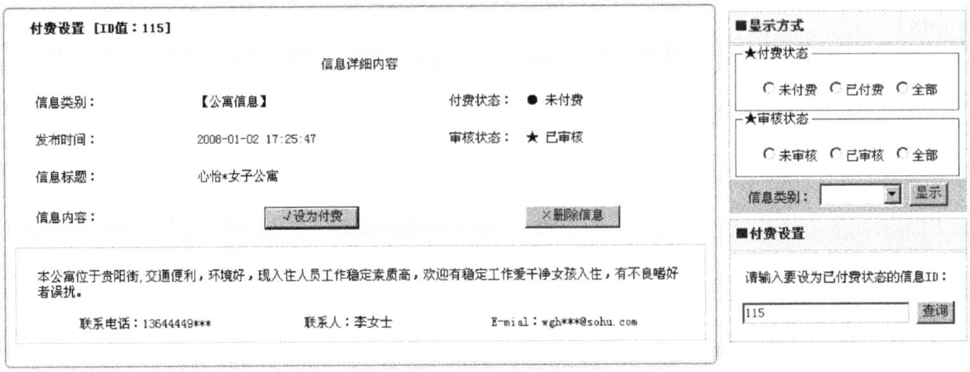

付费设置 [ID值：115]
信息详细内容
信息类别：
【公寓信息】
付费状态：
● 未付费
发布时间：
2008-01-02 17:25:47
审核状态：
★ 已审核
信息标题：
心怡*女子公寓
信息内容：
√设为付费
×删除信息
本公寓位于贵阳街，交通便利，环境好，现入住人员工作稳定素质高，欢迎有稳定工作爱干净女孩入住，有不良嗜好者误扰。
联系电话：13644449***
联系人：李女士
E-mial：wgh***@sohu.com
■显示方式
★付费状态
未付费
已付费
全部
★审核状态
未审核
已审核
全部
信息类别：
显示
■付费设置
请输入要设为已付费状态的信息ID：
115
查询

图 1.57　付费设置页面

1.11.2　信息管理技术分析

1．信息显示技术分析

对于后台信息显示中的列表显示，主要用来显示符合指定条件的信息，该条件包括信息类别、付费状态和审核状态。

在数据表 tb_info 的设计中，设置了 info_payfor 和 info_state 两个字段，分别用来表示“付费状态”与“审核状态”。当 info_payfor 字段内容为 1 时，表示该信息已付费，为 0 时表示未付；同样，info_state 字段内容为 1 时，表示已通过审核，为 0 时表示未通过审核。

所以，若要显示招聘信息类别下的“未审核”和“已付费”的信息，应执行如下的 SQL 语句。

```
SELECT * FROM tb_info WHERE (info_type=1) AND (info_state='0') AND (info_payfor='1')
```

若要显示培训信息类别下的“未审核”和“未付费”的信息，应执行如下的 SQL 语句。

```
SELECT * FROM tb_info WHERE (info_type=1) AND (info_state='0') AND (info_payfor='0')
```

因此，要获取符合条件的信息，只需要设置字段 info_type、info_state 和 info_payfor 的值即可。

本系统提供了两组单选按钮组成了“付费状态”和“审核状态”选项。对于“付费状态”选项组，选择“未付费”，则传递的值为“0”；选择“已付费”，则传递的值为“1”；若选择“全部”，则传递 all。“审核状态”选项组的设置与此相同。另外，实现了一个下拉列表框，供用户选择信息类别。将这些单选按钮与下拉列表框都在一个表单中实现，这样，当单击“显示”按钮提交表单后，选择的状态会通过表单进行传递。可创建一个 JavaBean 来封装表单数据，即保存选择的状态。

■显示方式
★付费状态
未付费
已付费
全部
★审核状态
未审核
已审核
全部
信息类别：
招聘信息
显示

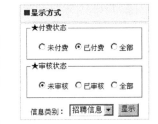

图 1.58　选择显示方式

例如，按照图 1.58 所示的方式进行选择，则提交表单后请求中将添加如下参数：

```
showType.payforType=1&showType.stateType=0&showType.infoType=1
```

其中，showType 为封装表单数据的 JavaBean 实例，payforType 为该 JavaBean 中保存"付费状态"的属性，stateType 为保存"审核状态"的属性，infoType 为保存"信息类别"的属性。

Action 处理类接收表单请求后，获取表单数据：

```
int infoType=showType.getInfoType();
String stateType=showType.getStateType();
String payforType=showType.getPayforType();
```

然后生成 SQL 语句：

```
SELECT * FROM tb_info WHERE (info_type=?) AND (info_state=?) AND (info_payfor=?)
```

语句中的 "?" 最终将依次被设置为变量 infoType、stateType 和 payforType 的值。

对于后台信息显示中的详细内容显示，只需要获取要查看信息的 ID 值，然后通过如下的 SQL 语句查询数据表来实现。

```
SELECT * FROM tb_info WHERE (id = ?)
```

2. 信息审核技术分析

对于信息审核，实现该功能的主要技术就是执行 SQL 语句更新数据表。首先需要获取信息的 ID 值，然后生成如下 SQL 语句：

```
UPDATE tb_info SET info_state = 1 WHERE (id = ?)
```

其中 id 字段的值将通过表单中的隐藏域字段进行传递，在 Action 处理类中可通过如下代码获取：

```
String checkID=request.getParameter("checkID")
```

最后执行该 SQL 语句更新数据表，完成信息审核操作。

3. 信息删除技术分析

与信息审核技术的实现相同，首先获取信息的 ID 值，然后通过执行 SQL 语句来实现。该 SQL 语句如下：

```
DELETE tb_info WHERE (id = ?)
```

其中 id 字段的值将通过表单中的隐藏域字段进行传递，在 Action 处理类中可通过如下代码获取：

```
String deleteID=request.getParameter("deleteID")
```

最后执行该 SQL 语句更新数据表，完成信息删除操作。

4. 信息付费设置技术分析

付费管理技术主要就是执行 SQL 语句更新数据表，将信息的付费状态设置为"已付费"。该 SQL 语句如下：

```
UPDATE tb_info SET info_payfor=1 WHERE (id = ?)
```

其中 id 字段的值将通过表单进行传递，在 Action 处理类中可通过如下代码获取：

```
String moneyID=request.getParameter("moneyID");
```

最后执行该 SQL 语句更新数据表，完成信息付费设置操作。

1.11.3 后台信息显示的实现过程

后台信息显示用到的数据表：tb_info。

1．在侧栏对应的 right.jsp 页面中编写实现显示方式的代码

根据信息显示功能的介绍及信息显示的技术分析，在 right.jsp 页面中编写如下代码：

例程 54 代码位置：光盘\TM\01\WebContent\pages\view\right.jsp

```
<%@ page import="java.util.Map,java.util.TreeMap" %>
<%@ taglib prefix="s2" uri="/struts-tags" %>
<%
    Map checkState=new TreeMap();                   //用来存储"审核状态"中的选项
    checkState.put("1","已审核");                    //Map 对象的 key 值存储选项的值，value 存储选项的标签
    checkState.put("0","未审核");
    checkState.put("all","全部");
    Map payforState=new TreeMap();                  //用来存储"付费状态"中的选项
    payforState.put("1","已付费");                   //Map 对象的 key 值存储选项的值，value 存储选项的标签
    payforState.put("0","未付费");
    payforState.put("all","全部");
    request.setAttribute("checkState",checkState);  //将 Map 对象保存在 request 范围内，
                                                    //以便 radio 标签遍历该 Map 对象生成一组单选按钮
    request.setAttribute("payforState",payforState); //同上
%>
<s2:form action="admin_ListShow.action?" theme="simple">
<table>
  <tr><td colspan="2">
      <fieldset>
          <legend>★付费状态</legend>
          <s2:radio list="#request.payforState" name="showType.payforType"
value="%{showType.payforType}"/>
      </fieldset>
      <fieldset>
          <legend>★审核状态</legend>
          <s2:radio list="#request.checkState" name="showType.stateType"
value="%{showType.stateType}"/>
      </fieldset>
  </td></tr>
  <tr><td>
      信息类别：<s2:select emptyOption="true" list="#session.typeMap" name="showType.infoType"/>
      <s2:submit value="显示"/>
  </td></tr>
</table>
</s2:form>
…//省略了显示付费设置界面的代码
```

代码中用到了 Struts 2.0 中的<radio>标签，其用法与<select>标签的使用相同，可查看 1.8.3 节"信息发布实现过程"中对<select>标签的讲解。

2. 创建 JavaBean：AdminShowType

根据信息显示的技术分析，需要创建一个 JavaBean 来保存显示方式中的选择状态，实际上就是用来封装表单数据。关键代码如下：

例程 55　代码位置：光盘\TM\01\src\com\yxq\model\AdminShowType.java

```
package com.yxq.model;

public class AdminShowType {
    private String stateType;                //保存审核状态
    private String payforType;               //保存付费状态
    private int infoType;                    //保存信息类别
    …//省略了属性的 setXXX()与 getXXX()方法
}
```

3. 在 AdminAction 类中实现处理后台信息列表显示的方法

AdminAction 类用来处理后台管理员请求的操作，其中后台信息列表显示的请求是在该类中的 ListShow()方法中处理的，在该方法中，首先需要获取管理员选择的显示方式，所以在调用该方法之前，需要验证管理员是否选择了显示方式及信息类别，可创建 validateListShow()验证方法实现，其代码可查看本书附带光盘。下面介绍 ListShow()方法的实现代码。

例程 56　代码位置：光盘\TM\01\src\com\yxq\action\AdminAction.java

```
int infoType=showType.getInfoType();                    //获取选择的"信息类别"
String payforType=showType.getPayforType();             //获取选择的"付费状态"
String stateType=showType.getStateType();               //获取选择的"审核状态"
session.put("infoType",Integer.valueOf(infoType));      //保存已选择的"信息类别"
session.put("payforType",payforType);                   //保存已选择的"付费状态"
session.put("stateType",stateType);                     //保存已选择的"审核状态"
```

然后通过判断是否选中"付费状态"与"审核状态"中的"全部"单选按钮来生成相应的 SQL 语句。实现代码如下：

例程 57　代码位置：光盘\TM\01\src\com\yxq\action\AdminAction.java

```
    String sqlall="";                          //用来保存查询所有记录的 SQL 语句
    String sqlsub="";                          //用来保存查询指定页中记录的 SQL 语句
    Object[] params=null;
    String mark ="";
    int perR=8;                                //设置每页显示的记录数
❶  if(!stateType.equals("all")&&!payforType.equals("all")){
        mark="1";
        sqlall="SELECT * FROM tb_info WHERE (info_type=?) AND (info_state=?) AND (info_payfor=?) ORDER BY info_date DESC";
        sqlsub="SELECT TOP "+perR+" * FROM tb_info WHERE (info_type=?) AND (info_state=?) AND (info_payfor=?) ORDER BY info_date DESC";
```

```
                    params=new Object[3];                           //声明一个大小为 3 的对象数组
                    params[0]=Integer.valueOf(infoType);            //保存设置 info_type 字段的值
                    params[1]=stateType;                                    //保存设置 info_state 字段的值
                    params[2]=payforType;                                 //保存设置 info_payfor 字段的值
❷      }else if(stateType.equals("all")&&payforType.equals("all")){
                    mark="2";
                    sqlall="SELECT * FROM tb_info WHERE (info_type=?) ORDER BY info_date DESC";
                    sqlsub="SELECT TOP "+perR+" * FROM tb_info WHERE (info_type=?) ORDER BY info_date DESC";
                    params=new Object[1];                           //声明一个大小为 1 的对象数组
                    params[0]=Integer.valueOf(infoType);            //保存设置 info_type 字段的值
❸      }else if(payforType.equals("all")){
                    mark="3";
                    sqlall="SELECT * FROM tb_info WHERE (info_type=?) AND (info_state=?) ORDER BY info_date
DESC";
                    sqlsub="SELECT TOP "+perR+" * FROM tb_info WHERE (info_type=?) AND (info_state=?)
ORDER BY info_date DESC";
                    params=new Object[2];                           //声明一个大小为 2 的对象数组
                    params[0]=Integer.valueOf(infoType);            //保存设置 info_type 字段的值
                    params[1]=stateType;                                    //保存设置 info_state 字段的值
❹      }else if(stateType.equals("all")){
                    mark="4";
                    sqlall="SELECT * FROM tb_info WHERE (info_type=?) AND (info_payfor=?) ORDER BY info_date
DESC";
                    sqlsub="SELECT TOP "+perR+" * FROM tb_info WHERE (info_type=?) AND (info_payfor=?)
ORDER BY info_date DESC";
                    params=new Object[2];                           //声明一个大小为 2 的对象数组
                    params[0]=Integer.valueOf(infoType);            //保存设置 info_type 字段的值
                    params[1]=payforType;                                 //保存设置 info_payfor 字段的值
            }
```

代码贴士

❶ 没有同时选中"付费状态"与"审核状态"的"全部"单选按钮。

❷ 同时选中了"付费状态"与"审核状态"的"全部"单选按钮。

❸ 选中了"付费状态"中的"全部"单选按钮，"审核状态"任意。

❹ 选中了"审核状态"中的"全部"单选按钮，"付费状态"任意。

以上代码中加粗的 SQL 语句用来查询符合条件的第一页所包含的记录，其中变量 perR 表示每页显示的记录数。

接着获取存储分页信息的 CreatePage 类对象。实现代码如下：

例程 58　代码位置：光盘\TM\01\src\com\yxq\action\AdminAction.java

```
String strCurrentP=request.getParameter("showpage");             //获取当前页码
String gowhich="admin_ListShow.action";                          //设置分页超链接请求的资源
OpDB myOp=new OpDB();                                            //创建一个业务处理对象
CreatePage createPage=myOp.OpCreatePage(sqlall, params,perR,strCurrentP,gowhich); //调用 OpDB 类中的
//OpCreatePage()方法计算出总记录数、总页数，并且设置当前页码，这些信息都封装到了 createPage 对象中
```

接下来判断用户访问的页码是否为第一页，若不是，则生成查询其他页记录的 SQL 语句。实现代码如下：

例程 59　代码位置：光盘\TM\01\src\com\yxq\action\AdminAction.java

```java
int currentP=createPage.getCurrentP();                          //获取当前页码
if(currentP>1){                                                 //如果不是第一页
    int top=(currentP-1)*perR;
    if(mark.equals("1")){
        sqlsub="SELECT TOP "+perR+" * FROM tb_info i WHERE (info_type = ?) AND (info_payfor = ?)
AND (info _state = ?) AND (info_date < (SELECT MIN(info_date) FROM (SELECT TOP "+top+" (info_date)
FROM tb_info WHERE (info_type = i.info_type) AND (info_payfor = i.info_payfor) AND (info_state = i.info_state)
ORDER BY info_date DESC) AS mindate)) ORDER BY info_date DESC";
    }
    else if(mark.equals("2")){
        sqlsub="SELECT TOP "+perR+" * FROM tb_info i WHERE (info_type = ?) AND (info_date <
(SELECT MIN(info_date) FROM (SELECT TOP "+top+" (info_date) FROM tb_info WHERE (info_type =
i.info_type) ORDER BY info_date DESC) AS mindate)) ORDER BY info_date DESC";
    }
    else if(mark.equals("3")){
        sqlsub="SELECT TOP "+perR+" * FROM tb_info i WHERE (info_type = ?) AND (info_state = ?) AND
(info _date < (SELECT MIN(info_date) FROM (SELECT TOP "+top+" (info_date) FROM tb_info WHERE
(info_type = i.info_type) AND (info_state = i.info_state) ORDER BY info_date DESC) AS mindate)) ORDER BY
info_date DESC";
    }
    else if(mark.equals("4")){
        sqlsub="SELECT TOP "+perR+" * FROM tb_info i WHERE (info_type = ?) AND (info_payfor = ?)
AND (info _date < (SELECT MIN(info_date) FROM (SELECT TOP "+top+" (info_date) FROM tb_info WHERE
(info_type = i.info_type) AND (info_payfor = i.info_payfor) ORDER BY info_date DESC) AS mindate)) ORDER
BY info_date DESC";
    }
}
```

最后查询数据库，获取符合条件的在当前页中显示的信息。实现代码如下：

例程 60　代码位置：光盘\TM\01\src\com\yxq\action\AdminAction.java

```java
List adminlistshow=myOp.OpListShow(sqlsub, params);
request.setAttribute("adminlistshow",adminlistshow);
request.setAttribute("createpage",createPage);
```

4．配置 cityinfo.xml 文件

本系统中所有访问后台操作的请求，都将其访问路径设置为 admin_xxx.action，然后在 cityinfo.xml 配置文件中，将该路径模式与 AdminAction 后台处理类进行指定，这样所有访问 admin_*.action 的请求都会由 AdminAction 类进行处理。其配置代码如下：

例程 61　代码位置：光盘\TM\01\WEB-INF\classes\cityinfo.xml

```xml
<!-- 后台管理员操作 -->
<action name="admin_*" class="com.yxq.action.AdminAction" method="{1}">
    <result name="input">/pages/admin/view/AdminTemp.jsp</result> <!-- 指定表单验证失败后返回的资源-->
    <result>/pages/admin/view/AdminTemp.jsp</result> <!--  指定信息显示请求处理成功后返回的资源 -->
</action>
```

5．创建显示信息的 JSP 文件

在获取了符合条件的信息后，应返回 JSP 页面进行显示。其关键代码如下：

例程 62　代码位置：光盘\TM\01\WebContent\pages\admin\info\listshow.jsp

```
❶    <s2:set name="listshow" value="#request.adminlistshow"/>
…//省略了部分代码
<s2:iterator status="status" value="listshow">
<s2:if test="#status.odd">
      <tr></s2:if>
<s2:else>
    <tr bgcolor="#F9F9F9"></s2:else>
        <td><b><s2:property value="#status.index+1"/></b></td>    <!-- 输出序号 -->
❷        <td><s2:property value="id"/></td>                    <!-- 输出信息 ID 值 -->
        <td><a href="admin_CheckShow.action? checkID =<s2:property value='id'/>"><s2:property value=
"getSubInfoTitle(17)"/> </a></td>                          <!-- 以超链接形式输出信息标题 -->
        <td><s2:property value="infoDate"/></td>               <!-- 输出信息发布时间 -->
        <td><s2:if test="infoPayfor==1">是</s2:if><s2:else>否</s2:else></td><!-- 输出付费状态-->
        <td><s2:if test="infoState==1"><font color="red">是</font></s2:if><s2:else><b><font color="blue">否
</font></b></s2:else></td>                               <!-- 输出审核状态-->
        <td><a href="admin_CheckShow.action? checkID =<s2:property value='id'/>"> √ 审核</a></td>
        <td><a href="admin_Delete.action? deleteID=<s2:property value='id'/>" onclick="return really()">×删
除</a></td>
        </tr>
</s2:iterator>
```

📢》代码贴士

❶ <set>标签用来为变量赋值，并将该变量保存到指定范围内。其中，name 属性指定变量名，value 属性指定变量值，代码中 value 的属性值#request.adminlistshow 等价于 request.getAttribute("adminlistshow")；可通过 scope 属性指定变量的存储范围，可选值为 application、session、request、page 和 action。

❷ 注意，该<property>标签并不是输出字符串 id，而是输出当前遍历出的元素的 getId()方法返回的值。

1.11.4　信息审核的实现过程

🔲　信息审核用到的数据表：tb_info。

根据信息审核功能介绍，进行信息审核操作，需要先进入信息审核页面，显示被审核信息的详细内容，然后管理员通过单击"通过审核"按钮，完成信息审核操作。下面按照这个流程来介绍信息审核的实现过程。

1．在信息列表显示页面中实现进入审核页面的超链接

在信息列表显示页面中提供了信息标题和"审核"超链接，单击超链接后即可进入信息审核页面。实现代码如下：

例程 63　代码位置：光盘\TM\01\WebContent\pages\admin\info\listshow.jsp

```
<td><a href="admin_CheckShow.action? checkID=<s2:property value='id'/>"><s2:property
value="getSubInfoTitle(17)"/> </a></td>
```

...

```
<td><a href="admin_CheckShow.action? checkID =<s2:property value='id'/>"> √审核</a></td>
```

根据在 cityinfo.xml 文件中对 admin_*.action 的配置，上述代码实现的超链接被触发后，将由 AdminAction 类中的 CheckShow()方法进行处理。

2. 在 AdminAction 类中创建 CheckShow()方法

该方法用来显示被审核信息的详细内容。在该方法中，首先需要获取请求中传递的信息 ID 值，然后生成查询 SQL 语句，最后调用业务处理对象的 OpSingleShow()方法返回封装信息的 InfoSingle 类对象。实现代码如下：

例程 64　代码位置：光盘\TM\01\src\com\yxq\action\AdminAction.java

```
/** 功能：管理员操作-显示要审核的信息 */
public String CheckShow(){
    request.setAttribute("mainPage","../info/checkshow.jsp");
    comebackState();                                        //恢复在"显示方式"中选择的状态的方法
    String sql="SELECT * FROM tb_info WHERE (id = ?)";
    String checkID=request.getParameter("checkID");         //获取请求中传递的信息 ID 值
    if(checkID==null||checkID.equals(""))
        checkID="-1";
    Object[] params={checkID};
    OpDB myOp=new OpDB();
    infoSingle=myOp.OpSingleShow(sql, params);              //返回 InfoSingle 类对象
    if(infoSingle==null){                                   //信息不存在
        request.setAttribute("mainPage","/pages/error.jsp");
        addFieldError("AdminShowNoExist",getText("city.singleshow.no.exist"));   //保存提示信息
    }
    return SUCCESS;
}
```

代码中调用的 comebackState()方法用来恢复在"显示方式"中选择的状态。实现代码如下：

例程 65　代码位置：光盘\TM\01\src\com\yxq\action\AdminAction.java

```
/** 功能：恢复在"显示方式"中选择的状态 */
private void comebackState(){
    /* 获取 session 中保存的选择状态。将选择状态保存在 session 中，是在管理员单击"显示"按钮请求列表
    显示时，在 ListShow()方法中实现的
    */
    Integer getInfoType=(Integer)session.get("infoType");
    String getPayForType=(String)session.get("payforType");
    String getStateType=(String)session.get("stateType");
    /* 恢复选择的状态 */
    if(getPayForType!=null&&getStateType!=null&&getInfoType!=null){
        showType.setInfoType(getInfoType.intValue());
        showType.setPayforType(getPayForType);
        showType.setStateType(getStateType);
    }
}
```

3．创建显示审核信息的 JSP 页面

用来显示审核信息的页面为 checkshow.jsp，该页面通过一个表单显示被审核信息的详细内容，并提供了"通过审核"与"删除信息"两个提交按钮。单击"通过审核"按钮，表单触发 admin_Check 动作，将由 AdminAction 类中的 Check()方法来处理该请求；单击"删除信息"按钮，表单触发 admin_Delete 动作，将由 AdminAction 类中的 Delete()方法处理请求。checkshow.jsp 的代码如下：

例程 66 代码位置：光盘\TM\01\WebContent\pages\admin\info\checkshow.jsp

```
❶    <s2:form theme="simple">
     <input type="hidden" name="checkID" value="<s2:property value="infoSingle.id"/>">
     <input type="hidden" name="deleteID" value="<s2:property value="infoSingle.id"/>">
     <table>
        <tr>
           <td><b>审核信息 [ID 值：<s2:property value="infoSingle.id"/>]</b></td>
           <td colspan="2" align="right"><s2:fielderror/></td>
        </tr>
        …//省略了显示其他字段信息的代码
     <tr>
        <td>信息内容：</td>
           <td>
              <s2:if test="infoSingle.infoState==1"><s2:set name="forbid" value="true"/></s2:if>
              <s2:else><s2:set name="forbid" value="false"/></s2:else>
❷             <s2:submit action="admin_Check" value=" √ 通过审核" disabled="%{forbid}"/>
           </td>
❸          <td><s2:submit action="admin_Delete" value="×删除信息" onclick="return really()"/></td>
     </tr>
        …//省略了显示其他字段信息的代码
     </table>
  </s2:form>
```

📢 **代码贴士**

❶ 该<form>标签并没有设置 action 属性来指定表单触发的 Action 动作，则默认触发当前请求中的 Action 动作。

❷ 通过该<submit>标签的 action 属性设置表单触发的 Action 动作为 admin_Check。

❸ 通过该<submit>标签的 action 属性设置表单触发的 Action 动作为 admin_Delete。

4．在 AdminAction 类中创建信息审核的 Check()方法

Check()方法将实现信息审核的操作。在该方法中，先获取请求中传递的信息 ID 值，然后生成 SQL 语句，最后调用业务处理对象的 OpUpdate ()方法实现信息审核操作。实现代码如下：

例程 67 代码位置：光盘\TM\01\src\com\yxq\action\AdminAction.java

```
/** 功能：管理员操作-审核信息（更新数据库） */
public String Check(){
    session.put("adminOP","Check");                          //记录当前操作为"审核信息"
    String checkID=request.getParameter("checkID");          //获取信息 ID 值
    String sql="UPDATE tb_info SET info_state = 1 WHERE (id = ?)";
    Object[] params={checkID};
    OpDB myOp=new OpDB();
    int i=myOp.OpUpdate(sql, params);                         //更新数据表，实现信息审核操作
```

```
if(i>0)                                              //审核信息成功
    return "checkSuccess";
else{                                                //审核信息失败
    comebackState();
    addFieldError("AdminCheckUnSuccess",getText("city.admin.check.no.success"));
    request.setAttribute("mainPage","/pages/error.jsp");
    return "UnSuccess";
}
}
```

5．配置 cityinfo.xml 文件

对信息审核操作的配置与对信息显示的操作的配置使用的是同一个配置，读者可查看 1.11.3 节中配置 cityinfo.xml 文件中的代码，只不过在该<action>元素中需要增加对<result>元素的配置，来指定信息审核操作成功和失败后返回的视图。配置代码如下：

例程 68　代码位置：光盘\TM\01\WebContent\WEB-INF\classes\cityinfo.xml

```
❶    <result name="checkSuccess" type="redirectAction">
    <param name="actionName">admin_*</param>
    <param name="method">ListShow</param>
</result>
❷    <result name="deleteSuccess" type="redirectAction">
    admin_ListShow.action
</result>
<result name="UnSuccess">/pages/admin/view/AdminTemp.jsp</result>
```

◀))) 代码贴士

❶ 该<result>元素用来指定信息审核成功后返回的视图，其中 type 属性指定返回视图的类型，redirectAction 表示返回的视图类型为 Action 动作；该<result>元素中的第一个<param>元素用来指定返回的 Action 动作，第二个<param>元素指定了要执行的方法。若程序返回由该<result>元素指定的视图，则会生成如下请求：http://localhost:8080/CityInfo/admin_*!ListShow.action。

❷ 该<result>元素用来指定信息删除成功后返回的视图，若程序返回由该<result>元素指定的视图，则会生成如下请求：http://localhost:8080/CityInfo/admin_ListShow.action。

1.11.5　信息付费设置的实现过程

📊　信息付费设置用到的数据表：tb_info。

根据信息付费设置功能介绍，进行信息付费设置操作，需要先查询出要进行付费设置的信息，在页面中显示要进行付费设置信息的详细内容，然后管理员通过单击"设为付费"按钮，完成信息付费设置操作。实际上，信息付费设置的实现与信息审核的实现是相同的，只不过在查询被操作的信息时，信息审核操作的实现，是将要查询信息的 ID 值在超链接中传递，而信息付费设置需要管理员向表单中输入信息 ID 值，然后提交表单进行传递。下面介绍信息付费设置的实现过程。

1．在侧栏对应的 right.jsp 页面中编写实现付费设置页面的代码

该编码要实现一个表单，在表单中提供一个文本输入框和一个提交按钮，文本框用来接收管理员

输入的信息 ID 值。实现代码如下：

例程 69　代码位置：光盘\TM\01\WebContent\pages\admin\view\right.jsp

```
<!-- 设置已付费信息 -->
<form action="admin_SetMoneyShow.action">
    <tr><td>
        <table>
            <tr><td>请输入要设为已付费状态的信息 ID：</td></tr>
            <tr><td >
                <input type="text" name="moneyID" value="${param['moneyID']}" size="24"/>
                <input type="submit" value="查询"/>
            </td></tr>
        </table>
    </td></tr>
</form>
```

代码中$\{param['moneyID']\}$为 JSP 的 EL 表达式，表示获取请求中名为 moneyID 的参数的值，也可以写成$\{param.moneyID\}$形式。

根据在 cityinfo.xml 文件中对 admin_*.action 的配置，上述代码实现的表单被提交后，将由 AdminAction 类中的 SetMoneyShow()方法进行处理。

2．在 AdminAction 类中创建 SetMoneyShow()方法

该方法用来显示要进行付费设置的信息的详细内容。在该方法中，首先需要获取通过表单传递的信息 ID 值，然后生成查询 SQL 语句，最后调用业务处理对象的 OpSingleShow()方法返回封装信息的 InfoSingle 类对象。在此之前，需要验证是否输入了信息的 ID 值和 ID 值是否为数字格式，该验证可在 validateSetMoneyShow ()方法中实现，具体代码可查看本书附带光盘。SetMoneyShow()方法的关键代码如下：

例程 70　代码位置：光盘\TM\01\src\com\yxq\action\AdminAction.java

```
String moneyID=request.getParameter("moneyID");          //获取信息 ID 值
String sql="SELECT * FROM tb_info WHERE (id = ?)";        //生成 SQL 语句
Object[] params={moneyID};
OpDB myOp=new OpDB();                                     //创建业务对象
infoSingle=myOp.OpSingleShow(sql, params);               //返回 InfoSingle 类对象
```

3．创建显示付费信息的 JSP 页面

该页面的编码与显示审核信息的 JSP 页面的编码相同。其关键代码如下：

例程 71　代码位置：光盘\TM\01\WebContent\pages\admin\info\moneyshow.jsp

```
<s2:form theme="simple">
    <input type="hidden" name="moneyID " value="<s2:property value="infoSingle.id"/>">
    <input type="hidden" name="deleteID" value="<s2:property value="infoSingle.id"/>">
    <table>
        <tr>
            <td><b>付费设置[ID 值：<s2:property value="infoSingle.id"/>]</b></td>
            <td colspan="2"><s2:fielderror/></td>
```

```
        </tr>
        …//省略了显示其他字段信息的代码
        <tr>
            <td>信息内容：</td>
            <td>
                <s2:if test="infoSingle.infoState==1"><s2:set name="forbid" value="true"/></s2:if>
                <s2:else><s2:set name="forbid" value="false"/></s2:else>
                <s2:submit action="admin_SetMoney " value=" √ 设为付费" disabled="%{forbid}"/>
            </td>
            <td><s2:submit action="admin_Delete" value="×删除信息" onclick="return really()"/></td>
        </tr>
        …//省略了显示其他字段信息的代码
    </table>
</s2:form>
```

4. 在 AdminAction 类中创建付费设置的 SetMoney () 方法

SetMoney () 方法将实现付费设置的操作。在该方法中，首先获取表单中传递的信息 ID 值，然后生成 SQL 语句，最后调用业务处理对象的 OpUpdate () 方法实现付费设置的操作。关键代码如下：

例程 72 代码位置：光盘\TM\01\src\com\yxq\action\AdminAction.java

```
String moneyID=request.getParameter("moneyID");                    //获取信息 ID 值
String sql="UPDATE tb_info SET info_payfor=1 WHERE (id = ?)";       //生成 SQL 语句
Object[] params={Integer.valueOf(moneyID)};
OpDB myOp=new OpDB();                                               //创建业务对象
int i=myOp.OpUpdate(sql, params);                                  //执行付费设置操作
```

1.12 网 站 发 布

如今有很多网络用户利用自己的计算机作为服务器，发布网站到 Internet，这也是一个不错的选择，为网站的更新和维护提供了很大的便利。

在发布 Java Web 程序到 Internet 之前，需具备如下前提条件（假设使用的是 Tomcat 服务器）。

☑ 拥有一台可连接到 Internet 的计算机，并且是固定 IP。

☑ 拥有一个域名。

☑ 在可连接到 Internet 的计算机上要有 Java Web 程序的运行环境，即已经成功安装了 JDK 和 Tomcat 服务器。

☑ 拥有一个可运行的 Java Web 应用程序。

具备了上述条件，就可以将已经开发的 Java Web 程序发布到 Internet 了。发布步骤如下：

（1）申请一个域名，例如 www.yxq.com。

（2）将域名的 A 记录的 IP 指向自己的计算机的 IP。

（3）在本地计算机中创建一个目录用来存放 Java Web 程序，如 D:\JSPWeb。

（4）将 Java Web 程序复制到 D:\JSPWeb 目录下，可对其重命名，如命名为 01_CityInfo。

（5）将 Tomcat 服务器端口改为 80。修改方法为：打开 Tomcat 安装目录下 conf 目录下的 server.xml

文件，找到以下配置代码：

```
<Connector port="8080" protocol="HTTP/1.1"
          connectionTimeout="20000"
          redirectPort="8443" />
```

修改<Connector>元素中 port 属性的值为 80。

（6）建立虚拟主机，主机名为申请的域名。创建方法为：打开 Tomcat 安装目录下 conf 目录下的 server.xml 文件，找到<Host>元素并进行如下配置：

```
<Host name="www.yxq.com"   appBase="D:/JSPWeb"
      unpackWARs="true" autoDeploy="true"
      xmlValidation="false" xmlNamespaceAware="false">
      <Context path="/city" docBase="01_CityInfo" debug='0' reaload="true"/>
</Host>
```

<Host>元素用来创建主机，name 属性指定了主机名（域名），appBase 属性指定了 Java Web 应用程序存放在本地计算机中的位置。<Context>元素用来配置主机的 Web 应用程序，path 属性指定了访问主机中某个 Web 应用的路径，docBase 属性指定了相对于 D:/JSPWeb 目录下的 Java Web 应用程序路径。所以，若访问 www.yxq.com/city 路径，既可访问 D:/JSPWeb 目录下的 01_CityInfoWeb 应用程序，也可以将 path 属性设置为 "/"，这样直接访问 www.yxq.com 即可访问 01_CityInfoWeb 应用程序。

（7）访问站点。启动 Tomcat 服务器，在浏览器地址栏中输入 "http://www.yxq.com/city"，访问发布的 Java Web 应用程序。

也可通过该方法将网站发布到局域网内，只不过在<Host>元素中 name 属性指定的是计算机名称，并且该计算机名称不能包含空格或 "."等非法字符，否则，局域网内的其他计算机将不能访问发布的网站。

1.13 开发技巧与难点分析

1.13.1 实现页面中的超链接

虽然在应用 Struts 框架开发 Web 应用时，推荐使用 Struts 中提供的标签，但有些时候不妨灵活地使用原始的 HTML 语言中的一些标识。例如，在页面中实现一个超链接，链接请求的资源为 welcome.jsp 页面，若使用 Struts 2.0 的<a>标签实现：

```
<s2:a href="<s2:url value='/welcome.jsp'/>">转发</s2:a>
```

则上述代码将生成如下 HTML 代码：

```
<a href="<s2:url value='/welcome.jsp'/>">转发</a>
```

所以该超链接请求的资源为<s2:url value='/welcome.jsp'/>，很显然不是预期的效果。可以写为如下形式：

```
<s2:a href="welcome.jsp">转发</s2:a>
```

但是，如果超链接请求的资源是动态改变的，或者传递的参数也是动态改变的，这时可以使用 HTML 语言中的标识来实现：

```
<a href="<s2:url value="/welcome.jsp"/>">转发</a>
<a href="welcome.jsp?name=<s2:url value='yxq'/>">传参</a>
```

则上述代码将生成如下 HTML 代码：

```
<a href="welcome.jsp">转发</a>
<a href="welcome.jsp?name=yxq">传参</a>
```

1.13.2　Struts 2.0 中的中文乱码问题

在 Struts 2.0 中解决中文乱码的问题，可在 struts.properties 文件中进行如下配置：

```
struts.i18n.encoding=gb2312
```

struts.i18n.encoding 用来设置 Web 应用默认的编码，gb2312 则指定了默认的编码。

该方法可以解决提交表单后出现的中文乱码问题。此时，表单的 method 属性值必须为 post，若使用 Struts 2.0 中的<form>标签实现的表单，可省略 method 属性，默认值为 post；若是通过原始的 HTML 语言的<form>标签实现的表单，则需要设置 method 属性，并赋值为 post。

如果某个超链接传递的参数的值是中文字符，则在 Action 业务控制器中获取该参数值后，必须进行如下转码操作，否则获取的值为乱码。

```
String sqlvalue=request.getParameter("sqlvalue");        //获取超链接传递的参数
sqlvalue=new String(sqlvalue.getBytes("ISO-8859-1"),"gb2312");        //进行转码操作
```

1.14　Struts 2.0 框架搭建与介绍

1.14.1　搭建 Struts 2.0 框架

本系统使用的 Struts 2.0 框架为 Struts 2.0.11 版本，读者可到 http://struts.apache.org/download.cgi# struts2011 网址下载 Full Distribution，Full Distribution 为 Struts 2.0.11 的完整版本，其中包含了 Struts 2.0 的类库、示例应用、说明文档和源代码等资源。解压下载后的文件的目录结构如图 1.59 所示。

下面介绍 Struts 2.0 框架的搭建。

1. 导入 Struts 2.0 类包文件

通常情况下，将如图 1.59 所示的 lib 目录下的 commons-logging-

图 1.59　Struts 2.0 框架目录结构

1.0.4.jar、freemarker-2.3.8.jar、ognl-2.6.11.jar、struts2-core-2.0.11.jar 和 xwork-2.0.4.jar 包文件复制到 Web 应用中的 WEB-INF/lib 目录下，就可应用 Struts 2.0 开发项目了。如果想使用 Struts 2.0 中的更多功能，将其他的 JAR 包文件复制到 WEB-INF/lib 目录下即可。

2．配置 Web 应用的 web.xml 文件

打开 Web 应用中 WEB-INF 目录下的 web.xml 文件，并进行如下配置：

```xml
<?xml version="1.0" encoding="UTF-8"?>
<web-app version="2.4"
    xmlns="http://java.sun.com/xml/ns/j2ee"
    xmlns:xsi="http://www.w3.org/2001/XMLSchema-instance"
    xsi:schemaLocation="http://java.sun.com/xml/ns/j2ee
    http://java.sun.com/xml/ns/j2ee/web-app_2_4.xsd">
    <filter>
        <filter-name>struts2</filter-name>                                  <!-- 命名 Struts 2.0 核心类 -->
        <filter-class>org.apache.struts2.dispatcher.FilterDispatcher</filter-class> <!-- 指定 Struts 2.0 核心类 -->
    </filter>
    <filter-mapping>                                                        <!-- 配置核心类处理的请求 -->
        <filter-name>struts2</filter-name>
        <url-pattern>/*</url-pattern>                                       <!-- 指定处理用户所有请求 -->
    </filter-mapping>
</web-app>
```

经过如上操作就完成了 Struts 2.0 框架的搭建。

Struts 2.0 中提供的标签并没有像 Struts 之前的版本那样进行分类，但在页面中的使用方法是相同的，都需要通过 taglib 指令来引入，并指定一个前缀。Struts 2.0 的标签描述文件存放在了 struts2-core-2.0.11.jar 包中的 META-INF 目录下，文件名为 struts-tags.tld。以下为 struts-tags.tld 描述文件中的代码片段：

```xml
<taglib>
    <tlib-version>2.2.3</tlib-version>
    <jsp-version>1.2</jsp-version>
    <short-name>s</short-name>
    <uri>/struts-tags</uri>
    <display-name>"Struts Tags"</display-name>
    ......
</taglib>
```

代码中的<uri>元素将该标签描述文件与/struts-tags 名称进行了映射，所以在 JSP 页面中可直接通过如下代码引入 Struts 2.0 标签。

```jsp
<%@ taglib prefix="s2" uri="/struts-tags" %>
```

当然也可以将标签复制到其他位置，然后在 web.xml 文件中指定。例如，将 struts-tags.tld 文件复制到 Web 应用中 WEB-INF/tld 目录下，并在 web.xml 文件中进行如下配置：

```xml
<taglib>
    <taglib-uri>struts2</taglib-uri>
```

```
        <taglib-location>/WEB-INF/tld/struts-tags.tld</taglib-location>
</taglib>
```

然后在 JSP 页面中通过如下代码引入 Struts 2.0 标签：

```
<%@ taglib prefix="s2" uri="struts2" %>
```

1.14.2　Struts 2.0 框架介绍

Struts 2.0 与 Struts 1.0 存在很大的差别，因为 Struts 2.0 是以 WebWork 为核心，可以说 Struts 2.0 是 WebWork 框架的升级版本，因此具有 WebWork 开发经验的读者，会更容易学习 Struts 2.0 框架。

1．控制器

Struts 2.0 中的控制器分为核心控制器和业务控制器（用户控制器），其中业务控制器是用户创建的 Action 类。下面介绍这两种控制器。

☑　核心控制器：FilterDispatcher。

FilterDispatcher 类存在于 org.apache.struts2.dispatcher 包下，继承了 javax.servlet.Filter 接口。在应用的 web.xml 文件中需要配置该控制器，用来接收用户所有请求，FilterDispatcher 会判断请求是否为 *.action 模式，如果匹配，则 FilterDispatcher 将请求转发给 Struts 2.0 框架进行处理。在 web.xml 文件中对 FilterDispatcher 的配置可查看 1.14.1 节中的介绍。

☑　业务控制器。

由用户创建的 Action 类实例，充当着 Struts 2.0 中的业务控制器，也可称为用户控制器。创建 Action 类时，通常使其继承 Struts 2.0 包中的 com.opensymphony.xwork2.ActionSupport 类。在 Action 类中可实现 execute()方法，当有请求访问该 Action 类时，execute()方法会被调用来处理请求，这与之前的 Struts 版本中 Action 的处理是相同的。

在 Struts 之前的版本中，若 Action 类继承自 org.apache.struts.actions.DispatchAction 父类，那么该 Action 会根据用户请求调用相应的自定义方法来处理请求，不必实现 execute()方法。同样，在 Struts 2.0 中要实现这样的功能，可通过在配置文件中指明调用方法和在请求路径中指明调用方法两种方法实现。具体的使用方法在前面已经作了讲解，读者可查看 1.7.3 节中"列表显示某类别中所有信息的实现过程"中的内容。

同之前的版本一样，Struts 2.0 也需要在配置文件中对 Action 进行配置。该配置主要就是将用户请求与业务控制器进行关联，然后指定请求处理结束后返回的视图资源。例如：

```
<!-- 若请求路径中包含"userLogin.action"，则转发给 LoginAction 业务控制器 -->
<action name="userLogin" class="com.yxq.action.LoginAction">
    <result>/welcome.jsp</result>                      <!-- 登录成功后，转发到 welcome.jsp 页面 -->
    <result name="loginError">/login.jsp</result>       <!-- 登录失败后，转发到 login.jsp 页面 -->
</action>
```

在 Struts 2.0 中可使用拦截器处理请求。在一些拦截器中通过 com.opensymphony.xwork2.Action-Context 类将请求、会话与 Map 对象进行了映射。在开发程序时，若仅仅是对请求或会话进行存取数据的操作，则可使创建的 Action 控制器继承相应的接口，在拦截器中判断该 Action 控制器是哪个接口的实例，根据判断，生成一个与请求进行映射的 Map 对象或与会话进行映射的 Map 对象。在用户 Action 控制器中，对这些 Map 对象进行数据存取操作，即可实现对请求或会话的数据存取操作。

Struts 2.0 中实现该功能的拦截器为 ServletConfigInterceptor，存放在 struts2-core-2.0.11.jar 中的 org.apache.struts2.interceptor 包下。其部分代码如下：

```
public String intercept(ActionInvocation invocation) throws Exception {
    final Object action = invocation.getAction();                    //获取请求要访问的 Action 控制器
    final ActionContext context = invocation.getInvocationContext();//获取 Action 上下文
    if (action instanceof ParameterAware) {                          //如果控制器是 ParameterAware 类实例
❶       ((ParameterAware) action).setParameters(context.getParameters());
    }
    if (action instanceof RequestAware) {                            //如果控制器是 RequestAware 类实例
❷       ((RequestAware) action).setRequest((Map) context.get("request"));
    }
    if (action instanceof SessionAware) {                            //如果控制器是 SessionAware 类实例
❸       ((SessionAware) action).setSession(context.getSession());
    }
    ...
    return invocation.invoke();                                      //调用 Action 控制器
}
```

📢 代码贴士

❶ 调用 ActionContext 类的 getParameters()方法将请求中的参数封装到 Map 对象中，并保存该 Map 对象。

❷ 调用 ActionContext 类的 get()方法获取一个与请求对应的 Map 对象，并保存该 Map 对象。

❸ 调用 ActionContext 类的 getSession()方法获取一个与会话对应的 Map 对象，并保存该 Map 对象。

所以，在用户控制器中，若对请求或会话存取数据，可使该 Action 控制器继承相应的接口。例如：

```
package com.yxq.action;

import java.util.Map;
import org.apache.struts2.interceptor.RequestAware;
import org.apache.struts2.interceptor.ResponseAware;
import org.apache.struts2.interceptor.SessionAware;
import com.opensymphony.xwork2.ActionSupport;
public class s extends ActionSupport implements RequestAware,SessionAware {
    private Map request;
    private Map session;
    public void setRequest(Map request) {                    //继承 RequestAware 接口必须实现的方法
        this.request=request;
    }
    public void setSession(Map session) {                    //继承 SessionAware 接口必须实现的方法
        this.session=session;
    }
    public String execute() throws Exception {
        request.get("userName");                             //获取请求中 userName 属性值
        session.put("longer","yxq");                         //向会话中存储值
        return SUCCESS;
    }
}
```

通过对拦截器中的 Map 对象进行存取数据的操作来实现对请求或会话进行存储数据的操作，这使得用户实现的 Action 控制器避免了对 Servlet API 的依赖。

2．模型组件

模型组件概念的范围是很宽泛的，对于实现了 MVC 体系结构的 Struts 2.0 框架来说，在模型的设计方面并没有提供太多的帮助。在 Java Web 应用中，模型通常由 JavaBean 组成，一种 JavaBean 被指定用来封装表单数据，实现了视图与控制器之间的数据传递；另一种则实现了具体的业务，称为系统的业务逻辑组件。

在 MVC 体系结构中，位于控制层的业务控制器负责接收请求，然后调用业务逻辑组件处理请求，最后转发请求到指定视图。所以，真正用来处理请求的是系统中的模型组件。

3．视图组件

在 Struts 2.0 中，请求处理结束后，返回的视图不仅可以是 JSP 页面、Action 动作，还可以是其他的视图资源，如 FreeMarker 模板、Velocity 模板和 XSLT 等。

Struts 2.0 完成了请求的处理后，将根据在配置文件中的配置，决定返回怎样的视图，这主要是通过<result>元素的 type 属性来决定。若返回 FreeMarker 模板，则设置 type 属性的值为 freemarker；若返回 Velocity 模板，则设置为 velocity；若返回另外一个 Action 动作，则设置为 redirectAction；在没有设置 type 属性的情况下，默认返回的视图为 JSP 页面。例如下面的配置：

```
<action name="returnType" class="com.yxq.action.ReturnAction">
    <result>/welcome.jsp</result>                                    <!-- 返回 JSP 页面 -->
    <result name="vm" type=" velocity ">/welcome.vm </result>        <!-- 返回 Velocity 模板 -->
    <result name="action " type=" redirectAction ">myReturn.action</result>   <!-- 返回 Action 动作 -->
</action>
```

4．配置文件

Struts 2.0 默认会加载 Web 应用 WEB-INF/classes 目录下的 struts.xml 配置文件，通过该文件的配置为用户请求指定处理类，并设置该请求处理结束后返回的视图资源。在开发大型项目时，这往往会导致 struts.xml 文件过于庞大，降低了可读性。此时可以自己创建配置文件，然后在 struts.xml 文件中通过<include>元素包含这些文件。例如在 struts.xml 文件中包含名为 myxml.xml 的文件：

```
<?xml version="1.0" encoding="UTF-8"?>
<!DOCTYPE struts PUBLIC
    "-//Apache Software Foundation//DTD Struts Configuration 2.0//EN"
    "http://struts.apache.org/dtds/struts-2.0.dtd">
    <struts>
        <include file="myxml.xml"/>                        <!-- 包含 myxml.xml 文件 -->
    </struts>
```

在 myxml.xml 文件中配置用户请求与处理类的关系。例如下面的配置：

```
<?xml version="1.0" encoding="UTF-8"?>
<!DOCTYPE struts PUBLIC
    "-//Apache Software Foundation//DTD Struts Configuration 2.0//EN"
```

```
          "http://struts.apache.org/dtds/struts-2.0.dtd">
❶        <struts>
❷            <package name=" example" extends="struts-default">
❸                <action name="my" class="com.yxq.action. MyAction">
❹                    <result>/welcome.jsp </result>
                 </action>
            ……//其他<action>元素的配置
            </package>
        </struts>
```

🔊 **代码贴士**

❶ Struts 2.0 配置文件的根元素。

❷ 包元素。name 属性指定了包名称；extends 属性指定了继承的另一个包元素；struts-default 是在 struts-default.xml 文件中定义的包的名称。struts-default.xml 位于 struts2-core-2.0.11.jar 文件下，在该文件的 struts-default 包元素中，定义了<result>元素的 type 属性所能指定的视图类型、Struts 2.0 中提供的拦截器以及对继承了 struts-default 包的 XML 配置文件中配置的所有 Action 类默认执行的拦截器。

❸ <action>元素，用来配置业务控制器与请求的关系。

❹ <result>元素，指定请求处理结果后返回的视图资源。

5. 消息资源文件

在 Struts 2.0 中用来存储提示信息的 properties 资源文件有以下 3 种：应用范围内的资源文件、包（package）范围内的资源文件和 Action 类范围内的资源文件。

☑　应用范围内的资源文件。

该资源文件在整个应用内都可以被访问，通常称为全局资源文件，需要在 struts.properties 配置文件中指定。例如，在 WEB-INF/classes 目录下创建了一个名为 allMessage.properties 的全局资源文件，在 struts.properties 文件中需进行如下配置：

```
struts.custom.i18n.resources=allMessage
```

若将文件保存在了 WEB-INF/classes/messages 目录下，需进行如下配置：

```
struts.custom.i18n.resources= messages.allMessage
```

struts.properties 文件通常应被存放到 Web 应用的 WEB-INF/classes 目录下，Struts 2.0 会自动加载该文件，该文件以 key=value 的形式存储了一些在 Struts 2.0 启动时对 Web 应用进行的配置，key 用来表示配置选项名称，value 表示配置选项的值，如解决 Struts 2.0 中文乱码的问题。

☑　包（package）范围内的资源文件。

包范围内的资源文件必须命名为 package_xx_XX.properties，其中 xx 表示语言代码，XX 表示地区代码，例如 package_zh_CN.properties 表示中文（中国）。通过这样命名，可以实现应用程序国际化。

也可忽略语言代码与地区代码，命名为 package.properties，表示任意语言（地区）。包范围内的资源文件只可被当前包中的类文件访问。例如，存在如图 1.60 所示的包结构，在 actionA 子包中存在一个 package.properties 资源文件，则 actionA 子包中的类文件可以访问 package.properties 资源文件，而 actionB 子包中的类文件则不能访问。可将 package.properties 文件存放在

图 1.60　包结构图

com/yxq 目录下，使得 com/yxq 目录下所有子目录中的类文件都可以访问。

☑　Action 类范围内的资源文件。

该资源文件只可被某一个 Action 类访问，必须与访问它的 Action 类存放在同一个目录下，并且文件的命名与该 Action 类的名称相同。例如，在 com.yxq.action 包下存在 MyAction.java 类文件，若在 com.yxq.action 下创建一个 MyAction.properties 资源文件，则该文件只可被 MyAction.java 类文件访问。

1.15　本 章 小 结

本章讲解的是如何应用 Struts 2.0 开发一个 Web 项目。通过本章的学习，读者应该对 Struts 2.0 框架有了初步的了解，并能够成功搭建 Struts 2.0 框架，应用该框架开发一个简单的 Web 应用程序。

另外，通过阅读本章内容，读者应对一个项目的开发过程有进一步的了解，并要时刻牢记在进行任何项目的开发之前，一定要做好充分的前期准备，如完善的需求分析、清晰的业务流程、合理的程序结构、简单的数据关系等，这样在后期的程序开发中才会得心应手、有备无患。

第 2 章

图书馆管理系统

（Struts 1.2+MySQL 5.0 实现）

　　随着网络技术的高速发展，计算机应用的普及，利用计算机对图书馆的日常工作进行管理势在必行。虽然目前很多大型的图书馆已经有一整套比较完善的管理系统，但是在一些中小型的图书馆中，大部分工作仍需由手工完成，工作起来效率比较低，管理员不能及时了解图书馆内各类图书的借阅情况，读者需要的图书难以在短时间内找到，不便于动态及时地调整图书结构。为了更好地适应当前读者的借阅需求，解决手工管理中存在的许多弊端，越来越多的中小型图书馆的管理模式正在逐步向计算机信息化管理转变。

　　通过阅读本章，可以学习到：

▸▸ 掌握如何做需求分析和编写项目计划书

▸▸ 掌握应用 PowerDesigner 建模并生成 MySQL 数据库脚本

▸▸ 了解如何操作 MySQL 数据库

▸▸ 掌握图书馆管理系统的开发流程

▸▸ 了解 Struts 框架的基本应用

2.1　开 发 背 景

×××图书馆是吉林省一家私营的中型图书馆企业。本着以"读者为上帝"、"为读者节省每一分钱"的服务宗旨，企业利润逐年提高，规模不断壮大、经营的图书品种、数量也逐渐增多。在企业不断发展的同时，传统的人工管理方式暴露了一些问题。例如，读者想要借阅一本书，图书管理人员需要花费大量时间在茫茫的书海中寻找，还会出现找不到的情况。企业为提高工作效率，同时摆脱图书管理人员在工作中出现的尴尬局面，现委托其他单位开发一个图书馆管理系统。

2.2　系 统 分 析

2.2.1　需求分析

长期以来，人们使用传统的人工方式管理图书馆的日常业务，其操作流程比较繁琐。在借书时，读者首先将要借的书名和借阅证交给工作人员，工作人员再将每本书的信息卡片和读者的借阅证放在一个小格栏里，最后在借阅证和每本书贴的借阅条上填写借阅信息。在还书时，读者首先将要还的书交给工作人员，工作人员根据图书信息找到相应的书卡和借阅证，并填好相应的还书信息。

从上述描述中可以发现传统的手工流程存在的不足。首先处理借书、还书业务流程的效率很低；其次处理能力比较低，一段时间内，所能服务的读者人数是有限的。为此，图书馆管理系统需要为企业解决上述问题，为企业提供快速的图书信息检索功能、快捷的图书借阅和归还流程。

2.2.2　可行性分析

根据《GB8567—88 计算机软件产品开发文件编制指南》中可行性分析的要求，制定可行性研究报告如下。

1．引言

☑　编写目的。

为了给企业的决策层提供是否实施项目的参考依据，现以文件的形式分析项目的风险、需要的投资与效益。

☑　背景。

×××图书馆是吉林省一家中型的私营企业。企业为了进行信息化管理、提高工作效率，现委托其他公司开发一个信息管理系统，项目名称为"图书馆管理系统"。

2．可行性研究的前提

☑　要求。

要求图书馆管理系统能够提供新书登记、图书借阅、图书归还和图书借阅查询等功能。

☑ 目标。

开发图书馆管理系统的主要目标是简化图书借阅、归还的操作流程，提高员工的工作效率。

☑ 条件、假定和限制。

项目需要在两个月内交付用户使用。系统分析人员需要两天内到位，用户需要 5 天时间确认需求分析文档。去除其中可能出现的问题，例如用户可能临时有事，占用 7 天时间确认需求分析。那么程序开发人员需要在 1 个月零 20 天左右的时间内进行系统设计、程序编码、系统测试、程序调试和网站部署工作，其间还包括了员工每周的休息时间。

☑ 评价尺度。

根据用户的要求，系统应以图书借阅和归还功能为主，对于图书的借阅和归还信息应能及时准确地保存。由于有多个营业点，系统应具有局域网操作的功能，在多个营业点同时运行系统时，系统中各项操作的延时不能超过 10 秒钟。此外，在系统出现故障时，应能够及时进行恢复。

3．投资及效益分析

☑ 支出。

根据系统的规模及项目的开发周期（两个月），公司决定投入 6 个人。为此，公司将直接支付 8 万元的工资及各种福利待遇。在项目安装及调试阶段，用户培训、员工出差等费用支出需要 1.5 万元。在项目维护阶段预计需要投入 2 万元的资金。累计项目投入需要 11.5 万元资金。

☑ 收益。

用户提供项目资金 25 万元。对于项目运行后进行的改动，采取协商的原则根据改动规模额外提供资金。因此从投资与收益的效益比上，公司可以获得 13.5 万元的利润。

项目完成后，会给公司提供资源储备，包括技术、经验的积累，其后再开发类似的项目时，可以极大地缩短项目开发周期。

4．结论

根据上面的分析，在技术上不会存在问题，因此项目延期的可能性很小。在效益上公司投入 6 个人、两个月的时间，获利 13.5 万元，比较可观。在公司今后发展上可以储备网站开发的经验和资源。因此认为该项目可以开发。

2.2.3 编写项目计划书

根据《GB8567—88 计算机软件产品开发文件编制指南》中的项目开发计划要求，结合单位实际情况，设计项目计划书如下。

1．引言

☑ 编写目的。

为了保证项目开发人员按时保质地完成预定目标，更好地了解项目实际情况，按照合理的顺序开展工作，现以书面的形式将项目开发生命周期中的项目任务范围、项目团队组织结构、团队成员的工作责任、团队内外沟通协作方式、开发进度和检查项目工作等内容描述出来，作为项目相关人员之间的共识、约定和项目生命周期内的所有项目活动的行动基础。

☑　背景。

图书馆管理系统是由×××图书馆委托我公司开发的小型企业信息管理系统，主要用于简化图书管理的业务流程，提高工作效率。项目周期为两个月。项目背景规划如表 2.1 所示。

表 2.1　项目背景规划

项 目 名 称	项目委托单位	任务提出者	项目承担部门
图书馆管理系统	×××图书馆	王经理	研发部门 测试部门

2．概述

☑　项目目标。

项目目标应当符合 SMART（文本机器检索系统）原则，把项目要完成的工作用清晰的语言描述出来。图书馆管理系统的项目目标如下：

图书馆管理系统主要的目的是实现图书馆的信息化管理。图书馆的主要业务就是借阅和归还图书，因此系统最核心的功能便是实现管理图书的借阅和归还记录。此外，还需要提供图书的信息查询、读者图书借阅情况的查询等功能。项目实施后，能够提高图书馆的图书借阅、归还流程，提高工作效率。整个项目需要在两个月的时间内交付用户使用。

☑　产品目标与范围。

时间就是金钱，效率就是生命。项目实施后，图书馆的每个业务流程（主要指图书借阅、归还）所用时间缩短了 2/3，所用人员减少了 1/2。原来两个人 3 分钟可以完成的工作，现在只需要 1 个人 1 分钟就可以完成了。极大地提高了工作效率，间接为企业节约了大量成本。

☑　应交付成果。

项目开发完成后，交付的内容如下：

以光盘的形式提供图书馆管理系统的源程序、网站数据库文件和系统使用说明书。

将开发的图书馆管理系统发布到局域网内运行。

系统发布后，进行无偿维护和服务 6 个月，超过 6 个月进行网站有偿维护与服务。

☑　项目开发环境。

开发本项目所用的操作系统可以是 Windows 2000 Server、Windows XP 或 Windows Server 2003，开发工具为 Eclipse+MyEclipse，数据库采用 MySQL 5.0，项目运行的服务器为 Tomcat 6.0。

☑　项目验收方式与依据。

项目验收分为内部验收和外部验收两种方式。在项目开发完成后，首先进行内部验收，由测试人员根据用户需求和项目目标进行验收。项目在通过内部验收后，交给用户进行验收，验收的主要依据为需求规格说明书。

3．项目团队组织

☑　组织结构。

为了完成供求信息网的项目开发，公司组建了一个临时的项目团队，由项目经理、系统分析员、软件工程师、网页设计师和测试人员构成，如图 2.1 所示。

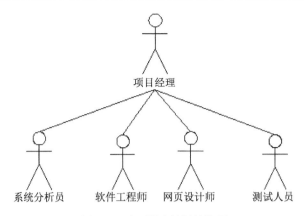

图 2.1　项目团队组织结构图

☑　人员分工。

为了明确项目团队中每个人的任务分工，现制定人员分工表如表 2.2 所示。

表 2.2　人员分工表

姓　　名	技 术 水 平	所属部门	角　　色	工 作 描 述
王××	MBA（工商管理硕士）	项目开发部	项目经理	负责项目的前期分析、策划、项目开发进度的跟踪、项目质量的检查
周××	高级系统分析员	项目开发部	系统分析员	负责系统功能分析、系统框架设计
刘××	高级软件工程师	项目开发部	软件工程师	负责软件设计与编码
张××	高级软件工程师	项目开发部	软件工程师	负责软件设计与编码
杨××	高级美工设计师	设计部	网页设计师	负责网页风格的确定、网页图片的设计
王××	中级系统测试工程师	项目开发部	测试人员	对软件进行测试、编写软件测试文档

2.3　系 统 设 计

2.3.1　系统目标

根据前面所作的需求分析及用户的需求可以得出，图书馆管理系统实施后，应达到以下目标：

☑　界面设计友好、美观。

☑　数据存储安全、可靠。

☑　信息分类清晰、准确。

☑　强大的查询功能，保证数据查询的灵活性。

☑　实现对图书借阅、续借和归还过程的全程数据信息跟踪。

☑　提供图书借阅排行榜，为图书馆管理员提供了真实的数据信息。

☑　提供借阅到期提醒功能，使管理者可以及时了解到已经到达归还日期的图书借阅信息。

☑　提供灵活、方便的权限设置功能，使整个系统的管理分工明确。

☑　具有易维护性和易操作性。

2.3.2 系统功能结构

根据图书馆管理系统的特点，可以将其分为系统设置、读者管理、图书管理、图书借还和系统查询 5 个部分，其中各个部分及其包括的具体功能模块如图 2.2 所示。

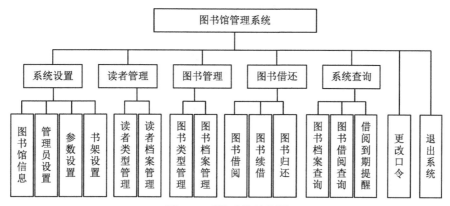

图 2.2 系统功能结构图

2.3.3 系统流程图

图书馆管理系统的系统流程如图 2.3 所示。

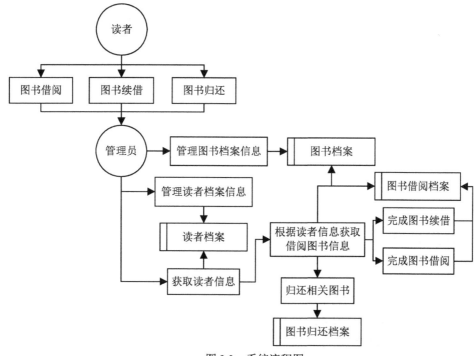

图 2.3 系统流程图

2.3.4 系统预览

图书馆管理系统由多个程序页面组成，下面仅列出几个典型页面，其他页面参见光盘中的源程序。

系统登录页面如图 2.4 所示，该页面用于实现管理员登录；主界面如图 2.5 所示，该页面用于实现显示系统导航、图书借阅排行榜和版权信息等功能。

图 2.4　系统登录页面（光盘\TM\02\login.jsp）　　图 2.5　主界面（光盘\TM\02\main.jsp）

图书借阅页面如图 2.6 所示，该页面用于实现图书借阅功能；图书借阅查询页面如图 2.7 所示，该页面用于实现按照符合条件查询图书借阅信息的功能。

图 2.6　图书借阅页面（光盘\TM\02\bookBorrow.jsp）　　图 2.7　借阅查询页面（光盘\TM\02\borrowQuery.jsp）

2.3.5 构建开发环境

在开发图书馆管理系统时，需要具备下面的软件环境。

服务器端：

☑　操作系统：Windows Server 2003。

☑　Web 服务器：Tomcat 6.0。

☑　Java 开发包：JDK 1.5 以上。

☑　数据库：MySQL 5.0.37。

☑　浏览器：IE 6.0。

☑　分辨率：最佳效果为 1024×768 像素。

客户端：

☑　浏览器：IE 6.0。

☑　分辨率：最佳效果为 1024×768 像素。

在上面给出的软件环境中，JDK 及 Tomcat 的安装方法在本书第 1.3.4 节已经介绍，下面将以 MySQL 5.0.37 为例详细介绍 MySQL 数据库的安装过程。

（1）解压 mysql-5.0.37-win32.zip 文件。双击解压包内的 Setup.exe 文件，将打开欢迎安装 MySQL 的对话框，如图 2.8 所示，在该对话框中，单击 Next 按钮，将打开如图 2.9 所示的对话框，在该对话框中可以选择 MySQL 的安装类型，从上到下依次为典型（Typical）安装、完全（Complete）安装和自定义（Custom）安装。

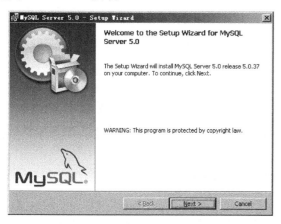

图 2.8　欢迎安装 MySQL 的对话框

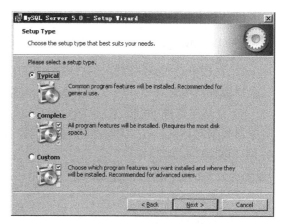

图 2.9　选择安装类型对话框

（2）这里选择典型安装（Typical），单击 Next 按钮，将打开如图 2.10 所示的显示安装路径对话框，在该对话框中显示了默认的文件安装路径，直接单击 Install 按钮，将打开如图 2.11 所示的选择注册情况对话框，在该对话框中可以选择注册情况，从上到下依次为立即注册、已经注册和跳过注册。

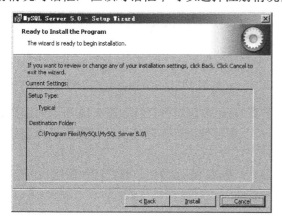

图 2.10　显示安装路径对话框

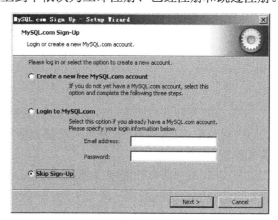

图 2.11　选择注册情况对话框

（3）这里选择跳过注册（Skip Sign-Up），单击 Next 按钮，将打开如图 2.12 所示的 MySQL 服务器安装完成对话框，此时 MySQL 服务器安装完成，单击 Finish 按钮，将打开如图 2.13 所示的安装 MySQL 服务器的实例对话框，开始安装 MySQL 服务器的实例。

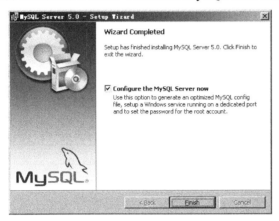
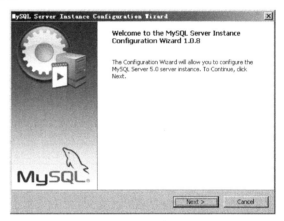

图 2.12　MySQL 服务器安装完成对话框　　　　图 2.13　安装 MySQL 服务器的实例对话框

（4）直接单击 Next 按钮，将打开如图 2.14 所示的选择服务器配置类型的对话框，在该对话框中可以选择服务器配置类型，从上到下依次为详细配置和标准配置。

（5）在这里选择详细配置（Detailed Configuration），单击 Next 按钮，将打开如图 2.15 所示的选择服务器类型对话框，在该对话框中可以选择服务器类型，从上到下依次为开发类型、服务器类型和提供 MySQL 服务器类型。

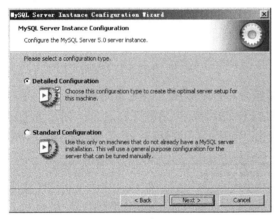
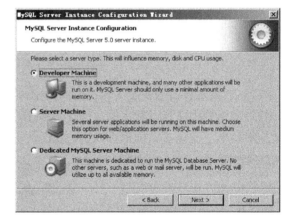

图 2.14　选择服务器配置类型对话框　　　　　　图 2.15　选择服务器类型对话框

（6）这里选择开发类型（Developer Machine），单击 Next 按钮，将打开如图 2.16 所示的选择数据库用法对话框，在该对话框中可以选择数据库用法，从上到下依次为多功能型、只提供事务型和不提供事务型。

（7）在这里选择多功能型（Multifunctional Database），单击 Next 按钮，将打开如图 2.17 所示的设置安装路径的对话框。

图 2.16　选择数据库用法对话框

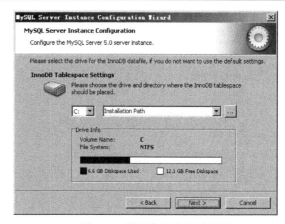

图 2.17　设置安装路径对话框

（8）这里采用默认路径，单击 Next 按钮，将打开如图 2.18 所示的设置连接数量对话框，在该对话框中可以设置同时连接 MySQL 服务器的数量，从上到下依次为特定的连接数量、由事务进程的数量决定和手动设置。

（9）这里采用特定的连接数量，单击 Next 按钮，将打开如图 2.19 所示的设置数据库的端口号对话框，在该对话框中可以设置数据库的端口号，MySQL 数据库的默认端口号为 3306，建议不要修改。

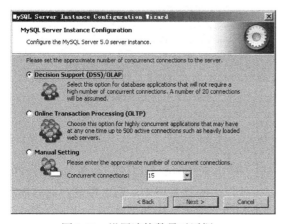

图 2.18　设置连接数量对话框

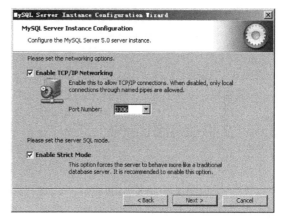

图 2.19　设置数据库的端口号对话框

（10）这里采用默认端口号，单击 Next 按钮，将打开如图 2.20 所示的设置默认字符集对话框，在该对话框中可以设置数据库的默认字符集，字符集下拉列表框选项从上到下依次为 latin1、UTF8 和由用户自行设定。

（11）这里采用 latin1，单击 Next 按钮，将打开如图 2.21 所示的设置服务器名称的对话框，MySQL 数据库的默认服务名称为 MySQL。

（12）这里采用默认服务名称，单击 Next 按钮，将打开验证选项对话框，在该对话框中可以为用户 root 设置登录密码。

（13）输入登录密码，如图 2.22 所示，然后单击 Next 按钮，将打开执行对话框，在该对话框中直接单击 Execute 按钮，将打开如图 2.23 所示对话框，直接单击 Finish 按钮，完成 MySQL 服务器的安装。

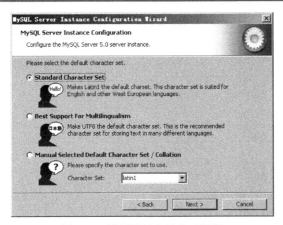

图 2.20　设置默认字符集对话框

图 2.21　设置服务名称对话框

图 2.22　为用户 root 设置密码的对话框

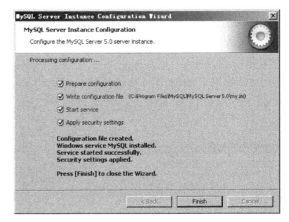

图 2.23　安装完成对话框

2.3.6　文件夹组织结构

在编写代码之前，可以把系统中可能用到的文件夹先创建出来（例如，创建一个名为 Images 的文件夹，用于保存网站中所使用的图片），这样不但可以方便以后的开发工作，还可以规范网站的整体架构。本书在开发图书馆管理系统时，设计了如图 2.24 所示的文件夹架构图。在开发时，只需要将所创建的文件保存在相应的文件夹中就可以了。

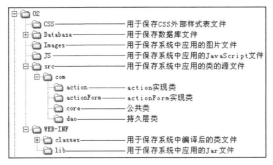

图 2.24　图书馆管理系统文件夹组织结构

2.4　数据库设计

2.4.1　数据库分析

由于本系统是为中小型图书馆开发的程序，需要充分考虑到成本及用户需求（如跨平台）等问题，而 MySQL 是目前最为流行的开放源码的数据库，是完全网络化的跨平台的关系型数据库系统，正好满足了中小型企业的需求，所以本系统采用 MySQL 数据库。

2.4.2　数据库概念设计

根据以上各节对系统所做的需求分析和系统设计，规划出本系统中使用的数据库实体分别为图书档案实体、读者档案实体、图书借阅实体、图书归还实体和管理员实体。下面将介绍几个关键实体的 E-R 图。

☑　图书档案实体。

图书档案实体包括编号、条形码、书名、类型、作者、译者、出版社、价格、页码、书架、库存总量、录入时间、操作员和是否删除等属性。其中"是否删除属性"用于标记图书是否被删除，由于图书馆中的图书信息不可以被随意删除，所以即使当某种图书不能再借阅，而需要删除其档案信息时，也只能采用设置删除标记的方法。图书档案实体的 E-R 图如图 2.25 所示。

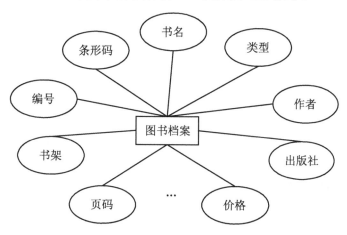

图 2.25　图书档案实体 E-R 图

☑　读者档案实体。

读者档案实体包括编号、姓名、性别、条形码、职业、出生日期、有效证件、证件号码、电话、电子邮件、登记日期、操作员、类型和备注等属性。读者档案实体的 E-R 图如图 2.26 所示。

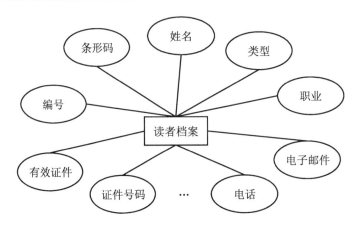

图 2.26　读者档案实体 E-R 图

☑　借阅档案实体。

借阅档案实体包括编号、读者编号、图书编号、借书时间、应还时间、操作员和是否归还等属性。借阅档案实体的 E-R 图如图 2.27 所示。

☑　归还档案实体。

归还档案实体包括编号、读者编号、图书编号、借书时间、归还时间、操作员和是否归还等属性。归还档案实体的 E-R 图如图 2.28 所示。

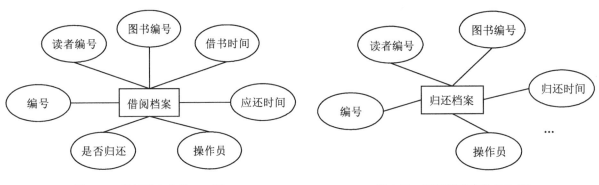

图 2.27　借阅档案实体 E-R 图　　　　　　　　图 2.28　归还档案实体 E-R 图

2.4.3　使用 PowerDesigner 建模

在数据库概念设计中已经分析了本系统中主要的数据实体对象，通过这些实体可以得出数据表结构的基本模型，最终实施到数据库中，形成完整的数据结构。下面将使用 PowerDesigner 工具完成本系统的数据库建模。

（1）运行 PowerDesigner，并在 PowerDesigner 主窗口中选择主菜单中的 File/New 命令，在打开的 New 对话框中选择 Physical Data Model（物理数据模型，简称 PDB）列表项，单击 OK 按钮，打开如图 2.29 所示的 Choose DBMS（选择数据库管理系统）对话框。

（2）在如图 2.29 所示的对话框中，在 DBMS 下拉列表框中选择 MySQL 数据库，这里选择 MySQL 3.23 选项，这是由于当前使用的 PowerDesigner 的版本还不支持 MySQL 5.0，但是随着 PowerDesigner

版本的升级，将支持更多的 DBMS。

（3）其他采用默认设置即可，单击 OK 按钮，打开新建的 PDM 窗口。在该窗口的上方为空的图形窗口，下方为输出窗口。其中图形窗口的右侧有一个工具面板，如图 2.30 所示。

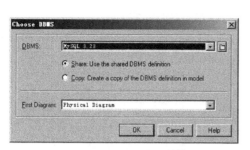

图 2.29　Choose DBMS 对话框

图 2.30　工具面板

（4）在图 2.30 中单击"建立表"图标，这时鼠标指针将显示为，在图形窗口的合适位置单击，此时在图形窗口中将显示如图 2.31 所示的表符号。

注意：细心的读者可以发现，此时的鼠标指针仍然是，如果再次单击还将出现类似图 2.31 所示的表符号，如果想取消该指针，可以单击工具面板中的指针图标。

（5）在如图 2.31 所示的表符号上双击，将打开 Table Properties（表属性）对话框，默认情况下选择的是 General 选项卡，在该选项卡的 Name 文本框中，输入表的名字"tb_manager"，此时在 Code 文本框中也将自动显示 tb_manager，其他选择默认即可。

（6）选择 Columns 选项卡，在该选项卡中，首先单击列输入列表的第一行，将自动填写一行信息，然后将 Name 列修改为 id，同时 Code 列也将自动显示为 id，再在 Data Type 列中选择 integer unsigned 列表项，最后选中 P 列的复选框，此时 M 列的复选框也将自动选中。

（7）按照步骤（6）的方法再添加两个列 name 和 PWD，如图 2.32 所示。

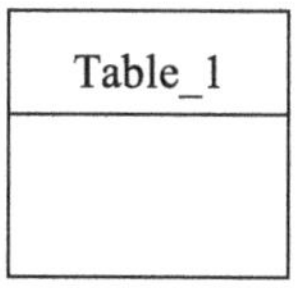

表 Table_1

图 2.31　表符号

图 2.32　Columns 列选项卡

（8）在图 2.32 中单击"应用"按钮后，双击 id 列的内容，将打开 Column Properties（列属性）对话框，默认选择 General 选项卡，在该选项卡中，选中 Identity 复选框，此项操作用于设置 id 列为自动编号列。

（9）单击"应用"按钮后，再单击"确定"按钮，关闭 Column Properties 对话框。

（10）单击"确定"按钮，关闭 Table Properties 对话框，完成 tb_manager 表的创建。

（11）按照步骤（4）～步骤（10）的方法创建本系统中的其他数据表，并通过"连接/扩展依赖"工具建立各表间的依赖关系。创建完成的数据库模型如图 2.33 所示。

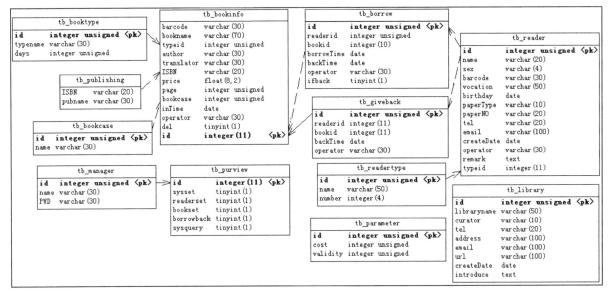

图 2.33　图书馆管理系统的数据库模型图

技巧　在默认的情况下，创建后的表符号中的全部文字均为常规样式的宋体 8 号字，如果想修改文字的格式，可以选中全部表符号，按 Ctrl+T 键，在打开的 Symbol Format 对话框中选择 Font 选项卡，在该选项卡中设置相关内容的字体、样式和字号等。

（12）选择 PowerDesigner 主菜单中的 Database/Generate Database 命令，将打开 Database Generation 对话框，在该对话框中设置导出的脚本文件的名称（如 library.sql）及保存路径（如 D:\library），在下方的各个选项卡中设置相关的导出内容，设置完毕后，单击"确定"按钮，则导出数据库脚本文件完成。

说明　通过以上方法导出的脚本文件，可以在 MySQL 的客户端命令行窗口中通过 source 命令执行，并创建相应的数据表。

2.4.4　创建数据库及数据表

在数据库脚本文件导出后，就可以应用该脚本文件在 MySQL 中创建数据库及数据表了，具体步骤如下：

（1）选择"开始"/"所有程序"/MySQL/MySQL Server 5.0/MySQL Command Line Client 命令，进入到 MySQL 的客户端命令行窗口，输入密码并按下 Enter 键后，即可使用 MySQL Client 连接 MySQL 数据库。

（2）在 mysql>提示符后面输入以下命令并按下 Enter 键创建数据库 db_librarySys：

```
create database db_librarySys;
```

（3）在 mysql>提示符后面输入以下命令并按下 Enter 键打开数据库 db_librarySys：

```
use db_librarySys;
```

（4）在 mysql>提示符后面输入以下命令并按下 Enter 键执行本书 2.4.3 节生成的脚本文件 library .sql，在数据库 db_librarySys 中创建相应的数据表：

```
source D:\library\library.sql;
```

数据表创建完成后，读者可以看到以下数据表。

☑　tb_manager（管理员信息表）。

管理员信息表主要用来保存管理员信息。表 tb_manager 的结构如表 2.3 所示。

表 2.3　表 tb_manager 的结构

字 段 名	数据类型	是 否 为 空	是 否 主 键	默 认 值	描 述
id	int(10)unsigncd	No	Yes		ID（自动编号）
name	varchar(30)	Yes		NULL	管理员名称
pwd	varchar(30)	Yes		NULL	密码

☑　tb_purview（权限表）。

权限表主要用来保存管理员的权限信息，该表中的 id 字段与管理员信息表（tb_manager）中的 id 字段相关联。表 tb_purview 的结构如表 2.4 所示。

表 2.4　表 tb_purview 的结构

字 段 名	数据类型	是 否 为 空	是 否 主 键	默 认 值	描 述
id	int(11)	No	Yes	0	管理员 ID 号
sysset	tinyint(1)	Yes		0	系统设置
readerset	tinyint(1)	Yes		0	读者管理
bookset	tinyint(1)	Yes		0	图书管理
borrowback	tinyint(1)	Yes		0	图书借还
sysquery	tinyint(1)	Yes		0	系统查询

☑　tb_parameter（参数设置表）。

参数设置表主要用来保存办证费及借书证的有效期限等信息。表 tb_parameter 的结构如表 2.5 所示。

表 2.5　表 tb_parameter 的结构

字 段 名	数据类型	是 否 为 空	是 否 主 键	默 认 值	描 述
id	int(10)unsigncd	No	Yes		ID（自动编号）
cost	int(10)unsigncd	Yes		NULL	办证费
validity	int(10)unsigncd	Yes		NULL	有效期限

☑ tb_booktype（图书类型表）。

图书类型表主要用来保存图书类型信息。表 tb_booktype 的结构如表 2.6 所示。

表 2.6　表 tb_booktype 的结构

字　段　名	数 据 类 型	是 否 为 空	是 否 主 键	默 认 值	描　　述
id	int(10)unsigncd	No	Yes		ID（自动编号）
typename	varchar(30)	Yes		NULL	类型名称
days	int(10)unsigncd	Yes		NULL	可借天数

☑ tb_bookcase（书架信息表）。

书架信息表主要用来保存书架信息。表 tb_bookcase 的结构如表 2.7 所示。

表 2.7　表 tb_bookcase 的结构

字　段　名	数 据 类 型	是 否 为 空	是 否 主 键	默 认 值	描　　述
id	int(10)unsigncd	No	Yes		ID（自动编号）
name	varchar(30)	Yes		NULL	书架名称

☑ tb_bookinfo（图书信息表）。

图书信息表主要用来保存图书信息。表 tb_bookinfo 的结构如表 2.8 所示。

表 2.8　表 tb_ bookinfo 的结构

字　段　名	数 据 类 型	是 否 为 空	是 否 主 键	默 认 值	描　　述
barcode	varchar(30)	Yes		NULL	条形码
bookname	varchar(70)	Yes		NULL	书名
typeid	int(10)unsigned	Yes		NULL	类型
author	varchar(30)	Yes		NULL	作者
translator	varchar(30)	Yes		NULL	译者
ISBN	varchar(20)	Yes		NULL	出版社
price	float(8,2)	Yes		NULL	价格
page	int(10)unsigned	Yes		NULL	页码
bookcase	int(10)unsigned	Yes		NULL	书架
inTime	date	Yes		NULL	录入时间
operator	varchar(30)	Yes		NULL	操作员
del	tinyint(1)	Yes		0	是否删除
id	int(11)	No	Yes		ID（自动编号）

☑ tb_borrow（图书借阅信息表）。

图书借阅信息表主要用来保存图书借阅信息。表 tb_borrow 的结构如表 2.9 所示。

表2.9 表 tb_borrow 的结构

字 段 名	数据类型	是 否 为 空	是 否 主 键	默 认 值	描 述
id	int(10)unsigncd	No	Yes		ID（自动编号）
readerid	int(10)unsigncd	Yes		NULL	读者编号
bookid	int(10)	Yes		NULL	图书编号
borrowTime	date	Yes		NULL	借书时间
backtime	date	Yes		NULL	应还时间
operator	varchar(30)	Yes		NULL	操作员
ifback	tinytin(1)	Yes		0	是否归还

☑ tb_giveback（图书归还信息表）。

图书归还信息表主要用来保存图书归还信息。表 tb_giveback 的结构如表 2.10 所示。

表2.10 表 tb_giveback 的结构

字 段 名	数据类型	是 否 为 空	是 否 主 键	默 认 值	描 述
id	int(10)unsigncd	No	Yes		ID（自动编号）
readerid	int(11)	Yes		NULL	读者编号
bookid	int(11)	Yes		NULL	图书编号
backTime	date	Yes		NULL	归还时间
operator	varchar(30)	Yes		NULL	操作员

☑ tb_publishing（出版社信息表）。

出版社信息表主要用来保存出版社信息。表 tb_publishing 的结构如表 2.11 所示。

表2.11 表 tb_publishing 的结构

字 段 名	数据类型	是 否 为 空	是 否 主 键	默 认 值	描 述
ISBN	varchar(30)	Yes		NULL	ISBN 号
pubname	varchar(30)	Yes		NULL	出版社名称

☑ tb_reader（读者信息表）。

读者信息表主要用来保存读者信息。表 tb_reader 的结构如表 2.12 所示。

表2.12 表 tb_reader 的结构

字 段 名	数据类型	是 否 为 空	是 否 主 键	默 认 值	描 述
id	int(10) unsigned	No	Yes		ID（自动编号）
name	varchar(20)	Yes		NULL	姓名
sex	varchar(4)	Yes		NULL	性别
barcode	varchar(30)	Yes		NULL	条形码
vocation	varchar(50)	Yes		NULL	职业
birthday	date	Yes		NULL	出生日期
paperType	varchar(10)	Yes		NULL	有效证件

续表

字 段 名	数据类型	是否为空	是否主键	默 认 值	描 述
paperNO	varchar(20)	Yes		NULL	证件号码
tel	varchar(20)	Yes		NULL	电话
email	varchar(100)	Yes		NULL	电子邮件
createDate	date	Yes		NULL	登记日期
operator	varchar(30)	Yes		NULL	操作员
remark	text	Yes		NULL	备注
typeid	int(11)	Yes		NULL	类型

☑ tb_readertype（读者类型信息表）。

读者类型信息表主要用来保存读者类型信息。表 tb_readertype 的结构如表 2.13 所示。

表 2.13 表 tb_readertype 的结构

字 段 名	数据类型	是否为空	是否主键	默 认 值	描 述
id	int(10) unsigned	No	Yes		ID（自动编号）
name	varchar(50)	Yes		NULL	名称
number	int(4)	Yes		NULL	可借数量

☑ tb_library（图书馆信息表）。

图书馆信息表主要用来保存图书馆的基本信息。表 tb_library 的结构如表 2.14 所示。

表 2.14 表 tb_library 的结构

字 段 名	数据类型	是否为空	是否主键	默 认 值	描 述
id	int(10)unsigncd	No	Yes		ID（自动编号）
libraryname	varchar(50)	Yes		NULL	馆名
curator	varchar(10)	Yes		NULL	馆长
tel	varchar(20)	Yes		NULL	联系电话
address	varchar(100)	Yes		NULL	联系地址
email	varchar(100)	Yes		NULL	E-mail
url	varchar(100)	Yes		NULL	网址
createDate	date	Yes		NULL	建馆日期
introduce	text	Yes		NULL	简介

2.5 公共模块设计

在开发过程中，经常会用到一些公共模块，例如，数据库连接及操作的类、字符串处理的类及 Struts 配置等，因此，在开发系统前首先需要设计这些公共模块。下面将具体介绍图书馆管理系统中所需要的公共模块的设计过程。

2.5.1 数据库连接及操作类的编写

数据库连接及操作类通常包括连接数据库的方法 getConnection()、执行查询语句的方法 execute-Query()、执行更新操作的方法 executeUpdate()、关闭数据库连接的方法 close()。下面将详细介绍如何编写图书馆管理系统中的数据库连接及操作的类 ConnDB。

（1）指定类 ConnDB 保存的包，并导入所需的类包，本例将其保存到 com.core 包中。代码如下：

例程 01　代码位置：光盘\TM\02\src\com\core\ConnDB.java

```
package com.core;                       //将该类保存到 com.core 包中
import java.io.InputStream;             //导入 java.io.InputStream 类
import java.sql.*;                      //导入 java.sql 包中的所有类
import java.util.Properties;            //导入 java.util.Properties 类
```

注意 包语句以关键字 package 后面紧跟一个包名称，然后以分号 ";" 结束；包语句必须出现在 import 语句之前；一个 java 文件只能有一个包语句。

（2）定义 ConnDB 类，并定义该类中所需的全局变量及构造方法。代码如下：

例程 02　代码位置：光盘\TM\02\src\com\core\ConnDB.java

```
public class ConnDB {
    public Connection conn = null;                        //声明 Connection 对象的实例
    public Statement stmt = null;                         //声明 Statement 对象的实例
    public ResultSet rs = null;                           //声明 ResultSet 对象的实例
    private static String propFileName = "/com/connDB.properties";  //指定资源文件保存的位置
    private static Properties prop = new Properties();    //创建并实例化 Properties 对象的实例
    private static String dbClassName ="com.mysql.jdbc.Driver";  //定义保存数据库驱动的变量
    private static String dbUrl ="jdbc:mysql://127.0.0.1:3306/db_librarySys?user=root&password=
111&useUnicode=true";
    public ConnDB(){                                      //构造方法
      try {                                               //捕捉异常
        //将 Properties 文件读取到 InputStream 对象中
        InputStream in=getClass().getResourceAsStream(propFileName);
        prop.load(in);                                    //通过输入流对象加载 Properties 文件
        dbClassName = prop.getProperty("DB_CLASS_NAME");  //获取数据库驱动
        //获取连接的 URL
        dbUrl = prop.getProperty("DB_URL",

    "jdbc:mysql://127.0.0.1:3306/db_librarySys?user=root&password=111&useUnicode=true");
      }
      catch (Exception e) {
        e.printStackTrace();                              //输出异常信息
      }
    }
}
```

（3）为了方便程序移植，这里将数据库连接所需信息保存到 Properties 文件中，并将该文件保存在 com 包中。connDB.properties 文件的内容如下：

例程 03　代码位置：光盘\TM\02\src\com\connDB.properties

```
#DB_CLASS_NAME(驱动的类的类名）
DB_CLASS_NAME=com.mysql.jdbc.Driver
#DB_URL（要连接数据库的地址）
DB_URL=jdbc:mysql://127.0.0.1:3306/db_librarySys?user=root&password=111&useUnicode=true
```

说明

　　properties 文件为本地资料文本文件，以"消息/消息文本"的格式存放数据，文件中"#"的后面为注释行。使用 Properties 对象时，首先需创建并实例化该对象。代码如下：

```
private static Properties prop = new Properties();
```

　　再通过文件输入流对象加载 Properties 文件。代码如下：

```
prop.load(new FileInputStream(propFileName));
```

　　最后通过 Properties 对象的 getProperty()方法读取 Properties 文件中的数据。

（4）创建连接数据库的方法 getConnection()，该方法返回 Connection 对象的一个实例。getConnection()方法的代码如下：

例程 04　代码位置：光盘\TM\02\src\com\core\ConnDB.java

```
    public static Connection getConnection() {
        Connection conn = null;
        try {                                          //连接数据库时可能发生异常，因此需要捕捉该异常
❶          Class.forName(dbClassName).newInstance();//装载数据库驱动
❷          conn = DriverManager.getConnection(dbUrl); //建立与数据库 URL 中定义的数据库的连接
        }
        catch (Exception ee) {
            ee.printStackTrace();                      //输出异常信息
        }
        if (conn == null) {
            System.err.println(
                "警告: DbConnectionManager.getConnection() 获得数据库链接失败.\r\n\r\n 链接类型:" +
                dbClassName + "\r\n 链接位置:" + dbUrl);//在控制台上输出提示信息
        }
        return conn;                                   //返回数据库连接对象
    }
```

代码贴士

　　❶ 该句代码用于利用 Class 类中的静态方法 forName()，加载要使用的 Driver。使用该语句可以将传入的 Driver 类名称的字符串当作 forN。

　　❷ DriverManager 用于管理 JDBC 驱动程序的接口，通过其 getConnection()方法来获取 Connection 对象的引用。Connection 对象的常用方法如下。

　　☑　Statement createStatement(): 创建一个 Statement 对象，用于执行 SQL 语句。

　　☑　close(): 关闭数据库的连接，在使用完连接后必须关闭，否则连接会保持一段比较长的时间，直到超时。

☑ PreparedStatement prepareStatement(String sql)：使用指定的 SQL 语句创建了一个预处理语句，sql 参数中往往包含一个或多个 "?" 占位符。

☑ CallableStatement prepareCall(String sql)：创建一个 CallableStatement 用于执行存储过程，sql 参数是调用的存储过程，中间至少包含一个 "?" 占位符。

（5）创建执行查询语句的方法 executeQuery()，返回值为 ResultSet 结果集。executeQuery()方法的代码如下：

例程 05 代码位置：光盘\TM\02\src\com\core\ConnDB.java

```
public ResultSet executeQuery(String sql) {
    try {                                          //捕捉异常
        conn = getConnection();                    //调用 getConnection()方法构造 Connection 对象的一个实例 conn
❶      stmt = conn.createStatement(ResultSet.TYPE_SCROLL_INSENSITIVE,
                        ResultSet.CONCUR_READ_ONLY);
❷      rs = stmt.executeQuery(sql);
    }
    catch (SQLException ex) {
        System.err.println(ex.getMessage());        //输出异常信息
    }
    return rs;                                      //返回结果集对象
}
```

📢 代码贴士

❶ ResultSet.TYPE_SCROLL_INSENSITIVE 常量允许记录指针向前或向后移动，且当 ResultSet 对象变动记录指针时，会影响记录指针的位置。

ResultSet.CONCUR_READ_ONLY 常量可以解释为 ResultSet 对象仅能读取，不能修改，在对数据库的查询操作中使用。

❷ stmt 为 Statement 对象的一个实例，通过其 executeQuery(String sql)方法可以返回一个 ResultSet 对象。

（6）创建执行更新操作的方法 executeUpdate()，返回值为 int 型的整数，代表更新的行数。executeQuery()方法的代码如下：

例程 06 代码位置：光盘\TM\02\src\com\core\ConnDB.java

```
public int executeUpdate(String sql) {
    int result = 0;                                //定义保存返回值的变量
    try {                                          //捕捉异常
        conn = getConnection();                    //调用 getConnection()方法构造 Connection 对象的一个实例 conn
        stmt = conn.createStatement(ResultSet.TYPE_SCROLL_INSENSITIVE,
                ResultSet.CONCUR_READ_ONLY);
        result = stmt.executeUpdate(sql);          //执行更新操作
    } catch (SQLException ex) {
        result = 0;                                //将保存返回值的变量赋值为 0
    }
    return result;                                 //返回保存返回值的变量
}
```

（7）创建关闭数据库连接的方法 close()。close()方法的代码如下：

例程 07 代码位置：光盘\TM\02\src\com\core\ConnDB.java

```
public void close() {
    try {                                           //捕捉异常
        if (rs != null) {                           //当 ResultSet 对象的实例 rs 不为空时
            rs.close();                             //关闭 ResultSet 对象
        }
        if (stmt != null) {                         //当 Statement 对象的实例 stmt 不为空时
            stmt.close();                           //关闭 Statement 对象
        }
        if (conn != null) {                         //当 Connection 对象的实例 conn 不为空时
            conn.close();                           //关闭 Connection 对象
        }
    } catch (Exception e) {
        e.printStackTrace(System.err);             //输出异常信息
    }
}
```

2.5.2 字符串处理类的编写

字符串处理的类是解决程序中经常出现的有关字符串处理问题方法的类，包括将数据库中及页面中有中文乱码问题的字符串进行正确的显示和过滤字符串中的危险字符的方法。下面将详细介绍如何编写字符串处理类 ChStr。

（1）编写解决输出中文乱码问题的方法 toChinese()。toChinese()方法的代码如下：

例程 08 代码位置：光盘\TM\02\src\com\core\ChStr.java

```
public static String toChinese(String strvalue) {
    try {
        if (strvalue == null) {                                         //当变量 strvalue 为 null 时
            strvalue="";                                                //将变量 strvalue 赋值为空
        } else {
            strvalue = new String(strvalue.getBytes("ISO8859_1"), "GBK");//将字符串转换为 GBK 编码
            strvalue = strvalue.trim();                                 //去除字符串的首尾空格
        }
    } catch (Exception e) {
        strvalue="";                                                    //将变量 strvalue 赋值为空
    }
    return strvalue;                                                    //返回转换后的输入变量 strvalue
}
```

（2）编写过滤字符串中的危险字符的方法 filterStr()。filterStr()方法的代码如下：

例程 09 代码位置：光盘\TM\02\src\com\core\ChStr.java

```
public static final String filterStr(String str){
    str=str.replaceAll(";","");                     //替换字符串中的 ";" 为空
    str=str.replaceAll("&","&amp;");                //替换字符串中的 "&" 为&amp;
    str=str.replaceAll("<","&lt;");                 //替换字符串中的 "<" 为&lt;
    str=str.replaceAll(">","&gt;");                 //替换字符串中的 ">" 为&gt;
    str=str.replaceAll("'","");                     //替换字符串中的 "'" 为空
```

```
str=str.replaceAll("--"," ");                        //替换字符串中的 "--" 为空格
str=str.replaceAll("/","");                          //替换字符串中的 "/" 为空
str=str.replaceAll("%","");                          //替换字符串中的 "%" 为空
return str;
}
```

2.5.3　配置 Struts

Struts 框架需要通过一个专门的配置文件 struts-config.xml 来控制，当然也可以取其他名字，那么网站是怎么找到这个 Struts 的配置文件的呢？只要在 web.xml 里面配置即可。具体代码如下：

例程 10　代码位置：光盘\TM\02\WebContent\WEB-INF\web.xml

```
… <!--此处省略了 XML 声明及版本信息-->
<display-name>LibraryManage</display-name>         <!--设置 struts-config.xml 配置文件的路径-->
<servlet>
    <servlet-name>action</servlet-name>            <!--声明 action 类-->
    <servlet-class>org.apache.struts.action.ActionServlet</servlet-class>
    <init-param>                                    <!--设置 struts-config.xml 配置文件的路径-->
        <param-name>config</param-name>
        <param-value>/WEB-INF/struts-config.xml</param-value>
    </init-param>
    <init-param>
        <param-name>debug</param-name>             <!--声明 debug 属性-->
        <param-value>3</param-value>
    </init-param>
    <init-param>
        <param-name>detail</param-name>
        <param-value>3</param-value>
    </init-param>
    <load-on-startup>0</load-on-startup>           <!--应用启动的加载优先级-->
</servlet>
<servlet-mapping>                                   <!-- 指定 ActionServlet 类处理的请求 URL 格式 -->
    <servlet-name>action</servlet-name>
    <url-pattern>*.do</url-pattern>
</servlet-mapping>
    <!-- 设置默认文件名称 -->
    <welcome-file-list>
        <welcome-file>login.jsp</welcome-file>     <!-- 设置默认文件名称为 login.jsp -->
        <welcome-file>index.jsp</welcome-file>     <!-- 设置默认文件名称为 index.jsp -->
    </welcome-file-list>
</web-app>
```

从例程 10 中可以看出，在 web.xml 中配置 Struts 的配置文件，实际就是一个 Servlet 的配置，在配置 Servlet 的 config 参数中定义 Struts 的配置文件（包括相对路径），及在 Servlet 的 URL 访问里使用的后缀名，本实例中使用.do 作为后缀名。

接下来的工作就是配置 struts-config.xml 文件。本实例中的 struts-config.xml 文件的关键代码如下：

例程 11　代码位置：光盘\TM\02\WebContent\WEB-INF\struts-config.xml

```
<?xml version="1.0" encoding="UTF-8"?>
```

```
<!DOCTYPE struts-config PUBLIC "-//Apache Software Foundation//DTD Struts Configuration 1.0//EN"
"http://jakarta.apache.org/struts/dtds/struts-config_1_0.dtd">
<struts-config>
  <form-beans>
    <form-bean name="libraryForm" type="com.actionForm.LibraryForm" />      <!--声明 ActionForm-->
    ...                            <!--此处省略了其他<form-bean>代码-->
  </form-beans>
  <action-mappings type="org.apache.struts.action.ActionMapping">              <!--配置局部转发-->
    <action name="libraryForm" path="/library" scope="request" type="com.action.Library" validate="true">
      <forward name="error" path="/error.jsp" />
      <forward name="librarymodify" path="/library_ok.jsp?para=2" />
      <forward name="librarymodifyQuery" path="/library_modify.jsp" />
    </action>
    ...                            <!--此处省略了其他<action></action>代码-->
  </action-mappings>
</struts-config>
```

在例程 11 中，<form-beans>元素用于配置表单信息。它的子元素<form-bean>的 type 属性用于指定一个继承 ActionForm 的子类，该子类主要功能是对前台表单信息的获取或验证，一般由 validate 方法实现。

<action-mappings>中包含的<action>元素描述了从特定的请求路径到相应的 Action 类的映射。其中，<action>元素的 type 属性用于指定一个继承 org.apache.struts.action.Action 的子类，name 属性用于指定 ActionForm 子类的名称，path 属性用于指定要访问此类文件的 action 路径，scope 属性用于指定 ActionForm 的存在范围。

<action>元素的子元素<forward>用于实现局部转发。其中，name 属性用于指定唯一的转发标识的名称（Mapping 对象调用 findForward()方法返回的参数），path 属性用于指定转发路径。

2.6　主界面设计

2.6.1　主界面概述

管理员通过"系统登录"模块的验证后，可以登录到图书馆管理系统的主界面。系统主界面主要包括 Banner 信息栏、导航栏、排行榜和版权信息 4 部分。其中，导航栏中的功能菜单将根据登录管理员的权限进行显示。例如，系统管理员 tsoft 登录后，将可使用系统的全部功能，因为这是超级管理员。主界面运行结果如图 2.34 所示。

2.6.2　主界面技术分析

在如图 2.34 所示的主界面中，Banner 信息栏、导航栏和版权信息，并不是仅存在于主界面中，其他功能模块的子界面中也需要包括这些部分。因此，可以将这几个部分分别保存在单独的文件中，这样，在需要放置相应功能时只需包含这些文件即可，主界面的布局如图 2.35 所示。

图 2.34　系统主界面的运行结果

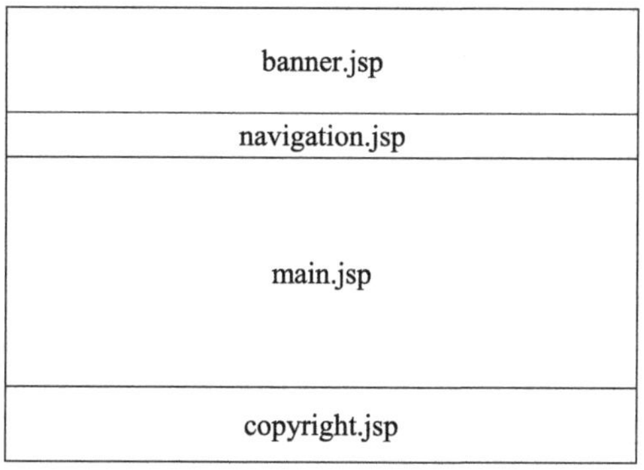

banner.jsp
navigation.jsp
main.jsp
copyright.jsp

图 2.35　主界面的布局

在 JSP 页面中包含文件有两种方法：一种是应用<%@ include %>指令实现，另一种是应用<jsp:include>动作元素实现。

<%@ include %>指令用来在 JSP 页面中包含另一个文件。包含的过程是静态的，即在指定文件属性值时，只能是一个包含相对路径的文件名，而不能是一个变量，也不可以在所指定的文件后面添加任何参数。其语法格式如下：

```
<%@ include file="fileName"%>
```

<jsp:include>动作元素可以指定加载一个静态或动态的文件，但运行结果不同。如果指定为静态文件，那么这种指定仅仅是把指定的文件内容添加到 JSP 文件中去，则这个文件不被编译。如果是动态文件，那么这个文件将会被编译器执行。由于在页面中包含查询模块时，只需要将文件内容添加到指定的 JSP 文件中即可，所以此处可以使用加载静态文件的方法包含文件。应用<jsp:include>动作元素加载静态文件的语法格式如下：

```
<jsp:include page="{relativeURL | <%=expression%>}" flush="true"/>
```

使用<%@ include %>指令和<jsp:include>动作元素包含文件的区别是：使用<%@ include %>指令包含的页面，是在编译阶段将该页面的代码插入到主页面的代码中，最终包含页面与被包含页面生成了一个文件。因此，如果被包含页面的内容有改动，需重新编译该文件。而使用<jsp:include>动作元素包含的页面可以是动态改变的，它是在 JSP 文件运行过程中被确定的，程序执行的是两个不同的页面，即在主页面中声明的变量，在被包含的页面中是不可见的。由此可见，当被包含的 JSP 页面中包含动态代码时，为了不和主页面中的代码相冲突，需要使用<jsp:include>动作元素包含文件。应用<jsp:include>动作元素包含查询页面的代码如下：

```
<jsp:include page="search.jsp"    flush="true"/>
```

考虑到本系统中需要包含的多个文件之间相对比较独立，并且不需要进行参数传递，属于静态包含，因此采用<%@ include %>指令实现。

2.6.3　主界面的实现过程

应用<%@ include %>指令包含文件的方法进行主界面布局的代码如下：

例程 12　代码位置：光盘\TM\02\WebContent\main.jsp

```
❶    <%@include file="banner.jsp"%>
❷    <%@include file="navigation.jsp"%>
❸    <!--显示图书借阅排行榜-->
     <table width="778" height="510"   border="0" align="center" cellpadding="0" cellspacing="0" bgcolor="#FFFFFF"
     class="tableBorder_gray">
        <tr>
        <td align="center" valign="top" style="padding:5px;">
                    …                    <!--此处省略了显示图书借阅排行的代码-->
          </td>
        </tr>
     </table>
❹    <%@ include file="copyright.jsp"%>
```

📢 代码贴士

❶ 应用<%@ include %>指令包含 banner.jsp 文件，该文件用于显示 Banner 信息及当前登录管理员。

❷ 应用<%@ include %>指令包含 navigation.jsp 文件，该文件用于显示当前系统时间及系统导航菜单。

❸ 在主界面（main.jsp）中，应用表格布局的方式显示图书借阅排行榜。

❹ 应用<%@ include %>指令包含 copyright.jsp 文件，该文件用于显示版权信息。

2.7　管理员模块设计

2.7.1　管理员模块概述

管理员模块主要包括管理员登录、查看管理员列表、添加管理员信息、管理员权限设置、管理员删除和更改口令 6 个功能。管理员模块的框架如图 2.36 所示。

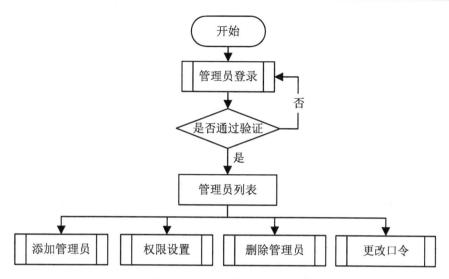

图 2.36　管理员模块的框架图

2.7.2　管理员模块技术分析

由于本系统采用的是 Struts 框架，所以在实现管理员模块时，需要编写管理员模块对应的
ActionForm 类和 Action 实现类。在 Struts 框架中，ActionForm 类是一个具有 getXXX()和 setXXX()方
法的类，用于获取或设置 HTML 表单数据。同时，该类也可以实现验证表单数据的功能。Action 类实
现类是 Struts 中控制器组件的重要组成部分，是用户请求和业务逻辑之间沟通的媒介。Action 类被运
行在一个多线程的环境中。下面将详细介绍如何编写管理员模块的 ActionForm 类和 Action 实现类。

1．编写管理员的 ActionForm 类

在管理员模块中，涉及到的数据表是 tb_manager（管理员信息表）和 tb_purview（权限表），其中，
管理员信息表中保存的是管理员名称和密码等信息，权限表中保存的是各管理员的权限信息，这两个
表通过各自的 id 字段相关联。通过这两个表可以获得完整的管理员信息，根据这些信息可以得出管理
员模块的 ActionForm 类。管理员模块的 ActionForm 类的名称为 ManagerForm。具体代码如下：

例程 13　代码位置：光盘\TM\02\src\com\actionForm\ManagerForm.java

```
package com.actionForm;
import org.apache.struts.action.ActionForm;          //导入 Struts 框加的 ActionForm 类
public class ManagerForm extends ActionForm {
    private Integer id=new Integer(-1);               //管理员 ID 号
    private String name="";                           //管理员名称
    private String pwd="";                            //管理员密码
    private int sysset=0;                             //系统设置权限
    private int readerset=0;                          //读者管理权限
    private int bookset=0;                            //图书管理权限
    private int borrowback=0;                         //图书借还权限
    private int sysquery=0;                           //系统查询权限
    /*********************提供控制 ID 属性的方法*********************/
```

```java
public Integer getId() {                              //ID 属性的 getXXX()方法
    return id;
}
public void setId(Integer id) {                       //ID 属性的 setXXX()方法
    this.id = id;
}
/**********************************************************************/
   ...                    //此处省略了其他控制管理员信息的 getXXX()和 setXXX()方法
/********************提供控制 Name 属性的方法*****************************/
public void setName(String name) {                    //定义 name 属性的 setXXX()方法
    this.name = name;
}
public String getName() {                             //定义 name 属性的 getXXX()方法
    return name;
}
/**********************************************************************/
}
```

2．编写管理员的 Action 实现类

管理员功能模块的 Action 实现类继承了 Action 类，在该类中，首先需要在该类的构造方法中实例化管理员模块的 ManagerDAO 类（该类用于实现与数据库的交互）。Action 实现类的主要方法是execute()，该方法会被自动执行，这个方法本身没有具体的事务，它是根据 HttpServletRequest 的getParameter()方法获取的 action 参数值执行相应方法的。

管理员模块的 Action 实现类的关键代码如下：

例程 14　代码位置：光盘\TM\02\src\com\action\Manager.java

```java
package com.action;                                   //将该类保存在 com.action 包中
import org.apache.struts.action.*;                    //导入 org.apache.struts.action 包中的所有类
import javax.servlet.http.HttpServletRequest;         //导入 javax.servlet.http.HttpServletRequest 类
import javax.servlet.http.HttpServletResponse;        //导入 javax.servlet.http.HttpServletResponse 类
import com.actionForm.ManagerForm;                    //导入 com.actionForm.ManagerForm 类
import com.dao.ManagerDAO;                            //导入 com.dao.ManagerDAO 类
import javax.servlet.http.HttpSession;                //导入 javax.servlet.http.HttpSession 类
public class Manager extends Action {
    private ManagerDAO managerDAO = null;             //声明 ManagerDAO 的对象
    public Manager() {
        this.managerDAO = new ManagerDAO();           //实例化 ManagerDAO 类
    }
    public ActionForward execute(ActionMapping mapping, ActionForm form,
                        HttpServletRequest request, HttpServletResponse response) {
        String action = request.getParameter("action");   //获取 action 参数值
        if (action == null || "".equals(action)) {    //当 action 的值为空时，转到错误提示页
            return mapping.findForward("error");
        }else if ("login".equals(action)) {     //当 action 值为 login 时，调用 managerLogin()方法验证管理员身份
            return managerLogin(mapping, form, request,response);
        } else if ("managerAdd".equals(action)) {
            return managerAdd(mapping, form, request,response); //调用 managerAdd ()方法添加管理员信息
        } else if ("managerQuery".equals(action)) {
```

```
            return managerQuery(mapping, form, request,response);      //查询管理员及权限信息
        } else if ("managerModifyQuery".equals(action)) {
            return managerModifyQuery(mapping, form, request,response);  //查询管理员信息返回值为 ActionForm
        } else if ("managerModify".equals(action)) {
            return managerModify(mapping, form, request,response);      //设置管理员权限
        } else if ("managerDel".equals(action)) {
            return managerDel(mapping, form, request,response);        //删除管理员信息
        }else if("querypwd".equals(action)){
                return pwdQuery(mapping, form, request,response);      //更改口令时应用的查询
        }else if("modifypwd".equals(action)){
            return modifypwd(mapping, form, request,response);        //更改口令
        }
        request.setAttribute("error","操作失败！");
        return mapping.findForward("error");
    }
     ...                    //此处省略了该类中的其他方法，这些方法将在后面的具体过程中给出
}
```

2.7.3　系统登录的实现过程

📇　**系统登录使用的数据表为：tb_manager。**

　　系统登录页面是进入图书馆管理系统的入口。在运行本系统后，首先进入的是系统登录页面，在该页面中，系统管理员可以通过输入正确的管理员名称和密码登录到系统，当用户没有输入管理员名称或密码时，系统会通过 JavaScript 进行判断，并给予提示信息。系统登录页面的运行结果如图 2.37 所示。

图 2.37　系统登录页面的运行结果

📢**注意**　在实现系统登录前，需要在 MySQL 数据库中手动添加一条系统管理员的数据（管理员名为 tsoft，密码为 111，拥有所有权限），即在 MySQL 的客户端命令行中应用下面的语句分别向管理员信息表 tb_manager 和权限表 tb_purview 中各添加一条数据记录：

```
#添加管理员信息
insert into tb_manager (name,pwd) values('tsoft','111');
#添加权限信息
insert into tb_purview values(1,1,1,1,1,1);
```

1．设计系统登录页面

系统登录页面主要用于收集管理员的输入信息及通过自定义的 JavaScript 函数验证输入信息是否为空，该页面中所涉及到的表单元素如表 2.15 所示。

表2.15　系统登录页面所涉及的表单元素

名　　称	元 素 类 型	重 要 属 性	含 　义
form1	form	method="post" action="manager.do?action=login"	管理员登录表单
name	text	size="25"	管理员名称
pwd	password	size="25"	管理员密码
Submit	submit	value="确定" onclick="return check(form1)"	"确定"按钮
Submit2	button	value="关闭" onClick="window.close();"	"关闭"按钮
Submit3	reset	value="重置"	"重置"按钮

编写自定义的 JavaScript 函数，用于判断管理员名称和密码是否为空。代码如下：

例程 15　代码位置：光盘\TM\02\WebContent\login.jsp

```
<script language="javascript">
function check(form){
    if (form.name.value==""){                        //判断管理员名称是否为空
        alert("请输入管理员名称!");form.name.focus();return false;
    }
    if (form.pwd.value==""){                          //判断密码是否为空
        alert("请输入密码!");form.pwd.focus();return false;
    }
}
</script>
```

2．修改管理员的 Action 实现类

在系统登录页面的管理员名称和管理员密码文本框中输入正确的管理员名称和密码后，单击"确定"按钮，网页会访问一个 URL，这个 URL 是 manager.do?action=login。从该 URL 地址中可以知道系统登录模块涉及到的 action 的参数值为 login，也就是当 action=login 时，会调用验证管理员身份的方法 managerLogin()。具体代码如下：

例程 16　代码位置：光盘\TM\02\src\com\action\Manager.java

```
String action = request.getParameter("action");              //获取 action 参数值
if (action == null || "".equals(action)) {                   //判断 action 的参数值是否为空
    return mapping.findForward("error");                     //转到错误提示页
}else if ("login".equals(action)) {
    return managerLogin(mapping, form, request,response);    //调用验证管理员身份的方法 managerLogin()
}
```

在验证管理员身份的方法 managerLogin() 中，首先需要将接收到的表单信息强制转换成 ActionForm 类型，并用获得指定属性的 getXXX() 方法重新设置该属性的 setXXX() 方法，然后调用 ManagerDAO 类中的 checkManager() 方法验证登录管理员信息是否正确，如果正确将管理员名称保存到 Session 中，并将页面重定向到系统主界面，否则将错误提示信息"您输入的管理员名称或密码错误！"保存到 HttpServletRequest 的对象 error 中，并重定向页面至错误提示页。验证管理员身份的方法 managerLogin() 的具体代码如下：

例程 17　代码位置：光盘\TM\02\src\com\action\Manager.java

```java
public ActionForward managerLogin(ActionMapping mapping, ActionForm form,
                      HttpServletRequest request,HttpServletResponse response) {
    ManagerForm managerForm = (ManagerForm) form;      //将接收到的表单信息强制转换成 ActionForm 类型
    managerForm.setName((managerForm.getName()));      //设置管理员名称
    managerForm.setPwd(managerForm.getPwd());          //设置密码
    int ret = managerDAO.checkManager(managerForm);    //调用 ManagerDAO 类的 checkManager()方法
    if (ret == 1) {
        /**********将登录到系统的管理员名称保存到 session 中*******************************/
        HttpSession session=request.getSession();
        session.setAttribute("manager",managerForm.getName());
        /************************************************************************/
        return mapping.findForward("managerLoginok");    //转到系统主界面
    } else {
        request.setAttribute("error","您输入的管理员名称或密码错误！");
        return mapping.findForward("error");             //转到错误提示页
    }
}
```

说明

Action 类的 execute() 方法返回一个 ActionForward 对象，ActionForward 对象代表了 Web 资源的逻辑抽象，这里的 WEB 资源可以是 JSP 页、Java Servlet 或 Action。从 execute() 方法中返回 ActionForward 对象可以在 Struts 配置文件中配置<forward>元素，具体代码如例程 19 所示。配置了<forward>元素后，在 Struts 框架初始化时会创建存放<forward>元素配置信息的 ActionForward 对象。

在 execute() 方法中只需调用 ActionMapping 实例的 findForward() 方法来获得特定的 ActionForward 实例。代码如下：

```java
return mapping.findForward("managerLoginok");
```

3．编写系统登录的 ManagerDAO 类的方法

从例程 17 中可以知道系统登录页使用的 ManagerDAO 类的方法是 checkManager()。在 checkManager() 方法中，首先从数据表 tb_manager 中查询输入的管理员名称是否存在，如果存在，再判断查询到的密码是否与输入的密码相等，如果相等，将标志变量设置为 1，否则设置为 0；反之如果不存在，则将标志变量设置为 0。checkManager() 方法的具体代码如下：

例程 18　代码位置：光盘\TM\02\src\com\dao\ManagerDAO.java

```java
public int checkManager(ManagerForm managerForm) {
```

```
int flag = 0;
ChStr chStr=new ChStr();
String sql = "SELECT * FROM tb_manager where name='" +
chStr.filterStr(managerForm.getName()) + "'";                //过滤字符串中的危险字符
ResultSet rs = conn.executeQuery(sql);
try {              //此处需要捕获异常，当程序出错时，也需要将标志变量设置为0
    if (rs.next()) {
        String pwd = chStr.filterStr(managerForm.getPwd());   //获取输入的密码并过滤掉危险字符
        if (pwd.equals(rs.getString(3))) {                     //判断密码是否正确
            flag = 1;
        } else {
            flag = 0;
        }
    }else{
        flag = 0;
    }
} catch (SQLException ex) {
    flag = 0;
}finally{
 conn.close();                                                 //关闭数据库连接
}
return flag;
}
```

技巧　在验证用户身份时，先判断用户名，再判断密码，可以防止用户输入恒等式后直接登录系统。

4．struts-config.xml 文件配置

在 struts-config.xml 文件中配置系统登录模块所涉及的<form-bean>元素，该元素用于指定管理员登录模块所使用的 ActionForm。具体代码如下：

例程 19　代码位置：光盘\TM\02\WebContent\WEB-INF\struts-config.xml

```
<form-bean name="managerForm" type="com.actionForm.ManagerForm" />
```

在 struts-config.xml 文件中配置系统登录模块所涉及的<action>元素，该元素用于完成对页面的逻辑跳转工作。具体代码如下：

例程 20　代码位置：光盘\TM\02\WebContent\WEB-INF\struts-config.xml

```
<action name="managerForm" path="/manager" scope="request" type="com.action.Manager" validate="true">
    <forward name="managerLoginok" path="/main.jsp" />
    <forward name="error" path="/error.jsp" />
</action>
```

通过例程 19 和例程 20 可以了解以下信息：

根据 name="managerForm"可以找到与之相对应的 ActionForm 的实现类 com.actionForm.Manager-Form。

根据 type="com.action.Manager"可以找到处理用户数据的 Action 类。

根据<forward name="managerLoginok" path="/main.jsp"/>和<forward name="error" path="/error.jsp"/>可以了解，当 Action 返回 managerLoginok 时，页面会转到 main.jsp 文件，也就是系统主界面，当 Action 返回 error 时，页面会被转到 error.jsp 文件，显示错误提示信息。

5．防止非法用户登录系统

从网站安全的角度考虑，上面介绍的系统登录页面并不能有效地保障系统的安全，一旦系统主界面的地址被他人获得，就可以通过在地址栏中输入系统的主界面地址而直接进入到系统中。由于系统的 Banner 信息栏 banner.jsp 几乎包含于整个系统的每个页面，因此这里将验证用户是否将登录的代码放置在该页中。验证用户是否登录的具体代码如下：

例程 21 代码位置：光盘\TM\02\WebContent\banner.jsp

```
<%
String manager=(String)session.getAttribute("manager");
if (manager==null || "".equals(manager)){          //验证用户是否登录
    response.sendRedirect("login.jsp");            //重定向网页到 login.jsp 页
}
%>
```

这样，当系统调用每个页面时，都会判断 Session 变量 manager 是否存在，如果不存在，将页面重定向到系统登录页面。

2.7.4 查看管理员的实现过程

📋 查看管理员使用的数据表：tb_manager和tb_purview。

管理员登录后，选择"系统设置"/"管理员设置"命令，进入到查看管理员列表的页面，在该页面中，将以表格的形式显示的全部管理员及其权限信息，并提供添加管理员信息、删除管理员信息和设置管理员权限的超链接。查看管理员列表页面的运行结果如图 2.38 所示。

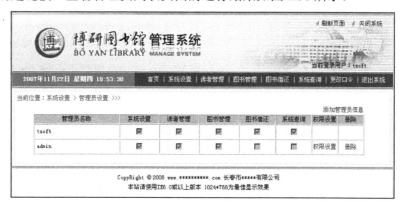

图 2.38 查看管理员列表页面的运行结果

在实现系统导航菜单时，引用了 JavaScript 文件 menu.JS，该文件中包含全部实现半透明背景菜单的 JavaScript 代码。打开该文件，可以找到"管理员设置"菜单项的超链接代码。具体代码如下：

```
<a href=manager.do?action=managerQuery>管理员设置</a>
```

技巧 将页面中所涉及的 JavaScript 代码保存在一个单独的 JS 文件中，然后通过<script></script> 将其引用到需要的页面，可以规范页面代码。在系统导航页面引用 menu.JS 文件的代码如下：

```
<script src="JS/menu.JS"></script>
```

从上面的 URL 地址中可以知道，查看管理员列表模块涉及到的 action 的参数值为 managerQuery， 当 action= managerQuery 时，会调用查看管理员列表的方法 managerQuery()。具体代码如下：

例程 22　代码位置：光盘\TM\02\src\com\action\Manager.java

```
if ("managerQuery".equals(action)) {
    return managerQuery(mapping, form, request,response);        //调用查看管理员列表的方法
}
```

在查看管理员列表的方法 managerQuery()中，首先调用 ManagerDAO 类中的 query()方法查询全部 管理员信息，再将返回的查询结果保存到 HttpServltRequest 的对象 managerQuery 中。查看管理员列表 的方法 managerQuery()的具体代码如下：

例程 23　代码位置：光盘\TM\02\src\com\action\Manager.java

```
private ActionForward managerQuery(ActionMapping mapping, ActionForm form,
            HttpServletRequest request, HttpServletResponse response) {
String str = null;
request.setAttribute("managerQuery", managerDAO.query(str));      //将查询结果保存到 managerQuery 参数中
return mapping.findForward("managerQuery");                       //转到显示管理员列表的页面
}
```

从例程 23 中可以知道查看管理员列表使用的 ManagerDAO 类的方法是 query()。在 query()方法中， 首先使用左连接从数据表 tb_manager 和 tb_purview 中查询出符合条件的数据，然后将查询结果保存到 Collection 集合类中并返回该集合类的实例。query()方法的具体代码如下：

例程 24　代码位置：光盘\TM\02\src\com\dao\ManagerDAO.java

```
public Collection query(String queryif) {
    ManagerForm managerForm = null;                              //声明 ManagerForm 类的对象
❶   Collection managercoll = new ArrayList();
    String sql = "";
    if (queryif == null || queryif == "" || queryif == "all") {  //当参数 queryif 的值为 null、all 或空时查询全部数据
❷          sql = "select m.*,p.sysset,p.readerset,p.bookset,p.borrowback,p.sysquery from tb_manager m left
join tb_purview p on m.id=p.id";
        }else{
            sql="select m.*,p.sysset,p.readerset,p.bookset,p.borrowback,p.sysquery from tb_manager m left
join tb_purview p on m.id=p.id where m.name='"+queryif+"'";       //此处需要应用左连接
    }
    ResultSet rs = conn.executeQuery(sql);                        //执行 SQL 语句
    try {                                                         //捕捉异常信息
        while (rs.next()) {
```

```
            managerForm = new ManagerForm();                    //实例化 ManagerForm 类
            managerForm.setId(Integer.valueOf(rs.getString(1)));
            managerForm.setName(rs.getString(2));
            managerForm.setPwd(rs.getString(3));
            managerForm.setSysset(rs.getInt(4));
            managerForm.setReaderset(rs.getInt(5));
            managerForm.setBookset(rs.getInt(6));
            managerForm.setBorrowback(rs.getInt(7));
            managerForm.setSysquery(rs.getInt(8));
            managercoll.add(managerForm);                        //将查询结果保存到 Collection 集合中
        }
    } catch (SQLException e) {}
    return managercoll;                                          //返回查询结果
}
```

📢 代码贴士

❶ Collection 接口是一个数据集合接口，位于与数据结构有关的 API 的最上部。通过其子接口实现 Collection 集合。

❷ 该语句应用了 MySQL 提供的左连接。在 MySQL 中左连接的语法格式如下：

```
SELECT table1.*,table2.* FROM table1 LEFT JOIN table2 ON table1.fieldname1 =table2.fieldname1;
```

在 struts-config.xml 文件中配置查看管理员列表所涉及的<forward>元素。代码如下：

```
<forward name="managerQuery" path="/manager.jsp" />
```

接下来的工作是将 Action 实现类中 managerQuery()方法返回的查询结果显示在查看管理员列表页 manager.jsp 中。在 manager.jsp 中首先通过 request.getAttribute()方法获取查询结果并将其保存在 Connection 集合中，再通过循环将管理员信息以列表形式显示在页面中。关键代码如下：

例程 25　代码位置：光盘\TM\02\WebContent\manager.jsp

```
❶      <%@ page import="java.util.*"%>
<%Collection coll=(Collection)request.getAttribute("managerQuery");%>
❷      <% if(coll==null || coll.isEmpty()){%>
            暂无管理员信息！
<%}else{
    //通过迭代方式显示数据
❸          Iterator it=coll.iterator();
    int ID=0;                                //定义保存 ID 的变量
    String name="";                          //定义保存管理员名称的变量
    int sysset=0;                            //定义保存系统设置权限的变量
    int readerset=0;                         //定义保存读者管理权限的变量
    int bookset=0;                           //定义保存图书管理权限的变量
    int borrowback=0;                        //定义保存图书借还权限的变量
    int sysquery=0; %>
    <table width="91%"   border="1" cellpadding="0" cellspacing="0" bordercolor="#FFFFFF"
bordercolordark="#D2E3E6" bordercolorlight="#FFFFFF">
    <tr align="center" bgcolor="#e3F4F7">
      <td width="26%">管理员名称</td>
      <td width="12%">系统设置</td>
```

```
       <td width="12%">读者管理</td>
       <td width="12%">图书管理</td>
       <td width="11%">图书借还</td>
       <td width="11%">系统查询</td>
       <td width="8%">权限设置</td>
       <td width="8%">删除</td>
     </tr>
❹     <%while(it.hasNext()){
❺             ManagerForm managerForm=(ManagerForm)it.next();
ID=managerForm.getId().intValue();
         name=chStr.toChinese(managerForm.getName());          //对中文进行转码
         sysset=managerForm.getSysset();                       //获取系统设置权限
         readerset=managerForm.getReaderset();                 //获取读者管理权限
         bookset=managerForm.getBookset();                     //获取图书管理权限
         borrowback=managerForm.getBorrowback();               //获取图书借还权限
         sysquery=managerForm.getSysquery();                   //获取系统查询权限
     %>
   <tr>
     <td style="padding:5px;"><%=name%></td>
<!-- --通过复选框显示管理员的权限信息，复选框没有被选中，表示该管理员不具有管理该项内容的权限- -->
     <td align="center"><input name="checkbox" type="checkbox" class="noborder" value="checkbox"
disabled="disabled" <%if(sysset==1){out.println("checked");}%>></td>
     <td align="center"><input name="checkbox" type="checkbox" class="noborder" value="checkbox"
disabled="disabled" <%if(readerset==1){out.println("checked");}%>></td>
     <td align="center"><input name="checkbox" type="checkbox" class="noborder" value="checkbox" disabled
<%if (bookset==1){out.println("checked");}%>></td>
     <td align="center"><input name="checkbox" type="checkbox" class="noborder" value="checkbox" disabled
<%if (borrowback==1){out.println("checked");}%>></td>
     <td align="center"><input name="checkbox" type="checkbox" class="noborder" value="checkbox" disabled
<%if (sysquery==1){out.println("checked");}%>></td>
<!-- ----------------------------------------------------------------------------------------------------- -->
     <td align="center"> <%if(!name.equals("tsoft")){ %><a href="#"
onClick="window.open('manager.do?action= managerModifyQuery&id=<%=ID%>','','width=292,height=175')">
权限设置</a><%}else{%> <%}%> </td>
     <td align="center"> <%if(!name.equals("tsoft")){ %><a
href="manager.do?action=managerDel&id=<%=ID%>">删除</a><%}else{%> <%}%> </td>
   </tr>
<%   }
}%>
</table>
```

代码贴士

❶ <%@ page import="packageName.className"%>

page 指令的 import 属性用来说明在后面代码中将要使用的类和接口，这些类可以是 Sun JDK 中的类，也可以是用户自定义的类。

在 Java 里如果要载入多个包，需使用 import 分别指明，在 JSP 中也是如此。可以用一个 page 指令指定多个包（它们之间需用逗号 "，" 隔开），也可用多条 import 属性分别指定。import 属性是唯一一个可以在同一个页面中重复定义的 page 指令的属性。

❷ isEmpty()方法：返回一个 boolean 对象，如果集合内未含任何元素，则返回 true。

❸ iterator()方法：返回一个 Iterator 对象，使用该方法可以遍历容器。

❹ hasNext()方法：检查序列中是否还有其他元素。

❺ next()方法：取得序列中的下一个元素。

2.7.5 添加管理员的实现过程

📊 添加管理员使用的数据表：tb_manager。

管理员登录后，选择"系统设置"/"管理员设置"命令，进入到查看管理员列表页面，在该页面中单击"添加管理员信息"超链接，打开添加管理员信息页面。添加管理员信息页面的运行结果如图 2.39 所示。

图 2.39　添加管理员信息页面的运行结果

1．设计添加管理员信息页面

添加管理员页面主要用于收集输入的管理员信息及通过自定义的 JavaScript 函数验证输入信息是否合法，该页面中所涉及到的表单元素如表 2.16 所示。

表 2.16　添加管理员页面所涉及的表单元素

名　称	元 素 类 型	重 要 属 性	含　义
form1	form	method="post" action="manager.do?action=managerAdd"	表单
name	text		管理员名称
pwd	password		管理员密码
pwd1	password		确认密码
Button	button	value="保存" onClick="check(form1)"	"保存" 按钮
Submit2	button	value="关闭" onClick="window.close();"	"关闭" 按钮

编写自定义的 JavaScript 函数，用于判断管理员名称、管理员密码、确认密码文本框是否为空，以及两次输入的密码是否一致。代码如下：

例程 26　代码位置：光盘\TM\02\WebContent\manager_add.jsp

```
<script language="javascript">
function check(form){
    if(form.name.value==""){                          //判断管理员名称是否为空
        alert("请输入管理员名称!");form.name.focus();return;
    }
    if(form.pwd.value==""){                            //判断管理员密码是否为空
        alert("请输入管理员密码!");form.pwd.focus();return;
    }
    if(form.pwd1.value==""){                           //判断是否输入确认密码
        alert("请确认管理员密码!");form.pwd1.focus();return;
    }
    if(form.pwd.value!=form.pwd.value){               //判断两次输入的密码是否一致
        alert("您两次输入的管理员密码不一致，请重新输入!");form.pwd.focus();return;
    }
    form.submit();                                    //提交表单
```

```
}
</script>
```

2．修改管理员的 Action 实现类

在添加管理员页面中，输入合法的管理员名称及密码后，单击"保存"按钮，网页会访问一个 URL，这个 URL 是 manager.do?action=managerAdd。从该 URL 地址中可以知道添加管理员信息页面涉及到的 action 的参数值为 managerAdd，即当 action=managerAdd 时，会调用添加管理员信息的方法 managerAdd()。具体代码如下：

例程 27　代码位置：光盘\TM\02\src\com\action\Manager.java

```java
if ("managerAdd".equals(action)) {
    return managerAdd(mapping, form, request,response);
}
```

在添加管理员信息的方法 managerAdd()中，首先需要将接收到的表单信息强制转换成 ActionForm 类型，并用获得指定属性的 getXXX()方法重新设置该属性的 setXXX()方法，然后调用 ManagerDAO 类中的 insert()方法，将添加的管理员信息保存到数据表中，并将返回值保存到变量 ret 中，如果返回值为 1，则表示信息添加成功，将页面重定向到添加信息成功的页面；如果返回值为 2，则表示该管理员信息已经添加，将错误提示信息"该管理员信息已经存在！"保存到 HttpServletRequest 对象的 error 参数中，然后将页面重定向到错误提示信息页面；否则，将错误提示信息"添加管理员信息失败！"保存到 HttpServletRequest 的对象 error 中，并将页面重定向到错误提示页。添加管理员信息的方法 managerAdd()的具体代码如下：

例程 28　代码位置：光盘\TM\02\src\com\action\Manager.java

```java
private ActionForward managerAdd(ActionMapping mapping, ActionForm form,
                    HttpServletRequest request, HttpServletResponse response) {
    ManagerForm managerForm = (ManagerForm) form;
    managerForm.setName(managerForm.getName());            //获取设置管理员名称
    managerForm.setPwd(managerForm.getPwd());              //获取并设置密码
    int ret = managerDAO.insert(managerForm);              //调用添加管理员信息的方法 insert()
    if (ret == 1) {
        return mapping.findForward("managerAdd");          //转到管理员信息添加成功页面
    } else if(ret==2){
        request.setAttribute("error","该管理员信息已经添加！") ;   //将错误信息保存到 error 参数中
        return mapping.findForward("error");               //转到错误提示页面
    }else {
        request.setAttribute("error","添加管理员信息失败！");      //将错误信息保存到 error 参数中
        return mapping.findForward("error");               //转到错误提示页面
    }
}
```

3．编写添加管理员信息的 ManagerDAO 类的方法

从例程 28 中可以知道添加管理员信息使用的 ManagerDAO 类的方法是 insert()。在 insert()方法中首先从数据表 tb_manager 中查询输入的管理员名称是否存在，如果存在，将标志变量设置为 2，否则将输入的信息保存到管理员信息表中，并将返回值赋给标志变量，最后返回标志变量。insert()方法的

具体代码如下：

例程 29 代码位置：光盘\TM\02\src\com\dao\ManagerDAO.java

```java
public int insert(ManagerForm managerForm) {
    String sql1="SELECT * FROM tb_manager WHERE name='"+managerForm.getName()+"'";
    ResultSet rs = conn.executeQuery(sql1);    //执行 SQL 查询语句
    String sql = "";
    int falg = 0;
        try {                                    //捕捉异常信息
❶                 if (rs.next()) {               //当记录指针可以移动到下一条数据时，表示结果集不为空
                    falg=2;                      //表示该管理员信息已经存在
            } else {
                sql = "INSERT INTO tb_manager (name,pwd) values('" +
                        managerForm.getName() + "','" +managerForm.getPwd() +"')";
❷                 falg = conn.executeUpdate(sql);
            }
        } catch (SQLException ex) {
            falg=0;                              //表示管理员信息添加失败
        }finally{
            conn.close();                        //关闭数据库连接
        }
    return falg;
}
```

📢 代码贴士

❶ next()方法：该方法为 ResultSet 接口中提供的方法，用于移动指针到下一行。指针最初位于第一行之前，第一次调用该方法将移动到第一行。如果存在下一行则返回 true，否则返回 false。

❷ executeUpdate()方法是在公共模块中编写的 ConnDB 类中的方法，该方法的返回值为 0 时，表示数据库更新操作失败。

4．struts-config.xml 文件配置

在 struts-config.xml 文件中配置添加管理员信息所涉及的<forward>元素。代码如下：

```xml
<forward name="managerAdd" path="/manager_ok.jsp?para=1" />
```

5．制作添加信息成功页面

这里将添加管理员信息、设置管理员权限和管理员信息删除 3 个模块操作成功的页面用一个 JSP 文件实现，只是通过传递的参数 para 的值进行区分。关键代码如下：

例程 30 代码位置：光盘\TM\02\WebContent\manager_ok.jsp

```jsp
<%int para=Integer.parseInt(request.getParameter("para"));
switch(para){
    case 1:                                      //添加信息成功时执行该代码段
    %>
        <script language="javascript">
        alert("管理员信息添加成功!");
        opener.location.reload();                //刷新打开该窗口的页面
        window.close();                          //关闭当前窗口
```

```
            </script>
<%  break;                                //跳出 switch 语句
case 2:                                    //设置管理员权限成功时执行该代码段
%>
            <script language="javascript">
            alert("管理员权限设置成功!");
            opener.location.reload();        //刷新父窗口
            window.close();                  //关闭当前窗口
            </script>
<%  break;
case 3:                                    //删除管理员成功时执行该代码段
%>
            <script language="javascript">
            alert("管理员信息删除成功!");
            window.location.href="manager.do?action=managerQuery";
            </script>
<%  break;
}%>
```

2.7.6　设置管理员权限的实现过程

　　设置管理员权限使用的数据表：tb_manager 和 tb_purview。

　　管理员登录后，选择"系统设置"/"管理员设置"命令，进入到查看管理员列表页面，在该页面中，单击指定管理员后面的"权限设置"超链接，即可进入到权限设置页面，设置该管理员的权限。权限设置页面的运行结果如图 2.40 所示。

1．在管理员列表中添加权限设置页面的入口

图 2.40　权限设置页面的运行结果

　　在"查看管理员列表"页面的管理员列表中，添加"权限设置"列，并在该列中添加以下用于打开"权限设置"页面的超链接代码：

例程 31　代码位置：光盘\TM\02\WebContent\manager.java

```
<a href="#" onClick="window.open('manager.do?action=managerModifyQuery&id=<%=ID%>','','width=292,
height=175') ">权限设置</a>
```

　　从上面的 URL 地址中可以知道，设置管理员权限页面所涉及到的 action 的参数值为 managerModify-Query，当 action= managerModifyQuery 时，会调用查询指定管理员权限信息的方法 managerModifyQuery()。具体代码如下：

例程 32　代码位置：光盘\TM\02\src\com\action\Manager.java

```
if ("managerModifyQuery".equals(action)) {
    return managerModifyQuery(mapping, form, request,response);
}
```

　　在查询指定管理员权限信息的方法 managerModifyQuery()中，首先需要将接收到的表单信息强制转换成 ActionForm 类型，并用获得指定属性的 getXXX()方法重新设置该属性的 setXXX()方法；再调用 ManagerDAO 类中的 query_update()方法，查询出指定管理员权限信息；再将返回的查询结果保存到 HttpServletRequest 的对象 managerQueryif 中。查询指定管理员权限信息的方法 managerModifyQuery() 的具体代码如下：

例程 33　代码位置：光盘\TM\02\src\com\action\Manager.java

```
private ActionForward managerModifyQuery(ActionMapping mapping,
        ActionForm form, HttpServletRequest request, HttpServletResponse response) {
    ManagerForm managerForm = (ManagerForm) form;
    managerForm.setId(Integer.valueOf(request.getParameter("id")));    //获取并设置管理员 ID 号
    request.setAttribute("managerQueryif", managerDAO.query_update(managerForm));
    return mapping.findForward("managerQueryModify");                   //转到权限设置成功页面
}
```

从例程 33 中可以知道，查询指定管理员权限信息使用的 ManagerDAO 类的方法是 query_update()。 在 query_update()方法中，首先使用左连接从数据表 tb_manager 和 tb_purview 中查询出符合条件的数据， 然后将查询结果保存到 Collection 集合类中，并返回该集合类。query_update()方法的具体代码如下：

例程 34　代码位置：光盘\TM\02\src\com\dao\ManagerDAO.java

```
public ManagerForm query_update(ManagerForm managerForm) {
    ManagerForm managerForm1 = null;
    String sql = "select m.*,p.sysset,p.readerset,p.bookset,p.borrowback,p.sysquery from tb_manager m left
join tb_ purview p on m.id=p.id where m.id=" +managerForm.getId() + "";
    ResultSet rs = conn.executeQuery(sql);                        //执行查询语句
    try {                                                          //捕捉异常信息
        while (rs.next()) {
            managerForm1 = new ManagerForm();
            managerForm1.setId(Integer.valueOf(rs.getString(1)));
            ...                                                   //此处省略了设置其他属性的代码
            managerForm1.setSysquery(rs.getInt(8));
        }
    } catch (SQLException ex) {
        ex.printStackTrace();                                     //输出异常信息
    }finally{
        conn.close();                                             //关闭数据库连接
    }
    return managerForm1;
}
```

在 struts-config.xml 文件中，配置查询指定管理员权限信息所涉及的<forward>元素。代码如下：

```
<forward name="managerQueryModify" path="/manager_Modify.jsp" />
```

2．设计权限设置页面

将 Action 实现类中 managerModifyQuery()方法返回的查询结果显示在设置管理员权限页 manager_Modify.jsp 中。在 manager_Modify.jsp 中，通过 request.getAttribute()方法获取查询结果，并将 其显示在相应的表单元素中。权限设置页面中所涉及到的表单元素如表 2.17 所示。

表 2.17　权限设置页面所涉及的表单元素

名　　称	元 素 类 型	重 要 属 性	含　　义
form1	form	method="post" action="manager.do?action=managerModify"	表单
id	hidden	value="<%=ID%>"	管理员编号
name	text	readonly="yes" value="<%=name%>"	管理员名称
sysset	checkbox	value="1" <%if(sysset==1){out.println("checked");}%>	系统设置
readerset	checkbox	value="1" <%if(readerset==1){out.println("checked");}%>	读者管理
bookset	checkbox	value="1" <%if(bookset==1){out.println("checked");}%>	图书管理
borrowback	checkbox	value="1" <%if(borrowback==1){out.println("checked");}%>	图书借还
sysquery	checkbox	value="1" <%if(sysquery==1){out.println("checked");}%>	系统查询
Button	submit	value="保存"	"保存"按钮
Submit2	button	value="关闭" onClick="window.close();"	"关闭"按钮

3．修改管理员的 Action 实现类

在权限设置页面中设置管理员权限后，单击"保存"按钮，网页会访问一个 URL，这个 URL 是 manager.do?action=managerModify。从该 URL 地址中可以知道保存设置管理员权限信息涉及到的 action 的参数值为 managerModify，即当 action= managerModify 时，会调用保存设置管理员权限信息的方法 managerModify()。具体代码如下：

例程 35　代码位置：光盘\TM\02\src\com\action\Manager.java

```
if ("managerModify".equals(action)) {
    return managerModify(mapping, form, request,response);
}
```

在保存设置管理员权限信息的方法 managerModify()中，首先需要将接收到的表单信息强制转换成 ActionForm 类型，并用获得指定属性的 getXXX()方法重新设置该属性的 setXXX()方法，然后调用 ManagerDAO 类中的 update()方法，将设置的管理员权限信息保存到权限表 tb_purview 中，并将返回值保存到变量 ret 中，如果返回值为 1，表示信息设置成功，将页面重定向到设置信息成功页面；否则，将错误提示信息"修改管理员信息失败！"保存到 HttpServletRequest 对象的 error 参数中，然后将页面重定向到错误提示信息页面。保存设置管理员权限信息的方法 managerModify()的具体代码如下：

例程 36　代码位置：光盘\TM\02\src\com\action\Manager.java

```
private ActionForward managerModify(ActionMapping mapping, ActionForm form,
        HttpServletRequest request, HttpServletResponse response) {
    ManagerForm managerForm = (ManagerForm) form;
    managerForm.setId(managerForm.getId());                        //获取并设置管理员 ID 号
    managerForm.setName(managerForm.getName());                    //获取并设置管理员名称
    managerForm.setPwd(managerForm.getPwd());                      //获取并设置管理员密码
    managerForm.setSysset(managerForm.getSysset());                //获取并设置系统设置权限
    managerForm.setReaderset(managerForm.getReaderset());          //获取并设置读者管理权限
    managerForm.setBookset(managerForm.getBookset());              //获取并设置图书管理权限
    managerForm.setBorrowback(managerForm.getBorrowback());        //获取并设置图书借还权限
    managerForm.setSysquery(managerForm.getSysquery());            //获取并设置系统查询权限
    int ret = managerDAO.update(managerForm);                      //调用设置管理员权限的方法 update()
```

```java
if (ret == 0) {
    request.setAttribute("error", "设置管理员权限失败！");    //保存错误提示信息到 error 参数中
    return mapping.findForward("error");                    //转到错误提示页面
} else {
    return mapping.findForward("managerModify");           //转到权限设置成功页面
}
}
```

4．编写保存设置管理员权限信息的 ManagerDAO 类的方法

从例程 36 中可以知道设置管理权限时使用的 ManagerDAO 类的方法是 update()。在 update()方法中，首先从数据表 tb_manager 中查询要设置权限的管理员是否已经存在权限信息，如果是，则修改该管理员的权限信息；如果不是，则在管理员信息表中添加该管理员的权限信息，并将返回值赋给标志变量，然后返回标志变量。update()方法的具体代码如下：

例程 37　代码位置：光盘\TM\02\src\com\dao\ManagerDAO.java

```java
public int update(ManagerForm managerForm) {
    String sql1="SELECT * FROM tb_purview WHERE id="+managerForm.getId()+"";
    ResultSet rs=conn.executeQuery(sql1);               //查询要设置权限的管理员的权限信息
    String sql="";
    int falg=0;                                          //定义标志变量
    try {                                                //捕捉异常信息
        if (rs.next()) {                                 //当已经设置权限时，执行更新语句
            sql = "Update tb_purview set sysset=" + managerForm.getSysset() +",readerset=" + managerForm.getReaderset ()+",bookset="+managerForm.getBookset()+",borrowback="+managerForm.getBorrowback()+",sysquery="+managerForm.getSysquery()+" where id=" +managerForm.getId() + "";
        }else{                                           //未设置权限时，执行插入语句
            sql="INSERT INTO tb_purview values("+managerForm.getId()+","+managerForm.getSysset()+","+manager- Form.getReaderset()+","+managerForm.getBookset()+","+managerForm.getBorrowback()+","+managerForm.getSysquery()+")";
        }
        falg = conn.executeUpdate(sql);
    } catch (SQLException ex) {
        falg=0;                                          //表示设置管理员权限失败
    }finally{
        conn.close();                                    //关闭数据库连接
    }
    return falg;
}
```

5．struts-config.xml 文件配置

在 struts-config.xml 文件中配置设置管理员权限的<forward>元素。代码如下：

```xml
<forward name="managerModify" path="/manager_ok.jsp?para=2" />
```

2.7.7　删除管理员的实现过程

📖　删除管理员使用的数据表：tb_manager和tb_purview。

管理员登录后，选择"系统设置"/"管理员设置"命令，进入到查看管理列表页面，在该页面

中，单击指定管理员信息后面的"删除"超链接，该管理员及其权限信息将被删除。

在查看管理员列表页面中，添加以下用于删除管理员信息的超链接代码：

例程 38　代码位置：光盘\TM\02\manager.java

```
<a href="manager.do?action=managerDel&id=<%=ID%>">删除</a>
```

从上面的 URL 地址中，可以知道删除管理员页所涉及到的 action 的参数值为 managerDel，当 action=managerDel 时，会调用删除管理员的方法 managerDel()。具体代码如下：

例程 39　代码位置：光盘\TM\02\src\com\action\Manager.java

```
if ("managerDel".equals(action)) {
    return managerDel(mapping, form, request,response);
}
```

在删除管理员的方法 managerDel()中，首先需要将接收到的表单信息强制转换成 ActionForm 类型，并用获得的 id 参数的值重新设置该 ActionForm 的 setId()方法，再调用 ManagerDAO 类中的 delete()方法，删除指定的管理员，并根据执行结果将页面转到相应页面。删除管理员的方法 managerDel()的具体代码如下：

例程 40　代码位置：光盘\TM\02\src\com\action\Manager.java

```
private ActionForward managerDel(ActionMapping mapping, ActionForm form,
        HttpServletRequest request, HttpServletResponse response) {
    ManagerForm managerForm = (ManagerForm) form;   //将接收到的表单信息强制转换成 ActionForm 类型
    managerForm.setId(Integer.valueOf(request.getParameter("id")));   //获取并设置管理员 ID 号
    int ret = managerDAO.delete(managerForm);                        //调用删除信息的方法 delete()
    if (ret == 0) {
        request.setAttribute("error", "删除管理员信息失败！");         //保存错误提示信息到 error 参数中
        return mapping.findForward("error");                        //转到错误提示页面
    } else {
        return mapping.findForward("managerDel");                   //转到删除管理员信息成功页面
    }
}
```

从例程 40 中可以知道删除管理员使用的 ManagerDAO 类的方法是 delete()。在 delete()方法中，首先将管理员信息表 tb_manager 中符合条件的数据删除，再将权限表 tb_purview 中的符合条件的数据删除，最后返回执行结果。delete()方法的具体代码如下：

例程 41　代码位置：光盘\TM\02\src\com\dao\ManagerDAO.java

```
public int delete(ManagerForm managerForm) {
    int flag=0;
    try{                                                            //捕捉异常信息
    String sql = "DELETE FROM tb_manager where id=" + managerForm.getId() +"";
    flag = conn.executeUpdate(sql);                                //执行删除管理员信息的语句
    if (flag !=0){
        String sql1 = "DELETE FROM tb_purview where id=" + managerForm.getId() +"";
        conn.executeUpdate(sql1);                                  //执行删除权限信息的语句
    }}catch(Exception e){
    System.out.println("删除管理员信息时产生的错误："+e.getMessage());   //输出错误信息
```

```
    }finally{
     conn.close();                                    //关闭数据库连接
    }
    return flag;
}
```

在 struts-config.xml 文件中配置删除管理员所涉及的<forward>元素。代码如下：

```
<forward name="managerDel" path="/manager_ok.jsp?para=3" />
```

2.7.8 单元测试

在开发完管理员模块后，为了保证程序正常运行，一定要对模块进行单元测试。单元测试在程序开发中非常重要，只有通过单元测试才能发现模块中的不足之处，才能及时弥补程序中出现的错误。下面将对管理员模块中容易出现的错误进行分析。

在管理员模块中，最关键的环节就是验证管理员身份。下面先看一下原始的验证管理员身份的代码：

```
public int checkManager(ManagerForm managerForm) {
    int flag = 0;                                     //定义标志变量
    String sql="SELECT * FROM tb_manager WHERE name='"+managerForm.getName()+
    "' and pwd='"+managerForm.getPwd()+"'";
    ResultSet rs = conn.executeQuery(sql);            //执行 SQL 语句
    try {
        if (rs.next()) {
                flag = 1;
        }else{
            flag = 0;
        }
    } catch (SQLException ex) {
        flag = 0;
    }finally{
     conn.close();                                    //关闭数据库连接
    }
    return flag;
}
```

在上面的代码中，验证管理员身份的代码如下：

```
"SELECT * FROM tb_manager WHERE name='"+managerForm.getName()+"' and pwd='"+managerForm.getPwd()+"'"
```

该字符串对应的 SQL 语句为：

```
SELECT * FROM tb_manager WHERE name='管理员名称' and pwd='密码'
```

从逻辑上讲，这样的 SQL 语句并没有错误，以管理员名称和密码为条件，从数据库中查找相应的记录，如果能查询到，则认为是合法管理员。但是，这样做存在一个安全隐患，当用户在管理员名称和密码文本框中输入一个 OR 运算符及恒等式后，即使不输入正确的管理员名称和密码也可以登录到系统。例如，如果用户在管理员名称和密码文本框中分别输入"aa ' OR 'a'='a"后，上面的语句将转换为如下 SQL 语句：

SELECT * FROM tb_user WHERE name=' aa ' OR 'a'='a ' AND pwd=' aa ' OR 'a'='a '

由于表达式'a'='a'的值为真，系统将查出全部管理员信息，所以即使用户输入错误的管理员名称和密码也可以轻松登录系统。因此，这里采用了先过滤掉输入字符串中的危险字符，再分别判断输入的管理员名称和密码是否正确的方法。修改后的验证管理员身份的代码如下：

```
public int checkManager(ManagerForm managerForm) {
    int flag = 0;
    ChStr chStr=new ChStr();                               //实例化 ChStr 类的一个对象
    String sql = "SELECT * FROM tb_manager where name='" +
    chStr.filterStr(managerForm.getName()) + "'";
    ResultSet rs = conn.executeQuery(sql);                 //执行 SQL 语句
    try {
        if (rs.next()) {
            String pwd = chStr.filterStr(managerForm.getPwd());    //获取输入的密码并过滤掉危险字符
            if (pwd.equals(rs.getString(3))) {             //判断密码是否正确
                flag = 1;
            } else {
                flag = 0;
            }
        }else{
            flag = 0;
        }
    } catch (SQLException ex) {
        flag = 0;
    }finally{
        conn.close();                                      //关闭数据库连接
    }
    return flag;
}
```

2.8 图书档案管理模块设计

2.8.1 图书档案管理模块概述

图书档案管理模块主要包括查看图书列表、添加图书信息、修改图书信息、删除图书信息和查看图书详细信息 5 项功能。图书档案模块的框架如图 2.41 所示。

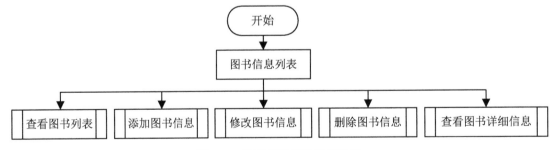

图 2.41 图书档案模块的框架图

2.8.2　图书档案管理模块技术分析

在实现图书档案管理模块时，需要编写图书档案管理模块对应的 ActionForm 类和 Action 实现类。下面将详细介绍如何编写图书档案管理模块的 ActionForm 类和 Action 实现类。

1. 编写图书档案的 ActionForm 类

在图书档案管理模块中，涉及到的数据表是 tb_bookinfo（图书信息表）、tb_bookcase（书架设置表）、tb_booktype（图书类型表）和 tb_publishing（出版社信息表），这 4 个数据表之间通过相应的字段进行关联，如图 2.42 所示。

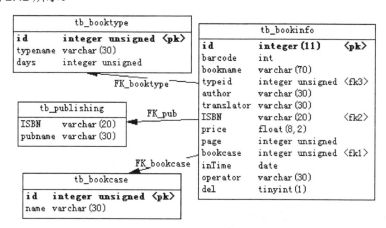

图 2.42　图书档案管理模块各表间关系图

通过以上 4 个表可以获得完整的图书档案信息，根据这些信息来创建图书档案模块的 ActionForm，名称为 BookForm，具体实现方法参见 2.7.2 节"管理员模块技术分析"。

2. 创建图书档案的 Action 实现类

图书档案功能模块的 Action 实现类 Book 继承了 Action 类。在该类中，首先需要在该类的构造方法中实例化图书档案模块的 BookDAO 类（该类用于实现与数据库的交互）。Action 实现类的主要方法是 execute()，该方法会被自动执行，这个方法本身没有具体的事务，它是根据 HttpServletRequest 的 getParameter()方法获取的 action 参数值执行相应方法的。图书档案管理模块 Action 实现类的关键代码如下：

例程 42　代码位置：光盘\TM\02\src\com\action\Book.java

```java
package com.action;
...                                              //此处省略了导入该类中所需包的代码
public class Book extends Action {
    private BookDAO bookDAO = null;              //声明 BookDAO 类的对象
    public Book() {
        this.bookDAO = new BookDAO();            //实例化 BookDAO 类
    }
    public ActionForward execute(ActionMapping mapping, ActionForm form,
```

```
                               HttpServletRequest request,HttpServletResponse response) {
    String action =request.getParameter("action");            //获取 action 参数的值
    if(action==null||"".equals(action)){
        request.setAttribute("error","您的操作有误！");          //将错误信息保存到 error 中
        return mapping.findForward("error");                   //转到显示错误信息的页面
    }else if("bookAdd".equals(action)){
        return bookAdd(mapping,form,request,response);         //添加图书信息
    }else if("bookQuery".equals(action)){
        return bookQuery(mapping,form,request,response);       //查询全部图书信息
    }else if("bookModifyQuery".equals(action)){
        return bookModifyQuery(mapping,form,request,response); //修改图书信息时应用的查询
    }else if("bookModify".equals(action)){
        return bookModify(mapping,form,request,response);      //修改图书信息
    }else if("bookDel".equals(action)){
        return bookDel(mapping,form,request,response);         //删除图书信息
    }else if("bookDetail".equals(action)){
        return bookDetail(mapping,form,request,response);      //查询图书详细信息
    }else if("bookifQuery".equals(action)){
        return bookifQuery(mapping,form,request,response);     //按不同条件查询图书信息
    }
    request.setAttribute("error","操作失败！");                 //将错误信息保存到 error 中
    return mapping.findForward("error");                       //转到显示错误信息的页面
    …  //此处省略了该类中其他方法，这些方法将在后面的具体过程中给出
}
```

2.8.3 查看图书信息列表的实现过程

📖 查看图书信息列表使用的数据表：tb_bookinfo、tb_bookcase、tb_booktype和tb_publishing。

管理员登录后，选择"图书管理"/"图书档案管理"命令，进入到查看图书列表页面，在该页面中将以列表形式显示全部图书信息，同时提供添加图书信息、修改图书信息和删除图书信息的超链接。查看图书信息列表页面的运行结果如图 2.43 所示。

图 2.43 查看图书信息列表页面的运行结果

打开保存实现半透明背景菜单的全部 JavaScript 代码的 JS\menu.JS 文件，可以找到如下"图书档案管理"菜单项的超链接代码：

```
<a href=book.do?action=bookQuery>图书档案管理</a>
```

从上面的 URL 地址中可以知道，查看图书信息列表模块涉及到的 action 的参数值为 bookQuery，当 action=bookQuery 时，会调用查看图书信息列表的方法 bookQuery()。具体代码如下：

例程 43　代码位置：光盘\TM\02\src\com\action\Book.java

```java
if("bookQuery".equals(action)){
    return bookQuery(mapping,form,request,response);
}
```

在查看图书信息列表的方法 bookQuery()中，首先调用 BookDAO 类中的 query()方法查询全部图书信息，再将返回的查询结果保存到 HttpServletRequest 对象的 book 参数中。查看图书信息列表的方法 bookQuery()的具体代码如下：

例程 44　代码位置：光盘\TM\02\src\com\action\Book.java

```java
private ActionForward bookQuery(ActionMapping mapping, ActionForm form,
                    HttpServletRequest request,HttpServletResponse response){
String str=null;
request.setAttribute("book",bookDAO.query(str));          //将查询结果保存到 book 参数中
return mapping.findForward("bookQuery");                  //转到显示图书信息列表的页面
}
```

从例程 44 中可以知道，查看图书信息列表使用的 BookDAO 类的方法是 query()。在 query()方法中首先根据参数 strif 的值查询出符合条件的图书信息（此时的 strif 的值为 null，所以查询全部图书信息），然后将查询结果保存到 Collection 集合类中并返回该集合类的实例。query()方法的具体代码如下：

例程 45　代码位置：光盘\TM\02\src\com\dao\BookDAO.java

```java
public Collection query(String strif){
BookForm bookForm=null;
Collection bookColl=new ArrayList();                      //初始化 Collection 对象的实例
String sql="";
if(strif!="all" && strif!=null && strif!=""){
    sql="select * from (select b.*,c.name as bookcaseName,p.pubname as publishing,t.typename from
tb_bookinfo b left join tb_bookcase c on b.bookcase=c.id join tb_publishing p on b.ISBN=p.ISBN join tb_booktype t
on b.typeid=t.id where b.del=0) as book where book."+strif+"";
}else{
    sql="select b.*,c.name as bookcaseName,p.pubname as publishing,t.typename from tb_bookinfo b left join
tb_bookcase c on b.bookcase=c.id join tb_publishing p on b.ISBN=p.ISBN join tb_booktype t on b.typeid=t.id
where b.del=0";
}
ResultSet rs=conn.executeQuery(sql);                     //执行查询语句
try {
    while (rs.next()) {
        bookForm=new BookForm();                          //实例化 BookForm 类
        bookForm.setBarcode(rs.getString(1));
        ...                                               //此处省略了获取并设置其他属性的代码
❶       bookForm.setPrice(Float.valueOf(rs.getString(7)));    //此处必须进行类型转换
        ...                                               //此处省略了获取并设置其他属性的代码
❷       bookForm.setId(Integer.valueOf(rs.getString(14)));
```

```
            bookForm.setBookcaseName(rs.getString(15));
            bookForm.setPublishing(rs.getString(16));
            bookForm.setTypeName(rs.getString(17));
            bookColl.add(bookForm);                          //将查询结果保存到 Collection 集合中
        }
    } catch (SQLException ex) {}
    conn.close();                                            //关闭数据库连接
    return bookColl;
}
```

📢 代码贴士

❶ Float.valueOf(Stirng str)：用于将字符串转换为 Float 型数据。

❷ Integer.valueOf(String str)：用于将字符串转换为 Integer 型数据。

在 struts-config.xml 文件中配置查看图书信息列表所涉及的<forward>元素。代码如下：

```
<forward name="bookQuery" path="/book.jsp" />
```

然后将 Action 实现类中 bookQuery()方法返回的查询结果显示在查看图书信息列表页 book.jsp 中。在 book.jsp 中，首先通过 request.getAttribute()方法获取查询结果并将其保存在 Connection 集合类中再通过循环，将图书信息以列表形式显示在页面中。

2.8.4 添加图书信息的实现过程

📋 添加图书信息使用的数据表：tb_bookinfo、tb_bookcase、tb_booktype和tb_publishing。

管理员登录系统后，选择"图书管理"/"图书档案管理"命令，进入到查看图书列表页面，在该页面中单击"添加图书信息"超链接，进入到添加图书信息页面。添加图书信息页面的运行结果如图 2.44 所示。

图 2.44 添加图书信息页面的运行结果

1．设计添加图书信息页面

添加图书信息页面主要用于收集输入的图书信息及通过自定义的 JavaScript 函数验证输入信息是否合法，该页面中所涉及到的表单元素如表 2.18 所示。

表 2.18　添加图书信息页面所涉及的表单元素

名　称	元素类型	重要属性	含　义
form1	form	method="post" action="book.do?action=bookAdd"	表单
barcode	text		图书条形码
bookName	text	size="50"	图书名称

typeId	select	`<%    while(it_type.hasNext()){`
		　　`BookTypeForm bookTypeForm=(BookTypeForm)it_type.next();`
		　　`typeID=bookTypeForm.getId().intValue();`
		　　`typename=chStr.toChinese(bookTypeForm.getTypeName());%>`
		`<option value="<%=typeID%>"><%=typename%></option>`
		`<%}%>`
			图书类型

author	text	size="40"	作者
translator	text	size="40"	译者

isbn	select	`<%    while(it_pub.hasNext()){`
		　　`PublishingForm pubForm=(PublishingForm)it_pub.next();`
		　　`isbn=pubForm.getIsbn();`
		　　`pubname=chStr.toChinese(pubForm.getPubname());%>`
		`<option value="<%=isbn%>"><%=pubname%></option>`
		`<%}%>`
			出版社

price	text		价格
page	text		页码

bookcaseid	select	`<%    while(it_bookcase.hasNext()){`
		　　`BookCaseForm bookCaseForm=(BookCaseForm)it_bookcase.next();`
		　　`bookcaseID=bookCaseForm.getId().intValue();`
		　　`bookcasename=chStr.toChinese(bookCaseForm.getName());%>`
		`<option value="<%=bookcaseID%>"><%=bookcasename%></option>`
		`<%}%>`
			书架名称

operator	hidden	value="<%=chStr.toChinese(manager)%>"	操作员
storage	text		库存总量
Submit	submit	value="保存" onClick="return check(form1)"	"保存"按钮
Submit2	button	value="返回" onClick="history.back()"	"返回"按钮

2．修改图书的 Action 实现类

在添加图书信息页面中输入合法的图书信息后，单击"保存"按钮，网页会访问一个 URL，这个 URL 是 book.do?action=bookAdd。从该 URL 地址中可以知道添加图书信息模块涉及到的 action 的参数值为 bookAdd，即当 action= bookAdd 时，会调用添加图书信息的方法 bookAdd()。具体代码如下：

例程 46　代码位置：光盘\TM\02\src\com\action\Book.java

```
if("bookAdd".equals(action)){
    return bookAdd(mapping,form,request,response);
}
```

在添加图书信息的方法 bookAdd()中，首先需要将接收到的表单信息强制转换成 ActionForm 类型，并用获得指定属性的 getXXX()方法重新设置该属性的 setXXX()方法，然后调用 BookDAO 类中的 insert()方法，将添加的图书信息保存到数据表，并将返回值保存到变量 ret 中，如果返回值为 1，表示信息添加成功，将页面重定向到添加信息成功页面；如果返回值为 2，表示该图书信息已经添加，将错误提示信息"该图书信息已经添加！"保存到 HttpServletRequest 对象的 error 参数中，然后将页面重定向到错误提示信息页面；否则将错误提示信息"图书信息添加失败！"保存到 HttpServletRequest 对象的 error 参数中，并将页面重定向到错误提示页。添加图书信息的方法 bookAdd()的具体代码如下：

例程 47　代码位置：光盘\TM\02\src\com\action\Book.java

```
private ActionForward bookAdd(ActionMapping mapping, ActionForm form,
                    HttpServletRequest request,HttpServletResponse response){
    BookForm bookForm = (BookForm) form;
    …  //此处省略了用相关属性的 getXXX()方法重新设置该属性的 setXXX()方法的代码
    /*************获取系统日期，即图书档案录入时间***************************************/
    Date date1=new Date();
    java.sql.Date date=new java.sql.Date(date1.getTime());
    /*****************************************************************************/
    bookForm.setInTime(date.toString());           //获取并设置录入时间属性
    bookForm.setOperator(bookForm.getOperator());   //获取并设置操作员属性
    int a=bookDAO.insert(bookForm);                 //调用添加图书信息的方法 insert()
    if(a==1){
            return mapping.findForward("bookAdd");  //转到图书信息添加成功页面
    }else if(a==2){
        request.setAttribute("error","该图书信息已经添加！");  //保存错误提示信息到 error 中
        return mapping.findForward("error");        //转到错误提示页面
    }else{
        request.setAttribute("error","图书信息添加失败！");  //保存错误提示信息到 error 中
        return mapping.findForward("error");        //转到错误提示页面
    }
}
```

3. 编写添加图书信息的 BookDAO 类的方法

从例程 47 中可以知道，添加图书信息页使用的 BookDAO 类的方法是 insert()。在 insert()方法中，首先从数据表 tb_bookinfo 中查询输入的图书名称或条形码是否存在，如果存在，将标志变量设置为 2，否则将输入的信息保存到图书信息表中，并将返回值赋给标志变量，最后返回标志变量。由于添加图书信息的 insert()方法同添加管理员信息的 insert()方法类似，所以此处只给出查询输入的图书名称或条形码是否存在和向图书信息表中插入数据的 SQL 语句，详细代码参见光盘。

查询输入的图书名称或条形码是否存在的 SQL 语句如下：

例程 48　代码位置：光盘\TM\02\src\com\dao\BookDAO.java

```
String sql1="SELECT * FROM tb_bookinfo WHERE barcode='"+bookForm.getBarcode()+"' or bookname='"+bookForm
```

.getBookName()+"'";

向图书信息表中插入数据的 SQL 语句如下：

例程 49 代码位置：光盘\TM\02\src\com\dao\BookDAO.java

```
sql ="Insert into tb_bookinfo (barcode,bookname,typeid,author,translator,isbn,price,page,bookcase,inTime,operator)
values ('"+bookForm.getBarcode()+"','"+bookForm.getBookName()+"',"+bookForm.getTypeId()+",'"+bookForm
.getAuthor()+"','"+bookForm.getTranslator()+"','"+bookForm.getIsbn()+"'," + bookForm.getPrice()+","+bookForm
.getPage()+","+bookForm.getBookcaseid()+",'"+bookForm.getInTime()+"','"+bookForm.getOperator()+"')";
```

4．struts-config.xml 文件配置

在 struts-config.xml 文件中配置添加图书信息所涉及的<forward>元素。代码如下：

```
<forward name="bookAdd" path="/book_ok.jsp?para=1" />
```

2.8.5 修改图书信息的实现过程

📖 修改图书信息使用的数据表：tb_bookinfo、tb_bookcase、tb_booktype和tb_publishing。

管理员登录系统后，选择"图书管理"/"图书档案管理"命令，进入到查看图书列表页面，在该页面中，单击想要修改的图书信息后面的"修改"超链接，进入到"修改图书信息"页面。修改图书信息页面的运行结果如图 2.45 所示。

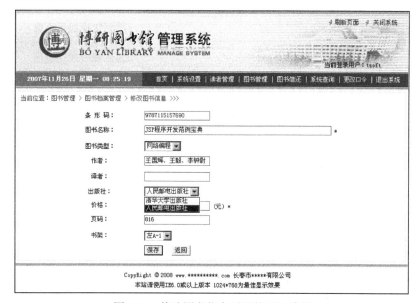

图 2.45 修改图书信息页面的运行结果

1．修改图书的 Action 实现类

在修改图书信息页面中修改图书信息后，单击"保存"按钮，网页会访问一个 URL，这个 URL 是 book.do?action=bookModify。从该 URL 地址中可以知道保存修改图书信息涉及到的 action 的参数值为 bookModify，即当 action=bookModify 时，会调用保存修改图书信息的方法 bookModify()。具体代码

如下：

例程 50 代码位置：光盘\TM\02\src\com\action\Book.java

```
if("bookModify".equals(action)){
    return bookModify(mapping,form,request,response);
}
```

在保存修改图书信息的方法 bookModify()中，首先需要将接收到的表单信息强制转换成 ActionForm 类型，并用获得指定属性的 getXXX()方法重新设置该属性的 setXXX()方法，然后调用 BookDAO 类中的 update()方法，将修改的图书信息保存到数据表 tb_bookinfo 中，并将返回值保存到变量 ret 中，如果返回值为 0，表示信息修改失败，将错误提示信息"修改图书信息失败！"保存到 HttpServletRequest 对象的 error 参数中，然后将页面重定向到错误提示信息页面；否则将页面重定向到设置信息成功页面。保存修改图书信息的方法 bookModify()的具体代码如下：

例程 51 代码位置：光盘\TM\02\src\com\action\Book.java

```
private ActionForward bookModify(ActionMapping mapping, ActionForm form,
                    HttpServletRequest request,HttpServletResponse response){
    BookForm bookForm=(BookForm)form;                    //实例化 BookForm 类
    bookForm.setBarcode(bookForm.getBarcode());          //获取并设置条形码属性
    … //此处省略了用相关属性的 getXXX()方法重新设置该属性的 setXXX()方法的代码
    int ret=bookDAO.update(bookForm);                    //调用修改图书信息的方法 update()
    if(ret==0){
        request.setAttribute("error","修改图书信息失败！");
        return mapping.findForward("error");             //转到错误提示页面
    }else{
        return mapping.findForward("bookModify");        //转到修改成功页面
    }
}
```

2. 编写保存修改图书信息的 BookDAO 类的方法

从例程 51 中可以知道，保存修改图书信息时使用的 BookDAO 类的方法是 update()。在 update() 方法中将修改的图书信息保存到图书信息表 tb_bookinfo 中，并将返回值赋给标志变量，最后返回该标志变量。update()方法的具体代码如下：

例程 52 代码位置：光盘\TM\02\src\com\dao\BookDAO.java

```
public int update(BookForm bookForm){
    String sql="Update tb_bookinfo set
typeid="+bookForm.getTypeId()+",author='"+bookForm.getAuthor()+"',translator= '"+bookForm.getTranslator()+"',
isbn='"+bookForm.getIsbn()+"',price="+bookForm.getPrice()+",page="+bookForm.getPage()+",bookcase="+boo
kForm.getBookcaseid()+"where id="+bookForm.getId()+"";
    int falg=conn.executeUpdate(sql);                    //执行数据更新语句
    conn.close();                                        //关闭数据库连接
    return falg;
}
```

3. struts-config.xml 文件配置

在 struts-config.xml 文件中配置修改图书信息页所涉及的<forward>元素。代码如下：

```
<forward name="bookModify" path="/book_ok.jsp?para=2" />
```

2.8.6　删除图书信息的实现过程

　　删除图书信息使用的数据表：tb_bookinfo。

　　管理员登录系统后，选择"图书管理"/"图书档案管理"命令，进入到查看图书列表页面，在该页面中单击想要删除的图书信息后面的"删除"超链接，进入到删除图书信息页面。

　　在查看图书信息列表页面中可以找到删除图书信息的超链接代码。代码如下：

例程 53　代码位置：光盘\TM\02\Book.jsp

```
<a href="book.do?action=bookDel&ID=<%=ID%>">删除</a>
```

　　从上面的 URL 地址中可以知道，删除图书信息页所涉及到的 action 的参数值为 bookDel，当 action=bookDel 时，会调用删除图书信息的方法 bookDel()。具体代码如下：

例程 54　代码位置：光盘\TM\02\src\com\action\Book.java

```
if("bookDel".equals(action)){
    return bookDel(mapping,form,request,response);
}
```

　　在删除图书信息的方法 bookDel()中，首先需要将接收到的表单信息强制转换成 ActionForm 类型，并用获得的 id 参数的值重新设置该 ActionForm 的 setId 方法，再调用 BookDAO 类中的 delete()方法删除指定的图书信息，并根据执行结果将页面转到相应页面。删除图书信息的方法 bookDel()的具体代码如下：

例程 55　代码位置：光盘\TM\02\src\com\action\Book.java

```
private ActionForward bookDel(ActionMapping mapping, ActionForm form,
                    HttpServletRequest request,HttpServletResponse response){
    BookForm bookForm=(BookForm)form;                              //实例化 BookForm 类
    bookForm.setId(Integer.valueOf(request.getParameter("ID")));    //获取并设置 ID 属性
    int ret=bookDAO.delete(bookForm);                              //调用删除图书信息的方法 delete()
    if(ret==0){
        request.setAttribute("error","删除图书信息失败！");          //保存错误提示信息到 error 中
        return mapping.findForward("error");                      //转到错误提示页面
    }else{
        return mapping.findForward("bookDel");                    //转到删除成功页面
    }
}
```

　　从例程 55 中可以知道，删除图书信息使用的 BookDAO 类的方法是 delete()。由于在设计数据库时采用了数据规范化原则，将图书信息表、图书借阅信息表和图书归还信息表紧密地关联在一起，即图书借阅信息表和图书归还信息表中只保存了图书的 ID 号，并没有保存更多的图书信息。为了保证数据的完整性，在删除图书信息时，并不是将其真正删除，而是设置了一个标记字段，该标记字段 del 只有两个值，即 0（表示没有删除）和 1（表示已经删除）。在删除时，只要将该字段的值设置为 1 即可。删除图书信息的 delete()方法的具体代码如下：

例程 56　代码位置：光盘\TM\02\src\com\dao\BookDAO.java

```
public int delete(BookForm bookForm){
    String sql="UPDATE tb_bookinfo SET del=1 where id="+bookForm.getId()+"";
    int falg=conn.executeUpdate(sql);                    //执行数据更新操作
    return falg;
}
```

在 struts-config.xml 文件中配置删除图书信息所涉及的<forward>元素。代码如下：

```
<forward name="bookDel" path="/book_ok.jsp?para=3" />
```

2.9　图书借还模块设计

2.9.1　图书借还模块概述

图书借还模块主要包括图书借阅、图书续借、图书归还、图书借阅查询、借阅到期提醒和图书借阅排行 6 个功能。在图书借阅模块中的用户只有一种身份，那就是操作员，通过该身份可以进行图书借还等相关操作。图书借还模块的用例图如图 2.46 所示。

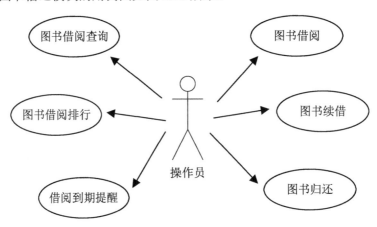

图 2.46　图书借还模块的用例图

2.9.2　图书借还模块技术分析

在实现图书借还模块时，需要编写图书借还模块对应的 ActionForm 类和 Action 实现类。下面将详细介绍如何编写图书借还模块的 ActionForm 类和 Action 实现类。

1．编写图书借还的 ActionForm 类

在图书借还模块中涉及到的数据表是 tb_borrow（图书借阅信息表）、tb_bookinfo（图书信息表）和 tb_reader（读者信息表），这 3 个数据表间通过相应的字段进行关联，如图 2.47 所示。

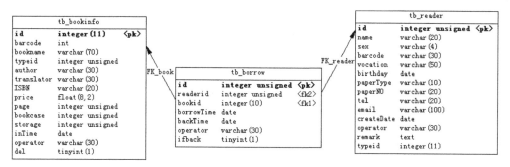

图 2.47　图书借还管理模块各表间关系图

通过以上 3 个表可以获得图书借还信息，根据这些信息来创建图书借还模块的 ActionForm 类，名称为 BorrowForm，具体实现方法请读者参见 2.7.2 节"管理员模块技术分析"。

2．编写图书借还的 Action 实现类

图书借还模块的 Action 实现类 Borrow 继承了 Action 类，在该类中首先需要在该类的构造方法中实例化图书借还管理模块的 BookDAO 类、BorrowDAO 类和 ReaderDAO 类（这些类用于实现与数据库的交互）。Action 实现类的主要方法是 execute()，该方法会被自动执行，这个方法本身没有具体的事务，它是根据 HttpServletRequest 的 getParameter()方法获取的 action 参数值执行相应方法的。

图书借还模块 Action 实现类的关键代码如下：

例程 57　代码位置：光盘\TM\02\src\com\action\Borrow.java

```java
public class Borrow extends Action {
/*******************在构造方法中实例化 Borrow 类中应用的持久层类的对象*******************/
    private BorrowDAO borrowDAO = null;                    //声明 BorrowDAO 类的对象
    private ReaderDAO readerDAO=null;                      //声明 ReaderDAO 类的对象
    private BookDAO bookDAO=null;                          //声明 BookDAO 类的对象
    private ReaderForm readerForm=new ReaderForm();        //声明并实例化 ReaderForm 类
    public Borrow() {
        this.borrowDAO = new BorrowDAO();                  //实例化 BorrowDAO 类
        this.readerDAO=new ReaderDAO();                    //实例化 ReaderDAO 类
        this.bookDAO=new BookDAO();                        //实例化 BookDAO 类
    }
/**********************************************************************************/
    public ActionForward execute(ActionMapping mapping, ActionForm form,
                        HttpServletRequest request, HttpServletResponse response) {
        BorrowForm borrowForm = (BorrowForm) form;
        String action =request.getParameter("action");
        if(action==null||"".equals(action)){
            request.setAttribute("error","您的操作有误！");
            return mapping.findForward("error");           //转到显示错误提示的页面
        }else if("bookBorrowSort".equals(action)){         //图书借阅排行
            return bookBorrowSort(mapping,form,request,response);
        }else if("bookborrow".equals(action)){
            return bookborrow(mapping,form,request,response); //图书借阅
        }else if("bookrenew".equals(action)){
            return bookrenew(mapping,form,request,response); //图书续借
```

```
    }else if("bookback".equals(action)){
        return bookback(mapping,form,request,response);        //图书归还
    }else if("Bremind".equals(action)){
        return bremind(mapping,form,request,response);         //借阅到期提醒
    }else if("borrowQuery".equals(action)){
        return borrowQuery(mapping,form,request,response);      //借阅信息查询
    }
    request.setAttribute("error","操作失败！");
    return mapping.findForward("error");                        //转到显示错误提示的页面
    }
    …  //此处省略了该类中其他方法，这些方法将在后面的具体过程中给出
}
```

2.9.3　图书借阅的实现过程

　　　图书借阅使用的数据表：tb_borrow、tb_bookinfo和tb_reader。

　　管理员登录后，选择"图书借还"/"图书借阅"命令，进入到图书借阅页面，在该页面中的"读者条形码"文本框中输入读者的条形码（如 2008010100001）后，单击"确定"按钮，系统会自动检索出该读者的基本信息和未归还的借阅图书信息。如果找到对应的读者信息，就将其显示在页面中，此时输入图书的条形码或图书名称后，单击"确定"按钮，借阅指定的图书，图书借阅页面的运行结果如图 2.48 所示。

图 2.48　图书借阅页面的运行结果

1．设计图书借阅页面

　　图书借阅页面总体上可以分为两个部分：一部分用于查询并显示读者信息；另一部分用于显示读者的借阅信息和添加读者借阅信息。图书借阅页面在 Dreamweaver 中的设计效果如图 2.49 所示。

图 2.49 在 Dreamweaver 中图书借阅页面的设计效果

由于系统要求一个读者只能同时借阅一定数量的图书，并且该数量由读者类型表 tb_readerType 中的可借数量 number 决定，所以这里编写了自定义的 JavaScript 函数 checkbook()，用于判断当前选择的读者是否还可以借阅新的图书，同时该函数还具有判断是否输入图书条形码或图书名称的功能。代码如下：

例程 58 代码位置：光盘\TM\02\bookBorrow.jsp

```
<script language="javascript">
function checkbook(form){
    if(form.barcode.value==""){                                //判断是否输入读者条形码
        alert("请输入读者条形码!");form.barcode.focus();return;
    }
    if(form.inputkey.value==""){                                //判断查询关键字是否为空
        alert("请输入查询关键字!");form.inputkey.focus();return;
    }
    if(form.number.value-form.borrowNumber.value<=0){          //判断是否可以再借阅其他图书
        alert("您不能再借阅其他图书了!");return;
    }
    form.submit();                                             //提交表单
}
</script>
```

技巧 在 JavaScript 中比较两个数值型文本框的值时，不使用运算符 "=="，而是将这两个值相减，再判断其结果。

2. 修改图书借阅的 Action 实现类

在图书借阅页面中的"读者条形码"文本框中输入条形码后，单击"确定"按钮，或者在"图书条形码"/"图书名称"文本框中输入图书条形码或图书名称后，单击"确定"按钮，网页会访问一个 URL，这个 URL 是 borrow.do?action=bookborrow。从该 URL 地址中可以知道图书借阅模块涉及到的 action 的参数值为 bookborrow，即当 action=bookborrow 时，会调用图书借阅的方法 bookborrow()。具体代码如下：

例程 59 代码位置：光盘\TM\02\src\com\action\Borrow.java

```
if("bookborrow".equals(action)){
    return bookborrow(mapping,form,request,response);
}
```

实现图书借阅的方法 bookborrow()需要分以下 3 个步骤进行：

（1）首先需要实例化一个读者信息所对应的 ActionForm（ReaderForm）的对象；然后将该对象的 setBarcode()方法设置为从页面中获取的读者条形码的值；再调用 ReaderDAO 类中的 queryM()方法查询读者信息，并将查询结果保存在 ReaderForm 的对象 reader 中；最后将 reader 保存到 HttpServletRequest 的对象 readerinfo 中。

（2）调用 BorrowDAO 类的 borrowinfo()方法查询读者的借阅信息，并将其保存到 HttpServletRequest 的对象 borrowinfo 中。

（3）首先获取查询条件（是按图书条形码还是按图书名称查询）和查询关键字，如果查询关键字不为空，调用 BookDAO 类的 queryB()方法查询图书信息，当存在符合条件的图书信息时，再调用 BorrowDAO 类的 insertBorrow()方法添加图书借阅信息（如果添加图书借阅信息成功，则将当前读者条形码保存到 HttpServletRequest 对象的 bar 参数中，并且返回到图书借阅成功页面；否则将错误信息"添加借阅信息失败！"保存到 HttpServletRequest 的对象的 error 参数中，并将页面重定向到错误提示页），否则将错误提示信息"没有该图书！"保存到 HttpServletRequest 对象的 error 参数中。

图书借阅的方法 bookborrow()的具体代码如下：

例程 60　代码位置：光盘\TM\02\src\com\action\Borrow.java

```java
private ActionForward bookborrow(ActionMapping mapping, ActionForm form,
                                 HttpServletRequest request,HttpServletResponse response){
    ReaderForm readerForm=new ReaderForm();
    readerForm.setBarcode(request.getParameter("barcode"));        //获取读者条形码
❶      ReaderForm reader = (ReaderForm) readerDAO.queryM(readerForm);
    request.setAttribute("readerinfo", reader);                    //保存读者信息到 readerinfo 中
                                                                   //查询读者的借阅信息
    request.setAttribute("borrowinfo",borrowDAO.borrowinfo(request.getParameter("barcode")));
                                                                   //完成借阅
    String f = request.getParameter("f");                          //获取查询方式
    String key = request.getParameter("inputkey");                 //获取查询关键字
    if (key != null && !key.equals("")) {                          //当图书名称或图书条形码不为空时
        String operator = request.getParameter("operator");        //获取操作员
❷          BookForm bookForm=bookDAO.queryB(f, key);
        if (bookForm!=null){
            int ret = borrowDAO.insertBorrow(reader, bookDAO.queryB(f, key), operator);
            if (ret == 1) {
❸                  request.setAttribute("bar", request.getParameter("barcode"));
                return mapping.findForward("bookborrowok");        //转到借阅成功页面
            } else {
                request.setAttribute("error", "添加借阅信息失败!");
                return mapping.findForward("error");               //转到错误提示页面
            }
        }else{
            request.setAttribute("error", "没有该图书!");
            return mapping.findForward("error");                   //转到错误提示页面
        }
    }
    return mapping.findForward("bookborrow");                      //转到图书借阅页面
}
```

3．编写借阅图书的 BorrowDAO 类的方法

从例程 60 中可以知道，保存借阅图书信息时使用的 BorrowDAO 类的方法是 insertBorrow()。在 insertBorrow()方法中，首先从数据表 tb_bookinfo 中查询出借阅图书的 ID；然后再获取系统日期（用于指定借阅时间），并计算归还时间；再将图书借阅信息保存到借阅信息表 tb_borrow 中。图书借阅的方法 insertBorrow()的代码如下：

例程 61　代码位置：光盘\TM\02\src\com\dao\BorrowDAO.java

```
        public int insertBorrow(ReaderForm readerForm,BookForm bookForm,String operator){
/**********************获取系统日期**********************************************/
        Date dateU=new Date();
        java.sql.Date date=new java.sql.Date(dateU.getTime());
/*****************************************************************************/
        String sql1="select t.days from tb_bookinfo b left join tb_booktype t on b.typeid=t.id where
b.id="+bookForm.getId()+"";
        ResultSet rs=conn.executeQuery(sql1);              //执行查询语句
        int days=0;
        try {
            if (rs.next()) {
                days = rs.getInt(1);                        //获取可借阅天数
            }
        } catch (SQLException ex) {
        }
/**********************计算归还时间**********************************************/
❶          String date_str=String.valueOf(date);
❷          String dd = date_str.substring(8,10);
        String DD = date_str.substring(0,8)+String.valueOf(Integer.parseInt(dd) + days);
        java.sql.Date backTime= java.sql.Date.valueOf(DD);
/*****************************************************************************/
        String sql ="Insert into tb_borrow (readerid,bookid,borrowTime,backTime,operator)
values("+readerForm.getId()+", "+bookForm.getId()+","'"+date+"',"'"+backTime+"',"'"+operator+"')";
        int falg = conn.executeUpdate(sql);                 //执行插入语句
        conn.close();                                       //关闭数据库连接
        return falg;
}
```

🔊 代码贴士

❶ String.valueOf(date)：用于返回 date 的字符串表现形式。

❷ substring()方法：用于获得字符串的子字符串。该方法的语法格式如下：

substring(int start)或 substring(int start,int end)

功能：返回原字符串中从 start 开始直到字符串尾或者直到 end 之间的所有字符所组成的新串。

参数说明如下。

☑　start：表示起始位置的值，该位置从 0 开始计算。

☑　end：表示结束位置的值，但不包括此位置。

4．struts-config.xml 文件配置

在 struts-config.xml 文件中配置图书借阅所涉及的<forward>元素。代码如下：

```
<forward name="bookborrow" path="/bookBorrow.jsp" />
<forward name="bookborrowok" path="/bookBorrow_ok.jsp" />
```

2.9.4　图书续借的实现过程

　　■　图书续借使用的数据表：tb_borrow、tb_bookinfo和tb_reader。

　　管理员登录后，选择"图书借还"/"图书续借"命令，进入到图书续借页面，在该页面中的"读者条形码"文本框中输入读者的条形码（如 2008010100001）后，单击"确定"按钮，系统会自动检索出该读者的基本信息和未归还的借阅图书信息。如果找到对应的读者信息，则将其显示在页面中，此时单击"续借"超链接，即可续借指定图书（即将该图书的归还时间延长到指定日期，该日期由续借日期加上该书的可借天数计算得出）。图书续借页面的运行结果如图 2.50 所示。

图 2.50　图书续借页面的运行结果

1．设计图书续借页面

　　图书续借页面的设计方法同图书借阅页面类似，所不同的是，在图书续借页面中没有添加借阅图书的功能，而是添加了"续借"超链接。图书续借页面在 Dreamweaver 中的设计效果如图 2.51 所示。

图 2.51　在 Dreamweaver 中的图书续借页面的设计效果

　　在单击"续借"超链接时，还需要将读者条形码和借阅 ID 号一起传递到图书续借的 Action 实现类中。代码如下：

```
<a href="borrow.do?action=bookrenew&barcode=<%=barcode%>&id=<%=id%>">续借</a>
```

2. 修改图书续借的 Action 实现类

在图书续借页面中的"读者条形码"文本框中输入条形码后，单击"确定"按钮，网页会访问一个 URL，这个 URL 是 borrow.do?action=bookback。从该 URL 地址中可以知道图书归还模块涉及到的 action 的参数值为 bookback，即当 action= bookback 时，会调用图书归还的方法 bookback()。具体代码如下：

例程 62　代码位置：光盘\TM\02\src\com\action\Borrow.java

```
if("bookback".equals(action)){
    return bookback(mapping,form,request,response);
}
```

实现图书续借的方法 bookback()需要分以下 3 个步骤进行：

（1）首先需要实例化读者信息所对应的 ActionForm（ReaderForm）的对象，然后将该对象的 setBarcode()方法设置为从页面中获取读者条形码的值，再调用 ReaderDAO 类中的 queryM()方法查询读者信息，并将查询结果保存在 ReaderForm 的对象 reader 中，最后将 reader 保存到 HttpServletRequest 的对象 readerinfo 中。

（2）调用 BorrowDAO 类的 borrowinfo()方法，查询读者的借阅信息，并将其保存到 HttpServletRequest 的对象 borrowinfo 中。

（3）首先判断是否从页面中传递了借阅 ID 号，如果是，则获取从页面中传递的借阅 ID 号，然后判断该 id 值是否大于 0，如果大于 0，则调用 BorrowDAO 类的 renew()方法执行图书续借操作。如果图书续借操作执行成功，则将当前读者条形码保存到 HttpServletRequest 对象的 bar 参数中，并且返回到图书续借成功页面，否则将错误信息"图书续借失败！"保存到 HttpServletRequest 对象的 error 参数中，并将页面重定向到错误提示页。

图书续借的方法 bookback()的具体代码如下：

例程 63　代码位置：光盘\TM\02\src\com\action\Borrow.java

```
private ActionForward bookrenew(ActionMapping mapping, ActionForm form,
                            HttpServletRequest request,HttpServletResponse response){
    /******************根据输入的读者条形码查询读者信息*****************************/
    readerForm.setBarcode(request.getParameter("barcode"));
    ReaderForm reader = (ReaderForm) readerDAO.queryM(readerForm);
    /*************************************************************************/
    request.setAttribute("readerinfo", reader);                          //保存读者信息到 readerinfo 参数中
                                                                         //查询读者的借阅信息
    request.setAttribute("borrowinfo",borrowDAO.borrowinfo(request.getParameter("barcode")));
    if(request.getParameter("id")!=null){
        int id = Integer.parseInt(request.getParameter("id"));
        if (id > 0) {                                                     //执行续借操作
            int ret = borrowDAO.renew(id);                               //调用 renew()方法完成图书续借
            if (ret == 0) {
                request.setAttribute("error", "图书续借失败！");
                return mapping.findForward("error");                     //转到错误提示页面
```

```
        } else {
            request.setAttribute("bar", request.getParameter("barcode"));      //保存读者条形码到 bar 中
            return mapping.findForward("bookrenewok");                         //转到借阅成功页面
        }
    }
}
return mapping.findForward("bookrenew");
}
```

3. 编写续借图书的 BorrowDAO 类的方法

从例程 63 中可以知道，保存图书续借信息时使用的 BorrowDAO 类的方法是 renew()。在 renew() 方法中，首先根据借阅 ID 号从数据表 tb_borrow 中查询出当前借阅信息的读者 ID 和图书 ID，然后再获取系统日期（用于指定归还时间），再将图书归还信息保存到图书归还信息表 tb_giveback 中，最后将图书借阅信息表中该记录的"是否归还"字段 ifback 的值设置为 1，表示已经归还。实现图书归还的方法 back() 的代码如下：

例程 64　代码位置：光盘\TM\02\src\com\dao\BorrowDAO.java

```
public int renew(int id){
    String sql0="SELECT bookid FROM tb_borrow WHERE id="+id+"";
    ResultSet rs1=conn.executeQuery(sql0);                    //执行查询语句
    int flag=0;
    try {
        if (rs1.next()) {
            /****************************获取系统日期******************************************/
            Date dateU = new Date();
            java.sql.Date date = new java.sql.Date(dateU.getTime());
            /*****************************************************************************/
            String sql1 = "select t.days from tb_bookinfo b left join tb_booktype t on b.typeid=t.id where b.id=" +
                        rs1.getInt(1) + "";
            ResultSet rs = conn.executeQuery(sql1);          //执行查询语句
            int days = 0;
            try {                                             //捕捉异常信息
                if (rs.next()) {
                    days = rs.getInt(1);                      //获取图书的可借天数
                }
            } catch (SQLException ex) {}
            /***********************计算归还时间*************************************/
            String date_str = String.valueOf(date);
            String dd = date_str.substring(8, 10);
            String DD = date_str.substring(0, 8) +String.valueOf(Integer.parseInt(dd) + days);
            java.sql.Date backTime = java.sql.Date.valueOf(DD);
            /*****************************************************************************/
            String sql = "UPDATE tb_borrow SET backtime='" + backTime +"' where id=" + id + "";
            flag = conn.executeUpdate(sql);                   //执行更新语句
        }
    } catch (Exception ex1) {}
    conn.close();                                             //关闭数据库连接
    return flag;
}
```

4．struts-config.xml 文件配置

在 struts-config.xml 文件中配置图书续借所涉及的<forward>元素。代码如下：

```
<forward name="bookrenew" path="/bookRenew.jsp" />
<forward name="bookrenewok" path="/bookRenew_ok.jsp" />
```

2.9.5 图书归还的实现过程

图书归还使用的数据表：tb_borrow、tb_bookinfo和tb_reader。

管理员登录后，选择"图书借还"/"图书归还"命令，进入到图书归还页面，在该页面中的"读者条形码"文本框中输入读者的条形码（如 2008010100001）后，单击"确定"按钮，系统会自动检索出该读者的基本信息和未归还的借阅图书信息。如果找到对应的读者信息，则将其显示在页面中，此时单击"归还"超链接，即可将指定图书归还。图书归还页面的运行结果如图 2.52 所示。

图 2.52 图书归还页面的运行结果

1．设计图书归还页面

图书归还页面的设计方法同图书续借页面类似，所不同的是，将图书续借页面中的"续借"超链接转化为"归还"超链接。在单击"归还"超链接时，也需要将读者条形码、借阅 ID 号和操作员一同传递到图书归还的 Action 实现类中。代码如下：

```
<a href="borrow.do?action=bookback&barcode=<%=barcode%>&id=<%=id%>&operator=<%=chStr.toChinese
(manager)%>">归还</a>
```

2．修改图书归还的 Action 实现类

在图书归还页面中的"读者条形码"文本框中输入条形码后，单击"确定"按钮，网页会访问一个 URL，这个 URL 是 borrow.do?action=bookback。从该 URL 地址中可以知道图书归还模块涉及到的 action 的参数值为 bookback，即当 action= bookback 时，会调用图书归还的方法 bookback()。具体代码如下：

例程 65　代码位置：光盘\TM\02\src\com\action\Borrow.java

```
if("bookback".equals(action)){
    return bookback(mapping,form,request,response);
}
```

实现图书归还的方法 bookback()与实现图书续借的方法 bookrenew ()基本相同，所不同的是如果从页面中传递的借阅 ID 号大于 0，则调用 BorrowDAO 类的 back()方法执行图书归还操作，并且需要获取页面中传递的操作员信息。图书归还的方法 bookback()的关键代码如下：

例程 66　代码位置：光盘\TM\02\src\com\action\Borrow.java

```
int id = Integer.parseInt(request.getParameter("id"));
String operator=request.getParameter("operator");          //获取页面中传递的操作员信息
if (id > 0) { //执行归还操作
    int ret = borrowDAO.back(id,operator);                 //调用 back()方法执行图书归还操作
…          //此处省略了其他代码
}
```

3．编写归还图书的 BorrowDAO 类的方法

从例程 66 中可以知道，保存归还图书信息时使用的 BorrowDAO 类的方法是 back()。在 back()方法中，首先根据借阅 ID 号从数据表 tb_borrow 中查询出当前借阅信息的读者 ID 和图书 ID，然后再获取系统日期（用于指定归还时间），再将图书归还信息保存到图书归还信息表 tb_giveback 中，最后将图书借阅信息表中该记录的"是否归还"字段 ifback 的值设置为 1，表示已经归还。实现图书归还的方法 back()的代码如下：

例程 67　代码位置：光盘\TM\02\src\com\dao\BorrowDAO.java

```
public int back(int id,String operator){
    String sql0="SELECT readerid,bookid FROM tb_borrow WHERE id="+id+"";
    ResultSet rs1=conn.executeQuery(sql0);                 //执行查询语句
    int flag=0;
  try {
      if (rs1.next()) {
          /***********************获取系统日期***********************************/
          Date dateU = new Date();
          java.sql.Date date = new java.sql.Date(dateU.getTime());
          /*********************************************************************/
          int readerid=rs1.getInt(1);
          int bookid=rs1.getInt(2);
          String sql1="INSERT INTO tb_giveback (readerid,bookid,backTime,operator) VALUES("+
              readerid+","+bookid+",'"+date+"','"+operator+"')";
          int ret=conn.executeUpdate(sql1);          //执行插入操作
          if(ret==1){
              String sql2 = "UPDATE tb_borrow SET ifback=1 where id=" + id +"";
              flag = conn.executeUpdate(sql2);          //执行更新操作
          }else{
              flag=0;
          }
```

```
        }
    } catch (Exception ex1) {}
      conn.close();                                    //关闭数据库连接
      return flag;
}
```

4. struts-config.xml 文件配置

在 struts-config.xml 文件中配置图书归还所涉及的<forward>元素。代码如下：

```
<forward name="bookback" path="/bookBack.jsp" />
<forward name="bookbackok" path="/bookBack_ok.jsp" />
```

2.9.6　图书借阅查询的实现过程

　　　图书借阅查询使用的数据表：tb_borrow、tb_bookinfo和tb_reader。

管理员登录后，选择"系统查询"/"图书借阅查询"命令，进入到图书借阅查询页面，在该页面中可以按指定的字段或某一时间段进行查询，同时还可以按指定字段及时间段进行综合查询。图书借阅查询页面的运行结果如图 2.53 所示。

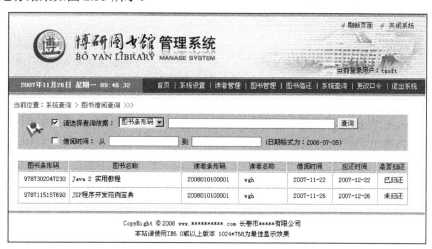

图 2.53　图书借阅查询页面的运行结果

1. 设计图书借阅查询页面

图书借阅查询页面主要用于收集查询条件和显示查询结果，并通过自定义的 JavaScript 函数验证输入的查询条件是否合法，该页面中所涉及到的表单元素如表 2.19 所示。

表 2.19　图书借阅查询页面所涉及的表单元素

名　　称	元 素 类 型	重 要 属 性	含　　义
myform	form	method="post" action="borrow.do?action=borrowQuery"	表单
flag	checkbox	value="a" checked	选择查询依据
flag	checkbox	value="b"	借阅时间

续表

名　　称	元素类型	重 要 属 性	含　　义

f	select	`<option value="barcode">图书条形码</option>`
		`<option value="bookname">图书名称</option>`
		`<option value="readerbarcode">读者条形码</option>`
		`<option value="readername">读者名称</option>`
			查询字段

key	text	size="50"	关键字
sdate	text		开始日期
edate	text		结束日期
Submit	submit	value="查询" onClick="return check(myform)"	"查询"按钮

编写自定义的 JavaScript 函数 check()，用于判断是否选择了查询方式及当选择按时间段进行查询时，判断输入的日期是否合法。代码如下：

例程 68　代码位置：光盘\TM\02\WebContent\borrowQuery.jsp

```
<script language="javascript">
function check(myform){
❶    if(myform.flag[0].checked==false && myform.flag[1].checked==false){
          alert("请选择查询方式!");return false;
      }
      if (myform.flag[1].checked){
          if(myform.sdate.value==""){                          //判断是否输入开始日期
              alert("请输入开始日期");myform.sdate.focus();return false;
          }
❷        if(CheckDate(myform.sdate.value)){ //判断开始日期的格式是否正确
              alert("您输入的开始日期不正确（如：2006-07-05）\n 请注意闰年!");
              myform.sDate.focus();return false;
          }
          if(myform.edate.value==""){                          //判断是否输入结束日期
              alert("请输入结束日期");myform.edate.focus();return false;
          }
          if(CheckDate(myform.edate.value)){                   //判断结束日期的格式是否正确
              alert("您输入的结束日期不正确（如：2006-07-05）\n 请注意闰年!");
              myform.edate.focus();return false;
          }
      }
}
</script>
```

📢 代码贴士

　　❶ myform.flag[0].checked：表示复选框是否被选中，值为 true，表示被选中，值为 false，表示未被选中。

　　❷ CheckDate()：为自定义的 JavaScript 函数，该函数用于验证日期，保存在 JS\function.js 文件中。

2. 修改图书借阅查询的 Action 实现类

在图书借阅查询页面中，选择查询方式及查询关键字后，单击"查询"按钮，网页会访问一个 URL，这个 URL 是 borrow.do?action=borrowQuery。从该 URL 地址中可以知道图书借阅查询模块涉及到的

action 的参数值为 borrowQuery，即当 action=borrowQuery 时，会调用图书借阅查询的方法 borrowQuery()。具体代码如下：

例程69 代码位置：光盘\TM\02\src\com\action\Borrow.java

```
if("borrowQuery".equals(action)){
    return borrowQuery(mapping,form,request,response);
}
```

在图书借阅查询的方法 borrowQuery()中，首先获取表单元素复选框 flag 的值，并将其保存到字符串数组 flag 中；然后根据 flag 的值组合查询字符串，再调用 BorrowDAO 类中的 borrowQuery()方法，并将返回值保存到 HttpServletRequest 对象的 borrowQuery 参数中。图书借阅查询的方法 bookborrow()的具体代码如下：

例程70 代码位置：光盘\TM\02\src\com\action\Borrow.java

```
private ActionForward borrowQuery(ActionMapping mapping, ActionForm form,
                        HttpServletRequest request, HttpServletResponse response){
        String str=null;
❶        String flag[]=request.getParameterValues("flag");              //获取复选框的值
/************************以指定字段为条件时查询的字符串**********************************/
    if (flag!=null){
        String aa = flag[0];
        if ("a".equals(aa)) {
            if (request.getParameter("f") != null) {
                str = request.getParameter("f") + " like '%" +request.getParameter("key") + "%'";
            }
        }
/**************************************************************************/
/*********************以指定时间段为条件时查询的字符串******************************/
        if ("b".equals(aa)) {
            String sdate = request.getParameter("sdate");              //获取开始日期
            String edate = request.getParameter("edate");              //获取结束日期
            if (sdate != null && edate != null) {
                str = "borrowTime between '" + sdate + "' and '" + edate +"'";
            }
        }
/**************************************************************************/
/*****************将指定的字段条件、时间段条件组合后查询的字符串*******************/
❷        if (flag.length == 2) {
            if (request.getParameter("f") != null) {
                str = request.getParameter("f") + " like '%" +request.getParameter("key") + "%'";
            }
            String sdate = request.getParameter("sdate");              //获取开始日期
            String edate = request.getParameter("edate");              //获取结束日期
            String str1 = null;
            if (sdate != null && edate != null) {
                str1 = "borrowTime between '" + sdate + "' and '" + edate +"'";
            }
            str = str + " and borr." + str1;
        }
```

```
    }
/**********************************************************************************/
    request.setAttribute("borrowQuery",borrowDAO.borrowQuery(str));
    return mapping.findForward("borrowQuery");              //转到查询借阅信息页面
}
```

3．编写图书借阅查询的 BorrowDAO 类的方法

从例程 70 中可以知道，图书借阅查询时使用的 BorrowDAO 类的方法是 borrowQuery()。在 borrowQuery()方法中，首先根据参数 strif 的值确定要执行的 SQL 语句，然后将查询结果保存到 Collection 集合类中，并返回该集合类的实例。图书借阅查询的方法 borrowQuery()的代码如下：

例程 71　代码位置：光盘\TM\02\src\com\dao\BorrowDAO.java

```
public Collection borrowQuery(String strif) {
    String sql = "";
    if (strif != "all" && strif != null && strif != "") {            //当查询条件不为空时
        sql = "select * from (select borr.borrowTime,borr.backTime,book.barcode,book.bookname,r.name
readername, r.barcode readerbarcode,borr.ifback from tb_borrow borr join tb_bookinfo book on
book.id=borr.bookid join tb_reader r on r.id=borr.readerid) as borr where borr." + strif + "";
    } else {                                                         //当查询条件为空时
        sql = "select * from (select borr.borrowTime,borr.backTime,book.barcode,book.bookname,r.name
readername, r.barcode readerbarcode,borr.ifback from tb_borrow borr join tb_bookinfo book on
book.id=borr.bookid join tb_reader r on r.id=borr.readerid) as borr";   //查询全部数据
    }
    ResultSet rs = conn.executeQuery(sql);                           //执行查询语句
    Collection coll = new ArrayList();                               //初始化 Collection 的实例
    BorrowForm form = null;
    try {                                                            //捕捉异常信息
        while (rs.next()) {
            form = new BorrowForm();
            form.setBorrowTime(rs.getString(1));                     //获取并设置借阅时间属性
            ...                                                      //此处省略了获取并设置其他属性信息的代码
            coll.add(form);                                          //将查询结果保存到 Collection 集合类中
        }
    } catch (SQLException ex) {
        System.out.println(ex.getMessage());                        //输出异常信息
    }
    conn.close();                                                    //关闭数据库连接
    return coll;
}
```

4．struts-config.xml 文件配置

在 struts-config.xml 文件中配置图书借阅查询所涉及的<forward>元素。代码如下：

```
<forward name="borrowQuery" path="/borrowQuery.jsp" />
```

2.9.7　单元测试

在开发完成图书借阅模块并测试时，会发现以下问题：当管理员进入到"图书借阅"页面后，在

"读者条形码"文本框中输入读者条形码（如 2008010100001），并单击其后面的"确定"按钮，即可调出该读者的基本信息，这时，在"添加依据"文本框中输入相应的图书信息后，单击其后面的"确定"按钮，页面将直接返回到图书借阅首页，当再次输入读者条形码后，就可以看到刚刚添加的借阅信息。由于在图书借阅时，可能存在同时借阅多本图书的情况，这样将给操作员带来不便。

下面先看一下原始的完成借阅的代码：

```
if (key != null && !key.equals("")) {
    String operator = request.getParameter("operator");
    BookForm bookForm=bookDAO.queryB(f, key);
    if (bookForm!=null){
        int ret = borrowDAO.insertBorrow(reader, bookDAO.queryB(f, key),operator);    //保存图书借阅信息
        if (ret == 1) {
            return mapping.findForward("bookborrowok");         //转到图书借阅页面
        } else {
            request.setAttribute("error", "添加借阅信息失败!");        //将错误提示信息保存到 error 参数中
            return mapping.findForward("error");                //转到错误提示页
        }
    }else{
        request.setAttribute("error", "没有该图书!");              //将错误提示信息保存到 error 参数中
        return mapping.findForward("error");                    //转到错误提示页
    }
}
```

从上面的代码中可以看出，在转到图书借阅页面前，并没有保存读者条形码，这样在返回图书借阅页面时，就会出现直接返回到图书借阅首页的情况。解决该问题的方法是在"return mapping.findForward("bookborrowok");"语句后面添加以下语句：

```
request.setAttribute("bar", request.getParameter("barcode"));
```

将读者条形码保存到 HttpServletRequest 对象的 bar 参数中，这样，在完成一本图书的借阅后，将不会直接退出到图书借阅首页，而是可以直接进行下一次借阅操作。修改后的完成借阅的代码如下：

```
if (key != null && !key.equals("")) {
    String operator = request.getParameter("operator");
    BookForm bookForm=bookDAO.queryB(f, key);
    if (bookForm!=null){
        int ret = borrowDAO.insertBorrow(reader, bookDAO.queryB(f, key),operator);     //保存图书借阅信息
        if (ret == 1) {
            request.setAttribute("bar", request.getParameter("barcode")); //将读者条形码保存到 bar 参数中
            return mapping.findForward("bookborrowok");          //转到图书借阅页面
        } else {
            request.setAttribute("error", "添加借阅信息失败!");          //将错误提示信息保存到 error 参数中
            return mapping.findForward("error");                 //转到错误提示页
        }
    }else{
        request.setAttribute("error", "没有该图书!");               //将错误提示信息保存到 error 参数中
        return mapping.findForward("error");                     //转到错误提示页
    }
}
```

2.10 开发技巧与难点分析

2.10.1 如何自动计算图书归还日期

在图书馆管理系统中会遇到这样的问题：在借阅图书时，需要自动计算图书的归还日期，而这个日期又不是固定不变的，需要根据系统日期和数据表中保存的各类图书的最多借阅天数来计算，即图书归还日期=系统日期+最多借阅天数。

在本系统中是这样解决该问题的：首先获取系统时间，然后从数据表中查询出该类图书的最多借阅天数，最后计算归还日期。计算归还日期的方法如下：

首先取出系统时间中的"天"，然后将其与获取的最多借阅天数相加，再将相加后的天与系统时间中的"年-月-"连接成一个新的字符串，最后将该字符串重新转换为日期。

自动计算图书归还日期的具体代码如下：

```
//获取系统日期
Date dateU=new Date();
java.sql.Date date=new java.sql.Date(dateU.getTime());
//获取图书的最多借阅天数
  String sql1="select t.days from tb_bookinfo b left join tb_booktype t on b.typeid=t.id where b.id="+bookForm.getId()+"";
ResultSet rs=conn.executeQuery(sql1);                              //执行查询语句
int days=0;
try {
    if (rs.next()) {
        days = rs.getInt(1);
    }
} catch (SQLException ex) {
}
//计算归还日期
  String date_str=String.valueOf(date);
  String dd = date_str.substring(8,10);
  String DD = date_str.substring(0,8)+String.valueOf(Integer.parseInt(dd) + days);
  java.sql.Date backTime= java.sql.Date.valueOf(DD);
```

2.10.2 如何对图书借阅信息进行统计排行

在图书馆管理系统的主界面中，提供了显示图书借阅排行榜的功能。要实现该功能，最重要的是要知道如何获取统计排行信息，这可以通过一条 SQL 语句实现。本系统中实现对图书借阅信息进行统计排行的 SQL 语句如下：

```
select * from (SELECT bookid,count(bookid) as degree FROM tb_borrow group by bookid) as borr join (select b.*,c.name as bookcaseName,p.pubname,t.typename from tb_bookinfo b left join tb_bookcase c on b.bookcase=c.id join tb_publishing p on b.ISBN=p.ISBN join tb_booktype t on b.typeid=t.id where b.del=0) as book on borr.bookid=book.id order by borr.degree desc limit 10
```

下面将对该 SQL 语句进行分析：

（1）对图书借阅信息表进行分组并统计每本图书的借阅次数，然后使用 AS 为其指定别名为 borr。代码如下：

```
(SELECT bookid,count(bookid) as degree FROM tb_borrow group by bookid) as borr
```

（2）使用左连接查询出图书的完整信息，然后使用 AS 为其指定别名为 book。代码如下：

```
(select b.*,c.name as bookcaseName,p.pubname,t.typename from tb_bookinfo b left join tb_bookcase c on b
.bookcase=c.id join tb_publishing p on b.ISBN=p.ISBN join tb_booktype t on b.typeid=t.id where b.del=0) as book
```

（3）使用 JOIN ON 语句将 borr 和 book 连接起来，再对其按统计的借阅次数 degree 进行降序排序，并使用 LIMIT 子句限制返回的行数。

2.11　操作 MySQL 数据库

MySQL 数据库并没有像其他数据库系统那样提供了可视化的操作界面，如果想对 MySQL 数据库进行操作，只能通过其提供的 MySQL Command Line Client 窗口实现。下面将介绍如何在 MySQL Command Line Client 窗口中创建、删除及操作数据库和数据表。

2.11.1　创建、删除数据库和数据表

1. 创建数据库

（1）选择"开始"/"所有程序"/MySQL/MySQL Command Line Client 命令，将打开 MySQL 数据库的 Command Line Client 窗口，在该窗口中，输入密码并按下 Enter 键时，即可使用 MySQL Client 连接 MySQL 数据库，如图 2.54 所示。

（2）在出现 mysql>提示符时，即可开始输入相关命令。需要注意的是，MySQL 中的命令以分号";"结尾，如果忘记了分号，又按下了 Enter 键，只需要在再一次按 Enter 键前添加分号即可。MySQL 可以接受多行命令。

（3）输入"create database db_librarySys;"命令即可创建 db_librarySys 数据库，如图 2.55 所示。

图 2.54　MySQL Command Line Client 页面

图 2.55　创建数据库完成

2. 创建数据表

在 MySQL Command Line Client 窗口的 mysql>提示符后面输入"use db_librarySys;"命令，打开

db_librarySys 数据库。输入如下代码创建数据表：

```
create table tb_booktype(id integer unsigned primary key AUTO_INCREMENT,typename varchar(30),days
integer unsigned);
```

在 MySQL Command Line Client 窗口中创建数据表的完整过程如图 2.56 所示。

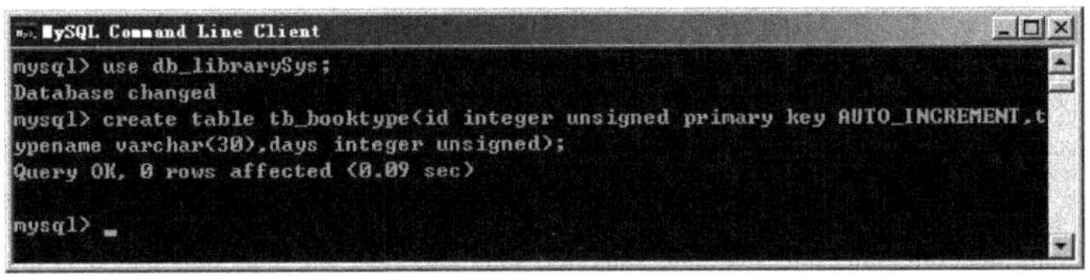

图 2.56　创建数据表

说明　创建数据表的语法格式如下：

```
CREATE [TEMPORARY] TABLE [IF NOT EXISTS] table_name [(field_name type [NOT NULL | NULL]
[DEFAULT default_value] [AUTO_INCREMENT] [PRIMARY KEY] [reference_definition] PRIMARY KEY
(index_field_name,...),...)]
```

在创建数据表时，使用关键字 auto_increment 可以将指定列设置为自动编号列，auto_increment 序列从 1 开始编号，第 1 个插入到数据表中记录将被编号为 1，以后插入的记录将依次被编号为 2、3 等，每一个自动生成的序列编号都将比该数据列里的当前最大值多 1。

在创建数据表时，使用关键字 primary key 可以为指定列设置索引。

3．列出指定数据库中的现有数据表

在 MySQL Command Line Client 窗口的 mysql>提示符后面输入"SHOW TABLES;"命令，可列出当前数据库的现有数据表。

4．删除数据表

在 MySQL Command Line Client 窗口的 mysql>提示符后面输入"drop table tb_booktype;"命令，即可删除数据表 tb_booktype。

5．删除数据库

在 MySQL Command Line Client 窗口的 mysql>提示符后面输入"drop database db_librarySys;"命令，即可删除数据库 db_librarySys。

2.11.2　查看、修改数据表结构及重命名数据表

1．查看数据表结构

使用 DESCRIBE 命令可以显示指定数据表的表结构。例如，使用"DESCRIBE tb_booktype;"语句可以查看数据表 tb_booktype 的表结构。

2．在数据表中添加列

在 MySQL Command Line Client 窗口的 mysql>提示符后面输入"ALTER TABLE tb_booktype ADD createTime DATE"命令，即可在数据表 tb_booktype 中添加一个名称为 createTime、数据类型为日期型（DATE）的新字段。

3．更改指定列

在 MySQL Command Line Client 窗口的 mysql>提示符后面输入"ALTER TABLE tb_booktype CHANGE createTime inTime varchar(20)"命令，即可将数据表 tb_booktype 中的列 createTime 修改为 inTime、数据类型为字符型。

说明　CHANGE 从句的后面是原列名，然后是新的列名及其定义。如果只改变定义不改变列名，只需简单地使新列名与原列名一致即可，此时也可以使用 MODIFY 从句代替 CHANGE 从句，这样可以不重复列名。

4．删除指定列

在 MySQL Command Line Client 窗口的 mysql>提示符后面输入"ALTER TABLE tb_booktype DROP inTime"命令，即可将数据表 tb_booktype 中的列 inTime 删除。

5．重命名数据表

在 MySQL Command Line Client 窗口的 mysql>提示符后面输入"ALTER TABLE tb_booktype RENAME tb_bookinfo"命令，即可将数据表 tb_booktype 重命名为 tb_bookinfo。

2.12　本章小结

本章运用软件工程的设计思想，通过一个完整的图书馆管理系统带领读者走完一个详细的系统开发流程。同时，在程序的开发过程中采用了 Struts 框架，使整个系统的设计思路更加清晰。通过本章的学习，读者不仅可以了解一般网站的开发流程，而且还可以对 Struts 框架有比较清晰的了解，为以后应用 Struts 框架开发程序奠定基础。

第 3 章

企业电子商城

（Struts 1.2+SQL Server 2005 实现）

　　互联网的兴起从本质上改变了整个社会的商品交易方式，国内各大企业从 20 世纪 90 年代互联网兴起之时，就产生了通过网络进行销售经营的想法。由于在网站上，企业的信誉难以认证、网络法律法规不健全、物流不发达等一系列的原因，限制了网上交易发展的步伐。进入 21 世纪以后，随着社会的发展进步，制约网上交易的各个瓶颈问题逐一解决，各企业也纷纷地加入到电子商城的洪潮之中。

　　通过阅读本章，可以学习到：

▶▶ 了解企业电子商城的基本流程

▶▶ 编写公共类中字符转换的代码

▶▶ 编写公共类中连接数据库的代码

▶▶ 创建 Struts 中的 ActionForm 类

▶▶ 创建 Struts 中的 Action 类

▶▶ 实现商品前台购物车的功能

▶▶ 实现商品图片上传的功能

3.1　开 发 背 景

一般来说，一个完整的电子商城系统包括信息流、资金流与物流三个要素，三者相辅相成。信息流就是通过电子网络向客户展示所售商品的相关信息，引导客户通过网络进行购物；资金流就是使客户在选择商品后，能够通过网络支付相关费用，一般包括预付款支付、网上银行支付、货到付款等多种形式，目前有些电子商城网站也可以接受邮局汇款；物流就是把客户所购买的商品通过物流配送系统送到客户手中，对于一些特殊行业和领域的电子商城，如证卷、金融、信息类商品，也可能不需要配送系统的支持就可以把商品送到客户手中（如股票、电子杂志、网站域名信息等）。

3.2　系 统 分 析

3.2.1　需求分析

随着 Internet 的发展，电子商城将成为 21 世纪网络发展的主流，网上购物将成为一种购物时尚。目前国内企业正纷纷加入到阿里巴巴等一系列大型电子商务网站中，通过网络进行交易将成为未来商品交易的重要组成部分。企业在建立宣传网络的同时，也逐步扩大了企业自身的网络销售渠道，建立起自己的电子商城网站，完成了从"企业对企业"到"企业对个人"同时进行网络交易的过渡，大大提高了企业的生产效益。随着硬件技术、网络技术及网上交易法规的日趋完善，电子商城将成为企业销售经营的主要渠道。

3.2.2　可行性研究

计算机网络作为一种先进的信息传输媒体，有着信息传送速度快、覆盖面广、成本低的特点。因此，很多企业都开始利用网络开展商务活动，可以看到，在企业进行网上商业活动时产生的效益是多方面的。但是，开发任何一个基于计算机的系统，都会受到时间和资源上的限制。因此，在接受项目开发任务之前，必须根据客户可能提供的时间和资源条件进行可行性分析，以减少项目的开发风险，避免人力、物力和财力的浪费。可行性分析与风险分析在很多方面是相互关联的，项目风险越大，开发高质量的软件的可行性就越小。

1．经济可行性

经济可行性即进行成本效益分析，评估项目的开发成本，估算开发成本是否会超过项目预期的全部利润。企业电子商城在经济上主要有以下几个突出的优势：

- ☑　资金投资少，回收快，而且无所谓存货，所以特别适合小商店和个人在网上创业。
- ☑　销售时间不受限制，无需专人看守，还可随时营业。
- ☑　销售地点不受限制，小商店也可做成大生意。

☑ 网上商店人气旺，赚钱没上限。网上客流量比较多，只要商品有特色，经营得法，电子商城每天将为企业额外带来成千上万的客流量，大大增加销售收入。

2. 技术可行性

开发一个中小型企业电子商城系统，涉及到的技术问题不会太多，主要用到的技术就是 Struts 框架。Struts 框架是专门开发 Web 应用程序的框架，是采用 Java Servlet 和 JSP 技术来构造 MVC 模式的 Web 应用的一种框架，它是由一组相互协作的类、Servlet 和 JSP 标签组成的一个可重用的 MVC 设计模式。Struts 是框架而不是库，但也包括了标签库和独立的使用程序类，因此，应用 Strust 框架开发 Web 程序是最佳的选择。

3.3 系 统 设 计

3.3.1 系统目标

对于典型的数据库管理系统，尤其是像电子商城这样数据流量特别大的网络管理系统，必须要满足使用方便、操作灵活等设计需求。企业电子商城的系统目标如下：

☑ 展示网站最新的商品信息，不断更新商品种类，使用户了解最新的市场动态。

☑ 网站根据商品的销售情况及厂家信誉度来推荐并展示部分商品。

☑ 用户可以在网站上修改个人资料、修改个人进入网站的密码、查询提交的订单以及查询个人的消费情况。

☑ 实现购物车和收银台的功能，用户选择所需商品后，可在线提交商品订单。

☑ 以循环滚动的方式显示网站公告信息。

☑ 根据商品的销售情况进行销量排行。

☑ 展示网站友情链接的图片信息，起到相互宣传的作用。

☑ 对商品信息进行管理，选择商品类别将商品具体信息和图片信息都存储在数据库中，并可以修改或者删除商品信息。

☑ 可以查看和查询用户详细信息、用户消费信息。

☑ 对用户提交的订单，根据情况进行阶段处理。

☑ 对管理员信息、网站公告信息及友情链接信息进行维护管理。

☑ 系统运行稳定、安全可靠。

3.3.2 系统功能结构

电子商城网站分为前台和后台。其中，根据电子商城前台的特点，可以将其分为商品查询、商品展台、购物车、会员管理、收银台、订单查询及商城公告 7 个部分，其中各个部分及其包括的具体功能模块如图 3.1 所示。

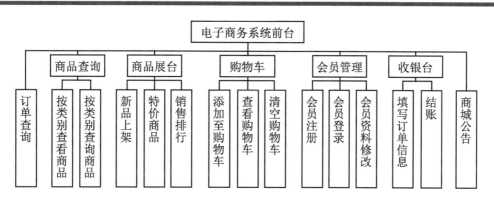

图 3.1　前台功能结构图

根据电子商城后台的特点，可以将其分为友情链接设置、商品大类别设置、商品设置、商品小类别设置、公告设置、后台管理员设置、会员设置、订单设置及退出后台 9 个部分，其中各个部分及其包括的具体功能模块如图 3.2 所示。

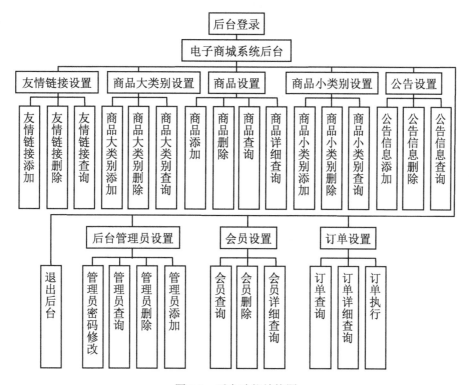

图 3.2　后台功能结构图

3.3.3　业务流程图

为了更加清晰地表达系统的业务功能模块，下面给出企业电子商城系统的业务流程图，对于不同的角色，承担的任务各自不同，流程图也不一样。本系统包括面向会员的客户端流程图和面向系统管理员的流程图两部分。

面向会员的客户端系统流程图如图 3.3 所示。

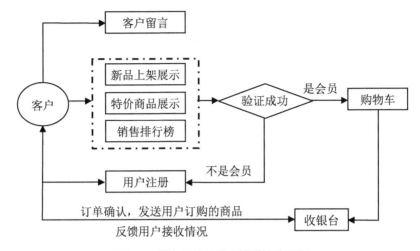

图 3.3　面向会员的客户端系统流程图

面向系统管理员的流程图如图 3.4 所示。

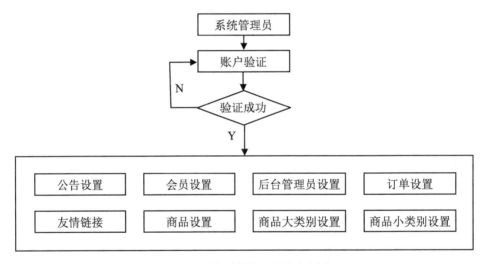

图 3.4　面向系统管理员的流程图

3.3.4　系统预览

企业电子商城由多个程序页面组成，下面仅列出几个典型页面，其他页面参见光盘中的源程序。

前台首页如图 3.5 所示，该页面用于实现商品信息展示、用户登录、公告信息、友情链接和商品信息查询等功能。后台首页如图 3.6 所示，该页面用于实现查看订单、执行订单和删除订单等功能。

购物车查询页面如图 3.7 所示，该页面用于查看当前用户购买各种商品的情况。管理员登录页面如图 3.8 所示，该页面用于实现对管理员登录的用户名和密码进行验证等功能。

图 3.5　前台首页面（光盘\TM\03\index.jsp）

图 3.6　后台首页面（光盘\TM\03\cart_see.jsp）

图 3.7　购物车查询页面（光盘\TM\03\bg-orderSelect.jsp）

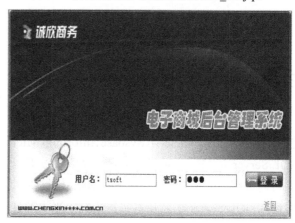

图 3.8　管理员登录页面（光盘\TM\03\bg-land.jsp）

3.3.5　开发环境

在开发企业电子商城网系统时，需要具备下面的软件环境。

服务器端：

☑　操作系统：Windows 2003。

☑　Web 服务器：Tomcat 6.0。

☑　Java 开发包：JDK 1.5 以上。

☑　数据库：SQL Server 2005。

☑　浏览器：IE 6.0。

☑　分辨率：最佳效果为 1024×768 像素。

客户端：

☑　浏览器：IE 6.0。

☑　分辨率：最佳效果为 1024×768 像素。

3.3.6 文件夹组织结构

在编写代码之前，可以把系统中可能用到的文件夹先创建出来（例如，创建一个名为 image 的文件夹，用于保存网站中所使用的图片），这样不但可以方便以后的开发工作，也可以规范网站的整体架构。本书在开发企业电子商城系统时，设计了如图 3.9 所示的文件夹架构图。在开发时，只需要将所创建的文件保存在相应的文件夹中就可以了。

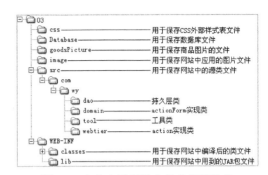

图 3.9　企业电子商城文件夹组织结构

3.4　数据库设计

3.4.1 数据库需求分析

数据库管理系统（DBMS）是一个软件系统，具有存储、检索和修改数据的功能。目前，应用比较多的数据库是 Oracle 9i、Sysbase、Informix、Microsoft SQL Server7.0/2000、DB2 和 MySQL 等。Microsoft SQL Server 是 Microsoft 公司推出的大型数据库系统，其编程接口非常丰富、易用，可以很容易地用组件访问数据库。现在，SQL Server 2005 也提供了 JDBC 编程接口，这样就可以非常方便地在 Java 编程中使用 SQL Server 了。在本实例开发中采用的便是 Microsoft SQL Server 2005。

3.4.2 数据库概念设计

根据以上各节对系统所做的需求分析和系统设计，规划出本系统中使用的数据库实体，分别为商品大类别实体、商品小类别实体、商品实体、会员实体、会员订单实体、会员订单明细实体、管理员信息实体、公告信息实体和友情链接实体。下面将介绍几个关键实体的 E-R 图。

☑　管理员信息实体。

管理员信息实体包括自动编号、管理员登录账号、管理员登录密码、管理员真实姓名及管理员标识属性。其中，管理员标识信息中，1 代表总管理员（在本系统中总管理员只存在一个，登录账号为 tsoft，密码为 111），0 代表普通管理员。管理员信息实体的 E-R 图如图 3.10 所示。

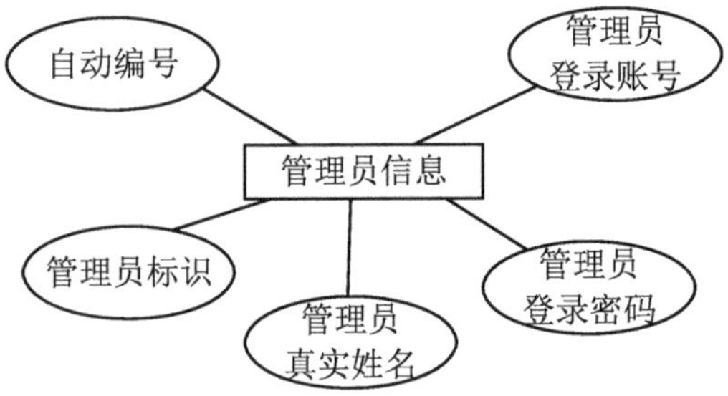

☑　商品实体。

商品实体包括自动编号、商品名称、商品产地、

图 3.10　管理员信息实体的 E-R 图

商品介绍、商品发布时间、商品现价、商品特价、商品销售次数、商品图片及特价商品标识属性。商

品实体的 E-R 图如图 3.11 所示。

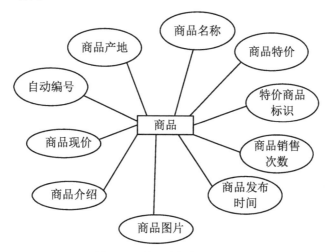

图 3.11 商品实体的 E-R 图

☑ 会员实体。

会员实体包括自动编号、会员登录账号、会员登录密码、会员真实姓名、会员年龄、会员职业、会员电子邮箱、提示问题及问题答案属性。会员实体的 E-R 图如图 3.12 所示。

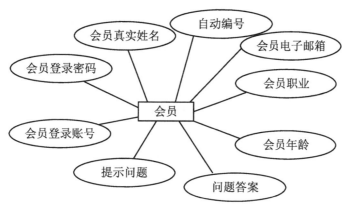

图 3.12 会员实体的 E-R 图

☑ 订单实体。

订单实体包括自动编号、订单编号、订货人账号、订货人真实姓名、订货人地址、订货人电话、订货价格、订货邮寄方式、订单备注信息、订货是否执行及订单生成时间等属性。其中，订货是否执行信息中，1 代表货物已经发送出去，0 代表货物没有发送出去。会员订单实体的 E-R 图如图 3.13 所示。

☑ 订单明细实体。

订单明细实体包括自动编号、订单编号、商品编号、商品价格和商品数量属性。订单明细实体的 E-R 图如图 3.14 所示。

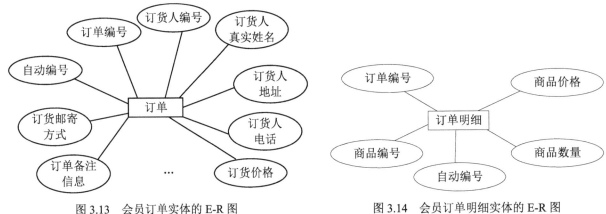

图 3.13 会员订单实体的 E-R 图　　　　图 3.14 会员订单明细实体的 E-R 图

3.4.3 数据库逻辑结构

基于上述数据库概念设计，需要设计下面各个数据表，这些表之间相互关联，共同存储着系统所需要的数据。在设计数据表的过程中，要记住以下原则：

☑　数据库中，一个表最好只存储一个实体或对象的相关信息，不同的实体最好存储在不同的数据表中，如果实体还可以再划分，实体的划分原则是最好能够比当前系统要开发的实体颗粒度要小。

☑　数据表的信息表结构一定要合适，表的字段数量一定不要过多。

☑　扩充信息和动态变化的信息一定要分开存储在不同的表里。

☑　尽量不出现多对多的表关系。

为了使读者对本系统数据库中的数据表有一个更清晰的认识，这里设计了一个数据表树形结构图，如图 3.15 所示，该数据表树形结构图包含了系统中所有的数据表。

图 3.15 数据表树形结构图

1. 数据表结构的详细设计

本实例包含 9 张数据表，限于本书篇幅，在此只给出较为重要的数据表，其他数据表参见本书附带的光盘。

☑　tb_goods（商品信息表）。

商品信息表主要用来保存商品信息。表 tb_goods 的结构如表 3.1 所示。

表 3.1　表 tb_goods 的结构

字　段　名	数 据 类 型	是否为空	是否主键	默 认 值	描　　述
id	int(4)	No	Yse		ID（自动编号）
account	int(4)	No		NULL	大类别的编号
password	int(4)	No		NULL	小类别表的外键信息
managerLevel	varchar(50)	Yes		NULL	商品的名称
goodFrom	varchar(50)	Yes		NULL	商品生产厂商
introduce	text(16)	Yes		NULL	商品介绍
creaTime	smalldatetime(4)	Yes		NULL	商品添加的时间
nowPrice	money(8)	Yes		NULL	现价
freePrice	money(8)	Yes		NULL	特价价格
number	int(4)	Yes		NULL	购买次数
mark	bit(1)	Yes		NULL	是否是特价商品

☑　tb_order（订单信息主表）。

订单信息主表用来保存订单的概要信息。表 tb_order 的结构如表 3.2 所示。

表 3.2　表 tb_order 的结构

字　段　名	数 据 类 型	是否为空	是否主键	默 认 值	描　　述
id	int(4)	No			ID（自动编号）
number	varchar(50)	Yes	Yse	NULL	商品订货的编号
name	varchar(50)	Yes		NULL	会员的编号
reallyName	varchar(50)	Yes		NULL	会员真实姓名
address	varchar(50)	Yes		NULL	订货地址
tel	varchar(50)	Yes		NULL	订货电话
setMoney	varchar(50)	Yes		NULL	付款方式
post	varchar(50)	Yes		NULL	运送方式
bz	text(16)	Yes		NULL	备注信息
sign	bit(1)	Yes		NULL	发送货物是否成功

☑　tb_orderDetail（订单信息明细主表）。

订单信息明细主表用来保存订单的详细信息。表 tb_orderDetail 的结构如表 3.3 所示。

表 3.3　表 tb_orderDetail 的结构

字　段　名	数 据 类 型	是否为空	是否主键	默 认 值	描　　述
id	int(4)	No			ID（自动编号）
orderNumber	varchar(50)	Yes		NULL	订货编号
goodId	int(4)	Yes		NULL	商品编号

续表

字　段　名	数　据　类　型	是　否　为　空	是　否　主　键	默　认　值	描　　述
price	float(8)	Yes		NULL	价格
number	int(4)	Yes		NULL	订货数量
creaTime	smalldatetime(4)	Yes		NULL	创建时间

☑　tb_member（会员信息表）。

会员信息表主要用来存储所注册的会员的信息。表 tb_member 的结构如表 3.4 所示。

表 3.4　表 tb_ member 的结构

字　段　名	数　据　类　型	是　否　为　空	是　否　主　键	默　认　值	描　　述
id	int(4)	No			ID（自动编号）
name	varchar(50)	Yes		NULL	会员名称
password	varchar(50)	Yes		NULL	会员密码
reallyName	varchar(50)	Yes		NULL	会员真实姓名
age	int(4)	Yes		NULL	会员年龄
profession	varchar(50)	Yes		NULL	会员职业
email	varchar(50)	Yes		NULL	电子邮箱地址
question	varchar(50)	Yes		NULL	找回密码的问题
result	varchar(50)	Yes		NULL	找回密码的答案

2. 数据库表之间的关系设计

如图 3.16 清晰地表达了各个数据库表之间的关系，也反映了系统中各个实体之间的关系。

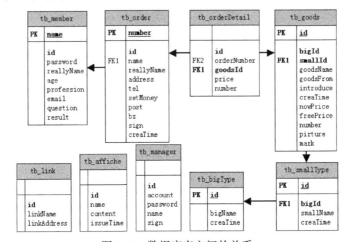

图 3.16　数据库表之间的关系

3.5　公共类设计

在开发过程中，经常会用到一些公共类，如数据库连接类和字符串处理类。因此，在开发系统前首先需要设计这些公共类。下面将具体介绍企业电子商城网中所需要的公共类的设计过程。

3.5.1　获取系统时间的类

在本例中，对系统时间操作类的名称为 CountTime，在该类时间的操作中存在获取当前系统时间的方法，具体代码如下：

例程 01　代码位置：光盘\TM\03\src\com\wy\tool\CountTime.java

```
package com.wy.tool;                                    //将该类保存到 com.wy.tool 包中
import java.util.Date;                                  //导入 java.io.InputStream 包
import java.text.DateFormat;                            //导入 java.text.DateFormat 包

public class CountTime {
    public String currentlyTime() {
        Date date = new Date();                         //实例化 Date 类
❶       DateFormat dateFormat = DateFormat.getDateInstance(DateFormat.FULL);
❷       return dateFormat.format(date);
    }
}
```

代码贴士

❶ 获取当前的系统时间，该时间的返回类型为 DateFormat 类的对象，DateFormat 类格式化风格包括 FULL、LONG、MEDIUM 和 SHORT。根据不同的风格，显示时间的格式也不同。

❷ 将系统时间通过 DateFormat 对象中的 format()方法格式化，并通过 return 关键字返回。

3.5.2　数据库连接类

在本例中，数据库连接类的名称为 JDBConnection，在该类属性中设置连接 SQL Server 2005 的驱动、URL 地址及声明 connection 类的实例，并通过构造方法获取数据库的连接。具体代码如下：

例程 02　代码位置：光盘\TM\03\src\com\wy\tool\JDBConnection.java

```
package com.wy.tool;                                    //将该类保存到 com.wy.tool 包中
import java.sql.*;                                      //将 java.sql 包的所有类导入

public class JDBConnection {
    private String dbDriver = "com.microsoft.sqlserver.jdbc.SQLServerDriver";    //数据库的驱动
    private String url = "jdbc:sqlserver://localhost:1433;DatabaseName=db_shopping";  //URL 地址
    public Connection connection = null;                //声明 Connection 类的实例

    public JDBConnection() {                            //通过构造方法取得数据库连接
        try {
            Class.forName(dbDriver).newInstance();      //加载数据库驱动
            connection = DriverManager.getConnection(url, "sa", "");    //加载数据库
        } catch (Exception ex) {
            System.out.println("数据库加载失败");         //在控制台中输出异常信息
        }
    }
}
```

3.5.3 字符串自动处理类

在本例中，字符串自动处理类名称为 SelfRequestProcessor，该类继承了 Struts 框架中的 Request-Processor 类，实现 RequestProcessor 类中的 processPreprocess()方法，该方法的作用是将 form 表单中的字符串转换成 gb2313。具体代码如下：

例程 03　代码位置：光盘\TM\03\src\com\wy\tool\SelfRequestProcessor.java

```
package com.wy.tool;                                 //将该类保存到 com.wy.tool 包中
import java.io.UnsupportedEncodingException;          //将 java.io.UnsupportedEncodingException 类导入
import javax.servlet.http.*;                          //将 javax.servlet.http 包的所有类导入
import org.apache.struts.action.RequestProcessor;     //将 org.apache.struts.action.RequestProcessor 类导入

public class SelfRequestProcessor extends RequestProcessor {//继承 RequestProcessor 类，并实现该类中的方法
    public SelfRequestProcessor() {                  //创建构造方法
    }
    protected boolean processPreprocess(HttpServletRequest request,HttpServletResponse response) {
        super.processPreprocess(request, response); //实现 RequestProcessor 类中的 processPreprocess()方法
        try {
            request.setCharacterEncoding("gb2312");  //将字符串编码格式转换为 gb2312
        } catch (UnsupportedEncodingException ex) {
            ex.printStackTrace();                    //在控制台中输出错误信息
        }
        return true;                                 //通过 return 关键字返回 boolean 型数据
    }
}
```

在上述代码中，org.apache.struts.action.RequestProcessor 类中真正包含了 Struts 控制器在处理 Servlet 请求时所遵循的控制逻辑。在 Struts 中只允许在应用中提供一个 ActionServlet 类，但是根据需要可以存在多个客户化的 RequestProcessor 类。例如，对于包含有多个应用模块的 Struts 应用，每个应用模块都可以有各自的 RequestProcessor 实例，RequestProcessor 类的 process()方法负责实际的预处理请求操作。在本例中，将字符串格式转码设置为预处理请求操作。

3.6　前台首页设计

3.6.1　前台首页概述

开发一个网站，好的页面风格和页面框架是非常重要的，特别是对于电子商城更需要有好的页面风格和布局。在诚欣电子商城的首页设计中，首先必须把商城推出的特价商品、最新商品、最新公告等商城的特色和动态信息展现给顾客，然后再提供查看销售排行、查看订单、购物车、商品分类查询等业务。诚欣电子商城前台首页的运行结果如图 3.17 所示。

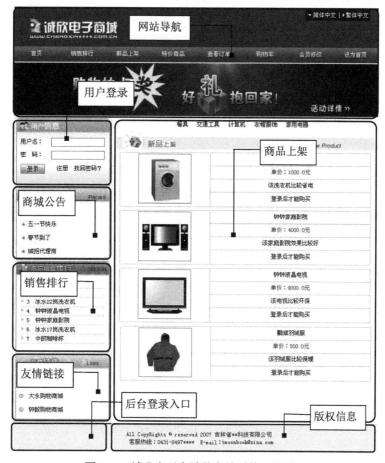
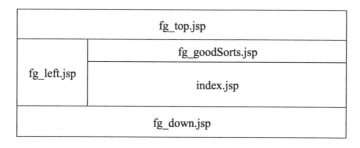

图 3.17　诚欣电子商城前台首页的运行结果

3.6.2　前台首页技术分析

在如图 3.17 所示的主页面中，用户登录、商城公告、销售排行、友情链接、网站导航、商品上架、后台登录入口及版权信息，并不是仅存在于主页面中，其他功能模块的子页面中也需要包括这些部分。因此，可以将这几个部分分别保存在单独的文件中，这样，在需要放置相应功能时只需包含这些文件即可，如图 3.18 所示。

fg_top.jsp		
fg_left.jsp	fg_goodSorts.jsp	
	index.jsp	
fg_down.jsp		

图 3.18　前台主页面的布局

在 JSP 页面中包含文件有两种方法：一种是应用<%@ include %>指令实现，另一种是应用<jsp:include>动作元素实现，本系统使用的是<jsp:include>动作元素。该动作元素用于向当前的页面中包含其他的文件，这个文件可以是动态文件也可以是静态文件，具体的使用方法请读者参见 2.6.2 节中的"主界面技术分析"一节。

3.6.3 前台首页的布局

应用<jsp:include>动作元素包含文件的方法进行前台首页布局的代码如下：

例程 04 代码位置：光盘\TM\03\WebContent\index.jsp

```
<%@ page contentType="text/html; charset=gb2312" %>
❶     <jsp:include page="fg-top.jsp" flush="true"/>
❷     <!--显示商品信息-->
<table width="766" border="0" align="center" cellpadding="0" cellspacing="0">
 <tr>
    <td width="207" valign="top" bgcolor="#F5F5F5">
❸             <jsp:include page="fg-left.jsp" flush="true"/>
</td>
    <td width="559" valign="top" bgcolor="#FFFFFF">
❹             <jsp:include page="fg-goodSorts.jsp" flush="true"/>
            …                    //此处省略了显示商品上架的代码
    </td>
    </tr>
</table>
</td>
  </tr>
</table>
❺     <jsp:include page="fg-down.jsp" flush="true"/>
```

📢 **代码贴士**

❶ 应用<jsp:include>动作元素包含 fg-top.jsp 文件，该文件用于显示商品前台的主要功能。

❷ 在前台页面（index.jsp）中，应用表格布局的方式显示商品信息。

❸ 应用<jsp:include>动作元素包含 fg-left.jsp 文件，该文件用于显示用户登录、商城公告和友情链接等。

❹ 应用<jsp:include>动作元素包含 fg-goodSorts.jsp 文件，该文件用于显示商品种类。

❺ 应用<jsp:include>动作元素包含 fg-down.jsp 文件，该文件用于显示版权信息及后台登录入口。

3.7 用户登录模块设计

3.7.1 用户登录模块概述

用户只有通过登录模块的验证才能进入网站。当用户在左侧"用户信息"区域中的"用户名"和"密码"文本框中输入用户名和密码后，单击"登录"按钮，如果验证成功，用户将以会员的身份进入电子商城首页面，并可在网站中进行购物。用户登录模块的框架如图 3.19 所示。

3.7.2　用户登录模块技术分析

由于本系统采用的是 Struts 框架，因此在实现用户登录模块时，需要编写用户模块对象的 ActionForm 类和 Action 实现类。在 Struts 框架中，ActionForm 类是一个具有 getXXX() 和 setXXX() 方法的类，用于获取或设置 HTML 表单数据。同时，该类也可以实现验证表单数据的功能。Action 实现类是 Struts 中控制器组件的重要组成部分，是用户请求和业务逻辑之间沟通的媒介。下面将详细介绍如何编写用户登录模块的 ActionForm 类和 Action 实现类。

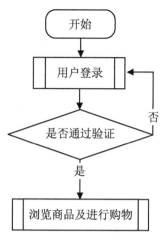

图 3.19　用户登录模块的框架图

1．编写用户的 ActionForm 类

在用户登录模块中，涉及的数据表是会员信息表（tb_member），会员信息表保存的是会员用户名和密码等信息。根据这些信息可以得出会员模块的 ActionForm 类。会员模块的 ActionForm 类的名称为 MemberForm，创建 ActionForm 类的具体代码如下：

例程 05　代码位置：光盘\TM\03\src\com\wy\domain\MemberForm.java

```
import org.apache.struts.action.ActionForm;        //导入 org.apache.struts.action.ActionForm 类文件
public class MemberForm extends ActionForm {
    private Integer id = 1;                          //数据库流水号
    private Integer age = 1;                         //年龄
    private String email = "";                       //电子邮件
    private String name = "";                        //会员名称
    private String password = "";                    //会员密码
    private String profession = "";                  //会员职业
    private String question = "";                    //找回密码的问题
    private String reallyName = "";                  //真实姓名
    private String result = "";                      //找回密码的答案
/**************************提供控制 ID 属性的方法**************************/
    public void setId(Integer id) {                  //id 属性的 setXXX()方法
        this.id = id;
    }
    public Integer getId() {                         //id 属性的 getXXX()方法
        return id;
    }
/************************************************************************/
    …          //此处省略了其他控制用户信息的 getXXX()和 setXXX()方法
/**************************提供控制 result 属性的方法**************************/
    public void setResult(String result) {           //result 属性的 setXXX()方法
        this.result = result;
    }
    public String getResult() {                      //result 属性的 getXXX()方法
        return result;
```

```
    }
/*****************************************************************************/
}
```

2. 编写用户的 Action 实现类

会员功能模块的 Action 实现类继承了 Action 类，首先需要在该类属性中定义 MemberDao 类（该类用于实现与数据库的交互）的对象及 int 型变量 action（根据变量的不同，对会员执行的操作不同）。Action 实现类的主要方法是 execute()，该方法会被自动执行。这个方法本身没有具体的事务，它是根据通过 HttpServletRequest 的 getParameter()方法获取的 action 参数值执行相应方法的。

会员模块的 Action 实现类的关键代码如下：

例程 06　代码位置：光盘\TM\03\src\com\wy\webtier\MemberAction.java

```java
//会员管理 Action
public class MemberAction extends Action {
    private int action;                                    //设置 int 类型的变量 action，该变量用于执行各种方法
    private MemberDao dao = null;                           //设置 MemberDao 类型的对象
    public ActionForward execute(ActionMapping mapping, ActionForm form,
            HttpServletRequest request, HttpServletResponse response) throws IOException {
        dao = new MemberDao();                             //实例化 MemberDao 类的对象 dao
        this.action = Integer.parseInt(request.getParameter("action")); //从 JSP 页中获取 action 对象的值
        switch (action) {
        case 0: {
            return insertMember(mapping, form, request, response);        //添加会员信息
        }
        case 1: {
            return checkMember(mapping, form, request, response);         //会员登录
        }
        case 2: {
            return selectMember(mapping, form, request, response);        //查看会员信息
        }
        case 3: {
            return selectOneMember(mapping, form, request, response);     //查看会员的详细信息
        }
        case 4: {
            return deleteMember(mapping, form, request, response);        //删除会员信息
        }
        case 5: {
            return selectOneMemberHead(mapping, form, request, response); //前台查询会员的信息
        }
        case 6: {
            return updateMemberHead(mapping, form, request, response);    //修改会员信息
            }
        }
        return null;
    }
    …//此处省略了该类中其他方法，这些方法将在后面的具体过程中给出
}
```

注意 在上述代码中，execute()方法不仅涵盖了用户登录的方法，而且还存在在后台管理员对会员信息的各种操作。本系统将所有相关的会员操作都编写到同一个 Action 实现类中，其他相关的模块也是这样操作的，以后不再赘述。

3.7.3　用户登录模块的实现过程

📖　用户登录模块使用的数据表：tb_member。

用户登录后成为会员是电子商城中用户进行购物的必要条件。运行本系统后，首先进入的是电子商城的首页，用户在没有登录的情况下可以查看商城的公告信息、各种商品及商品销售排行等。当用户没有在"用户登录"操作区域中输入用户名或密码时，系统会通过 JavaScript 进行判断，并给予提示。用户登录模块的运行结果如图 3.20 所示。

图 3.20　用户登录模块的运行结果

1. 设计用户登录页面

用户登录页面主要用于收集用户的输入信息及通过自定义的 JavaScript 函数验证输入信息是否为空。该页面中所涉及到的表单元素如表 3.5 所示。

表 3.5　用户登录页面所涉及的表单元素

名　称	元 素 类 型	重 要 属 性	含　义
form	form	action="memberAction.do?action=1" onSubmit="return checkEmpty(form)"	用户登录表单
name	text	size="17"	用户名
pwd	password	size="17"	用户登录密码
Submit	submit	src="image/fg-land.gif"	"登录"按钮

编写自定义的 JavaScript 函数，用于判断用户名和密码是否为空。代码如下：

例程 07　代码位置：光盘\TM\03\WebContent\fg-left.jsp

```
<script language="javascript">
function checkEmpty(form){
    for(i=0;i<form.length;i++){                    <!--通过 for 循环判断表单信息-->
        if(form.elements[i].value==""){            <!--验证表单信息是否为空-->
            alert("表单信息不能为空");              <!--提示表单验证结果-->
            return false;                          <!--通过 return 关键字返回 false-->
        }
    }
}
</script>
```

2. 用户登录 Action 实现类

在"用户登录"模块中的"用户名"和"密码"文本框中输入正确的用户名和密码后，单击"登录"按钮，网页会访问一个 URL，这个 URL 是 memberAction.do?action=1。从 URL 地址中可以知道用户登录模块涉及到的 action 的参数值为 1，即当 action=1 时，会调用验证用户身份的方法 checkMember()。具体代码如下：

例程 08　代码位置：光盘\TM\03\com\wy\webtier\MemberAction.java

```
this.action = Integer.parseInt(request.getParameter("action"));        //action 为 int 类型，在属性中已经设置过
    switch (action) {                                                  //switch()中的参数类型只能是 int 型
    case 1: {
        return checkMember(mapping, form, request, response); //会员登录
        }
    }
```

在验证用户身份的方法 checkMember()中，首先通过 request 对象中的 getParameter()获取用户名表单数据，然后通过 MemberDao 类中的 selectMemberForm()方法查找该用户名是否存在，如果存在，则再次通过 request 对象中的 getParameter()方法获取密码表单数据，将表单中密码数据与已经存在的用户名中对应的密码进行比较判断。验证用户身份的方法 checkMember()的具体代码如下：

例程 09　代码位置：光盘\TM\03\com\wy\webtier\MemberAction.java

```
public ActionForward checkMember(ActionMapping mapping, ActionForm form,
        HttpServletRequest request, HttpServletResponse response) {
MemberForm memberForm = dao.selectMemberForm(name);        //将 MemberForm 表单进行强制转换
        String name = request.getParameter("name");            //获取表单名称为 name 的数据，即用户名
        if (memberForm==null||memberForm.equals("")) {         //判断此用户名是否存在
❶       request.setAttribute("result", "不存在此会员，请重新登录！！！");     //将结果保存在 request 范围内
        } else if (!memberForm.getPassword().equals(request.getParameter("password").trim())) {
                                                                //判断密码是否正确
            request.setAttribute("result", "密码错误，请重新登录！！！");    //将结果保存在 request 范围内
        } else {
❷       request.setAttribute("memberForm", memberForm);        //将 memberForm 对象保存在 request 范围内
        }
❸   return mapping.findForward("checkMember");                 //转到商城的主页面
    }
```

🔊 **代码贴士**

❶ 设置输入的用户不存在的信息，保存在 request 范围内。

❷ 设置输入的用户存在的信息，保存在 request 范围内。

❸ 如果用户名与密码都存在，则将用户的信息 memberForm 对象保存在 request 范围内。

✏️ **说明**
　　Action 类的 execute()方法用于返回一个 ActionForward 对象，ActionForward 对象代表了 Web 资源的逻辑抽象，这里的 Web 资源可以是 JSP 页、Servlet 或 Action。从 execute()方法中返回的 ActionForward 对象可以在 Struts 配置文件中配置<forward>元素，具体代码如例程 12 所示。配置了<forward>元素后，在 Struts 框架初始化时会创建存放<forward>元素配置信息的 ActionForward 对象。

3. 编写用户登录的 MemberDao 类的方法

从例程 09 中可以知道用户登录控制器类使用的 MemberDao 类的方法是 selectMemberForm()。在

selectMemberForm()方法中，从数据表 tb_member 中查询输入的用户是否存在，如果存在，则将查询到的用户的一组数据保存在 MemberForm 类的对象中，并通过 return 关键字返回该对象。selectMemberForm()方法的具体代码如下：

例程 10 代码位置：光盘\TM\03\com\wy\dao\MemberDao.java

```java
public MemberForm selectMemberForm(String name) {
    MemberForm member = null;                                       //设置 MemberForm 类的对象
    try {
/***************以参数 name 对象为条件，查询一组用户数据***********************/
        ps = connection.prepareStatement("select * from tb_member where name=?");   //设置查询的 SQL 语句
        ps.setString(1, name);                                      //设置执行查询条件的参数
        ResultSet rs = ps.executeQuery();                           //执行查询的 SQL 语句
/***********************************************************************/
        while (rs.next()) {                                         //如果 rs.next()的值为 true，则执行下面的代码
/***************将查询的数据保存在 MemberForm 类型的对象中****************/
        member = new MemberForm();                                  //实例化 MemberForm 类型的对象
        member.setId(Integer.valueOf(rs.getString(1)));            //获取会员 ID
        member.setName(rs.getString(2));                           //获取会员用户名
        member.setPassword(rs.getString(3));                       //获取会员密码
        member.setReallyName(rs.getString(4));                     //获取会员真实姓名
        member.setAge(Integer.valueOf(rs.getString(5)));          //获取会员年龄
        member.setProfession(rs.getString(6));                     //获取会员职业
        member.setEmail(rs.getString(7));                          //获取会员电子信箱
        member.setQuestion(rs.getString(8));                       //获取会员提示问题
        member.setResult(rs.getString(9));                         //获取会员提示答案
/***********************************************************************/
        }
    }
    catch (SQLException ex) {
    }
    return member;                                                 //返回 MemberForm 类型的对象
}
```

在上述代码中，ps 是 PreparedStatement 类的对象，利用这个类中的 executeQuery()方法执行 SQL 语句。

说明

PreparedStatement 是继承自 Statement 的类，实际上 PreparedStatement 拥有 Statement 的所有特性与方法，但是与 Statement 不同之处在于 PreparedStatement 可以将 SQL 命令事先编译及存储在 PreparedStatement 对象中，当需要执行许多次相同的 SQL 命令时，能够比较高效地执行。

PreparedStatement 最重要的功能就是能够输入条件式的 SQL 语句。所谓条件式的 SQL 语句就是要执行的 SQL 语句中包含了变量，而变量是在后面的程序代码中设置的，或者是在程序的执行时期动态指定的。条件式的 SQL 语句将会存储在 PreparedStatement 对象中，并先做预先编译操作，所以如果要重复执行某个 SQL 语句，或者变量需要在程序的执行时期动态指定，使用 PreparedStatement 是比较有效、简洁的方法。

（1）基本用法

PreparedStatement 的基本用法如图 3.21 所示。

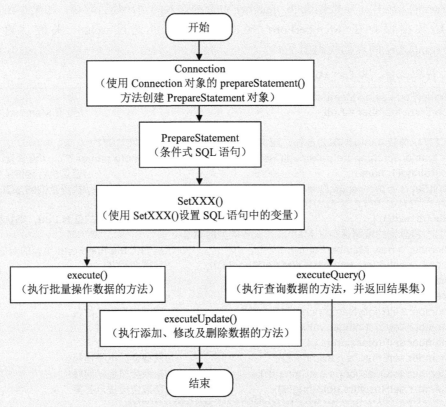

图 3.21 使用 PreparedStatement 的流程图

（2）流程说明

☑ 首先利用 Connection 对象的 preparedStatement 方法，建立一个 PreparedStatement 对象。当使用 preparedStatement 方法时，需要以 SQL 语句为参数，通常是一个条件式的 SQL 语句。

☑ 利用 setXXX() 的方法指定条件式 SQL 语句中每个变量的值。

☑ 重复 setXXX() 的方法，直到条件式的 SQL 语句中所有变量的值都设置完毕。

☑ 接下来可以使用 execute()、executeUpdate() 或者 executeQuery() 的方法执行 SQL 命令。

☑ 执行 execute()、executeUpdate() 或者 executeQuery() 方法后的处理方式与 Statement 对象相同。

☑ 下一次要执行相同的 SQL 语句，只要重新设置变量的值，再利用 execute()、executeUpdate() 或者 executeQuery() 方法执行即可。

☑ PreparedStatement() 方法的定义如下：

```
public PreparedStatement preparedStatement(String sql) throws SQLException
```

4．struts-config.xml 文件配置

在 struts-config.xml 文件中配置用户登录模块所涉及的 <form-bean> 元素，该元素用于指定用户登录模块所使用的 ActionForm。具体代码如下：

例程 11　代码位置：光盘\TM\03\WebContent\WEB-INF\struts-config.xml

```
<form-bean name="memberForm" type="com.wy.domain.MemberForm" />
```

在 struts-config.xml 文件中配置用户登录模块所涉及的<action>元素，该元素用于完成对页面的逻辑跳转工作。具体代码如下：

例程 12　代码位置：光盘\TM\03\WebContent\WEB-INF\struts-config.xml

```
<action name="memberForm" path="/memberAction" scope="request" type="com.wy.webtier.MemberAction">
    <forward name="checkMember" path="/fg-checkMemberResult.jsp" />
</action>
```

通过例程 11 和例程 12 可以了解以下信息：

根据 name="memberForm"可以找到与之相对应的 ActionForm 的实现类 com.wy.domain.MemberForm。

根据 type="com.wy.webtier.MemberAction"可以找到处理用户数据的 Action 类。

根据<forward name="checkMember" path="/fg-checkMemberResult.jsp" />可以了解，当 Action 类返回 checkMember 时，页面会转到 fg-checkMemberResult.jsp 文件，也就是显示用户登录验证结果页面。

5. 编写用户登录验证结果页面

从例程 13 中可以知道，执行完用户验证操作后，会将用户登录结果在 fg-checkMemberResult.jsp 页面中显示。在 fg-checkMemberResult.jsp 页面中，通过 request 对象 getAttribute()获取用户登录结果，当获取结果为 null 时，则用户登录验证成功，直接返回到电子商城的首页，如果获取结果不是 null，则通过 JavaSricpt 脚本将结果弹出后，返回网站电子商城首页。fg-checkMemberResult.jsp 页面的关键代码如下：

例程 13　代码位置：光盘\TM\03\WebContent\fg-checkMemberResult.jsp

```
<%@ page contentType="text/html; charset=gb2312" %>
<%@ page import="com.wy.domain.MemberForm"%>          //导入 MemberForm 类
<%if(request.getAttribute("result")==null){              //判断 request 范围内的 result 对象是否为 null
        MemberForm form=(MemberForm)request.getAttribute("memberForm");
❶               session.setAttribute("form",form);
%>
❷       <meta http-equiv="refresh" content="0;URL=index.jsp">
<%}else{
    String result=(String)request.getAttribute("result");       //将 request 范围内的 result 对象值赋给新的变量
%>
❸       <script language='javascript'>alert('<%=result%>');window.location.href='index.jsp';</script>
<%}%>
```

📢 **代码贴士**

❶ 用户登录成功后，将会员信息保存在客户端 Session 中。

❷ 通过 HTML 页面刷新技术返回到商城页面首页。

❸ 通过 JavaScript 脚本语言将用户登录失败信息弹出，并返回网站的首页面。

3.7.4　单元测试

在开发完一个网站后，开发人员都希望它能够正常运行，但是在测试程序时，程序运行时总会出现一些错误。为了保证程序正常运行，一定要对模块进行单元测试。下面将对用户登录模块中容易出现的错误进行分析。

从网站安全的角度考虑，用户在没有登录时是不允许购物的，当用户登录成功后，将 MemberForm 对象保存在客户端 Session 对象中才可以登录。但是，在保存在客户端 Session 时是具有时间限制的（一般情况下是 20 分钟）。如果超出这个时间限制，则出现空指针应用的错误，代码提示信息如下：

```
java.lang.NumberFormatException: null
        java.lang.Integer.parseInt(Unknown Source)
        java.lang.Integer.parseInt(Unknown Source)
        org.apache.jsp.bg_002dselectMember_jsp._jspService(bg_002dselectMember_jsp.java:62)
        org.apache.jasper.runtime.HttpJspBase.service(HttpJspBase.java:70)
        javax.servlet.http.HttpServlet.service(HttpServlet.java:803)
        org.apache.jasper.servlet.JspServletWrapper.service(JspServletWrapper.java:393)
        org.apache.jasper.servlet.JspServlet.serviceJspFile(JspServlet.java:320)
        org.apache.jasper.servlet.JspServlet.service(JspServlet.java:266)
        javax.servlet.http.HttpServlet.service(HttpServlet.java:803)
```

出现这样的错误是因为当用户购物时，需要核实用户的身份，当保存在客户端的 Session 对象为空时，获取用户基本信息为空，空值不能够被应用。

这个问题可以通过在页面中判断客户端 Session 是否存在数据来解决。判断客户端 Session 是否存在数据的代码如下：

例程 14　代码位置：光盘\TM\03\WebContent\fg-down.jsp

```
<%
if(session.getAttribute("form")==null){
out.print("<script language=javascript>alert('您已经与服务器断开连接，请重新登录！');window.location.href=
'index.jsp';</script>");                          //如果客户端 Session 为空，则返回网站的首页面
%>
```

上述代码中，判断客户端 Session 的代码存放在电子商城前台页面的版权信息页面中，因为这个页面在前台的任意页面中都通过<jsp:include>元素包含，这样可以减少页面中的冗余代码。

> **技巧** 在本系统中，除了 fg-down.jsp 页面是通过<jsp:include>元素包含外，fg-top.jsp、fg-left.jsp 及 fg-goodSorts.jsp 页面也是通过<jsp:include>元素包含的，判断客户端 Session 是否存在数据的代码可以存在于任意页面。

3.8　前台商品信息查询模块设计

3.8.1　前台商品信息查询模块概述

商品构成了电子商城的物质内容，一个电子商城能否吸引顾客，丰富的商品资源是不可缺少的，所以电子商城的商品管理是整个系统中非常重要的一个环节。如何安全有效地存储商品信息，合理地

安排页面内容，从而使用户查询方便高效，这是商品管理中所要考虑的内容。前台商品信息查询模块主要包括商品分页查询、商品分类查询、商品销售查询和特价商品查询 4 个功能。前台商品信息查询模块的框架如图 3.22 所示。

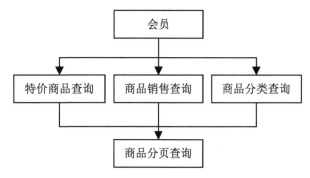

注意　在本系统中，用户在没有登录的情况下也可以实现对商品信息的各种查询功能。

图 3.22　前台商品信息查询模块的框架图

3.8.2　商品信息查询模块技术分析

由于本系统采用的是 Struts 框架，所以在实现商品信息查询模块时，需要编写商品信息查询模块对应的 ActionForm 类和 Action 实现类。下面将详细介绍如何编写商品信息查询模块的 ActionForm 类和 Action 实现类。

1．编写商品信息查询模块的 ActionForm 类

在商品信息查询模块中，涉及的数据表是商品信息表（tb_goods），商品信息表保存的是商品的名称、价格、商品产地及商品所属类别等信息。根据这些信息可以得出商品查询模块的 ActionForm 类。商品查询模块的 ActionForm 类的名称为 GoodsForm。具体代码如下：

例程 15　代码位置：光盘\TM\03\src\com\wy\domain\GoodsForm.java

```
public class GoodsForm extends ActionForm {
    private Integer big;                    //商品大类别编号
    private String creaTime;                //商品录入时间
    private Float freePrice;                //特价商品价格
    private String from;                    //商品产地
    private Integer id;                     //商品编号
    private String introduce;               //商品生产商
    private String name;                    //商品名称
    private Float nowPrice;                 //商品现价
    private Integer number;                 //商品销售数量
    private Integer small;                  //商品小类别编号
    private String priture;                 //商品在服务器端图片的地址
    private Integer mark;                   //是否为特价商品
    private FormFile formFile;              //Struts 框架中上传组件 FormFile 类型的对象
/*********************提供控制 number 属性的方法*********************/
    public Integer getNumber() {            //设置 number 属性的 getXXX()方法
        return number;
    }
    public void setNumber(Integer number) { //设置 number 属性的 setXXX()方法
        this.number = number;
    }
```

```
/**********************************************************************/
    …               //此处省略了其他控制管理员信息的 getXXX()和 setXXX()方法
/*********************提供控制 priture 属性的方法*********************/
    public String getPriture() {                        //设置 priture 属性的 getXXX()方法
        return priture;
    }
    public void setPriture(String priture) {            //设置 priture 属性的 setXXX()方法
        this.priture = priture;
    }
/**********************************************************************/
}
```

2．编写商品信息查询模块的 Action 实现类

商品查询功能模块的 Action 实现类继承了 Action 类，在该类中，首先需要在该类属性中定义 GoodsDao 类（该类用于实现与数据库的交互）的对象、SmallTypeDao 类的对象、客户端 Session 对象及 int 型变量 action（根据变量的不同，对会员执行的操作不同）。Action 实现类的主要方法是 execute()，该方法会被自动执行，这个方法本身没有具体的事务，它是根据通过 HttpServletRequest 的 getParameter() 方法获取的 action 参数值执行相应方法的。

编写商品模块的 Action 实现类的关键代码如下：

例程 16　代码位置：光盘\TM\03\src\com\wy\webtier\GoodsAction.java

```
public class GoodsAction extends Action {
    private int action;                             //定义 int 类型变量 action
    private GoodsDao dao = null;                     //定义 GoodsDao 类的对象
    private SmallTypeDao small = null;               //定义 SmallTypeDao 类的对象
    private HttpSession session = null;              //创建客户端 Session 对象

    public ActionForward execute(ActionMapping mapping, ActionForm form,
            HttpServletRequest request, HttpServletResponse response) throws Exception {
        this.dao = new GoodsDao();                   //实例化 GoodsDao 类的对象
        small = new SmallTypeDao();                  //实例化 SmallTypeDao 类的对象
        session = request.getSession();              //将客户端 Session 通过 request 对象中的 getSession()方法赋值
        action = Integer.parseInt(request.getParameter("action"));           //获得 action 对象的值
        switch (action) {
        case 12: {
            return goodSelectBigHead(mapping, form, request, response);       //实现商品分类查询
        }
        case 14: {
            return goodSelectNewHead(mapping, form, request, response);       //新商品查询
        }
        case 15: {
            return goodSelectFreeHead(mapping, form, request, response);      //特价商品
        }
    …                                               //省略对其他商品操作的方法
        }
        return null;                                //通过 return 关键字返回一个 null
    }
}
```

3.8.3 商品信息分页查询的实现过程

 商品信息分页查询使用的数据表：tb_goods。

分页查询在前台和后台都能实现。本系统中，所有分页操作的功能是相同的。下面将以特价商品查询为例，介绍在 JSP 页面中分页显示特价商品的实现过程。

在企业电子商城的首页面，单击导航栏中的"特价商品"超链接，如图 3.23 所示。

图 3.23 电子商城导航栏中的"特价商品"超链接

"特价商品"超链接的代码如下：

```
<a href="goodsAction.do?action=15&mark=1" class="a4">特价商品</a>
```

单击"特价商品"超链接后，商品上架显示区域中将显示特价商品信息，如图 3.24 所示。

图 3.24 特价商品分页显示页面

1．设计特价商品页面

系统将分页显示商品的特价信息。在该页面中，首先通过 request 对象中的 getAttribute()获取分页的各种信息，然后通过各种计算将特价商品的集合进行定位，最后通过 for 循环显示各种特价商品。显示特价商品信息的关键代码如下：

（1）通过 request 对象中的 getAttribute()方法获取各种分页的数据，并将这些数据赋值给信息对象。获取分页的各种参数，特价商品的集合定位的关键代码如下：

例程 17 代码位置：光盘\TM\03\WebContent\fg-selectFreeGoods.jsp

```jsp
<jsp:useBean id="goods" scope="page" class="com.wy.dao.GoodsDao"/>   //设置 GoodsDao 中的 JavaBean
<%
List freeList =(List)request.getAttribute("list");                  //获取特价商品的所有记录集合
int number=Integer.parseInt((String)request.getAttribute("number")); //获取特价商品的所有记录数
int maxPage=Integer.parseInt((String)request.getAttribute("maxPage")); //获取显示特价商品的最大页码
int pageNumber=Integer.parseInt((String)request.getAttribute("pageNumber"));//获取当前页面的页码
int start=number*4;                                                 //开始显示商品记录的条数
int over=(number+1)*4;                                              //结束显示商品记录的条数
int count=pageNumber-over;                                         //计算还剩多少条记录
if(count<=0){                       //判断 count 变量值是否小于等于 0
  over=pageNumber;                  //当剩余记录数小于或等于 0 时，将当前最大页码数赋给当前页码数
  }
%>
```

（2）根据商品集合的定位，循环显示商品的关键代码如下：

例程 18 代码位置：光盘\TM\03\WebContent\fg-selectFreeGoods.jsp

```jsp
<%
    for(int i=start;i<over;i++){                  //设置 for 循环中的开始记录数和结束记录数
    GoodsForm freeGoods=(GoodsForm)freeList.get(i);
%>
 <table width="99%" border="1">
    <tr>
       <td width="36%" rowspan="5" height="120"><input name="pricture<%=i%>" type="image" src="<%=
freeGoods.getPriture()%>" width="140" height="126">
                                      <!--通过<input>元素中的 type 属性，显示该商品的图片-->
       </td>
          <td width="64%" height="30"<%=freeGoods.getName()%></td>        <!--显示商品的名称-->
    </tr>
    <tr>
       <td height="30">原价：<%=freeGoods.getNowPrice()%>元</td>           <!--显示商品原价-->
     </tr>
    <tr>
       <td height="30">特价：<%=freeGoods.getFreePrice()%>元</td>          <!--显示商品特价-->
      </tr>
      <tr>
        <td height="30"><%=freeGoods.getIntroduce()%></td>              <!--显示商品说明-->
       </tr>
     <tr>
        <td height="30" align="center">
        <%if(session.getAttribute("form")!=null||session.getAttribute("id")!=null){%>
     <a href="#" onClick="window.open('goodsAction.do?action=16&id=<%=freeGoods.getId()%>','','width=500,
height=200');">查看详细内容</a>   <!--判断当前用户是否登录，如果当前用户已经登录，则该用户可以购物-->
<%}else{%>登录后才能购买<%}%></td>
    </tr>
    </table>
<%}%>
```

（3）根据分页的各种变量，将显示总页数、多少条记录、当前页数及设置"上一页"、"下一页"超链接的内容。具体代码如下：

例程 19　代码位置：光盘\TM\03\WebContent\fg-selectFreeGoods.jsp

```
<table width="90%"   border="0" align="center" cellpadding="0" cellspacing="0">
<tr align="center">
<td width="13%">共为<%=maxPage%>页</td>                      <!--显示共有多少页数-->
<td width="18%">共有<%=pageNumber%>条记录</td>              <!--显示共有多少条记录-->
<td width="26%">当前为第<%=number+1%>页</td>               <!--显示当前页码数-->
<td width="15%">
  <%if((number+1)==1){%>上一页                        <!--当页码为 1，则"上一页"超链接不存在-->
<%}else{%>
<a href="goodsAction.do?action=15&mark=1&i=<%=number-1%>">上一页</a></td>
<%}%>
<td width="14%">
    <%if(maxPage<=(number+1)){%>下一页      <!--当页数为最大页码，则"下一页"超链接不存在-->
<%}else{%>
<a href="goodsAction.do?action=15&mark=1&i=<%=number+1%>">下一页</a></td>
<%}%>
    <td width="14%"><a href="#" onClick="javasricpt:history.go(-1);">返回</a></td>
</tr>
  </table>
```

2．编写特价商品的 Action 实现类

单击"特价商品"超链接，网页会访问 URL，这个 URL 是 goodsAction.do?action=15&mark=1。从该 URL 地址中可以知道商品查询模块涉及到的 action 的参数值为 15，即当 action=15 时，会调用特价商品查询的方法 goodSelectFreeHead()。具体代码如下：

例程 20　代码位置：光盘\TM\03\src\com\wy\webtier\GoodsAction.java

```
switch (action) {
        case 15: {
                return goodSelectFreeHead(mapping, form, request, response);      //特价商品查询
            }
}
```

在特价商品查询的方法 goodSelectFreeHead()中，主要是以 tb_goods 数据表中 mark 字段值（mark=1 时，则该条记录为特价商品；mark=0 时，则该条记录不是特价商品）为条件查询商品是否为特价商品，然后将所有查询的特价商品集合类型通过 request 对象中的 setAttribute()方法存储在 request 范围内。具体代码如下：

例程 21　代码位置：光盘\TM\03\src\com\wy\webtier\GoodsAction.java

```
public ActionForward goodSelectFreeHead(ActionMapping mapping,
            ActionForm form, HttpServletRequest request, HttpServletResponse response) {
        List list = null;                                          //设置 List 类型的对象 list
        String mark = request.getParameter("mark");                //获取 mark 对象的值
        list = dao.selectMark(Integer.valueOf(mark));              //查询特价商品的全部记录
        int pageNumber = list.size();                              //计算出有多少条记录
/***********************计算显示特价商品的记录数*************************/
```

```
        int maxPage = pageNumber;
        if (maxPage % 4 == 0) {              //当前页面中的商品记录数为 4，即每一页只显示 4 条记录
            maxPage = maxPage / 4;           //整除 4 后进行赋值
        } else {
            maxPage = maxPage / 4 + 1;       //没有整除，则将整数部分加 1 赋给一个新的变量
        }
/**********************************************************************************/
/*************************判断当前页码是否为空**************************************/
        String number = request.getParameter("i");
        if (number == null) {                //当前页码为空，则将记录 number 赋值为 0
            number = "0";
        }
/**********************************************************************************/
        request.setAttribute("number", String.valueOf(number));      //将 number 对象保存在 request 范围内
        request.setAttribute("maxPage", String.valueOf(maxPage));//将 maxPage 对象保存在 request 范围内
        request.setAttribute("pageNumber", String.valueOf(pageNumber));  //将 pageNumber 对象保存在
                                                                         //request 范围内
        request.setAttribute("list", list);                          //将 list 对象保存在 request 范围内
        return mapping.findForward("goodSelectFreeHead");
    }
```

3．编写特价商品查询的 GoodsDao 类的方法

从例程 21 中可以知道特价商品查询使用的 GoodsDao 类的方法是 selectMark()。在 selectMark()方法中，从页中获取 mark 数据作为该方法的参数，以这个参数为条件，查询所有的特价商品，并把这些商品保存在 list 对象中，通过 retrun 关键字返回。selectMark()方法的具体代码如下：

例程 22　代码位置：光盘\TM\03\src\com\wy\dao\GoodsDao.java

```
public List selectMark(Integer mark) {
    List list = new ArrayList();                           //声明 List 集合对象，并实例化该对象
    GoodsForm goods = null;                                //声明 GoodsForm 类型的对象
    try {
/************************执行查询特价商品的 SQL 语句*******************************/
        ps = connection.prepareStatement("select * from tb_goods where mark=? order by id DESC");
        ps.setInt(1, mark.intValue());                     //设置查询 SQL 语句的条件
        ResultSet rs = ps.executeQuery();                  //执行查询的 SQL 语句
/**********************************************************************************/
/*********************将所有的特价商品循环放入 List 集合对象中**********************/
        while (rs.next()) {
            goods = new GoodsForm();                        //实例化 GoodsForm 类型的对象
            goods.setId(Integer.valueOf(rs.getString(1)));  //将数据表中 ID 字段值取出
...                                                         //省略其他赋值 setXXX()方法
            goods.setMark(Integer.valueOf(rs.getString(12))); //将数据表中 mark 字段值取出
            list.add(goods);                                //将 goods 对象存放在 List 集合中
        }
/**********************************************************************************/
    }
    catch (SQLException ex) {
    }
    return list;                                           //通过 return 关键字返回 List 集合对象
}
```

4．struts-config.xml 文件配置

在 struts-config.xml 文件中配置商品信息所涉及的<form-bean>元素，该元素用于指定商品查询信息模块所使用的 ActionForm。具体代码如下：

例程 23　代码位置：光盘\TM\03\WebContent\WEB-INF\struts-config.xml

```
<form-bean name="managerForm" type="com.actionForm.ManagerForm" />
```

在 struts-config.xml 文件中配置商品信息所涉及的<action>元素用于完成对页面的逻辑跳转工作。具体代码如下：

例程 24　代码位置：光盘\TM\03\WebContent\WEB-INF\struts-config.xml

```
<!-- 商品小类别处理 -->
<action name="goodsForm" path="/goodsAction" scope="request" type="com.wy.webtier.GoodsAction">
  <forward name="goodSelectFreeHead" path="/fg-selectFreeGoods.jsp" />
</action>
```

3.8.4　商品信息分类查询的实现过程

　商品信息分类查询使用的数据表：tb_goods。

在电子商城前台页面的商品上架区域中显示了各个商品的类别信息，如图 3.25 所示。

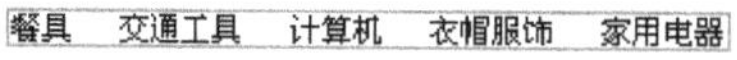

图 3.25　显示商品类别信息

单击任意商品类别的超链接后，在商品上架区域中将显示该类别的所有商品。例如，单击"家用电器"超链接，则在商品上架区域中会显示"家用电器"类别中的所有商品，运行结果如图 3.26 所示。

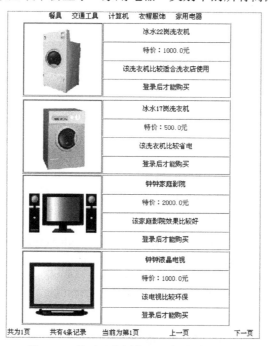

图 3.26　显示"家用电器"中的所有商品

1. 设计商品信息分类查询页面

如图 3.26 所示，页面中显示了商城内所有的"家用电器"商品。在该页面中，通过 request 对象中的 getAttribute()获取分页的各种信息，如当前页面的页码、共有多少条记录及所有当前类别商品的集合等，然后通过各种计算将在该类别的所有商品的集合进行定位，最后通过 for 循环显示该类别的商品。商品信息分类查询页面的关键代码如下：

例程 25　代码位置：光盘\TM\03\WebContent\fg-selectBigGoods.jsp

```
<%@page import="com.wy.domain.GoodsForm" %>           <!--导入 com.wy.domain.GoodsForm-->
<%List bigList=(List)request.getAttribute("list");%>        <!--获取商品集合对象-->
<%List smallList=(List)request.getAttribute("smallList");%>   <!--获取商品类型集合对象-->
<%
...                                                      //省略计算商品类别信息分页的代码
%>
<%if(bigList.size()==0){%>没有商品的信息 <!--查询商品类别的集合长度等于 0，则说明该类别不存在任何商品-->
<%}else{%>
<%
    for(int i=start;i<over;i++){
    GoodsForm bigForm=(GoodsForm)bigList.get(i);         //循环 i 变量，将每一组商品存放在 GoodsForm 对象中
%>
...                                                      //省略显示商品信息的代码
<%}%>
...                                                      //省略分页操作的代码
```

2. 编写商品类别查询的 Action 实现类

单击任意商品类别的超链接，网页会访问 URL，这个 URL 是 goodsAction.do?action=12&big=19。从该 URL 地址中可以知道商品查询模块涉及到的 action 的参数值为 12，即当 action=12 时，会调用商品类别查询的方法 goodSelectBigHead()。具体代码如下：

例程 26　代码位置：光盘\TM\03\src\com\wy\webtier\GoodsAction.java

```
switch (action) {
        case 12: {
                return goodSelectBigHead(mapping, form, request, response);      //商品分类查询
        }
}
```

在商品类别查询的方法 goodSelectBigHead()中，主要是以 tb_goods 数据表中的 big 字段值（big 字段的值为商品大类别信息表的编号值）为条件查询该类别的商品的，然后将所有查询的该类别商品的集合类型通过 request 对象中的 setAttribute()方法存储在 request 范围内。具体代码如下：

例程 27　代码位置：光盘\TM\03\src\com\wy\webtier\GoodsAction.java

```
public ActionForward goodSelectBigHead(ActionMapping mapping,
            ActionForm form, HttpServletRequest request,HttpServletResponse response) {
    List list = dao.selectBig(Integer.valueOf(request.getParameter("big")));     //根据获取的 big 对象值，查询指
                                                                                     定类别的商品
        ...                                                                      //省略商品类别分页的其他操作
    return mapping.findForward("goodSelectBigHead");
}
```

3．编写商品类别查询的 GoodsDao 类的方法

从例程 27 中可以知道商品类别查询使用的 GoodsDao 类的方法是 selectBig()。在 selectBig()方法中，从页面获取 big 数据作为该方法的参数，以这个参数为条件，查询该类别的所有商品，并把这些商品保存在 list 对象中，通过 retrun 关键字返回。selectBig()方法执行商品类别查询 SQL 语句的关键代码如下：

例程 28 代码位置：光盘\TM\03\src\com\wy\dao\GoodsDao.java

```
ps = connection.prepareStatement("select * from tb_goods where bigId=? order by id DESC");
ps.setInt(1, big.intValue());                    //设置查询的条件
ResultSet rs = ps.executeQuery();                //执行查询的 SQL 语句
```

4．struts-config.xml 文件配置

在 struts-config.xml 文件中配置商品类别查询所涉及的<forward>元素。具体代码如下：

例程 29 代码位置：光盘\TM\03\WebContent\WEB-INF\struts-config.xml

```
<forward name="goodSelectBigHead" path="/fg-selectBigGoods.jsp" />
```

3.8.5 商品销售排行查询的实现过程

　　商品信息销售查询使用的数据表：tb_goods。

在电子商城的首页单击导航栏中的"销售排行"超链接，如图 3.27 所示。

| 首页 | 销售排行 | 新品上架 | 特价商品 | 查看订单 | 购物车 | 会员修改 | 设为首页 |

图 3.27　电子商城导航栏中的"销售排行"超链接

单击"销售排行"超链接后，商品上架显示区域中将显示商品销售排行，如图 3.28 所示。

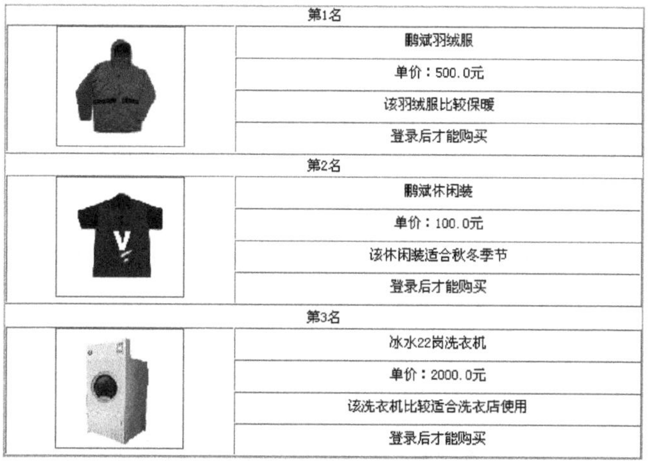

第1名
鹏斌羽绒服
单价：500.0元
该羽绒服比较保暖
登录后才能购买

第2名
鹏斌休闲装
单价：100.0元
该休闲装适合秋冬季节
登录后才能购买

第3名
冰水22岗洗衣机
单价：2000.0元
该洗衣机比较适合洗衣店使用
登录后才能购买

图 3.28　商品销售排行查询

注意 由于篇幅有限，图 3.28 中只显示了销售排行中前 3 名的商品。

1. 设计商品销售页面

如图 3.28 所示页面中，将显示商品销售前 10 名的商品信息，此功能主要通过 JavaBean 技术实现。首先，通过<jsp:useBean>元素设置访问 GoodsDao 类的属性，然后通过<jsp:useBean>元素中 id 属性的值去调用 GoodsDao 类中的 selectGoodsNumber()方法，最后通过 for 循环显示前 10 条记录。显示商品销售前 10 名的商品信息的关键代码如下：

例程 30 代码位置：光盘\TM\03\WebContent\bg-resultTen.jsp

```
<jsp:useBean id="goods" scope="page" class="com.wy.dao.GoodsDao"/><!--设置 GoodsDao 类 JavaBean-->
<%       /*调用 GoodsDao 类中的 selectGoodsNumber()方法，实现显示商品销售前 10 名的商品信息的功能*/
         List list=goods.selectGoodsNumber();
         int number=list.size();                          //获取商品的数量
         if(number>10){
         number=10;                                       //将商品销售排行设置为 10
      }%>
      商品销售排行 TOP<%=number%>                          <!--显示销售排行-->
<%
      for(int i=0;i<number;i++){                           //循环显示销售排行中的数据
      GoodsForm form=(GoodsForm)list.get(i);
%>
      第<%=i+1%>名
         …                                                <!--省略显示商品信息的代码-->
<%}%>
```

2. 编写商品销售排行的 GoodsDao 类的方法

从例程 30 中可以知道商品销售排行使用的 GoodsDao 类的方法是 selectGoodsNumber()。在 selectGoodsNumber()方法中，将对 tb_goods 数据表中的所有商品进行查询。其中，在 tb_goods 数据表中的 number 字段是商品销售的记录，当用户进行购物时，购买一次商品，number 字段的数值会自动增加。因此，以 number 字段为条件降序查询所有的商品。selectGoodsNumber()方法执行商品销售排行查询 SQL 语句关键的代码如下：

例程 31 代码位置：光盘\TM\03\src\com\wy\dao\GoodsDao.java

```
ps = connection.prepareStatement("select * from tb_goods order by number DESC");
ResultSet rs = ps.executeQuery();                         //执行查询的 SQL 语句
```

一般情况下，定义查询时，可以指定每列的数据按升序（ASC）或降序存储（DESC）。如果不指定，则默认为升序。在上述代码中，执行查询的 SQL 语句为 select * from tb_goods order by number DESC，以 number 字段中的数据进行降序查询。

3.8.6 单元测试

在本系统中，任何模块进行查询操作时，都会涉及到分页查询技术。在 Action 类中，需要计算分页中的最大页码数。例如，每个 JSP 页面中只显示 4 条记录，则执行以下代码：

```
if (maxPage % 4 == 0) {
    maxPage = maxPage / 4;
```

```
} else {
    maxPage = maxPage / 4 + 1;
}
```

在上述代码中，maxPage 为所有的记录数，如果该记录数整除 4，则将整除的数作为最大页码数；如果该记录数没有整除 4，则将整除数进行加 1 操作。

在页面中，也需要在结果集中显示指定的记录。因此，在查询页面中会执行以下代码：

```
int start=number*4;
int over=(number+1)*4;
int count=pageNumber-over;
if(count<=0){
    over=pageNumber;
}
```

在上述代码中，number 为当前页面的页码数，number*4 为起始记录数，(number+1)*4 为结束记录数，并将通过执行以下代码循环显示记录：

```
for(int i=start;i<over;i++){
    //循环显示记录
}
```

如果页面中设置显示的记录数与类中设置显示的记录数不符，将导致分页功能不成功，页面中的数据产生混乱（在这个单元测试中的记录数为 4）。

3.9　前台购物车模块设计

3.9.1　前台购物车模块概述

在超级市场中，顾客可以根据自己的需要将所选择的商品放置到购物车（篮）中，然后到收银台结账，而在网上商城中，通常都会采用一种被称为"购物车"的技术来模拟现实生活中的购物车（篮）。这种技术使用起来十分方便，不但可以随时添加、查看、修改、清空"购物车"中的商品，还可以随时去收银台结账。前台购物车模块主要包括向购物车中添加商品、购物车内商品查询、修改购物车商品数量、移除购物车中的商品及清空购物车等。前台购物车模块的框架如图 3.29 所示。

3.9.2　前台购物车模块技术分析

本系统中，实现购物模块主要应用到 JavaBean 技术。当在 JSP 中使用 JavaBean 时，可以通过 <jsp:useBean> 标签创建 JavaBean 的实例，并且可以通过 <jsp:useBean> 标签的 scope 属性设置该实例的作用域，即设置该实例的生命周期。scope 属性的可选值如下：

☑　page。

创建一个与当前页相关的实例，该实例只在当前页范围内有效，为 scope 属性的默认值。

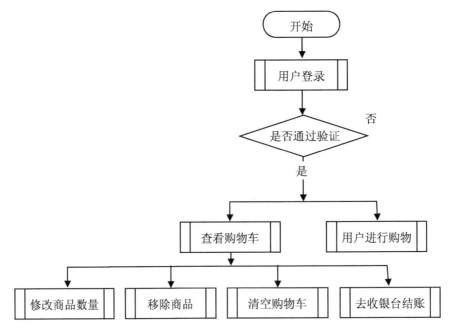

图 3.29 前台购物车模块的框架

☑ request。

创建一个与当前请求相关的实例，该实例只在当前请求范围内有效。

☑ session。

创建一个与当前用户相关的实例，该实例只在当前用户范围内有效。

☑ application。

创建一个与当前应用相关的实例，该实例只在当前应用范围内有效。

实例的不同生命周期会影响到<jsp:useBean>标签如何创建或获取 JavaBean 的实例。<jsp:useBean>作用域的描述如表 3.6 所示。

表 3.6 <jsp:useBean>作用域的描述

作 用 域	描 述
page request	当客户请求结束后，作用域为 page 和 request 的实例就会被销毁。因此，对于作用域为 page 和 request 的实例，<jsp:useBean>标签要为每次请求创建一个新的实例
session	该实例会被保留到会话结束，或者本次会话被显式销毁。因此，对于作用域为 session 的实例，<jsp:useBean>标签会在当前会话中不存在该实例时创建一个新的实例，否则，就获取已经存在的实例
application	该实例会被保留到应用程序被卸载或者服务器被关闭。因此，对于作用域为 application 的实例，<jsp:useBean>标签会在当前应用中不存在该实例时创建一个新的实例，否则，就获取已经存在的实例

3.9.3 购物车添加商品的实现过程

用户在前台首页中单击特价商品或者新品上架的"查看详细内容"超链接，可以查看该商品的详细信息，如图 3.30 所示。单击"放入购物车"按钮，用户选择的商品就可暂时存放在购物车中。

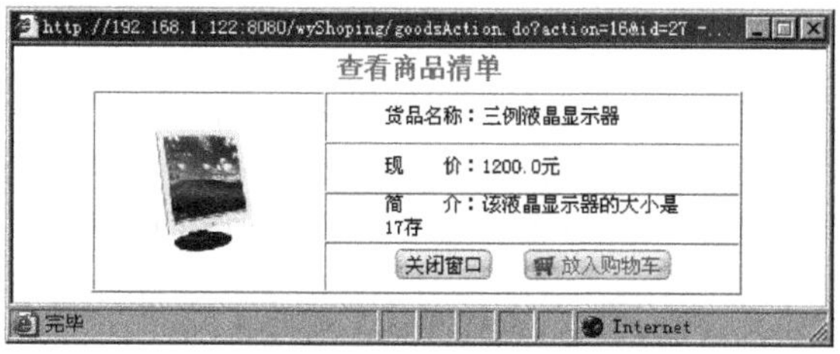

图 3.30 查看商品详细信息页面运行结果

单击"放入购物车"按钮，将触发 cart_add.jsp 页，该页面的功能是将商品信息暂时保存在购物车中。本系统中的购物车是采用 Vector 类型的对象 cart 来存储购物数据的，分别保存在客户端 session 对象中，将商品信息添加至购物车时，可以分为以下两种情况：

（1）当 cart 为空时，即当用户每次向购物车中添加第一件商品时，需要新建一个 cart，然后将商品信息保存在 cart 变量中。

（2）如果 cart 不为空，说明购物车中已经有选购的商品了，这时不需要新建 cart，直接加入商品信息即可。如果商品重复，需要修改 cart 中的商品数量。将商品添加至购物车的完整代码如下：

例程 32 代码位置：光盘\TM\03\WebContent\cart_add.jsp

```
<%@ page import="java.util.*"%>                                    <!--导入 java.util 类包的所有类文件-->
<%@ page import="com.domain.SellGoodsForm"%>                       <!--导入 com.domain.SellGoodsForm-->
<%
    int goodsID=Integer.parseInt(request.getParameter("goodsId")); //获取商品 ID
    float goodsPrice=Float.parseFloat(request.getParameter("price")); //获取商品价格
    SellGoodsForm sellGoodsForm=new SellGoodsForm();               //实例化 SellGoodsForm 类
    sellGoodsForm.ID=goodsID;
    sellGoodsForm.price=goodsPrice;
    sellGoodsForm.number=1;                                        //以上代码是初始化 SellGoodsForm 类的对象
    boolean flag=true;                                             //初始化 boolean 类型对象值
❶  Vector cart=(Vector)session.getAttribute("cart");
    if(cart==null){
    cart=new Vector();                                            //实例化 Vector 实现类
    }else{
    for(int i=0;i<cart.size();i++){
❷      SellGoodsForm form=(SellGoodsForm)cart.elementAt(i);
            if(form.ID==sellGoodsForm.ID){                        //如果添加的商品在 cart 对象中存在，则将该商品累加
                form.number++;                                    //商品记录数添加
                    cart.setElementAt(form,i);                    //添加商品的记录
        flag=false;
    }
        }
    }
❸  if(flag)
            cart.add(sellGoodsForm);                              //向 cart 对象中添加商品
            session.setAttribute("cart",cart);                   //将 cart 对象保存在客户端 Session 中
            out.println("<script language='javascript'>alert('购买商品成功!');window.close();</script>");
%>
```

🔊 代码贴士

❶ 创建 Vector 的一个对象并将 session 中的购物信息保存到该对象中。

❷ form 为 SellGoodsForm 类的对象，cart.elementAt(i)方法用于获取 Vector 类的 cart 变量的指定位置元素。

❸ 如果当前购物车中不包括该商品，则在 cart 对象中追加该商品的购物信息。

在上述代码中，购物车的操作应用到了 Vector 集合对象，该集合对象是一元集合，可以加入重复数据，其作用和数据相同，可以保存一系列数据，但是集合类型页又有独特的优点，就是可以方便地对集合内的数据进行查找、添加、删除和修改等操作。Vector 集合的常用方法如表 3.7 所示。

表 3.7　Vector 集合的常用方法

方 法 原 型	描　　述
add(Object object)	向 Vector 集合中添加指定对象，返回类型为 boolean 型
size()	返回 Vector 集合个数，返回值是一个整型数
clear()	清除 Vector 集合的所有数据，在清空购物车中将对此方法进行详细介绍
remove(Object object)	在 Vector 集合中移除指定对象，返回类型为 boolean 型

由于本书篇幅有限，关于集合类型的方法在这里就不一一介绍了，感兴趣的读者可以查阅相关资料来了解更多的方法以及其他集合类型的用途。

3.9.4　查看购物车的实现过程

为了方便用户随时查看购物情况，在网站的首页加入了查看购物车的超链接，通过它用户可以查看所有放入购物车中的商品信息。查看购物车页面的运行结果如图 3.31 所示。

我的购物车				
序号	商品的名称	商品价格	商品数量	总金额
1	冰水22岗洗衣机	1000.0元	1	1000.0元
2	冰水17岗洗衣机	500.0元	2	1000.0元
3	钟钟家庭影院	2000.0元	1	2000.0元

合计总金额：￥4000.0

继续购物 ｜ 去收银台结账 ｜ 清空购物车 ｜ 修改数量

图 3.31　查看购物车页面的运行结果

如图 3.31 所示，在程序中使用了一组文本框用来记录用户购买的商品数量，用户可以在文本框中输入想要购买的数量，然后单击"修改数量"超链接，确定购买的商品数量；如果想要在购物车中删除某一商品，则需要将该商品的数据更改为 0，然后单击"修改数量"超链接，更新购物车的商品数量，这样即可从购物车中删除该商品。

在实现购物车功能之前，首先判断购物车是否为空，如果为空，将给予提示；如果不为空，则显示购物车中的所有商品。查看购物车页面的关键代码如下：

例程 33　代码位置：光盘\TM\03\WebContent\cart_see.jsp

```
<%@ page contentType="text/html; charset=gb2312" %>
<%@ page import="java.util.*"%>                          <!--导入 java.util 包下的所有类文件-->
```

```
<%@ page import="com.domain.SellGoodsForm"%>                <!--导入 com.domain.SellGoodsForm -->
<jsp:useBean id="dao" scope="page" class="com.dao.GoodsDao"/><!--设置 GoodsDao 类的 JavaBean 属性对象-->
<%if(session.getAttribute("cart")==null){%>
        您还没有购物！！！
<%}else{
            …//此处省略显示购物车信息的代码，将在后面给出
}%>
```

显示购物车信息主要是将保存在 session 中的购物信息利用 for 语句输出到浏览器中，同时根据商品的现价、购买数量自动计算每种商品的金额和购物车中全部商品的合计金额。显示购物车商品信息的代码如下：

例程 34　代码位置：光盘\TM\03\WebContent\cart_see.jsp

```
<form method="post" action="cart_modify.jsp" name="form">
    <table width="96%" >
    <tr>
        <td width="16%" height="28">序号</td>
        <td width="23%">商品的名称</td>
        <td width="22%">商品价格</td>
        <td width="22%">商品数量</td>
        <td width="17%">总金额</td>
    </tr>
<%
    float sum=0;                                              //初始化 sum 变量的值为 0
    Vector cart=(Vector)session.getAttribute("cart");        //获取客户端 cart 对象的值
    for(int i=0;i<cart.size();i++){
❶      SellGoodsForm form=(SellGoodsForm)cart.elementAt(i);
        sum=sum+form.number*form.price;                      //计算每一组相同的商品的价格
%>
    <tr>
        <td height="28"><%=i+1%></td>
        <td><%=dao.selectOneGoods(new Integer(form.ID)).getName()%></td>   <!--显示商品的名称-->
        <td><%=form.price%>元</td>                            <!--显示商品的价格-->
❷      <td><input name="num<%=i%>" size="7" type="text"   value="<%=form.number%>"
onBlur="check(this.form)"> </td>                              <!--显示商品的数量-->
        <td><%=form.number*form.price%>元</td>               <!--显示同种商品的总价格-->
    </tr>
        <script language="javascript">
        function check(myform){                              //这段脚本信息是判断输入商品数量是否为合法
        if(isNaN(myform.num<%=i%>.value) || myform.num<%=i%>.value.indexOf('.',0)!=-1){
            alert("请不要输入非法字符");myform.num<%=i%>.focus();return;}
                if(myform.num<%=i%>.value==""){                    <!--判断表单信息是否为空-->
                    alert("请输入修改的数量");myform.num<%=i%>.focus();return;}<!--提示弹出的信息-->
                    myform.submit();      }
        </script>
<%}%>
    </table>
</form>
<table width="100%" height="52" border="0" align="center" cellpadding="0" cellspacing="0">
    <tr align="center" valign="middle">
```

```
        <td height="21" colspan="-3" align="left" >合计总金额：￥<%=sum%></td><!--显示商品的总金额-->
      </tr>
    <tr align="center" valign="middle">
      <td height="21" colspan="2" class="linkBlack"> <a href="index.jsp">继续购物</a> | <a href="cart_checkout
.jsp">去收银台结账</a> | <a href="cart_clear.jsp">清空购物车</a> | <a href="#">修改数量</a></span></td>
                                                           <!--设置购物车的各种操作的超链接-->

    </tr>
</table>
```

📢 **代码贴士**

❶ 该段代码将 cart 集合对象中的全部数据进行强制转型。

❷ onBlur="check(this.form)"：当文本框控件失去焦点时，调用 JavaScript 的自定义函数 check()判断输入是否合法。参数 this.form 代表当前表单，这里表示 form。

3.9.5　修改商品数量的实现过程

　　购物车中还需加入修改商品购买数量的功能。由于商品的数量被存放在文本框中，用户只需在某种商品后面的文本框中输入相应的数量即可。购物车页面中的"修改数量"超链接是为实现修改购买数量而设置的。

　　由于在查看购物车页面中已经将购物车内所有显示商品数量的文本框放在了同一个表单中，并以 name 属性进行区分，所以在修改购物车中指定商品的购买数量时，需要应用 for 循环语句重新保存购物车信息。实现购物车中修改商品数量功能的代码如下：

例程 35　代码位置：光盘\TM\03\WebContent\cart_modify.jsp

```jsp
<%@ page contentType="text/html; charset=gb2312" language="java" import="java.sql.*" errorPage="" %>
<%@ page import="java.util.*"%>                        <!--导入 java.util 包下的所有类文件-->
<%@ page import="com.domain.SellGoodsForm"%>          <!--导入 com.domain.SellGoodsForm -->
<%
Vector cart=(Vector)session.getAttribute("cart");      //在 Session 对象中获取 cart 对象数据
Vector newcart=new Vector();                           //实例化 Vector 对象
for(int i=0;i<cart.size();i++){
    String number=request.getParameter("num"+i);       //获取商品的数量
    SellGoodsForm mygoodselement=(SellGoodsForm)cart.elementAt(i);       //获取每个商品的对象
    String num=request.getParameter("num"+i);
/*****此处需要加入捕捉异常的代码 try…catch，否则如果用户输入非整数时，将产生错误**********/
    try{
    int newnum=Integer.parseInt(num);
    mygoodselement.number=newnum;                                  //增加相同商品的数量
    if(newnum!=0){
        newcart.addElement(mygoodselement);}
    }catch(Exception e){
        out.println("<script language='javascript'>alert('您输入的数量不是有效的整数!');history.back();</script>");
        return;
    }
}
/***************************************************************************************/
session.setAttribute("cart",newcart);                  //将 newcart 对象保存在 Session 对象中
```

```
response.sendRedirect("cart_see.jsp");                              //返回购物车查询页面
%>
```

3.9.6　清空购物车的实现过程

清空购物车的实现方法很简单，只需将保存在 session 中的购物信息清空，并将页面重定向到购物车为空的页面即可。清空购物车的完整代码如下：

例程 36　代码位置：光盘\TM\03\WebContent\cart_clear.jsp

```
<%
session.removeAttribute("cart");                                    //将 Session 对象中的 cart 对象移除
response.sendRedirect("cart_see.jsp");                              //返回购物车查询页面
%>
```

3.9.7　生成订单的实现过程

　　📇　生成订单使用的数据表：tb_order 和 tb_orderDetail。

生成订单是网上购物的最终目的，前面所有功能的实现都是为最后生成一个用户满意的订单做基础的，在此要生成一个可以供用户随时查询的订单号，还要保存用户订单中所购买的商品信息。当用户确认购物车中所购商品不再改变后，就可以到收银台结账并生成订单。结账的流程为：从购物车中读取商品名称、商品数量和商品价格信息，生成一个唯一的订单号，同时把用户注册的基本信息读取出来，形成一个完整的订单，并写入数据库。填写订单页面的运行结果如图 3.32 所示。

图 3.32　填写订单页面的运行结果

在生成订单模块中主要是通过用户基本信息来生成唯一的订单号，调用用户信息就是对数据库进行操作，利用 session 对象把登录后的用户名保存起来，在订单生成时把保存的用户名从数据库的用户表中取出即可，这里不做详细介绍。生成唯一订单号的方法很多，只要确保订单号码的唯一性及方便用户记录、查询订单的执行状态即可。

订单信息填写完毕后，单击"提交"按钮，可以将表单信息提交到 cart_check- OutOrder.jsp 页面文件中，在该页面文件中，首先通过 request 对象的 getParameter()方法获取用户填写的订单主信息及商品信息等，然后保存订单主信息和明细信息。实现生成订单功能的具体代码如下：

例程 37　代码位置：光盘\TM\03\WebContent\cart_checkOutOrder.jsp

```
<%@ page contentType="text/html; charset=gb2312" language="java" import="java.sql.*" errorPage="" %>
<%@ page import="java.util.*"%>
<%@ page import="com.domain.OrderDetailForm"%>              <!--导入 com.domain.OrderDetailForm -->
<%@ page import="com.domain.OrderForm"%>                    <!--导入 com.domain.OrderForm-->
<%@ page import="com.domain.SellGoodsForm"%>                <!--导入 com.domain.SellGoodsForm-->
<jsp:useBean id="goodsDao" scope="page" class="com.dao.GoodsDao"/><!--设置 GoodsDao 类的 JavaBean-->
<jsp:useBean id="orderDao" scope="page" class="com.dao.OrderDao"/><!--设置 OrderDao 类的 JavaBean-->
```

```
<jsp:useBean id="orderDetailDao" scope="page" class="com.dao.OrderDetailDao"/>
                                                       <!--设置 OrderDetailDao 类的 JavaBean-->
<%
OrderForm order=new OrderForm();                        //实例化 OrderForm 对象
OrderDetailForm orderDetail=new OrderDetailForm();      //实例化 OrderDetailForm 对象
SellGoodsForm sellGoodsForm=new SellGoodsForm();        //实例化 SellGoodsForm 对象
String number=request.getParameter("number").trim();    //获取订单编号
/***********************保存订单信息表的操作*************************/
order.setNumber(number);                                //将订单编号进行赋值
order.setName(Chinese.chinese(request.getParameter("name")));       //将用户名进行赋值
order.setReallyName(Chinese.chinese(request.getParameter("reallyName")));  //将用户真实姓名进行赋值
order.setAddress(Chinese.chinese(request.getParameter("address")));  //将用户联系地址进行赋值
order.setTel(Chinese.chinese(request.getParameter("tel")));          //将用户联系电话进行赋值
order.setSetMoney(Chinese.chinese(request.getParameter("setMoney")));  //将购物商品的费用进行赋值
order.setPost(Chinese.chinese(request.getParameter("post")));        //将邮寄方式进行赋值
order.setBz(Chinese.chinese(request.getParameter("bz")));            //将备注信息进行赋值
order.setSign("0");                                     //将是否出货的标识设置为 0
orderDao.insertOrderDetail(order);                      //实现订单添加的操作
/******************循环保存商品明细表的操作*********************/
Vector cart=(Vector)session.getAttribute("cart");
for(int i=0;i<cart.size();i++){
  SellGoodsForm form=(SellGoodsForm)cart.elementAt(i);
  orderDetail.setOrderNumber(number);                  //将订单编号进行赋值
  orderDetail.setGoodsId(new Integer(form.ID));        //将商品编号进行赋值
  orderDetail.setPrice(form.price);                    //将商品价格进行赋值
  orderDetail.setNumber(form.number);                  //将商品数量进行赋值
  goodsDao.updateGoodsNumber(form.number,new Integer(form.ID));  //将商品的更新数量进行赋值
  orderDetailDao.insertOrderDetail(orderDetail);       //执行保存商品明细的操作
}
/******************************************************************/
      out.println("<script language='javascript'>alert('请记住订单编号
');window.location.href='cart_clear.jsp';</script>");
%>
```

 注意 有关订单信息表和商品明细表对应的实体类的代码，将在后台订单设计模块中介绍。

3.10 后台首页设计

3.10.1 后台首页概述

企业电子商城后台主要用于管理员维护前台数据，主要包括商品设置、会员设置、后台管理员设置、订单设置、公告设置、友情设置、商品所属大类别及商品所属小类别设置等。诚欣电子商城后台首页的运行结果如图 3.33 所示。

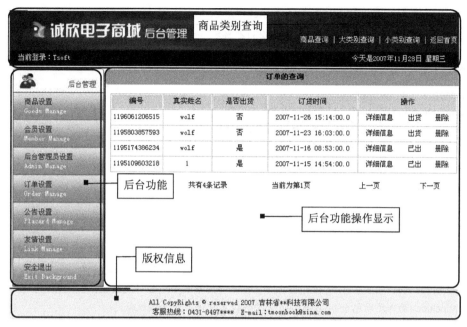

图 3.33　诚欣电子商城后台首页的运行结果

说明

在电子商城前台首页的底部提供了后台管理员入口，通过该入口可以进入到后台登录页面，管理员通过输入正确的用户名和密码即可登录到网站后台。由于篇幅有限，后台管理员登录操作在这里不做介绍。

3.10.2　后台首页技术分析

在如图 3.33 所示的主页面中，后台功能操作显示、商品类别查询及版权信息，并不是仅存在于主页面中，其他功能模块的子页面中也需要包括这些部分。因此，可以将这几个部分分别保存在单独的文件中，这样，在需要放置相应功能时只需包含这些文件即可，如图 3.34 所示。

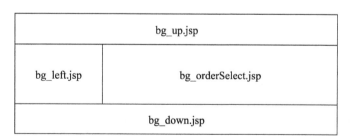

图 3.34　后台首页的布局

3.10.3　后台首页的布局

应用<jsp:include>动作元素包含文件的方法进行后台首页布局的代码如下：

例程 38　代码位置：光盘\TM\03\WebContent\bg-orderSelect.jsp

```
<%@ page contentType="text/html; charset=gb2312" %>
❶     <jsp:include page="bg-up.jsp" flush="true"/>
<table width="788" border="0" align="center" cellpadding="0" cellspacing="0">
  <tr>
<td width="170"    valign="top">
❷     <jsp:include page="bg-left.jsp" flush="true" /></td>
    <td width="618" align="center" valign="top" bgcolor="#FFFFFF">

      …                        //此处省略了显示商品订单信息的代码
</td>
    </tr>
</table>
❸     <jsp:include page="bg-down.jsp" flush="true" />
```

📢 代码贴士

❶ 应用<jsp:include>动作元素包含 bg-up.jsp 文件，该文件用于显示商品分类查询功能。

❷ 应用<jsp:include>动作元素包含 bg-left.jsp 文件，该文件用于显示后台功能区域。

❸ 应用<jsp:include>动作元素包含 bg-down.jsp 文件，该文件用于显示版权信息。

3.11　后台商品管理模块设计

3.11.1　后台商品管理模块概述

在电子商城网站中对于商品信息的管理至为重要，可以说一个没有任何商品信息或商品信息不齐全的电子商城网站是没有意义的。电子商城网站的商品管理模块主要实现的是商品信息查询、添加商品信息、修改商品信息和删除商品信息等功能。后台商品管理模块的框架如图 3.35 所示。

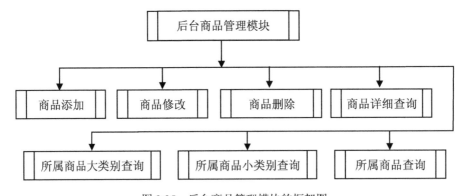

图 3.35　后台商品管理模块的框架图

⚠️**注意**　由于篇幅有限，这里只介绍商品的查询和添加功能。

3.11.2　后台商品管理模块技术分析

在电子商城网中，除了有商品的基本信息外，还需要展示商品的图片以供用户查看。因此，在管理员维护后台商品时，应向服务器上传商品的图片文件。

Struts 文件组件提供了强大的文件上传功能，并提供了较多的类，但是一般的 Struts 文件上传程序中，主要使用 FormFile 接口类来实现文件的上传与下载功能。下面将介绍通过 FormFile 接口类实现文件上传的方法。

☑　获取上传文件的大小，该方法的返回类型是 int 型。实现代码如下：

```
int getFileSize();
```

☑　获取上传文件的名称，该方法的返回类型为 String 型。实现代码如下：

```
String getFileName();
```

☑　获取上传文件的输入流，该方法的返回类型为 InputStream 型。实现代码如下：

```
InputStream getInputStream() throws FileNotFoundException, IOException;
```

☑　上传文件的销毁，该方法没有返回值。实现代码如下：

```
void destroy();
```

在本例中，文件上传类为 UploadFile，其中，upload()方法实现文件的上传功能。实现代码如下：

例程 39　代码位置：光盘\TM\03\src\com\wy\tool\UploadFile.java

```
package com.wy.tool;                                //将该类保存到 com.wy.tool 包中
import java.io.*;                                   //将 java.io 包的所有类导入
import java.util.Date;                              //将 java.util.Date 类导入
import org.apache.struts.upload.FormFile;           //将 org.apache.struts.upload.FormFile 类导入

public class UploadFile {
    public String upload(String dir, FormFile formFile) throws Exception {
        Date date = new Date();                     //将 Date 类进行实例化
        String fname = formFile.getFileName();      //获取上传文件的名称
        int i = fname.indexOf(".");                 //返回第一次出现的指定子字符串在之前字符串中的长度
        String name = String.valueOf(date.getTime());  /* date 对象中的 getTime()返回值为系统时间，所返回的时
间是返回自 1970 年 1 月 1 日 00:00:00 GMT 以来的时间，返回值以毫秒数计算*/
        String type = fname.substring(i + 1);       //获取当前上传文件的文件类型
        fname = name + "." + type;                  //设置上传文件在服务器端的完整名称
        InputStream streamIn = formFile.getInputStream();  //创建读取用户上传文件的流对象
        File uploadFile = new File(dir);            //创建把上传数据写到目标文件的对象
        if (!uploadFile.exists() || uploadFile == null) {  //判断指定路径是否存在
        uploadFile.mkdirs();                        //在指定路径下创建文件夹
        }
        String path = uploadFile.getPath() + "/" + fname;  //设置上传文件在服务器端的相对路径
        OutputStream streamOut = new FileOutputStream(path);  //通过 OutputStream 流读取文件
        int bytesRead = 0;
```

```
byte[] buffer = new byte[8192];                              //设置字符 byte 类型对象 buffer 的大小
while ((bytesRead = streamIn.read(buffer, 0, 8192)) != -1) {  //设置 while 循环
    streamOut.write(buffer, 0, bytesRead);                   //通过流实现指定文件的上传功能
}
streamOut.close();                                           //输出流关闭
streamIn.close();                                            //输入流关闭
formFile.destroy();                                          //文件在内存中销毁
return fname;                                                //返回上传服务器文件的名称
    }
}
```

3.11.3 商品查询的实现过程

📊 商品查询使用的数据表：tb_goods。

在后台首页中，在左侧功能区中单击"商品设置"超链接，显示商品信息查询页面的运行结果如图 3.36 所示。

单击"商品设置"超链接，网页会访问 URL，这个 URL 是 goodsAction.do?action=0。从该 URL 地址中可以知道商品查询模块涉及到的 action 的参数值为 0，即当 action=0 时，会调用商品查询的方法 goodSelect()。在商品查询的方法 goodSelect() 中，主要是对 tb_goods 数据表的全部信息进行查询，之后将所有查询的商品信息集合类型通过 request 对象中的 setAttribute()方法存储在 request 范围内，在页面中通过 request 对象中的 getAttribute()方法获取。具体实现代码如下：

商品大类别查询					
数据编号	商品名称	大类别	小类别	是否特价	操作
34	冰水22岗洗衣机	家用电器	洗衣机	是	详细信息 删除
33	冰水17岗洗衣机	家用电器	洗衣机	是	详细信息 删除
32	钟钟家庭影院	家用电器	电视机	是	详细信息 删除
31	钟钟液晶电视	家用电器	电视机	是	详细信息 删除
30	鹏斌羽绒服	衣帽服饰	衣服	是	详细信息 删除
29	鹏斌休闲装	衣帽服饰	衣服	是	详细信息 删除

共为2页　共有10条记录　当前为第1页　　上一页　　下一页　　✦ 添加商品

图 3.36　商品信息查询页面的运行结果

例程 40　代码位置：光盘\TM\03\src\com\wy\webtier\GoodsAction.java

```
public ActionForward goodSelect(ActionMapping mapping,
        ActionForm form, HttpServletRequest request, HttpServletResponse response) {
    List list = null;                                        //设置 List 集合对象
    list = dao.selectGoods();                                //查询商品的全部记录
    int pageNumber = list.size();                            //计算出有多少条记录
/************************计算显示特价商品的记录数************************/
    int maxPage = pageNumber;
    if (maxPage % 6 == 0) {                                  //当前页面中的商品记录数为 6，即每一页只显示 6 条记录
        maxPage = maxPage / 6;                               //如果 maxPage 整除 6，则最大页码数为整除结果
    } else {
        maxPage = maxPage / 6 + 1;                           //如果 maxPage 不整除 6，则最大页码数为整除结果加 1
    }
/********************************************************************/
/***********************判断当前页码数是否为空**********************/
    String number = request.getParameter("i");
    if (number == null) {                                    //当前页码为空，则将记录 number 赋值为 0
        number = "0";
    }
/********************************************************************/
```

```
        request.setAttribute("number", String.valueOf(number));        //将 number 对象保存在 request 范围内
        request.setAttribute("maxPage", String.valueOf(maxPage)); //将 maxPage 对象保存在 request 范围内
        request.setAttribute("pageNumber", String.valueOf(pageNumber)); //将 pageNumber 对象保存在
request 范围内
        request.setAttribute("list", list);                                //将 list 对象保存在 request 范围内
        return mapping.findForward("goodSelect");
    }
```

在 struts-config.xml 文件中配置后台商品查询所涉及的<forward>元素。代码如下：

例程 41　代码位置：光盘\TM\03\WebContent\WEB-INF\struts-config.xml

```
<forward name="goodSelect" path="/bg-goodSelect.jsp" />
```

3.11.4　商品添加的实现过程

📋　商品添加使用的数据表：tb_goods。

在商品查询页中，单击"添加商品"超链接，进入到添加商品信息页面。添加商品信息页面主要用于向数据库中添加新的商品信息，运行结果如图 3.37 所示。

图 3.37　添加商品信息页面的运行结果

1. 编写商品添加的 Action 实现类

单击"提交"按钮，网页会访问 URL，这个 URL 是 goodsAction.do?action=3。从该 URL 地址中可以知道商品管理模块涉及到的 action 的参数值为 3，即当 action=3 时，会调用商品添加的方法 saveGoods()。在商品添加的方法 saveGoods()中，主要是向 tb_goods 数据表添加一组商品数据。具体实现代码如下：

例程 42　代码位置：光盘\TM\03\src\com\wy\webtier\GoodsAction.java

```
public ActionForward saveGoods(ActionMapping mapping, ActionForm form,
            HttpServletRequest request, HttpServletResponse response) throws Exception {
❶      UploadFile uploadFile = new UploadFile();
        GoodsForm goodsForm = (GoodsForm) form;
❷      String dir = servlet.getServletContext().getRealPath("/goodsPicture");
❸      FormFile formFile = goodsForm.getFormFile();
❹      String getType = formFile.getFileName().substring(formFile.getFileName().lastIndexOf(".") + 1);
        String result = "添加商品信息失败";
        String imageType[] = { "JPG", "jpg", "gif", "bmp", "BMP" };           //设置图片类型的数组对象
        for (int ii = 0; ii < imageType.length; ii++) {                       //循环这个数组对象
        if (imageType[ii].equals(getType)) {
/*********************获取页面中商品的各个信息**********************************************/
```

```
            goodsForm.setBig(Integer.valueOf(request.getParameter("big")));      //获取商品大类别信息编号
            goodsForm.setSmall(Integer.valueOf(request.getParameter("small")));//获取商品小类别信息编号
            goodsForm.setName(request.getParameter("name"));              //获取商品名称
            goodsForm.setFrom(request.getParameter("from"));              //获取商品产地
            goodsForm.setNowPrice(Float.valueOf(request.getParameter("nowPirce")));  //获取商品现价
            goodsForm.setFreePrice(Float.valueOf(request.getParameter("freePirce")));  //获取商品特价
            goodsForm.setIntroduce(request.getParameter("introduce"));    //获取商品说明信息
    goodsForm.setPriture("goodsPicture/"+uploadFile.upload(dir, formFile));    //获取商品上传服务器的地址
/*********************************************************************************/
        dao.insertGoods(goodsForm);                              //添加商品信息
            result = "添加商品信息成功";                              //设置成功添加信息
            }
        }
        request.setAttribute("result", result);                        //将 result 对象保存在 request 范围内
        return mapping.findForward("goodsOperation");
}
```

🔊 代码贴士

❶ 实例化 UploadFile 类的对象，该类中的 upload()方法用于实现文件的上传功能。

❷ 商品图片存放在服务器端的地址。

❸ 获取上传的文件，其返回类型为 FormFile。

❹ 获取上传文件的扩展名。

2．编写商品添加的 GoodsDao 类的方法

从例程 42 中可以知道添加商品使用的 GoodsDao 类的方法是 insertGoods()方法。在 insertGoods() 方法中，以 GoodsForm 类的对象 goodsForm 作为这个方法的参数，将该对象中的所有属性作为执行添加商品信息的 SQL 语句条件，并执行这个 SQL 语句。insertGoods()方法的具体实现代码如下：

例程 43　代码位置：光盘\TM\03\src\com\wy\dao\GoodsDao.java

```
public void insertGoods(GoodsForm form) {
    try {
  ps = connection.prepareStatement("insert into tb_goods values (?,?,?,?,?,getDate(),?,?,?,?,?)");
                                                    //预处理添加的 SQL 语句
/*********************向添加的 SQL 语句中的问号依次赋值*************************/
        ps.setInt(1, form.getBig().intValue());
…//省略其他赋值的方法
        ps.setInt(10, 0);
/*********************************************************************************/
        ps.executeUpdate();                              //执行添加商品信息的 SQL 语句
        ps.close();                                      //关闭数据库连接
    }
    catch (SQLException ex) {
    }
 }
```

3．struts-config.xml 文件配置

在 struts-config.xml 文件中配置后台商品查询所涉及的<forward>元素。代码如下：

例程 44　代码位置：光盘\TM\03\WebContent\WEB-INF\struts-config.xml

```
<forward name="goodsOperation" path="/bg-goodsResult.jsp" />
```

3.12　后台订单管理模块设计

3.12.1　后台订单管理模块概述

单击后台功能显示区中的"订单设置"超链接，即可进入到订单信息管理模块。对于订单的管理主要是订单详细查询、订单执行及订单删除，但不能修改订单信息。后台订单管理模块的框架图如图 3.38 所示。

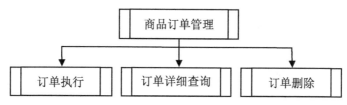

图 3.38　后台订单管理模块的框架图

注意　由于篇幅有限，这里只介绍订单详细查询和订单执行功能。

3.12.2　后台订单管理模块技术分析

下面将详细介绍如何编写订单管理模块的 ActionForm 类和 Action 实现类。

1. 编写订单管理模块的 ActionForm 类

在订单管理模块中，涉及的数据表是订单信息表（tb_order），订单信息表保存的是订单的编号、用户名和用户真实姓名等信息。根据这些信息可以得出订单管理模块的 ActionForm 类。订单管理模块的 ActionForm 类的名称为 OrderForm。具体代码如下：

例程 45　代码位置：光盘\TM\03\src\com\wy\domain\OrderForm.java

```java
public class OrderForm extends ActionForm {
    private String address;          //设置订单发送地址属性
    private String bz;               //设置备注信息属性
    private Integer id;              //设置 ID 属性
    private String name;             //设置订单发送人账号属性
    private String number;           //设置订单编号属性
    private String post;             //设置邮寄方式属性
    private String reallyName;       //设置用户的真实姓名属性
    private String setMoney;         //设置订单商品的价格属性
    private String sign;             //设置订单是否送出属性
    private String tel;              //设置联系电话属性
```

```
    private String creaTime;                                        //设置订单生成时间属性
/*********************提供控制 address 属性的方法*********************/
    public Integer getAddress() {                                   //设置 address 属性的 getXXX()方法
        return address;
    }
    public void setAddress (Integer address) {                      //设置 address 属性的 setXXX()方法
        this. address = address;
    }
/*****************************************************************/
    …              //此处省略了其他控制订单信息的 getXXX()和 setXXX()方法
/*********************提供控制 creaTime 属性的方法*********************/
    public String getCreaTime() {                                   //设置 creaTime 属性的 getXXX()方法
        return creaTime;
    }
    public void setCreaTime(String creaTime) {                      //设置 creaTime 属性的 setXXX()方法
        this. creaTime = creaTime;
    }
/*****************************************************************/
}
```

2．编写订单管理 Action 实现类

订单管理功能模块的 Action 类继承了 Action 类，在该类中，首先需要在该类属性中定义 OrderDao
类（该类用于实现与数据库的交互）的对象、OrderDetailDao 类的对象及 int 型变量 action（根据变量
的不同，对会员执行的操作不同）。Action 实现类的主要方法是 execute()，该方法会被自动执行，这
个方法本身没有具体的事务，它是根据通过 HttpServletRequest 的 getParameter()方法获取的 action 参数
值执行相应方法的。

编写订单管理的 Action 实现类的关键代码如下：

例程 46　代码位置：光盘\TM\03\src\com\wy\webtier\OrderAction.java

```
public class OrderAction extends Action {
    private int action;                                             //定义 int 类型的变量
    private OrderDao order = null;                                  //定义 OrderDao 类型的对象
    private OrderDetailDao orderDetail = null;                      //定义 OrderDetailDao 类型的对象
    public ActionForward execute(ActionMapping mapping,ActionForm form,
                    HttpServletRequest request,HttpServletResponse response) {
    action = Integer.parseInt(request.getParameter("action"));
    order = new OrderDao();                                         //实例化 OrderDao 类型的对象
    orderDetail = new OrderDetailDao();                             //实例化 OrderDetailDao 类型的对象
    switch (action) {
      case 0: {
        return selectOrder(mapping, form, request, response);       //查询所有的订单
      }
      case 1: {
        return selectOrderSend(mapping, form, request, response);   //订单执行
      }
      case 2: {
        return deleteOrder(mapping, form, request, response);       //删除订单
      }
```

```
        case 3: {
            return selectOneOrder(mapping, form, request, response);        //查询订单的详细信息
        }
    }
                return null
    }
}
```

3.12.3　订单详细查询的实现过程

訂单详细查询使用的数据表：tb_order和tb_orderDetail。

在后台页面中，单击"订单设置"超链接，进入订单查询页面，运行结果如图 3.39 所示。

例如，管理员想查看订单编号为 1196061206515 的详细信息，单击该订单所对应的"详细信息"超链接，可以进入订单详细信息页面，如图 3.40 所示。

订单的查询						
编号	真实姓名	是否出货	订货时间		操作	
1195803857593	wolf	否	2007-11-23 16:03:00.0	详细信息	出货	删除
1195174386234	wolf	否	2007-11-16 08:53:00.0	详细信息	出货	删除
1195109603218	1	否	2007-11-15 14:54:00.0	详细信息	出货	删除
共为1页	共有3条记录	当前为第1页		上一页	下一页	

图 3.39　订单查询页面的运行结果

订单号为：1196061206515的详细信息			
会员账号	Tsoft	会员姓名	wolf
送货电话	13222****	送货地址	长春市和平大街
付款方式	邮政付款	运送方式	普通邮寄
备注信息	无	订货时间	2007-11-26 15:14:00.0
商品详细信息			
商品名称	商品数量		商品价格
冰水22岗洗衣机	1		1000.0元
冰水17岗洗衣机	1		500.0元
三例液晶显示器	1		1200.0元
大永自行车	1		500.0元
总金额：3200.0			
没有出货			返回

图 3.40　订单详细信息

1．编写订单信息查询的 Action 类

如图 3.39 所示，单击"详细信息"超链接，网页会访问 URL，这个 URL 是 orderAction.do?action= 3&number=1196061206515。从该 URL 地址中可以知道订单管理模块涉及到的 action 的参数值为 3，即当 action=3 时，会调用订单查询方法 selectOneOrder()。该方法主要以订单编号为条件查询订单信息及该订单所对应的商品详细信息。selectOneOrder()方法的具体实现代码如下：

例程 47　　代码位置：光盘\TM\03\src\com\wy\webtier\OrderAction.java

```
public ActionForward selectOneOrder(ActionMapping mapping,ActionForm form,
                HttpServletRequest request,HttpServletResponse response) {
    String number=request.getParameter("number");                          //获取页面中订单编号的值
    request.setAttribute("orderForm",order.selectOrderNumber(number));      //查询订单信息
    request.setAttribute("orderDetailList",orderDetail.selectOrderDetailNumber(number));  //查询订单所对应的商品信息
    return mapping.findForward("selectOneOrder");
}
```

2．编写订单信息查询的 OrderDao 类的方法

从例程 47 中可以知道订单查询使用的 GoodsDao 类的方法是 selectOrderNumber()方法。在

selectOrderNumber()方法中，以订单编号为查询条件，执行订单查询的 SQL 语句，因为订单编号是唯一的，因此查询的记录数只有一条。因此，通过 return 关键字返回的是 OrderForm 类型的对象。selectOrderNumber()方法的具体实现代码如下：

例程 48　代码位置：光盘\TM\03\src\com\wy\dao\OrderDao.java

```
public OrderForm selectOrderNumber(String number) {
    OrderForm order = null;                                    //定义 OrderForm 类型的对象 order
    try {
        ps = connection.prepareStatement("select * from tb_order where number=?"); //设置订单查询的 SQL 语句
        ps.setString(1, number);                               //设置查询条件
        ResultSet rs = ps.executeQuery();                      //执行订单查询的 SQL 语句
        while (rs.next()) {
            order = new OrderForm();
/*********************将查询的订单信息存放在 OrderForm 类型的对象中************************/
            order.setId(Integer.valueOf(rs.getString(1)));
            ...                                                //省略其他赋值的方法
            order.setCreaTime(rs.getString(11));
/**********************************************************************************/
        }
    }
    catch (SQLException ex) {
    }
    return order;                                              //通过 return 关键字返回 order 类型的对象
}
```

3. 编写订单对应商品信息查询的 OrderDetail 类的方法

从例程 47 中可以知道订单查询使用的 GoodsDao 类的方法是 selectOrderDetailNumber()方法。在 selectOrderDetailNumber ()方法中，以订单编号为查询条件，执行订单中所有的商品信息的 SQL 语句，将所有的商品信息存放在 List 集合对象中，最后通过 return 关键字返回这个对象。selectOrderDetail-Number ()方法的具体实现代码如下：

例程 49　代码位置：光盘\TM\03\src\com\wy\dao\OrderDetail.java

```
public List selectOrderDetailNumber(String number){
    List list =new ArrayList();                                //实例化 List 对象
    OrderDetailForm orderDetail=null;                          //设置 OrderDetailForm 类型的对象
    try {
        ps = connection.prepareStatement("select * from tb_orderDetail where orderNumber=?");
        ps.setString(1,number);
        ResultSet rs=ps.executeQuery();                        //执行查询的 SQL 语句
        while(rs.next()){
            orderDetail=new OrderDetailForm();                 //实例化 OrderDetailForm 对象
/*********************将所有的订单中的商品循环存放在 List 对象中************************/
            orderDetail.setId(Integer.valueOf(rs.getString(1)));
        ...//省略其他赋值的方法
            orderDetail.setNumber(Integer.parseInt(rs.getString(5)));
/**********************************************************************************/
            list.add(orderDetail);                             //将 orderDetail 对象存放在 List 集合对象中
        }
```

```
    }
    catch (SQLException ex) {
    }
        return list;                                              //通过 return 关键字返回 List 集合类型对象
}
```

4．struts-config.xml 文件配置

在 struts-config.xml 文件中配置后台订单查询所涉及的<forward>元素。代码如下：

例程 50　代码位置：光盘\TM\03\WebContent\WEB-INF\struts-config.xml

```
<forward name="selectOneOrder" path="/bg-orderContent.jsp" />
```

3.12.4　订单执行的实现过程

📊　订单执行使用的数据表：tb_order。

用户在网站前台购物并到付款，生成订单后，还需要执行订单。订单的执行分为将商品送到客户手中和通过银行或其他方法收取货款两个步骤。这时需要将订单的状态改为已执行状态。在订单表 tb_order 中有一个用于标识订单是否执行的字段 sign，该字段的默认值为 0，代表订单没有执行，值为 1 代表订单已经被执行。由此可见要执行某个订单只需将 sign 字段的值修改为 1 即可。

1．编写订单执行的 Action 类

如图 3.37 所示，单击"出货"超链接，网页会访问 URL，这个 URL 是 orderAction.do?action=1&number=1195174386234。从该 URL 地址中可以知道订单执行模块涉及到的 action 的参数值为 1，即当 action=1 时，会调用执行订单的方法 updateSignOrder()。具体实现代码如下：

例程 51　代码位置：光盘\TM\03\src\com\wy\webtier\OrderAction.java

```java
public ActionForward selectOrderSend(ActionMapping mapping,ActionForm form,
                HttpServletRequest request,HttpServletResponse response) {
    order.updateSignOrder(request.getParameter("number"));
    return selectOrder(mapping, form, request, response);
}
```

2．编写订单信息查询的 OrderDao 类的方法

从例程 48 中可以知道订单执行使用的 GoodsDao 类的方法是 updateSignOrder()方法。在 selectOrderNumber()方法中，以订单编号为条件，通过 update 更新语句将 sign 字段的值更改为 1。selectOrderNumber()方法的具体实现代码如下：

例程 52　代码位置：光盘\TM\03\src\com\wy\dao\OrderDao.java

```java
public void updateSignOrder(String number) {
    try {
        ps = connection.prepareStatement("update tb_order set sign=1 where number=?");      //设置更新的SQL 语句
        ps.setString(1, number);
        ps.executeUpdate();                                          //执行订单更新的操作
        ps.close();
    }
```

```
    catch (SQLException ex) {
    }
}
```

3．struts-config.xml 文件配置

在 struts-config.xml 文件中配置后台订单查询所涉及的<forward>元素。代码如下：

例程 53　代码位置：光盘\TM\03\WebContent\WEB-INF\struts-config.xml

```
<forward name="selectOrder" path="/bg-orderSelect.jsp" />
```

3.13　开发技巧与难点分析

在 Action 类中经常通过 request 对象中的 getParameter()方法获取表单信息，getParameter()方法返回值的类型为 String 类型，一般情况下，通过这个方法获取的中文数据是乱码。在本系统中，在 struts-config.xml 文件的<controller>元素的 processorClass 属性中配置 SelfRequestProcessor 类相对路径（该类存放在 tool 包下），struts-config.xml 文件中具体配置路径如下：

例程 54　代码位置：光盘\TM\03\WebContent\WEB-INF\struts-config.xml

```
<controller processorClass="com.wy.tool.SelfRequestProcessor" />
```

通过继承的 RequestProcessor 类实现了 processPreprocess()方法，在该方法中编写如下代码：

```
request.setCharacterEncoding("gb2312");
```

在上述代码中，request 对象中的 setCharacterEncoding()方法作用是将 reuqest 对象所获取的数据的编码格式自动转码为 gb2312（该编码格式识别中文数据）。因此，在控制器中通过 request 对象调用 getParameter()方法，如果出现中文，将自动进行转码。具体实现请读者参考本章例程 03 的代码。

3.14　Struts 框架的构建

本企业电子商城网站主要应用 Struts 框架开发。通过 Struts 框架将模型层、视图层和控制层这些概念分别对应到了不同的 Web 应用组件。因此，可以说 Struts 是 MVC 设计模式的具体实现。

3.14.1　Struts 实现 MVC 的机制

在 Struts 框架中，模型由实现业务逻辑的 JavaBean 组件构成，控制器由 ActionServlet 和 Action 来实现，视图层由一组 JSP 文件与 Struts 标签库构成。Struts 实现的 MVC 设计模式如图 3.41 所示。

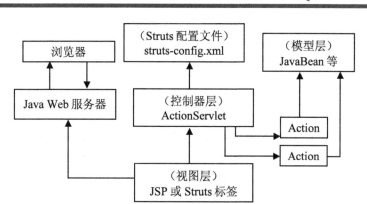

图 3.41　Struts 实现的 MVC 设计模式

1．视图层

Struts 框架中的视图部分可以采用 JSP 来实现。在这些 JSP 文件中没有业务逻辑，也没有模型信息，只有标签，这些标签可以是标准的 JSP 标签或客户化标签，例如 Struts 标签库中的标签。

当用户通过视图向 Servlet 发送数据时使用了 Struts 中的 ActionForm 组件，该组件通常也被归于视图。ActionForm 的作用就是将用户提交的数据编译成 Bean 对象，除了基本的 getXXX()和 setXXX()方法外，还提供了另外两种特殊的方法用于对用户提交的数据进行一些初始化及验证操作。

2．模型层

模型表示应用程序的状态和业务逻辑。对于大型应用，业务逻辑通常采用 EJB 或其他对象关系映射工具（如 Hibernate、IBatis）来实现模型组件（本系统将 SQL 语句作为模型层）。

3．控制器层

Struts 提供了一个控制器组件 ActionServlet，它继承了 HttpServlet，并重载了 HttpSerlvet 的 doGet()和 doPost()方法，可以接受 HTTP 响应，并进行转发。同时还提供了使用 XML 进行转发 Mapping（映射）的功能。

4．配置 struts-config.xml

用户请求是通过 ActionServlet 来处理和转发的，这就需要一些描述用户请求路径和 Action 映射关系的配置信息了。在 Struts 中，这些配置映射信息都存储在特定的 XML 文件 struts-config.xml 中。在该配置文件中，每一个 Action 的映射信息都通过一个<action>元素来配置。

这些配置信息在系统启动时，被读入内存，供 Struts 在运行期间使用。在内存中，每一个<action>元素都对应一个 org.apache.struts.action.ActionMapping 类的实例。

3.14.2　Struts 工作流程

在 web 应用启动时就会加载并初始化 ActionServlet，ActionServlet 从 struts-config.xml 文件中读取配置信息，把它们存放到各种配置对象中，例如，Action 的映射信息存放在 Action Mapping 对象中。当 Action Servlet 接收到一个客户请求时，将执行如下流程：

（1）检索和用户请求匹配的 ActionMapping 实例，如果不存在，就返回用户请求路径无效的信息。

（2）如果 ActionForm 实例不存在，就创建一个 ActionForm 对象，把客户提交的表单数据保存到 ActionFrom 对象中。

（3）根据配置信息决定是否需要表单验证。如果需要验证，就调用 ActionForm 的 validate()方法。

（4）如果 ActionForm 的 validate()方法返回 null 或返回一个不包含 Action Message 的 ActionErrors 对象，就表示表单验证成功；如果 ActionForm 的 validate()方法返回一个包含一个或多个 ActionMessage 的 ActionErrors 对象，就表示表单验证失败，此时 ActionServlet 将直接把请求转发给包含用户提交表单 的 JSP 组件，在这种情况下，不会再创建 Action 对象并调用 Action 的 execute()方法。

（5）ActionServlet 根据 ActionMapping 实例包含的映射信息决定将请求转发给哪个 Action，如果 相应的 Action 实例不存在，就先创建这个实例，然后调用 Action 的 execute()方法。

（6）Action 的 execute()方法返回一个 ActionForward 对象，再通过 ActionServlet 把客户请求转发 给 ActionForward 对象指向的 JSP 组件。

（7）ActionForward 对象指向的 JSP 组件生成动态网页，返回给客户。

3.15　本 章 小 结

至此，完成了企业电子商城基本模块的介绍，可以看到整个系统中都采用了 Struts 框架。这恰恰 说明了 Struts 结构在开发 Web 应用程序中的优势，它充分体现了 MVC 的思想，将视图层、业务层和 模型层分离，并通过 ActionServlet 控制着整个页面的流向，使得整个系统的设计思路比较清晰。

通过本系统的学习，读者应该对 Struts 框架有了比较清晰的了解，并且以后也可以应用它开发自 己的系统。在执行 SQL 语句中应用到了 PrepareStatement 类中的各种方法，该类被称为预处理命令，具体的应用在每个功能模块中都有介绍，相信读者也能够灵活运用。

第 4 章

企业快信——短信+邮件

（短信猫+Java Mail 实现）

随着互联网的迅速发展，短信和 E-mail 已经成为人与人之间沟通的桥梁，越来越多的人开始选择通过网络进行即时沟通。为此，越来越多的网站开始提供发送 E-mail 以及收发手机短信的功能。与此同时，短信和 E-mail 也以其快捷、无时空限制、低成本等优势受到众多企业的青睐，成为企业移动商务的主流应用方式。本章介绍的企业快信就是为企业提供的短信和 E-mail 群发的解决方案。

通过阅读本章，可以学习到：

▶▶ 掌握开发企业快信的基本流程

▶▶ 掌握分析并设计数据库的方法

▶▶ 掌握应用PowerDesigner建模并生成SQL Server数据库脚本的方法

▶▶ 掌握使用短信猫收发短信的方法

▶▶ 掌握通过 Java Mail 进行邮件群发的方法

▶▶ 掌握短信猫和 Java Mail 组件的使用方法

4.1　开　发　背　景

在企业信息化的今天，效率决定成败，企业内、外部沟通的及时性将直接影响企业的运作效率。现在多数企业的办公自动化系统（即 OA）的信息传递仅限于计算机内部网络，如果用户不在线，将无法知道是否有新的工作或紧急通知，为了确认是否有待办工作，不得不经常访问 OA，检索是否有新任务，这样不仅造成了机器资源的浪费，也造成了人力资源的浪费，因此急需一套成型的企业快信系统来解决上述问题。

4.2　系　统　分　析

4.2.1　需求分析

企业快信的作用是帮助企业解决企业内部、企业与外部沟通难、信息不能及时传播等问题。为此，企业快信系统需要提供邮件群发、短信接收等功能。通过对多数企业日常业务的考察、分析，并结合短信及邮件自身的特点，要求本系统具有以下功能。

- ☑　用于管理客户和员工信息的名片夹管理功能。
- ☑　用于对常用短语及其类别进行管理的信息库管理功能。
- ☑　用于群发短信和接收短信的短信收发功能。
- ☑　邮件群发功能。

4.2.2　可行性研究

开发任何一个基于计算机的系统，都会受到时间和资源上的限制。因此，在接受项目开发任务之前，必须根据客户可能提供的时间和资源条件进行可行性分析，以减少项目开发风险，避免人力、物力和财力的浪费。可行性分析与风险分析在很多方面是相互关联的，项目风险越大，开发高质量软件的可行性就越小。

1．经济可行性

采用短信作为企业的移动通信手段，将给企业内、外信息传递与沟通带来革命性的变化，使移动办公、客户服务、员工沟通等运作效率显著提升，而成本则显著下降。值得说明的是，虽然短信有以上诸多优点，但仍有一些不足，如信息内容单一和受到字数限制等。为解决这一问题，在企业快信中提供了邮件群发功能。通过邮件进行沟通也是目前比较流行的方式，也具备实用、方便和廉价等优点。

2．技术可行性

开发一个企业快信系统，涉及到的技术问题不会太多，主要用到的技术就是使用短信猫和 Java Mail 组件来实现收发短信和群发邮件等功能。由于采用北京人大金仓信息技术有限公司开发的短信猫，并且该公司也提供了相应的应用程序开发包，所以为程序的开发提供了便利的条件。同时，Java Mail 组件是 Sun 公司发布的一种用于读取、编写和发送电子邮件的组件，利用它可以方便地实现邮件群发。

4.3　系　统　设　计

4.3.1　系统目标

根据前面所作的需求分析及用户的需求可知，企业快信属于小型的企业通信软件，在系统实施后，应达到以下目标。

- ☑ 界面设计友好、美观。
- ☑ 操作灵活、方便。
- ☑ 提供功能强大的信息库管理，方便用户进行短信息的编写。
- ☑ 提供邮件群发功能，提高工作效率。
- ☑ 在发送短信时，可以直接从现有信息库中获取信息内容。
- ☑ 对用户输入的数据，进行严格的数据检验，尽可能地避免人为错误。
- ☑ 数据存储安全、可靠。

4.3.2　系统功能结构

根据企业快信的特点，可以将其分为名片夹管理、信息库管理、收发短信、邮件群发、系统参数设定、系统设置和退出系统 7 个部分，其中各个部分及其包括的具体功能模块如图 4.1 所示。

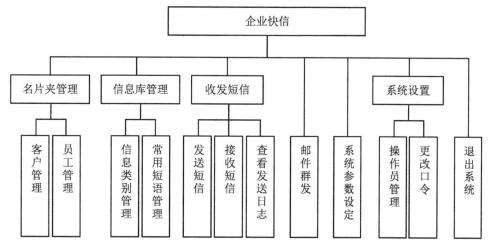

图 4.1　系统功能结构

4.3.3　业务流程图

企业快信的系统流程如图 4.2 所示。

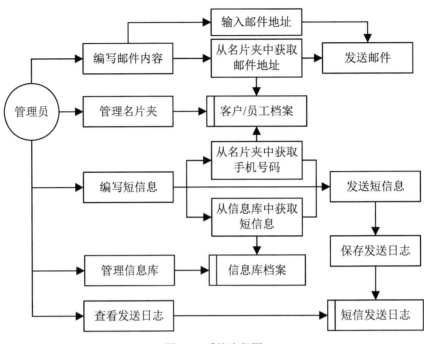

图 4.2　系统流程图

4.3.4　系统预览

企业快信由多个程序页面组成，下面仅列出几个典型页面，其他页面参见光盘中的源程序。

系统登录页面如图 4.3 所示，该页面用于实现管理员登录；主页如图 4.4 所示，该页面用于实现显示系统导航、操作业务流程和版权信息等功能。

图 4.3　系统登录页面（光盘\TM\04\login.jsp）

图 4.4　主页（光盘\TM\04\main.jsp）

发送短信页面如图 4.5 所示，该页面用于实现将短信息同时发送给多个接收者的功能；同时，为方便用户还提供了从客户及员工列表中选择接收者及从信息库中选择指定信息的功能。邮件群发页面如图 4.6 所示，该页面用于实现将邮件同时发给多个接收者的功能；同时，为了方便用户还提供了从客户及员工列表选择接收者的功能。

图 4.5 发送短信页面（光盘\TM\04\sendLetter.jsp）　　　图 4.6 邮件群发页面（光盘\TM\04\sendMail.jsp）

4.3.5 构建开发环境

在开发企业快信时，需要具备下面的软件环境。

服务器端：

☑ 操作系统：Windows 2003。

☑ Web 服务器：Tomcat 6.0。

☑ Java 开发包：JDK 1.5 以上。

☑ Java Mail 开发包：Java Mail 1.4。

☑ 短信猫：北京人大金仓信息技术有限公司生产的串口短信猫（DG-C1A）。

☑ 数据库：SQL Server 2000。

☑ 浏览器：IE 6.0。

☑ 分辨率：最佳效果为 1024×768 像素。

客户端：

☑ 浏览器：IE 6.0。

☑ 分辨率：最佳效果为 1024×768 像素。

由于本系统中需要使用短信猫及 Java Mail 组件，下面将详细介绍如何配置短信猫及 Java Mail 的开发环境。

1．建立短信猫的开发环境

在使用短信猫时，首先要将短信猫安装到使用的计算机上，并接通电源，然后将短信猫提供的通信动态库 BestMail.dll 复制到 JDK 安装路径下的 jre\bin 文件夹下（如 C:\jdk1.6.0_03\jre\bin），最后将封装的 Java 类库 BestMail.jar 复制到 Tomcat 安装路径下的 lib 文件夹下（如 C:\Tomcat 6.0\lib）即可。

2. 建立 Java Mail 的开发环境

由于目前 Java Mail 还没有被添加到标准的 Java 开发工具中，所以在使用前必须另外下载 Java Mail API 以及 Sun 公司的 JAF（JavaBeans Activation Framework），Java Mail 的运行必须依赖于 JAF 的支持。

☑ 下载并构建 Java Mail API。

Java Mail API 是发送和接收 E-mail 的核心 API，可以到 http://www.oracle.com/technetwork/java/index-138643.html 下载，本书使用的 1.4 版本的文件名为 javamail-1_4.zip。下载后解压缩到硬盘上，并在系统的环境变量 CLASSPATH 中指定 mail.jar 文件的放置路径。例如，将 mail.jar 文件复制到 C:\JavaMail 文件夹中，可以在环境变量 CLASSPATH 中添加以下内容：

C:\JavaMail\mail.jar;

如果不想更改环境变量，也可以把 mail.jar 放到实例程序的 WEB-INF/lib 目录下。

☑ 下载并构建 JAF。

目前 Java Mail API 的所有版本都需要 JAF 的支持。JAF 为输入的任意数据块提供了支持，并能相应地对其进行处理。

JAF 可以到 http://www.oracle.com/technetwork/java/jaf11-139815.html 下载，Java Mail 1.4 版本所用的 JAF 版本为 JAF 1.1，对应的文件名为 jaf-1_1-fr.zip。下载后解压缩到硬盘上，并在系统的环境变量 CLASSPATH 中指定 activation.jar 文件的放置路径。例如，将 activation.jar 文件复制到 C:\JavaMail 文件夹中，可以在环境变量 CLASSPATH 中添加以下内容：

C:\JavaMail\activation.jar;

如果不想更改环境变量，也可以把 activation.jar 放到实例程序的 WEB-INF/lib 目录下。

4.3.6　文件夹组织结构

在编写代码之前，可以把系统中可能用到的文件夹先创建出来（例如，创建一个名为 Images 的文件夹，用于保存网站中所使用的图片），这样不但可以方便以后的开发工作，也可以规范网站的整体架构。笔者在开发企业快信时，设计了如图 4.7 所示的文件夹架构图。在开发时，只需要将所创建的文件保存在相应的文件夹中就可以了。

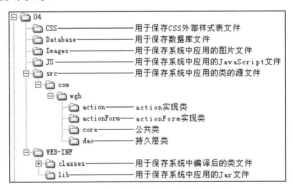

图 4.7　企业快信文件夹组织结构

4.4　数据库设计

4.4.1　数据库分析

由于本系统既适用于中小型的企业，又可以被一些大型企业作为日常通信软件使用，所以在设计时，需要充分考虑不同企业的需求。例如，中小型企业需要选择操作简单、界面友好的数据库系统，而大型企业则需要选择安全、数据存储容量大的数据库系统。SQL Server 2000 正好满足了这些需求，所以本系统采用 SQL Server 2000 数据库。

4.4.2　数据库概念设计

根据以上对系统所作的需求分析和系统设计，规划出本系统中使用的数据库实体分别为客户档案实体、员工档案实体、常用短语实体、系统参数实体、短信实体和管理员实体。下面将介绍几个关键实体的 E-R 图。

☑　客户档案实体。

客户档案实体包括编号、客户名称、地址、邮政编码、所属区域、手机号码、邮件地址、银行账号、开户银行和联系人属性。客户档案实体的 E-R 图如图 4.8 所示。

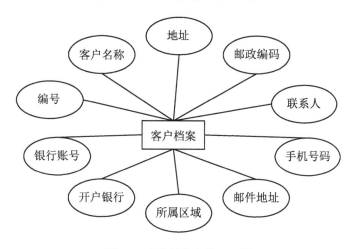

图 4.8　客户档案实体 E-R 图

☑　系统参数实体。

系统参数实体包括编号、通信端口、波特率和注册码属性。系统参数实体的 E-R 图如图 4.9 所示。

☑　短信实体。

短信实体包括编号、收信人的手机号码、短信内容、发信人和发送时间属性。短信实体的 E-R 图如图 4.10 所示。

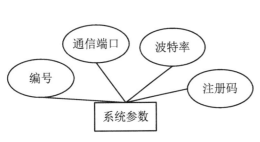

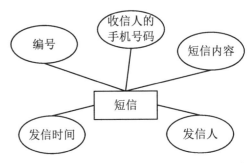

图 4.9　系统参数实体 E-R 图　　　　　　　图 4.10　短信实体 E-R 图

4.4.3　使用 PowerDesigner 建模

在数据库概念设计中已经分析了本系统中主要的数据实体对象，通过这些实体可以得出数据表结构的基本模型，最终实施到数据库中，形成完整的数据结构。下面将介绍使用 PowerDesigner 工具完成本系统的数据库建模的过程。

（1）运行 PowerDesigner，并在 PowerDesigner 主窗口中选择主菜单中的 File/New 命令，在打开的 New 对话框中选择 Physical Data Model（物理数据模型，简称 PDM）列表项，单击 OK 按钮，打开如图 4.11 所示的 Choose DBMS（选择数据库管理系统）对话框。

（2）在图 4.11 所示的对话框中的 DBMS 下拉列表框中选择 SQL Server 数据库，这里选择 Microsoft SQL Server 2000，其他采用默认设置即可，单击 OK 按钮，打开新建的 PDM 窗口。

（3）在该窗口的上方为空的图形窗口，下方为输出窗口。其中图形窗口的右侧有一个工具面板，在该面板中单击建立表图标，这时鼠标指针将显示为，在图形窗口的合适位置单击，此时在图形窗口中将显示名称为 Table_X 的表符号。在该表符号上双击，将打开 Table Properties（表属性）对话框。默认情况下选择的是 General 选项卡，在该选项卡的 Name 文本框中输入表名称"tb_parameter"，此时在 Code 文本框中也将自动显示 tb_parameter，其他选项默认即可。

（4）选择 Columns 选项卡，在该选项卡中，首先单击列输入列表的第一行，将自动填写一行信息，然后将 Name 列修改为 ID，同时 Code 列也将自动显示为 ID，再在 Data Type 列中选择 int 列表项，最后选中 P 列的复选框，此时 M 列的复选框也将自动选中。

（5）按照步骤（4）的方法再添加 3 个列 device、baud 和 sn，如图 4.12 所示。

图 4.11　Choose DBMS 对话框　　　　　　图 4.12　Columns（列）选项卡

（6）在图 4.12 中单击"应用"按钮后，双击 ID 列的内容，将打开 Column Properties（列属性）对话框。默认选择的是 General 选项卡，在该选项卡中，选中 Identity 复选框，此项操作用于设置 ID 列为自动编号列。

（7）单击"应用"按钮后，再单击"确定"按钮，关闭 Column Properties 对话框。

（8）单击"确定"按钮，关闭 Table Properties 对话框，完成 tb_parameter 表的创建。

（9）按照步骤（3）～步骤（8）的方法创建本系统中的其他数据表，并通过 工具为数据表 tb_infoType 和 tb_shortInfo 建立表间关系。创建完成的数据库模型如图 4.13 所示。

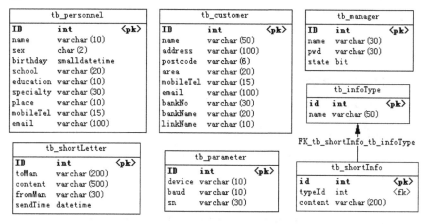

图 4.13　企业快信的数据库模型图

技巧　在默认的情况下，创建后的表符号中的全部文字均为常规样式的宋体 8 号字，如果想修改文字的格式，可以选中全部表符号，按 Ctrl+T 键，在打开的 Symbol Format 对话框中选择 Font 选项卡，在该选项卡中设置相关内容的字体、样式和字号等。

（10）选择 PowerDesigner 主菜单中的 Database/Generate Database 命令，将打开 Database Generation 对话框。在该对话框中设置导出的脚本文件的名称（如 expressLetter.sql）及保存路径（如 D:\expressLetter），在下方的各个选项卡中设置相关的导出内容，设置完毕后单击"确定"按钮，导出数据库脚本文件。

说明　通过以上方法导出的脚本文件，可以在 SQL Server 的查询分析器中执行，并创建相应的数据表。

4.4.4　创建数据库及数据表

导出数据库脚本文件后，就可以应用该脚本文件在 SQL Server 中创建数据库及数据表了。具体步骤如下：

（1）选择"开始"/"所有程序"/Microsoft SQL Server/"查询分析器"命令，打开查询分析器，这时将打开连接 SQL Server 的登录窗口，进行身份验证，如图 4.14 所示。

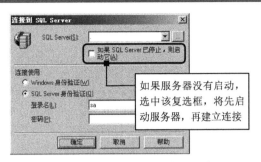

图 4.14　连接 SQL Server 的登录窗口

由于在安装 SQL Server 时采用的是空密码，所以这里不需要输入密码，直接单击"确定"按钮即可进入到"SQL 查询分析器"窗口，如图 4.15 所示。

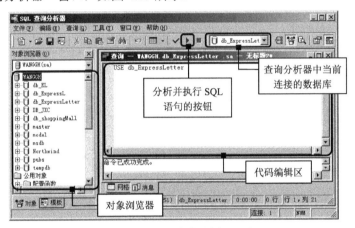

图 4.15　"SQL 查询分析器"窗口

（2）在该窗口的代码编辑区中输入 SQL 语句"CREATE DATABASE db_ExpressLetter"后，单击▶按钮，将执行该 SQL 语句，完成数据库 db_ExpressLetter 的创建。

（3）在代码编辑区中输入 SQL 语句"USE db_ExpressLetter"后，单击▶按钮，将执行该 SQL 语句，打开要操作的数据库，这时在用于指定当前连接的数据库的下拉列表框 🗊 master ▾ 中，将显示 db_ExpressLetter。

> **说明**
> 在查询分析器的工具栏中，可以通过用于指定当前连接的数据库的下拉列表框 🗊 master ▾ 选择要进行查询操作的数据库，如 db_ExpressLetter。

（4）选择"文件"/"打开"命令，在打开的"打开查询文件"对话框中，选择 4.4.3 节生成的脚本文件 expressLetter.sql，并单击"打开"按钮，打开脚本文件。

（5）单击▶按钮，在数据库 db_ExpressLetter 中创建相应的数据表。

至此，企业快信应用的数据库及数据表创建完成。下面将给出企业快信数据库中使用的关键数据表的表结构。

☑　tb_customer（客户信息表）。

客户信息表主要用来保存客户信息，其中手机号码和邮件地址最为重要，一定要保证内容准确。

表 tb_customer 的结构如表 4.1 所示。

表 4.1　表 tb_customer 的结构

字　段　名	数　据　类　型	是　否　为　空	是　否　主　键	默　认　值	描　　　述
ID	int	No	Yes		ID（自动编号）
name	varchar(50)	No		NULL	客户名称
address	varchar(100)	No		NULL	地址
postcode	varchar(6)	No		NULL	邮政编码
area	varchar(20)	Yes		NULL	所属区域
mobileTel	varchar(15)	No		NULL	手机号码
email	varchar(100)	No		NULL	邮件地址
bankNo	varchar(30)	Yes		NULL	银行账号
bankName	varchar(20)	Yes		NULL	开户银行
linkName	varchar(10)	No		NULL	联系人

☑　tb_shortLetter（短信表）。

短信表主要用来保存已发送短信息。表 tb_shortLetter 的结构如表 4.2 所示。

表 4.2　表 tb_shortLetter 的结构

字　段　名	数　据　类　型	是　否　为　空	是　否　主　键	默　认　值	描　　　述
ID	int	No	Yes		ID（自动编号）
toMan	varchar(200)	No		NULL	收信人的手机号码
content	varchar(500)	No		NULL	短信内容
fromMan	varchar(30)	No		NULL	发信人
sendTime	datetime	No		getdate()	发送时间

☑　tb_parameter（系统参数表）。

系统参数表主要用来保存使用短信猫发送短信所需要的参数信息。表 tb_parameter 的结构如表 4.3 所示。

表 4.3　表 tb_parameter 的结构

字　段　名	数　据　类　型	是　否　为　空	是　否　主　键	默　认　值	描　　　述
ID	int	No	Yes		ID（自动编号）
device	varchar(10)	No		NULL	通信端口（如 COM1）
baud	varchar(10)	No		NULL	波特率
sn	varchar(30)	No		NULL	注册码

4.5　公共模块设计

在开发过程中，经常会用到一些公共模块，如数据库连接及操作的类、字符串处理的类及 Struts

配置等，因此，在开发系统前首先需要设计这些公共模块。下面将具体介绍企业快信系统中所需要的公共模块的设计过程。

4.5.1 数据库连接及操作类的编写

数据库连接及操作类通常包括连接数据库的方法 getConnection()、执行查询语句的方法 executeQuery()、执行更新操作的方法 executeUpdate()、关闭数据库连接的方法 close()。下面将详细介绍如何编写企业快信系统中的数据库连接及操作的类 ConnDB。

（1）定义用于进行数据库连接及操作的类 ConnDB，并将其保存到 com.wgh.core 包中，同时定义该类中所需的全局变量及构造方法。代码如下：

例程 01 代码位置：光盘\TM\04\src\com\core\ConnDB.java

```java
package com.wgh.core;                                              //将该类保存到 com.wgh.core 包中
import java.io.InputStream;                                        //导入 java.io.InputStream 类
import java.sql.*;                                                 //导入 java.sql 包中的所有类
import java.util.Properties;                                       //导入 java.util.Properties 类
    public class ConnDB {
    public Connection conn = null;                                 //声明 Connection 对象的实例
    public Statement stmt = null;                                  //声明 Statement 对象的实例
    public ResultSet rs = null;                                    //声明 ResultSet 对象的实例
    private static String propFileName = "/com/connDB.properties"; //指定资源文件保存的位置
    private static Properties prop = new Properties();             //创建并实例化 Properties 对象的实例
                                                                   //定义保存数据库驱动的变量
    private stat ic String dbClassName = "com.microsoft.jdbc.sqlserver.SQLServerDriver";
    private static String dbUrl = "jdbc:microsoft:sqlserver://localhost:1433;DatabaseName=db_expressLetter";
    private static String dbUser = "sa";                           //定义保存用户名的变量
    private static String dbPwd = "";                              //定义保存密码的变量
    public ConnDB(){                                               //定义构造方法
        try {                                                      //捕捉异常
                                                                   //将 Properties 文件读取到 InputStream 对象中
❶       InputStream in = getClass().getResourceAsStream(propFileName);
❷       prop.load(in);                                            //通过输入流对象加载 Properties 文件
❸       dbClassName = prop.getProperty("DB_CLASS_NAME"); //获取数据库驱动
        dbUrl = prop.getProperty("DB_URL", dbUrl);               //获取 URL
        dbUser = prop.getProperty("DB_USER", dbUser);            //获取登录用户名
        dbPwd = prop.getProperty("DB_PWD", dbPwd);               //获取密码
        } catch (Exception e) {
            e.printStackTrace();                                  //输出异常信息
        }
    }
}
```

📢 代码贴士

❶ getResourceAsStream()方法：用于查找具有给定名称的资源，该方法的返回值为一个 InputStream 对象，或者 null（如果找不到带有该名称的资源）。其语法格式如下：

getResourceAsStream(String name)

在上面的语法中，参数 name 用于指定所需资源的名称。如果 name 以 "/"（'\u002f'）开始，则绝对资源名是 "/" 后面的 name 的一部分，否则，绝对资源名为 "packageName/name" 形式，其中 packageName 是此对象的包名，该名用 "/" 取代了 "."（'\u002e'）。

❷ load()方法：该方法为 java.util.Properties 类的方法，用于从输入流中读取属性列表（键和元素对）。

❸ getProperty()方法：该方法为 java.util.Properties 类的方法，用于根据指定的键在属性列表中搜索属性。如果在属性列表中未找到该键，则接着递归检查默认属性列表及其默认值；如果未找到属性，则此方法返回默认值变量。该方法的语法格式如下：

```
getProperty(String key,String defaultValue)
```

其中，key 用于指定哈希表键；defaultValue 用于指定默认值。

（2）为了方便程序移植，笔者将数据库连接所需信息保存到 properties 文件中，并将该文件保存在 com 包中。connDB.properties 文件的内容如下：

例程 02 代码位置：光盘\TM\04\src\com\connDB.properties

```
#DB_CLASS_NAME(驱动的类的类名)=com.microsoft.jdbc.sqlserver.SQLServerDriver
DB_CLASS_NAME=com.microsoft.jdbc.sqlserver.SQLServerDriver
#DB_URL（要连接数据库的地址）
DB_URL=jdbc:microsoft:sqlserver://localhost:1433;DatabaseName=db_expressLetter
#DB_USER=用户名
DB_USER=sa
#DB_PWD（用户密码）=
DB_PWD=
```

说明 properties 文件为本地资源文本文件，以 "消息/消息文本" 的格式存放数据，文件中 "#" 的后面为注释行。

（3）创建连接数据库的方法 getConnection()，该方法返回 Connection 对象的一个实例。getConnection()方法的实现代码如下：

例程 03 代码位置：光盘\TM\04\src\com\core\ConnDB.java

```java
public static Connection getConnection(){
    Connection conn = null;
    try {                                          //连接数据库时可能发生异常，因此需要捕捉该异常
        Class.forName(dbClassName).newInstance();  //装载数据库驱动
        DriverManager.getConnection(dbUrl, dbUser, dbPwd); //建立与数据库 URL 中定义的数据库的连接
    }
    catch (Exception ee) {
        ee.printStackTrace();                      //输出异常信息
    }
    if (conn == null) {
        System.err. println("警告: DbConnectionManager.getConnection()获得数据库链接失败.\r\n\r\n 链接类型:"
                    + dbClassName+ "\r\n 链接位置:"+ dbUrl+ "\r\n 用户/密码"
                    + dbUser + "/" + dbPwd);        //在控制台上输出提示信息
    }
    return conn;                                    //返回数据库连接对象
}
```

（4）创建执行查询语句的方法 executeQuery()，返回值为 ResultSet 结果集。executeQuery()方法的代码如下：

例程 04 代码位置：光盘\TM\04\src\com\core\ConnDB.java

```java
public ResultSet executeQuery(String sql) {
    try {                                           //捕捉异常
        conn = getConnection();                     //调用 getConnection()方法构造 Connection 对象的一个实例 conn
        stmt = conn.createStatement(ResultSet.TYPE_SCROLL_INSENSITIVE,
                        ResultSet.CONCUR_READ_ONLY); //创建一个 Statement 对象的实例
        rs = stmt.executeQuery(sql);                //执行 SQL 语句，并返回一个 ResultSet 对象 rs
    }
    catch (SQLException ex) {
        System.err.println(ex.getMessage());        //输出异常信息
    }
    return rs;                                       //返回结果集对象
}
```

（5）创建执行更新操作的方法 executeUpdate()，返回值为 int 型的整数，代表更新的行数。executeUpdate ()方法的代码如下：

例程 05 代码位置：光盘\TM\04\src\com\core\ConnDB.java

```java
public int executeUpdate(String sql) {
    int result = 0;                                 //定义保存返回值的变量
    try {                                           //捕捉异常
        conn = getConnection();                     //调用 getConnection()方法构造 Connection 对象的一个实例 conn
        stmt = conn.createStatement(ResultSet.TYPE_SCROLL_INSENSITIVE,
                        ResultSet.CONCUR_READ_ONLY);
        result = stmt.executeUpdate(sql);           //执行更新操作
    } catch (SQLException ex) {
        result = 0;                                 //将保存返回值的变量赋值为 0
    }
    return result;                                   //返回保存返回值的变量
}
```

（6）创建关闭数据库连接的方法 close()。close()方法的代码如下：

例程 06 代码位置：光盘\TM\04\src\com\core\ConnDB.java

```java
public void close(){
    try {                                           //捕捉异常
        if (rs != null) {                           //当 ResultSet 对象的实例 rs 不为空时
            rs.close();                             //关闭 ResultSet 对象
        }
        if (stmt != null) {                         //当 Statement 对象的实例 stmt 不为空时
            stmt.close();                           //关闭 Statement 对象
        }
        if (conn != null) {                         //当 Connection 对象的实例 conn 不为空时
            conn.close();                           //关闭 Connection 对象
        }
    } catch (Exception e) {
```

```
            e.printStackTrace(System.err);                    //输出异常信息
    }
}
```

4.5.2　字符串处理类的编写

字符串处理类主要用于解决程序中经常出现的有关字符串处理问题，包括将数据库中及页面中有中文问题的字符串进行正确的显示和对字符串中的空值进行处理的方法。

说明　由于本系统中使用的字符串处理类与第 2 章中使用的字符串处理类相同，所以关于该类的详细介绍请参见 2.5.2 节。

4.5.3　配置 Struts

Struts 框架需要通过一个专门的配置文件来控制，就是 struts-config.xml，也可以命名为其他名字。那么网站是怎么找到这个 Struts 的配置文件的呢？只要在 web.xml 中配置一下就可以了。具体实现代码如下：

例程 07　代码位置：光盘\TM\04\WebContent\WEB-INF\web.xml

```xml
…          <!--此处省略了 XML 声明及版本信息-->
<display-name>LibraryManage</display-name>
<servlet>
    <servlet-name>action</servlet-name>                    <!--声明 action 类-->
    <servlet-class>org.apache.struts.action.ActionServlet</servlet-class>
    <init-param>                                           <!--设置 struts-config.xml 配置文件的路径-->
        <param-name>config</param-name>
        <param-value>/WEB-INF/struts-config.xml</param-value>
    </init-param>
    <init-param>
        <param-name>debug</param-name>                    <!--声明 debug 属性-->
        <param-value>3</param-value>
    </init-param>
    <init-param>
        <param-name>detail</param-name>
        <param-value>3</param-value>
    </init-param>
    <load-on-startup>0</load-on-startup>                  <!--应用启动的加载优先级-->
</servlet>
<servlet-mapping>                                          <!-- 指定 ActionServlet 类处理的请求 URL 格式 -->
    <servlet-name>action</servlet-name>
    <url-pattern>*.do</url-pattern>
</servlet-mapping>
    <!-- 设置默认文件名称 -->
    <welcome-file-list>
        <welcome-file>login.jsp</welcome-file>            <!-- 设置默认文件名称为 login.jsp -->
        <welcome-file>index.jsp</welcome-file>
```

```
        </welcome-file-list>
    </web-app>
```

从例程 07 中可以看出，在 web.xml 中配置 Struts 的配置文件，实际就是一个 Servlet 的配置，即在配置 Servlet 的 config 参数中定义 Struts 的配置文件（包括相对路径）及在 Servlet 的 URL 访问里使用后缀名，本实例中使用.do 作为后缀名。

接下来配置 struts-config.xml 文件。本实例中的 struts-config.xml 文件的关键代码如下：

例程 08　代码位置：光盘\TM\04\WebContent\WEB-INF\struts-config.xml

```
<?xml version="1.0" encoding="UTF-8"?>
<!DOCTYPE struts-config PUBLIC "-//Apache Software Foundation//DTD Struts Configuration 1.0//EN"
"http://jakarta.apache.org/struts/dtds/struts-config_1_0.dtd">
<struts-config>
  <form-beans>
    <form-bean name="managerForm" type="com.wgh.actionForm.ManagerForm" /><!--声明 ActionForm-->
    …                    //此处省略了其他<form-bean>代码
  </form-beans>
  <action-mappings type="org.apache.struts.action.ActionMapping"><!--配置局部转发-->
    <action name="managerForm" path="/manager" scope="request" type="com.wgh.action.Manager"
validate="true">
      <forward name="managerLoginok" path="/main.jsp" />
      <forward name="managerQuery" path="/manager.jsp" />
      <forward name="managerAdd" path="/manager_ok.jsp?para=1" />
      <forward name="pwdQueryModify" path="/pwd_Modify.jsp" />
      <forward name="pwdModify" path="/pwd_ok.jsp" />
      <forward name="managerDel" path="/manager_ok.jsp?para=3" />
      <forward name="modifypwd" path="/main.jsp" />
      <forward name="error" path="/error.jsp" />
    </action>
    …                    //此处省略了其他<action></action>代码
  </action-mappings>
</struts-config>
```

说明　关于 struts-config.xml 文件的配置说明可参见 2.4.3 节。

4.6　主　页　设　计

4.6.1　主页概述

管理员通过"系统登录"模块的验证后，可以登录到企业快信的系统主页。系统主页主要包括系统导航栏、显示区和版权信息 3 部分。其中，导航栏中的功能菜单将根据登录管理员的权限进行显示。例如，系统管理员 tsoft 登录后，将拥有整个系统的全部功能，因为它是超级管理员。系统主页的运行效果如图 4.16 所示。

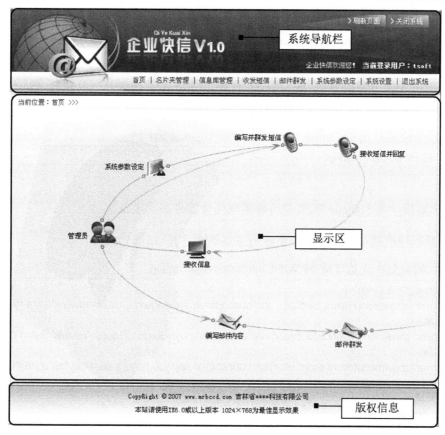

图 4.16　系统主页的运行效果

4.6.2　主页技术分析

在如图 4.16 所示的主页中，系统导航栏和版权信息
并不是仅存在于主页中，其他功能模块的子界面中也需
要包括这些部分，因此可以将其分别保存在单独的文件
中，这样在需要放置相应功能时只需包含这些文件即可，
如图 4.17 所示。

考虑到本系统中需要包含的多个文件之间相对比较
独立，并且不需要进行参数传递，属于静态包含，因此
采用<%@ include %>指令实现。

在实现系统主页时，最关键的就是如何实现导航菜
单。本系统中采用的方法是通过 JavaScript+CSS 样式控
制<div>标签来实现。其具体实现方法如下：

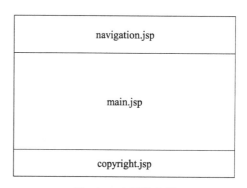

图 4.17　主页的布局

（1）在导航页的合适位置添加一个<div>标签，并在其 onmouseover 和 onmouseout 事件中调用相
应的自定义 JavaScript 函数来控制下拉菜单的显示和隐藏。具体代码如下：

例程 09 代码位置：光盘\TM\04\WebContent\navigation.jsp

```
<div class=menuskin id=popmenu onmouseover="clearhidemenu();highlightmenu(event,'on')"
     onmouseout="highlightmenu(event,'off');dynamichide(event)" style="Z-index:100;position:absolute;"></div>
```

（2）编写用于实现下拉菜单的 JavaScript 代码，并将其保存到一个单独的 JS 文件中，命名为 menu.JS，然后通过以下代码在导航页中引用该文件。

例程 10 代码位置：光盘\TM\04\WebContent\navigation.jsp

```
<script src="JS/menu.JS"></script>
```

说明 限于篇幅，关于 menu.JS 文件的具体代码请读者参见光盘。

（3）在要显示导航菜单的位置添加相应的主菜单项。具体代码如下：

例程 11 代码位置：光盘\TM\04\WebContent\navigation.jsp

```
<a href="main.jsp">首页</a> |
<a onmouseover=showmenu(event,cardClip) onmouseout=delayhidemenu()class='navlink' style="CURSOR:hand" >
名片夹管理</a> |
<a onmouseover=showmenu(event,infoLibrary) onmouseout=delayhidemenu()class='navlink' style="CURSOR:hand" >
信息库管理</a> |
<a onmouseover=showmenu(event,shortLetter) onmouseout=delayhidemenu()class='navlink' style="CURSOR:hand" >
收发短信</a> |
<a href="sendMail.do?action=addMail">邮件群发</a> |
<%if(purview.equals("1")){%>
        <a    href="sysParameterSet.do?action=parameterQuery" >系统参数设定</a> |
<%}%>
<a onmouseover=showmenu(event,sysSet) onmouseout=delayhidemenu()class='navlink' style="CURSOR:hand">
系统设置</a> |
<a href="#" onClick="quit()">退出系统</a>
```

（4）在 JavaScript 中指定各个子菜单的内容，并根据登录管理员的权限控制要显示的菜单项。关键代码如下：

例程 12 代码位置：光盘\TM\04\WebContent\navigation.jsp

```
<script language="javascript">
var cardClip='<table width=56><tr><td id=customer onMouseOver=overbg(customer)
onMouseOut=outbg(customer)><a href=customer.do?action=customerQuery>客户管理</a></td></tr>\
<tr><td id=personnel onMouseOver=overbg(personnel) onMouseOut=outbg(personnel)><a
href=personnel.do?action= personnelQuery>员工管理</a></td></tr>\
</table>'
...                                              <!--此处省略了设置其他子菜单项的代码-->
if(purview.equals("1")){%>                       <!--当权限等于 1 时，表示有此权限-->
    var sysSet='<table width=70><tr><td id=manager onMouseOver=overbg(manager)
onMouseOut=outbg(manager)> <a href=manager.do?action=managerQuery>操作员管理</a></td></tr>\
<tr><td id=changePWD onMouseOver=overbg(changePWD) onMouseOut=outbg(changePWD)><a
href="manager.do? action=queryPWD">更改口令</a></td></tr>\
</table>'
<%}else{%>
```

```
        var sysSet='<table width=70><tr><td id=changePWD onMouseOver=overbg(changePWD)
onMouseOut=outbg (changePWD)><a href="manager.do?action=queryPWD">更改口令</a></td></tr></table>'
<%}%>
</script>
```

（5）在 CSS 样式表文件中添加一个用于控制下拉菜单背景半透明效果的 CSS 选择符。具体代码如下：

例程 13　代码位置：光盘\TM\04\WebContent\CSS\style.css

```
.menuskin {
    BORDER: #666666 1px solid;                          /*设置边框样式*/
    VISIBILITY: hidden;POSITION: absolute;
    background-image:url("../Images/item_out.gif");      /*设置背景图片*/
    background-repeat : repeat-y;                         /*设置背景在 y 轴上重复*/
    Filter: Alpha(Opacity=85);                            /*设置背景的透明度为 85%*/
}
```

4.6.3　主页的实现过程

应用<%@ include %>指令包含文件的方法进行主页布局的代码如下：

例程 14　代码位置：光盘\TM\04\WebContent\main.jsp

```
❶    <%@include file="navigation.jsp"%>
❷    <!--显示当前位置及系统业务流程图-->
<table width="778" border="0" cellspacing="0" cellpadding="0" align="center">
  <tr>
    <td valign="top" bgcolor="#FFFFFF">
     …                    <!--此处省略了显示当前位置及系统业务流程图的代码-->
    </td>
  </tr>
</table>
❸    <%@ include file="copyright.jsp"%>
```

📢 **代码贴士**

❶ 应用<%@ include %>指令包含 navigation.jsp 文件，该文件用于显示当前登录管理员及系统导航菜单。

❷ 在主页（main.jsp）中，以表格布局的方式显示当前位置及系统业务流程图。

❸ 应用<%@ include %>指令包含 copyright.jsp 文件，该文件用于显示版权信息。

4.7　名片夹管理模块设计

4.7.1　名片夹管理模块概述

名片夹管理模块主要包括客户信息管理和员工信息管理，其中，客户信息管理包括查看客户列表、添加客户信息、修改客户信息和删除客户信息 4 个功能；员工信息管理包括查看员工列表、添加员工信息、修改员工信息和删除员工信息 4 个功能。名片夹管理模块的框架如图 4.18 所示。

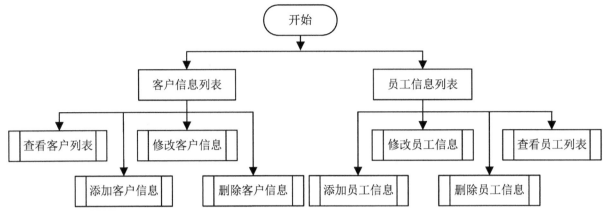

图 4.18　名片夹管理模块的框架

4.7.2　名片夹管理模块技术分析

通过 4.7.1 节可以知道，名片夹管理模块主要包括客户管理和员工管理两部分，由于这两部分的实现方法大致相同，所以本节将以客户管理为例介绍名片夹管理。

在实现客户管理时，需要编写客户管理对应的 ActionForm 类和 Action 实现类。下面将详细介绍如何编写客户管理的 ActionForm 类和创建客户管理的 Action 实现类。

1．编写客户管理的 ActionForm 类

在客户管理中，只涉及到一个数据表，即 tb_customer（客户信息表），根据这个数据表可以得出客户管理的 ActionForm 类。客户管理的 ActionForm 类的名称为 CustomerForm。具体代码如下：

例程 15　代码位置：光盘\TM\04\src\com\wgh\actionForm\CustomerForm.java

```
public class CustomerForm extends ActionForm {
    private String bankNo;              //银行账号
    private String area;                //所属区域
    private String email;               //邮箱
    private String address;             //地址
    private String mobileTel;           //手机号码
    private String name;                //客户全称
    private int ID;                     //编号
    private String bankName;            //开户银行
    private String postcode;            //邮政编码
    private String linkName;            //联系人
    /*********************提供控制 ID 属性的方法*********************/
    public Integer getId(){
        return id;
    }
    public void setId(Integer id) {
        this.id = id;
    }
```

```
/*****************************************************************/
…        //此处省略了其他控制客户信息的 getXXX()和 setXXX()方法
/*********************提供控制 Name 属性的方法************************/
public void setName(String name) {
    this.name = name;
}
public String getName(){
    return name;
}
/*****************************************************************/
}
```

2. 创建客户管理的 Action 实现类

客户管理的 Action 实现类 Customer 继承了 Action 类。在该类中，首先需要在该类的构造方法中实例化客户管理的 CustomerDAO 类（该类用于实现与数据库的交互）。Action 实现类的主要方法是 execute()，该方法会被自动执行。这个方法本身没有具体的事务，它是根据通过 HttpServletRequest 的 getParameter()方法获取的 action 参数值执行相应方法的。客户管理的 Action 实现类的关键代码如下：

例程 16　代码位置：光盘\TM\04\src\com\wgh\action\Customer.java

```java
package com.wgh.action;
…    //此处省略了导入类中所需包的代码
public class Customer extends Action{
    private CustomerDAO customerDAO = null;                    //声明 CustomerDAO 类的对象
    private ChStr chStr=new ChStr();                          //声明并实例化 ChStr 类的对象
    public Customer(){
        this.customerDAO = new CustomerDAO();                 //实例化 CustomerDAO 类
    }
    public ActionForward execute(ActionMapping mapping,ActionForm form,
                          HttpServletRequest request,HttpServletResponse response){
        String action = request.getParameter("action");       //获取 action 参数的值
        if (action == null || "".equals(action)) {
            request.setAttribute("error","您的操作有误！");      //将错误信息保存到 error 中
            return mapping.findForward("error");              //转到显示错误信息的页面
        }else if ("customerQuery".equals(action)) {
            return customerQuery(mapping, form, request,response);     //查询客户信息
        }else if("customerAdd".equals(action)){
            return customerAdd(mapping, form, request,response);      //添加客户信息
        }else if("customerDel".equals(action)){
            return customerDel(mapping, form, request,response);      //删除客户信息
        } else if("customerModifyQ".equals(action)){
            return customerQueryModify(mapping, form, request,response);//修改客户信息时应用的查询
        }else if("customerModify".equals(action)){
            return customerModify(mapping, form, request,response);   //修改客户信息
        }
        request.setAttribute("error","操作失败！");             //将错误信息保存到 error 中
        return mapping.findForward("error");                  //转到显示错误信息的页面
    }
    …    //此处省略了该类中其他方法，这些方法将在后面的具体过程中给出
}
```

4.7.3 查看客户信息列表的实现过程

查看客户信息列表使用的数据表：tb_customer。

管理员登录后，选择"名片夹管理/客户管理"命令，进入到查看客户列表页面，在该页面中将以列表形式显示全部客户信息，同时提供添加客户信息、修改客户信息和删除客户信息的超链接。查看客户信息列表页面的运行效果如图 4.19 所示。

图 4.19 查看客户信息列表页面的运行效果

打开设置系统导航栏的 JSP 文件 navigation.jsp，在该文件中可以找到如下所示的"客户管理"菜单项的超链接代码。

```
<a href=customer.do?action=customerQuery>客户管理</a>
```

从上面的 URL 地址中可以知道，查看客户信息列表模块涉及到的action 的参数值为customerQuery，当 action=customerQuery 时，会调用查看客户信息列表的方法 customerQuery()。具体代码如下：

例程 17 代码位置：光盘\TM\04\src\com\wgh\action\Customer.java

```
if ("customerQuery".equals(action)) {
    return customerQuery(mapping, form, request,response);
}
```

在查看客户信息列表的方法 customerQuery()中，首先调用 CustomerDAO 类中的 query()方法查询全部客户信息，再将返回的查询结果保存到 HttpServletRequest 对象的 CustomerQuery 参数中。查看客户信息列表的方法 CustomerQuery()的具体代码如下：

例程 18 代码位置：光盘\TM\04\src\com\wgh\action\Customer.java

```
private ActionForward customerQuery(ActionMapping mapping, ActionForm form,
                HttpServletRequest request,HttpServletResponse response) {
    request.setAttribute("customerQuery", customerDAO.query(0)); //将查询结果保存到 customerQuery 参数中
```

```
        return mapping.findForward("customerQuery");              //转到显示客户信息列表页面
}
```

从例程 18 中可以知道，查看客户信息列表使用的 CustomerDAO 类的方法是 query()。该方法只有一个用于指定客户 ID 的参数 id（如果 id 的值为 null，则查询全部客户信息），然后将查询结果保存到 List 集合中并返回该集合的实例。query()方法的具体代码如下：

例程 19　代码位置：光盘\TM\04\src\com\wgh\dao\CustomerDAO.java

```java
public List query(int id) {
    List customerList = new ArrayList();                          //初始化 List 集合的实例
    CustomerForm cF = null;
    String sql="";
    if(id==0){
        sql = "SELECT * FROM tb_customer";                       //查询全部客户信息
    }else{
        sql = "SELECT * FROM tb_customer WHERE ID=" +id+ "";//根据客户 ID 号查询客户信息
    }
    ResultSet rs = conn.executeQuery(sql);                       //执行查询语句
    try {                                                        //捕捉异常信息
        while (rs.next()) {
            cF = new CustomerForm();                             //实例化 CustomerForm 类的对象
            cF.setID(rs.getInt(1));                              //获取并设置 ID 属性
            …            //此处省略了获取并设置其他属性的代码
            cF.setLinkName(rs.getString(10));
            customerList.add(cF);                                //将查询结果保存到 List 集合中
        }
    } catch (SQLException ex) {}
    finally{
        conn.close();                                           //关闭数据库连接
    }
    return customerList;
}
```

在 struts-config.xml 文件中配置查看客户信息列表所涉及的<forward>元素。代码如下：

```xml
<forward name="customerQuery" path="/customer.jsp" />
```

接下来的工作是将 Action 实现类中 customerQuery()方法返回的查询结果显示在查看客户信息列表页 customer.jsp 中。在 customer.jsp 中，首先通过 request.getAttribute()方法获取查询结果并将其保存在 List 集合中，再通过循环将客户信息以列表形式显示在页面中。

4.7.4　添加客户信息的实现过程

🔲　添加客户信息使用的数据表：tb_customer。

管理员登录后，选择"名片夹管理"/"客户管理"命令，进入到查看客户列表页面。在该页面中，单击"添加客户信息"超链接，进入到添加客户信息页面。添加客户信息页面的运行效果如图 4.20 所示。

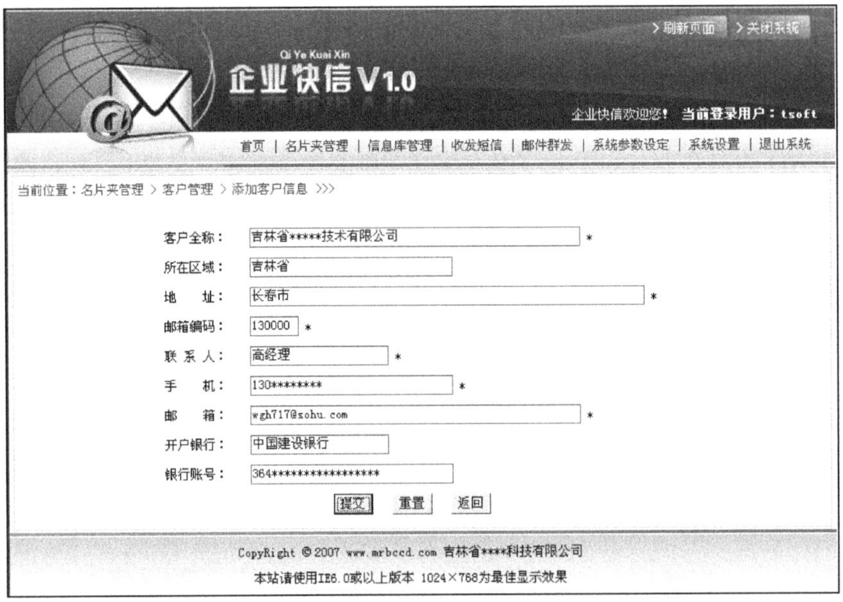

图 4.20　添加客户信息页面的运行效果

1. 设计添加客户信息页面

添加客户信息页面主要用于收集输入的客户信息及通过自定义的 JavaScript 函数验证输入的信息是否合法，该页面中所涉及的表单元素如表 4.4 所示。

表 4.4　添加客户信息页面所涉及的表单元素

名　称	元素类型	重要属性	含　义
form1	form	action="customer.do?action=customerAdd" method="post" onSubmit="return checkform(form1)"	表单
name	text	size="50"	客户全称
area	text	size="30"	所在区域
address	text	size="60"	地址
postcode	text	size="6"	邮政编码
linkName	text	size="20"	联系人
mobileTel	text	size="30"	手机号码
email	text	size="50"	邮箱
bankName	text	size="20"	开户银行
bankNo	text	size="30"	银行账号
Submit	submit	value="提交"	"提交" 按钮
Submit2	reset	value="重置"	"重置" 按钮
Submit3	button	value="返回"　onClick="window.location.href='customer.do?action=customerQuery';"	"返回" 按钮

2. 修改客户的 Action 实现类

在添加客户信息页面中输入合法的客户信息后，单击 "提交" 按钮，网页会访问一个 URL，即

customer.do?action=customerAdd。从该 URL 地址中可以知道添加客户信息模块涉及到的 action 的参数值为 customerAdd，即当 action=customerAdd 时，会调用添加客户信息的方法 customerAdd()。具体实现代码如下：

例程 20　代码位置：光盘\TM\04\src\com\wgh\action\Customer.java

```
if("customerAdd".equals(action)){
    return customerAdd(mapping,form,request,response);
}
```

在添加客户信息的方法 customerAdd()中，首先需要将接收到的表单信息强制转换成 ActionForm 类型，并用获得指定属性的 getXXX()方法重新设置该属性的 setXXX()方法，然后调用 CustomerDAO 类中的 insert()方法，将添加的客户信息保存到数据表中，并将返回值保存到变量 ret 中。如果返回值为 1，表示信息添加成功，将页面重定向到添加信息成功页面；如果返回值为 2，表示该客户信息已经添加，将错误提示信息"该客户信息已经添加！"保存到 HttpServletRequest 对象的 error 参数中，然后将页面重定向到错误提示信息页面，否则将错误提示信息"客户信息添加失败！"保存到 HttpServletRequest 对象的 error 参数中，并将页面重定向到错误提示页面。添加客户信息的方法 customerAdd()的具体代码如下：

例程 21　代码位置：光盘\TM\04\src\com\wgh\action\Customer.java

```
private ActionForward customerAdd(ActionMapping mapping, ActionForm form,
                    HttpServletRequest request,HttpServletResponse response) {
    CustomerForm customerForm = (CustomerForm) form;      //将接收的表单信息强制转换成 ActionForm 类型
    /**********获取并设置相关属性，需要注意的是此处需要进行中文转码******************/
    customerForm.setName(chStr.toChinese(customerForm.getName()));              //客户全称
    customerForm.setAddress(chStr.toChinese(customerForm.getAddress()));        //地址
    customerForm.setArea(chStr.toChinese(customerForm.getArea()));              //所属区域
    customerForm.setBankName(chStr.toChinese(customerForm.getBankName()));      //开户银行
    customerForm.setLinkName(chStr.toChinese(customerForm.getLinkName()));      //联系人
                /**************************************************/
    int ret = customerDAO.insert(customerForm);           //调用添加客户信息的方法 insert()
    if (ret == 1) {
        return mapping.findForward("customerAdd");         //转到客户信息添加成功页面
    }else if(a==2){
        request.setAttribute("error","该客户信息已经添加！");//保存错误提示信息到 error 中
        return mapping.findForward("error");               //转到错误提示页面
    }else{
        request.setAttribute("error","客户信息添加失败！");  //保存错误提示信息到 error 中
        return mapping.findForward("error");               //转到错误提示页面
    }
}
```

3. 编写添加客户信息的 CustomerDAO 类的方法

从例程 21 中可以知道，添加客户信息使用的 CustomerDAO 类的方法是 insert()。在 insert()方法中，首先从数据表 tb_customer 中查询输入的客户全称是否存在，如果存在，将标志变量设置为 2，否则将输入的信息保存到客户信息表中，并将返回值赋给标志变量，最后返回标志变量。insert()方法的具体代码如下：

例程 22 代码位置：光盘\TM\04\src\com\dao\CustomerDAO.java

```
public int insert(CustomerForm cF) {
    String sql1="SELECT * FROM tb_customer WHERE name='"+cF.getName()+"'";
    ResultSet rs = conn.executeQuery(sql1);              //根据输入的客户全称查询客户信息
    String sql = "";
    int falg = 0;
        try {                                            //捕捉异常信息
            if (rs.next()) {                             //当记录集不为空时
                falg=2;
            } else {
                sql = "INSERT INTO tb_customer (name,address,area,postcode,mobileTel,email,bankName,
bankNo, linkName) values('" +cF.getName()+ "','" +cF.getAddress()+"','"+cF.getArea()+"','"+cF.getPostcode()+"',
'"+cF.getMobileTel()+"', "cF.getEmail()+"','"+cF.getBankName()+"','"+cF.getBankNo()+"','"+cF.getLinkName()+"')";
                falg = conn.executeUpdate(sql);          //将客户信息保存到数据表中
                conn.close();                            //关闭数据库连接
            }
        } catch (SQLException ex) {
            falg=0;
        }
    return falg;
}
```

4．struts-config.xml 文件配置

在 struts-config.xml 文件中配置添加客户信息所涉及的<forward>元素。代码如下：

```
<forward name="customerAdd" path="/customer_ok.jsp?para=1" />
```

5．制作添加信息成功页面

笔者将添加客户信息、修改客户信息和删除客户信息的操作成功页面用一个 JSP 文件实现，通过传递的参数 para 的值进行区分。关键代码如下：

例程 23 代码位置：光盘\TM\04\WebContent\customer_ok.jsp

```
<%int para=Integer.parseInt(request.getParameter("para"));   //获取传递的参数 para 的值
switch(para){
    case 1:                                                  //添加信息成功时执行该代码段
%>
        <script language="javascript">
        alert("客户信息添加成功!");
        window.location.href="customer.do?action=customerQuery";   //重定向网页到显示客户信息列表页面
        </script>
<%  break;                                                   //跳出 switch 语句
    case 2:                                                  //修改信息成功时执行该代码段
%>
        <script language="javascript">
        alert("客户信息修改成功!");
        window.location.href="customer.do?action=customerQuery";   //重定向网页到显示客户信息列表页面
        </script>
<%  break;
    case 3:                                                  //删除信息成功时执行该代码段
```

```
    %>
        <script language="javascript">
        alert("客户信息删除成功!");
        window.location.href="customer.do?action=customerQuery";    //重定向网页到显示客户信息列表页面
        </script>
    <%  break;
}%>
```

4.7.5　删除客户信息的实现过程

　　🔲　删除客户信息使用的数据表：tb_customer。

　　管理员登录后，选择"名片夹管理"/"客户管理"命令，进入到查看客户列表页面。在该页面中，单击指定客户信息后面的"删除"超链接，该客户信息将被删除。

　　在查看客户列表页面中，添加以下用于删除客户信息的超链接代码：

例程 24　代码位置：光盘\TM\04\WebContent\customer.java

```
<a href="customer.do?action=customerDel&id=<%=id%>">删除</a>
```

　　从上面的 URL 地址中可以知道，删除客户信息页面所涉及到的 action 的参数值为 customerDel，当 action=customerDel 时，会调用删除客户信息的方法 customerDel()。具体代码如下：

例程 25　代码位置：光盘\TM\04\src\com\wgh\action\Customer.java

```
if ("managerDel".equals(action)) {
    return managerDel(mapping, form, request,response);
}
```

　　在删除客户信息的方法 customerDel()中，首先需要将接收到的表单信息强制转换成 ActionForm 类型，并用获得的 id 参数的值重新设置该 ActionForm 的 setId()方法，再调用 CustomerDAO 类中的 delete()方法，删除指定的客户信息，并根据执行结果将页面转到相应页面。删除客户信息的方法 customerDel()的具体代码如下：

例程 26　代码位置：光盘\TM\04\src\com\wgh\action\Customer.java

```
private ActionForward customerDel(ActionMapping mapping, ActionForm form,
        HttpServletRequest request, HttpServletResponse response) {
    CustomerForm customerForm = (CustomerForm) form;    //将接收到的表单信息强制转换成 ActionForm 类型
    customerForm.setID(Integer.parseInt(request.getParameter("id")));    //获取并设置客户 ID 号
    int ret = customerDAO.delete(customerForm);                //调用删除信息的方法 delete()
    if (ret == 0) {
        request.setAttribute("error", "删除客户信息失败！");        //保存错误提示信息到 error 参数中
        return mapping.findForward("error");                //转到错误提示页面
    } else {
        return mapping.findForward("customerDel");          //转到删除客户信息成功页面
    }
}
```

　　从例程 26 中可以知道，删除客户信息使用的 CustomerDAO 类的方法是 delete()。在 delete()方法中，

将从客户信息表 tb_customer 中删除符合条件的数据，并返回执行结果。delete()方法的具体代码如下：

例程 27　代码位置：光盘\TM\04\src\com\wgh\dao\CustomerDAO.java

```
public int delete(CustomerForm customerForm) {
    int flag=0;
    try{                                                              //捕捉异常信息
    String sql = "DELETE FROM tb_customer where id=" + customerForm.getID()+"";
    flag = conn.executeUpdate(sql);                                   //执行删除客户信息的语句
    }catch(Exception e){
        System.out.println("删除客户信息时产生的错误："+e.getMessage());   //输出错误信息
    }finally{
        conn.close();                                                 //关闭数据库连接
    }
    return flag;
}
```

在 struts-config.xml 文件中配置删除客户信息所涉及的<forward>元素。代码如下：

```
<forward name=" customerDel" path="/customer_ok.jsp?para=3" />
```

4.8　收发短信模块设计

4.8.1　收发短信模块概述

收发短信模块主要包括发送短信、接收短信和查看发送日志 3 个功能。这 3 个功能之间的业务流程如图 4.21 所示。

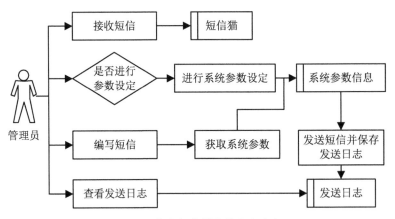

图 4.21　收发短信模块的业务流程

4.8.2　收发短信模块技术分析

在实现收发短信模块时，需要编写收发短信模块对应的 ActionForm 类和 Action 实现类。下面将详细介绍如何编写收发短信模块的 ActionForm 类和创建收发短信的 Action 实现类。

1．编写收发短信的 ActionForm 类

在收发短信模块中，涉及到 tb_shortLetter（短信表）、tb_customer（客户信息表）、tb_personnel（员工信息表）、tb_shortInfo（常用短语表）、tb_infoType（信息类型表）和 tb_parameter（系统参数表）6 个数据表，与这 6 个数据表相对应的 ActionForm 类分别为 ShortLetterForm、CustomerForm、PersonnelForm、ShortInfoForm、InfoTypeForm 和 ParameterForm，这些类都是由属性及对应的 getXXX() 和 setXXX()方法组成，具体实现方法请参见 4.7.2 节，这里不再详细介绍。

2．创建收发短信的 Action 实现类

收发短信模块的 Action 实现类 SendLetter 继承了 Action 类。在该类中，首先需要在该类的构造方法中分别实例化收发短信模块的 SendLetterDAO 类、员工管理模块的 PersonnelDAO 类、客户管理模块的 CustomerDAO 类和信息类别管理模块的 InfoTypeDAO 类。Action 实现类的主要方法是 execute()，该方法会被自动执行。这个方法本身没有具体的事务，它是根据 HttpServletRequest 的 getParameter() 方法获取的 action 参数值执行相应方法的。收发短信模块 Action 实现类的关键代码如下：

例程 28　代码位置：光盘\TM\04\src\com\wgh\action\SendLetter.java

```
package com.wgh.action;
...                                                      //此处省略了导入该类中所需包的代码
public class SendLetter extends Action{
    private SendLetterDAO sendLetterDAO = null;          //声明 SendLetterDAO 类的对象
    private PersonnelDAO personnelDAO=null;              //声明 PersonnelDAO 类的对象
    private CustomerDAO customerDAO=null;                //声明 CustomerDAO 类的对象
    private InfoTypeDAO infoTypeDAO=null;                //声明 InfoTypeDAO 类的对象
    private ChStr chStr=new ChStr();
    public SendLetter(){
        this.sendLetterDAO = new SendLetterDAO();        //实例化 SendLetterDAO 类
        this.personnelDAO=new PersonnelDAO();            //实例化 PersonnelDAO 类
        this.customerDAO=new CustomerDAO();              //实例化 CustomerDAO 类
        this.infoTypeDAO=new InfoTypeDAO();              //实例化 InfoTypeDAO 类
    }
    public ActionForward execute(ActionMapping mapping,ActionForm form,
                        HttpServletRequest request,HttpServletResponse response){
        String action = request.getParameter("action");     //获取 action 参数的值
        if (action == null || "".equals(action)) {
            request.setAttribute("error","您的操作有误！");    //将错误信息保存到 error 中
            return mapping.findForward("error");             //转到显示错误信息的页面
        }else if ("addLetter".equals(action)) {
            return addLetter(mapping, form, request,response);   //编写短信
        }else if("sendLetter".equals(action)){
            return sendLetter(mapping, form, request,response);  //发送短信
        }else if("historyQuery".equals(action)){
            return queryHistory(mapping, form, request,response);  //查看历史记录
        }else if("getLetterQuery".equals(action)){
            return getLetterQuery(mapping,form,request,response);  //接收短信
        }
        request.setAttribute("error","操作失败！");           //将错误信息保存到 error 中
        return mapping.findForward("error");                 //转到显示错误信息的页面
```

```
    }
        …  //此处省略了该类中其他方法，这些方法将在后面的具体过程中给出
}
```

4.8.3 发送短信的实现过程

发送短信使用的数据表：tb_shortLetter、tb_shortInfo、tb_infoType、tb_customer和tb_personnel。

管理员登录后，选择"收发短信"/"发送短信"命令，进入到发送短信页面。在该页面中展开"名片夹"中的客户列表或员工列表，将显示相应的客户名称或员工姓名，单击指定的客户名称或员工姓名，系统会自动将该客户或员工的手机号码添加到右侧的"接收方手机号码"文本框中（可以添加多条手机号码，但不包括重复的手机号码，各手机号码之间用逗号","分隔）。如果用户想从信息库中选择常用短语直接添加到"短信内容"文本框中，可以先在"添加常用短语"下拉列表框中选择相应的类别，然后单击"确定"按钮，在打开的网页对话框中单击要添加的信息，即可将该信息添加到"短信内容"文本框中。短信内容填写完毕，单击"发送"按钮即可发送。发送短信页面的运行效果如图 4.22 所示。

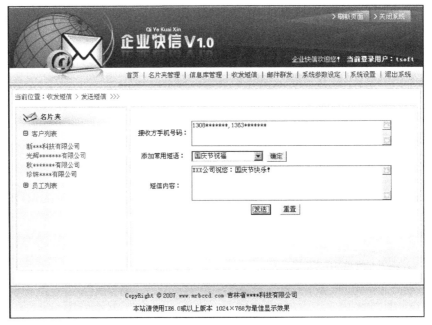

图 4.22 发送短信页面的运行效果

1．设计发送短信页面

发送短信页面总体上可以分为两个部分：一部分用于显示名片夹，另一部分用于编写短信息。发送短信页面在 Dreamweaver 中的设计效果如图 4.23 所示。

打开设置系统导航栏的 JSP 文件 navigation.jsp，在该文件中可以找到如下所示的"发送短信"菜单项的超链接代码。

```
<a href=sendLetter.do?action=addLetter>发送短信</a>
```

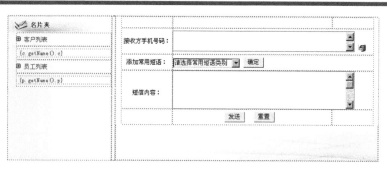

图 4.23　发送短信页面的设计效果

从上面的 URL 地址中可以知道，发送短信页面涉及到的 action 的参数值为 addLetter，当 action= addLetter 时，会调用发送短信页面应用的方法 addLetter()，用于查询名片夹信息。具体代码如下：

例程 29　代码位置：光盘\TM\04\src\com\wgh\action\SendLetter.java

```
if ("addLetter".equals(action)) {
    return addLetter(mapping, form, request,response);
}
```

由于在发送短信页面中需要获取员工信息列表、客户信息列表和信息类别等数据，所以在编写短信页面应用的方法 addLetter() 中，需要调用相应类的查询方法，并将返回的查询结果保存到 HttpServletRequest 对象的相应参数中。编写短信页面应用的方法 addLetter() 的具体代码如下：

例程 30　代码位置：光盘\TM\04\src\com\wgh\action\SendLetter.java

```
private ActionForward addLetter(ActionMapping mapping, ActionForm form,
                HttpServletRequest request,HttpServletResponse response) {
    request.setAttribute("personnelQuery",personnelDAO.query(0)) ;      //查询员工列表
    request.setAttribute("customerQuery",customerDAO.query(0));         //查询客户列表
    request.setAttribute("shortInfo",infoTypeDAO.query(0));             //查询信息类别
    return mapping.findForward("addLetter");                           //转到发送短信页面
}
```

从例程 30 中可以知道，查看员工列表使用的是 PersonnelDAO 类的方法 query()，查看客户信息列表使用的是 CustomerDAO 类的方法 query()，查询信息类别使用的是 InfoTypeDAO 类的方法 query()。在这 3 个 query() 方法中，都是只有一个参数 id（如果 id 的值为 0，则查询全部信息），并且都会将查询结果保存到 List 集合中并返回该集合的实例。对于 CustomerDAO 类的方法 query()，具体代码可参见 4.7.3 节的例程 19，其他类的 query() 方法的代码与 CustomerDAO 类基本相同，这里不再详细介绍。

在 struts-config.xml 文件中配置编写短信页面所涉及的<forward>元素。代码如下：

```
<forward name="addLetter" path="/sendLetter.jsp" />
```

接下来的工作是将 Action 实现类中的 addLetter() 方法返回的查询结果显示在编写短信页面 send-Letter.jsp 中。在 sendLetter.jsp 中，首先通过 request.getAttribute() 方法获取相应的查询结果并将其保存在 List 集合中，再通过循环显示在页面或下拉列表框中。

2. 修改发送短信的 Action 实现类

在编写短信页面中填写接收方手机号码和短信内容后，单击"发送"按钮，网页会访问一个 URL，

即 sendLetter.do?action=sendLetter。从该 URL 地址中可以知道发送短信时涉及到的 action 的参数值为 sendLetter,即当 action=sendLetter 时,会调用发送短信的方法 sendLetter()。具体代码如下:

例程 31 代码位置:光盘\TM\04\src\com\wgh\action\SendLetter.java

```
if("sendLetter".equals(action)){
    return sendLetter(mapping, form, request,response);
}
```

在发送短信的方法 sendLetter()中,首先需要将接收到的表单信息强制转换成 ActionForm 类型,并用获得指定属性的 getXXX()方法获取短信内容和发件人属性并进行转码后,再使用 setXXX()方法重新设置该属性,然后调用 SendLetterDAO 类中的 sendLetter()方法发送短信,并将返回值保存到变量 ret 中。如果返回值为 ok,则表示短信发送成功,将页面重定向到信息发送成功页面;否则,将错误提示信息保存到 HttpServletRequest 对象的 error 参数中,并且将页面重定向到错误提示信息页面。发送短信的方法 sendLetter()的具体代码如下:

例程 32 代码位置:光盘\TM\04\src\com\wgh\action\SendLetter.java

```
private ActionForward sendLetter(ActionMapping mapping, ActionForm form,
                        HttpServletRequest request, HttpServletResponse response){
    SendLetterForm sendLetterForm=(SendLetterForm) form;     //将接收到的表单信息强制转换成 ActionForm 类型
    sendLetterForm.setContent(chStr.toChinese(sendLetterForm.getContent()));      //获取并转码,重新设
                                                                                  置短信内容属性
    sendLetterForm.setFromMan(chStr.toChinese(sendLetterForm.getFromMan()));      //获取并转码,重新设
                                                                                  置发件人属性
    String ret=sendLetterDAO.sendLetter(sendLetterForm);          //调用 sendLetter()方法发送短信
    if(!ret.equals("ok")){
        request.setAttribute("error",ret);                       //保存错误提示信息到 error 参数中
        return mapping.findForward("error");                     //转到错误提示页面
    }else{
        return mapping.findForward("sendLetter");                //转到信息发送成功页面
    }
}
```

3. 编写发送短信的 SendLetterDAO 类的方法

从例程 32 中可以知道,发送短信使用的 SendLetterDAO 类的方法是 sendLetter()。在 sendLetter() 方法中,首先从数据表 tb_parameter 中查询出系统参数(即使用短信猫发送和接收短信时所必需的参数),然后调用通过短信猫发送短信的方法 mySend(),最后将发送短信的日志信息保存到数据表 tb_shortLetter 中。sendLetter()方法的具体代码如下:

例程 33 代码位置:光盘\TM\04\src\com\wgh\dao\SendLetterDAO.java

```
public String sendLetter(SendLetterForm s) {
    String ret = "";                        //返回值
    String device="";                       //通信端口
    String baud="";                         //波特率
    String sn="";                           //注册码
    String info="";                         //短信内容
    String sendnum="";                      //接收短信的手机号码
    String flag="";                         //标识
```

```
    try {
        String sql_p="SELECT top 1 * FROM tb_parameter";
        ResultSet rs=conn.executeQuery(sql_p);
        if(rs.next()){
            device=rs.getString(2);                                        //获取通信端口
            baud=rs.getString(3);                                          //获取波特率
            sn=rs.getString(4);                                            //获取注册码
            info=s.getContent();                                           //获取短信内容
            sendnum=s.getToMan();                                          //获取接收短信的手机号码
            flag=mySend(device,baud,sn,info,sendnum);                      //发送短信
            /************保存短信发送历史记录***************************************/
            if(flag.equals("ok")){
                String sql = "INSERT INTO tb_shortLetter (toMan,content,fromMan) values('" +
                            s.getToMan()+"','"+s.getContent()+"','"+s.getFromMan()+"')";
                int r= conn.executeUpdate(sql);                           //插入短信发送历史记录
                if(r==0){
                    ret="添加短信发送历史记录失败！";
                }else{
                    ret="ok";
                }
            /*************************************************************************/
            }else{
                ret=flag;
            }
        }else{
            ret="发送短信失败！";
        }
    } catch (Exception e) {
        System.out.println("发送短信产生的错误：" + e.getMessage());        //输出错误提示信息
        ret = "发送短信失败！";
    }finally{
        conn.close();                                                      //关闭数据库连接
    }
    return ret;
}
```

4．编写通过短信猫发送短信的方法

由于在发送短信时需要使用短信猫，所以在编写通过短信猫发送短信的方法前，应该先编写初始化 GSM Modem 设备的方法 getConnectionModem()。该方法包括三个参数：第一个参数 device 用于指定通信端口；第二个参数 baud 用于指定波特率；第三个参数 sn 用于指定序列号。返回值为 boolean 型值，即 true 或 false，用于表示初始化是否成功。getConnectionModem()方法的具体代码如下：

例程 34　代码位置：光盘\TM\04\src\com\wgh\dao\SendLetterDAO.java

```
public boolean getConnectionModem(String device,String baud,String sn) {
    smssendinformation = new smssend();                               //实例化 smssend 对象
    boolean connection = true;
❶   if (!smssendinformation.GSMModemInitNew(device, baud, null, "GSM",false, sn)) {//初始化 GSM Modem 设备
❷       System.out.println("初始化 GSM Modem 设备失败："+
smssendinformation.GSMModemGetErrorMsg());
        connection = false;
```

```
    }
    return connection;
}
```

 代码贴士

❶ GSMModemInitNew()方法用于初始化 GSM Modem 设备，该方法的详细介绍可参见 4.11.1 节。

❷ GSMModemGetErrorMsg()方法用于从手机中读出错误信息，该方法的详细介绍可参见 4.11.1 节。

接下来就可以编写通过短信猫发送短信的方法 mySend()了。该方法包括 5 个参数，其中前面的 3 个参数 device、baud 和 sn 为连接短信猫所需的参数信息，可以在数据表 tb_parameter 中获取；第 4 个参数 info 用于指定短信的内容；第 5 个参数 sendnum 用于指定接收方手机号码字符串（可以包括由逗号分隔的多个手机号码）。返回值为发送结果字符串。mySend()方法的具体代码如下：

例程 35　代码位置：光盘\TM\04\src\com\wgh\dao\SendLetterDAO.java

```
public String mySend(String device,String baud,String sn,String info, String sendnum) {
    boolean flag = false;
    String rtn="";
    flag=this.getConnectionModem(device,baud,sn);                    //初始化 GSM Modem 设备
    if(flag){
❶      byte[] sendtest = smssendinformation.getUNIByteArray(info);  //转化为 UNICOPE
                                                                     //实现群发
        String[] arrSendnum=sendnum.split(",");                      //将接收方手机号码字符串转换为数组
        for(int i=0;i<arrSendnum.length;i++){
❷          if (!smssendinformation.GSMModemSMSsend(null, 8, sendtest, arrSendnum[i],false)) {
                System.out.println("发送短信失败："+ smssendinformation.GSMModemGetErrorMsg());
                rtn =rtn+"向"+arrSendnum[i]+"发送短信失败!<br>";
            }
        }
    }
    if(rtn.equals("")){
        rtn="ok";                                                    //将标记变量设置为 ok，表示发送成功
    }
    closeConnection();                                               //关闭连接
    return rtn;
}
```

 代码贴士

❶ getUNIByteArray()方法用于将文本字符串转换为 Java 的 UNICODE 字节数组，该方法的详细介绍可参见 4.11.1 节。

❷ GSMModemSMSsend()方法用于发送短信，该方法的详细介绍可参见 4.11.1 节。

说明

由于例程 35 所需要的 3 个参数 device、baud 和 sn 的值保存在数据表 tb_parameter 中，所以在发送短信前，需要先设置这 3 个参数的值。这可以通过本系统的"系统参数设定"模块进行正确设置。

5．struts-config.xml 文件配置

在 struts-config.xml 文件中配置发送短信所涉及的<forward>元素。代码如下：

```
<forward name="sendLetter" path="/sendLetter_ok.jsp" />
```

4.8.4 接收短信的实现过程

📊 接收短信使用的数据表：tb_parameter。

管理员登录后，选择"收发短信"/"接收短信"命令，进入到接收短信页面，在该页面中将以列表形式显示手机卡中的全部短信息。接收短信页面的运行效果如图 4.24 所示。

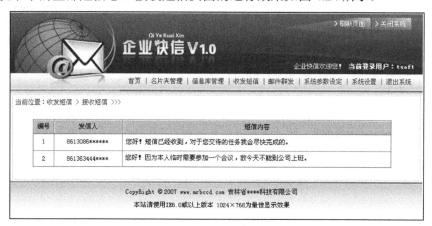

图 4.24 接收短信页面的运行效果

打开设置系统导航栏的 JSP 文件 navigation.jsp，在该文件中可以找到如下所示的"接收短信"菜单项的超链接代码：

```
<a href=sendLetter.do?action=getLetterQuery>接收短信</a>
```

从上面的 URL 地址中可以知道，接收短信涉及到的 action 的参数值为 getLetterQuery，当 action=getLetterQuery 时，会调用接收短信的方法 getLetterQuery()。具体代码如下：

例程 36 代码位置：光盘\TM\04\src\com\wgh\action\SendLetter.java

```java
if ("getLetterQuery".equals(action)) {
    return getLetterQuery(mapping, form, request,response);
}
```

在接收短信的方法 getLetterQuery()中，首先调用 SendLetterDAO 类中的 getLetter()方法接收短信，然后将返回的结果保存到 HttpServletRequest 对象的 shortLetter 参数中。接收短信的方法 getLetterQuery() 的具体代码如下：

例程 37 代码位置：光盘\TM\04\src\com\wgh\action\SendLetter.java

```java
private ActionForward getLetterQuery(ActionMapping mapping, ActionForm form,
                    HttpServletRequest request, HttpServletResponse response) {
    request.setAttribute("shortLetter",sendLetterDAO.getLetter());    //将查询结果保存到 shortLetter 参数中
    return mapping.findForward("getLetterQuery");                     //转到接收短信页面
}
```

从例程 37 中可以知道，接收短信使用的 SendLetterDAO 类的方法是 getLetter()。该方法无参数，返回值为接收到的短信息，然后将查询结果保存到 List 集合中并返回该集合的实例。getLetter()方法的具体代码如下：

例程 38　代码位置：光盘\TM\04\src\com\wgh\dao\SendLetterDAO.java

```java
public List getLetter(){
    List list=new ArrayList();                              //初始化 List 集合的实例
    String device="";                                       //定义保存通信端口的变量
    String baud="";                                         //定义保存波特率的变量
    String sn="";                                           //定义保存序列号的变量
    try {                                                   //捕捉异常信息
        String sql_p="SELECT top 1 * FROM tb_parameter";
        ResultSet rs=conn.executeQuery(sql_p);              //执行查询语句
        if(rs.next()){
            device=rs.getString(2);                         //获取通信端口
            baud=rs.getString(3);                           //获取波特率
            sn=rs.getString(4);                             //获取序列号
            list=myGet(device,baud,sn);                     //接收短信
        }else{
            System.out.println("接收短信失败");              //在控制台中输出提示
        }
    } catch (Exception e) {
        System.out.println("接收短信产生的错误：" + e.getMessage());   //输出错误提示信息
    }finally{
        conn.close();                                       //关闭数据库连接
    }
    return list;
}
```

从例程 38 中可以看出，在接收短信时，还需要调用方法 myGet()。该方法包括 3 个参数，分别用于指定通信端口、波特率和注册码等连接短信猫所需要的参数信息，返回值为 List 集合。myGet()方法的具体代码如下：

例程 39　代码位置：光盘\TM\04\src\com\wgh\dao\SendLetterDAO.java

```java
public List myGet(String device,String baud,String sn) {
    boolean flag = false;
    flag=this.getConnectionModem(device,baud,sn);           //初始化 GSM Modem 设备
    List list=new ArrayList();                              //初始化 List 集合的实例
    if(flag){
❶      String[] allmsg = smssendinformation.GSMModemSMSReadAll(1);   //读取短信内容，但不删除原信息
        //读出的每一条信息由 3 部分组成：电话号码+编码+文本内容
        for (int kk = 0; allmsg != null && kk < allmsg.length; kk++) {
            if (allmsg[kk] == null) continue;               //过滤掉空短信
            String[] tmp = allmsg[kk].split("#");           //将短信内容转换为数组
            if (tmp == null || tmp.length != 3) continue;
                                                            //获取数据
            String codeflg = tmp[1];                        //编码
            String recvtext = tmp[2];                       //短信内容
❷          if (recvtext != null && codeflg.equalsIgnoreCase("8")){   //当短信内容为空并且编码格式等于 8 时
```

❸　　　　　　　　recvtext = smssendinformation.HexToBuf(recvtext);　　　//将短信内容转换为 Java 的文本字符串
　　　　　　}
　　　　　　tmp[2]=recvtext;　　　　　　　　　　　　　　　　　　　　　//将转换后的字符串重新赋给 tmp[2]
　　　　　　list.add(tmp);
　　　　}
　　}
　　closeConnection();　　　　　　　　　　　　　　　　　　　　　　　//关闭连接
　　return list;
}

📢 代码贴士

❶ GSMModemSMSReadAll()方法用于读取短信息，该方法的详细介绍可参见 4.11.1 节。

❷ equalsIgnoreCase()方法是 String 类的方法，用于将一个字符串与另一个字符串进行比较，不考虑大小写，该方法的返回值为 boolean 型。

❸ HexToBuf()方法用于将十六进制字符串转化为 Java 的字符串，该方法的详细介绍可参见 4.11.1 节。

在 struts-config.xml 文件中配置接收短信所涉及的<forward>元素。代码如下：

```
<forward name="getLetterQuery" path="/getLetter.jsp"/>
```

接下来的工作是将 Action 实现类中 getLetterQuery()方法返回的结果显示在接收短信页 getLetter.jsp 中。在 getLetter.jsp 中，首先通过 request.getAttribute()方法获取接收结果并将其保存在 List 集合中，再通过循环将接收到的信息以列表形式显示在页面中。

4.8.5　单元测试

在开发完收发短信模块后，为了保证程序正常运行，一定要对模块进行单元测试。单元测试在程序开发中非常重要，只有通过单元测试才能发现模块中的不足之处，并及时地纠正程序中出现的错误。下面将对收发短信模块中容易出现的错误进行分析。

进入"发送短信"页面，在"接收方手机号码"文本框中输入相应的手机号码（多个手机号码间用逗号分隔），在"短信内容"文本框中输入短信内容后，单击"发送"按钮，正常情况下，会弹出"短信发送成功"的提示对话框，但有时可能会直接进入到如图 4.25 所示的页面错误提示。出现该问题的原因可能是短信猫中的手机卡没有可用余额了，这时只要为手机卡充值即可解决。

图 4.25　发送短信失败时的错误提示

4.9　邮件群发模块设计

4.9.1　邮件群发模块概述

邮件群发模块主要用于实现群发邮件，同时还提供发送带附件的邮件的功能。邮件群发的流程如

图 4.26 所示。

4.9.2 邮件群发模块技术分析

在实现邮件群发模块时，需要编写邮件群发模块对应的 ActionForm 类和 Action 实现类。下面将详细介绍如何编写邮件群发模块的 ActionForm 类和创建邮件群发的 Action 实现类。

1．编写邮件群发的 ActionForm 类

虽然在邮件群发模块中，只涉及到 tb_customer（客户信息表）和 tb_personnel（员工信息表）两个数据表，但是邮件群发并不是只涉及到与这两个数据表相对应的 ActionForm 类 CustomerForm 和 PersonnelForm，本模块中还涉及到用于获取发送邮件所需的表单信息的 ActionForm 类 SendMailForm。由于本模块中涉及的 ActionForm 类也是由属性及对应的 getXXX() 和 setXXX()方法组成，所以这里不作详细介绍，具体实现方法可参见 4.7.2 节。

2．创建邮件群发的 Action 实现类

邮件群发模块的 Action 实现类 SendMail 继承了 Action 类。首先需要在该类的构造方法中分别实例化

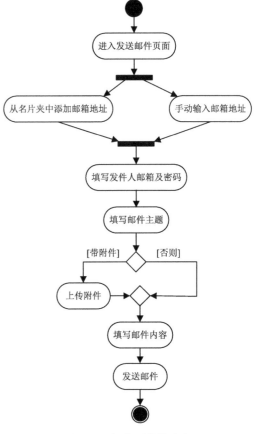

图 4.26　邮件群发的流程

邮件群发模块的 SendMailDAO 类、员工管理模块的 PersonnelDAO 类和客户管理模块的 CustomerDAO 类。Action 实现类的主要方法是 execute()，该方法会被自动执行。这个方法本身没有具体的事务，它是根据 HttpServletRequest 的 getParameter()方法获取的 action 参数值执行相应方法的。邮件群发模块 Action 实现类的关键代码如下：

例程 40　代码位置：光盘\TM\04\src\com\wgh\action\SendMail.java

```
package com.wgh.action;                              //此处省略了导入该类中所需包的代码
...
public class SendMail extends Action{
    private SendMailDAO sendMailDAO = null;          //声明 SendMailDAO 类的对象
    private PersonnelDAO personnelDAO=null;          //声明 PersonnelDAO 类的对象
    private CustomerDAO customerDAO=null;            //声明 CustomerDAO 类的对象
    private ChStr chStr=new ChStr();
    public SendLetter(){
        this.sendMailDAO = new SendMailDAO();        //实例化 SendMailDAO 类
        this.personnelDAO=new PersonnelDAO();        //实例化 PersonnelDAO 类
        this.customerDAO=new CustomerDAO();          //实例化 CustomerDAO 类
    }
     public ActionForward execute(ActionMapping mapping,ActionForm form,
                    HttpServletRequest request,HttpServletResponse response){
```

```
String action = request.getParameter("action");                    //获取 action 参数的值
if (action == null || "".equals(action)) {
    request.setAttribute("error","您的操作有误！");                   //将错误信息保存到 error 中
    return mapping.findForward("error");                           //转到显示错误信息的页面
}else if ("addMail".equals(action)) {
    return addMail(mapping, form, request,response);              //编写邮件
}else if("sendMail".equals(action)){
    return sendMail(mapping, form, request,response);             //发送邮件
}
request.setAttribute("error","操作失败！");                          //将错误信息保存到 error 中
return mapping.findForward("error");                              //转到显示错误信息的页面
}
    …  //此处省略了该类中其他方法，这些方法将在后面的具体过程中给出
}
```

4.9.3　邮件群发模块的实现过程

　　🔲　邮件群发使用的数据表：tb_customer 和 tb_personnel。

　　管理员登录后，单击"邮件群发"菜单项，进入到邮件群发页面。在该页面中展开"名片夹"中的客户列表或员工列表，将显示相应的客户名称或员工姓名。单击指定的客户名称或员工姓名，系统会自动将该客户或员工的邮箱地址添加到右侧的"收件人"文本框中（可以添加多个邮箱地址，但不包括重复的邮箱地址，各邮箱地址之间用逗号","分隔）。如果用户想发送带附件的邮件，还需要单击"上传附件"按钮，将要发送的附件上传到服务器上。邮件信息填写完毕，单击"发送"按钮即可。邮件群发页面的运行效果如图 4.27 所示。

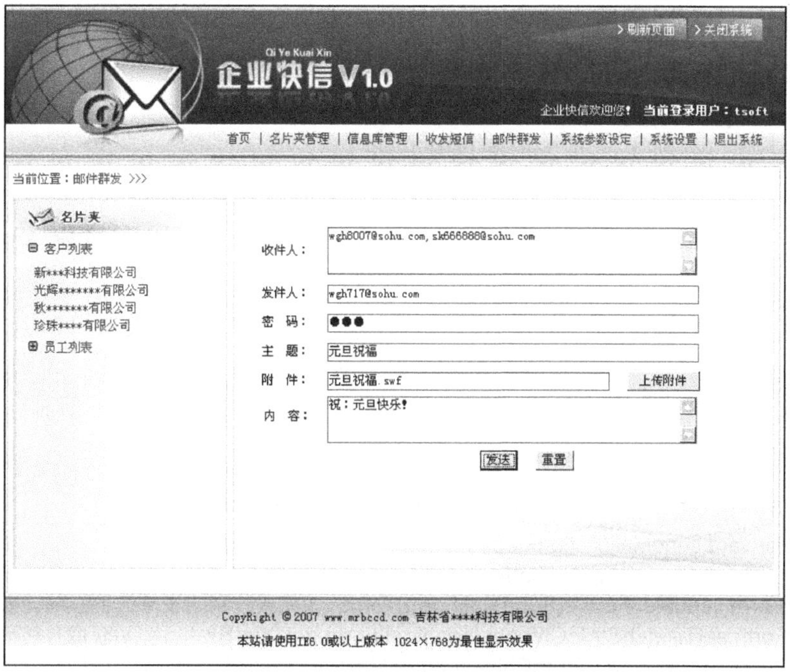

图 4.27　邮件群发页面的运行效果

1．设计邮件群发页面

邮件群发页面总体上可以分为两个部分：一部分用于显示名片夹，另一部分用于填写邮件信息。邮件群发页面在 Dreamweaver 中的设计效果如图 4.28 所示。

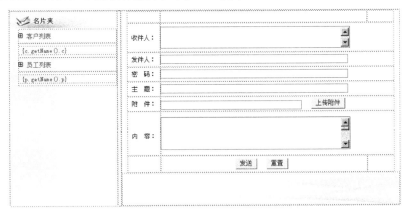

图 4.28　邮件群发页面的设计效果

由于邮件群发页面的实现方法同 4.8.3 节介绍的发送短信页面类似，这里不作详细介绍，具体代码参见光盘。

2．修改发送短信的 Action 实现类

在邮件群发页面中填写相应的邮件信息后，单击"发送"按钮，网页会访问一个 URL，即 sendMail.do?action=sendMail。从该 URL 地址中可以知道群发邮件时涉及到的 action 的参数值为 sendMail，即当 action=sendMail 时，会调用群发邮件的方法 sendMail()。具体代码如下：

例程 41　代码位置：光盘\TM\04\src\com\wgh\action\SendMail.java

```
if("sendMail".equals(action)){
    return sendMail(mapping, form, request,response);
}
```

在群发邮件的方法 sendMail()中，首先需要将接收到的表单信息强制转换成 ActionForm 类型，并用获得指定属性的 getXXX()方法获取主题、附件和内容属性并进行转码后，再使用 setXXX()方法重新设置该属性，然后调用 SendLetterDAO 类中的 sendMail()方法发送邮件，并将返回值保存到变量 ret 中。如果返回值为 ok，则表示邮件发送成功，将页面重定向到邮件发送成功页面；否则，将错误提示信息保存到 HttpServletRequest 对象的 error 参数中，并且将页面重定向到错误提示信息页面。群发邮件的方法 sendMail()的具体代码如下：

例程 42　代码位置：光盘\TM\04\src\com\wgh\action\SendMail.java

```
private ActionForward sendMail(ActionMapping mapping, ActionForm form,
                    HttpServletRequest request, HttpServletResponse response){
    SendMailForm sendMailForm=(SendMailForm) form;    //将接收到的表单信息强制转换成 ActionForm 类型
    sendMailForm.setTitle(chStr.toChinese(sendMailForm.getTitle()));        //获取并转码，重新设置主题属性
    sendMailForm.setAdjunct(chStr.toChinese(sendMailForm.getAdjunct())); //获取并转码，重新设置附件属性
    sendMailForm.setContent(chStr.toChinese(sendMailForm.getContent())); //获取并转码，重新设置邮件内容属性
```

```
        int ret=sendMailDAO.sendMail(sendMailForm);                    //调用发送邮件方法 sendMail()
        if(ret==0){
            request.setAttribute("error","邮件发送失败！");              //保存错误提示信息到 error 参数中
            return mapping.findForward("error");                       //转到错误提示页面
        }else{
            return mapping.findForward("sendMail");                    //转到邮件发送成功页面
        }
    }
```

3. 编写群发邮件的 SendLetterDAO 类的方法

从例程 42 中可以知道，群发邮件使用的 SendMailDAO 类的方法是 sendMail()。在 sendMail()方法中，首先从数据表 tb_parameter 中查询出系统参数（即使用短信猫发送和接收短信时，所必需的参数），然后调用通过短信猫发送短信的方法 mySend()，最后将发送短信的日志信息保存到数据表 tb_shortMail 中。发送邮件的方法 sendMail()的代码如下：

例程 43　代码位置：光盘\TM\04\src\com\wgh\dao\SendMailDAO.java

```
public int sendMail(SendMailForm s) {
    int ret = 0;
    String from = s.getAddresser();                    //发件人
    String to = s.getAddressee();                      //收件人
    String subject = s.getTitle();                     //主题
    String content = s.getContent();                   //邮件内容
    String password = s.getPwd();                      //发件人密码
    String path = s.getAdjunct();                      //附件
    try {
❶      String mailserver ="smtp."+to.substring(to.indexOf('@')+1,to.length());
❷  //   String mailserver = "wanggh";
❸      Properties prop = new Properties();            //实例化 Properties 类
        prop.put("mail.smtp.host", mailserver);        //指定采用 SMTP 协议的邮件发送服务器的主机名
        prop.put("mail.smtp.auth", "true");            //指定 SMTP 服务器需要验证
        Session sess = Session. getDefaultInstance(prop);   //根据已经配置的属性创建 Session 实例
        sess.setDebug(true);                           //设置调试标志
        MimeMessage message = new MimeMessage(sess);   //实例化 MimeMessage 类
        message.setFrom(new InternetAddress(from)); //设置发件人地址,该地址为 InternetAddress 类的对象
        /*******************设置收件人*****************************************************/
        String toArr[]=to.split(",");                  //将以逗号分隔的收件人字符串转换为数组
        InternetAddress[] to_mail=new InternetAddress[toArr.length];
        for(int i=0;i<toArr.length;i++){
            to_mail[i]=new InternetAddress(toArr[i]);  //将收件人地址转换为 InternetAddress 类的对象
        }
❹      message.setRecipients(Message.RecipientType.BCC,to_mail);
        /************************************************************************************/
        message.setSubject(subject);                   //设置主题
        Multipart mul = new MimeMultipart();           //新建一个 MimeMultipart 对象来存放多个 BodyPart 对象
        BodyPart mdp = new MimeBodyPart();             //新建一个存放邮件内容的 BodyPart 对象
        mdp.setContent(content, "text/html;charset=gb2312");   //设置邮件内容
        mul.addBodyPart(mdp);                          //将含有邮件内容的 BodyPart 加入到 MimeMulitipart 对象中
        if(!path.equals("") && path!=null){            //当存在附件时
            /**************设置邮件的附件（用本机上的文件作为附件）*************************/
```

```
                mdp = new MimeBodyPart();              //新建一个存放附件的 BodyPart
                //此处需要转码，否则附件中包含中文时，将产生乱码
                String adjunctname = new String(path.getBytes("GBK"), "ISO-8859-1");
                path = (System.getProperty("java.io.tmpdir") + "/" + path).replace("\\", "/"); //获取附件保存的路径
                FileDataSource fds = new FileDataSource(path);
                DataHandler handler = new DataHandler(fds);
                mdp.setFileName(adjunctname);          //设置附件的文件名
                mdp.setDataHandler(handler);           //设置附件的数据处理器
                mul.addBodyPart(mdp);                  //将包含附件的 BodyPart 加入到 MimeMulitipart 对象中
                /*********************************************************************************/
            }
            message.setContent(mul);               //把 mul 作为消息对象的内容
            message.saveChanges();                 //指定报头域同会话内容保持一致
            Transport transport = sess.getTransport("smtp");            //指定以 SMTM 方式登录邮箱
❺           transport.connect(mailserver, from, password);              //连接到接收邮件服务器
            transport.sendMessage(message, message.getAllRecipients()); //发送邮件
            transport.close();
            ret = 1;
        } catch (Exception e) {
            System.out.println("发送邮件产生的错误：" + e.getMessage());   //输出错误信息
            ret = 0;
        }
        return ret;
    }
```

📢)) 代码贴士

❶ 该句代码为在 Internet 上发送邮件时采用的获取邮件服务器的代码。

❷ 该句代码为在局域网内发送邮件时采用的指定邮件服务器的代码。

❸ 每个基于 Java Mail 的程序都需要创建一个 Session 或多个 Session 对象。由于 Session 对象利用 java.util.Properties 对象获取诸如邮件服务器、用户名、密码等信息，以及其他可在整个应用程序中共享的信息，所以在创建 Session 对象前，需要先创建 java.util.Properties 对象的实例。

❹ setRecipients()方法用于设置收件人地址，该方法的详细介绍可参见 4.11.2 节。

❺ 由于是以 SMTP 方式登录邮箱，所以 connect()方法的第一个参数是发送邮件使用的 SMTP 邮件服务器地址，第二个参数为发送邮件的用户名，第三个参数为密码。

4. struts-config.xml 文件配置

在 struts-config.xml 文件中配置群发邮件所涉及的<forward>元素。代码如下：

```
<forward name="sendMail" path="/sendMail_ok.jsp" />
```

4.9.4　单元测试

在开发完邮件群发模块后，为了保证程序正常运行，一定要对模块进行单元测试。下面先看原始的实现邮件群发的代码：

```
…  //此处省略了部分代码
if(!path.equals("") && path!=null){                    //当存在附件时
```

```
//设置信件的附件（用本机上的文件作为附件）
mdp = new MimeBodyPart();                    //新建一个存放附件的 BodyPart
String adjunctname=path;
path = (System.getProperty("java.io.tmpdir") + "/" + path).replace(    "\\", "/");    //获取附件保存的路径
FileDataSource fds = new FileDataSource(path);
DataHandler handler = new DataHandler(fds);
mdp.setFileName(adjunctname);                //设置附件的文件名
mdp.setDataHandler(handler);                 //设置附件的数据处理器
mul.addBodyPart(mdp);                        //将包含附件的 BodyPart 加入到 MimeMulitipart 对象中
}
…       //此处省略了部分代码
```

通过上面的代码实现的邮件群发会存在以下问题：当发送带有中文名称的邮件后，使用 Outlook 软件接收邮件时，附件的名称将产生乱码。这是因为在邮件群发的 Action 类中，已经将接收到的附件名称转换为 GBK 编码格式，而在 Outlook 接收附件时，采用的编码格式为 ISO-885-1，所以此处还需要将其转换为 ISO-8859-1 编码格式。这时也许读者要问，那为什么还要在 Action 类中进行转码呢？这是因为如果不进行转换，在类中通过文件名获取文件路径时，将不能正常获取。

修改后的完成邮件群发的代码如下：

```
…       //此处省略了部分代码

if(!path.equals("") && path!=null){                     //当存在附件时
    mdp = new MimeBodyPart();                           //新建一个存放附件的 BodyPart
    String adjunctname = new String(path.getBytes("GBK"), "ISO-8859-1");
    path = (System.getProperty("java.io.tmpdir") + "/" + path).replace("\\", "/");       //获取附件保存的路径
    FileDataSource fds = new FileDataSource(path);
    DataHandler handler = new DataHandler(fds);
    mdp.setFileName(adjunctname);                       //设置附件的文件名
    mdp.setDataHandler(handler);                        //设置附件的数据处理器
    mul.addBodyPart(mdp);                               //将包含附件的 BodyPart 加入到 MimeMulitipart 对象中
}
…       //此处省略了部分代码
```

4.10　开发技巧与难点分析

4.10.1　从"名片夹"中选择手机号码到"接收方手机号码"文本框

为了方便用户，系统中需要提供通过单击客户列表（或员工列表）中的客户全称（或员工姓名），即可将该客户（或员工）的联系手机号码添加到"接收方手机号码"文本框中的功能。实现该功能时，需要编写自定义的 JavaScript 函数 add()，在该函数中需要对手机号码进行验证并实现累加手机号码到"接收方手机号码"文本框中的功能。add()函数的具体代码如下：

例程 44　代码位置：光盘\TM\04\WebContent\sendLetter.jsp

```
<script language="javascript">
function add(mobileTel){
```

```
❶     if(checkTel(mobileTel)){                    //验证手机号码是否正确
          s=form1.toMan.value;
          if(s.length>=11){                        //当"接收方手机号码"文本框中已经包含手机号码
❷            arrS=s.split(",");                     //将手机号码字符串分割为数组
             flag=false;                            //标记是否已经添加
             for(i=0;i<arrS.length;i++){
                 if(arrS[i]==mobileTel){//判断该手机号码是否已经添加
                     flag=true;
                     break;              //跳出 for 循环
                 }
             }
             if(!flag){                              //当手机号码正确，并且没有被添加到"接收方手机号码"文本框中
                 form1.toMan.value=s+","+mobileTel;       //累加手机号码到"接收方手机号码"文本框中
             }
          }else{                                              //"接收方手机号码"文本框中不包含手机号码
             form1.toMan.value=mobileTel;//添加手机号码到"接收方手机号码"文本框中
          }
      }
  }
</script>
```

📢》 代码贴士

❶ checkTel()方法为笔者自定义的 JavaScript 函数，被保存到光盘\TM\04\JS\function.js 文件中，用于验证手机号码是否正确。

❷ split()方法为 String 对象的方法，该方法用于将字符串分割为数组。其语法格式如下：

```
string.split(separator,limit)
```

在上面的语法中，用 separator 分隔符将字符串划分成子串并将其存储到数组中，如果指定了 limit，则数组限定为 limit 给定的数。separator 分隔符可以是多个字符或一个正则表达式，不作为任何数组元素的一部分返回。

编写好自定义的 JavaScript 函数 add()后，还需要在显示客户列表的代码上添加一个空的超链接，并且在其 onClick 事件中调用 add()函数。具体代码如下：

```
<a href="#" onClick="add('<%=c.getMobileTel()%>')"><%=c.getName()%></a>
```

4.10.2　从信息库中插入短信内容

为了方便用户，系统中需要提供将信息库中保存的常用短语添加到"短信内容"文本框中的功能。实现该功能的具体步骤如下：

（1）在发送短信页面的"添加常用短语"下拉列表框的右侧添加一个"确定"按钮，在该按钮的 onClick 事件中调用自定义的 JavaScript 函数 deal()。关键代码如下：

```
<input name="Submit3" type="button" class="btn_grey" value="确定"
onClick="deal(this.form.infoType.value,this.form.content)">
```

（2）编写自定义的 JavaScript 函数 deal()，用于打开网页对话框并将网页对话框返回的值添加到"短信内容"文本框。具体代码如下：

```
<script language="javascript">
function deal(infoType,text){
    var someValue;
    var
str="window.showModalDialog('shortInfo.do?action=selectShortInfo&id="+infoType+"','','dialogWidth=520px;\
    dialogHeight=430px;status=no;help=no;scrollbars=no')";
    someValue=eval(str);
    if(someValue!=undefined){
        text.value=text.value+someValue;    //将从网页对话框中选择的常用短语添加到"短信内容"文本框中
    }
}
</script>
```

（3）创建选择指定类别的常用短语的页面 selectShortInfo.jsp，并且在该页面中添加用于将选择的常用短语返回到打开该窗口的变量，并且关闭当前窗口的自定义 JavaScript 函数 selectInfo()。selectInfo() 函数的具体代码如下：

```
<script language="javascript">
function selectInfo(info){
    window.returnValue=info;    //将当前网页对话框的返回值设置为选中的信息
    window.close();             //关闭当前网页对话框
}
</script>
```

（4）在 selectShortInfo.jsp 中显示常用短语的代码上添加一个空的超链接，并且在其 onClick 事件中调用 selectInfo() 函数。具体代码如下：

```
<a href="#" onClick="selectInfo('<%=s.getContent()%>')"><%=s.getContent()%></a>
```

4.11　使用短信猫和 Java Mail 组件

4.11.1　使用短信猫

短信猫又名 GSM Modem，专门针对短信应用设计，内含工业级短信发送模块，简化了通信接口，性能稳定可靠，符合各种商业和工业级短信应用要求，支持向移动、联通以及小灵通用户收发短信，适用于多领域的无线数据通信、短信息通告、短信息查询等应用。

本书中使用的是北京人大金仓信息技术有限公司的串口短信猫。在购买短信猫时会附带包含 SDK 的开发包，其中提供了操作短信猫的方法。下面介绍操作短信猫的主要方法。

（1）获取短信猫注册时所需信息的方法 GSMModemGetSnInfoNew()。其语法格式如下：

```
public native String GSMModemGetSnInfoNew(String device,String baudrate)
```

参数及返回值说明如表 4.5 所示。

表 4.5　GSMModemGetSnInfoNew()方法的参数与返回值说明

参　数　名　称	参　数　类　型	参　数　说　明
device	String 型	用于指定通信端口号，为 null 时系统会自动检测
baudrate	String 型	用于指定通信波特率，为 null 时系统会自动检测
返回值	String 型	短信标识码，将此号码发送给厂商即可获得正式的授权码

（2）初始化 GSM Modem 设备的方法 GSMModemInitNew()。其语法格式如下：

public native **boolean** GSMModemInitNew(String device,String baudrate,String initstring,String charset,
boolean sw- Handshake,String sn)

参数及返回值说明如表 4.6 所示。

表 4.6　GSMModemInitNew()方法的参数与返回值说明

参　数　名　称	参　数　类　型	参　数　说　明
device	String 型	用于指定通信端口号，为 null 时系统会自动检测
baudrate	String 型	用于指定通信波特率，为 null 时系统会自动检测
initstring	String 型	用于指定 at 初始化命令，设为 null，系统默认即可
charset	String 型	用于指定通信字符集，设为 null，系统默认即可
swHandshake	boolean 型	用于指定是否进行软件握手，设为 false 即可
Sn	String 型	用于指定通信许可证书，区分大小写。例如，REEE-IVKD-VKTZ-VDZB
返回值	boolean 型	true 为成功，false 为失败

（3）发送短信的方法 GSMModemSMSsend()。其语法格式如下：

public native **boolean** GSMModemSMSsend(String serviceCenterAddress,**int** codeval,**byte** [] text,String
phonenumber, **boolean** requestStatusReport)

参数及返回值说明如表 4.7 所示。

表 4.7　GSMModemSMSsend()方法的参数与返回值说明

参　数　名　称	参　数　类　型	参　数　说　明
serviceCenterAddress	String 型	用于指定短信中心号码
codeval	int 型	用于指定文本编码格式，如 0-7bit，4-8bit，8-16bit
Text	byte []型	用于指定短信内容的 UNICODE 字节数组
phonenumber	String 型	用于指定接收电话号码
requestStatusReport	boolean 型	用于指定状态报告，一般不进行状态报告
返回值	boolean 型	true 为发送成功，false 为发送失败

（4）获取当前通信端口的方法 GSMModemGetDevice()。其语法格式如下：

public native String GSMModemGetDevice();

返回值：String 型，返回端口名称（如 COM1）。

（5）获取当前通信波特率的方法 GSMModemGetBaudrate()。其语法格式如下：

public native String GSMModemGetBaudrate();

返回值：String 型，返回波特率（如 9600）。

（6）获取当前连接状态的方法 GSMModemIsConn()。其语法格式如下：

public native **boolean** GSMModemIsConn();

返回值：boolean 型，返回系统是否连接，true 为正在连接，false 为未连接。

（7）断开连接，并释放资源的方法 GSMModemRelease()。其语法格式如下：

public native **void** GSMModemRelease();

（8）将文本字符串转换为 Java 的 UNICODE 字节数组的方法 getUNIByteArray()。其语法格式如下：

public **static** byte[] getUNIByteArray(String instr)

instr：String 型，用于指定短信文本字符串。

返回值：byte[]型，转换后的 Java 的 UNICODE 字节数组。

（9）将 Java 的字符串转化为十六进制的字符串的方法 bufToHex()。其语法格式如下：

public static String bufToHex(byte[] temp);

temp：byte[]型，用于指定 UNICODE 字节数组。

返回值：String 型，转换后的十六进制的短信文本字符串。

（10）将十六进制字符串转化为 Java 的字符串的方法 HexToBuf()。其语法格式如下：

public static String HexToBuf(String text) ;

text：String 型，用于指定十六进制字符串。

返回值：String 型，转换后的 Java 短信文本字符串。

（11）从手机中读出错误信息的方法 GSMModemGetErrorMsg()。其语法格式如下：

public native String GSMModemGetErrorMsg();

返回值：错误说明文字。

4.11.2　使用 Java Mail 组件

Java Mail 是 Sun 公司发布用来处理 E-mail 的 API，是一种可选的，用于读取、编写和发送电子消息的包（标准扩展）。使用 Java Mail 可以创建 MUA（Mail User Agent，邮件用户代理）类型的程序，类似于 Eudora、Pine 及 Microsoft Outlook 等邮件程序。其主要目的不是像发送邮件或提供 MTA（Mail Transfer Agent，邮件传输代理）类型程序那样用于传输、发送和转发消息，而是可以与 MUA 类型的程序交互，以阅读和撰写电子邮件。MUA 依靠 MTA 处理实际的发送任务。

Java Mail API 中提供了很多用于处理 E-mail 的类，其中比较常用的有 Session（会话）类、Message（消息）类、Address（地址）类、Authenticator（认证方式）类、Transport（传输）类、Store（存储）类和 Folder（文件夹）类 7 个类。这 7 个类都可以在 Java Mail API 的核心包 mail.jar 中找到，下面进行详细介绍。

1．Session 类

Java Mail API 中提供了 Session 类，用于定义保存诸如 SMTP 主机和认证的信息的基本邮件会话。通过 Session 会话可以阻止恶意代码窃取其他用户在会话中的信息（包括用户名和密码等认证信息），从而让其他工作顺利执行。

每个基于 Java Mail 的程序都需要创建一个或多个 Session 对象。由于 Session 对象利用 java.util.Properties 对象获取诸如邮件服务器、用户名和密码等信息，以及其他可在整个应用程序中共享的信息，所以在创建 Session 对象前，需要先创建 java.util.Properties 对象的实例。创建 java.util.Properties 对象的实例的代码如下：

```
Properties props=new Properties();
```

创建 Session 对象可以通过以下两种方法，不过通常情况下会使用第二种方法创建共享会话。

（1）使用静态方法创建 Session 的语句如下：

```
Session session = Session.getInstance(props, authenticator);
```

 说明 props 为 java.util. Properties 类的对象，authenticator 为 Authenticator 对象，用于指定认证方式。

（2）创建默认的共享 Session 的语句如下：

```
Session defaultSession = Session.getDefaultInstance(props, authenticator);
```

 说明 props 为 java.util. Properties 类的对象，authenticator 为 Authenticator 对象，用于指定认证方式。

如果在进行邮件发送时，不需要指定认证方式，可以使用空值（null）作为参数 authenticator 的值。例如，创建一个不需要指定认证方式的 Session 对象的代码如下：

```
Session mailSession=Session.getDefaultInstance(props,null);
```

2．Message 类

Message 类是电子邮件系统的核心类，用于存储实际发送的电子邮件信息。Message 类是一个抽象类，要使用该抽象类可以使用其子类 MimeMessage，该类保存在 javax.mail.internet 包中，可以存储 MIME 类型和报头（在不同的 RFC 文档中均有定义）消息，并且将消息的报头限制成只能使用 US-ASCII 字符，尽管非 ASCII 字符可以被编码到某些报头字段中。

如果想对 MimeMessage 类进行操作，首先要实例化该类的一个对象。在实例化该类的对象时，需要指定一个 Session 对象，这可以通过将 Session 对象传递给 MimeMessage 的构造方法来实现。例如，实例化 MimeMessage 类的对象 message 的代码如下：

```
MimeMessage msg = new MimeMessage(mailSession);
```

实例化 MimeMessage 类的对象 msg 后，就可以通过该类的相关方法设置电子邮件信息的详细信息。

MimeMessage 类中常用的方法包括以下几个：

（1）setText()方法。

setText()方法用于指定纯文本信息的邮件内容。该方法只有一个参数，用于指定邮件内容。setText()方法的语法格式如下：

```
setText(String content)
```

content：纯文本的邮件内容。

（2）setContent()方法。

setContent()方法用于设置电子邮件内容的基本机制，多数用于发送 HTML 等纯文本以外的信息。该方法包括两个参数，分别用于指定邮件内容和 MIME 类型。setContent()方法的语法格式如下：

```
setContent(Object content, String type)
```

☑　content：用于指定邮件内容。

☑　type：用于指定邮件内容类型。

例如，指定邮件内容为"简单快乐"，类型为普通的文本。代码如下：

```
message.setContent("简单快乐", "text/plain");
```

（3）setSubject()方法。

setSubject()方法用于设置邮件的主题。该方法只有一个参数，用于指定主题内容。setSubject()方法的语法格式如下：

```
setSubject(String subject)
```

subject：用于指定邮件的主题。

（4）saveChanges()方法。

saveChanges()方法能够保证报头域同会话内容保持一致。saveChanges()方法的语法格式如下：

```
msg.saveChanges();
```

（5）setFrom()方法。

setFrom()方法用于设置发件人地址。该方法只有一个参数，用于指定发件人地址，该地址为 InternetAddress 类的一个对象。setFrom()方法的语法格式如下：

```
msg.setFrom(new InternetAddress(from));
```

　说明　创建 InternetAddress 类的对象的方法可参见下面的 "Address 类" 部分。

（6）setRecipients()方法。

setRecipients()方法用于设置收件人地址。该方法有两个参数，分别用于指定收件人类型和收件人地址。setRecipients()方法的语法格式如下：

```
setRecipients(RecipientType type, InternetAddress address);
```

☑　type：收件人类型。可以使用以下 3 个常量来区分收件人的类型。

Message.RecipientType.TO：发送。

Message.RecipientType.CC：抄送。

Message.RecipientType.BCC：暗送。

☑ address：收件人地址。可以为 InternetAddress 类的一个对象或多个对象组成的数组。

例如，设置收件人的地址为 wgh8007@163.com 的代码如下：

```
address=InternetAddress.parse("wgh8007@163.com",false);
msg.setRecipients(Message.RecipientType.TO, toAddrs);
```

（7）setSentDate()方法。

setSentDate()方法用于设置发送邮件的时间。该方法只有一个参数，用于指定发送邮件的时间。setSentDate()方法的语法格式如下：

```
setSentDate(Date date);
```

date：用于指定发送邮件的时间。

（8）getContent()方法。

getContent()方法用于获取消息内容，该方法无参数。getContent()方法的语法格式如下：

```
getContent()
```

（9）writeTo()方法。

writeTo()方法用于获取消息内容（包括报头信息），并将其内容写到一个输出流中。该方法只有一个参数，用于指定输出流。writeTo()方法的语法格式如下：

```
writeTo(OutputStream os)
```

os：用于指定输出流。

3．Address 类

Address 类用于设置电子邮件的响应地址。Address 类是一个抽象类，要使用该抽象类可以使用其子类 InternetAddress，该类保存在 javax.mail.internet 包中，可以按照指定的内容设置电子邮件的地址。

如果想对 InternetAddress 类进行操作，首先要实例化该类的一个对象。在实例化该类的对象时，有以下两种方法。

（1）创建只带有电子邮件地址的地址，可以把电子邮件地址传递给 InternetAddress 类的构造方法。代码如下：

```
InternetAddress address = new InternetAddress("wgh717@sohu.com");
```

（2）创建带有电子邮件地址并显示其他标识信息的地址，可以将电子邮件地址和附加信息同时传递给 InternetAddress 类的构造方法。代码如下：

```
InternetAddress address = new InternetAddress("wgh717@sohu.com","Wang GuoHui");
```

说明

Java Mail API 没有提供检查电子邮件地址有效性的机制。如果需要，读者可以自己编写检查电子邮件地址是否有效的方法。

4. Authenticator 类

Authenticator 类通过用户名和密码来访问受保护的资源。Authenticator 类是一个抽象类，要使用该抽象类首先需要创建一个 Authenticator 的子类，并重载 getPasswordAuthentication()方法。具体代码如下：

```
class WghAuthenticator extends Authenticator {
    public PasswordAuthentication getPasswordAuthentication(){
        String username = "wgh";          //邮箱登录账号
        String pwd = "111";               //登录密码
        return new PasswordAuthentication(username, pwd);
    }
}
```

然后再通过以下代码实例化新创建的 Authenticator 的子类，并将其与 Session 对象绑定。

```
Authenticator auth = new WghAuthenticator();
Session session = Session.getDefaultInstance(props, auth);
```

5. Transport 类

Transport 类用于使用指定的协议（通常是 SMTP）发送电子邮件。Transport 类提供了以下两种发送电子邮件的方法。

（1）只调用其静态方法 send()，按照默认协议发送电子邮件。代码如下：

```
Transport.send(message);
```

（2）首先从指定协议的会话中获取一个特定的实例，然后传递用户名和密码，再发送信息，最后关闭连接。代码如下：

```
Transport transport =sess.getTransport("smtp");
transport.connect(servername,from,password);
transport.sendMessage(message,message.getAllRecipients());
transport.close();
```

在发送多个消息时，建议采用第二种方法，因为它将保持消息间活动服务器的连接，而使用第一种方法时，系统将为每一个方法的调用建立一条独立的连接。

注意　如果想要查看经过邮件服务器发送邮件的具体命令，可以用 session.setDebug(true)方法设置调试标志。

6. Store 类

Store 类定义了用于保存文件夹间层级关系的数据库，以及包含在文件夹之中的信息，该类也可以定义存取协议的类型，以便存取文件夹与信息。

在获取会话后，就可以使用用户名和密码或 Authenticator 类来连接 Store 类。与 Transport 类一样，首先要告诉 Store 类将使用什么协议。

☑　使用 POP3 协议连接 Store 类。代码如下：

```
Store store = session.getStore("pop3");
store.connect(host, username, password);
```

☑　使用 IMAP 协议连接 Store 类。代码如下：

```
Store store = session.getStore("imap");
store.connect(host, username, password);
```

说明　如果使用 POP3 协议，只能使用 INBOX 文件夹，但是使用 IMAP 协议，则可以使用其他的文件夹。

在使用 Store 类读取完邮件信息后，需要及时关闭连接。关闭 Store 类的连接可以使用以下代码：

```
store.close();
```

7. Folder 类

Folder 类用于定义获取（fetch）、备份（copy）、附加（append）以及删除（delete）信息等操作的方法。

在连接 Store 类后，就可以打开并获取 Folder 类中的消息。打开并获取 Folder 类中的信息的代码如下：

```
Folder folder = store.getFolder("INBOX");
folder.open(Folder.READ_ONLY);
Message message[] = folder.getMessages();
```

在使用 Folder 类读取完邮件信息后，需要及时关闭对文件夹存储的连接。关闭 Folder 类的连接的语法格式如下：

```
folder.close(Boolean boolean);
```

boolean：用于指定是否通过清除已删除的消息来更新文件夹。

4.12　本　章　小　结

本章通过一个完整的企业快信系统向读者介绍了在 JSP 程序中实现收发短信和群发邮件的方法。在实现过程中还介绍了几种为方便用户而增加的功能。例如，从名片夹中自动添加手机号码或邮箱地址、从信息库中插入短信内容等。希望读者能掌握实现这些功能的方法，并做到灵活运用，以便实现更加人性化的企业快信系统。

第 5 章

企业人力资源管理系统

（Spring 1.2+Struts 1.2+Hibernate 3.0+SQL Server 实现）

近几年来，随着人事制度改革及计算机在各行各业的广泛应用，各级人事部门对人力资源信息管理计算机化的需求与日俱增。本人力资源管理系统基于 C/S、B/W 技术，将人事管理与办公自动化管理进行了有机结合，能有效地管理企业内各种人力资源信息，使企业各部门工作人员都能及时、方便地获得所需要人员的人事信息及人事部门公布的各种政策、规章和其他信息资源，方便了部门之间的信息交流，从而提高工作效率。

通过阅读本章，可以学习到：

▶▶ 掌握 Hibernate 实体类与数据表中字段的映射

▶▶ 掌握如何利用 Spring 框架中依赖与注入配置文件

▶▶ 掌握 Struts 框架配置文件中的元素引入 Spring 框架

▶▶ 掌握 Spring、Struts 和 Hibernate 框架整合技术

▶▶ 掌握如何利用框架整合技术实现薪资管理模块的各种功能

5.1 开 发 背 景

要想通过人力资源管理系统来提高企业的管理水平，仅选取一个好的、适合本企业特点的人力资源管理软件是远远不够的。在以人为本的观念熏陶下，人力资源管理的作用日益突出。但是，人员的复杂性和组织的特有性使得人力资源的管理成为难题，基于这个背景，人力资源管理将成为企业管理的重要内容，人力资源管理系统（Human Resource Management System, HRMS）也成为许多企业管理中非常重要的部分。人力资源管理系统的作用之一是规划人力资源，建立人事档案。它的出现使得人事档案查询、调用的速度加快，也使得精确分析大量员工的知识、经验、技术、能力和职业抱负成为可能。因此，实现企业内人力资源管理的标准化、科学化、数字化和网络化是很有必要的。

5.2 系 统 分 析

5.2.1 需求分析

随着企业内人力资源管理的网络化和系统化的日益完善，人力资源管理系统在企业管理中越来越受到企业管理者的青睐。人力资源管理系统的功能全面、操作简单，可以存放企业员工的基本信息、分配和管理企业员工工作任务、实现对企业员工的考勤管理，能够方便快捷地掌握员工的个人信息、工作进度和工作状态等，降低企业人力资源管理的成本，提高管理效率，使企业管理真正实现人力资源的网络化、系统化和科学化。

5.2.2 可行性研究

在开发项目任务之前，必须根据客户可能提供的时间和资源条件进行可行性研究，以减少项目开发风险，避免人力、物力和财力的浪费。可行性研究与风险分析在很多方面是相互关联的，项目风险越大，开发高质量的软件的可行性就越小。下面从经济可行性和技术可行性两个方面来研究该项目是否可行。

1. 经济可行性

人力资源管理是企业管理中的一个重要组成部分，涉及到企业管理的各个方面。人力资源管理水平的提高，能够带动企业各方面水平的提升。利用计算机对企业的人力资源进行管理，使人事管理人员从日常琐碎的管理工作中解脱出来，更好地协调企业人才，提高了人才的利用率，使企业人才的能力得以更充分地发挥。

2. 技术可行性

通过网站管理实现了企业信息的共享，使员工的考勤管理、薪酬管理更为科学化、系统化和人性化，为企业和个人提供了一个更为完善的工作平台。

5.3　系 统 设 计

5.3.1　系统目标

通过人力资源管理系统可使管理者快速高效地完成企业日常事务中的人事工作，降低人力资源管理的成本，使管理者能集中精力实现企业战略目标。人力资源管理系统的具体目标如下：

- ☑　对企业人力资源管理的基本信息进行管理。
- ☑　管理企业的员工信息（即人事管理功能）。
- ☑　实现为个人提供网络工作平台的功能。
- ☑　实现企业的应聘信息的管理功能。
- ☑　实现企业员工培训的一系列相关信息的管理。
- ☑　员工薪酬信息管理。
- ☑　系统用户信息的管理。
- ☑　系统运行稳定、安全可靠。

5.3.2　系统功能结构

企业人力资源管理系统主要包括部门管理、招聘管理、员工管理、培训管理、奖惩管理、薪资管理及系统管理模块。各个模块及其包括的具体功能如图 5.1 所示。

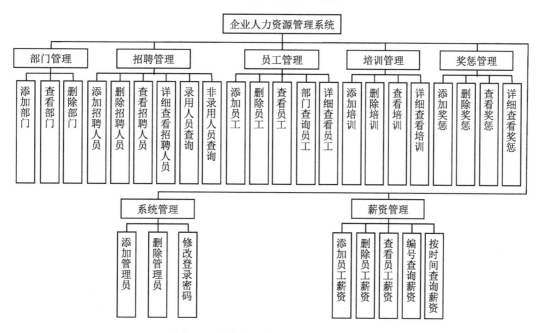

图 5.1　人力资源管理系统功能结构图

5.3.3　业务流程图

为了更加清晰地表达系统的业务功能模块，下面给出人力资源系统业务流程图，如图 5.2 所示。

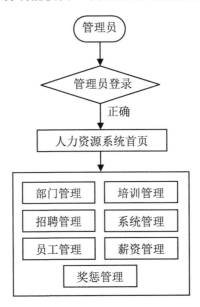

图 5.2　人力资源管理系统业务流程图

5.3.4　系统预览

企业人力资源管理系统由多个程序页面组成，下面仅列出几个典型页面，其他页面参见光盘中的源程序。

管理员登录页面如图 5.3 所示，该页面用于实现对管理员登录的用户名和密码进行验证等功能；人力资源系统首页面如图 5.4 所示，用户可在首页面的相应模块中进行人力资源管理。

图 5.3　管理员登录页面（光盘\TM\05\index.jsp）

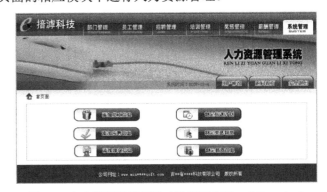

图 5.4　人力资源系统首页（光盘\TM\05\mainPage.jsp）

员工管理模块的页面如图 5.5 所示，该页面用于实现员工信息的查询、添加、删除及按部门查询员工信息的功能；薪资管理模块页面如图 5.6 所示，该页面用于实现对员工薪资信息的添加、删除和查询等功能。

图 5.5　员工管理模块页面（光盘\TM\05\employee_query.jsp）　图 5.6　薪资管理模块页面（光盘\TM\05\pay_query.jsp）

5.3.5　开发环境

在开发企业人力资源管理系统时，需要具备下面的软件环境。

服务器端：

☑　操作系统：Windows 2003。

☑　Web 服务器：Tomcat 6.0。

☑　Java 开发包：JDK 1.5 以上。

☑　数据库：SQL Server 2005。

☑　浏览器：IE 6.0。

☑　分辨率：最佳效果为 1024×768 像素。

客户端：

☑　浏览器：IE 6.0。

☑　分辨率：最佳效果为 1024×768 像素。

5.3.6　文件夹组织结构

在编写代码之前，可以把系统中可能用到的文件夹先创建出来（例如，创建一个名为 images 的文件夹，用于保存网站中所使用的图片），这样不但可以方便以后的开发工作，也可以规范网站的整体架构。本系统的文件夹组织结构图如图 5.7 所示。在开发时，只需要将所创建的文件保存在相应的文件夹中就可以了。

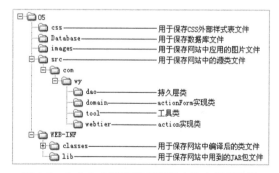

图 5.7　企业人力资源管理系统文件夹组织结构

5.4 数据库设计

5.4.1 数据库分析

通过网络化管理，能够增强员工之间的沟通，更好地协调员工之间的协作关系；对员工基础信息管理和薪资管理更加科学；能够全程跟踪员工的培训，通过信息的记录，更好地制订出员工培训方案。在设计人力资源管理信息系统时，主要从模块组成、数据连接、功能实现应用意义等方面着手。模块组成主要包括该人力资源管理信息系统的主要组成模块以及各个模块所要实现的功能。每个模块基本上脱离不了数据，所以在数据库设计时，要充分考虑数据的高效性，减少数据冗余，保证系统的运行速度。本系统的数据库采用 SQL Server 2005 数据库。

5.4.2 数据库概念设计

根据以上各节对系统所做的需求分析和系统设计，规划出本系统中使用的数据库实体分别为管理员实体、招聘人员管理实体、员工信息管理实体、薪资管理实体、培训信息实体及部门信息实体。下面将介绍几个关键实体的 E-R 图。

☑ 管理员实体。

管理员实体包括管理员账号、管理员密码及管理员级别属性。其中管理员级别信息中，1 代表系统管理，0 代表普通管理员。管理员实体的 E-R 图如图 5.8 所示。

图 5.8 管理员实体的 E-R 图

注意 在本系统中，系统管理员与普通管理员唯一的区别就是系统管理员可以对普通管理员进行添加、查询及删除操作，而普通管理员不具备这些权限。

☑ 招聘人员管理实体。

招聘人员管理实体包括姓名、性别、出生日期、应聘职位、所学专业、工作经验、文化程度、联系电话、毕业学校、家庭住址、登记时间及个人简介等属性。招聘人员管理实体的 E-R 图如图 5.9 所示。

☑ 员工信息管理实体。

员工信息管理实体包括员工编号、员工姓名、员工年龄、员工性别、出生日期、员工身份证号、民族、婚姻状况、政治面貌、籍贯、联系电话、家庭住址、员工毕业学校、员工所学专业、文化程度、上岗时间、部门名称、员工工种、登记人、登记时间及备注信息属性。员工信息管理实体的 E-R 图如图 5.10 所示。

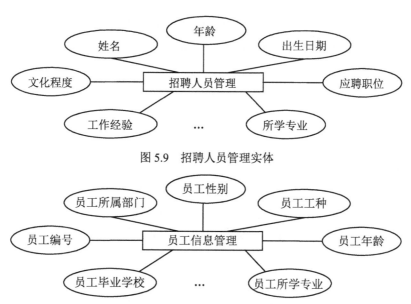

图 5.9　招聘人员管理实体

图 5.10　员工信息管理实体

☑　薪资管理实体。

薪资管理实体包括员工编号、工资发放时间、基本工资、加班次数、工龄、全勤奖、旷工费及保险费等属性。薪资管理实体的 E-R 图如图 5.11 所示。

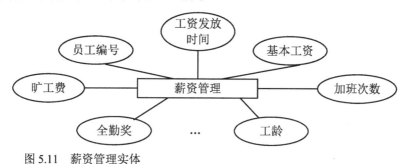

图 5.11　薪资管理实体

5.4.3　数据库逻辑结构

为了使读者对本系统数据库中的数据表有一个更清晰的认识，这里设计了一个数据表树形结构图，如图 5.12 所示，该数据表树形结构图包含了系统中所有的数据表。

1. 数据表结构的详细设计

本实例包含 7 张数据表，限于本书篇幅，在此只给出较为重要的数据表，其他数据表请参见本书附带的光盘。

图 5.12　数据表树形结构图

273

☑ tb_manager（管理员信息表）。

管理员信息表主要用来保存管理员信息。表 tb_manager 的结构如表 5.1 所示。

表 5.1　表 tb_manager 的结构

字 段 名	数 据 类 型	是 否 为 空	是 否 主 键	默 认 值	描　述
id	int(4)	No	Yes		ID（自动编号）
account	varchar(20)	No			管理员账号
password	varchar(30)	No			管理员密码
managerLevel	char(10)	No			管理员级别

☑ tb_inviteJob（招聘信息表）。

招聘信息表用来保存招聘信息。表 tb_inviteJob 的结构如表 5.2 所示。

表 5.2　表 tb_inviteJob 的结构

字 段 名	数 据 类 型	是 否 为 空	是 否 主 键	默 认 值	描　述
id	int(4)	No	Yes		ID（自动编号）
name	char(10)	Yes		NULL	应聘人员姓名
sex	char(10)	Yes		NULL	应聘人员性别
age	int(4)	Yes		NULL	应聘人员年龄
born	varchar(50)	Yes		NULL	应聘人员出生日期
job	varchar(50)	Yes		NULL	应聘职务
specialty	varchar(50)	Yes		NULL	应聘人员所学专业
experience	char(10)	Yes		NULL	应聘人员工作经验
teachSchool	varchar(30)	Yes		NULL	应聘人员文化程度
afterSchool	varchar(50)	Yes		NULL	应聘人员毕业学校
tel	varchar(50)	Yes		NULL	应聘人员联系电话
address	varchar(50)	Yes		NULL	应聘人员家庭住址
createtime	varchar(50)	Yes		NULL	登记时间
content	ntext(16)	Yes		NULL	备注信息
isstock	bit(1)	Yes		NULL	是否被录用标识

☑ tb_employee（员工信息表）。

员工信息表用来保存员工的详细信息。表 tb_employee 的结构如表 5.3 所示。

表 5.3　表 tb_employee 的结构

字 段 名	数 据 类 型	是 否 为 空	是 否 主 键	默 认 值	描　述
id	int(4)	No			ID（自动编号）
em_serialNumber	varchar(30)	No	Yes		员工账号
em_name	char(2)	No			员工姓名
em_sex	char(2)	No			员工性别

续表

字　段　名	数据类型	是否为空	是否主键	默　认　值	描　　述
em_age	int(4)	No			员工年龄
em_IDCard	varchar(30)	No			员工身份证号
em_born	varchar(50)	No			出生日期
em_nation	char(10)	No			民族信息
em_marriage	char(10)	No		NULL	是否结婚
em_visage	char(10)	No		NULL	政治面貌
em_ancestralHome	char(30)	Yes		NULL	籍贯
em_tel	varchar(50)	Yes		NULL	联系电话
em_address	varchar(50)	Yes		NULL	联系地址
em_afterSchool	varchar(50)	Yes		NULL	毕业学校
em_speciality	varchar(50)	Yes		NULL	所学专业
em_culture	char(10)	Yes		NULL	文化程度
em_startime	char(30)	Yes		NULL	开始工作时间
em_departmentId	int(4)	No			部门信息表外键信息
em_typeWork	char(10)	Yes		NULL	工种
em_creatime	varchar(50)	Yes		NULL	登记时间
em_createName	char(30)	Yes		NULL	登记人
em_bz	varchar(50)	Yes		NULL	备注信息

☑　tb_pay（薪资信息表）。

薪资信息表主要用来存储员工薪资信息。表 tb_pay 的结构如表 5.4 所示。

表 5.4　表 tb_pay 的结构

字　段　名	数据类型	是否为空	是否主键	默　认　值	描　　述
id	int(4)	No			ID（自动编号）
pay_emNumber	varchar(30)	No			员工编号
pay_emName	char(10)	No			员工姓名
pay_month	varchar(50)	No			发放工资时间
pay_baseMoney	int(4)	No			基本工资
pay_overtime	int(4)	No			加班费
pay_age	int(4)	No			工龄
pay_check	money(8)	No			考勤费
pay_absent	money(8)	No			旷工费
pay_safety	money(8)	No			保险费

2．数据库表之间的关系设计

如图 5.13 所示清晰地表达了各个数据表的关系，也反映了系统中各个实体之间的关系。

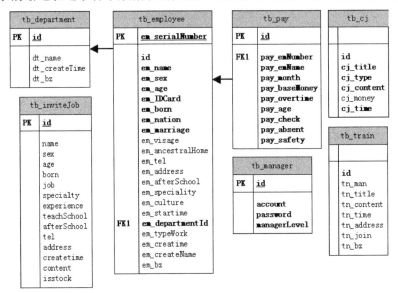

图 5.13　数据表之间的关系

5.5　公共模块设计

在开发网站的过程中，经常会用到一些公共类，如数据库连接类和字符串处理类等，在开发系统前首先需要设计这些公共类。下面将具体介绍企业人力资源管理系统中所需要的公共类的设计过程。

5.5.1　获取系统时间的类

在本例中，系统时间操作类的名称为 CountTime，在该类中对时间的操作中存在获取当前系统时间的方法。具体代码如下：

例程 01　代码位置：光盘\TM\05\src\com\wy\tool\GetSystemTime.java

```
package com.wy.tool;                                    //将该类保存到 com.wy.tool 包中
import java.util.Calendar;                              //导入 java.util.Calendar 包

public class GetSystemTime {
    private Calendar now = Calendar.getInstance();      //获取 Calendar 类的实例对象
    private int year = now.get(Calendar.YEAR);          //获取当前时间年数
    private int month = now.get(Calendar.MONTH) + 1;    //获取当前时间月数
    private int day = now.get(Calendar.DAY_OF_MONTH);   //获取当前时间日数
    public String getToday() {
        String today = this.year + "-" + this.month + "-" + this.day;   //将年、月、日进行组合
        return today;                                   //通过 return 关键字返回
```

```
    }
}
```

5.5.2　获取自动编号

在本例中，获取自动编号的类的名称为 GetAutoNumber，在该类中，number 为 getMaxNuber()方法的参数，如果这个参数的长度是 1 位，则需要在这个参数的前面加上 00；如果这个参数的长度为 2 位，则需要在这个参数的前面加上 0。获取自动编号的代码如下：

例程 02　代码位置：光盘\TM\05\src\com\wy\tool\GetAutoNumber.java

```
package com.wy.tool;                        //将该类保存到 com.wy.tool 包中
public class GetAutoNumber {
    public static String getMaxNuber(String number) {
        if (number.length() == 1)
            number = "00" + number;          //如果参数长度为 1 位，则在这个参数前加 00 进行连接
        if (number.length() == 2)
            number = "0" + number;           //如果参数长度为 2 位，则在这个参数前加 0 进行连接
        return number;                       //通过 return 关键字返回 number 对象
    }
}
```

5.5.3　字符串自动处理类

在本例中，字符串自动处理类为 SelfRequestProcessor，该类继承了 Struts 框架中的 RequestProcessor 类，实现 RequestProcessor 类中的 processPreprocess()方法，该方法的作用是将 form 表单中的字符串转换成 gb2312。具体代码如下：

例程 03　代码位置：光盘\TM\05\src\com\wy\tool\SelfRequestProcessor.java

```
package com.wy.tool;                        //将该类保存到 com.wy.tool 包中
import java.io.UnsupportedEncodingException;  //将 java.io.UnsupportedEncodingException 类导入
import javax.servlet.http.*;                //将 javax.servlet.http 包的所有类导入
import org.springframework.web.struts.DelegatingRequestProcessor;
                                            //将 org.springframework.web.struts.DelegatingRequestProcessor 类导入
public class SelfRequestProcessor extends DelegatingRequestProcessor {
    public SelfRequestProcessor() {    //创建构造方法（与类名相同的方法称为构造方法）
    }
    protected boolean processPreprocess(HttpServletRequest request,
            HttpServletResponse response) {
        super.processPreprocess(request, response);    //实现 RequestProcessor 类中的
                                                       //  processPreprocess()方法
        try {
            request.setCharacterEncoding("gb2312");    //将字符串编码格式转换为 gb2312
        } catch (UnsupportedEncodingException ex) {
            ex.printStackTrace();                      //在控制台中输出错误信息
        }
        return true;                                   //通过 return 关键字返回 boolean 型数据
    }
}
```

在上述代码中，SelfRequestProcessor 继承了 DelegatingRequestProcessor 类，通过 processPreprocess() 方法实现字符集的自动转换的功能。

DelegatingRequestProcessor 是 Struts 框架中 RequestProcessor 类的扩展类。Struts 框架的核心高层处理逻辑是由它的 RequestProcessor 完成的。集成 Struts 的另外一种方式就是通过 Spring 框架的 Delegating-RequestProcessor 类，它覆盖了 Struts 中的 RequestProcessor 类，可以实现字符集自动转换的功能。

5.5.4　编写分页 Bean

对于结果集保存在 List 对象中的查询结果进行分页时，通常采用将用于分页的代码放在一个 JavaBean 中实现。下面将介绍如何对保存在 List 对象中的结果集进行分页显示。

1．设置分页 Bean 的属性对象

首先编写用于保存分页代码的 JavaBean，名称为 MyPagination，保存在 com.wy.core 包中，并定义一个 List 类型对象 list 和 3 个 int 型的变量。具体代码如下：

例程 04　代码位置：光盘\TM\05\src\com\wy\tool\SelfRequestProcessor.java

```
public class MyPagination {
    public List<Object> list=null;          //设置 List 型的对象 list
    private int recordCount=0;              //设置 int 型变量 recordCount
    private int pagesize=0;                 //设置 int 型变量 pagesize
    private int maxPage=0;                  //设置 int 型变量 maxPage
}
```

2．初始化分页信息的方法

在 MyPagination 类中添加一个初始化分页信息的方法 getInitPage()，该方法包括 3 个参数，分别用于保存查询结果的 List 对象 list、指定当前页面的 int 型变量 Page 和指定每页显示的记录数的 int 型变量 pagesize，该方法的返回值为保存要显示记录的 List 对象。具体代码如下：

例程 05　代码位置：光盘\TM\05\src\com\wy\tool\SelfRequestProcessor.java

```
public List getInitPage(List list,int Page,int pagesize){
    List<Object> newList=new ArrayList<Object>();     //实例化 List 集合对象
    this.list=list;                                   //获取当前的记录集合
    recordCount=list.size();                          //获取当前的记录数
    this.pagesize=pagesize;                           //获取当前页数
    this.maxPage=getMaxPage();                        //获取最大页码数
    try{
    for(int i=(Page-1)*pagesize;i<=Page*pagesize-1;i++){
        try{
            if(i>=recordCount){                       //当循环 i 大于最大页码数量时，则程序中止
        break;
        }
        }catch(Exception e){}
        newList.add((Object)list.get(i));             //将查询的结果存放在 list 集合中
    }
    }catch(Exception e){
```

```
            e.printStackTrace();
        }
        return newList;                                    //返回查询的结果
}
```

3. 获取指定页数据的方法

在 MyPagination 类中添加一个用于获取指定页数据的方法 getAppointPage()，该方法只包括一个用于指定当前页数的 int 型变量 Page，该方法的返回值为保存要显示记录的 List 对象。具体代码如下：

例程 06　代码位置：光盘\TM\05\src\com\wy\tool\SelfRequestProcessor.java

```
public List<Object> getAppointPage(int Page){
        List<Object> newList=new ArrayList<Object>();       //实例化 List 集合对象
        try{
            for(int i=(Page-1)*pagesize;i<=Page*pagesize-1;i++){
            try{
            if(i>=recordCount){                              //当循环 i 大于最大页码数量时，则程序中止
            break;                                           //程序中止
            }
            }catch(Exception e){}
            newList.add((Object)list.get(i));                //将查询的结果存放在 list 集合中
            }
        }catch(Exception e){
        e.printStackTrace();
                }
                return newList;                              //返回指定页数的记录
        }
```

4. 获取最大记录数的方法

在 MyPagination 类中添加一个用于获取最大记录数的方法 getMaxPage ()，该方法无参数，其返回值为最大记录数。具体代码如下：

例程 07　代码位置：光盘\TM\05\src\com\wy\tool\SelfRequestProcessor.java

```
public int getMaxPage(){
        int maxPage=(recordCount%pagesize==0)?(recordCount/pagesize):(recordCount/pagesize+1);
                                                           //计算最大的记录数
        return maxPage;                                    //通过 return 关键字返回
}
```

5. 获取总记录数的方法

在 MyPagination 类中添加一个用于获取总记录数的方法 getRecordSize()，该方法无参数，其返回值为总记录数。具体代码如下：

例程 08　代码位置：光盘\TM\05\src\com\wy\tool\SelfRequestProcessor.java

```
public int getRecordSize(){
        return recordCount;                                //通过 return 关键字返回记录总数
}
```

6. 获取当前页数的方法

在 MyPagination 类中添加一个用于获取当前页数的方法 getPage()，该方法只有一个用于指定从页面中获取的页数的参数，其返回值为处理后的页数。具体代码如下：

例程 09　代码位置：光盘\TM\05\src\com\wy\tool\SelfRequestProcessor.java

```
public int getPage(String str){
        if(str==null){                              //当参数值为 null，则将参数 str 赋值为 0
                str="0";
        }
        int Page=Integer.parseInt(str);             //将参数类型进行转换，并赋值为 page 变量
        if(Page<1){                                 //当 Page 变量小于 1 时，则将变量赋值为 1
                Page=1;
        }else{
                if(((Page-1)*pagesize+1)>recordCount){
                        Page=maxPage;               //将变量 Page 设置为最大页码数量
                }
        }
        return Page;                                //通过 return 关键字返回当前页码数
}
```

7. 输出记录导航的方法

在 MyPagination 类中添加一个用于输出记录导航的方法 printCtrl()，该方法只有一个用于指定当前页数的参数，其返回值为输出记录导航的字符串。具体代码如下：

例程 10　代码位置：光盘\TM\05\src\com\wy\tool\SelfRequestProcessor.java

```
public String printCtrl(int Page, String method) {
        method = method + "&";
/************************从类中输出一个网页中的表格********************************************/
        String strHtml = "<table width='370'   border='0' cellspacing='0' cellpadding='0'><tr> <td height='24'
align= 'right'>当前页数：["
                + Page + "/" + maxPage + "]  ";
        try {
                if (Page > 1) {         //如果当前页码数大于 1，"第一页"及"上一页"超链接存在
                        strHtml = strHtml + "<a href='?" + method + "&Page=1'>第一页</a>   ";
                        strHtml = strHtml + "  <a href='?" + method + "Page="
                                + (Page - 1) + "'>上一页</a>";
                }
                if (Page < maxPage) {   //如果当前页码数小于最大页码数，"下一页"及"最后一页"超链接存在
                        strHtml = strHtml + "  <a href='?" + method + "Page="
                                + (Page + 1) + "'>下一页</a>     <a href='?"
                                + method + "Page=" + maxPage + "'>最后一页 </a>";
                }
                strHtml = strHtml + "</td> </tr> </table>";
/***********************************************************************************/
        } catch (Exception e) {
                e.printStackTrace();
        }
        return strHtml;                             //通过 return 关键字返回这个表格
}
```

5.5.5　编写数据持久化类

在本例中，数据持久化类的名称为 ObjectDao。开发本系统使用了 Spring 框架、Hiberante 框架与 Struts 框架整合技术，在编写数据库持久化类的代码时，必须通过关键字 extends 继承 HibernateDaoSupport 类，并通过 HibernateTemplate 类提供持久层访问模板化。使用 HibernateTemplate 无需实现特定接口，只需要提供一个 SessionFactory 的引用，就可执行持久化操作。应用 HibernateTemplate 类实现数据库持久化操作的代码如下：

例程 11　代码位置：光盘\TM\05\src\com\wy\dao\HibernateDaoSupport.java

```
package com.wy.dao;                                          //导入 com.wy.dao 包
import java.util.List;                                       //导入 java.util.List 类
import org.springframework.dao.DataAccessException;          //导入 Spring 类库中的类文件
import org.springframework.orm.hibernate3.support.HibernateDaoSupport;  //导入 Spring 类库中的类文件
public class ObjectDao extends HibernateDaoSupport {
                            /*该类继承 HibernateDaoSupport 类，这是 spring 对 Hibernate 的支持*/
…  //此处省略了该类的相关方法，这些方法将在下面进行介绍
}
```

1．查询一组数据方法

查询一组数据的方法的名称为 getObjectForm。该方法以参数 condition 为条件，调用 HibernateTemplate 类中的 find()方法实现查询功能，如果查询结果为一组数据，则将该数据取出并存放在 Object 类型对象中。具体代码如下：

例程 12　代码位置：光盘\TM\05\src\com\wy\dao\HibernateDaoSupport.java

```
public Object getObjectForm(String condition) {
    List list = null;                                   //定义一个 List 类型的对象
    Object object = null;                               //定义一个 Object 类型的对象
    try {
        list = getHibernateTemplate().find(condition);  //实现查询功能，返回值的类型为 List
        if (list.size() == 1) {                         //如果 List 对象的长度为 1，说明该集合为一组数据
            object = (Object) list.get(0);              //将 List 中的一组数据存放在 Object 类型对象中
        }
    } catch (DataAccessException ex) {
        ex.printStackTrace();
    }
    return object;                                      //通过关键字 return 返回 List 对象
}
```

> **注意**　参数 condition 为查询的条件，该条件所执行的查询结果必须为一组数据，如果查询的结果是多组数据，则通过 return 关键字返回的 Object 类型数据，值为 null。

2．查询多组数据

查询多组数据的方法的名称为 getObjectList。该方法以参数 condition 为条件，调用 HibernateTemplate 类中的 find()方法实现查询功能。具体代码如下：

例程 13 代码位置：光盘\TM\05\src\com\wy\dao\HibernateDaoSupport.java

```
public List getObjectList(String condition) {
    List list = null;                                   //设置 List 类型对象
    try {
        list = getHibernateTemplate().find(condition);   //实现查询功能，并将结果存放在 List 对象中
    } catch (DataAccessException ex) {
        ex.printStackTrace();
    }
    return list;                                        //通过 return 关键字返回 List 对象
}
```

3. 更新对象数据的操作

更新对象数据的方法的名称为 updateObjectForm。在该方法中，以 Object 对象类型为参数，执行 getHibernateTemplate 类中的 update()方法，实现更新数据的操作。具体代码如下：

例程 14 代码位置：光盘\TM\05\src\com\wy\dao\HibernateDaoSupport.java

```
public boolean updateObjectForm(Object object) {
    boolean flag = false;                               //初始化局部 boolean 变量 flag，并将其设置为 false
    try {
        getHibernateTemplate().update(object);          //执行 update()方法，实现更新数据的操作
        flag = true;                                    //如果更新数据操作成功，则将 flag 变量重新赋值
    } catch (DataAccessException ex) {
        ex.printStackTrace();
    }
    return flag;          //如果返回值为 false，则说明执行不成功；如果返回值为 true，则说明执行成功
}
```

4. 保存数据操作

保存数据操作的方法的名称为 insertObjectForm。在该方法中，以 Object 对象类型为参数，执行 getHibernateTemplate 类中的 save()方法，实现保存数据的操作。具体代码如下：

例程 15 代码位置：光盘\TM\05\src\com\wy\dao\HibernateDaoSupport.java

```
public void insertObjectForm(Object object) {
    try {
        getHibernateTemplate().save(object);            //执行 save()方法，实现更新数据的操作
    } catch (DataAccessException ex) {
        ex.printStackTrace();
    }
}
```

5. 删除数据操作

删除数据操作的方法的名称为 deleteObjectForm。在该方法中，以 Object 对象类型为参数，执行 getHibernateTemplate 类中的 delete()方法，实现删除数据的操作。具体代码如下：

例程 16 代码位置：光盘\TM\05\src\com\wy\dao\HibernateDaoSupport.java

```
public boolean deleteObjectForm(Object object) {
    try {
        getHibernateTemplate().delete(object);          //执行 delete()方法，实现删除数据的操作
```

```
        return true;                              //执行成功，返回 true 关键字
    } catch (DataAccessException ex) {
        ex.printStackTrace();
        return false;                             //执行成功，返回 false 关键字
    }
}
```

在 ObjectDao 持久化类中，HiberanteTemplate 类提供了非常多的常用方法来完成基本操作，如添加、删除、修改和查询等操作，Spring 2.0 更增加了对命名 SQL 查询的支持，也增加了对分页的支持。大部分情况下，使用 Hibernate 的常用方法，就可以完成大多数持久化对象的添加、修改、删除及查询操作。HiberanteTemplate 类的常用方法如表 5.5 所示。

表 5.5　HiberanteTemplate 类的常用方法

方 法 名 称	描 述
delete(Object object)	删除指定持久化实例
deleteAll(Collection collection)	删除集合内全部持久化实例
find(String queryString)	根据 HQL 查询字符串来返回实例集合
findByNamedQuery(String queryString)	根据命名查询返回实例集合
get(Class entityClass,Serializable id)	根据主键加载特定持久化类的实例
save(Object object)	保存新的实例
saveOrUpdate(Object object)	根据实例状态，选择保存或更新操作
update(Object object)	更新实例的状态，要求 object 是持久化状态
setMaxResults(int maxResults)	设置分页的大小

说明　在上面一些对数据持久化操作的代码中，实现统一的异常处理机制。在这个异常处理中，不再强调开发者在持久层捕捉异常，持久层异常被封装成 DataAccessException 异常的子类，开发者可以自己决定在合适的层处理异常，将底层数据库异常封装成业务异常。

5.5.6　定制 Spring 框架依赖注入映射文件

在 WEB-INF 文件夹下，创建名称为 applicationContext.xml 的映射文件，该映射文件用来定制 Spring 框架依赖注入的实现类型，主要代码如下：

例程 17　代码位置：光盘\TM\05\WebContent\WEB-INF\applicationContext.xml

```
<beans>
<!-----------------------------------------取得数据库连接----------------------------------------->
    <bean id="dataSource"
        class="org.springframework.jdbc.datasource.DriverManagerDataSource">
        <property name="driverClassName">
            <value>com.microsoft.jdbc.sqlserver.SQLServerDriver</value>
        </property>                               <!--设置数据库驱动-->
        <property name="url">
            <value>jdbc:microsoft:sqlserver://localhost:1433;DatabaseName=db_personManager</value>
        </property>                               <!--设置连接数据库的 URL 地址-->
```

```
            <property name="username">
                <value>sa</value>                      <!--设置连接数据库的用户名-->
            </property>
        </bean>
<!------------------------------------------------------------------------------------------------->
<!--------------------Spring 支持 Hibernate 框架的配置，得到 SessionFactory---------------------->
        <bean id="localSessionFactory"
            class="org.springframework.orm.hibernate3.LocalSessionFactoryBean">
            <property name="dataSource">                      <!--映射数据库连接的名称-->
                <ref bean="dataSource" />
            </property>
            <property name="hibernateProperties">
                <props>
                    <prop key="hibernate.dialect">
                    org.hibernate.dialect.SQLServerDialect     <!--设置 SQL 方言信息-->
                    </prop>
                </props>
            </property>
            <property name="mappingResources">
            <list>
                <value>com/wy/form/ManagerForm.hbm.xml</value><!--配置管理员信息的属性映射的 XML 文件-->
                <value>com/wy/form/DepartmentForm.hbm.xml</value><!--配置部门信息的属性映射的 XML 文件-->
                <value>com/wy/form/InviteJopForm.hbm.xml</value><!--配置招聘信息的属性映射的 XML 文件-->
                <value>com/wy/form/EmployeeForm.hbm.xml</value><!--配置员工信息的属性映射的 XML 文件-->
                <value>com/wy/form/PayForm.hbm.xml</value> <!--配置薪资信息的属性映射的 XML 文件-->
                <value>com/wy/form/TrainForm.hbm.xml</value><!--配置培训信息的属性映射的 XML 文件-->
                <value>com/wy/form/CjForm.hbm.xml</value><!--配置奖惩信息的属性映射的 XML 文件-->
            </list>
            </property>
        </bean>
<!------------------------------------------------------------------------------------------------->
<!--------------------------ObjectDao 类的业务逻辑对象，通过 get/set 注入实例对象---------------------->
        <bean id="objectDao" class="com.wy.dao.ObjectDao">
            <property name="sessionFactory">
                <ref bean="localSessionFactory" />
            </property>
        </bean>
<!------------------------------------------------------------------------------------------------->
<!------------------------- ManagerAction 类的业务逻辑对象，通过 get/set 注入实例对象--------------->
        <bean name="/manager" class="com.wy.action.ManagerAction"
            singleton="false">
            <property name="objectDao">
                <ref bean="objectDao" />
            </property>
        </bean>
<!------------------------------------------------------------------------------------------------->
<!--省略其他 get/set 注入实例对象-->
<!------------------------- EmployeeAction 类的业务逻辑对象，通过 get/set 注入实例对象--------------->
        <bean name="/employee" class="com.wy.action.EmployeeAction"
            singleton="false">
            <property name="objectDao">
                <ref bean="objectDao" />
            </property>
```

```
        </bean>
<!----------------------------------------------------------------------------------->
</beans>
```

在上述代码中，<beans>是配置文件的根节点，所有的节点元素都建立在它的内部。按照 XML 编码的规定，必须使用成对的标签，即<beans>和</beans>来定义节点元素。在此标签中包含 5 个默认的全局属性，可以被具体的子标签属性覆盖，如表 5.6 所示。

表 5.6　<beans>标签的属性表

属　性　名	属　性　说　明
default-autowire	设置自动装配 JavaBean 依赖属性的方式 no：不自动注入依赖属性 byName：根据 JavaBean 属性的名字自动装配依赖的 JavaBean byType：根据 JavaBean 属性的类型自动装配依赖的 JavaBean constructor：根据构造方法的参数自动注入依赖属性 autodetect：自动检测依赖注入方式
default-dependency-check	依赖关系检测，当实例化一个 JavaBean 时，将检测这个 JavaBean 所依赖的属性，如果依赖的属性没有被实例化，将先去实例化依赖的属性。检测方式有以下 4 种 none：不检测 Java Bean 之间的依赖关系 simple：检测 Java 的基本数据类型，例如 int、float 和 String 数据类型 objects：如果 JavaBean 所依赖的属性是另一个 JavaBean，先去检测并实例化另一个 Java Bean all：检测 simple 和 objects 两种依赖关系
default-destroy-method	默认的销毁方法，在 JavaBean 被销毁之前会执行指定的销毁方法
default-init-method	默认的初始化方法，在初始化 JavaBean 时，首先执行指定的初始化方法
default-lazy-init	默认的延迟加载方式

<bean>标签位于<beans>标签之内，用于定义 JavaBean 的配置信息，最简单的<bean>标签也需要包含 id（或 name）和 class 两个属性来说明 JavaBean 的实例名称和类信息。实例化 JavaBean 对象时会以 class 属性指定的类文件来生成 JavaBean 的实例，而实例对象的名字是由 id 或 name 属性指定的。语法格式如下：

```
<beans>
    <bean id="toy" class="CapGun"/>
</beans>
```

<bean>标签使用频繁并且属于重点介绍范围。为方便阅读，在此将标签的常用属性以表格的形式加以说明，更加详细的内容说明，可参考 spring-beans.dtd 文件。标签中的属性说明如表 5.7 所示。

表 5.7　<bean>标签中的属性说明

属　性	描　述	举　例
id	JavaBean 实例对象名。在 JavaBean 实例化之后可以通过 id 来引用 JavaBean 实例对象	<bean id="placard" class="com.wy.Placard"/>
name	代表 JavaBean 的实例对象名。与 id 属性的意义基本相同	<bean name="placard" class="com.wy.Placard"/>
class	JavaBean 的类名（包含路径：如 com.lzw.Example），是<bean>标签定义 JavaBean 必须指定的属性	<bean id="placard" class="com.wy.Placard"/>

续表

属　　性	描　　述	举　　例
singleton	是否使用单实例。如果采用默认设置 true，那么在 Spring 容器的上下文中只有一个该 JavaBean 的实例对象，即 singleton 模式	`<bean name="placard" class="com.wy.Placard" singleton="false"/>`
depends-on	用于保证在 depends-on 指定的 JavaBean 被实例化之后，再实例化自身的 JavaBean	`<bean id="placard" class="com.wy.Placard" depends-on="student"/>`
init-method	指定 JavaBean 的初始化方法	`<bean id="placard" class="com.wy.Placard" init-method="init"/>`
destroy-method	指定 JavaBean 被回收之前调用的销毁方法	`<bean id="placard" class="com.wy.Placard" destroy-method="init"/>`
factory-method	指定 JavaBean 的工厂方法。指定的方法必须是类的静态方法，并且返回 JavaBean 的实例。如果是在新建工程中使用 Spring，建议使用 getBean()方法来获得 JavaBean	`<bean id="placard" class="com.wy.Placard" factory-method="getInstace"/>`
factory-bean	指定 JavaBean 的工厂类，与 factory-method 属性一起使用。如果是在新建工程中使用 Spring，建议使用 getBean() 方法来获得 JavaBean	`<bean name="factory" class="Factory" />` `<bean name="school" factory-bean="factory" factory-method="createFactory" />`

5.6　主界面设计

5.6.1　主界面概述

管理员登录后，便进入系统首页。系统首页主要由 3 大部分组成，一部分是模块功能导航，主要功能是链接各个管理模块；一部分是常用功能，主要包括返回首页、修改密码及退出系统功能；一部分是功能展示，主要功能是显示所链接模块的内容。在系统首页中，展示区中主要包括各个模块中的添加功能。系统首页如图 5.14 所示。

图 5.14　人力资源管理系统首页

5.6.2 主界面技术分析

在如图 5.14 所示的首页面中，功能模块导航、常用功能模块、功能模块展示及版权信息显示，并不是仅存在于首页面中，其他功能模块的子页面中也需要包括这些部分。因此，可以将这几个部分分别保存在单独的文件中，这样，在需要放置相应功能时只需包含这些文件即可，包含各个功能的框架图如图 5.15 所示。

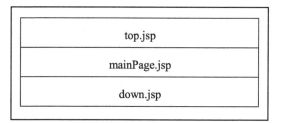

图 5.15 主界面的布局

在 JSP 页面中包含文件有两种方法：一种是应用<%@ include %>指令实现，另一种是应用<jsp:include>动作元素实现，本系统使用的是<jsp:include>动作元素。该动作元素用于在当前的页面中包含其他的文件，这个文件可以是动态文件也可以是静态文件，具体的使用方法请读者参见 2.6.2 节中的"主界面技术分析"。

> **技巧**　如图 5.15 所示，在 top.jsp、mainPage.jsp 及 down.jsp 这 3 个页面都存放在一个大的表格中，为了将整个操作存放在屏幕中间，将<td>元素中的 align 属性设置为 center 即可。

5.6.3 主界面的布局

应用<jsp:include>动作元素包含文件的方法进行前台首页布局的代码如下：

例程 18　代码位置：光盘\TM\05\WebContent\mainPage.jsp

```
<%@ page contentType="text/html; charset=gb2312" language="java" import="java.sql.*" errorPage="" %>
<body>
<table width="100%" height="100%" border="0" cellpadding="0" cellspacing="0">
  <tr>
    <td align="center">
❶          <jsp:include page="top.jsp" flush="true" />
     …  <!--省略各种模块添加的代码-->
❷      <jsp:include page="down.jsp" flush="true" />
    </td>
  </tr>
</table>
</body>
</html>
```

📢 代码贴士

❶ 应用<jsp:include>动作元素包含 top.jsp 文件，该文件用于显示各种模块的名称。

❷ 应用<jsp:include>动作元素包含 down.jsp 文件，该文件用于显示版权信息。

5.7 管理员管理模块设计

5.7.1 管理员管理模块概述

管理员管理模块主要用于实现普通用户的添加、删除、修改及查询操作，主要包括管理员登录、添加管理员、查询管理员、删除管理员及修改管理员密码几部分。当在网站的登录页面中输入正确的账号和密码后，如果该管理员为系统管理员，则具有添加管理员、所有管理员查询、管理员删除及修改管理员密码操作的权限，如果该管理员为普通管理员，则只具有修改自己密码的权限。管理员管理模块的框架图如图 5.16 所示。

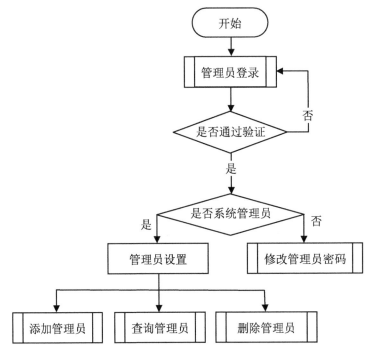

图 5.16 管理员管理模块的框架图

说明 由于篇幅有限，管理员管理模块中只介绍管理员登录、添加管理员及查询管理员的实现过程。

5.7.2 管理员管理模块技术分析

由于本系统是采用 Struts、Spring 和 Hibernate 整合技术开发的，因此在实现管理员功能模块时，需要编写管理员模块对象的 ActionForm 类和 Action 实现类，并且需要编写与 ActionForm 属性及数据表字段一一对应的 XML 映射文件，以及在 Spring 框架中的 applicationContext.xml 文件中进行配置。

在 Struts 框架中，ActionForm 类是一个具有 getXXX()和 setXXX()方法的类，用于获取或设置 HTML 表单数据。同时，该类也可以实现验证表单数据的功能。Action 实现类是 Struts 中控制器组件的重要组成部分，是用户请求和业务逻辑之间沟通的媒介。在 Hibernate 框架中，需要与 ActionForm 类的属性名称与数据表字段一一映射，这样，对 ActionForm 属性操作的同时会对数据表字段操作。在 Spirng 框架中，通过依赖注入的方法来取得数据库的连接及操作数据持久化类（ObjectDao）。下面将分别介绍这 4 个文件的实现过程。

1．编写管理员的 ActionForm 类

在管理员管理模块中，涉及的数据表是管理员系统表（tb_manager），管理员信息表保存的是管理员账号和密码等信息。根据这些信息可以得出管理员模块的 ActionForm 类。管理员模块的 Action 类的名称为 ManagerForm。具体代码如下：

例程 19　代码位置：光盘\TM\05\src\com\wy\domain\ManagerForm.java

```
public class ManagerForm extends ActionForm {
    private String id =null;                                    //设置数据库 ID
    private String account =null;                               //设置用户账号属性类型
    private String password =null;                              //设置用户密码属性类型
    private String managerLevel =null;                          //设置用户级别属性类型
/**************************提供控制 account 属性的方法**************************/
    public String getAccount() {                                //设置 account 属性的 getXXX()方法
        return account;
    }
    public void setAccount(String account) {                    //设置 account 属性的 setXXX()方法
        this.account = account;
    }
/***********************************************************************/
    …          //此处省略了其他控制管理员信息的 getXXX()和 setXXX()方法
/**************************提供控制 password 属性的方法**************************/
    public String getPassword() {                               //设置 password 属性的 getXXX()方法
        return password;
    }
    public void setPassword(String password) {                  //设置 password 属性的 setXXX()方法
        this.password = password;
    }
/***********************************************************************/
}
```

2．编写管理员属性信息 XML 配置文件

Hibernate 框架采用 XML 格式的文件来指定对象和关系数据之间的映射。在运行时，Hibernate 将根据这个映射文件来生成各种 SQL 语句。在本例中，将创建一个名为 ManagerForm.hbm.xml 的文件，用于把 ManagerForm 类映射到 tb_manager 表，这个文件应该和 ManagerForm 类存放在同一个目录下。ManagerForm.hbm.xml 文件的代码如下：

例程 20　代码位置：光盘\TM\05\src\com\wy\domain\ManagerForm.hbm.xml

```
<hibernate-mapping>
    <class name="com.wy.form.ManagerForm" table="tb_manager">
```

```
<!-- name 属性指定该类的路径，table 属性指定表的名称-->
❶              <id name="id" type="java.lang.String">              <!--设置数据表的 ID 属性-->
                   <column name="id" />
                   <generator class="native"/>
              </id>
❷              <property name="account" type="java.lang.String">     <!--设置数据表用户名的 account 属性-->
                   <column name="account" length="20" not-null="true" />
              </property>
              <property name="password" type="java.lang.String">        <!--设置数据表密码的 password 属性-->
                   <column name="password" length="30" not-null="true" />
              </property>
              <property name="managerLevel" type="java.lang.String"><!--设置数据表管理级别的 managerLevel 属性-->
                   <column name="managerLevel" length="10" not-null="true" />
              </property>
         </class>
</hibernate-mapping>
```

📢 代码贴士

❶ <id>元素的<generator>子元素指定对象标识符，用于生成数据的唯一标识符（即数据库自动流水号）。

❷ <property>子元素设定类的属性和表的字段的映射。<property>子元素主要包括 name、type、colum 和 not-null 属性。以下是各个属性的说明。

☑ name 属性：指定持久化类的属性的名称（在 Struts 中的 ActionForm 类）。

☑ type 属性：指定 Hibernate 映射类型。

☑ colum 属性：指定与类的属性映射的表的字段名。

☑ not-null 属性：属性为 true，表明不允许为 null，默认为 false。

3. 编写管理员的 Action 实现类

管理员管理模块的 Action 实现类继承了 DispatchAction 类，实现 Struts 框架中的多业务处理操作。在该类中设置 ObjectDao 类型对象，并对这个对象实现 getXXX()和 setXXX()方法。在 applicationContext.xml 文件中配置依赖与注入的关系，通过 ObjectDao 类的对象调用该类中的各种方法，从而实现对数据表的各种操作。

管理员管理模块的 Action 实现类的关键代码如下：

例程 21　代码位置：光盘\TM\05\src\com\wy\action\ManagerAction.java

```
package com.wy.action;
import java.util.List;                              //导入 java.util.List 类
import javax.servlet.http.*;                        //导入 javax.servlet.http 包中所有类文件
import org.apache.struts.action.*;                  //导入 org.apache.struts.action 包中所有类文件
import org.apache.struts.actions.DispatchAction;    //导入 org.apache.struts.actions.DispatchAction 类文件
import com.wy.dao.ObjectDao;                        //导入 com.wy.dao.ObjectDao 类文件
import com.wy.form.ManagerForm;                     //导入 com.wy.form.ManagerForm 类文件
public class ManagerAction extends DispatchAction {  //继承 DispatchAction 类，实现分发操作
    private ObjectDao objectDao;
    public ObjectDao getObjectDao() {                //设置 objectDao 属性的 getXXX()方法
        return objectDao;
    }
```

```
    public void setObjectDao(ObjectDao objectDao) {    //设置 objectDao 属性的 setXXX()方法
        this.objectDao = objectDao;
    }
    public ActionForward checkManager(ActionMapping mapping, ActionForm form,
            HttpServletRequest request, HttpServletResponse response) {
        ...                                        //省略方法体
    }
        ...                                        //省略其他方法
    public ActionForward deleteManager(ActionMapping mapping, ActionForm form,
            HttpServletRequest request, HttpServletResponse response) {
        ...                                        //省略方法体
    }
}
```

5.7.3　管理员登录的实现过程

📄 管理员登录使用的数据表：tb_manager。

　　管理员只有正确登录到系统后才能对企业人力资源系统中的相关数据进行有效管理。管理员登录页面主要用于验证用户是否是合法用户，运行结果如图 5.17 所示。

图 5.17　管理员登录页面的运行结果

1．设计管理员登录页面

　　管理员登录页面主要用于收集用户的输入信息及通过自定义的 JavaScript 函数验证输入信息是否为空，该页面中所涉及到的关键代码如下：

例程 22　代码位置：光盘\TM\05\WebContent\index.jsp

```
❶    <html:form action="manager.do?method=checkManager" onsubmit="return checkManager()">
<table width="550" height="371" border="0" align="center" cellpadding="0" cellspacing="0"
background="images/ managerLand.jpg">
  <tr>
    <td valign="bottom">
    <table height="100" align="center">
      <tr>
        <td width="50" height="63">账号：</td>
❷            <td width="149"><html:text property="account"/></td>
```

```
        <td width="50">密码：</td>
❸          <td width="150"><html:password property="password"/></td>
❹          <td width="70"><html:image src="images/land.gif" styleClass="img1"></html:image></td>
      </tr>
    </table></td>
  </tr>
</table>
</html:form>
```

📢 **代码贴士**

❶ <html:form>：该标签对应 HTML 中的<form>元素，用来创建一个表单。该标签必须包含 action 属性，否则会抛出异常。表单被提交后，ActionServlet 会在 struts-config.xml 配置文件中找到相应的<action>元素。该元素的 path 属性与<html:form>标签的 action 属性匹配；并且<html:form>标签会与该<action>元素中 name 属性所指定的 ActionForm 关联，以便自动填充表单中的元素。

❷ <html:text>：该标签对应 HTML 中的<input type="text">元素，被嵌套在<html:form>标签中成为表单元素。<html:text>标签中的 name 属性指定了填充该元素的 ActionForm，该 ActionForm 必须存在于 JSP 的某个范围内（page、request、session 和 application）。若各范围内均不存在该 ActionForm，就会抛出"Cannot find bean in any scope"异常。当忽略 name 属性时，则使用当前与<html:form>标签关联的 ActionForm 进行填充。使用 Bean 中的哪个属性值来填充该元素，是由<html:text>标签中的 property 属性指定的，它是<html:text>标签中必须存在的属性。

❸ <html:password>：该标签对应 HTML 中的<input type="password">元素，用于生成一个密码输入的组件。<html:password>标签被嵌套在<html:form>标签中成为表单的元素。<html:password>标签必须包含 property 属性；name 属性指定了填充该元素的 Bean；redisplay 属性值设为 false 时表示不会重新显示上次输入的内容，默认值为 true。

❹ <html:image>：该标签对应 HTML 中的<input type="image">元素，嵌入到<html:form>标签后成为表单的元素，并且可以通过单击该标签生成的图片提交表单。

2. 管理员登录 Action 实现类

在管理员登录页面中，在账号和密码文本框中输入正确的账号和密码后，单击"登录"按钮，网页会访问一个 URL，这个 URL 是 manager.do?method=checkManager。从 URL 地址中可以知道管理员登录操作涉及到的 method 的参数值为 checkManager，即当 method=checkManager 时，会调用验证管理员身份的方法 checkManager()。

在验证管理员身份的方法 checkManager()中，将参数 form 强制转换成 ManagerForm 类型的对象并赋值于新的 ManagerForm 类型对象，通过这个对象调用 ManagerForm 类中的 getAccount()和 getPassword()，获取当前用户输入的账号和密码的值。在进行管理员验证的操作时，首先判断账号是否存在，如果账号存在，则根据这个账号查询的密码与当前用户输入的密码比较，如果两个密码是相同的，则说明该用户为合法用户，否则为不合法用户。checkManager()方法的具体代码如下：

例程 23　代码位置：光盘\TM\05\src\com\wy\action\ManagerAction.java

```
public ActionForward checkManager(ActionMapping mapping, ActionForm form,
          HttpServletRequest request, HttpServletResponse response) {
      ManagerForm managerForm = (ManagerForm) form;        //将 form 表单强制转换成 ManagerForm
      HttpSession session = request.getSession();          //设置 session 对象
      ManagerForm managerform = (ManagerForm) objectDao.getObjectForm("from ManagerForm where
account='" + managerForm.getAccount() + "'");              //通过 objectDao 对象，调用 getObjectForm()
                                                             方法，查询该用户是否存在
      if (managerform == null) {                           //判断该用户是否存在
```

```
        request.setAttribute("errorNews", "您输入的账号不存在");    //验证的正确信息存放在 errorNews 对象中
    } else if (!managerform.getPassword().equals(managerForm.getPassword())) { //判断密码是否正确
        request.setAttribute("errorNews", "您输入的密码不正确");//验证的错误信息存放在 errorNews 对象中
    } else {
        session.setAttribute("managerform", managerform);
                        //如果账号和密码都正确，则将该用户存放在客户端 session 对象中
    }
    return mapping.findForward("checkManager");
}
```

3．struts-config.xml 文件配置

在 struts-config.xml 文件中配置管理员登录模块所涉及的<form-bean>元素，该元素用于指定用户登录模块所使用的 ActionForm。具体代码如下：

例程 24　代码位置：光盘\TM\05\WebContent\WEB-INF\struts-config.xml

```
<form-bean name="managerForm" type="com.wy.domain.ManagerForm" />
```

在 struts-config.xml 文件中配置管理员登录模块所涉及的<action>元素，该元素用于完成对页面的逻辑跳转工作。具体代码如下：

例程 25　代码位置：光盘\TM\05\WebContent\WEB-INF\struts-config.xml

```
<action path="/manager" validate="false" parameter="method" name="managerForm" scope="request">
    <forward name="checkManager" path="/dealwith.jsp" />
</action>
```

通过例程 24 和例程 25 可以了解以下信息：

根据 name="managerForm"可以找到与之相对应的 ActionForm 的实现类 com.wy.domain.Manager-Form。

根据 type="com.wy.domain.ManagerForm"可以找到处理用户数据的 Action 类。

根据<forward name="checkManager" path="/dealwith.jsp"/>可以了解，当 Action 类返回 checkManager 时，页面会被转到 dealwith.jsp 文件，即显示管理员登录验证结果的页面。

> **说明**
>
> ManagerAction 类继承了 DispatchAction 类，在<action>元素中设置 parameter 属性为 method。DispatchAction 根据参数 method 的值判断用户自定义 DispatchAction 中的哪个方法。因此，在编写触发 DispatchAction 的代码时，不仅要指明映射的路径，还需要附加一个名为 method 的参数，指明要调用的方法名称。

4．编写用户登录结果页面

从例程 25 中可以知道，执行完用户验证操作后，会将管理员登录结果在 dealwith.jsp 页面中显示。在 dealwith.jsp 页面中，通过 request 对象的 getAttribute()方法获取参数 errorNews 管理员登录结果。具体代码如下：

例程 26　代码位置：光盘\TM\05\WebContent\dealwith.jsp

```
<body>
```

```
<%
if(request.getAttribute("errorNews")!=null){            //验证获取的 errorNews 参数是否为空
String errorNews=(String)request.getAttribute("errorNews");    //获取 errorNews 对象中的数据
out.print("<script language=javascript>alert('"+errorNews+"');history.go(-1);</script>");
}else{
out.print("<script language=javascript>window.location.href='mainPage.jsp';</script>"); <!--返回主页面-->
}
%>
</body>
```

5.7.4 浏览管理员的实现过程

📊 浏览管理员使用的数据表：tb_manager。

当已经登录的管理员为系统管理员时，可以单击功能导航区中"系统管理"超链接，浏览该系统中所有可以登录的管理员，并且具有添加或删除管理员的权限（系统管理员不能删除自己本身）。浏览管理员页面的运行结果如图 5.18 所示。

序号	账号	操作
20	wy20wy	删除
21	wy21wy	删除
22	wy22wy	删除
23	wy23wy	删除
24	wy24wy	删除
25	wy25wy	删除
26	wy26wy	删除

当前页数：[1/1]

添加管理员

图 5.18 浏览管理员页面的运行结果

1．设计浏览管理员页面

如图 5.18 所示，将分页显示管理员信息。在该页面中，首先通过 request 对象中的 getAttribute()方法获取所有的管理员 List 对象的记录集，然后通过各种计算将各组管理员信息集合进行定位，最后通过 Struts 框架中<logic:iterate>循环标签显示管理员信息。具体代码如下：

例程 27 代码位置：光盘\TM\05\WebContent\manager_query.jsp

```
<%@ taglib prefix="html" uri="/WEB-INF/struts-html.tld"%>        <!--导入 Struts 框架中的 html 标签-->
<%@ taglib prefix="logic" uri="/WEB-INF/struts-logic.tld"%>      <!--导入 Struts 框架中的 logic 标签-->
<%@ taglib prefix="bean" uri="/WEB-INF/struts-bean.tld"%>        <!--导入 Struts 框架中的 bean 标签-->
<html:html>
❶    <jsp:useBean id="pagination" class="com.wy.tool.MyPagination" scope="session"></jsp:useBean>
     <!--通过<jsp:useBean>标签导入实现分页操作的 MyPagination 类，并通过 id 属性定义这个类的对象-->
<%
String str=request.getParameter("Page");                        <!--获取页码数-->
int Page=1;
List list=null;
if(str==null){                              //如果 str 对象为空，则说明当前页码数为 1，将执行以下操作
    list=(List)request.getAttribute("list");                    //获取所有记录的数
    int pagesize=15;                                            //指定每页显示的记录数
    list=pagination.getInitPage(list,Page,pagesize);            //初始化分页信息
}else{
    Page=pagination.getPage(str); //如果 str 对象的值不为空，将 str 对象的值进行转型后，赋值给 Page 变量
    list=pagination.getAppointPage(Page);                       //获取指定页的数据
}
%>
❷    <% if(pagination.getRecordSize()>0){ %>
        <table width="400" border="1" cellpadding="1" cellspacing="1">
          <tr align="center">
```

```
                    <th height="20"><span class="word_white">序号</span></th>
                    <th><span class="word_white">账号</span></th>
                    <th><span class="word_white">操作</span></th>
                </tr>
❸              <logic:iterate id="managerForm" collection="<%=list%>" indexId="number">
❹                <bean:define id="userid" name="managerForm" property="id"/>
            <tr align="center" bgcolor="#FFFFFF">
❺                    <td height="20"><bean:write name="managerForm" property="id"/></td>
                <td><bean:write name="managerForm" property="account"/></td>
                <td><a href="javascript:deleteForm('<%=userid%>')">删除</a></td>
            </tr>
        </logic:iterate>
        </table>
❻            <%=pagination.printCtrl(Page,"method=queryManager")%>
        <%}%>
        <a href="manager_insert.jsp">添加管理员</a>
</html:html>
```

🔊 代码贴士

❶ 本例中，<jsp:useBean>动作标识存在 3 个属性，class 属性指类的路径，id 属性指该类的对象，scope 属性指类的存在范围。

❷ MyPagination 类中的 getRecordSize()方法指当前记录集的个数，当记录集的个数大于 0 时，则显示所有的记录。

❸ <logic:iterate>对给定的一个集合进行遍历，并以该集合中元素的数目为遍历次数，每对集合进行一次遍历都会执行标签体中的内容。被指定的集合可以是数组、java.util.Collection、java.util.Map、java.util.Iterator 或 java.util.Enumeration，可通过<logic:irerate>标签的 collection 或 name 属性来指定这样的一个集合。

❹ <bean:define>标签必须存在 id 属性。它指定了一个变量的名称，该变量将成为指定对象的引用。默认情况下该变量被存储在了页面范围内，可以通过 Scope 属性来指定该变量的存储范围。

❺ <bean:write>标签将指定对象的值输出到页面中。若指定的对象类型为 String 型，则输出该字符串；否则调用该对象的 toString()方法后输出相应的字符串。

❻ printCtrl()将以表格的形式显示分页的各种操作。

2．管理员查询 Action 实现类

在网站的首页面中，单击导航区中"系统管理"超链接，网页会访问一个 URL，这个 URL 是 manager.do?method=queryManager。从 URL 地址中可以知道管理员查询操作涉及到的 method 的参数值为 queryManager，即当 method=queryManager 时，会调用查询管理员的方法 queryManager()。

在查询管理员信息的方法 queryManager()中，除了系统管理员以外，查询所有的管理员信息。具体代码如下：

例程 28　代码位置：光盘\TM\05\src\com\wy\action\ManagerAction.java

```
public ActionForward queryManager(ActionMapping mapping, ActionForm form,
            HttpServletRequest request, HttpServletResponse response) {
        List list = objectDao.getObjectList("from ManagerForm where managerLevel!=1");
                                    //当管理员级别不等于 1 时，查询所有的记录集
        request.setAttribute("list", list);            //将查询的所有信息保存在 request 范围内
        return mapping.findForward("queryManager");
    }
```

3．struts-config.xml 文件配置

在 struts-config.xml 文件中配置浏览管理员所涉及的<forward>元素。代码如下：

例程 29 代码位置：光盘\TM\05\WebContent\WEB-INF\struts-config.xml

```
<forward name="queryManager" path="/manager_query.jsp" />
```

5.7.5 添加管理员的实现过程

📑 添加管理员使用的数据表：tb_manager。

如图 5.18 所示，在浏览管理员页面中，单击"添加管理员"超链接后，进入管理员添加页面，在该页面中，系统管理员可以添加新管理员的账号和密码，单击"保存"按钮，即可实现保存管理员信息的操作。添加管理员信息页面的运行结果如图 5.19 所示。

图 5.19 添加管理员信息页面的运行结果

1．设计添加管理员页面

管理员信息包括账号、密码、确认密码及管理级别，其中，管理级别用 HTML 标签中的隐藏域表示，默认值为 0，表示普通管理员。应用 HTML 标签编写 form 表单的代码如下：

例程 30 代码位置：光盘\TM\05\WebContent\manager_insert.jsp

```
<html:form action="manager.do?method=insertManager" onsubmit="return insertManager()">
    <table width="265" border="1" align="center" cellpadding="1" cellspacing="1">
     <tr>
        <th width="70" height="30"><div align="right" class="word_white">账号：</div></th>
        <td width="183" bgcolor="#FFFFFF"><html:text property="account"/></td><!--设置管理员账号文本框-->
     </tr>
     <tr>
         <th height="30"><div align="right" class="word_white">密码：</div></th>
         <td bgcolor="#FFFFFF"><html:password property="password"/></td><!--设置管理员密码文本框-->
      </tr>
      <tr>
         <th height="30"><div align="right" class="word_white">确认密码：</div></th>
         <td bgcolor="#FFFFFF"><input type="password" name="newPassword"></td>
       </tr>
        <tr>
         <th height="30"><div align="right" class="word_white">级别：</div></th>
         <td bgcolor="#FFFFFF"><html:hidden property="managerLevel" value="0"/>普通</td>
        </tr>                                                          <!--设置管理员级别的隐藏域-->
     </table>
      <input type="submit" name="Submit2" value="保存">
      <input type="reset" name="Submit" value="重置">
</html:form>
```

2．添加管理员 Action 实现类

如图 5.19 所示，将新管理员的账号、密码及确认密码填写完毕后，单击"保存"按钮，网页会访

问一个 URL，这个 URL 是 manager.do?method=insertManager。从 URL 地址中可以知道管理员添加操作涉及到的 method 参数值为 insertManager，即当 method= insertManager 时，会调用添加管理员的方法 insertManager()。

在添加管理员信息的方法 insertManager()中，首先以输入的账号为查询条件查询管理员信息，如果不存在，实现添加管理员信息操作，否则不执行添加管理员信息操作。具体代码如下：

例程 31　代码位置：光盘\TM\05\src\com\wy\action\ManagerAction.java

```java
public ActionForward insertManager(ActionMapping mapping, ActionForm form,
            HttpServletRequest request, HttpServletResponse response) {
        ManagerForm managerForm = (ManagerForm) form;
        ManagerForm managerform = (ManagerForm) objectDao.getObjectForm("from ManagerForm where
account='"+ managerForm.getAccount() + "'");                    //查询管理员输入的账号是否存在
        if (managerform == null) {
            objectDao.insertObjectForm(managerForm);     //如果查询的账号不存在，执行添加管理员的操作
            return queryManager(mapping, form, request, response);//添加管理员后，执行查询管理员信息的方法
        } else {
            request.setAttribute("result", "您输入的账号重复，请重新输入");
            return mapping.findForward("errorManager");   //通过 mapping 对象返回错误信息
        }
    }
```

3．struts-config.xml 文件配置

在 struts-config.xml 文件中配置添加管理员所涉及的<forward>元素。代码如下：

例程 32　代码位置：光盘\TM\05\WebContent\WEB-INF\struts-config.xml

```xml
<forward name="errorManager" path="/manager_insert.jsp" />
```

5.7.6　单元测试

管理员登录操作时，在 checkManager()方法中，需要验证查询输入的账号是否存在，本书在编写这个登录操作的代码时，弹出了以下错误信息：

```
2007-11-7 10:14:49 org.hibernate.util.JDBCExceptionReporter logWarnings
警告: [Microsoft][SQLServer 2005 Driver for JDBC][SQLServer]已将语言设置改为 简体中文。
org.springframework.jdbc.BadSqlGrammarException: Hibernate operation: could not execute query; bad SQL
grammar [select managerfor0_.id as id, managerfor0_.account as account1_, managerfor0_.password as
password1_, managerfor0_.manager-
Level as managerL4_1_ from tb_manager managerfor0_ where managerfor0_.account=mr]; nested exception is
java.sql.SQLException:
[Microsoft][SQLServer 2005 Driver for JDBC][SQLServer]列名 'tsoft' 无效。
java.sql.SQLException: [Microsoft][SQLServer 2005 Driver for JDBC][SQLServer]列名 'tsoft' 无效。
    at com.microsoft.jdbc.base.BaseExceptions.createException(Unknown Source)
    at com.microsoft.jdbc.base.BaseExceptions.getException(Unknown Source)
    at com.microsoft.jdbc.sqlserver.tds.TDSRequest.processErrorToken(Unknown Source)
//省略其他操作信息
```

在上面的错误信息中，出现 org.springframework.jdbc.BadSqlGrammarException 这样的异常信息，

很明显是编写的 HQL 语句的错误，在查询管理员是否存在的过程中，checkManager()方法中编写过以下代码：

```
ManagerForm managerform = (ManagerForm) objectDao.getObjectForm("from ManagerForm where account="
    + managerForm.getAccount()");
```

在上面的代码中，"from ManagerForm where account="字符串直接连接后面对象，造成查询的 SQL 语句不完整，应该更改为以下代码：

例程 33　代码位置：光盘\TM\05\src\com\wy\action\ManagerAction.java

```
ManagerForm managerform = (ManagerForm) objectDao.getObjectForm("from ManagerForm where
account='"+ managerForm.getAccount() + "'");
```

5.8　招聘管理模块设计

5.8.1　招聘管理模块概述

招聘管理模块主要用于对招聘和应聘的人员信息进行添加和管理，方便了企业管理者对后备人才的管理，能够有效地为企业筛选优秀人才。招聘管理模块的框架图如图 5.20 所示。

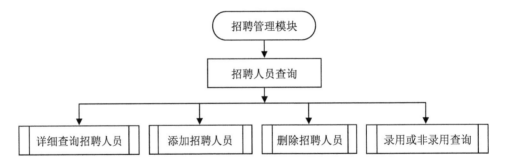

图 5.20　招聘管理模块的框架图

> **说明**　由于篇幅有限，在招聘管理模块中只介绍招聘人员查询和添加招聘人员的实现过程。

5.8.2　招聘管理模块技术分析

在实现招聘管理模块时，需要编写招聘管理模块对象的 ActionForm 类和 Action 实现类，并且需要编写与 ActionForm 属性和数据表字段一一对应的 XML 映射文件，以及在 Spring 框架中 application-Context.xml 文件中进行配置。下面将详细介绍如何编写招聘管理模块的 ActionForm 类、Action 实现类及 ActionForm 所对应的映射文件。

1．编写招聘人员信息 ActionForm 类

在招聘模块中，涉及的数据库是招聘人员信息表（tb_inviteJob），招聘人员信息表保存的是招聘

人员的姓名、年龄、性别和毕业院校等信息。招聘模块的 ActionForm 类的名称为 InviteJobForm.，具体代码如下：

例程 34　代码位置：光盘\TM\05\src\com\wy\form\InviteJobForm.java

```java
public class InviteJobForm extends ActionForm {
    private String id = null;                                       //编号
    private String name = null;                                     //姓名
    private String sex = "男";                                      //性别
    private String age = null;                                      //年龄
    private String born = null;                                     //出生日期
    private String job = null;                                      //应聘职务
    private String specialty = null;                                //专业
    private String experience = "无";                               //工作经验
    private String teachSchool = null;                              //学历
    private String afterSchool = null;                              //毕业学校
    private String tel = null;                                      //联系电话
    private String createtime = null;                               //登记时间
    private String content = "应届毕业生，无工作经验";              //工作简历
    private String isstock = null;                                  //是否被录用
    private String address = null;                                  //家庭住址
/********************提供控制 address 属性的方法********************************/
    public Integer getAddress() {                                   //设置 address 属性中的 getXXX()方法
        return address;
    }
    public void setAddress (Integer address) {                      //设置 address 属性中的 setXXX()方法
        this. address = address;
    }
/********************************************************************/
    …            //此处省略了其他控制招聘人员信息的 getXXX()和 setXXX()方法
/********************提供控制 creaTime 属性的方法********************************/
    public String getCreaTime() {                                   //设置 creaTime 属性的 getXXX()方法
        return creaTime;
    }
    public void setCreaTime(String creaTime) {                      //设置 creaTime 属性的 setXXX()方法
        this. creaTime = creaTime;
    }
/********************************************************************/
}
```

2. 编写招聘人员属性信息 XML 配置文件

在本例中，将创建一个名为 InviteJobForm.hbm.xml 的文件，用于把 InviteJobForm 类映射到 tb_inviteJob 表中，这个文件应该和 InviteJobForm 类存放在同一个目录下。InviteJobForm.hbm.xml 文件的代码如下：

例程 35　代码位置：光盘\TM\05\src\com\wy\form\InviteJobForm.hbm.xml

```xml
<hibernate-mapping>
    <class name="com.wy.form.InviteJobForm" table="tb_inviteJob">
        <id name="id" type="java.lang.String">                     <!--设置数据表的 id 属性-->
            <column name="id" />
```

```
        <generator class="native"/>
    </id>
    <property name="name" type="java.lang.String">        <!--设置数据表的 name 属性-->
        <column name="name" length="10" not-null="true" />
    </property>
···<!--省略其他属性的配置-->
    <property name="isstock" type="java.lang.String">        <!--设置数据表的 isstock 属性-->
        <column name="isstock" length="1" not-null="true" />
    </property>
</class>
</hibernate-mapping>
```

3. 编写招聘人员的 Action 实现类

招聘人员模块的 Action 实现类继承了 DispatchAction 类，实现 Struts 框架中的多业务处理操作。在该类中设置 ObjectDao 类型对象，并对这个对象实现 getXXX()和 setXXX()方法。在 applicationContext .xml 文件中配置依赖与注入的关系，通过 ObjectDao 类的对象调用该类中的各种方法，从而实现对数据表的各种操作。

招聘人员模块的 Action 实现类的关键代码如下：

例程 36　代码位置：光盘\TM\05\src\com\wy\action\InviteJobAction.java

```
public class InviteJobAction extends DispatchAction {
    private ObjectDao objectDao;
/*****************设置 ObjectDao 类属性的 getXXX()和 setXXX()方法************************/
    public ObjectDao getObjectDao() {                        //设置 objectDao 属性的 getXXX()方法
        return objectDao;
    }
    public void setObjectDao(ObjectDao objectDao) {          //设置 objectDao 属性的 setXXX()方法
        this.objectDao = objectDao;
    }
/*************************************************************************************/
    public ActionForward employeeInviteJob(ActionMapping mapping,
            ActionForm form, HttpServletRequest request,
            HttpServletResponse response) {
···//省略方法体
    }
    //省略其他方法
    public ActionForward insertInviteJob(ActionMapping mapping,
            ActionForm form, HttpServletRequest request,
            HttpServletResponse response) {
···//省略方法体
    }
}
```

5.8.3　浏览应聘人员信息的实现过程

　　浏览应聘人员信息使用的数据表：tb_inviteJob。

在网站的首页面中，可以单击功能导航区的"招聘管理"超链接，进入招聘人员查询页面，在该页面中只显示招聘人员的部分信息，如果想查询某一人员的详细信息，则单击该人员对应的"详细查询"超链接即可查看。除了详细信息查询外，还有删除人员信息、添加人员信息及录用与非录用查询功能。浏览应聘人员信息页面的运行结果如图 5.21 所示。

编号	姓名	性别	应聘职务	学历	工作经验	操作		
30	上官*	男	VC程序员	本科	无	详细查询	删除	已录
29	欧阳*	男	VB程序员	研究生	无	详细查询	删除	录用
28	贺*	男	VF程序员	本科	无	详细查询	删除	已录
27	赵*	男	Java程序员	研究生	无	详细查询	删除	录用
26	赛*	男	Java Web程序员	本科	无	详细查询	删除	录用
25	顾*	男	ASP程序员	本科	无	详细查询	删除	已录
24	范*	男	PHP程序员	研究生	无	详细查询	删除	录用
23	杨*	男	VC程序员	本科	无	详细查询	删除	录用
22	郑*	男	VC程序员	本科	无	详细查询	删除	录用
21	梁*	男	VC程序员	研究生	无	详细查询	删除	录用
20	尹*	男	Java程序员	本科	无	详细查询	删除	录用

当前页数数：[1/3]　　下一页　　最后一页

添加应聘人信息

图 5.21　浏览应聘人员信息页面的运行结果

注意　图 5.21 中，"录用"超链接可实现对当前应聘人员的录用操作，该功能不属于招聘人员信息模块，因此不做过多的介绍。

1．设计浏览应聘人员信息页面

如图 5.21 所示，将分页显示应聘人员信息。在该页面中，首先通过 request 对象中的 getAttribute() 方法获取所有的管理员结果集的 List 对象，然后通过各种计算将各组管理员信息集合进行定位，最后通过 Struts 框架中<logic:iterate>循环标签显示应聘人员信息。具体代码如下：

例程 37　代码位置：光盘\TM\05\WebContent\inviteJob_query.jsp

```
<jsp:useBean id="pagination" class="com.wy.tool.MyPagination" scope="session"></jsp:useBean>
<%
```

如果执行录用或者非录用查询，则通过下面的代码进行标识：

```
String condition="method=queryInviteJob";              //设置执行 Action 类方法的名称
Integer isstock=null;                                  //将 Integer 对象 isstock 设置为 null
if(request.getAttribute("isstock")!=null){             //如果 isstock 对象不为空，将执行下面的代码
isstock=Integer.valueOf((String)request.getAttribute("isstock"));
condition="method=queryInviteJob&isstock="+isstock+"";
}
```

以下是分页操作的代码：

```
String str=request.getParameter("Page");
int Page=1;                                             //初始化 page 变量值为 1
List list=null;                                         //初始化 List 对象值为 null
if(str==null){
    list=(List)request.getAttribute("list");           //获取 request 范围内的 list 对象
    int pagesize=11;                                   //指定每页显示的记录数
```

```
    list=pagination.getInitPage(list,Page,pagesize);              //初始化分页信息
}else{
    Page=pagination.getPage(str);
    list=pagination.getAppointPage(Page);                        //获取指定页的数据
}
%>
<body>
```

下面的代码是设置录用查询和非录用查询的超链接：

```
<table width="641">
  <tr align="center">
    <td width="55" align="left"><a href="inviteJob.do?method=queryInviteJob&isstock=1">录用查询</a></td>
    <td width="561" align="left"><a href="inviteJob.do?method=queryInviteJob&isstock=0">非录用查询
</a></td>
  </tr>
</table>
```

下面的代码是用来通过<logic:iterate>循环显示招聘人员信息的：

```
    <%if(pagination.getRecordSize()>0){     %>
      <table width="650" border="1" cellpadding="1" cellspacing="1" bordercolor="#FFFFFF"
bgcolor="66583D">
          <logic:iterate id="inviteJobForm" collection="<%=list%>"   indexId="number">
          <bean:define id="inviteJobid" name="inviteJobForm" property="id"/>
          <bean:define id="isstockk" name="inviteJobForm" property="isstock"/>
            <tr align="center" bgcolor="#ffffff">
              <td height="25"><bean:write name="inviteJobForm" property="id"/></td>  <!--显示用户编号-->
              <td><bean:write name="inviteJobForm" property="name"/></td><!--显示用户姓名-->
              <td><bean:write name="inviteJobForm" property="sex"/></td><!--显示用户性别-->
              <td><bean:write name="inviteJobForm" property="job"/></td><!--显示用户职业-->
              <td><bean:write name="inviteJobForm" property="teachSchool"/></td><!--显示用户毕业院校-->
              <td><bean:write name="inviteJobForm" property="experience"/></td><!--显示用户工作经验-->
              <td><a href="inviteJob.do?method=queryOneInviteJob&id=<%=inviteJobid%>">详细查询</a>
❶        <%if(isstock==null){%>
            <a href="javascript:deleteForm('<%=inviteJobid%>')">删除</a>
❷        <%if(isstockk.equals("0")){ %>
            <a href="employee.do?method=forwardEmploye&id=<%=inviteJobid%>">录用</a>
            <%}else{out.print("已录");} }%>
              </td>
            </tr>
          </logic:iterate>
        </table>
        <table width="650"><tr><td><%=pagination.printCtrl(Page,condition)%></td></tr></table>
      <%}%>
```

 代码贴士

❶ 如果 isstock 对象为 null，则"删除"超链接不显示。

❷ 判断 isstock 对象中的数据，如果该对象的数据为 0，则说明该人员未被录用；如果该对象的数据为 1，则说明该人员已经被录用。

2. 浏览应聘人员信息 Action 类

在网站的首页面中，单击导航区中的"招聘管理"超链接，网页会访问一个 URL，这个 URL 是 inviteJob.do?method=queryInviteJob。从 URL 地址中可以知道浏览应聘人员操作涉及到的 method 的参数值为 queryInviteJob，即当 method= queryInviteJob 时，会调用浏览应聘人员信息的方法 queryInviteJob()。

在浏览应聘人员信息的方法 queryInviteJob()中，首先将应聘人员信息查询条件赋值给 String 类型对象，如果通过 request 对象获取 isstock 参数值不为空，则将查询条件重新赋值，最后将查询条件作为参数，执行 getObjectList()方法，并且将该方法返回对象保存在 request 范围内。具体代码如下：

例程 38 代码位置：光盘\TM\05\src\com\wy\action\InviteJobAction.java

```
public ActionForward queryInviteJob(ActionMapping mapping, ActionForm form,
        HttpServletRequest request, HttpServletResponse response) {
    List list = null;                                          //设置 List 对象 list，并赋值为 null
    String information = "from InviteJobForm order by id desc";  //设置查询的 HQL 语言
    if (request.getParameter("isstock") != null) {
        String isstock=request.getParameter("isstock");        //将 isstock 对象值赋值为新的对象
        information = "from InviteJobForm where isstock='"
                + isstock + "' order by id desc"; //如果参数 isstock 值不为 null，则设置新查询条件
        request.setAttribute("isstock",isstock);
    }
    list = objectDao.getObjectList(information);               //执行查询招聘信息的 HQL 语句
    request.setAttribute("list", list);                       //将查询的 List 集合对象存放在 request 范围内
    return mapping.findForward("queryInviteJob");
}
```

在上述代码中，queryInviteJob()不但用于所有招聘人员查询，还用于录用或非录用招聘人员查询。

注意   isstock 属性是招聘人员是否被录用信息，当该属性值为 0 时，则表示未被录用。如果该属性值为 1，则表示已经被录用。

3. struts-config.xml 文件配置

在 struts-config.xml 文件中配置浏览招聘人员信息所涉及的<forward>元素。代码如下：

例程 39 代码位置：光盘\TM\05\WebContent\WEB-INF\struts-config.xml

```
<forward name="queryInviteJob" path="/inviteJob_query.jsp"/>
```

5.8.4 添加应聘信息的实现过程

📖 添加应聘信息使用的数据表：tb_inviteJob。

如图 5.21 所示，在应聘人员浏览页面中，单击"添加应聘人信息"超链接后，进入应聘人员信息添加页面，在该页面中，管理员在应聘人员信息的文本框中输入应聘人员的基本信息，单击"保存"按钮，即可实现保存应聘人员信息的操作。添加应聘人员信息页面的运行效果如图 5.22 所示。

图 5.22　添加应聘人员信息页面的运行效果

1．设计添加应聘信息页面

如图 5.22 所示，应聘人员信息包括姓名、年龄、性别、出生日期和应聘职位等一些基本信息，该页面用 HTML 标签编写，具体代码如下：

例程 40　代码位置：光盘\TM\05\WebContent\inviteJob_insert.jsp

```
<html:form action="inviteJob.do?method=insertInviteJob" onsubmit="return
checkEmptyForm(inviteJobForm)">
    <table width="493" border="1" cellpadding="1" cellspacing="1">
      <tr>
        <th width="69" height="30" class="word_white">姓名：</th>        <!--设置用户姓名的标签-->
        <td width="166" bgcolor="#FFFFFF"><html:text property="name" title="请输入应聘人姓名"/></td>
        <th width="67" class="word_white">性别：</th>               <!--设置用户性别的标签-->
        <td width="171" bgcolor="#FFFFFF">  <html:radio property="sex" value="男" /> 男
<html:radio property="sex" value="女" styleClass="input1"/> 女</td>
      </tr>
      <tr>
        <th height="30" class="word_white">年龄：</th>              <!--设置用户年龄的标签-->
        <td bgcolor="#FFFFFF"><html:text property="age" title="请输入应聘人年龄"/></td>
        <th class="word_white">出生日期：</th>                    <!--设置用户出生日期的标签-->
        <td bgcolor="#FFFFFF"><html:text property="born" title="请输入出生日期"/></td>
      </tr>
      <tr>
        <th height="30" class="word_white">应聘职位：</th>          <!--设置应聘职务的标签-->
        <td bgcolor="#FFFFFF"><html:text property="job" title="请输入应聘职务"/></td>
        <th class="word_white">所学专业：</th>                    <!--设置所学专业的标签-->
        <td bgcolor="#FFFFFF"><html:text property="specialty" title="请输入所学专业"/></td>
      </tr>
    …<!--省略其他招聘信息属性-->
    </table>
    <br>                                <!--设置"保存"、"重置"和"返回"按钮的标签-->
        <html:submit>保存</html:submit>   <html:reset>重置</html:reset>   <html:button
property="back" value="返回" onclick="javascript:history.go(-1);"></html:button>
  </html:form>
```

2．添加招聘信息 Action 实现类

将员工信息添加完整后，单击"保存"按钮，网页会访问一个 URL，这个 URL 是 manager.do?method=insertInviteJob。从 URL 地址中可以知道招聘信息添加操作涉及到的 method 的参数值为

insertInviteJob，即当 method= insertInviteJob 时，会调用添加招聘信息的方法 insertInviteJob()。

在添加招聘信息的方法 insertInviteJob()中，首先将 form 对象进行强制转型，然后执行 ObjectDao 类中的 insertObjectForm()方法实现添加招聘信息。具体代码如下：

例程 41　　代码位置：光盘\TM\05\src\com\wy\action\InviteJobAction.java

```
public ActionForward insertInviteJob(ActionMapping mapping,
        ActionForm form, HttpServletRequest request,
        HttpServletResponse response) {
    InviteJobForm inviteJobForm = (InviteJobForm) form;        //将 form 数据强制转换成 InviteJobForm 类型
    objectDao.insertObjectForm(inviteJobForm);                 //实现招聘信息添加的操作
    request.setAttribute("result", "添加应聘人员信息成功");      //将添加成功的信息保存到 result 对象中
    return mapping.findForward("operationInviteJob");
}
```

3．struts-config.xml 文件配置

在 struts-config.xml 文件中配置添加招聘信息所涉及的<forward>元素。代码如下：

例程 42　　代码位置：光盘\TM\05\WebContent\WEB-INF\struts-config.xml

```
<forward name="operationInviteJob" path="/inviteJob_operation.jsp"/>
```

5.8.5　单元测试

在利用 HTML 标签编写 form 表单时，每个标签元素都要设置 value 和 property 属性值。例如，利用<html:button>标签根据历史记录设置"返回"按钮时，在添加招聘信息页面中编写了下面这段代码：

```
<html:button    onclick="javascript:history.go(-1);">返回</html:button>
```

添加招聘信息页面运行时，会出现以下错误提示：

```
org.apache.jasper.JasperException: /inviteJob_insert.jsp(84,85) According to the TLD or the tag file, attribute
property is mandatory for tag button
    org.apache.jasper.compiler.DefaultErrorHandler.jspError(DefaultErrorHandler.java:40)
    org.apache.jasper.compiler.ErrorDispatcher.dispatch(ErrorDispatcher.java:407)
    org.apache.jasper.compiler.ErrorDispatcher.jspError(ErrorDispatcher.java:236)
    org.apache.jasper.compiler.Validator$ValidateVisitor.visit(Validator.java:802)
    org.apache.jasper.compiler.Node$CustomTag.accept(Node.java:1507)
    org.apache.jasper.compiler.Node$Nodes.visit(Node.java:2338)
    org.apache.jasper.compiler.Node$Visitor.visitBody(Node.java:2388)
    org.apache.jasper.compiler.Validator$ValidateVisitor.visit(Validator.java:838)
    org.apache.jasper.compiler.Node$CustomTag.accept(Node.java:1507)
    org.apache.jasper.compiler.Node$Nodes.visit(Node.java:2338)
```

错误原因是在<html:button>标签中并没有设置 property 和 value 属性值，应用<html:button>标签根据历史记录设置"返回"按钮的代码如下：

例程 43　　代码位置：光盘\TM\05\WebContent\inviteJob_insert.jsp

```
<html:button property="back" value="返回" onclick="javascript:history.go(-1);"></html:button>
```

5.9 员工管理模块设计

5.9.1 员工管理模块概述

员工管理是人力资源管理中最核心的模块之一，所处理的内容主要包括职工基本信息（相对固定的信息）以及职工变动信息，职工的变动信息主要包括家庭关系、职称、职位、学历、部门信息和奖惩信息的变动。同时，职工的离职和合同管理也在本模块中实现。人力资源管理部门的管理人员可以通过该模块增加、删除、修改人事信息；除此以外，在该模块中企业员工可以查看自己的个人信息，企业决策者也可以查询、筛选自己所关心的信息，并能通过统计对企业当前的人力资源状况进行宏观的了解。员工管理模块主要包括员工信息查询、添加员工信息、修改员工信息、删除员工信息、按部门查询员工信息及详细查询员工信息几部分。员工管理模块的框架图如图 5.23 所示。

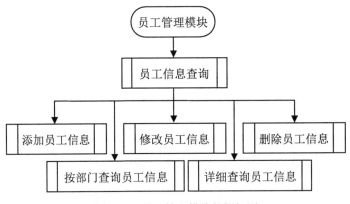

图 5.23　员工管理模块的框架图

5.9.2 员工管理模块技术分析

在实现员工管理模块时，需要编写员工管理模块对象的 ActionForm 类和 Action 实现类，并且需要编写与 ActionForm 属性和数据表字段一一对应的 XML 映射文件，以及在 Spring 框架中 applicationContext.xml 文件中进行配置。下面将详细介绍如何编写员工管理模块的 ActionForm、Action 实现类以及 ActionForm 所对应的映射文件。

1. 编写员工管理信息 ActionForm 类

在员工管理模块中，涉及的数据库是员工信息表（tb_employee），员工信息表保存的是员工编号、姓名、年龄、性别、职业和毕业院校等信息。员工管理模块的 ActionForm 类的名称为 EmployeeForm。具体代码如下：

例程 44　代码位置：光盘\TM\05\src\com\wy\form\EmployeeForm.java

```
public class EmployeeForm extends ActionForm {
```

```
        private String id = null;                              //设置数据库 ID
…//省略其他员工信息属性对象
        private String em_bz="无";                             //设置员工备注信息
/*********************提供控制 id 属性的方法********************************/
        public Integer getId () {                              //设置 id 属性的 getXXX()方法
            return id;
        }
        public void setId (Integer id) {                      //设置 id 属性的 setXXX()方法
            this. id = id;
        }
/************************************************************************/
        …         //此处省略了其他控制员工信息的 getXXX()和 setXXX()方法
/*********************提供控制 em_bz 属性的方法********************************/
        public String getEm_bz () {                           //设置 em_bz 属性的 getXXX()方法
            return em_bz;
        }
        public void setEm_bz (String em_bz) {                 //设置 em_bz 属性的 setXXX()方法
            this. em_bz = em_bz;
        }
/************************************************************************/
}
```

2．编写员工属性信息 xml 配置文件

在本系统中，将创建一个名为 EmployeeForm.hbm.xml 的文件，用于把 EmployeeForm 类映射到 tb_employee 表中，这个文件应该和 EmployeeForm 类存放在同一个目录下。EmployeeForm.hbm.xml 文件的代码如下：

例程 45　代码位置：光盘\TM\05\src\com\wy\form\EmployeeForm.hbm.xml

```xml
<hibernate-mapping>
    <class name="com.wy.form.EmployeeForm" table="tb_employee">
        <id name="id" type="java.lang.String">                    <!--设置数据表的 ID 属性-->
            <column name="id" />
            <generator class="native"/>
        </id>
        <property name="em_serialNumber" type="java.lang.String"><!--设置数据表的 em_serialNumber 属性-->
            <column name="em_serialNumber" length="30" not-null="true" />
        </property>
        …<!--省略其他属性的配置-->
        <property name="em_bz" type="java.lang.String">           <!--设置数据表的 em_bz 属性-->
            <column name="em_bz" length="50" not-null="true" />
        </property>
    </class>
</hibernate-mapping>
```

3．编写员工信息的 Action 实现类

员工信息模块的 Action 实现类继承了 DispatchAction 类，实现 Struts 框架中的多业务处理操作。在该类中设置 ObjectDao 类型对象，并对这个对象实现 getXXX()和 setXXX()方法。在 applicationContext.xml 文件中配置依赖与注入的关系，通过 ObjectDao 类的对象调用该类中的各种方法，从而实

现对数据表的各种操作。

员工信息模块的 Action 实现类的关键代码如下：

例程 46   代码位置：光盘\TM\05\src\com\wy\action\EmployeeAction.java

```java
public class EmployeeAction extends DispatchAction {
    private ObjectDao objectDao;
/***************为 ObjectDao 属性对象设置 getXXX()和 setXXX()方法*********************/
    public ObjectDao getObjectDao() {                        //设置 objectDao 属性的 getXXX()方法
        return objectDao;
    }
    public void setObjectDao(ObjectDao objectDao) {          //设置 objectDao 属性的 setXXX()方法
        this.objectDao = objectDao;
    }
/**********************************************************************************/
    public ActionForward forwardEmploye(ActionMapping mapping,
            ActionForm form, HttpServletRequest request,
            HttpServletResponse response) {
…//省略方法体
    }
…    //省略其他方法
    public ActionForward deleteEmployee(ActionMapping mapping, ActionForm form,
            HttpServletRequest request, HttpServletResponse response) {
…//省略方法体
}
```

5.9.3   员工录用的实现过程

📇   员工录用使用的数据表：tb_employee。

在招聘人员信息浏览页面中，如果要录用某个人员，可单击该人员信息中相对应的"录用"超链接，进入招聘人员录用页面。在该页面中，将录用人员的基本信息在 form 表单中显示出来，运行结果如图 5.24 所示。

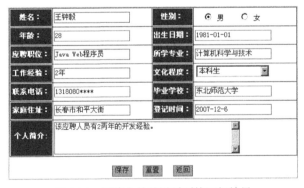

图 5.24   招聘人员录用页面的运行结果

在招聘人员信息浏览页面中，单击"录用"超链接，首先执行的是查询该人员信息的功能，网页会访问 URLemployee.do?method=forwardEmploye&id=29。从 URL 地址中可以知道员工录用信息查询操作涉及到的 method 的参数值为 forwardEmploye，即当 method= forwardEmploye 时，会调用应聘人员
查询的方法 forwardEmploye()。forwardEmploye()具体代码如下：

例程 47　代码位置：光盘\TM\05\src\com\wy\action\EmployeeAction.java

```
public ActionForward forwardEmploye(ActionMapping mapping,
            ActionForm form, HttpServletRequest request, HttpServletResponse response) {
        this.saveToken(request);                                //设置 Struts 框架中的令牌机制
        String condition = "from EmployeeForm order by id desc"; //设置查询所有员工信息的条件
        List list = objectDao.getObjectList(condition);         //执行查询所有员工信息的方法
        String autoNumber = "1";                                //设置对象 autoNumber 并赋值为 1
        if (list.size() != 0) {                                 //判断查询所有员工的记录是否等于 1
            EmployeeForm employeeform = (EmployeeForm) list.get(0);
            Integer em_serialNumber = Integer.valueOf(employeeform.getId()) + 1;
            autoNumber = String.valueOf(em_serialNumber);       //将 autoNumber 对象重新赋值
        }
        autoNumber = GetAutoNumber.getMaxNuber(autoNumber);     //执行自动编号的方法
        request.setAttribute("departmentList", objectDao.getObjectList("from DepartmentForm"));
        EmployeeForm employeeForm =(EmployeeForm)form;
        String id = request.getParameter("id");
        InviteJobForm inviteJobForm = (InviteJobForm) objectDao.getObjectForm("from InviteJobForm
where id='" + id + "'");                                        //执行对招聘人员查询的功能
        employeeForm.setEm_serialNumber(autoNumber);            //将员工编号自动赋值
        employeeForm.setEm_name(inviteJobForm.getName());       //将员工姓名赋值
        employeeForm.setEm_afterschool(inviteJobForm.getAfterSchool()); //将员工的毕业学校自动赋值
        employeeForm.setEm_sex(inviteJobForm.getSex());         //将员工的性别赋值
        employeeForm.setEm_born(inviteJobForm.getBorn());       //将员工的出生日期赋值
        employeeForm.setEm_address(inviteJobForm.getAddress()); //将员工的地址赋值
        employeeForm.setEm_culture(inviteJobForm.getTeachSchool()); //将员工的文化程度赋值
        employeeForm.setEm_tel(inviteJobForm.getTel());         //将员工的电话赋值
        employeeForm.setEm_speciality(inviteJobForm.getSpecialty()); //将员工的所学专业赋值
        request.setAttribute("employeeForm", employeeForm);     //将录用人员信息保存在 request 对象中
        request.setAttribute("id", id);
        return mapping.findForward("forwardEmploy");
    }
```

将录用人员的基本信息填写完毕后，单击"保存"按钮，网页会访问 URL 是 employee
.do?method= addEmployee。从 URL 地址中可以知道员工录用信息添加操作涉及到的 method 的参数值
为 addEmployee，即当 method= addEmployee 时，会调用员工录用的方法 addEmployee()。addEmployee()
具体实现代码如下：

例程 48　代码位置：光盘\TM\05\src\com\wy\action\EmployeeAction.java

```
public ActionForward addEmployee(ActionMapping mapping, ActionForm form,
            HttpServletRequest request, HttpServletResponse response) {
        EmployeeForm employeeForm = (EmployeeForm) form;
        if (this.isTokenValid(request)) {                       //判断令牌是否存在
            this.resetToken(request);
            objectDao.insertObjectForm(employeeForm);           //执行添加员工的操作
        } else {
```

```
this.saveToken(request);                                              //保存令牌信息
    request.setAttribute("result", "不能重复提交！！！");              //设置不能重复提交的信息
}
request.setAttribute("id", request.getParameter("id"));               //将员工 ID 号保存在 id 对象中
return mapping.findForward("operationEmployee");
    }
```

说明　服务器端在处理到达的请求之前，会将请求中包含的令牌值与保存在当前用户会话中的令牌值进行比较，看是否匹配。在处理完该请求后，且在答复发送给客户端之前，将会产生一个新的令牌，该令牌除传给客户端以外，也会将用户会话中保存的旧的令牌进行替换。这样如果用户回退到刚才的提交页面并再次提交，客户端传过来的令牌就和服务器端的令牌不一致，从而有效地防止了重复提交的发生。

在 struts-config.xml 文件中配置员工录用信息所涉及的<forward>元素。代码如下：

例程 49　代码位置：光盘\TM\05\WebContent\WEB-INF\struts-config.xml

```
<forward name="forwardEmploy" path="/employee_employ.jsp"/>
<forward name="operationEmployee" path="/employee_deawith.jsp"/>
```

5.9.4　删除员工信息的实现过程

　　删除员工信息使用的数据表：tb_employee。

在员工信息浏览页面中，如果删除某个员工的信息，则单击该员工信息相对应的"删除"超链接，弹出确认删除信息的对话框，如图 5.25 所示。

图 5.25　弹出确认删除信息的对话框

弹出确认删除信息的对话框的代码如下：

例程 50　代码位置：光盘\TM\05\WebContent\employee_query.jsp

```
<script language="JavaScript">
function deleteForm(date){
if(confirm("确定要删除此员工信息吗？")){                      <!--设置弹出脚本信息-->
window.location.href="employee.do?method=deleteEmployee&em_serialNumber="+date;
}
}
</script>
```

从上面的代码可以知道，单击"确定"按钮，网页会访问一个 URL，这个 URL 是 employee.do?method=deleteEmployee（其中还包括员工编号的参数）。从 URL 地址中可以知道员工录用信息删除操作涉及到的 method 的参数值为 deleteEmployee，即当 method= deleteEmployee 时，会调用员工删除的方法 deleteEmployee()。deleteEmployee()具体代码实现过程如下：

例程 51　代码位置：光盘\TM\05\src\com\wy\action\EmployeeAction.java

```
public ActionForward deleteEmployee(ActionMapping mapping, ActionForm form,
```

```
                        HttpServletRequest request, HttpServletResponse response) {
    String em_serialNumber = request.getParameter("em_serialNumber");                //获取员工的编号
    String condition = "from EmployeeForm where em_serialNumber='"+ em_serialNumber + "'";
    EmployeeForm employeeForm = (EmployeeForm) objectDao.getObjectForm(condition); //根据员工编号查询员工信息
    if (!objectDao.deleteObjectForm(employeeForm)) {                                //删除员工信息
        request.setAttribute("result", "删除员工信息失败，可能还存在其他的信息");
    }
    return mapping.findForward("operationEmployee");
    }
```

5.10　开发技巧与难点分析

5.10.1　去除图片超链接时出现的蓝色边框

在设置一个图片超链接时，图片的边框会出现蓝色，严重影响美观。可以把图片的边框值设置为 0。
代码如下：

```
<a href="#"><img src="images/1.gif" border=0></a>
```

5.10.2　JSP 区分大小写

JSP 程序是区分大小写的，在编写 JSP 程序时一定要注意大小写，如：

```
String name;和 String Name;
```

这两种写法代表不同的字符型变量。用过其他编程语言的人最容易犯这个错误。另外，在浏览器
的地址栏中输入的访问 JSP 页面的地址也是区分大小写的。如：

```
http://localhost:8080/01/name.jsp 和 http://localhost:8080/01/Name.jsp
```

访问的将是两个不同的页面。

5.11　Spring、Struts 和 Hibernate 构建

人力资源管理系统主要是应用 Spring、Struts 和 Hibernate 整合框架进行开发的（通常称为 SSH 框
架）。其中，Hibernate 作为数据持久化层，主要处理对象数据表的添加、修改、删除及查询等操作；
Spirng 作为中间层，通过依赖注入（IOC）的关系将持久化作为控制器的业务；而 Struts 框架中 Action
控制器将通过这种业务与 JSP 页面进行交互操作。Struts、Spring 及 Hibernate 框架整合的工作模式如
图 5.26 所示。

根据如图 5.26 所示关系，介绍 Spring、Struts 和 Hibernate 构建步骤：

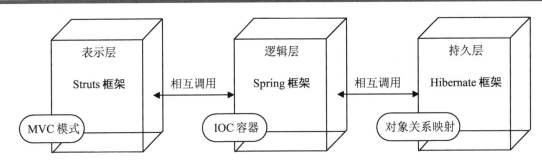

图 5.26　Spring 框架、Spirng 框架与 Hibernate 框架之间的关系

（1）任何一个 Web 框架都离不开 web.xml，当服务器启动时，系统会自动查找这个文件所在的位置。Struts 框架中的 struts-config.xml 配置文件和 Spring 框架中的 applicationContext.xml 配置文件都需要在 web.xml 文件中进行配置。web.xml 中的配置代码如下：

例程 52　代码位置：光盘\TM\05\WEB-INF\web.xml

```
<!-----------------------配置 Spring 框架中 applicationContext.xml----------------------------------->
    <context-param>
        <param-name>contextConfigLocation</param-name>
        <param-value>/WEB-INF/applicationContext.xml</param-value>
    </context-param>
<!--------------------------------------------------------------------------------------->
    <servlet>
        <servlet-name>SpringContextServlet</servlet-name>
        <servlet-class>org.springframework.web.context.ContextLoaderServlet</servlet-class>
        <load-on-startup>0</load-on-startup>
    </servlet>
<!-----------------------配置 Struts 框架中 struts-config.xml----------------------------------->
    <servlet>
        <servlet-name>action</servlet-name>
        <servlet-class>org.apache.struts.action.ActionServlet</servlet-class>
        <init-param>
            <param-name>config</param-name>
            <param-value>/WEB-INF/struts-config.xml</param-value><!--设置 struts-config.xml 配置文件的路径-->
        </init-param>
        <init-param>
            <param-name>debug</param-name>
            <param-value>3</param-value>
        </init-param>
        <init-param>
            <param-name>detail</param-name>
            <param-value>3</param-value>
        </init-param>
        <load-on-startup>1</load-on-startup>
    </servlet>
<!--------------------------------------------------------------------------------------->
    <servlet-mapping>
        <servlet-name>action</servlet-name>
        <url-pattern>*.do</url-pattern>
```

```
    </servlet-mapping>
</web-app>
```

（2）在 Struts 框架中需要对 Spring 框架设置支持，因此，也需要在 struts-config 配置文件中配置 Spring 框架中依赖注入配置文件。具体代码如下：

例程 53　代码位置：光盘\TM\05\WebContent\WEB-INF\struts-config

```
<struts-config>
    <form-beans>
        <form-bean name="managerForm" type="com.wy.form.ManagerForm"/>
                                              ···<!--省略其他 actionForm 的配置-->
    </form-beans>
    <action-mappings>
        <action path="/manager" validate="false" parameter="method" name="managerForm"
scope="request">
            <forward name="checkManager" path="/dealwith.jsp" />
            <forward name="operationManager" path="/manager_update.jsp" />
            <forward name="queryManager" path="/manager_query.jsp" />
            <forward name="errorManager" path="/manager_insert.jsp" />
        </action>
                                                  ···<!--省略其他 action 的配置-->
    </action-mappings>
<!--------------------------配置 Spring 框架中 applicationContext.xml --------------------------->
    <plug-in
        className="org.springframework.web.struts.ContextLoaderPlugIn">
        <set-property property="contextConfigLocation"
            value="/WEB-INF/applicationContext.xml" />
    </plug-in>
<!----------------------------------------------------------------------------------->
</struts-config>
```

（3）在 Spring 框架 applicationContext.xml 配置文件中配置 Hibernate 连接数据库和其他 Action 类依赖注入的关系。具体代码如下：

例程 54　代码位置：光盘\TM\05\WebContent\WEB-INF\applicationContext.xml

```
<beans>
    <!-- 数据库连接的取得 -->
    <bean id="dataSource"
        class="org.springframework.jdbc.datasource.DriverManagerDataSource">
···<!--省略信息的配置-->
    </bean>
    <!-- Spring 支持 Hibernate 框架的配置，得到 SessionFactory-->
    <bean id="localSessionFactory"
        class="org.springframework.orm.hibernate3.LocalSessionFactoryBean">
···<!--省略信息的配置-->
    </bean>
    <bean id="objectDao" class="com.wy.dao.ObjectDao">
        <property name="sessionFactory">
            <ref bean="localSessionFactory" />
        </property>
```

```
        </bean>
        <bean name="/manager" class="com.wy.action.ManagerAction"
            singleton="false">
            <property name="objectDao">
                <ref bean="objectDao" />
            </property>
        </bean>
    ···   <!--省略其他的 Action 类的依赖注入关系-->
</beans>
```

Struts、Spring 和 Hibernte 框架配置文件的关系如图 5.27 所示。

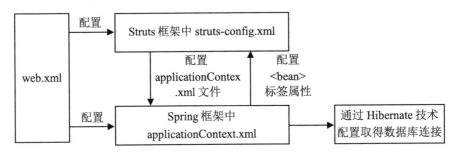

图 5.27　Struts、Spring 和 Hibernte 框架配置文件的关系图

5.12　本章小结

　　本章所开发的人力资源管理系统完全实现了人力资源管理的网络化、数字化和人性化的管理模式，使企业和个人都能拥有一个高效快捷的工作环境。在这个系统的实现过程中，主要应用到 Struts、Hibernate 和 Spring 框架整合技术，而这 3 项整合技术是目前最流行的整合技术，读者需要完全掌握，并能在技术的操作中灵活应用，举一反三。

第 **6** 章

办公自动化管理系统

（Struts 1.1+Hibernate 3.0+SQL Server 2005 实现）

随着社会经济的发展，计算机技术及网络技术的应用已经渗透到企业的日常工作中。传统的办公室管理方式已经不能满足企业对信息的快速传递与处理的需求，而网络办公自动化的应用填补了这一空缺。本章介绍的网络办公自动化管理系统就是为企业内部人员方便快捷地共享信息，高效地协同工作提供了平台。

通过阅读本章，可以学习到：

▶▶ 了解 MVC 设计模式

▶▶ 掌握使用 Hibernate 技术操作数据库的方法

▶▶ 掌握截取字符串方法

▶▶ 掌握如何进行字符处理的方法

▶▶ 掌握获得时间的方法

▶▶ 掌握如何利用 Hibernate API 声明事务边界的方法

6.1 开发背景

×××公司是吉林省内一家集广告业务、产品代理、售后服务于一体的民营企业，经过公司全体员工的辛勤努力，现在公司的规模在不断扩大，公司的业务也在增加。在企业不断发展的同时，传统的人工传递信息的方式暴露出一些问题。例如，公司员工向上级申请某项工作时，需要将申请表交到领导手中，而领导可能会不在办公室或因为其他原因不方便提交，这样为了提交这张申请表员工会来找领导多次，耽误了员工的其他工作。为了避免此类问题的发生，现需要委托其他公司开发办公自动化管理系统，改变过去复杂、低效的办公方式。

6.2 系统分析

6.2.1 需求分析

随着科学技术的不断发展，管理和办公活动的重要性日渐突出，引起了管理者以及科技人员的普遍重视，尤其是 20 世纪 60 年代以来，在通信技术迅速发展的推动下，办公室也开始了以自动化为重要内容的"办公室革命"。各企业根据自身需求，建立了网上办公自动化管理系统。尽可能地利用信息资源，向多级办公人员及时提供所需信息，提高了工作效率和质量。不久的将来网上办公自动化管理系统将成为企业的首选管理方式。

6.2.2 可行性研究

现在许多中小型企业用的都是传统管理方式，这样的管理既困难又浪费时间和成本，还很容易出错，所以应该掌握大型企业先进的管理方式，提高企业的效率和降低成本。办公自动化管理系统主要有以下优势：

☑ 经济可行性。

通过网站对企业内部信息进行全面的自动化管理，大大提高企业的办公效率。通过系统对企业生产经营过程中的数据进行全面的管理和统计，避免人为处理各类数据时所产生的各种问题，提高了企业的经济效益，为企业经营决策提供了大量的、权威的数据，使企业的管理进入科学化、系统化的范畴。

☑ 技术可行性。

本系统主要用到了目前比较流行的 Struts 和 Hibernate 技术，Struts 是构建基于 Java 的 Web 应用的首选技术。Hibernate 已经被越来越多的 Java 开发人员作为企业应用和关系数据库之间的中间件，这两项技术的应用方便了日后的网站维护。

6.3　系 统 设 计

6.3.1　系统目标

本系统是根据中小型企业的需求进行设计的，主要实现以下目标：

- ☑　界面友好，采用人机对话方式，操作简单。信息查询灵活、快捷、数据存储安全。
- ☑　实现各种记录的添加、修改、删除及查询功能。
- ☑　对用户输入的数据进行严格的数据检查，尽可能排除人为错误。
- ☑　合理地分配权限，保证系统的安全性。
- ☑　系统运行稳定，安全可靠。

6.3.2　系统功能结构

根据办公自动化管理系统的特点，可以将系统分为日常管理、考勤管理、计划制度、审核管理、员工管理和通讯管理 6 个部分，办公自动化管理系统的功能结构图如图 6.1 所示。

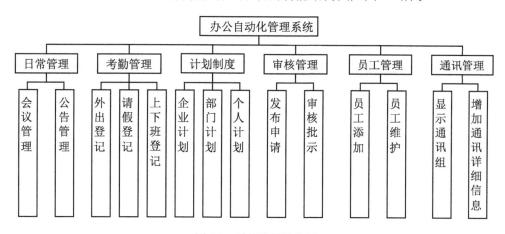

图 6.1　系统功能结构图

6.3.3　系统流程图

办公自动化管理系统的系统流程图如图 6.2 所示。

6.3.4　系统预览

办公自动化管理系统的整个实现过程由多个页面组成，下面给出几个主要的页面，其他页面请参考光盘中的源程序。

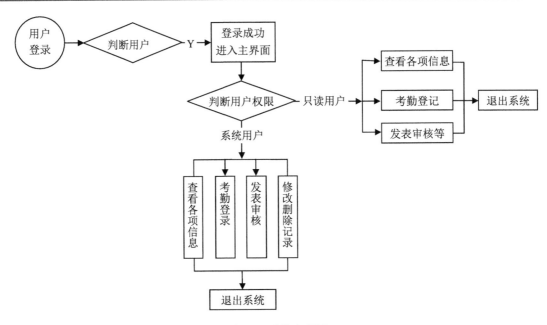

图 6.2　系统流程图

如图 6.3 所示为外出登记模块的效果图，进入该页面后用户可以进行外出登记，并可以查看登记信息；企业计划主页面运行效果如图 6.4 所示，通过该页面用户可查看企业计划，权限允许的情况下可添加企业计划、删除计划等。

图 6.3　外出登记模块的效果图（光盘\···\Kaoqin\waichu.jsp）　图 6.4　企业计划主页面运行效果图（光盘\···\qiye_planindex.jsp）

审核管理主页面运行效果如图 6.5 所示。当审核通过后，该申请已经不允许再做修改。在如图 6.6 所示的员工维护页面中，提供了查看员工信息、修改员工信息和删除员工信息的功能，并可以查看优秀员工的信息。

图 6.5　审核管理主页面运行效果图（光盘\···\piguan.jsp）　图 6.6　员工维护页面运行效果图（光盘\···\personnel_top.jsp）

> **说明**　由于路径太长，省略了部分路径，图 6.3 省略的路径是 TM\06，图 6.4 省略了 TM\06\planmanage，图 6.5 省略了 TM\06\shenhe，图 6.6 省略了 TM\06\UserManage。

6.3.5　开发环境

在开发办公自动化管理系统时，需要具备如下开发环境。

服务器端：

☑　操作系统：Windows 2003。

☑　Web 服务器：Tomcat 6.0。

☑　Java 开发包：JDK 1.5 以上。

☑　数据库：SQL Server 2000。

☑　浏览器：IE 6.0。

☑　分辨率：1024×768 像素。

客户端：

☑　浏览器：IE 6.0。

☑　分辨率：1024×768 像素。

6.3.6　文件夹组织结构

在开发程序之前，可以把系统中可能用到的文件夹先创建出来（例如，创建一个名为 CSS 的文件夹，用于保存网站中用到的 CSS 样式），这样不仅可以方便以后的程序开发工作，也可以规范网站的整体结构，方便日后的网站维护。本书在开发办公自动化管理系统时，设计了如图 6.7 所示的文件夹架构图。在开发时，只需要将所创建的文件保存在相应的文件夹中就可以了。

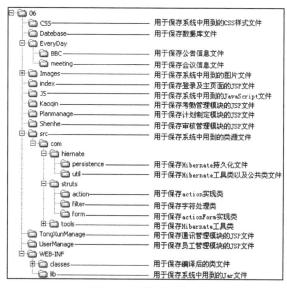

图 6.7　文件夹架构图

6.4 数据库设计

6.4.1 数据库分析

在每个应用程序中，数据库的设计都是非常重要的部分，选择合适的数据库并创建合理的表结构是开发程序时首要考虑的问题。办公自动化管理系统是为中小型企业设计的。考虑到成本以及用户需求，本系统采用 SQL Server 2005 数据库，SQL Server 以其操作简单方便、界面友好、安全性好的特点得到广泛的应用。

6.4.2 数据库概念结构分析

根据以上章节对系统所做的需求分析和系统设计，规划出本系统中使用的数据库实体分别为部门计划实体、公告实体和审核批示实体等，下面介绍几个关键的实体 E-R 图。

部门计划实体包括计划编号、部门名称、计划标题、计划内容和发布时间属性。通过计划编号可识别不同的计划实体。部门名称、计划标题和计划内容为部门计划实体的通用属性。另外，通过发布时间属性可查看部门计划的发布时间。部门计划的实体 E-R 图如图 6.8 所示。

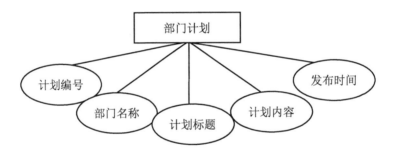

图 6.8 部门计划信息实体 E-R 图

公告实体应包括公告编号、主题、公告人、公告日期和公告内容属性。公告实体 E-R 图如图 6.9 所示。

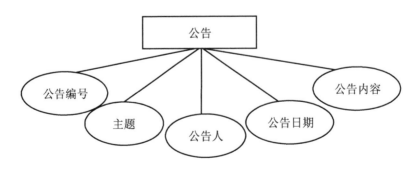

图 6.9 公告信息实体 E-R 图

审核批示实体应包括申请编号、申请标题、申请内容、申请时间和是否审核属性，其中，是否审核属性表示审核信息是否已经经过审核，属性值为 1 表示已经通过审核，属性值为 0 表示未审核。审订批示实体 E-R 图如图 6.10 所示。

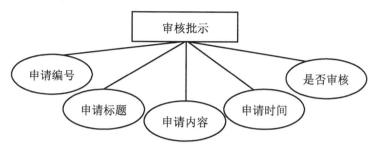

图 6.10　审核批示实体 E-R 图

6.4.3　数据库逻辑结构设计

为使读者对本系统中的数据库表有一个更清楚的认识，下面给出数据库表树形结构图，该树形结构图中包含了所有数据表，如图 6.11 所示。

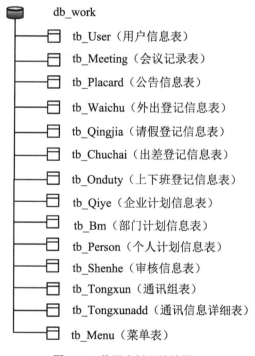

db_work

tb_User（用户信息表）

tb_Meeting（会议记录表）

tb_Placard（公告信息表）

tb_Waichu（外出登记信息表）

tb_Qingjia（请假登记信息表）

tb_Chuchai（出差登记信息表）

tb_Onduty（上下班登记信息表）

tb_Qiye（企业计划信息表）

tb_Bm（部门计划信息表）

tb_Person（个人计划信息表）

tb_Shenhe（审核信息表）

tb_Tongxun（通讯组表）

tb_Tongxunadd（通讯信息详细表）

tb_Menu（菜单表）

图 6.11　数据表树形结构图

本系统包含 14 张数据表，由于篇幅有限，这里只给出主要的数据表，其他数据表请参考本书提供的光盘。

☑　tb_User 表用于保存用户注册的相关数据信息，结构如表 6.1 所示。

表6.1 用户信息表（tb_User）

字 段 名	数 据 类 型	是 否 为 空	是 否 主 键	默 认 值	描 述
id	int(2)	No	Yes		Id（自动编号）
userName	varchar(30)	No		NULL	用户名
pwd	varchar(30)	No		NULL	密码
name	varchar(30)	No		NULL	用户姓名
purview	varchar(4)	No		NULL	用户权限
branch	varchar(20)	No		NULL	用户所在部门
job	varchar(20)	No		NULL	用户工作
sex	varchar(4)	No		NULL	用户性别
email	varchar(40)	No		NULL	用户 E-mail
tel	varchar(11)	No		NULL	用户电话
address	varchar(50)	No		NULL	用户地址
bestMan	int(4)	No		NULL	优秀员工

☑ tb_Menu 表用于存储主页面显示的主菜单和子菜单，结构如表 6.2 所示。

表6.2 菜单表（tb_Menu）

字 段 名	数 据 类 型	是 否 为 空	是 否 主 键	默 认 值	描 述
id	int(4)	No	Yes		自动编号
modeId	int(4)	No		NULL	按主菜单分类
menuName	varchar(20)	No		NULL	子菜单项
linkUrl	varchar(50)	Yes		NULL	超链接地址

☑ tb_Meeting 表用于存储会议信息，结构如表 6.3 所示。

表6.3 会议记录表（tb_Meeting）

字 段 名	数 据 类 型	是 否 为 空	是 否 主 键	默 认 值	描 述
id	int(4)	No	Yes		自动编号
MTime	varchar(20)	No		NULL	会议时间
ZPerson	varchar(30)	No		NULL	主持人
CPerson	varchar(30)	No		NULL	出席人
subject	varchar(40)	No		NULL	会议主题
address	varchar(40)	No		NULL	会议地点
content	varchar(200)	No		NULL	会议内容

☑　tb_Placard 表用于存储公告信息，结构如表 6.4 所示。

表 6.4　公告记录表（tb_Placard）

字　段　名	数据类型	是否为空	是否主键	默　认　值	描　　述
id	int(4)	No	Yes		自动编号
person	varchar(20)	No		NULL	公告人
subject	varchar(30)	No		NULL	公告主题
DDate	dateTime(8)	No		NULL	公告时间
contenet	varchar(200)	No		NULL	公告内容

☑　tb_Waichu 表用于存储员工的外出信息，结构如表 6.5 所示。

表 6.5　外出登记信息表（tb_Waichu）

字　段　名	数据类型	是否为空	是否主键	默　认　值	描　　述
id	int(4)	No	Yes		自动编号
name1	varchar(15)	No		NULL	外出人
department	varchar(20)	No		NULL	外出人所在部门
content	varchar(50)	No		NULL	外出原因
time1	dateTime(8)	No		NULL	外出时间
time2	dateTime(8)	No		NULL	预计回归时间
state	int(4)	No		NULL	是否回归

☑　tb_Onduty 表用于存储上下班的登记信息，结构如表 6.6 所示。

表 6.6　上下班登记信息表（tb_Onduty）

字　段　名	数据类型	是否为空	是否主键	默　认　值	描　　述
id	int(4)	No	Yes		自动编号
name1	varchar(15)	No		NULL	登记人
department	varchar(20)	No		NULL	登记人所在部门
enroltype	varchar(8)	No		NULL	登记类型
defintime	varchar(20)	No		NULL	规定时间
enroltime	varchar(20)	No		NULL	登记时间
enrolremark	varchar(100)	Yes		NULL	登记备注
state	varchar(4)	No		NULL	登记总结

☑　tb_Tongxunadd 表用于存储员工的通信信息，结构如表 6.7 所示。

表 6.7 通信详细信息表（tb_Tongxunadd）

字 段 名	数据类型	是否为空	是否主键	默 认 值	描 述
id	int(4)	No	Yes		自动编号
name11	varchar (15)	No		NULL	员工姓名
birthday	dateTime(8)	No		NULL	员工生日
sex	varchar (2)	No		NULL	员工性别
hy	varchar (4)	No		NULL	婚否
dw	varchar (40)	No		NULL	所属单位
department	varchar (20)	No		NULL	所属部门
zw	varchar (20)	No		NULL	职务
cf	varchar (10)	No		NULL	省份
cs	varchar (15)	No		NULL	城市
phone	varchar (15)	Yes		NULL	办公电话
phone1	varchar (11)	Yes		NULL	移动电话
email	varchar (30)	Yes		NULL	邮箱地址
postcode	varchar (10)	No		NULL	邮政编码
OICQ	varchar (20)	Yes		NULL	Oicq 号码
family	varchar (15)	No		NULL	家庭电话
address	varchar (50)	No		NULL	家庭住址
remark	varchar (100)	Yes		NULL	备注
name1	int(4)	No		NULL	通讯组

6.5　公共模块设计

在开发程序中，经常会用到一些公共类，如 Hibernate 配置文件、Struts 配置文件和 Session 的管理类等，公共类的应用可以使程序的代码更加的工整，增强代码的重用性，所以开发系统时首先要编写这些公共类。下面介绍办公自动化管理系统中需要编写的公共类。

6.5.1　Hibernate 配置文件的编写

Hibernate 从其配置文件中读取和数据库连接有关的信息，Hibernate 的配置文件有两种形式：一种是 XML 的配置文件，办公自动化管理系统采用的是 Hibernate 默认的 Java 属性文件格式，配置文件名称为 Hibernate.properties，其基本格式如下：

例程 01　代码位置：光盘\TM\06\src\Hibernate.properties

```
hibernate.dialect=org.hibernate.dialect.SQLServerDialect
hibernate.connection.driver_class=com.microsoft.sqlserver.jdbc.SQLServerDriver
hibernate.connection.url=jdbc:sqlserver://localhost:1433;databaseName = db_work
hibernate.connection.username=sa
hibernate.connection.password=111
```

```
hibernate.show_sql=true
hibernate.hbm2ddl.auto=none
```

例程 01 中配置文件的属性如表 6.8 所示。

表 6.8　Hibernate 配置文件属性

属　　性	描　　述
hibernate.dialect	指定数据库使用的 SQL 方言
hibernate.connection.driver_class	指定数据库的驱动程序
hibernate.connection.url	指定连接数据库的 URL
hibernate.connection.username	指定连接数据库的用户名
hibernate.connection.password	指定连接数据库的密码
hibernate.show_sql	如果为 true，则在程序运行时，会在控制台输出 SQL 语句，默认为 false，以便减少应用的输出信息，提高运行性能
hibernate.hbm2ddl.auto	如果为 create，Hibernate 会自动在数据库中建表，为 none 时不会自动建表

6.5.2　Session 管理类的编写

（1）定义 GetHibernate 类，将其保存在 com.hibernate.util 包中，并编写获得 SessionFactory 的代码，同时导入所需要的类包。代码如下：

例程 02　代码位置：光盘\TM\06\src\com\hibernate\util\GetHibernate.java

```
package com.hibernate.util;                              //将类保存在 com.hibernate.util 包下
import org.hibernate.Session;                            //导入 org.hibernate.Session 类
import org.hibernate.SessionFactory;                     //导入 org.hibernate.SessionFactory 类
import org.hibernate.cfg.Configuration;                  //导入 org.hibernate.cfg.Configuration 类
import com.hibernate.persistence.Bm;                     //导入 com.hibernate.persistence.Bm 类
...                                                      //这里省略了导入的其他类包
public class GetHibernate {
    private static SessionFactory sf = null;             //创建 SessionFactory 实例
    static{
        try {                                            //try...catch 语句捕获异常
❶          Configuration conf = new Configuration().addClass(User.class)
❷                  .addClass(Menu.class).addClass(Meeting.class)
                   .addClass(Placard.class).addClass(Waichu.class)
                   .addClass(Qingjia.class).addClass(Chuchai.class)
                   .addClass(Onduty.class).addClass(Qiye.class)
                   .addClass(Bm.class).addClass(Person.class)
                   .addClass(Shenhe.class).addClass(TongXunAdd.class)
                   .addClass(Tongxun.class).addClass(Send.class);
❸          sf = conf.buildSessionFactory();
        } catch (Exception e) {
            e.printStackTrace();                         //输出异常信息
        }
    }
```

325

代码贴士

❶ 创建 Configuration 对象，此时 Hibernate 会默认加载 classpath 中的配置文件 hibernate.properties。

❷ 调用 Configuration 类的 addClass(User.class)方法，将默认文件路径下的 User.hbm.xml 等文件中的映射信息读入到内存中。

❸ 调用 Configuration 类的 buildSessionFactory()方法，创建 SessionFactory 实例。该方法把 Configuration 对象包含的所有配置信息复制到 SessionFactory 对象的缓存中。

（2）编写打开 Session 的方法 openSession()。代码如下：

例程 03　代码位置：光盘\TM\06\src\com\hibernate\util\GetHibernate.java

```
public Session openSession(){                    //以 Session 为返回值创建打开 Session 的方法
    Session session = sf.openSession();          //SessionFactory 的 openSession()方法获得 Session 实例
    return session;                              //返回 Session 对象
}
```

（3）编写关闭 Session 的方法 closeSession()。代码如下：

例程 04　代码位置：光盘\TM\06\src\com\hibernate\util\GetHibernate.java

```
public void closeSession(Session session){       //创建关闭 Session 的方法，参数为 Session 实例
    if(session != null){                         //判断 Session 是否为空
        session.close();                         //close()方法关闭 Session
    }
}
```

6.5.3　获得日期和时间类的编写

获得日期和时间类主要包括获得系统日期、获得系统日期和时间。下面将详细介绍如何编写获得日期和时间的类 GetTime。

（1）定义 GetTime 类，将其保存在 com.hiernate.util 包下，并导入所需的类包。代码如下：

例程 05　代码位置：光盘\TM\06\src\com\hibernate\util\GetTime.java

```
package com.hibernate.util;                       //将该类保存在 com.hibernate.util 包下
    import java.text.DateFormat;                  //导入 java.text.DateFormat 类
    import java.text.ParseException;              //导入 java.text.ParseException 类
    import java.text.SimpleDateFormat;            //导入 java.text.SimpleDateFormat 类
    import java.util.Calendar;                    //导入 java.util.Calendar 类
    import java.util.Date;                        //导入 java.util.Date 类
public class GetTime {
…   //此处为类中具体方法，将在下文中给出
    }
```

（2）编写获得系统日期的方法 getDate()。代码如下：

例程 06　代码位置：光盘\TM\06\src\com\hibernate\util\GetTime.java

```
public static Date getDate(){                                  //以 Date 对象为返回值创建 getDate()方法
    Date dateU = new Date();                                   //创建 Date 类对象
    java.sql.Date date= new java.sql.Date(dateU.getTime());    //getTime()方法可得到当前系统的日期
```

```
        return date;                                        //返回指定返回值对象
    }
```

（3）编写获得日期和时间的方法 getDateTime()。代码如下：

例程 07　代码位置：光盘\TM\06\src\com\hibernate\util\GetTime.java

```
public static String getDateTime(){                         //该方法返回值为 String 类型
        SimpleDateFormat format;
                        //simpleDateFormat 类可以选择任何用户定义的日期-时间格式的模式
        Date date = null;
        Calendar myDate = Calendar.getInstance();
                        //Calendar 的方法 getInstance()，以获得此类型的一个通用的对象
        myDate.setTime(new java.util.Date());
                        //使用给定的 Date 设置此 Calendar 的时间
        date = myDate.getTime();
                        //返回一个表示此 Calendar 时间值（从历元至现在的毫秒偏移量）的 Date 对象
        format = new SimpleDateFormat("yyyy-MM-dd HH:mm:ss");
                        //编写格式化时间为 "年-月-日 时：分：秒"
        String strRtn = format.format(date);
                        //将给定的 Date 格式化为日期/时间字符串，并将结果赋值给给定的 String
        return strRtn;          //返回保存返回值变量
    }
```

6.5.4　字符串处理过滤器

在本实例中字符处理类为 MyFilter，该类实现了 Filter 接口，Filter 接口中有 init()、destroy()和 doFilter()3 个方法。init()方法只在此过滤器第一次初始化时执行，对于简单的过滤器此方法体可以为空；destroy()方法在利用一个给定的过滤器对象持久地终止服务器时调用，一般情况下此方法体为空；doFilter()方法为大多数过滤器的关键部分，该方法包括 ServletRequest、ServletResponse 和 FilterChain3 个参数。在调用 FilterChain 的 doFilter()方法时，激活一个相关的过滤器。如果没有另一个过滤器与 Servlet 或 JSP 页面关联，则 Serliet 或 JSP 页面被激活。代码如下：

例程 08　代码位置：光盘\TM\06\src\com\struts\filter\MyFilter.java

```
package com.struts.filter;                              //将过滤器保存在 com.struts.filter 包下
import java.io.IOException;                             //导入 java.io.IOException 类
import javax.servlet.Filter;                            //导入 javax.servlet.Filter 类
import javax.servlet.FilterChain;                       //导入 javax.servlet.FilterChain 类
import javax.servlet.FilterConfig;                      //导入 javax.servlet.FilterConfig 类
import javax.servlet.ServletException;                  //导入 javax.servlet.ServletException 类
import javax.servlet.ServletRequest;                    //导入 javax.servlet.ServletRequest 类
import javax.servlet.ServletResponse;                   //导入 javax.servlet.ServletResponse 类
public class MyFilter implements Filter {
    public void destroy() {                             //destroy()方法体为空
        }
    public void doFilter(ServletRequest request, ServletResponse response, FilterChain chain)
            throws IOException, ServletException {
        request.setCharacterEncoding("gb2312");         //设置 request 的编码格式
        response.setCharacterEncoding("gb2312");        //设置 response 的编码格式
```

```
        chain.doFilter(request, response);          //调用 FilterChain 对象的 doFilter()方法
    }
    public void init(FilterConfig arg0) throws ServletException {
    }                                                //该方法体为空
}
```

6.5.5 配置 Struts

在 2.5.3 节中已经介绍了 web.xml 文件和 struts.config.xml 文件的配置，这里不再赘述，下面介绍如何将过滤器配置在 web.xml 文件中。代码如下：

例程 09　代码位置：光盘\TM\06\WebContent\WEB-INF\web.xml

```
❶ <filter>
      <filter-name>myfilter</filter-name>
      <filter-class>com.struts.filter.MyFilter</filter-class>
   </filter>
❷ <filter-mapping>
      <filter-name>myfilter</filter-name>
      <url-pattern>/*</url-pattern>
   </filter-mapping>
```

📢 代码贴士

❶ <filter>元素用于声明过滤器。它有两个子元素，<filter-name>和<filter-class>；<filter-name>子元素为声明过滤器名称，在这里程序员可以自定义过滤器名称；<filter-class>子元素为声明过滤器的完成路径。

❷ <filter-mapping>元素的<filter-name>子元素同样为声明的过滤器名称，在这里要与<filter>的<filter-name>元素的名称保持一致，<url-pattern>配置请求环境相关路径，写成 "/*" 会过滤所有文件。

6.6　登录模块设计

6.6.1　登录模块概述

系统登录是用户进入系统的窗口。用户要进入系统必须输入正确的用户名、密码和验证码，否则会进入登录失败页面。登录模块的框架如图 6.12 所示。

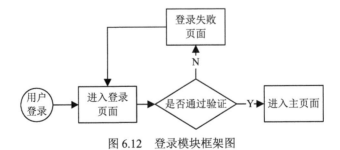

图 6.12　登录模块框架图

6.6.2　登录模块技术分析

登录模块用于验证用户登录身份。登录模块功能的实现应用了 MVC 设计模式，利用 Hibernate 完成对数据库的增加、修改、删除及查询功能，Action 类控制转发路径，JSP 页面负责页面显示，为以后系统的维护带来了方便。

在本模块中通过对用户名和密码的参数绑定来验证用户的合法性。本模块及系统的其他模块都采用 HQL 检索方式，它与 SQL 语法有些相似，但是 HQL 是面向对象的，操作的是持久化类的类名和类的属性，而 SQL 操作的是表名和字段名。Query 接口封装了 HQL 查询语言。在使用 HQL 检索方式检索数据之前，HQL 检索数据的执行步骤如下：

（1）通过 Session 类的 createQuery()方法创建一个 Query 对象，createQuery()方法的入口参数为 String 型的 HQL 语句，在 HQL 语句中可以包含命名参数，例如，strUserName 为参数名称。

```
Query query = session.createQuery("from User as u where u.userName=:strUserName ");
```

（2）为命名参数赋值，关键代码如下：

```
query.setString("strUserName", strUserName);
```

（3）通过调用 Query 类的 list()方法执行数据检索，其返回值为 List 型的结果集。关键代码如下：

例程 10　代码位置：光盘\TM\06\src\com\hibernate\util\HibernateUtil.java

```
public static List findUser(String strUserName, String strPwd) {
        Transaction tx = null;                              //Transaction 类负责 Hibernate 的数据库事务
        List list = null;                                   //List 集合不允许出现重复元素
        try {
            session = hib.openSession();                    //调用公共类开启 Session 的方法
            tx = (Transaction) session.beginTransaction();  //开启事务
            Query query = session.createQuery("from User as u where u.userName=:strUserName and);
                                                            //应用 HQL 检索查找满足条件的集合
            query.setString("strUserName", strUserName);    //动态绑定参数
            list = query.list();                            //list()方法用来执行 HQL 语句
            tx.commit();                                    //提交事务
            hib.closeSession(session);                      //调用公共类方法关闭 Session
        } catch (Exception e) {
            e.printStackTrace();                            //输出异常信息
            tx.roolback();                                  //程序出现异常撤销事务
        }
        return list;                                        //返回保存返回值变量
    }
```

此外，用户登录系统中还需要设置验证码来提高系统的安全性。本系统的 Images/num 文件夹下有文件名为 0.gif～9.gif 的 10 张图片。利用 Math 类的 random()方法可得到一个大于等于 0.0 且小于 1.0 的随机数，这个随机数用于获得名称与随机数相同的图片。值得注意的是，random()方法产生一个大于等于 0.0 且小于 1.0 的随机数，返回值为 double 类型，在应用时应对其进行强制转换。这一过程的实现主要用到了 Math 类的 random()。程序员可通过以下格式调用该方法：

```
Math.random()
```

6.6.3 登录模块的实现过程

用户进入登录页面后，如果没有输入用户名和密码，或验证码输入错误，系统会通过 JavaScript 进行判断，给出提示信息。登录页面的运行结果如图 6.13 所示。

图 6.13　系统登录页面的运行结果

1．在 HibernateUtil 类中编写查找用户的方法

（1）首先创建 User 持久化类及其映射文件 User.hbm.xml 并保存在 com.hibernate.persistence 包下。具体代码如下：

例程 11　代码位置：光盘\TM\06\src\com\hibernate\persistence\User.java

```
package com.hibernate.persistence;          //将该类保存在 com.hibernate.persistence 包下
  public class User {
      private int id;                       //用户的 ID 号
      private String userName;              //用户登录系统时所用的用户名
      private String pwd;                   //用户密码
      private String name;                  //用户的真实姓名
      private String purview;               //用户权限
      private String branch                 //用户所在的部门
      private String job;                   //用户工作
      private String sex;                   //用户性别
      private String email;                 //用户的 E-mail 地址
      private String   tel;                 //用户电话
      private String address;               //用户地址
      private int bestMan;                  //优秀员工标记
      public int getBestMan() {             //bestMan 属性对应的 getBestMan()方法
      return bestMan;
}
  public void setBestMan (int bestMan) {    //bestMan 属性对应的 setBestMan()方法
      this. bestMan = bestMan;
}
          ...                               //这里省略了其他控制用户信息 getXXX()和 setXXX()方法
}
```

> **说明**
>
> 持久化类的 id 属性，用来唯一标识每个持久化类对象，也被称为 oid(object identifier)，通常用整数表示，当然也可以设置为其他类型。如果 UserA.getId.equals(UserB.getId())的结果为 true，表示 UserA 和 UserB 对象指的是同一个用户，UserA、UserB 和 tb_User 表中的同一条记录对应。

配置 User.hbm.xml 文件的代码如下：

例程 12　代码位置：光盘\TM\06\src\com\hibernate\persistence\User.hbm.xml

```
<?xml version="1.0"?>
<!DOCTYPE hibernate-mapping PUBLIC    "-//Hibernate/Hibernate Mapping DTD 3.0//EN"
```

```
              "http://hibernate.sourceforge.net/hibernate-mapping-3.0.dtd">    <!--声明 DTD-->
❶     <hibernate-mapping>
❷     <class name="com.hibernate.persistence.User" table="tb_User" lazy="false">
❸         <id name="id" column="Id" type="int" >
                      <generator class="increment"/>
          </id>
❹             <property name="userName" column="UserName" type="string"/>
              <property name="pwd" column="Pwd" type="string"/>
              <property name="name" column="Name" type="string"/>
              <property name="purview" column="Purview" type="string"/>
              <property name="branch" column="Branch" type="string"/>
              <property name="job" column="Job" type="string"/>
              <property name="sex" column="Sex" type="string"/>
              <property name="email" column="Email" type="string"/>
              <property name="tel" column="Tel" type="string"/>
              <property name="address"   column="Address" type="string"/>
              <property name="accessTime" column="AccessTime" type="int"/>
          </class>
          </hibernate-mapping>
```

📢 关键代码解析

❶ <hibernate-mapping>元素是对象—关系映射文件的根元素，其他元素必须嵌入<hibernate-mapping>元素以内，即<hibernate-mapping>和</hibernate-mapping>之间。

❷ <class>元素的 name 属性为持久化类的完整路径,table 指定持久化类对应的表名,lazy 设置检索策略属性值为 true 时，表示采用延迟检索；如果属性值为 false，表示采用立即检索。

❸ <id>子元素用于设定持久化类的 OID 和表主键的映射。<id>元素的<generator>子元素用于指定对象标识符生成器，负责为 OID 生成唯一标识符，Hibernate 提供了 increment、identity、sequence 和 hilo 等几种内置标识符生成器。

❹ <property>子元素用于设定类的属性和表字段的映射，该元素主要包括 name、column 和 type 属性。

☑ name 属性：用于指定持久化类的属性名。

☑ column 属性：用于指定与类属性映射的表的字段名。

☑ type 属性：用于指定 Hibernate 映射类型。

（2）创建 Hibernate 工具类 HibernateUtil，用来保存系统中用到的所有对数据库表的增、删、改、查方法。代码如下：

例程 13　代码位置：光盘\TM\06\src\com\hibernate\util\HibernateUtil.java

```
public class HibernateUtil {
static private Session session;                              //创建 Session 实例
static GetHibernate hib = new GetHibernate();               //创建 GetHibernate 对象
       …//省略号部分为类中具体方法，将在以下的程序中依次给出
}
```

（3）本模块主要用到 HibernateUtil 类的 findUser()方法，该方法有两个参数，分别是用户名和密码，调用该方法可根据用户名和密码是否正确来判断用户是否可登录系统。代码如下：

例程 14　代码位置：光盘\TM\06\src\com\hibernate\util\HibernateUtil.java

```
public static List findUser(String strUserName, String strPwd) {
       Transaction tx = null;                               //Transaction 类负责 Hibernate 的数据库事务
```

```
List list = null;                                        //List 集合不允许出现重复元素
try {
    session = hib.openSession();                         //调用公共类的开启 Session 方法
    tx = (Transaction) session.beginTransaction();       //开启事务
    Query query = session.createQuery("from User as u where u.userName=:strUserName and
u.pwd=:strPwd");                                         //应用 HQL 检索查找满足条件的集合
    query.setString("strUserName", strUserName);         //动态绑定参数
    query.setString("strPwd", strPwd);
    list = query.list();                                 //list()方法用来执行 HQL 语句
    tx.commit();                                         //提交事务
    hib.closeSession(session);                           //关闭 Session
} catch (Exception e) {
    e.printStackTrace();                                 //输出错误信息
    tx.roolback();                                       //撤销事务
}
    return list;                                         //返回保存返回值对象
}
```

2．创建表单对应的 ActionForm Bean

创建表单对应的 ActionForm Bean，UserForm 将其保存在 com.struts.form 包下，其属性与表单的输入域名称一一对应。请读者参考光盘中的源程序。

3．创建验证用户的 action 实现类

单击登录页面的"登录"按钮，网页会访问一个 URL，这个 URL 是 findUserAction.do?method=findUser。从这个地址可知，登录模块调用了 FindUserAction 类的 findUser()方法。FindAction 类继承了 DispatchAction，该类的 findUser()方法的主要功能是调用 HibernateUtil 类的 findUser()方法，并通过 request 对象的 getParameter()方法将前台页面得到的表单数据作为 findUser()方法的参数，来判断用户输入的用户名和密码是否正确。

登录模块的 action 实现类具体代码如下：

例程 15　代码位置：光盘\TM\06\src\com\struts\actionl\FindUserAction.java

```
public class FindUserAction extends DispatchAction {            //创建 FindUserAction 类继承
DispatchAction 类
  public ActionForward findUser(ActionMapping mapping, ActionForm form, HttpServletRequest request,
                    HttpServletResponse response) throws Exception {
        UserForm uf = (UserForm)form;                          //获得 UserForm 对象
        String strUserName =request.getParameter("UserName");  //获得表单中数据
        String strPwd = request.getParameter("PWD");
        List list = HibernateUtil.findUser(strUserName,strPwd);  //调用工具类中方法
        request.getSession().setAttribute("list", list);       //获得 Session 对象，并把 list 保存在 Session 中
        User user = new User();                                //创建持久化类 User 对象
        if(list!=null && !list.isEmpty()){                     //判断 list 是否为空
            for(int i=0;i<list.size();i++){                    //循环遍历集合
                user =(User) list.get(i);                      //list.get()方法返回列表中指定位置元素
                String strUsername = user.getUserName();       //得到 User 对象的用户名信息
                String strUserPurview = user.getPurview();     //得到 User 对象的权限信息
                String strUserbranch = user.getBranch();       //得到 User 对象的部门信息
```

```
                uf.setUserName(strUsername);                    //设置 uf 对象的用户名
                uf.setUserPurview(strUserPurview);              //设置 uf 对象的权限
                uf.setUserbranch(strUserbranch);               //设置 uf 对象的部门
                request.getSession().setAttribute("uform", uf);   //将 uf 对象保存在 Session 中
                request.getSession().setAttribute("username",strUsername);//将 strUsername 保存在 Session 中
            }
            return new ActionForward("/findMenuAction.do?method=findMenu");
                                                //当用户名密码输入正确转发到 findMenuAction
        else{
            return new ActionForward("/unsuccess.jsp");   //如果用户名或密码输入错误，转到
                                                unsuccess.jsp 页面
        }
        }
}
```

4．struts-config.xml 文件的配置

将创建的 ActionForm 和 Action 类配置在 struts-config.xml 文件中。代码如下：

例程 16　代码位置：光盘\TM\06\WebContent\WEB-INF\struts-config.xml

```
        <form-beans>
❶           <form-bean name="userForm" type="com.struts.form.UserForm"/>
        </form-beans>
❷       <global-exceptions/>
❸       <global-forwards/>
        <action-mappings>
❹       <action path="/findUserAction" name="userForm" scope="request" parameter="method"
        type="com.struts.action.FindUserAction"/>
            <action path="/findMenuAction" parameter="method" type="com.struts.action.FindMenuAction"/>
        </action-mappings>
```

关键代码解析

❶ name 设置 ActionForm 名称，type 指定 Form 的完整路径。

❷ <global-exceptions/>元素会对所有定义在 struts-config.xml 文件内的 Action 程序段异常都进行处理，这里没有对其进行设置。

❸ <global-forwards/>元素用来创建整个应用范围内可见的转发映射，本系统没有对其进行设置。

❹ path 属性指定和 Action 类匹配的请求页面的相对路径，该路径必须以 "/" 开头。Name 属性对应 actionForm 的 name 属性，scope 指定 actionForm 的使用范围，如果该 Action 实现类继承了 DispatchAction 类，则要配置 parameter 属性设置请求参数，type 指定类的完整路径。

5．登录页面的设计

（1）登录页面的设计，在登录页面中不仅添加了用户名和密码输入框，为了保护系统的安全还添加了验证码。关键代码如下：

例程 17　代码位置：光盘\TM\06\WebContent\index\index.jsp

```
        <form name="form1" method="POST" action="findUserAction.do?method=finUser">
            <table width="410" height="198" border="0" align="right"
                cellpadding="0" cellspacing="0">
        <tr>
```

```
                <td height="2" colspan="2"></td>
            </tr>
            <tr>
         …//此处省略了显示用户名和密码文本框的代码
            <tr>
            <td height="31" colspan="2" valign="top" ondragstart="return false" onselectstart="return false">
                                           <!--设置单元格的高度、对齐方式等属性-- >
                            验证码：
                 <input name="yanzheng" type="text" class="input2"
                                    onKeyDown="if(event.keyCode==13){form1.Submit.focus();}"
                                    size="8" align="bottom"
                                    onMouseOver="this.style.background='#F0DAF3';"
                                    onMouseOut="this.style.background='#FFFFFF'">
    <!--验证码文本框，并设置文本框样式 -->
    <%
    int intmethod = (int)( (((Math.random())*11))-1);         //定义 4 个变量，获得 4 个 0～9 的随机数
    int intmethod2 = (int)( (((Math.random())*11))-1);
    int intmethod3 = (int)( (((Math.random())*11))-1);
    int intmethod4 = (int)( (((Math.random())*11))-1);
    String intsum = intmethod+""+intmethod2+intmethod3+intmetho
                                           //将得到的随机数进行连接
    %>
    <input type="hidden" name="verifycode2" value="<%=intsum%>"><!--设置隐藏域，用来做验证比较-- >
    <span class="STYLE12"><font size="+3" color="#FF0000">
    <img src=Images/num/<%=intmethod %>.gif>
                                           <!--本系统的 num 文件夹下有名称为 0～9 的 10 张图片-->
    <img src=Images/num/<%=intmethod2 %>.gif>
                                           <!--将图片名称与得到的随机数相同的图片显示在页面上-- >
    <img src=Images/num/<%=intmethod3 %>.gif>
    <img src=Images/num/<%=intmethod4 %>.gif></font> </span>
    </td>
```

技巧：当用户输入用户名和密码之后单击"登录"按钮，系统会访问一个 URL，这个 URL 为 findUserAction.do?method=findUser，中央控制器 actionServlet 从 struts-config.xml 中寻找 path 属性为 findUserAction 的 Action 实现类，method 为此 action 实例中配置的 parameter 属性值。finuser 为 action 实现类的方法名。

（2）登录页面还添加了 JavaScript 脚本，保证用户在输入用户名和密码后才能登录系统。代码如下：

例程 18 代码位置：光盘\TM\06\WebContent\index\index.jsp

```
<script language="javascript">
function mycheck(){                              //自定义函数名称为 mycheck()
if (form1.UserName.value=="")                    //判断用户名是否为空
{alert("请输入用户名！");form1.UserName.focus();return;}
if(form1.PWD.value=="")                          //判断密码是否为空
{alert("请输入密码！");form1.PWD.focus();return;}
if(form1.yanzheng.value=="")                     //判断验证码是否为空
{alert("请输入验证码!");form1.yanzheng.focus();return;}
if(form1.yanzheng.value != form1.verifycode2.value)  //判断验证码是否输入正确
{alert("请输入正确的验证码!");form1.yanzheng.focus();return;}
form1.submit();
```

```
    }
</script>
```

6.6.4　单元测试

开发完登录模块，程序员一定要进行单元测试以发现其中的不足。在登录模块中设计的验证码为 0～9 的随机数字，先编写了获得随机数的方法。代码如下：

```
public class Test {
    public static void main(String args[]){
        int intmethod;                              //定义 int 型变量
        for(int i = 0 ;i < 200 ;i++ ){
            intmethod    = (int)( (((Math.random())*10))-1);
                                                    //将 Math.random()做乘 10 减 1 操作，之后赋值给变量
            System.out.print(intmethod+",");        //在控制台上打印变量，来检查赋值是否合理
        }
    }
}
```

通过观察控制台，发现只输出了 0～8，而程序员想要的是 0～9，可见这样取得的随机数不是很合理，应该做一下修改。代码如下：

```
public class Test {
    public static void main(String args[]){
        int intmethod;                              //定义 int 型变量
        for(int i = 0 ;i < 200 ;i++ ){
            intmethod    = (int)( (((Math.random())*11))-1);
                                                    //将 Math.random()做乘 11 减 1 操作，之后赋值给变量
            if(intmethod == 9){                     //对 intmethod 是否得 9 做重点判断
                System.out.println("ok");
            }
            System.out.print(intmethod+",")  ;      //在控制台上打印变量，来检查赋值是否合理
        }
    }
}
```

运行上面的代码，通过观察控制台可以看到，输出的结果正好为 0～9 的随机数，所以这种方法得到的随机数可以满足程序员的要求，可以应用到程序当中了。

6.7　主界面设计

6.7.1　主界面概述

用户登录成功后进入系统主界面，主界面包括页头部分显示登录用户的具体信息，侧栏部分显示树状导航菜单，内容显示区设计了显示滚动文字。主页面的运行效果如图 6.14 所示。

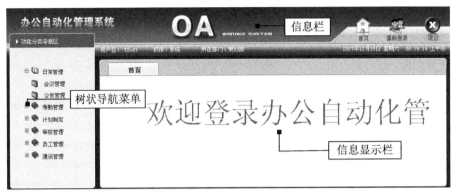

图 6.14　主界面的运行效果

6.7.2　主界面技术分析

在如图 6.14 所示的主页面效果图中，页头、侧栏部分在其他功能模块中也同样显示，主界面的整体布局如图 6.15 所示。

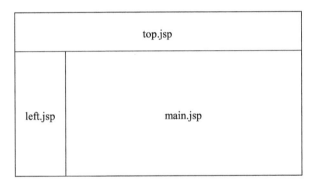

图 6.15　主页面布局

本实例是通过 iframe 浮动框架将其组合在一起，浮动框架是一种特殊的框架页面，在浏览器窗口中嵌套子窗口，在其中显示页面的内容，iframe 浮动框架的主要语法格式如下：

```
<iframe src="File_url" width=value height=value name= "IFRAME_name" align="value"></iframe>
```

各属性的含义如表 6.9 所示。

表 6.9　<iframe>标签属性表

<iframe>标签属性	描　　述
src	浮动框架中显示页面源文件的路径
width	浮动框架的宽度
height	浮动框架的高度
frameborder	框架边框显示属性
scrolling	框架滚动条显示属性
name	浮动框架的名称

6.7.3　主界面的实现过程

📊　主界面的数据表：tb_Menu和tb_User。

主界面中设计了树状导航菜单的显示，树状导航菜单不仅可以节省页面空间，而且便于浏览者操作。实现树状导航菜单显示的步骤如下。

1．显示树状导航菜单

（1）在 HibernateUtil 类中编写查找菜单方法，在 tb_Menu 表中主菜单的 modeId 值是 0。每个主菜单对应的子菜单的 modeId 值与主菜单的 id 相同。所以在编写 HQL 语句时只需要绑定 modeId 就可以完成对菜单的查找工作。代码如下：

例程 19　代码位置：光盘\TM\06\src\com\hibernate\util\HibernateUtil.java

```
public static List findMenu(int intMendId) {              //创建查找菜单的方法返回 List 集合
        Transaction tx = null;                            //Transaction 类负责 Hibernate 的数据库事务
        List list = null;                                 //List 集合不允许出现重复元素
        try {
            session = hib.openSession()                   //利用公共类开启 Session
            tx = (Transaction) session.beginTransaction();  //开启事务
            Query query = session
                    .createQuery("from Menu as m where m.modeId =:intMedeId");
            query.setInteger("intMedeId", intMendId);     //绑定查询参数
            list = query.list();                          //list()方法的 HQL 语句
            tx.commit();                                  //提交事务
            hib.closeSession(session);                    //利用公共类关闭 Session
        } catch (Exception e) {
            e.printStackTrace();                          //输出错误信息
            tx.roolback();                                //发生异常事务回滚
        }
        return list;                                      //返回保存的返回值对象
    }
```

📐**说明**　在编写此方法之前，不要忘记编写持久化类以及其映射文件并保存在 com.hiernate.persistence 包下。具体步骤和 User 类似，在以下的内容中将不再对程序中的持久化类及其映射文件的创建过程做介绍，读者可参考光盘。

（2）在 FindMenuAction 中调用 findMenu()方法，并完成页面的转发工作。代码如下：

例程 20　代码位置：光盘\TM\06\src\com\struts\actionl\FindMenuAction.java

```
public class FindMenuAction extends DispatchAction {       //Action 实现类该类继承了 DispatchAction
    public ActionForward findMenu(ActionMapping arg0, ActionForm arg1, HttpServletRequest arg2,
HttpServletResponse arg3) throws Exception {
        List list = HibernateUtil.findMenu(0);            //由于主菜单的 menuId 为 0，绑定参数 0 查找主菜单
        List menuIdlist = null;                           //创建保存子菜单集合对象
        if(!list.isEmpty() && list.size()>0){             //判断集合是否为空
```

```
        for(int i= 0;i<list.size();i++){              //循环遍历集合
            Menu menu =(Menu) list.get(i);            //返回指定位置元素
            menuIdlist = HibernateUtil.findMenu((menu.getId()).intValue()); //查找子菜单
            arg2.getSession().setAttribute("menuNameid"+i+"", menuIdlist);//将子菜单集合保存在 Session 中
            }
        }
        arg2.getSession().setAttribute("menulist",list);      //将主菜单集合保存在 Session 中
        return new ActionForward("/default.jsp");            //转发至 default.jsp 页面
    }
}
```

（3）树状导航菜单需要使用 JavaScript 脚本函数 ShowTR()进行编写。树状导航菜单的完成需要注意以下两点：

☑ 　在默认情况下，第一个节点是展开的，单击该节点名称前的减号"−"可以将该节点折叠，单击节点前的加号"+"可以展开指定节点。如果某个节点没有相关子节点，则直接显示减号"−"。

☑ 　主要通过 JavaScript 脚本控制表格的行<tr>标签的显示或隐藏来实现节点的显示或隐藏。控制<tr>标签的显示和隐藏，是通过其 display 属性实现的。应用 JavaScript 脚本定义一个函数 ShowTR()，该函数用于显示或隐藏表格中指定行的内容。

ShowTR()函数的代码如下：

例程 21　代码位置：光盘\TM\06\WebContent\index\menu.jsp

```
<script language="javascript">
    ShowTR(img1,OpenRep1)              //设置第一个节点为展开状态
    function ShowTR(objImg,objTr)
                //自定义函数参数为显示页面的表格的行<tr>的 id 属性值，以及页面显示的图片的 id 属性值
    {
    if(objTr.style.display == "block")      //如果<tr>标签为显示状态
    {    objTr.style.display = "none";       //则隐藏<tr>标签
        objImg.src = "Images/jia.gif";      //隐藏<tr>标签的同时，显示 Images 文件夹下的名称为 jia.gif 的图片
        objImg.alt = "展开";                 //alt 用来描述该图片的文字
    }
    else                                    //<tr>标签为隐藏状态
    {    objTr.style.display = "block";      //将<tr>标签设置为显示状态
        objImg.src = "Images/jian.gif";     //显示 Images 文件夹下名称为 jian.gif 的图片
        objImg.alt = "折叠";                 //设置描述图片的文字
    }}
</script>
```

（4）在 menu.jsp 页面中完成树状导航菜单显示的代码如下：

例程 22　代码位置：光盘\TM\06\WebContent\index\menu.jsp

```
<table width="100%" height="25" border="0" cellpadding="0" cellspacing="0">
            <% List listfather = (List)session.getAttribute("menulist");    //获得主菜单集合
                if(listfather.isEmpty()){                                    //判断主菜单是否为空
            %>
        <tr>
            <td align="center">暂无功能分类信息!
        </td>
```

```
</tr>
<%}else{                                              //如果主菜单不为空，进行以下操作
    int m=1;                                          //定义变量，用来设置图片名称
    for(int j=0;j<listfather.size();j++){
    Menu menufather = (Menu)listfather.get(j);
    List listsun = (List)session.getAttribute("menuNameid"+j+"");  //获得子菜单集合
    %>
<tr><td>
        <%if(listsun.isEmpty()){                      <!--如果子菜单集合为空，显示主菜单项-->
            for(int i=1;i<listsun.size();i++){%>
         
        <img src="Images/jian_null.gif" width="38" height="16" border="0">
        <%=menufather.getMenuName()%>                 <!-- 获得主菜单的菜单项 -->
        <%}}else{%>
         <a href="Javascript:ShowTR(img<%=m%>,OpenRep<%=m%>)">
            <img src="Images/jia.gif" border="0" alt="展开" id="img<%=m%>">
                                                       <!--显示树状导航菜单中的图片-->
                </a>
        <a href="Javascript:ShowTR(img<%=m%>,OpenRep<%=m%>)">
        <%=menufather.getMenuName()%>
        </a><%}%>                                      <!--页面中显示主菜单名称-- >
        </td>
        <%if(listsun.size()>0){%>                      //判断子菜单集合的长度是否大于 0
  <tr id="OpenRep<%=m%>" style="display:none;">
    <td colspan="6">
        <% for(int k=0;k<listsun.size();k++){         //循环显示子菜单项
            Menu menusun = (Menu)listsun.get(k); %>
        <table width="94%" border="0" cellspacing="0" cellpadding="0">
        <tr onMouseOver="this.style.background='#96F7F4'" onMouseOut="this.style.background=''">
<td height="25" align="center">                        <!--设置单元格对齐方式为居中-->
    <table width="90%" border="0" cellspacing="0" cellpadding="0">
        <tr>
        <td width="7%" align="left">   <!--设置单元格的对其方法为左对齐-- >
            <img src="Images/folder.gif" width="16" height="16" border="0">
                                <!--页面显示 Images 文件夹下的名称为 folder.gif 的图片-- >
        </td>
            <td width="93%" align="left"> 
            <a href="<%=menusun.getLinkurl()%>" target="mainFrame"> <!-- 得到超链接地址
-->
            <%=menusun.getMenuName()%> <!-- 得到子菜单名字 -->
            </a>
            </td>
            </tr>
        </table>
    </td></tr>
    </table>
        <%m=m+1;}%>                                    //将 m 循环加 1
    </td>
    <%}%>
</tr>
<%}}%>
</table>
```

2. 完成页面组合

当 top.jsp、left.jsp 和 main.jsp 设计完成后，通过<%@ include %>指令和 iframe 浮动框架将其组合成 default.jsp 页面。完成页面组合的关键代码如下：

例程 23 代码位置：光盘\TM\06\WebContent\index\default.jsp

```
❶    <%@ include file="top.jsp"%>
         <body>
             <table width="1003" border="0" align="center" cellpadding="0" cellspacing="0" height="590">
             <tr>
                 <td width="202" valign="bottom">
❷    <iframe src="left.jsp" width="100%" height="100%" frameborder="0" scrolling="auto" name="leftiframe"/>
                 </td>
                 <td width="801">
❸        <iframe src="main.jsp" width="100%" height="100%" frameborder="0"
scrolling="auto"name="mainFrame"/>
                 </td>
```

关键代码解析

❶ 应用<%@ include %>指令包含 top.jsp 文件，即主页面的页头部分。

❷ 利用浮动框架完成 left.jsp 即侧栏的显示。

❸ 显示 main.jsp，该页面动态显示各功能模块信息。

6.8 日常管理模块设计

6.8.1 日常管理模块概述

根据企业的日常管理工作，在日常管理模块中主要设计了会议管理和公告管理两项功能，如果用户的权限是"只读"，则只允许用户查看公告和会议记录；如果用户的权限为"系统"，则用户可以对会议、公告进行添加、修改和删除等操作。日常管理模块的框架如图 6.16 所示。

6.8.2 日常管理模块技术分析

在日常管理模块中，主要应用了 Hibernate 技术从数据库中查找、增加、删除和修改数据，并对查出来的数据进行分页显示。完成上述操作主要应用了 Session 接口提供的众多持久化方法，如 save()、update()和 delete()方法，具体用法如下：

（1）利用 Session 的 save()方法将临时对象转化为持久化对象，语法格式如下：

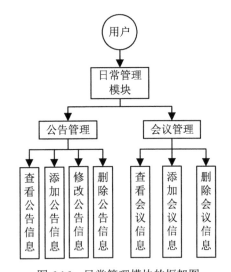

图 6.16 日常管理模块的框架图

```
session.save(PersistentClassesName)
```

参数 PersistentClassesName 表示持久化类名称，用于指定将哪个持久化对象保存到数据库中。

（2）Session 的 delete()方法用来删除与传入的持久化对象对应的数据库当中的记录，语法格式如下：

```
session.delete(PersistentClassesName);
```

（3）Session 的 update()方法用来将游离对象重新转变为持久化对象，也就是更新一个已经存在的业务实体到数据库中，语法格式如下：

```
session.update(PersistentClassesName);
```

在本系统的所有分页查询方法中都用到了 Query 接口提供的分页方法。

setFristResult(int intFristResult)：设定从哪一个对象开始检索。参数 intFristResult 表示这个对象在查询结果中的索引位置，注意索引位置的起始值为 0，默认情况下从索引位置是 0 的对象，即第一个对象开始查询。

setMaxResult(int intMaxResult)：设定一次最多检索的对象数目。默认情况下 Query 接口检索出所有对象。

6.8.3　会议管理的实现过程

　　会议管理使用的数据表：tb_Meeting。

当用户进入主页面后，选择树状导航菜单中的"日常管理"/"会议管理"命令，即可进入会议管理模块，会议管理主页面的运行效果如图 6.17 所示。

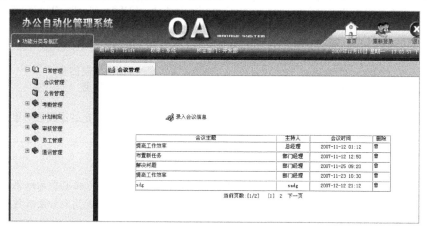

图 6.17　会议管理主页面的运行结果

1. 会议内容显示的实现过程

（1）在会议管理模块中提供了分页显示会议记录的功能，在 6.8.2 节中已经介绍了 Query 接口提供的分页方法，实现分页检索的代码如下：

例程 24　代码位置：光盘\TM\06\src\com\hibernate\util\HibernateUtil.java

public static List finMeeting(**int** intFrint,**int** intpages) {　　//创建查找会议记录并分页的方法，返回 List 集合

```
Transaction tx = null;                                    //Transaction 类负责 Hibernate 的数据库事务
List list = null;                                          //根据方法返回值创建对象
try{
    session = hib.openSession();                          //打开 Session
    tx = (Transaction) session.beginTransaction();        //开启事务
    Query query = session.createQuery("from Meeting");    //创建 Query 对象
    query.setFirstResult(intFrint);                       //调用 Query 的分页方法
    query.setMaxResults(intpages);
    list = query.list();                                  //查询结果返回 list 集合
    tx.commit();                                          //提交事务
    hib.closeSession(session);                            //关闭 Session
} catch (Exception e) {
    e.printStackTrace();                                  //输出错误信息
    tx.roolback();                                        //程序出现异常撤销事务
}
    return list;                                          //返回保存返回值变量
}
```

（2）根据分页显示的需要，应查找出 Meeting 对象的总记录数。代码如下：

例程 25　代码位置：光盘\TM\06\src\com\hibernate\util\HibernateUtil.java

```
public static int findMeetingCount() {                    //查找会议记录的方法，返回值为 int 型
        Transaction tx = null;                            //Transaction 类负责 Hibernate 的数据库事务
        int intCount=0;                                   //根据方法返回值声明 int 型变量
        try {                                             //捕获异常
            session = hib.openSession();                  //调用公共类打开 Session
            tx = (Transaction) session.beginTransaction(); //开启事务
❶          intCount = ((Integer) session.createQuery("select count(*)from Meeting").uniqueResult()).intValue();
❷          tx.commit();                                   //提交事务
            hib.closeSession(session);                    //关闭 Session
        } catch (Exception e) {
            e.printStackTrace();                          //输出错误信息
            tx.roolback();                                //撤销事务
    }
        return intCount;                                  //返回指定的返回值对象
    }
```

🔊 **关键代码解析**

❶ HQL 检索语言相当灵活，可返回各种类型的查询结果，如果在编程时不确定查询结果的返回类型，可用 uniqueResult()方法返回 Object，之后根据需要再返回具体的数据类型，本实例就是利用此方法后再利用 intValue()方法将返回值转化成 int 类型。

❷ commit()方法会调用 flush()方法清理缓存，然后向底层数据库提交事务。

（3）分页方法编写成功后，为了便于读者理解分页的实现过程，本书在 JSP 页面中直接调用分页方法，并编写分页显示条。关键代码如下：

例程 26　代码位置：光盘\TM\06\WebContent\EveryDay\meeting\meeting_index.jsp

```
    ...                                                   //此处省略了设计表格代码
<%
```

```
String currPage = request.getParameter("currPage");          //获得当前页
int iCurrPage = 1 ;                                            //定义目前页数，注意初始值不能为 0
int pages = 1 ;                                                //定义总页数
int allRecCount = 0 ;                                          //定义表中总的记录数
int recPerPage = 5 ;                                           //定义每页显示的记录数
allRecCount = HibernateUtil.findMeetingCount();               //调用工具类中的方法，查询出总的记录数
pages = (allRecCount - 1)/recPerPage + 1 ;                    //计算出分页后总的页数
if(pages == 0){                                                //对页数进行有效性处理，使页数的最小值是 1
pages = 1;
}
if(currPage != null && !currPage.equalsIgnoreCase("")){       //判断 currPage 是否为空
iCurrPage = Integer.parseInt(currPage);                       //将 currPage 赋值给 iCurrpage
}
  List listMeeting =HibernateUtil.finMeeting((iCurrPage - 1) * recPerPage, recPerPage);
                                                              //调用分页方法
if(listMeeting.isEmpty()){
        out.println("暂无信息");                                //如果查询结果为空时，页面输出"暂无信息"
    }
if(!listMeeting.isEmpty() && listMeeting.size()>0){
            for(int i= 0;i<listMeeting.size();i++){            //利用循环语句把查找的所有记录依次显示出来
            Meeting meeting = (Meeting)listMeeting.get(i);    //得到集合中指定位置的位置
            session.getAttribute("Meeting");                  //获得保存在 Session 中的对象
            %>
            <tr>
    <td>
    <a href="#" onClick="JScript:window.open('meeting_detail.jsp?currPage=<%=iCurrPage%>&&ID=<%=
meeting.getId() %>','','width=560,height=397');return false"><%=meeting.getSubject()%></a>
                        <!--提供查看会议记录超链接，并以 ID、currPage 作为请求参数-- >
</td>
    <td><div align="center"><%=meeting.getCPerson()%></div></td>
                        <!--将查找出来的会议内容依次在表格中显示-->
    <td><div align="center"><%=meeting.getMTime()%> </div></td>
    <% String purview = (String)application.getAttribute("Purview");
                        //获得将保存在 application 中的登录用户权限
        if(purview.equalsIgnoreCase("只读")){
                        //如果用户的权限是"只读"，将转入 meeting_delno.jsp 页面，不能进行删除操作
        %>
        <td><div align="center">                              <!--设置单元格对齐方式为居中-- >
        <a href="meeting_delno.jsp">                          <!--提供进入 meeting_delno.jsp 页面的超链接-- >
        <img src="../../Images/del.gif" width="16" height="16" border="0"></td>
         <%} %>
        <%if(purview.equalsIgnoreCase("系统")){ %><!--用户权限为"系统"，可以进行删除操作-->
    <td><a href="#"
onClick="JScript:window.open('meeting_del_ok.jsp?ID=<%=meeting.getId()%>','','width=560,
height=400');return false">
                        <!--提供的删除会议记录超链接-->
<img src="../../Images/del.gif" width="16" height="16" border="0">
                <!--页面显示系统中的 Images 文件夹下名称为 del.gif 的图片-->
</a>
    </td>
  </tr>
 <%}}}%>
```

（4）最后完成分页显示条，需要注意的是如果每页显示的记录数大于表中的记录数，则不需要显示分页条。代码如下：

例程 27 代码位置：光盘\TM\06\WebContent\EveryDay\meeting\meeting_index.jsp

```
<%
    if(recPerPage < allRecCount){          //recPerPage 为每页显示的记录数，allRecCount 为数据表中的记录数
    String href = "  <a href='meeting_index.jsp?currPage="; //分页地址
    StringBuffer sbf = new StringBuffer();              //制作分页条
    if(iCurrPage > 1){                        //判断分页显示后页数是否大于 1
    sbf.append(href+(iCurrPage - 1)+"'>上一页</a>");     //页数大于 1 则提供"上一页"超链接
                    }
    for(int i = 1; i <= pages ; i++){           //pages 为分页后的总页数
    if(i == iCurrPage){
    sbf.append(href+i+"'>["+i+"]</a>");            //追加字符串，区分当前页
    }
    else{
        sbf.append(href+i+"'>"+i+"</a>");          //追加字符串，提供至各个页面的超链接
    }
  }
  if(iCurrPage < pages){                   //当前页小于总页数则提供"下一页"超链接
    sbf.append(href+(iCurrPage + 1)+"'>下一页</a>");   //构造下一页
}
  %>
  <%out.print("当前页数:["+iCurrPage+"/"+pages+"]");%>   <!-- 页面显示当前页数和总页数  -->
  <%=sbf.toString()%>                      <!-- 将分页条显示在页面上-->
<%}%>
```

2．添加会议记录的实现过程

进入会议记录主页面后，单击"录入会议记录信息"超链接，进入录入会议记录页面，录入会议记录页面的运行结果如图 6.18 所示。

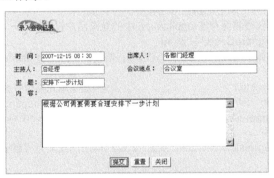

图 6.18　录入会议记录页面的运行结果

（1）实现添加会议记录需要在 HibernateUtil 类中编写保存会议记录的方法 saveMeeting()，该方法主要调用了 Session 对象的 save()方法来完成对象的持久化。代码如下：

例程 28　代码位置：光盘\TM\06\src\com\hibernate\util\HibernateUtil.java

```
public static void saveMeeting(Meeting meeting) {
        Transaction tx = null;                   //Transaction 类负责 Hibernate 的数据库事务
```

```
    try {                                                //try...catch 语句捕获异常
        session = hib.openSession();                     //调用公共类的打开 Session 的方法
        tx = (Transaction) session.beginTransaction();   //开启事务
        session.save(meeting);                           //将临时对象转化为持久化对象
        tx.commit();                                     //提交事务
        hib.closeSession(session);                       //调用公共类方法关闭 Session
    } catch (Exception e) {
        e.printStackTrace();                             //输出错误信息
        tx.roolback();                                   //程序出现异常撤销事务
    }
}
```

（2）在单击录入会议记录页面的"提交"按钮后，系统会访问一个 URL 地址为 meeting_addCenter.jsp，在 meeting_addCenter.jsp 页面负责将用户在 meeting_add.jsp 页面中输入的信息保存到数据库中，request 对象的 getParameter()方法可获得前台页面中表单的输入值。调用 HibernateUtil 类的 saveMeeting()方法保存新添加的会议记录信息。代码如下：

例程 29　代码位置：光盘\TM\06\WebContent\EveryDay\meeting\meeting_addCenter.jsp

```
<%
    Meeting meeting = new Meeting();                          //创建 meeting 对象
    meeting.setMTime(request.getParameter("mtime"));         //设置会议时间
    meeting.setAddress(request.getParameter("address"));     //设置会议地点
    meeting.setContent(request.getParameter("content"));     //设置会议内容
    meeting.setCPerson(request.getParameter("CPerson"));     //设置会议主持人
    meeting.setZPerson(request.getParameter("ZPerson"));     //设置会议参加者
    meeting.setSubject(request.getParameter("subject"));     //设置会议主题
    HibernateUtil.saveMeeting(meeting);                      //调用 HibernateUtil()方法进行持久化操作
%>
```

3．删除会议记录的实现过程

（1）对于过期的会议记录信息，"系统"用户应该及时对其进行删除，完成删除操作时应该首先在 HibernateUtil 类中编写删除会议记录方法 deleMeeting()，该方法调用了 Session 对象的 delete()方法来执行删除持久化对象。代码如下：

例程 30　代码位置：光盘\TM\06\src\com\hibernate\util\HibernateUtil.java

```
public static void deleMeeting(Meeting meeting) {
    Transaction tx = null;                               //Transaction 类负责 Hibernate 的数据库事务
    try {                                                //try...catch 语句捕获异常
        session = hib.openSession();                     //调用公共类方法打开 Session
        tx = (Transaction) session.beginTransaction();   //开启事务
        session.delete(meeting);                         //调用 delete()方法删除会议对象
        tx.commit();                                     //提交事务
    } catch (Exception e) {
        e.printStackTrace();                             //输出错误信息
        tx.roolback();                                   //撤销事务
    }
}
```

（2）当用户单击 meeting_index.jsp 页面的"删除"按钮时，会转发到 meeting_del_ok.jsp 页面上。在 meeting_index.jsp 页面中已经将 meeting 对象的 ID 号作为请求转发参数，在删除对象时，应该先将要删除的对象按照 ID 号检索出来，否则会导致删除错误。在 HibernateUtil 类中编写按条件查询方法。代码如下：

例程 31 代码位置：光盘\TM\06\src\com\hibernate\util\HibernateUtil.java

```java
public static List findMeetingid(int intid) {              //该方法返回 List 集合
        Transaction tx = null;                             //Transaction 类负责 Hibernate 的数据库事务
        List list = null;                                  //根据方法返回值创建对象
        try {
            session = hib.openSession();                   //调用公共类方法打开 Session
            tx = (Transaction) session.beginTransaction(); //开启事务
            Query query = session.createQuery("from Meeting as m where m.id =:intid");//按 ID 号检索对象
            query.setInteger("intid",intid);               //动态绑定参数
            list = query.list();                           //list()方法执行 HQL 语句
            tx.commit();                                   //提交事务
            hib.closeSession(session);                     //调用公共类方法关闭 Session
        } catch (Exception e) {
            e.printStackTrace();                           //输出异常信息
            tx.roolback();                                 //系统出现异常撤销事务
        }
        return list;                                       //返回指定返回值的对象
    }
```

（3）在 meeting_del_ok.jsp 页面执行删除操作，在调用 deleMeeting()方法前，先调用 findMeetingid() 方法将要删除的对象检索出来，findMeetingid()方法为按 ID 号查找会议记录，读者可参考光盘中源程序。删除会议记录的关键代码如下：

例程 32 代码位置：光盘\TM\06\WebContent\EveryDay\meeting\meeting_del_ok.jsp

```jsp
<%
    String strid = request.getParameter("ID");                          //获得参数值
    List listid = HibernateUtil.findMeetingid(Integer.parseInt(strid)); //调用条件查询方法
    if(!listid.isEmpty()&&listid.size()>0){                             //判断集合是否为空
        for(int i=0;i<listid.size();i++){                              //循环遍历集合
            Meeting meeting = (Meeting)listid.get(i);                   //得到符合条件的 Meeting 对象
            HibernateUtil.deleMeeting(meeting);                         //调用删除方法
        }
    }
%>
```

6.8.4 公告管理的实现过程

公告管理使用的数据表：tb_Placard。

用户选择树状导航菜单中的"日常管理"/"公告管理"命令进入公告管理主页面，公告管理主页面运行结果如图 6.19 所示。

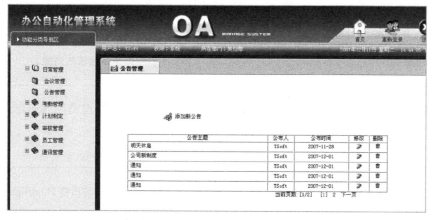

图 6.19 公告管理主页面的运行结果

公告管理模块的实现过程与会议管理模块的实现过程基本相似，下面只对公告信息的修改过程做介绍，当用户单击公告管理主页面中的"修改"按钮后，进入修改公告信息页面，修改公告信息页面的运行结果如图 6.20 所示。

图 6.20 修改公告信息页面的运行结果

1．编写修改方法

（1）修改功能的完成需要将要修改的信息显示在页面上，首先应该编写按 ID 号查找公告信息的方法。代码如下：

例程 33 代码位置：光盘\TM\06\src\com\hibernate\util\HibernateUtil.java

```
public static List finplacardId(int intid) {                      //该方法返回 List 集合
        Transaction tx = null;                                    //Transaction 类负责 Hibernate 的数据库事务
        List list = null;                                         //根据方法返回值创建对象
        try {                                                     //try…catch 语句捕获异常
                session = hib.openSession();                      //调用公共类打开 Session
                tx = (Transaction) session.beginTransaction();    //调用公共类开启事务
                Query query = session.createQuery("from Placard as p where p.id=:intid");//创建 Query 对象
                query.setInteger("intid",intid);                  //动态绑定参数
                list = query.list();                              //调用 list()方法执行查询语句，该方法返回 List 类型
                tx.commit();                                      //提交事务
                hib.closeSession(session);                        //调用公共类方法关闭 Session
        } catch (Exception e) {
```

```
        e.printStackTrace();                    //输出异常信息
        tx.roolback();                          //撤销事务
    }
    return list;                                //返回指定返回值的对象
}
```

（2）在 HibernateUtil 类中编写修改公告信息方法 updatePlacard()，通过调用 Session 对象的 update()
方法实现修改功能。代码如下：

例程 34　代码位置：光盘\TM\06\src\com\hibernate\util\HibernateUtil.java

```
public static void updatePlacard(Placard placard) {
        Transaction tx = null;                           //Transaction 类负责 Hibernate 的数据库事务
        try {
            session = hib.openSession();                 //调用公共类方法打开 Session
            tx = (Transaction) session.beginTransaction(); //开启事务
            session.update(placard);                     //调用 Session 的 update()方法更新持久化对象
            tx.commit();                                 //提交事务
            hib.closeSession(session);                   //调用公共类方法关闭 Session
        } catch (Exception e) {
            e.printStackTrace();                         //输出异常信息
            tx.roolback();                               //撤销事务
        }
    }
```

2．页面设计

（1）公告信息进行修改必须通过 bbc_index.jsp 页面提供的按钮进入修改页面，如果当前登录系统
的用户权限为"只读"，则该用户是无权进行修改操作的，本系统在 bbc_index.jsp 页面中进行了权限
控制。代码如下：

例程 35　代码位置：光盘\TM\06\WebContent\EveryDay\BBC\bbc_index.jsp

```
<%
String purview = (String)application.getAttribute("Purview");      //获得当前用户权限
if(purview.equalsIgnoreCase("只读")){                                //判断当前用户权限是否为"只读"
%>
<a href="bbc_nomodify.jsp">    <!--提供进入不可修改公告信息页面的超链接  -->
<img src="../../Images/modify.gif" width="12" height="12" border="0">
                            <!--向页面插入在本系统的 Images 文件夹下名称为 modify.gif 的图片-- >
</td>
<td>
<a href="bbc_nomodify.jsp">    <!--提供转发至 bbc_nomodify.jsp 的超链接-- >
<img src="../../Images/del.gif" width="16" height="16" border="0">
                            <!--页面显示在本系统的 Images 文件夹下名称为 del.gif 的图片-- >
</td>
  <%}%>
        <%if(purview.equalsIgnoreCase("系统")){ %>
                            <!--用户的权限为"系统"，可以进行修改和删除操作-->
<a href="#" onClick="JScript:window.open('bbc_modify.jsp?ID=<%=placard.getId()%>','','width=550,height=397');
return false">
                            <!--以新窗体形式打开修改页面，并把公告的 ID 号作为请求参数-->
```

```
<img src="../../Images/modify.gif" width="12" height="12" border="0"></a>
    </td>
        <td><div align="center">          <!--设置单元格对齐方式为居中-->
<a href="#"
onClick="JScript:window.open('bbc_del.jsp?IDs=<%=placard.getId()%>','','width=550,height=397');return
false">
                        <!--以新窗体形式打开删除页面，并把公告的 ID 号作为请求参数-->
<img src="../../Images/del.gif" width="16" height="16" border="0">
                        <!--向页面插入在本系统的 Images 文件夹下名称为 del.gif 的图片-- >
    </a>
```

（2）在 bbc_modify.jsp 页面上调用 finplacardId()方法，将修改前的用户信息显示在页面上便于用户修改。关键代码如下：

例程 36　代码位置：光盘\TM\06\WebContent\EveryDay\BBC\bbc_modify.jsp

```
<%      String strid= request.getParameter("ID");           //获得请求参数
        List listPlacard = HibernateUtil.finplacardId(Integer.parseInt(strid));//调用 HibernateUtil()方法，按 id 查找公告
        if(!listPlacard.isEmpty()&&listPlacard.size()>0){     //判断 listPlacard 是否为空
            for(int i=0;i<listPlacard.size();i++){            //循环遍历 listPlacard 集合
            Placard placard =(Placard) listPlacard.get(i);    //get()方法返回指定位置的元素
            session.setAttribute("placard",placard);          //将得到的 Placard 存入 Session 中
%>
<form ACTION="bbc_modifyCenter.jsp" METHOD="POST" name="form1">
                            <!--表单提交到 bbc_modifyCenter.jsp -->
<table width="80%" height="224" border="0" align="center" cellpadding="-2" cellspacing="-2">
    <tr>
<td height="27" colspan="2" align="left"><span class="style1"> <span class="STYLE6">发布人：</span>
        <span class="STYLE6"><%=placard.getPerson()%></span>
                            <!-- 将查找出的公告发布人显示在文本框中-->
</td>
<td width="19%"><div align="center" class="STYLE6">发布日期：</div></td>
        <td width="30%"><span class="STYLE6"><%=placard.getDDate()%></span></td>
                            <!--发布日期显示在文本框中-->
    </tr>
            ...                          //省略了回显其他信息的代码
        <td colspan="4"><div align="center">
            <input name="but_midify" type="button" class="btn_grey" id="midify"
                onClick="mymodify()" value="修改">       <!-- 添加"修改"按钮 -->
            <input name="myclose" type="button" class="btn_grey" id="myclose"
                value="关闭" onClick="javascrip:window.close()">
                    <!-- 添加"关闭"按钮，单击将关闭窗体，系统不对数据做修改操作 -->
        </div></td>
```

3. 修改公告信息

当用户单击修改公告页面中的"修改"按钮后，系统会完成公告信息的修改工作。修改公告信息使用 HibernateUtil 类的 updatePlacard()方法，该方法的参数为 Placard 对象，在这里需要创建 Placard 对象，之后利用 request 对象的 getParameter()方法获得页面的输入值，将其设置为 Placard 对象的属性。关键代码如下：

例程 37 代码位置：光盘\TM\06\WebContent\EveryDay\BBC\bbc_modifyCenter.jsp

```
<%
    Placard placard = (Placard)session.getAttribute("placard");      //得到保存在 Session 中的 Placard 对象
    placard.setContent(request.getParameter("content"));             //更改 Placard 对象的 content 属性
    placard.setSubject(request.getParameter("subject"));             //更改 Placard 对象的 subject 属性
    HibernateUtil.updatePlacard(placard);                            //调用修改方法
%>
```

6.8.5 单元测试

在开发完本模块，运行系统时发现，当用户发布公告信息后，新发布的公告信息没有显示在页面上，并发现在控制台上输出这样的错误：

```
13:44:01,656 ERROR JDBCExceptionReporter:72 - 无法将 NULL 值插入列 'subject', 表 'db_work.dbo.tb_Placard';
该列不允许空值。INSERT 失败。
13:44:01,718 ERROR AbstractFlushingEventListener:300 - Could not synchronize database state with session
org.hibernate.exception.ConstraintViolationException: could not insert: [com.hiernate.persistence.Placard]
```

通过上面的错误可想到一定是数据库查数据时发生的问题，来看一下原始代码：

```
<%
    Placard placard = new Placard();                                 //创建公告对象
    placard.setContent(request.getParameter("content"));             //设置公告内容
    java.sql.Date dateDate = (java.sql.Date)GetTime.getDate();       //调用公共类获得当前时间
    placard.setDDate(dateDate);                                      //设置公告时间
    String person =(String)session.getAttribute("username");         //获得公告发布人
    placard.setPerson(person);                                       //设置公告人
    HibernateUtil.savePlacard(placard);                              //保存公告对象
%>
```

在设计数据库时已经将 tb_Meeting 表中的字段设置了非空约束，所以在调用保存方法时，要对保存对象的各个属性（除主键外）都进行设置。通过观察上面的代码可以发现对公告主题没有进行设置，需要添加如下代码：

```
placard.setSubject(request.getParameter("subject"));                 //设置公告主题
```

6.9 考勤管理模块设计

6.9.1 考勤管理模块概述

考勤管理模块包括外出登记、请假登记、出差登记和上下班登记 4 项内容，对外出或请假人员是否销假、出差人员是否回归、员工是否有迟到或早退的现象都做了判断，满足企业的考勤管理需求。考勤管理模块框架如图 6.21 所示。

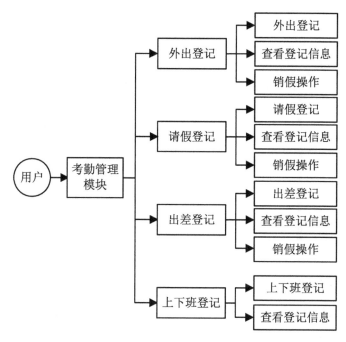

图 6.21　考勤模块框架图

6.9.2　考勤管理模块技术分析

考勤管理模块中的上下班登记子模块中提供了管理员工上下班登记信息的功能，实现这一功能需要编写一个比较时间先后的方法，本书将这一方法编写在 GetTime 类中，该方法有两个 String 类型的参数，分别为 date1 和 date，返回值为 boolean 类型，如果 date1 表示的时间在 date 前则返回 true，否则返回 false。代码如下：

例程 38　　代码位置：光盘\TM\06\src\com\hibernate\util\GetTime.java

```
public static boolean isDateBefore(String date1,String date) {
        boolean b = true;                                    //根据该方法的返回值设置变量
        DateFormat df = DateFormat.getDateTimeInstance();    //获得时间格式为系统默认的格式
    try {
        b=df.parse(date1).before(df.parse(date));            //判断 date1 是否在 date 之前
    } catch (ParseException e) {
        e.printStackTrace();                                 //程序出现异常，输出异常信息
    }
        return b;                                            //返回指定返回值的对象
```

6.9.3　外出登记的实现过程

外出登记使用的数据表：tb_Waichu。

如果员工在工作中突然有事需要外出，需要在外出登记模块中进行外出登记，外出回来后再进行销假操作。用户选择树状导航菜单中的"考勤管理"/"外出登记"命令后进入外出登记页面，外出登

记主页面的运行结果如图 6.22 所示。

图 6.22　外出登记主页面的运行结果

1．用户外出登记的实现过程

（1）外出登记页面设计：当用户单击外出登记页面中的"登记"超链接后，进入外出登记页面。外出登记页面在 Dreamweaver 中的设计效果如图 6.23 所示。

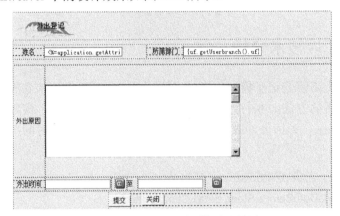

图 6.23　外出登记页面的设计效果

说明　本实例的日历效果的实现是在 Kaoqin\calender.jsp 中完成的，具体实现代码读者可参考本书光盘。

（2）用户进行外出登记后，单击"提交"按钮，系统将用户提交的信息进行保存，在 HibernateUtil 类中编写保存方法，同样是调用 Session 的 save()方法。读者可参考 6.8.3 节中保存会议记录的方法。

2．用户外出销假的实现过程

员工外出回来后要进行销假，否则系统将一直记录为外出。员工在进行外出登记时数据表 tb_Waichu 的 State 字段保存为 0，进行销假时只需将 State 属性更改为 1 即可。具体实现过程如下：

（1）在 waichu.jsp 中单击"销假"超链接，用户可对自己的外出记录进行销假。具体代码如下：

例程 39　代码位置：光盘\TM\06\WebContent\Kaoqin\waichu.jsp

```
❶    <%if(waichu.getState()==1){%>
         已销假
     <%}%>
❷    <%if (waichu.getState()==0){
         if(waichu.getName1().equals(application.getAttribute("un"))){
     %>
     <a href="waichuCenter.jsp?currPage=<%=iCurrPage%>"&&id=<%=waichu.getId()%>" onClick="return
confirm('确定销假吗？');return false;">销假</a>
❸    <%}else{%>
     销假
<%}%>
```

🔊 **关键代码解析**

❶ 如果 waichu 对象的 state 属性值为 1，则页面显示"已销假"。

❷ 如果 waichu 对象的 state 属性值为 0，并且 name 属性值和当前用户名相同的情况下可以进行销假，这样可以保证系统的安全性。

❸ 如果 waichu 对象的 state 属性值为 0，但 name 属性值不与当前用户名相同，则只显示"销假"，用户不可以进行销假操作。

（2）在 waichuCenter.jsp 页面中修改数据表中的外出信息，真正完成销假工作。代码如下：

例程 40　代码位置：光盘\TM\06\WebContent\Kaoqin\waichuCenter.jsp

```
<% List listWai = HibernateUtil.finwaichuId(Integer.parseInt(request.getParameter("id")));
                                                  //按条件查询外出登记人员
     if(!listWai.isEmpty() && listWai.size()>0){  //判断集合是否为空
         for(int j=0;j<listWai.size();j++){
             Waichu waichu = (Waichu)listWai.get(j);    //返回 list 中指定位置元素
             waichu.setState(1);                  //将 state 属性设置为 1，完成销假操作
         HibernateUtil.updateWaichu(waichu);      //调用修改方法对外出登记进行修改
             }
     }
     response.sendRedirect("waichu.jsp?currPage="+request.getParameter("currPage"));
                                                  //信息修改后重定向至 waichu.jsp 页面
%>
```

6.9.4　上下班登记的实现过程

📇 上下班登记使用的数据表：tb_Onduty。

用户选择树状导航菜单中的"考勤管理"/"上下班登记"命令，进入上下班登记主页面，通过该页面用户可进行上下班登记，并查看登记信息，上下班登记主页面的运行结果如图 6.24 所示。

1. 上下班登记页面设计

上下班登记页面设计：用户单击上下班主页面中的"登记"超链接进行上下班登记。进行登记信息录入时，姓名和所属部门为当前登录用户的基本信息，以只读形式显示，任何人不可以进行修改；用户选择登记类型，必要的话可以填写登记备注。将相关信息填写完毕后，单击"提交"按钮将登记

信息保存到数据库。

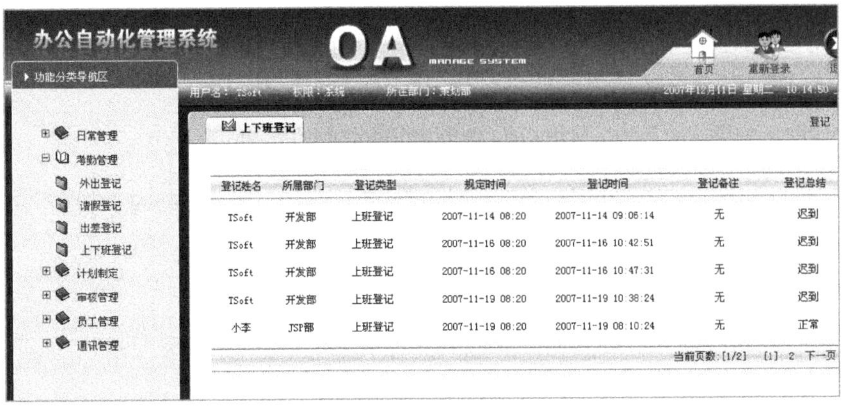

图 6.24　上下班登记主页面的运行结果

2. 保存登记信息

保存用户的上下班登记信息是本系统的一个难点，完成这一功能首先要考虑的是获得当前时间和公司规定的上、下班时间，由此判断用户是否按时上下班。在例程 38 中已经给出了判断时间前后的方法，在这里直接应用这些方法即可。代码如下：

例程 41　　代码位置：光盘\TM\06\WebContent\Kaoqin\onduty_add_cl.jsp

```
<%
    Onduty onduty = new Onduty();                                    //创建 Onduty 对象
    onduty.setName1(request.getParameter("name1"));                  //设置 Onduty 对象的姓名属性
    onduty.setDepartment(request.getParameter("department"));        //设置 Onduty 对象的部门属性
    onduty.setEnroltype(request.getParameter("enroltype"));          //设置 Onduty 对象的登记类型
    onduty.setEnrolremark(request.getParameter("enrolremark"));      //设置 Onduty 对象的登记备注
    if(request.getParameter("enroltype").equals("上班登记")){          //判断用户进行的是上班还是下班登记
        Date d = GetTime.getDate();                                  //调用公共类方法获得当前时间
        SimpleDateFormat strup = new SimpleDateFormat("yyyy-MM-dd 08:20");    //公司规定的上班时间
        String strDate = strup.format(d);
        String strEtime = GetTime.getDateTime();                     //签到时间，调用公共类中方法
        boolean bb = GetTime.isDateBefore(strDate,strEtime);         //调用公共类中比较时间的方法
        if(bb==true){
            onduty.setState("迟到");                                  //登记时间超过规定时间，即为迟到
        }
        if(bb==false){
            onduty.setState("正常");                                  //登记时间在规定时间之前，则保存为正常
        }
        onduty.setDefinetime(strDate);                               //将公司规定上班时间设置为 onduty 对象的 Definetime 属性
        onduty.setEnroltime(strEtime);                               //将用户签到时间设置为 onduty 对象的 Enroltime 属性
    }
    if(request.getParameter("enroltype").equals("下班登记")){
        Date dd = new Date();
        SimpleDateFormat spfgo = new SimpleDateFormat("yyyy-MM-dd 05:10");    //公司规定下班时间
        String strDate = spfgo.format(dd);
        String strDatet = GetTime.getDateTime();                     //调用公共类方法获得当前
时间
```

```
        boolean b = GetTime.isDateBefore(strDate,strDatet);
        if(b==true){                          //如果用户登记时间在下班时间之前页面输出"早退"
            onduty.setState("早退");
        }
        if(b==false){                         //用户登记时间在下班之后页面显示"正常"
            onduty.setState("正常");
        }
        onduty.setDefinetime(strDate);        //设置对象的下班时间
        onduty.setEnroltime(strDatet);        //设置对象的登记时间
    }
    HibernateUtil.saveOnduty(onduty);         //保存登记信息
%>
```

6.9.5　单元测试

在开发办公自动化管理系统时不知道读者是否注意到这样的问题，比如在上下班登记页面中，因为页面是分页显示的，当单击第二页的超链接时，页面会自动回到第一页，这样的结果并不是开发人员希望看到的，而程序中并无语法或逻辑上的错误，在这种情况下应该想到可能是超链接的问题。源程序的超链接代码如下：

```
<a href="#" onClick="Javascript:window.open('onduty_xianshi.jsp?ID=<%=onduty.getId()%>',
 '','width=456,height=300')"><%=onduty.getEnrolremark()%></a>
```

这段代码无论从语法逻辑还是设计逻辑上看都是没有任何错误的，对于这样的情况，开发人员应该考虑到在 onClick 单击事件后加一句控制语句"return false"来控制页面。代码如下：

```
<a href="#" onClick="Javascript:window.open('onduty_xianshi.jsp?ID=<%=onduty.getId()%>
 ','','width=456,height=300');return false"><%=onduty.getEnrolremark()%></a>
```

经过这样处理以后，系统运行的效果就比较完美了。

技巧　开发程序时经常出现异常，如果系统给出错误提示，开发人员可以根据提示内容检查自己的程序。但如果没有出现异常，而运行效果并不令开发者满意，这样就需要程序员自己去摸索经验。一个合格的程序开发者应该具有大胆尝试的勇气和能力。

6.10　通讯管理模块设计

6.10.1　通讯管理模块概述

通讯管理模块主要负责存储员工的通讯信息。员工的通讯信息可按通讯组进行分别存储。权限为"系统"的用户可对通讯信息进行修改和删除操作。通讯管理模块的框架如图 6.25 所示。

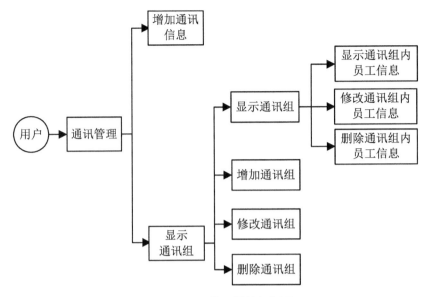

图 6.25 通讯管理模块框架图

6.10.2 通讯管理模块技术分析

在本模块中完成各个通讯组内数量的查找是一个难点，实现这一功能需要掌握以下技术。

（1）在 HQL 查询语句中可以调用如 count()、min() 和 max() 等聚集函数。count() 用于统计记录条数；min() 方法可求最小值；max() 方法可求得最大值。例如，检索 tb_User 表中的记录数，可应用如下 HQL 语句：

```
Integer count = (Integer)session.createQuery("select count(*) from User u").uniqueResult();
```

（2）与 SQL 相似，HQL 查询语句可利用 group by 子句进行分组查询。例如，检索年龄相同的用户数量。代码如下：

```
Iterator it = session.createQuery("select count(u) from User u group by u.age").list().iterator();
```

6.10.3 显示通讯组的实现过程

显示通讯组使用的数据表：tb_Tongxun 和 tb_Tongxunadd。

用户选择树状导航菜单中的"通讯管理"/"显示通讯组"命令后进入显示通讯组主页面，该页面中显示了通讯组信息及通讯组内员工的数量，权限为"系统"的用户还可以对通讯组进行添加、修改和删除等操作。用户单击"通讯组名称"超链接可查看通讯组内员工的通讯信息，系统用户还可以修改、删除通讯详细信息。显示通讯组模块页面的运行结果如图 6.26 所示。

对通讯组的查找、修改、删除操作这里就不再做介绍，下面将详细介绍查找通讯组内数量以及修改通讯详细信息的实现过程。

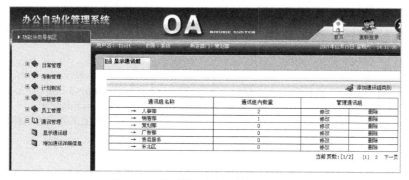

图 6.26　显示通讯组页面的运行结果

1．编写查找通讯组内数量方法

在显示通讯组页面中需要对通讯组内数量进行检索，实现这一功能需要操作 tb_Tongxun 和 tb_Tongxunadd 两张表，根据条件进行分组后再计算组内数量。在 HibernateUtil 类中编写查找通讯组内数量的方法。代码如下：

例程 42　代码位置：光盘\TM\06\src\com\hibernate\util\HibernateUtil.java

```
public static List findTongxun(int intname1) {
        Transaction tx = null;                          //Transaction 类负责 Hibernate 的数据库事务
        List list = null;                               //根据方法返回值定义一个 List 集合对象
        try {
            session = hib.openSession();                //打开 Session
            tx = (Transaction) session.beginTransaction();  //开启事务
            String strsql="select count(*) from TongXunAdd t,Tongxun T where T.id = t.name1 group by
t.name1 having t.name1=:intname1";
            Query query = session.createQuery(strsql);  //Session 的 createQuery()方法创建一个 Query 对象
            query.setInteger("intname1",intname1);      //绑定参数
            list = query.list();                        //list()方法执行查询语句
            tx.commit();                                //提交事务
            hib.closeSession(session);                  //调用公共类中关闭 Session 方法
        } catch (Exception e) {
            e.printStackTrace();                        //程序出现异常，输出异常信息
            tx.roolback();                              //撤销事务
        }
        return list;                                    //返回指定返回值的对象
    }
```

2．完成通讯组的前台显示

显示通讯组主页面内的"通讯组名称"是从 tb_Tongxun 表中检索出来的，并通过 tb_Tongxun 表内记录数量进行分页显示，在 HibernateUtil 类中编写分页查询方法，读者可参考光盘中的源程序，在 JSP 页面中将查询结果显示在页面中。代码如下：

例程 43　代码位置：光盘\TM\06\WebContent\TongXunManage\tongxun_index.jsp

```
<% List list = HibernateUtil.findT((iCurrPage - 1) * recPerPage, recPerPage);    //调用分页查询方法
    if(!list.isEmpty()&&list.size()>0){
        for(int j=0;j<list.size();j++){
```

```
                Tongxun tx = (Tongxun)list.get(j);
                    session.setAttribute("Txun",tx);              //将 tx 保存在 Session 中方便以后的操作
        %>
        <tr>
        <br>
        <td><divclass="STYLE2"><span class="style3">→</span> <a href="#" onClick="JScript:
window.open ('url.jsp?idd=<%=tx.getId()%>','','width=542,height=250');return false;">
            <%=tx.getName1()%>                                  <!-- 将查找出来通讯组名称显示在页面上 -->
        </a></div></td>
        <td>
        <div align="center" class="STYLE2">
    <%
            List listTx = HibernateUtil.findTongxun(tx.getId());      //按条件查询通讯组内的数量
                if(!listTx.isEmpty() && listTx.size()>0){         //如果集合不为空则进行以下操作
                    for(int k=0;k<listTx.size();k++){
                        Integer intename1 = (Integer)listTx.get(k);//获得集合的指定元素，注意其返回值
                    session.setAttribute("name1",intename1); //将得到的数值保存在 Session 中
        %>
             <%=intename1%>                        <!-- 将得到的通讯组内数量显示在页面上 -->
        </div></td>
        <%}}else{
        %>
         <%=0%>                                  <!-- 将得到的通讯组内数量显示在页面上 -->
        <%} %>
        <td width="116"><div align="center" class="STYLE2">
    <%
        …//这里省略了判断用户权限
    <%}}%>
```

3. 修改通讯详细信息的实现过程

通过"通讯组名称"超链接，用户可以查看每个通讯组内信息，系统用户可以对通讯信息进行修改和删除操作。在设计修改通讯详细信息页面时，应该将原来的通讯信息显示在页面上。本书在修改页面中设计了下拉列表框来显示婚姻状况和性别信息。修改通讯详细信息页面的运行结果如图 6.27 所示。

图 6.27　修改通讯信息页面的运行结果

完成下拉列表框数据显示的代码如下：

例程44　位置：光盘\TM\06\WebContent\TongXunManage\update.jsp

```
<%
    String strid = request.getParameter("ID");                     //获得页面参数
    List listTong = HibernateUtil.findTonId(Integer.parseInt(strid));  //利用条件查询将满足条件的对象检索出来
    if(!listTong.isEmpty() && listTong.size()>0){
    for(int i=0 ;i<listTong.size();i++){                           //循环遍历集合
    TongXunAdd tx = (TongXunAdd)listTong.get(i);                   //返回集合中指定位置的对象
    session.setAttribute("TXA",tx);                                //将 tx 保存在 Session 中
%>
<select name="hy" id="hy">
    <%
    String strhy = tx.getHy();                                     //定义与要修改人的婚姻状况相同的字符串
    String[] hy={"已婚","未婚"};                                   //定义下拉列表框要显示的数组
        for(int k=0;k<hy.length;k++){
            if(strhy.equalsIgnoreCase(hy[k])){                     //判断数组内的信息与要修改人的信息是否相同
            out.println("<option value='"+hy[k]+"' selected='selected'>"+hy[k]+"</option>");}
                                                                   //条件成立则显示数组内信息
            else
            {
            out.println("<option value='"+hy[k]+"'>"+hy[k]+"</option>");}
                                                                   //条件不成立则把数组内信息添加到下拉列表框中
            }
    %>
</select>
```

说明　　HibernateUtil 类的 findTonId()方法是按 tb_Tongxunadd 的 id 号检索通讯详细信息，其代码可参考光盘。

6.10.4　添加通讯详细信息的实现过程

添加通讯详细信息使用的数据表：tb_Tongxunadd。

在添加通讯详细信息模块中，考虑到员工的通讯信息可能会经常改动，所以应该尽可能多地对员工的各种联系方式进行记录。添加通讯信息页面的运行结果如图 6.28 所示。

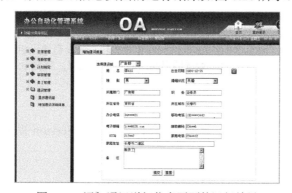

图 6.28　添加通讯详细信息页面的运行结果

（1）添加通讯详细信息的页面设计：因为员工的通讯信息是按照通讯组进行分别存储的，所以在设计页面时，最好应用下拉列表框，把从数据库中查出的通讯信息组名称添加到列表框中。此时程序员需要从 tb_Tongxun 表中将通讯信息组查找出来，在 HibernateUtil 类中添加相应的方法。具体代码如下：

例程 45　代码位置：光盘\TM\06\src\com\hibernate\util\HibernateUtil.java

```java
public static List findT() {
        Transaction tx = null;
        List list = null;                                    //定义一个 List 集合对象
        try {
            session = hib.openSession();                     //调用公共类中的打开 Session 方法
            tx = (Transaction) session.beginTransaction();   //开启事务
            Query query = session.createQuery("from Tongxun"); //查询通讯组内所有记录
            list = query.list();                             //list()方法执行 HQL 语句
            tx.commit();                                     //事务的提交
            hib.closeSession(session);                       //调用公共类中的关闭 Session 方法
        } catch (Exception e) {
            e.printStackTrace();                             //输出异常信息
            tx.roolback();                                   //撤销事务
        }
        return list;                                         //通过 return 关键字返回 List 集合对象
    }
```

（2）将查询出来的通讯组名称添加到下拉列表框中。代码如下：

例程 46　代码位置：光盘\TM\06\WebContent\TongXunManage\tongxun_index.jsp

```jsp
<select name="name1" id="ID">
            <%
                List listTongxun = HibernateUtil.findT();        //调用查找通讯组的方法
                if(!listTongxun.isEmpty() && listTongxun.size()>0){  //判断集合是否为空
                    for(int i=0;i<listTongxun.size();i++){       //遍历 listTongxun 集合的对象
                        Tongxun tx =(Tongxun) listTongxun.get(i);  //返回集合中指定位置的对象
             %>
            <option value="<%=tx.getId()%>"><%=tx.getName1()%></option>
                        <!-- 将通讯组对象中的 id 以及 name 添加到下拉列表框中  -->
        <%
            }}
            else{%>
            <script language=javascript>alert('对不起，还没有通讯组');</script>
                        <!-- 如果通讯组对象中没有信息，将显示"对不起，还没有通讯组"-->
             <% }
            %>
```

（3）编写保存新添加的通讯详细信息的方法，同样是调用 Session 提供的 save()方法，具体代码可参考光盘。

6.11　开发技巧与难点分析

6.11.1　截取字符串

在计划制定模块中，部门计划的主页面显示了部门名称、计划主题和计划内容等，这些信息都是从数据库中查找出来的，在数据库中存储的数据可能会很长。如果将查找出来的数据都显示在页面上肯定会影响页面的美观，这就要求对查找出来的数据进行处理。如果查找出来的字符串超过一定长度，可利用 String 类的 substring()方法，将查找出来的字符串进行截取，得到想要的字符长度。例如，在 bm_index.jsp 页面中是这样完成上述操作的：

例程 47　代码位置：光盘\TM\06\WebContent\Planmanage\bm_index.jsp

```
<%if(bm.getTitle().length()>6){%>                    <!--判断计划题目长度是否超过 6-->
        <a href="#"
onClick="Javascript:window.open('bm_xianshi.jsp?ID=<%=bm.getId()%>','','width=456,height=459'); return
false;"><%=bm.getTitle().substring(0,6)+"..."%>
                                        <!--截取部门计划题目的前 6 个字符，其余的用"..."表示-->
</a>
            <%}else{%>
        <a href="#"
onClick="Javascript:window.open('bm_xianshi.jsp?ID=<%=bm.getId()%>','','width=456,height=459'); return
false;"><%=bm.getTitle()%><!--将长度不超过 6 的部门计划题目全部显示出来-->
</a>        <%}%>
         
        </div></td>
        <td height="23" class="STYLE2"><div align="center">
<%if(bm.getContent().length()>10){%>
                                        <!--判断部门计划主题长度是否大于 10-->
<%=bm.getContent().substring(0,10)+"...."%>
                <!--对部门计划主题进行截取，截取长度为 10，其余部分用"…"代替-->
<%}
    else{%>                              <!--如果部分计划主题长度不大于 10-->
<%=bm.getContent()%> <!--将部门计划主题全部显示-->
<%}%>
```

6.11.2　Session 有效性的判断

在本系统的页头 top.jsp 中显示了当前登录系统的用户名以及用户权限等，这些信息都保存在 Session 对象中，但是在应用 Session 时应该注意的是 Session 的生命周期，一般来讲 Session 的生命周期在 20～30 分钟之间。当用户首次访问时，会产生一个新的会话，以后服务器就可以记住这个会话状态，当会话生命周期超时，或者服务器端强制使会话失效时，这个 Session 就不能使用了。在开发程序时应该考虑到用户访问网站时可能发生的各种情况，例如用户登录网站后在 Session 的有效期外进行相应操作，用户会看到一个错误页面，这样的现象是不允许发生的。为了避免这种情况发生，在开发系统时应该对 Session 的有效性进行判断。在本系统的 FindUserAction 类中将 UserForm 的一个对象 uf 存放在 Session 中，并在 top.jsp 中使用 Session 保存的这个对象，如果在上面提到的情况下运行程序，肯定会出现异常，这就要求开发系统时对 Session 的有效性进行判断。代码如下：

例程 48　代码位置：光盘\TM\06\WebContent\index\top.jsp

```
<%
if((UserForm) session.getAttribute("uform") == null){          //如果 Session 过期，则提示用户重新登录系统
%>
<script language="javascript">
    alert("您登录的网页已经过期，请重新登录！");
    window.location="index.jsp"                                 //Session 过期，将进入登录页面
</script>
```

6.11.3　通过 Hibernate API 声明事务边界

合理的应用事务在软件开发过程中是非常重要的，它能够保证一个事务逻辑操作的正确性。通过 Hibernate API 声明事务可实现跨平台开发。通过 Hibernate API 声明事务时，必须先获得一个 Session 实例。在 Hibernate API 中，Session 和 Transaction 类提供了以下声明事务边界的方法。

（1）声明事务的开始边界。代码如下：

```
Transaction tx = session.beginTransaction();
```

在不受管理环境中，这个方法开始一个新的事务；在受管理环境中，如果已经存在一个事务，就加入这个事务，如果没有现成的事务，就开始一个新的事务。

（2）提交事务。代码如下：

```
tx.commit();
```

不管是在不受管理环境还是受管理环境中，如果 session.beginTransaction()开启了一个新的事务，commit()方法会调用 flush()方法清理缓存，然后向底层数据库提交事务；在受管理环境中，如果 session.beginTransaction()只是加入一个现有的事务，那么 commit()方法不会向底层数据库提交事务，仅调用 flush()方法清理缓存，这个现有事务，应该由开始事务的程序代码块来负责最后提交。

（3）撤销事务：

```
tx.roolback();
```

该方法立即撤销事务。

6.12　Hibernate 技术的应用

Hibernate 是 Java 应用和关系数据库之间的桥梁，通过对 JDBC 的简单封装，使 Java 程序员可以使用面向对象的思路操作数据表，不用再考虑数据访问细节，可以专注于业务逻辑的开发，对软件分层做了进一步细化，使数据的持久化与业务逻辑和数据库分开，便于软件的后期维护。在 Java 应用中使

用 Hibernate 包含以下步骤：

☑　创建 Hibernate 的配置文件。

Hibernate 配置文件主要用于配置数据库连接和 Hibernate 运行时所需要的各种属性，这个配置文件应该位于应用程序或 Web 程序的类文件夹 classes 中。Hibernate 能够访问多种关系数据库，如 MySql、Oracle 和 Sybase 等。关于 Hibernate 配置文件的各个属性已经在 6.5.1 节中做了详细介绍。

☑　创建持久化类。

持久化类符合 JavaBean 的一般规范，可以作为数据实体的对象化表现形式。通常都是数据表所对应的域模型中的实体域类。在编写持久化类时，主要遵循以下原则：

　　\为持久化字段声明访问器和是否可变的标志。

持久化类的属性一般都与数据库中相对应的表字段一一对应，并包括与之对应的 getXXX()、setXXX()和 isXXX()方法。如果持久化类的属性为 boolean 类型，那么可以使用 get 或 is 作为 getXXX()方法的前缀。

　　实现一个默认的（即无参数的）构造方法。

所有的持久化类都必须有一个默认的构造方法（可以不是 public 的），这样 Hibernate 就可以使用 java.lang.reflect.Constructor.newInstance()来实例持久化类。

☑　创建对象—关系映射文件。

Hibernate 采用 XML 格式的文件来指定对象和关系数据之间的映射。在运行时，Hibernate 将根据这个映射文件来生成各种 SQL 语句。在 Hibernate 中，映射文件通常用.hbm.xml 作为后缀名，该文件与持久化类存放在同一目录下。在例程 12 的 User.hbm.xml 文件的开头声明了 DTD（Document Type Definition），对 XML 文件的语法和格式做了定义。Hibernate 的 XML 解析器将根据 DTD 来核对 XML 文件的语法。

☑　构建 SessionFactory。

Hibernate 的 SessionFactory 接口提供 Session 类的实例，Session 类用于完成对数据库的操作。由于 SessionFactory 实例是线程安全的（而 Session 实例不是线程安全的），所以每个操作都可以共用同一个 SessionFactory 来获取 Session。

Hibernate 配置文件分为两种格式，一种是 XML 格式，一种是 Java 属性文件格式的配置文件。因此构建 SessionFactory 也有两种方法，例程 01 是在配置文件为 Hibernate.properties 的情况下构建 SessionFactory 的，如果 Hibernate 的配置文件为 XML 格式，只需在配置文件中声明映射文件，在程序中不必调用 Configuration 类的 addClass()方法来加载映射文件。代码如下：

```
SessionFactory sf = new Configuration().configure().buildSessionFactory();
```

☑　Session 的创建与关闭。

Session 是一个轻量级对象，通常将每个 Session 实例和一个数据库事务绑定，也就是每执行一个数据库事务，都应该先创建一个新的 Session 实例，在使用 Session 后，还需要关闭 Session。

（1）创建 SessionFactory 后，就可以通过 SessionFactory 创建 Session 实例，通过 SessionFactory 创建 Session 实例的代码如下：

```
Session session = sessionFactory.openSession();
```

（2）在创建 Session 实例后，不论是否执行事务，最后都需要关闭 Session 实例，释放 Session 实例占用的资源。关闭 Session 实例的代码如下：

```
session.close();
```

6.13 本 章 小 结

本章从需求分析开始，介绍了整个办公自动化管理系统的开发过程。经过本章的学习，相信读者对 MVC 设计模式以及 Hibernate 技术有了一定了解。在网站的开发过程中，本章不仅采用了面向对象的开发思想，而且采用了分层开发模式，代表着未来开发方向的主流，希望对读者有所启发和帮助。

第 7 章

物流信息网

（JavaBean+SQL Server 2005 实现）

随着我国物流业的发展，物流企业纷纷成立，但由于国内各方面条件的限制，国内物流企业规模小、数量多，缺少竞争优势，并且技术含量低，大多数只能提供运输和仓储等传统服务，能够提供一揽子物流解决方案的企业很少，再加上国外大企业的竞争，使原本就不足以分得一杯羹的国内企业更加难以适应市场的变化。要想在这场博弈中取胜，对于大部分的中小型物流企业来说，找出市场中的缝隙、进行差异化经营才是其生存之道，而信息的来源则成为关键所在。随着国内信息化步伐的加快，加之物流企业对行业信息的需求越来越大，促使物流信息网迅速发展，以适应物流行业的市场变化。物流信息网信息的及时性、准确性完全符合国内物流企业对行业信息的要求，它已经成为国内物流企业信息的主要来源。本章的物流信息网是通过 JavaBean 技术进行开发的。

通过阅读本章，可以学习到：

▶▶ 运行 JavaBean 技术实现 Java 类的方法

▶▶ 网站设计的思路和方法

▶▶ 物流信息网开发的基本过程

▶▶ 对物流信息网站需求的分析

7.1　物流信息网概述

随着物流业在我国的蓬勃发展，物流市场的竞争越来越激烈，现代物流管理逐步从定性转变为更精确的定量要求，这便需要提供大量准确、及时的数据信息以帮助管理者做出正确的决策。传统的物流企业使用人工和各类表格来记录出仓、入仓及车辆调配等数据，在统计资料时耗时费力，准确度也比较低，很容易出错，这对于处在激烈市场竞争中的企业来说往往是致命的。随着计算机以及网络技术的普及，利用计算机技术的现代管理系统对公司部门、员工、仓储和车辆调配等重要环节进行数字化管理，可以随时提取需要的各类信息和数据，并准确地完成其统计功能；既提高了工作效率，也可及时地为企业各管理层提供信息以掌握市场动态，帮助企业在竞争中取得先机。因此，物流信息网成为现在物流企业管理中不可缺少的重要工具之一。

7.2　系　统　分　析

7.2.1　需求分析

物流行业的人工管理早已不能适应企业发展的要求，利用计算机网络对企业运营流程进行全方位的管理迫在眉睫。通过计算机网络对企业进行管理，不仅能为企业的运营过程节省大量的人力、物力、财力和时间，提高企业的效率，还可以帮助企业在客户群中树立一个全新的形象，为企业日后的发展奠定一个良好的基础。

7.2.2　可行性研究

企业物流管理平台使物流企业走上了科学化、网络化管理的道路，但还要遵循经济性与技术性的原则。下面从经济可行性和技术可行性这两个方面来研究该项目是否可行。

1. 经济可行性

全面展示企业的经营管理模式，为企业带来更多的客户资源，提高企业的经济效益。通过计算机网络对运单进行管理，方便客户对货物托运情况进行查询，及时和客户进行沟通，满足客户的需求。

2. 技术可行性

在管理过程中，满足了企业全程跟踪物品的托运情况的要求（分公司及时添加货物的运输情况），使企业能够根据实际情况，对企业运营过程中的各项准备工作作出及时、准确的调整。

在每个模块中具体的实现主要应用到 JavaBean 技术。JavaBean 是一种 Java 类，通过封装属性和方法成为具有独立功能、可重复使用并且可以与其他控件通信的组件对象，JSP 功能强大的一个方面体现在能够使用 JavaBean。可以将可重用的代码部分（如数据库的连接）和页面逻辑部分写入 JavaBean 中，还可以通过使用 JavaBean 来减少在 JSP 页面中脚本语言的使用频率，这样可以使得 JSP 页面更整洁、更容易维护、更容易被非编程人员接受。

7.3　系　统　设　计

7.3.1　系统目标

本系统是物流企业信息发布、浏览及查询的行业性网站，主要实现如下目标。

- ☑　网站整体结构和操作流程合理顺畅，实现人性化设计。
- ☑　向客户全面展示公司各项业务。
- ☑　让客户了解公司公告信息。
- ☑　为会员提供货运单信息添加功能。
- ☑　为会员提供密码修改功能。
- ☑　为管理员提供后台登录入口。
- ☑　通过后台，管理员可以对运单信息进行全面管理。
- ☑　通过后台，管理员可以对公司公告信息进行管理。
- ☑　通过后台，管理员可以对公司各项业务信息进行管理。
- ☑　通过后台，管理员可以对会员信息进行管理。
- ☑　系统最大限度地实现了易安装性、易维护性和易操作性。
- ☑　系统运行稳定、安全可靠。

7.3.2　系统功能结构

物流信息网分为前台和后台。其中，根据物流信息网前台的特点，可以将其分为用户模块、物流动态、物流知识、货物信息、车辆信息、企业信息、公告查询及辅助工具 8 个部分，其中各个部分及其包括的具体功能模块如图 7.1 所示。

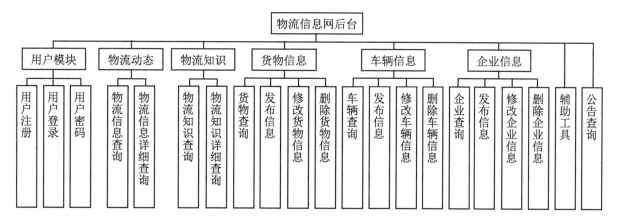

图 7.1　物流信息网前台功能模块结构

根据物流信息网后台的特点，可以将其分为物流动态管理、物流信息管理、公告信息管理、货物信息管理、车辆信息管理、企业信息管理及会员信息管理及辅助工具 8 个部分，其中各个部分及其包括的具体功能模块如图 7.2 所示。

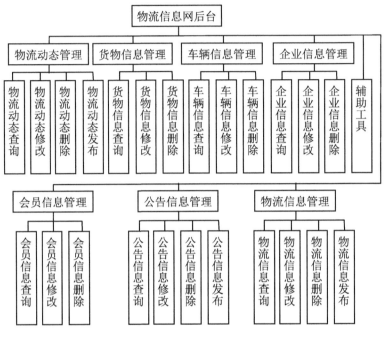

图 7.2　物流信息网后台功能模块结构

7.3.3　业务流程图

为了更加清晰地表达系统的业务功能模块，下面给出物流信息网的业务流程图。不同的模块所承担的任务各不相同，流程图也不一样，包括面向会员的前台流程图和面向系统管理员的后台流程图两部分。

面向会员的前台流程图如图 7.3 所示。

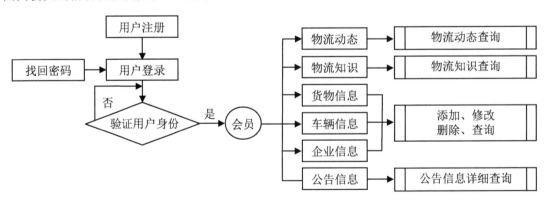

图 7.3　面向会员的前台流程图

面向系统管理员的后台流程图如图 7.4 所示。

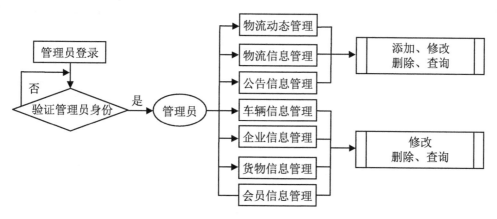

图 7.4 面向系统管理员的后台流程图

7.3.4 系统预览

物流信息网前台首页如图 7.5 所示，该页面显示网站前台全部功能。物流知识查询页面如图 7.6 所示，该页面显示物流的各种知识信息。

图 7.5 物流信息网首页

图 7.6 物流知识查询页面

物流信息网后台登录页面如图 7.7 所示，该页面主要实现管理员登录操作。物流信息网后台首页如图 7.8 所示，该页面显示网站后台全部的功能。

7.3.5 开发环境

在开发物流信息网时，需要具备下面的软件环境。

服务器端：

☑ 操作系统：Windows 2003。

图 7.7　物流信息网后台登录页面

图 7.8　物流信息网后台首页面

☑　Web 服务器：Tomcat 6.0。

☑　Java 开发包：JDK 1.5 以上。

☑　数据库：SQL Server 2005。

☑　浏览器：IE 6.0。

☑　分辨率：最佳效果为 1024×768 像素。

客户端：

☑　浏览器：IE 6.0。

☑　分辨率：最佳效果为 1024×768 像素。

7.3.6　文件夹组织结构

　　在编写代码之前，可以把系统中可能用到的文件夹先创建出来（例如，创建一个名为image 的文件夹，用于保存网站中所使用的图片），这样不但便于以后的开发工作，还可以规范网站的整体架构。笔者在开发物流信息网时，设计了如图 7.9 所示的文件夹架构图，在开发时，只需要将所创建的文件保存在相应的文件夹中就可以了。

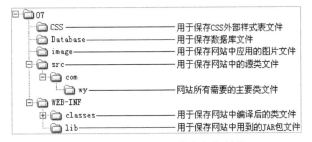

图 7.9　物流信息网文件夹组织结构

7.4　数据库设计

7.4.1　数据库需求分析

　　SQL Server 2005 是基于 SQL Server 2000 技术优势构建的，可为任何规模的组织机构提供集成化信息管理解决方案。当今的企业常常面临着诸多方面的挑战，例如，需要根据数据做出更快、更多的决策；需要提高开发团队的生产力和灵活度；在减少总体信息技术（IT）预算的同时，扩展基础架构以满足更多要求等。作为微软公司的下一代数据管理与分析软件，SQL Server 2005 有助于简化企业数据与分析应用的创建、部署和管理，并在解决方案伸缩性、可用性和安全性方面做了重大的改进。因此，为了提高系统的安全性、可靠性和性能，本系统采用 SQL Server 2005 数据库。

7.4.2 数据库概念设计

根据以上对系统所作的需求分析和系统设计，规划出本系统中使用的数据库实体分别为会员实体、货物信息实体、公告信息实体、车辆信息实体、企业信息实体、管理员信息实体、物流知识实体及物流信息实体。下面将介绍几个关键实体的 E-R 图。

☑ 会员实体。

会员实体包括会员编号、账号、密码、电子信箱、性别、联系电话、找回密码提示问题、找回密码答案及注册时间属性。会员实体的 E-R 图如图 7.10 所示。

图 7.10 会员实体的 E-R 图

☑ 公告信息实体。

公告信息实体包括公告编号、公告标题、公告内容、公告发布人及公告发布时间属性。公告信息实体的 E-R 图如图 7.11 所示。

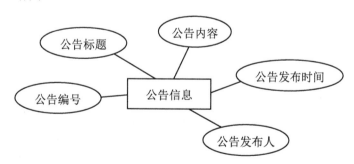

图 7.11 公告信息实体的 E-R 图

☑ 车辆信息实体。

车辆信息实体包括车辆编号、车牌号码、车牌品名、车辆类型、车辆载重、使用时间、驾驶员姓名、驾驶时间、驾照号码、运输类型、联系人和联系电话等属性。车辆实体的 E-R 图如图 7.12 所示。

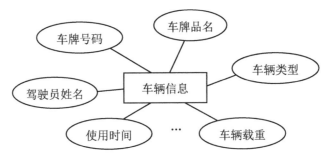

图 7.12 车辆信息实体的 E-R 图

☑ 货物信息实体。

货物信息实体包括货物编号、货物类型、货物名称、货物数量、货物单位、起始省份、起始城市、抵达省份、抵达城市、运输类型及运输时间等属性。货物信息实体的 E-R 图如图 7.13 所示。

☑ 企业信息实体。

企业信息实体包括企业信息编号、企业类型、企业名称、经营范围、所属区域、企业地址、联系电话、联系人、手机号码、传真号码、邮箱地址、企业网址及类型介绍等属性。企业信息实体的 E-R 图如图 7.14 所示。

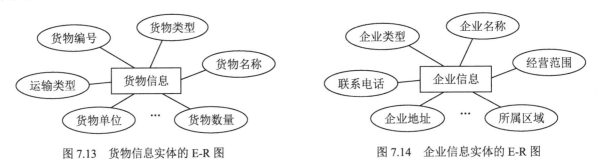

图 7.13 货物信息实体的 E-R 图　　　　　图 7.14 企业信息实体的 E-R 图

7.4.3 数据库逻辑结构

为了使读者对本系统数据库中的数据表有一个更清晰的认识，笔者设计了一个数据表树形结构图，如图 7.15 所示，其中包含系统中所有数据表。

1. 数据表结构的详细设计

本实例包含 8 张数据表，限于本书篇幅，在此只给出较为重要的数据表，其他数据表请参见本书附带的光盘。

☑ tb_Customer（会员信息表）。

会员信息表主要用来保存会员信息。表 tb_Customer 的结构如表 7.1 所示。

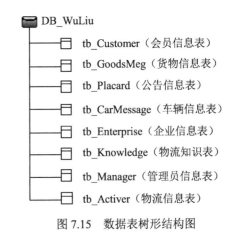

图 7.15 数据表树形结构图

表 7.1　tb_Customer 的结构

字 段 名	数 据 类 型	是 否 为 空	是 否 主 键	默 认 值	描 述
ID	int(4)	No	Yes		唯一标识
Name	varchar(30)	No			会员名称
Password	varchar(20)	No			密码
Email	varchar(30)	No			电子邮件
Sex	varchar(50)	No			性别
Phone	varchar(50)	No			电话
Question	varchar(50)	No			找回密码提示问题
Result	varchar(50)	No			找回密码答案
IssueDate	varchar(50)	No			注册日期

☑　tb_Placard（公告信息表）。

公告信息表主要用来保存公告信息。表 tb_Placard 的结构如表 7.2 所示。

表 7.2　tb_Placard 的结构

字 段 名	数 据 类 型	是 否 为 空	是 否 主 键	默 认 值	描 述
ID	int(4)	No	Yes		唯一标识
Title	varchar(50)	No			公告标题
Content	varchar(1000)	No			公告内容
Author	varchar(20)	Yes		NULL	公告发布人
IssueDate	datetime(8)	No			公告发布时间

☑　tb_CarMessage（车辆信息表）。

车辆信息表主要用来保存车辆信息。表 tb_CarMessage 的结构如表 7.3 所示。

表 7.3　tb_CarMessage 的结构

字 段 名	数 据 类 型	是 否 为 空	是 否 主 键	默 认 值	描 述
Code	int(4)	No	Yes		唯一标识
TradeMark	nvarchar(20)	No			车牌号码
Brand	nvarchar(50)	No			车牌品名
Style	nvarchar(30)	No			车辆类型
CarLoad	nvarchar(10)	No			车辆载重
UsedTime	varchar(50)	No			使用时间
DriverName	varchar(50)	No			驾驶员姓名
DriverTime	varchar(50)	No			驾驶时间
LicenceNumber	varchar(50)	No			驾照号码
LicenceStyle	varchar(50)	No			驾照类型
TransportStyle	varchar(50)	No			运输类型
LinkMan	varchar(50)	No			联系人
LinkPhone	varchar(50)	No			联系电话

续表

字　段　名	数据类型	是否为空	是否主键	默认值	描　　述
Remark	varchar(100)	No			备注
IssueDate	datetime(8)	No			发布时间
UserName	varchar(20)	No			发布人

☑　tb_GoodsMeg（货物信息表）。

货物信息表主要用来保存货物信息。表 tb_GoodsMeg 的结构如表 7.4 所示。

表 7.4　tb_GoodsMeg 的结构

字　段　名	数据类型	是否为空	是否主键	默认值	描　　述
ID	int(4)	No	Yes		唯一标识
GoodsStyle	varchar(50)	No			货物类型
GoodsName	varchar(100)	No			货物名称
GoodsNumber	varchar(50)	No			货物数量
GoodsUnit	varchar(50)	No			货物单位
StartOmit	varchar(100)	No			起始省份
StartCity	varchar(20)	No			起始城市
EndOmit	varchar(30)	No			抵达省份
EndCity	varchar(30)	No			抵达城市
Style	varchar(50)	No			运输类型
TransportTime	varchar(50)	No			运输时间
Phone	varchar(50)	No			联系电话
Link	varchar(200)	No			联系人
IssueDate	datetime(8)	Yes		NULL	发布时间
Remark	varchar(800)	No			备注
Request	varchar(50)	No			车辆要求
UserName	varchar(50)	No			发布人

☑　tb_Enterprise（企业信息表）。

企业信息表主要用来保存企业信息。表 tb_Enterprise 的结构如表 7.5 所示。

表 7.5　tb_Enterprise 的结构

字　段　名	数据类型	是否为空	是否主键	默认值	描　　述
ID	int(4)	No			唯一标识
EnterpriseSort	varchar(50)	No			企业类型
EnterpriseName	varchar(100)	No			企业名称
Operation	varchar(100)	Yes		NULL	经营范围
WorkArea	varchar(50)	Yes		NULL	所属区域
Address	varchar(100)	Yes		NULL	企业地址
Phone	varchar(20)	Yes		NULL	联系电话

续表

字　段　名	数 据 类 型	是 否 为 空	是 否 主 键	默　认　值	描　　述
LinkMan	varchar(30)	Yes		NULL	联系人
HandSet	varchar(30)	Yes		NULL	手机号码
Fax	varchar(30)	Yes		NULL	传真号码
Email	varchar(50)	Yes		NULL	邮箱地址
Http	varchar(50)	Yes		NULL	企业网址
Intro	varchar(200)	Yes		NULL	类型介绍
IssueDate	varchar(8)	Yes		NULL	发布时间
UserName	varchar(50)	Yes		NULL	发布人

2. 数据库表之间的关系设计

图 7.16 清晰地表达了各个数据表的关系，也反映了系统中各个实体的关系。

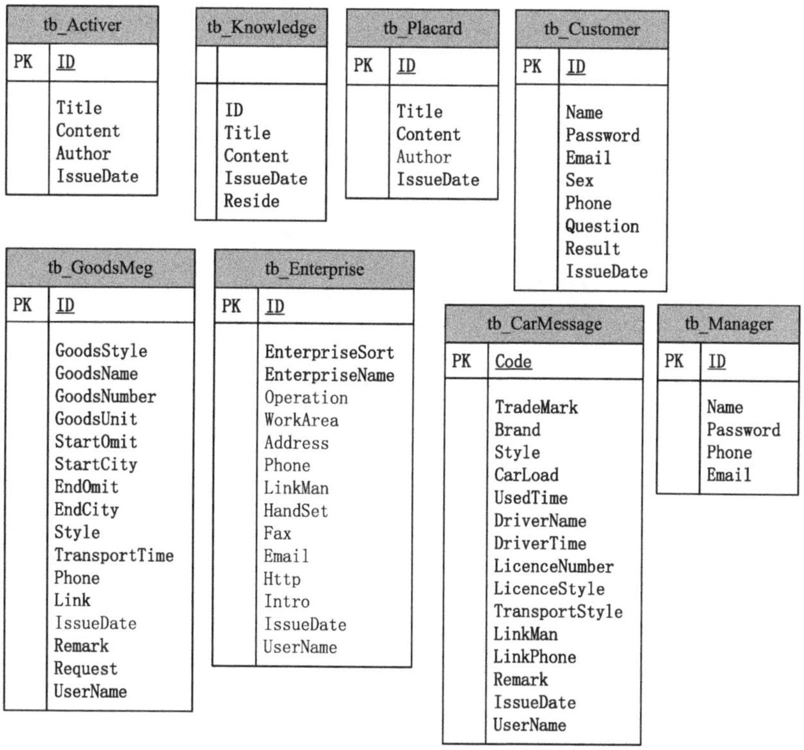

图 7.16　数据表之间的关系

注意　如图 7.16 所示，本系统中表与表之间不存在任何关系，各表相对独立。

7.4.4　数据库的创建

在 SQL Server 2005 数据库中，通过 SQL Server Management Studio 可以创建数据库，用于存储数

据及其他对象（如视图、索引、存储过程和触发器等）。

下面创建一个数据库 DB_WuLiu。具体操作步骤如下：

（1）启动 SQL Server Management Studio，并连接到 SQL Server 2005 中的数据库，在"对象资源管理器"中右击"数据库"选项，在弹出的快捷菜单中选择"新建数据库"命令，如图 7.17 所示。

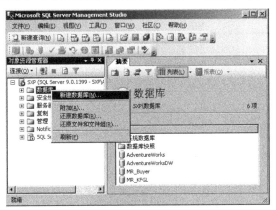

图 7.17　选择"新建数据库"命令

（2）进入"新建数据库"窗口，如图 7.18 所示。在该窗口中可以通过"选择页"中的 3 个选项对数据库的名称、所有者等进行设置。

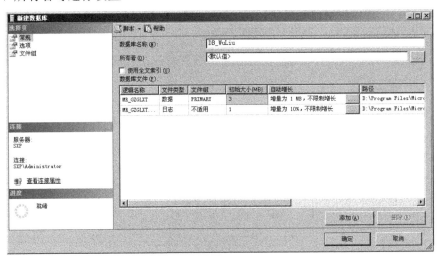

图 7.18　"新建数据库"窗口

（3）设置完成后单击"确定"按钮，数据库 DB_WuLiu 创建完成。

7.5　公共模块设计

本系统中，对数据库的操作主要应用到连接池技术，因此需要进行连接池的一些相关配置。具体步骤如下：

（1）本系统应用的数据库为 SQL Server 2005，在应用连接池前，需要将 SQL Server 驱动包（sqljdbc.jar）复制到 tomcat 安装目录下的 lib 文件夹中。

（2）在本系统中，在 META-INF 文件夹中建立名为 context.xml 的文件，在这个文件中编写配置连接池的代码。具体代码如下：

例程 01　代码位置：光盘\TM\07\WebContent\META-INF\context.xml

```xml
<?xml version="1.0" encoding="UTF-8"?>
<Context>
    <Resource name="TestJNDI" type="javax.sql.DataSource" auth="Container"
        driverClassName="com.microsoft.sqlserver.jdbc.SQLServerDriver"
        url="jdbc: sqlserver://localhost:1433;DatabaseName=db_wuliu"
        username="sa" password="" maxActive="4" maxIdle="2" maxWait="6000" />
</Context>
```

下面解释一下上面的代码中的关键属性。

☑　name：设置连接池的数据源（该名称是取得数据库连接的关键）。

☑　maxActive：连接池处于活动状态的数据库连接的最大数目，取 0 表示不受限制。

☑　maxIdle：连接池处于空闲状态的数据库连接的最大数目，取 0 表示不受限制。

☑　maxWait：连接池中数据库连接处于空闲状态的最长时间（以毫秒为单位），取–1 表示无限期等待时间。

☑　username：数据库登录名。

☑　password：数据库登录密码。

☑　driverClassName：指定数据库的 JDBC 驱动程序。

☑　url：指定连接数据库 URL，db_wuliu 是数据库名称。

（3）创建名为 JDBConnection.java 的类文件，该类文件中，首先定义连接数据库的各种属性对象，之后通过静态方法取得连接池的数据源，并取得数据库的连接，最后通过各种方法执行数据库的添加、修改、删除及查询操作。具体代码如下：

例程 02　代码位置：光盘\TM\07\src\com\wy\JDBConnection.java

```java
package com.wy;
import java.sql.*;                                      //导入 java.sql 所有类文件
import javax.naming.*;                                  //导入 javax.naming 所有类文件
import javax.sql.*;                                     //导入 javax.sql 所有类文件
public class JDBConnection {
    private static DataSource ds=null;                  //设置 DataSource 类的对象
    private static Connection conn =null;               //设置 Connection 类的对象
    private static Statement st = null;                 //设置 Statement 类的对象
    private ResultSet rs=null;                          //设置 ResultSet 类的对象
/*********************通过静态方法取得数据库的连接*********************/
    static {
        try {
            Context ctx = new InitialContext();
            ctx = (Context) ctx.lookup("java:comp/env");
            ds = (DataSource) ctx.lookup("TestJNDI");   //取得连接池数据源
            conn = ds.getConnection();                  //取得数据库的连接
```

```
        } catch (Exception e) {
            e.printStackTrace();
        }
    }
/****************************************************************************/
/****************************查询数据库的方法****************************************/
    public ResultSet executeQuery(String sql) {
        try {
            st = conn.createStatement(ResultSet.TYPE_SCROLL_SENSITIVE,
                    ResultSet.CONCUR_READ_ONLY);
            rs = st.executeQuery(sql);                        //执行对数据库的查询操作
        } catch (SQLException e) {
            e.printStackTrace();
            System.out.println("Query Exception");            //在控制台中输入异常信息
        }
        return rs;                                            //将查询的结果通过 return 关键字返回
    }
/****************************************************************************/
/****************************添加、修改及删除操作的方法**************************/
    public boolean executeUpdata(String sql) {
        try {
            st = conn.createStatement();                      //创建声明对象连接
            st.executeUpdate(sql);                            //执行添加、修改、删除操作
            return true;                                      //如果执行成功返回 true
        } catch (Exception e) {
            e.printStackTrace();
        return false;                                         //如果执行失败则返回 false
        }
    }
/****************************************************************************/
}
```

 技巧 在上述代码中，连接数据库的方法应用到了静态方法（static），无论该类被实例化多少次，静态方法只能执行一次，也就是说，只要不执行关闭数据库的方法，可永远取得数据库的连接。

7.6 前台页面设计

7.6.1 前台页面概述

在物流信息网的首页设计中，首先必须把物流信息网中重要的货物信息查询、车辆信息查询及企业信息查询展现给用户，然后再提供物流动态、物流知识、货物信息、车辆信息、企业信息及辅助工具等业务。物流信息网前台首页的运行结果如图 7.19 所示。

图 7.19　物流信息网前台首页

7.6.2　前台首页技术分析

图 7.19 所示的首页中的用户登录、公告信息查询、企业网站链接、显示网站主要功能（功能导航区）和版权信息等功能并不是仅存在于首页中，其他功能模块的子页面中也需要包括这些部分。因此，可以将这几个部分分别保存在单独的文件中，在需要放置相应功能时只需包含这些文件即可，如图 7.20 所示。

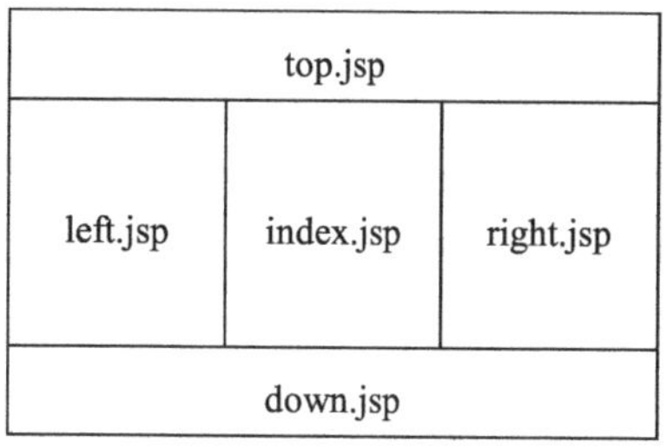

在 JSP 页面中包含文件有两种方法：一种是应用<%@include %>指令实现，另一种是应用<jsp:include>动作元素实现。本系统使用的是<jsp:include>动作元素，该动作元素用于向当前的页面中包含其他的文件，这个文件，可以是动态文件，也可以是静态文件。

top.jsp		
left.jsp	index.jsp	right.jsp
down.jsp		

图 7.20　前台首页的布局

7.6.3　前台首页布局

应用<jsp:include>动作元素包含文件的方法进行前台首页布局的代码如下：

例程 03　代码位置：光盘\TM\07\WebContent\index.jsp

```
<%@ page contentType="text/html; charset=gb2312" %>
<html>
<body link="#669900" alink="#FFCC66" vlink="#FF3300">
❶    <jsp:include page="top.jsp"/>
```

```
<table width="786" border="0" align="center" cellpadding="0" cellspacing="0">
  <tr>
    <td width="202" height="255" valign="top" background="image/8.jpg">
❷   <jsp:include page="left.jsp" flush="true" /></td>
    <td width="484" valign="top">
    …<!--省略其他查询的代码-->
    </td>
    <td valign="top" width="215" background="image/12.jpg">
❸   <jsp:include page="right.jsp" flush="true" /></td>
  </tr>
</table>
❹   <jsp:include page="down.jsp" flush="true" />
</body>
</html>
```

📢 代码贴士

❶ 应用<jsp:include>动作元素包含 top.jsp 文件，该文件用于显示网站主要功能。

❷ 应用<jsp:include>动作元素包含 left.jsp 文件，该文件用于显示用户登录功能。

❸ 应用<jsp:include>动作元素包含 right.jsp 文件，该文件用于显示网站公告信息及企业网址链接。

❹ 应用<jsp:include>动作元素包含 down.jsp 文件，该文件用于显示版权信息及后台登录入口。

7.7 用户登录模块

7.7.1 用户登录模块概述

用户登录模块具有用户登录功能，当用户在左侧"用户登录"区域中的"用户名"和"密码"文本框中输入用户名和密码，单击"登录"按钮，系统验证成功后，用户将以会员的身份进入物流信息网首页，之后可在网站中进行相关操作。用户登录模块的框架如图 7.21 所示。

7.7.2 用户登录模块技术分析

用户登录操作实际就是用户查询操作，在用户登录页面中，通过 JSP 内置对象 request 中的 getParameter()方法获取用户名表单和密码表单的内容，根据这两个表单的内容将执行查询的 SQL 语句。具体执行查询的 SQL 语句的代码如下：

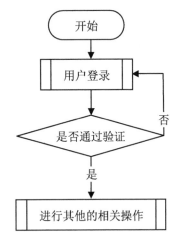

图 7.21　用户登录模块的框架

例程 04　代码位置：光盘\TM\07\WebContent\login_config.jsp

```
String sql="select * from tb_Customer where Name='"+name+"' and Password='"+password+"'";
```

在上述代码中，where 后面的条件分别是用户名（Name）和密码（Password），以这两个字段为条件进行查询。

7.7.3　用户登录的实现过程

📖　用户登录使用的数据表：tb_Customer。

用户登录是物流信息网中会员进行相关操作的必要条件。在运行本系统后，首先进入的是物流信息网的首页，用户在没有登录的情况下可以进行公告信息查询、货物信息查询及车辆信息查询等，但单击不能进行详细查询的操作。当用户在"用户登录"操作区域中没有输入用户名或密码时，系统会通过 JavaScript 进行判断，并给予提示。用户登录在物流信息网首页中的运行效果如图 7.22 所示。

图 7.22　用户登录页面

1. 设计用户登录页面

用户登录页面主要用于收集用户的输入信息及通过自定义的 JavaScript 函数验证输入信息是否为空，该页面中所涉及到的表单元素如表 7.6 所示。

表 7.6　用户登录页面所涉及的表单元素

名　称	元素类型	重要属性	含　义
form_u	form	method="POST" action="login_config.jsp"	用户登录表单
name	text	size="16" maxlength="20"	用户名
password	text	size="16" maxlength="20"	密码
login	submit	onClick="return check1()"	"登录" 按钮

2. 编写验证用户登录页面

在"用户登录"区域中的"用户名"和"密码"文本框中输入正确的用户名和密码后，单击"登录"按钮，网页会访问一个 URL，即 login_config.jsp。该页面主要用于实现验证用户身份的功能。首先，通过 request 对象中的 getParameter()方法获取表单中用户名和密码文本框信息，如果获取的两个文本框的信息为空（null），则返回到登录页面；如果获取的两个文本框信息不为空，则通过查询的 SQL 语句判断该用户是否存在。具体代码如下：

例程 05　　代码位置：光盘\TM\07\WebContent\login_config.jsp

```
<jsp:useBean id="connection" scope="page" class="com.wy.JDBConnection"/>
<%
ResultSet rs=null;                                    //设置查询的结果集对象
request.setCharacterEncoding("gb2312");               //将整个页面的字符集转换为 gb2312
String name=request.getParameter("name");             //获取用户名的表单信息
String password=request.getParameter("password");     //获取密码的表单信息
if(name==""&&name==null&&password==""&&password==null){  //判断获取的两个表单信息是否为空
%>
<jsp:forward page="login.jsp"/>                       <!--转发到登录页面-->
<%}else{
try{
String sql="select * from db_Customer where Name='"+name+"' and Password='"+password+"'";
rs=connection.executeQuery(sql);                      //执行查询的 SQL 语句
```

```
if(rs.next()){                                          //判断是否存在查询结果
String Name=rs.getString("Name");                       //获取查询的用户名
session.setAttribute("name",Name);                      //将用户名保存在 Sessoin 对象中
session.setAttribute("login","success");                //将成功信息保存在 Session 对象中
%>
<script language="javascript">
alert("登录成功！！！");
window.location.href="index.jsp";                       <!--如果用户登录成功，则返回首页-->
</script>
<%}else{%>
<script language="javascript">
alert("登录失败！！！");history.back();                    //如果用户登录不成功，则返回上一操作
</script>
<%}}catch(Exception e){
System.out.println("连接异常 login_config");              //在控制台中输出异常信息
}}
%>
```

7.8 货物信息模块

7.8.1 货物信息模块概述

用户登录后，单击导航区中的"货物信息"超链接，将进入货物信息查询页面。在该页面中不仅能够查询货物信息，而且可以对当前货物进行详细查询。如果查询的货物信息是该用户发布的，则此用户拥有修改或删除这条货物信息的权限。货物信息模块的框架如图 7.23 所示。

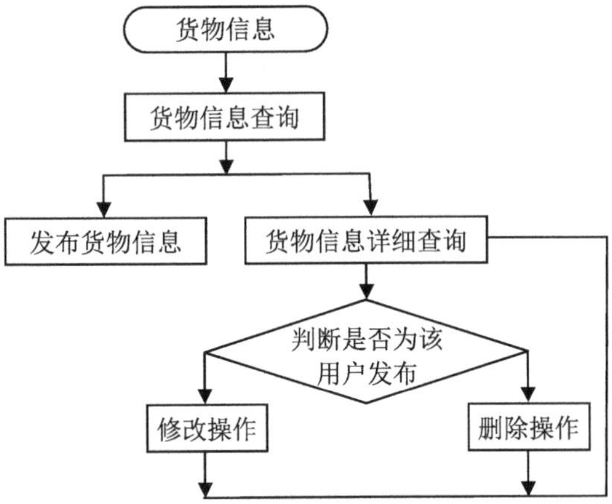

7.8.2 货物信息模块技术分析

货物信息模块中应用 5 种 SQL 语句，分别为添加的 SQL 语句、修改的 SQL 语句、删除的 SQL 语句，全部查询的 SQL 语句及条件查询的 SQL 语句，下面将分别介绍。

图 7.23 货物信息模块的框架

1. 添加的 SQL 语句

实现货物添加的 SQL 语句如下：

例程 06   代码位置：光盘\TM\07\WebContent\good_config.jsp

```
sql="insert into tb_GoodsMeg values('"+gclass+"','"+gname+"','"+gcount+"','"+gunit+"','"+gstartfirm+"','"+gstartcity+"',
'"+gendfirm+"','"+gendcity+"','"+gtransstyle+"','"+gtime+"','"+gphone+"','"+glink+"','"+gshowdate+"','"+gremark+"',
'"+grequest+"','"+username+"')";
```

在上述代码中，INSERT 语句可以实现向表中添加一条新记录，或者插入一个结果集的操作。
INSERT 语句语法如下：

```
INSERT [ INTO] table_name   ( column_list ) VALUES (expression) [. . . n]
```

参数说明如下。

- ☑ table_name：数据表名。
- ☑ VALUES：引入要插入的数据值的列表。
- ☑ expression：一个常量、变量或表达式。表达式不能包含 SELECT 或 EXECUTE 语句。

2. 修改的 SQL 语句

实现货物修改执行的 SQL 语句如下：

例程 07　代码位置：光盘\TM\07\WebContent\goods_changeConfig.jsp

```
sql="update tb_GoodsMeg set GoodsStyle='"+
    gclass+"',GoodsName='"+gname+"',GoodsNumber='"+gcount+"',GoodsUnit='"+
    gunit+"',StartOmit='"+gstartfirm+"',StartCity='"+
    gstartcity+"',EndOmit='"+gendfirm+"',EndCity='"+gendcity+"',Style='"+
    gtransstyle+"',TransportTime='"+gshowdate+"',Phone='"+
    gphone+"',Link='"+glink+"',IssueDate='"+gshowdate+"',Remark='"+
    gremark+"',Request='"+grequest+"',UserName='"+
    username+"' where ID="+request.getParameter("code");
```

在上述代码中，通过 SQL 语句中的 UPDATE 语句实现对指定记录的修改。
UPDATE 语句语法如下：

```
UPDATE <table name | view name> SET <column name> = <expression> [...< last column name > = <last expression>] [WHERE <search condition>]
```

参数说明如下。

- ☑ table_name：数据表名。
- ☑ view name：视图名。
- ☑ expression：一个常量、变量或表达式。

3. 删除的 SQL 语句

实现货物删除执行的 SQL 语句如下：

例程 08　代码位置：光盘\TM\07\WebContent\goods_delete.jsp

```
String sql="delete tb_GoodsMeg where ID="+request.getParameter("id");
```

在上述代码中，通过 SQL 语句中的 DELETE 语句实现对指定记录的删除。
DELETE 语句语法如下：

```
DELETE from <table name> [ WHERE < search_condition >]
```

参数说明如下。

- ☑ table name：数据表名。

☑ WHERE：指定用于限制删除行数的条件。如果没有提供 WHERE 子句，则 DELETE 删除表中的所有行。

☑ search_condition：指定删除行的限定条件。

4．查询的 SQL 语句

在货物信息表中操作时，货物信息查询存在下面两种 SQL 语句。

实现货物全部查询的 SQL 语句如下：

例程 09　代码位置：光盘\TM\07\WebContent\goods_select.jsp

```
sql="select * from tb_GoodsMeg order by IssueDate desc";
```

实现货物条件查询的 SQL 语句如下：

例程 10　代码位置：光盘\TM\07\WebContent\goods_xiangxi.jsp

```
sql="select * from tb_GoodsMeg where ID="+code;
```

在上述代码中，通过 SQL 语句中的 SELECT 语句实现查询的 SQL 语句。

SELECT 语句的语法格式如下：

```
SELECT select_list
[INFO new_table_name]
FROM table_list
[WHERE search_conditions]
[GROUP BY group_by_list]
[HAVING search_conditions]
[ORDER BY order_list [ASC | DESC] ]
```

参数说明如下。

☑ SELECT：所要查询的字段名称。可以是从多个表格中读取的字段，字段之间使用逗号分隔。

☑ FROM table_list：指定检索数据的数据源表的列表。

☑ [WHERE search_conditions]：WHERE 子句是一个或多个筛选条件的组合，这个筛选条件的组合将使得只有满足该条件的记录才能被这个 SELECT 语句检索出来。

☑ [GROUP BY group_by_list]：GROUP BY 子句将根据参数 group_by_list 提供的字段将结果集分成组。

☑ [HAVING search_conditions]：HAVING 子句是应用于结果集的附加筛选。

☑ [ORDER BY order_list [ASC | DESC]]：ORDER BY 子句用来定义结果集中的记录排列的顺序。

注意　（1）FROM 是唯一必需的子句。字段与字段之间以 "," 分割，最后一个字段除外。

（2）在搜索条件中，要避免使用 NOT 操作符，否则会使查询速度变慢。

（3）在 SELECT 语句中，使用 "*" 可以返回所有列的数据。例如：

```
SELECT * FROM tb_user
```

（4）要重新安排结果列，只需在 SELECT 语句中改变需要查看列的顺序。例如：

```
SELECT 操作员名称,操作员编号 FROM tb_user
```

7.8.3　货物信息查询实现过程

　　📋　货物信息查询使用的数据表：tb_GoodsMeg。

　　当用户登录成为会员后，单击导航区中的"货物信息"超链接，则在页面中显示出所有的货物信息息，如图 7.24 所示。

货物信息								
								发布信息…
货物类型	货物名称	货物数量	数量单位	起始省份	起始城市	抵达省份	抵达城市	操作
电子	计算器	200	个	吉林省	长春市	辽宁省	长春市	详细
铁类物品	钢筋	30000	斤	黑龙江省	黑河	吉林省	长春	详细
精品红木	木头	2000	斤	吉林省	长春	辽宁省	沈阳	详细
汽运	洗衣机	200	个	吉林省	长春	辽宁省	大连	详细
建设用品	水泥	2000	吨	吉林省	长春	辽宁省	沈阳	详细
服装	红豆杉	200	斤	吉林省	长春市	辽宁省	沈阳市	详细
药品	米格来宁	100	盒	吉林省	吉林市	辽宁省	沈阳市	详细
电子	手机	3000	个	吉林省	吉林市	黑龙江省	乌鲁木齐	详细
建筑	楼房	200	栋	吉林省	长春市	黑龙江省	梅河市	详细
鳄鱼	混凝土	20000000	斤	吉林省	长春	黑龙江	黑河	详细
					共2页　第一页　上一页　下一页　最后一页			

图 7.24　货物信息查询页面

　　如图 7.24 所示，该页面实现显示全部货物信息。在该页面中，首先判断是否登录，如果没有登录，则返回用户登录页面。判断用户是否登录的关键代码如下：

例程 11　代码位置：光盘\TM\07\WebContent\goods_select.jsp

```
<%
String login=null;                                     //定义一个 String 类型的对象 login，表示是否登录
String username=null;                                  //定义一个 String 类型的对象 username，表示用户名
login=(String)session.getAttribute("login");           //获取 Session 中的 login 对象的值
username=(String)session.getAttribute("name");         //获取 Session 中的 name 对象的值
if(login==null){                                       //判断 login 对象是否为空（null）
%>
<script language="javascript">
alert("您还未登录，不能浏览详细信息！！！");              <!--利用脚本弹出提示信息-->
</script>
<%
response.sendRedirect("login.jsp");                    //如果为空（null），则返回用户登录页面
}
%>
```

　　如果会员已经登录成功，可以执行对货物信息查询的功能。对货物信息进行查询主要是通过 Select语句来实现。实现对货物信息查询的具体代码如下：

例程 12　代码位置：光盘\TM\07\WebContent\goods_select.jsp

```
<jsp:useBean id="connection" scope="page" class="com.wy.JDBConnection"/>      <!--设置连接数据库的
JavaBean-->
<%!
ResultSet rs=null;                                     //设置 ResultSet 结果集
String sql,sqlshow;                                    //设置执行 SQL 语句的 String 类型对象
```

```
int pagesize=10;                                        //设置页面中显示的记录数
int rowcount=0;                                         //初始化 int 类型的 rowcount 变量
int pagecount=1,n;                                      //初始化 int 类型的 pagecount 变量
%>
%>
<table width="786" border="1" align="center" >
  <%sql="select * from db_GoodsMeg order by IssueDate desc";   //以 IssueDate 字段为条件进行降序查询数据
try{
rs=connection.executeQuery(sql);                        //执行查询的 SQL 语句
```

如果查询的货物信息表中不存在任何数据，则弹出"没有货物信息"脚本信息。具体代码如下：

```
if(!rs.next()){
%>
<script language="javascript">
    alert("没有货物信息");                              <!--如果 rs.next()的值为 false,则弹出这个脚本信息-->
</script>
```

如果查询的货物信息表存在数据，则将 ResultSet 对象数据按照顺序一一取出并显示在页面中。下面的代码将从数据库中取出数据进行分页计算。

```
<%}else{
rs.last();                                              //将 ResultSet 对象定位到最后一个数据
rowcount=rs.getRow();                                   //取得 ResultSet 对象中共有几组数据
int showpage=1;                                         //初始化 showpage 对象
pagecount=((rowcount%pagesize)==0?(rowcount/pagesize):(rowcount/pagesize)+1);   //计算当前页码数
String topage=request.getParameter("topage");          //获取最大的页码数
if(topage!=null){
showpage=Integer.parseInt(topage);                     //当 topage 对象为 null 时，将当前页码数赋值给 topage 对象
if(showpage>pagecount){                                 //验证当前页码数是否超过了最大页码数
   showpage=pagecount;                                  //将当前页码数赋值为最大页码数
   }else if(showpage<=0){                               //验证当前页码数是否为第一页
   showpage=1;                                          //将当前页码数设置为 1
   }
}
rs.absolute((showpage-1)*pagesize+1);                   //设置 ResultSet 对象的指针
for(int i=1;i<=pagesize;i++){
n=rs.getInt("ID");
%>
```

下面的代码将通过 ResultSet 对象对每组数据进行显示。

```
<tr>
<td width="786" height="20" align="center"><%=rs.getString("GoodsStyle")%></td>    <!--显示货物类型-->
<td width="786" align="center"><%=rs.getString("GoodsName")%></td>                  <!--显示货物名称-->
<td width="786" align="center"><%=rs.getString("GoodsNumber")%></td>                <!--显示货物数量-->
<td width="786" align="center"><%=rs.getString("GoodsUnit")%></td>                  <!--显示货物单位-->
<td width="786" align="center"><%=rs.getString("StartOmit")%></td>                  <!--起始省份-->
<td width="786" align="center"><%=rs.getString("StartCity")%></td>                  <!--起始城市-->
<td width="786" align="center"><%=rs.getString("EndOmit")%></td>                    <!--到达省份-->
<td width="786" align="center"><%=rs.getString("EndCity")%></td>                    <!--到达城市-->
```

```
<td width="786" > <p align="center">
   <a href="goods_xiangxi.jsp?id=<%=n%>">详细</a></td>
</tr>
<%if(!rs.next())break;}                                    //如果 rs.net()值为 false，则中止程序运行
%>
<tr>
     <td width="786" height="30" colspan="9" align="right">
```

实现分页链接导航的代码如下：

```
<table width="786" align="center">
    <tr>
      <td width="786" height="20" colspan="9" align="right">
       共<%=pagecount%>页                           <!--显示共有多少页-->
      <a href="goods_select.jsp?topage=<%=1%>">第一页</a>        <!--设置"第一页"超链接-->
      <a href="goods_select.jsp?topage=<%=showpage-1%>">上一页</a><!--设置"上一页"超链接-->
      <a href="goods_select.jsp?topage=<%=showpage+1%>">下一页</a><!--设置"下一页"超链接-->
      <a href="goods_select.jsp?topage=<%=pagecount%>">最后一页</a><!--设置"最后一页"超链接-->
      </td>
    </tr>
</table>
    </td>
  </tr>
<%}}catch(Exception e)          {e.printStackTrace();}%>          //设置异常的抛出
</table>
</body>
</html>
```

说明 在介绍货物信息查询页面的代码时，是分步进行介绍的。

7.8.4　货物信息添加的实现过程

📇　货物信息添加使用的数据表：tb_GoodsMeg。

在货物信息查询页面中，如果会员想发布货物信息，可单击"发布信息"超链接，进入货物信息添加页面，如图 7.25 所示。

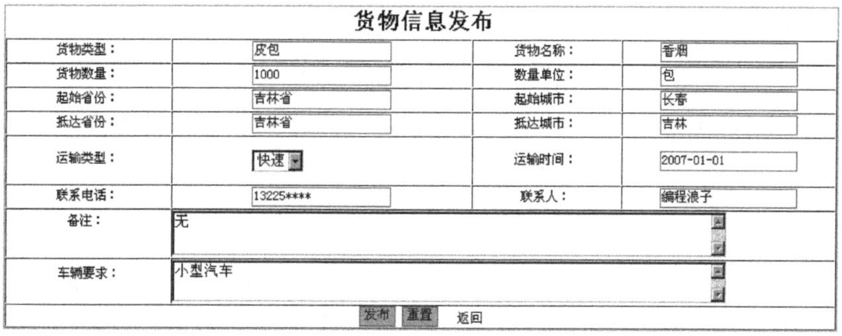

货物信息发布			
货物类型：	皮包	货物名称：	香烟
货物数量：	1000	数量单位：	包
起始省份：	吉林省	起始城市：	长春
抵达省份：	吉林省	抵达城市：	吉林
运输类型：	快运	运输时间：	2007-01-01
联系电话：	13225****	联系人：	编程浪子
备注：	无		
车辆要求：	小型汽车		
发布　重置　返回			

图 7.25　货物信息添加页面

1．编写货物信息添加页面

货物信息添加页面主要用于收集会员输入的信息及通过自定义的 JavaScript 函数验证输入信息是否为空，该页面中所涉及到的表单元素如表 7.7 所示。

表 7.7　货物信息添加页面所涉及的表单元素

名　称	元 素 类 型	重 要 属 性	含 义
form	form1	method="POST" action="good_config.jsp"	货物信息添加表单
gclass	text	size="20"	货物类型
gname	text	size="20"	货物名称
gcount	text	size="20"	货物数量
gunit	text	size="20"	数量单位
gstartfirm	text	size="20"	起始省份
gstartcity	text	size="20"	起始城市
gendfirm	text	size="20"	抵达省份
gendcity	text	size="20"	抵达城市
gtransstyle	text	size="1"	运输类型
gtime	text	size="20"	运输时间
gphone	text	size="20"	联系电话
glink	text	size="20"	联系人
gremark	textarea	cols="72"	备注
grequest	textarea	rows="5" cols="72"	车辆要求
submit	show	value="发布" onClick="return check()"	"发布"按钮
reset	reset	value="重置"	"重置"按钮

2．编写实现货物信息添加功能的页面

在货物添加页面中，将有关货物信息的所有文本框填写完毕后，单击"发布"按钮，网页会访问一个 URL，即 good_config.jsp。该页面主要实现货物添加的功能。首先，通过 request 对象中的 setCharacter-Encoding()方法将整个页面的字符格式转换为 gb2312；其次，通过 request 对象的 getParameter()方法将货物信息添加页面的表单一一取出，并赋给新的变量；最后，通过 JavaBean 调用 JDBConnection 类中的 executeUpdata()方法，实现货物添加的功能。具体代码如下：

例程 13　代码位置：光盘\TM\07\WebContent\good_config.jsp

```
<%@ page contentType="text/html; charset=GBK" import="java.sql.*,java.util.Date"%>
<jsp:useBean id="connection" scope="page" class="com.wy.JDBConnection"/>        <!--设置连接数据库的
JavaBean-->
<%!
Date date=new Date();
String sql;                              //设置 String 类型的对象，该对象用于设置 SQL 语句
ResultSet rs;                            //设置 ResultSet 结果集对象，将查询结果存放在里面
request.setCharacterEncoding("gb2312");  //将页面的字符转换为 gb2312 的形式
```

```
/******************************获取货物的基本信息*****************************/
String gname=request.getParameter("gname");
…//省略其他获取方式的代码
String username=(String)session.getAttribute("name");
/****************************************************************************/
java.sql.Date gshowdate=new java.sql.Date(date.getYear(),date.getMonth(),date.getDate());//格式化系统时间
sql="insert into db_GoodsMeg values('"+gclass+"','"+
    gname+"','"+gcount+"','"+gunit+"','"+gstartfirm+"','"+
    gstartcity+"','"+gendfirm+"','"+gendcity+"','"+
    gtransstyle+"','"+gtime+"','"+gphone+"','"+
    glink+"','"+gshowdate+"','"+gremark+"','"+grequest+"','"+username+"')";           //设置添加的 SQL 语句
boolean sert=connection.executeUpdata(sql);                                          //执行添加的 SQL 语句
if(sert)                                                                             //判断执行的结果
{%>
<script language="javascript">
alert("您输入的货物信息已经成功完成！！！");                          <!--设置货物录入成功的脚本信息-->
</script>
<%
response.sendRedirect("goods_select.jsp");                          //如果执行 SQL 语句成功，则返回查询页面
}else{
%>
<script language="javascript">
alert("您输入的货物信息发布失败！！！");                            <!--设置货物录入失败的脚本信息-->
</script>
<%
response.sendRedirect("goods_add.jsp");                             //如果执行 SQL 语句失败，则返回添加货物信息页面
}
%>
```

7.8.5　货物信息详细查询的实现过程

📖　货物信息详细查询使用的数据表：tb_GoodsMeg。

在货物信息查询页面中，每组货物信息并不是很全，如果用户想要对该组信息详细查询，则可单击相应的"详细"超链接，进入该组货物信息的详细查询页面，如图 7.26 所示。

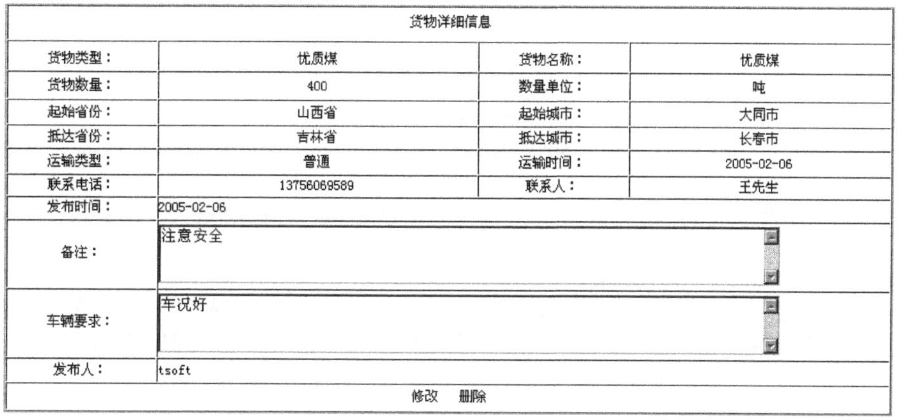

货物详细信息			
货物类型：	优质煤	货物名称：	优质煤
货物数量：	400	数量单位：	吨
起始省份：	山西省	起始城市：	大同市
抵达省份：	吉林省	抵达城市：	长春市
运输类型：	普通	运输时间：	2005-02-06
联系电话：	13756069589	联系人：	王先生
发布时间：	2005-02-06		
备注	注意安全		
车辆要求：	车况好		
发布人：	tsoft		
修改　删除			

图 7.26　货物信息详细查询页面

　　对货物信息的详细查询执行的是条件查询。在设计货物信息数据表字段时，为了保证每一组数据都具有唯一性，设置了自动编号的字段，该字段为 int 类型，并设置自动标识，通过对这个字段的信息查询，能够保证查询出的每组数据都是唯一的。因此，单击"详细"超链接时，需要将这个字段作为参数进行传递。具体代码如下：

例程 14　代码位置：光盘\TM\07\WebContent\goods_select.jsp

```
n=rs.getInt("ID");
<a href="goods_xiangxi.jsp?id=<%=n%>">详细</a>
```

　　上面的代码应用到查询货物信息页面中的"详细"超链接，单击"详细"超链接，网页会访问一个 URL，即 goods_xiangxi.jsp，在 goods_xiangxi.jsp 页面中将显示查询到的货物详细信息。实现详细查询的代码如下：

例程 15　代码位置：光盘\TM\07\WebContent\goods_xiangxi.jsp

```
<jsp:useBean id="connection" scope="page" class="com.wy.JDBConnection"/>        <!--设置连接数据库的
JavaBean-->
<%!
ResultSet rs=null;                                      //设置 ResultSet 结果集对象，该对象存储查询的结果
String sql;                                             //设置 String 类型的对象，该对象用于存储 SQL 语句
String code,userName;                                   //设置 String 类型的对象 code、userName
int num;                                                //设置 int 类型的变量 num，该变量设置循环次数
code=request.getParameter("id");                        //获取 ID 属性，该属性表示数据库中的字段
sql="select * from tb_GoodsMeg where ID="+code;         //设置条件查询的 SQL 语句
<table width="785" height="480">
<%try{
rs=connection.executeQuery(sql);                        //执行查询的 SQL 语句
if(rs.next()){
%>
<tr>
    <td width="17%" height="29" align="center">货物类型：</td>
    <td width="36%" height="29" align="center"><%=rs.getString("GoodsStyle")%></td> <!--显示货物类型-->
    <td width="17%" height="29" align="center" valign="middle">货物名称：</td>
    <td width="30%" height="29" align="center"><%=rs.getString("GoodsName")%></td><!--显示货物名称-->
  </tr>
…<!--省略其他显示货物信息-->
<tr>
  <%userName=rs.getString("UserName"); %>                           //获取发布人数据
    <td width="17%" height="31" align="center">发布人：</td>
    <td width="36%" height="31" align="left" colspan="3"><%=userName%></td>    <!--显示发布人名称-->
  </tr>
<%if(userName.equals(username)){ %>          //如果该信息是当前会员发布的信息，则可以执行修改或删除操作
  <tr>
    <td width="100%" height="45" colspan="4" align="center">
    <a href="goods_change.jsp?id=<%=code%>">修改</a>        <!--以编号为参数设置"修改"超链接-->
    <a href="goods_delete.jsp?id=<%=code%>">删除</a></td>    <!--以编号为参数设置"删除"超链接-->
  </tr>
<% }}}catch(SQLException e){
System.out.print("查询异常！！");                        //在控制台中输出异常信息
```

```
}
%>
</table>
```

7.8.6　货物信息修改的实现过程

　　■　货物信息修改使用的数据表：tb_GoodsMeg。

　　如果详细查询的货物信息是由登录会员发布的，则该会员拥有修改的权限。因此，在如图 7.26 所示的页面中单击"修改"超链接，将进入货物信息修改页面，如图 7.27 所示。

货物信息修改

货物类型：	优质煤	货物名称：	优质煤
货物数量：	400	数量单位：	吨
起始省份：	山西省	起始城市：	大同市
抵达省份：	吉林省	抵达城市：	长春市
运输类型：	普通	运输时间：	2005-02-06
联系电话：	13756069589	联系人：	王先生
发布时间：	2005-02-06		
备注：	注意安全		
车辆要求：	车况好		
发布人：	tsoft	ID	11

修改　重置

图 7.27　货物信息修改页面

　　将货物信息修改完毕后，单击"修改"按钮，网页会访问 URL，即 goods_ changeConfig.jsp。在 goods_changeConfig.jsp 页面中，将通过 request 对象中的 getParameter()方法获取文本框数据，将这些数据赋值给新的对象后，将这些对象设置成修改数据的 SQL 语句的条件，通过 JDBConnection 类中的 executeUpdata()方法执行该条语句，实现修改货物信息的操作。具体代码如下：

例程 16　代码位置：光盘\TM\07\WebContent\goods_changeConfig.jsp

```
<%@ page contentType="text/html; charset=GBK" import="java.sql.*,java.util.Date"%>
<jsp:useBean id="connection" scope="page" class="com.wy.JDBConnection"/>        <!--设置连接数据库的
JavaBean-->
<%!
Date date=new Date();
String sql;                                                          //设置 String 类型的对象 sql
ResultSet rs;                                                        //设置查询结果的对象
request.setCharacterEncoding("gb2312");                              //设置网页中数据的字符集
String gclass=request.getParameter("gclass");                        //获取表单名称 gclass 的值
…//省略其他货物文本框中数据的代码
java.sql.Date gshowdate=new java.sql.Date(date.getYear(),date.getMonth(),date.getDate());//获取当前系统时间
sql="update tb_GoodsMeg set GoodsStyle='"+
    gclass+"',GoodsName='"+gname+"',GoodsNumber='"+gcount+"',GoodsUnit='"+
```

```
gunit+"',StartOmit="'+gstartfirm+"',StartCity="'+          //设置货物更新的 SQL 语句
gstartcity+"',EndOmit="'+gendfirm+"',EndCity="'+gendcity+"',Style="'+
gtransstyle+"',TransportTime="'+gshowdate+"',Phone="'+
gphone+"',Link="'+glink+"',IssueDate="'+gshowdate+"',Remark="'+
gremark+"',Request="'+grequest+"',UserName="'+
username+"' where ID="+request.getParameter("code");      //设置货物更新的 SQL 语句
boolean sert=connection.executeUpdata(sql);                //执行修改操作的 SQL 语句
if(sert)                                                    //判断执行的结果
{%>
<script language="javascript">
alert("您输入的货物信息已经成功修改！！！");                  <!--弹出成功的脚本信息-->
</script>
<%
response.sendRedirect("goods_select.jsp");                  //转到货物信息查询页面
}else{%>
<script language="javascript">
alert("您输入的货物信息修改失败！！！");                      <!--弹出失败的脚本信息-->
history.back();
</script>
<%}%>
```

7.8.7　货物信息删除的实现过程

> 货物信息删除使用的数据表：tb_GoodsMeg。

如果详细查询的货物信息是由登录会员发布的，则该会员拥有删除的权限。因此，在如图 7.26 所示的页面中单击"删除"超链接，网页会访问一个 URL，即 goods_delete.jsp? id=<%=code%>，该页面主要实现货物信息删除功能。实现货物信息删除的关键代码如下：

例程 17　代码位置：光盘\TM\07\WebContent\goods_delete.jsp

```
<jsp:useBean id="connection" scope="page" class="com.wy.JDBConnection"/>
<%
String sql="delete db_GoodsMeg where ID="+request.getParameter("id");   //设置删除的 SQL 语句
boolean dele=connection.executeUpdata(sql);                             //执行删除的 SQL 语句
if(dele){                                                                //判断执行结果
...                                                                      //省略其他代码
%>
<%}%>
```

7.8.8　单元测试

本系统主要实现的是 JavaBean 技术，因此在实际应用中，网页与网页之间通过 request 中的 getParameter()方法相互传递参数。但是如果传递的参数为中文信息，则传递后的参数会出现乱码，从而导致操作数据不准确。为了避免出现此问题，在页面传递参数之前，需要执行以下代码：

```
request.setCharacterEncoding("gb2312");
```

7.9 车辆信息模块

7.9.1 车辆信息模块概述

用户登录后，单击导航区中的"车辆信息"超链接，将进入车辆信息查询页面。在该页面中不仅能够查询车辆信息，还可以对当前车辆进行详细查询。如果查询的该车辆信息是该会员发布的，则此会员拥有修改或删除此车辆信息的权限。车辆信息模块的框架如图 7.28 所示。

7.9.2 车辆信息模块技术分析

在实现车辆信息发布操作时，当会员没有添加任何车辆信息，单击"发布"按钮后，会向数据表添加空的信息，这样操作是不允许的。因此，需要通过客户端的 JavaScript 进行验证。单击"发布"按钮之前，先判断文本框中是否存在空数据。以车牌号码为例，判断车牌号码文本框是否为空的代码如下：

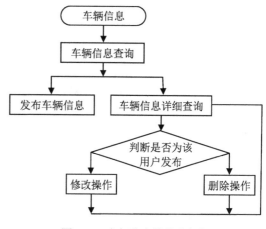

图 7.28 车辆信息模块的框架

```
<Script language="javascript">
function check(){
if(form1.numbers.value==""){          <!--判断表单信息是否为空-->
alert("请填写车牌号码！！");           <!--弹出提示信息-->
form1.numbers.focus();
return false;
}
}
</Script>
```

如果想要判断文本框中输入的数据是否为数字，则执行下面的代码：

```
<script language="javascript">
function check(form1){
if (isNaN(form1.number.value)){       <!--判断表单信息是否为数字-->
alert(电话号码应该是数字!);            <!--弹出提示信息-->
form1.number.focus();
return false;
}
}
</script>
```

7.9.3 车辆信息查询的实现过程

📋 车辆信息查询使用的数据表：tb_CarMessage。

当用户登录成为会员后，单击导航区中的"车辆信息"超链接，将在页面中显示出所有的车辆信息，如图 7.29 所示。

车辆信息							
							发布信息...
车牌号码	车辆品名	类型	车辆限量	已使用	驾驶员驾龄	运输类型	操作
吉AH43223	解放	车	34吨	3年	6年	长途	详细
吉A-3625	捷达	轿车	200吨	3年	5年	短途	详细
吉A-3738	面包	小车	200吨	3年	35年	短途	详细
吉AH5231	一气奥威	重卡	90吨	2年	5年	长途	详细
吉QT4196	平柴	141	40吨	4年	5年	长途	详细
吉AW1348	一汽平柴	141	50吨	8年	8年	长途	详细
吉A-7891	长挂141	大车	200吨	12年	5年	短途	详细
				共1页 第一页 上一页 下一页 最后一页			

图 7.29 车辆信息查询页面

该页面实现显示全部车辆信息。在该页面中，首先判断是否登录，如果没有登录，则返回用户登录页面。判断用户是否登录的关键代码如下：

例程 18 代码位置：光盘\TM\07\WebContent\car_select.jsp

```
<%
String login=null;                               //定义一个 String 类型的对象 login
String username=null;                            //定义一个 String 类型的对象 username
login=(String)session.getAttribute("login");     //获取 Session 中的 login 对象的值
username=(String)session.getAttribute("name");   //获取 Session 中的 name 对象的值
if(login==null){                                 //判断 login 对象是否为空（null）
%>
<script language="javascript">
alert("您还未登录，不能浏览详细信息！！！");          <!--弹出提示信息-->
</script>
<%
response.sendRedirect("login.jsp");              //如果为空（null），则返回用户登录页面
}
%>
```

其次，如果会员已经登录成功，则可以执行对货物信息查询的功能。对货物信息的查询主要通过 SELECT 语句来实现。实现对货物信息查询的具体代码如下：

例程 19 代码位置：光盘\TM\07\WebContent\car_select.jsp

```
<%@ page contentType="text/html; charset=gb2312" import="java.sql.*, java.io.*"%>
<jsp:useBean id="connection" scope="page" class="com.wy.JDBConnection"/>
<%!
…//省略分页中所需要的各个属性对象的设置
%>
<table width="786" height="137">
<% sql="select * from db_CarMessage order by IssueDate desc";        //设置查询的 SQL 语句
```

```
try{
rs=connection.executeQuery(sql);                                    //执行查询的 SQL 语句
if(!rs.next()){
%>
<script language="javascript">
    alert("没有空车信息！！");                                     <!--弹出空记录的脚本信息-->
</script>
<%}else{
…//省略分页的代码
%>
<!------------------------------------显示车辆信息查询结果------------------------------------>
<tr>
    <td height="20"><%=rs.getString("TradeMark")%></td>
    <td><%=rs.getString("Brand")%></td>                    <td><%=rs.getString("Style")%></td>
    <td><%=rs.getString("CarLoad")%>吨</td>                <td><%=rs.getString("UsedTime")%>年</td>
    <td><%=rs.getString("DriverTime")%>年</td>   <td><%=rs.getString("TranspotStyle")%></td>
    <td width="12%"><a href="car_show.jsp?id=<%=n%>">详细</a></td>
</tr>
<!------------------------------------------------------------------------------------------>
<tr>
    <td width="786" height="20" colspan="9" align="right">
<%
}}catch(Exception e){e.printStackTrace();}                          //在控制台中输入异常信息
%>
```

7.9.4 车辆信息添加的实现过程

> 🗄 车辆信息添加使用的数据表：tb_CarMessage。

在车辆信息查询页面中，如果会员想发布车辆信息，可单击"发布信息"超链接，进入车辆信息添加页面，如图 7.30 所示。

车辆信息发布

车牌号码：	吉AQ-65234		车辆类型：	货车	
车辆品名：	中国重气		车辆限量：	50	吨
已使用年限：	3		运输类型：	长途	
驾驶员姓名：	庄旭东		驾驶证号码：	2221045787875	
驾驶员驾龄：	4	年	驾驶类型：	A	
联系电话：	1318*****		联系人：	李钟毅	
备注：	无				

图 7.30 车辆信息添加页面

1．编写车辆信息添加页面

车辆信息添加页面主要用于收集会员输入的信息及通过自定义的 JavaScript 函数验证输入信息是否为空，该页面中所涉及到的表单元素如表 7.8 所示。

表 7.8　车辆信息添加页面所涉及的表单元素

名　　称	元 素 类 型	重 要 属 性	含　　义
form	form1	method="POST" action="car_addConfig.jsp"	车辆信息添加表单
numbers	text	size="20"	车牌号码
type	text	size="20"	车辆类型
carname	text	size="20"	车辆品名
loads	text	size="15"	车辆限量
usetime	text	size="20"	已使用年限
style	text		运输类型
name	text	size="20"	驾驶员姓名
number	text	size="20"	驾驶证号码
time	text	size="20"	驾驶员驾龄
styles	select	size="1"	驾驶类型
phone	text	size="20"	联系电话
linkname	text	size="20"	联系人
meg	textarea	row="3" cols="72"	备注信息
show	submit	value="发布"	"发布" 按钮
reset	reset	onClick="return check()"	"重置" 按钮

2．编写实现车辆信息添加功能的页面

在车辆信息添加页面中，将有关车辆信息的所有文本框填写完毕后，单击"发布"按钮，网页会访问一个 URL，即 car_addConfig.jsp。该页面主要实现车辆信息添加的功能。首先，通过 request 对象中的 setCharacterEncoding()方法将整个页面的字符格式转换为 gb2312；其次，通过 request 对象的 getParameter()方法将车辆信息添加页面的表单一一取出，并赋给一个新的变量；最后，通过 JavaBean 调用 JDBConnection 类中的 executeUpdata()方法，实现车辆信息添加的功能。具体代码如下：

例程 20　代码位置：光盘\TM\07\WebContent\car_addConfig.jsp

```
<%@ page contentType="text/html; charset=GB2312" import="java.util.Date"%>
<jsp:useBean id="connection" scope="page" class="com.wy.JDBConnection"/>        <!--设置连接数据库的
JavaBean-->
<%!
Date date=new Date();                                    //实例化 Date 类型的对象
String sql;                                              //设置 String 类型的对象 sql, 该对象用于执行的 SQL 语句的对象
%>
<%
request.setCharacterEncoding("gb2312");                                  //将页面的字符集转换为 gb2312
String numbers=request.getParameter("numbers");                          //获取 numbers 表单中的数据
…//省略其他属性的获取文本框的值
String username=(String)session.getAttribute("name");                    //获取当前登录人的用户名
java.sql.Date showdate=new java.sql.Date(date.getYear(),date.getMonth(),date.getDate());   //获取系统的时间
sql="insert into db_CarMessage
values('"+numbers+"','"+carname+"','"+types+"','"+loads+"','"+usetime+"','"+drivername+"',
'"+drivertime+"','"+number+"','"+styles+"','"+transtyle+"','"+linkman+"','"+
phone+"','"+meg+"','"+showdate+"','"+username+"')");                      //设置添加的 SQL 语句
boolean sert=connection.executeUpdata(sql);                              //执行 SQL 语句
```

```
if(sert) {                                                    //判断执行的结果
…//省略代码
}%>
```

7.9.5　单元测试

本系统是应用连接池技术对数据表中的数据进行操作的，一般情况下，在每次操作数据完成后，必须执行下面的代码：

```
Connection conn = ds.getConnection();                        //取得数据库连接
…//省略数据库操作
conn.close();                                                //数据库关闭
```

在上述代码中，每次完成操作数据库后，都需要关闭数据库的连接。如果在本系统中，执行数据库关闭的代码，第一次运行本程序不会出现任何错误，但是如果刷新网页或进行其他操作，则在系统的控制台中会出现以下错误信息：

```
java.sql.SQLException: Connection is closed.
    at org.apache.tomcat.dbcp.dbcp.PoolingDataSource$PoolGuardConnectionWrapper.checkOpen
(PoolingDataSourc
.java:175)
    at org.apache.tomcat.dbcp.dbcp.PoolingDataSource$PoolGuardConnectionWrapper.close
(PoolingDataSource.java:180)
    at com.wy.JDBConnection.closeConnection(JDBConnection.java:49)
```

在上述代码错误提示中的"Connection is closed."表示数据库连接已经关闭，不能够应用。出现这个错误的原因是在连接数据库时，应用静态方法（static）进行数据库连接。当数据库操作类被实例化后，静态方法将进行一次操作，如果再次被实例化，则静态方法不被执行。在系统中，第一次运行物流信息网的首页后，通过静态方法取得数据库的连接，将执行查询操作，之后执行数据库关闭操作，当再次刷新本程序，将不执行静态方法，造成数据查询操作不成功。解决的方法是将关闭数据库连接的代码去掉。

7.10　后台页面设计

7.10.1　后台页面概述

在物流信息网的后台页面设计中，主要存在后台功能导航区及后台欢迎信息。物流信息网后台首页的运行结果如图 7.31 所示。

7.10.2　后台首页技术分析

如图 7.31 所示的后台首页中的物流动态管理、物流信息管理、货物管理、车辆管理、企业管理、公告管理、会员管理及辅助工具等功能，并不是仅存在于首页中，其他功能模块的子页面中也需要包括这些部分。因此，可以将这几个部分分别保存在单独的文件中，这样在需要放置相应功能时只需包含这些文件即可，如图 7.32 所示。

图 7.31　物流信息网的后台首页

图 7.32　后台首页面布局

　　在 JSP 页面中包含文件有两种方法：一种是应用<%@ include %>指令实现，另一种是应用<jsp:include>动作元素实现。本系统使用的是<jsp:include>动作元素，该动作元素用于向当前页面中包含其他的文件，这个文件可以是动态文件也可以是静态文件。

7.10.3　后台首页布局

　　应用<jsp:include>动作元素包含文件的方法进行后台首页布局的代码如下：

例程 21　代码位置：光盘\TM\07\WebContent\Manager\index.jsp

```
<%@ page contentType="text/html; charset=gb2312" %>
<html>
<body>
<jsp:include page="mtop.jsp" flush="true"></jsp:include>
<!--应用<jsp:include>动作元素包含 mtop.jsp 文件，该文件主要显示物流信息网后台的主要功能-->
<table width="100%" height="31" border="0" cellpadding="0" cellspacing="0" background="../image/bg-8.jpg" >
  <tr>
    <td><div align="center"><img src="../image/bg-7.jpg" width="793" height="493"></div></td>
  </tr>
</table>
</body>
</html>
```

7.10.4　公告信息管理模块概述

　　鉴于各个信息管理模块的功能基本相同，本节将以公告信息管理模块为例来讲解信息管理模块的设计。该模块主要包括公告信息的查询、添加、修改及删除 4 个部分。管理员可以通过后台管理导航进入公告信息管理页面。公告信息管理模块的框架如图 7.33 所示。

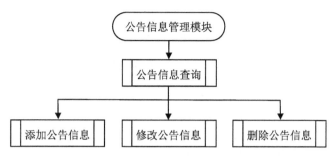

图 7.33　公告信息管理模块的框架

7.10.5　公告信息管理模块技术分析

在公告信息管理模块中，系统管理员在进行添加操作时，需要记录系统时间，本系统中获取系统时间是应用 Data 类中的方法来实现。该类存放在 java.util 包内。Date 类中获取系统时间的方法与描述如表 7.9 所示。

表 7.9　Date 类获取系统时间的方法与描述

方 法 名 称	描　　述
getYear()	获取年数
date.getMonth()	获取月数
date.getDate()	获取日数
getHours()	获取小时数
getMinutes()	获取分钟数
getSeconds()	获取秒数

7.10.6　公告信息添加的实现过程

🔲　公告信息添加使用的数据表：tb_Placard。

单击后台导航区中的"公告管理"超链接，将进入公告信息查询页面。如果管理员要发布最新的公告信息，可单击"发布信息"超链接，进入公告信息添加页面，如图 7.34 所示。

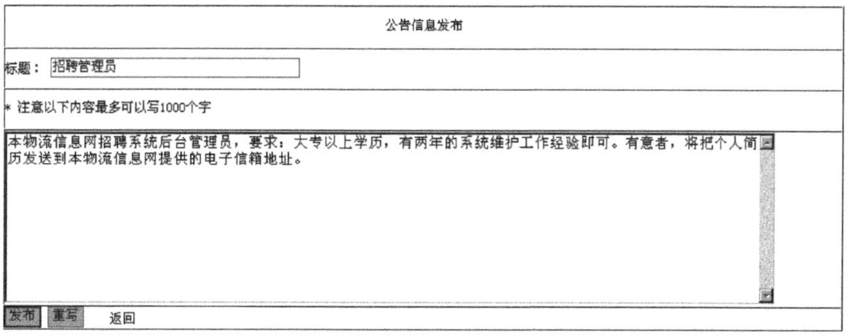

图 7.34　公告信息添加页面

公告信息添加主要将公告信息添加页面提交的表单信息存储到数据库中，其页面设计的 HTML 表单元素如表 7.10 所示。

表 7.10　公告信息添加页面所涉及的表单元素

名　　称	类　　型	重　要　属　性	含　　义
form1	form	method="post"action=" Manager/placard_showConfig.jsp "	表单
title	text		公告信息标题
content	textarea		信息内容
submit	submit	onClick="return check()"	"发布"按钮
reset	reset		"重写"按钮

在公告信息添加页面中，将有关公告信息的所有文本框填写完毕，单击"发布"按钮，网页会访问一个 URL，即 placard_show.jsp，该页面主要实现公告信息添加的功能。首先，通过 request 对象中的 setCharacterEncoding()方法将整个页面的字符格式转换为 gb2312；其次，通过 request 对象中的 getParameter()方法将公告信息添加页面的表单一一取出，并赋给一个新的变量；最后，通过 JavaBean 调用 JDBConnection 类中的 executeUpdata()方法，实现公告信息添加的功能。具体代码如下：

例程 22　代码位置：光盘\TM\07\WebContent\Manager\placard_show.jsp

```
<%@ page import="java.util.Date"%>
<jsp:useBean id="connection" scope="page" class="com.wy.JDBConnection"/><!--设置连接数据库的
JavaBean-->
<%!
String sql;                                                    //设置 String 类型的对象
Date date=new Date();                                          //实例化 Date 类型对象
request.setCharacterEncoding("gb2312");                        //将页面的字符集转换为 gb2312
String title=request.getParameter("title");                   //获取公告标题
String content=request.getParameter("content");               //获取公告内容
String author=(String)session.getAttribute("username");       //获取当前发布公告人的用户名
java.sql.Date datatime=new java.sql.Date(date.getYear(),date.getMonth(),date.getDate());//格式化系统时间
sql="insert db_Placard values('"+title+"','"+content+"','"+author+"','"+datatime+"')";//设置添加的 SQL 语句
boolean bb=connection.executeUpdata(sql);                      //执行添加公告信息的 SQL 语句
if(bb){                                                        //判断 SQL 语句的执行结果
…//省略其他代码
}%>
```

7.10.7　公告信息修改的实现过程

　　公告信息修改使用的数据表：tb_Placard。

如果管理员想要修改某个录入错误的公告信息，则单击相对应的"修改"超链接，即进入公告信息修改页面，如图 7.35 所示。

将公告信息修改完毕后，单击"修改"按钮，网页会访问一个 URL，即 placard_ changeConfig.jsp?id=<%=code%>。在 placard_changeConfig.jsp 页面中，将通过 request 对象中的 getParameter()方法获取文本框数据，将这些数据赋值给新的对象后，将这些对象设置成修改数据的 SQL 语句的条件，通过

JDBConnection 类中的 executeUpdata()方法执行该条语句。实现修改公告信息操作的具体代码如下：

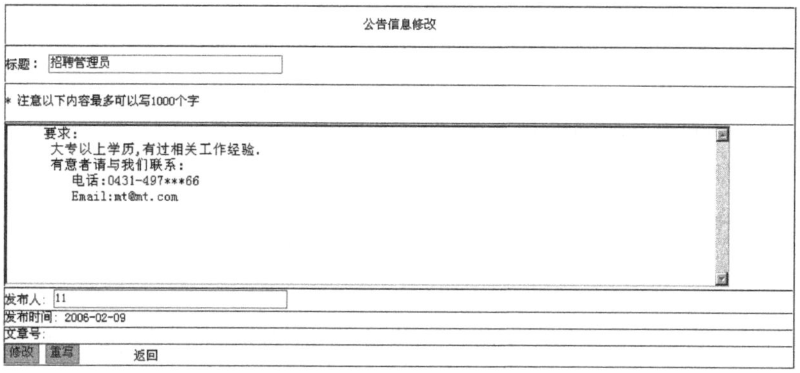

图 7.35　公告信息修改页面

例程 23　代码位置：光盘\TM\07\WebContent\Manager\placard_changeConfig.jsp

```
<%@ page import="java.util.Date,java.sql.*"%>
<jsp:useBean id="connection" scope="page" class="com.wy.JDBConnection"/><!--设置连接数据库的
JavaBean-->
<%!
String sql;                                              //设置 String 类型的对象
Date date=new Date();                                    //格式化 Data 类型的对象
ResultSet rs=null;                                       //设置查询的结果集
request.setCharacterEncoding("gb2312");                  //将页面的字符集转换成 gb2312
String title=request.getParameter("title");             //获取公告标题
String content=request.getParameter("content");         //获取公告内容
String author=request.getParameter("author");           //获取当前发布公告信息的用户名
String code=request.getParameter("id");                 //获取公告标识
java.sql.Date datatime=new java.sql.Date(date.getYear(),date.getMonth(),date.getDate());
String tsql="select * from db_Placard where Title='"+title+"'or Content='"+content+"'or Author='"+author+"'";
rs=connection.executeQuery(tsql);                        //执行查询的 SQL 语句
<%
if(!rs.next()){
…//省略提示信息
}else{
sql="update db_Placard set Title='"+title+"',Content='"+content+"',Author='"+author+"',IssueDate='"+datatime+"'
where ID="+code;                                         //设置更新的 SQL 语句
boolean bb=connection.executeUpdata(sql);                //执行修改公告信息的 SQL 语句
if(bb)
{…//省略其他代码
}
%>
```

7.10.8　公告信息删除的实现过程

公告信息删除使用的数据表：tb_Placard。

如果管理员想要删除公告信息，则单击相对应的"删除"超链接，网页会访问一个 URL，即 placard_ delete.jsp?id=<%=code%>。该页面主要实现公告信息删除功能。实现公告信息删除的关键代码如下：

例程 24　代码位置：光盘\TM\07\WebContent\Manager\placard_delete.jsp

```jsp
<%@ page contentType="text/html; charset=GBK" %>
<jsp:useBean id="connection" scope="page" class="com.wy.JDBConnection"/>
<%
String sql="delete db_Placard where ID="+request.getParameter("id");     //设置删除公告信息的 SQL 语句
boolean dele=connection.executeUpdate(sql);                              //执行删除的 SQL 语句
if(dele){
%>
<script language="javascript">
alert("删除成功！！！");                                                  <!--设置脚本的提示信息-->
</script>
<%
response.sendRedirect("placard_select.jsp");                             //如果删除公告信息成功，则返回公告查询页面
}else{
%>
<script language="javascript">
alert("删除失败！！！");                                                  <!--设置脚本的提示信息-->
history.back();
</script>
<%}%>
```

7.11　开发技巧与难点分析

7.11.1　解决连接字符破坏版面的问题

在编写网页时，连接字符过多会影响其所在单元格的宽度，进而影响整个页面的协调性。此时可以使用下面的代码来解决这个问题：

```html
<td style="word-break:break_all">
```

这样，在<td></td>中显示文本就不会使表格变样了。

7.11.2　无效的描述器索引

在 JSP 页面中用 ResultSet 类对象连接数据库时发生无效的描述器索引异常。出现这种情况的原因可能是 ResultSet 类对象取值时没有按照数据库中字段的顺序。在 JSP 对 SQL Server 数据库进行数据读取时，必须按照表中列名的顺序读取，否则便会出现错误。诚取数据时，要按照数据库字段的顺序来读取。例如：

```
varchar id
varchar name
varchar address
```

读取时一定要按下面的顺序进行：

```
rs.getString("id")
```

```
rs.getString("name")
rs.getString("address")
```

然后赋值，代码如下：

```
String s1=rs.getString("id");
String s2=rs.getString("name");
String s3=rs.getString("address");
```

之后在程序中便可以按任意顺序使用 s1、s2 和 s3。

若不按照表中列的指定顺序读取数据，必须使用下述方法先获得一个 Statement 对象。

```
Statement st=con..createStatement(int type,int concurrency);
```

然后，根据参数 type、concurrency 的取值情况，st 返回相应类型的结果集。代码如下：

```
ResultSet rs=st.executeQuery(SQL 语句);
```

type 的取值决定滚动方式，如表 7.11 所示。

表 7.11　type 的取值

类　　型	描　　述
ResultSet.TYPE_FORWORD_ONLY	结果集的游标只能向下滚动
ResultSet.TYPE_SCROLL_INSENSITIVE	结果集的游标可以上下移动，当数据库变化时，当前结果集不变
ResultSet.TYPE_SCROLL_SENSITIVE	返回可滚动的结果集，当数据库变化时，当前结果集不变
Concurrency	取值决定是否可以用结果集更新数据库
ResultSet.CONCUR_READ_ONLY	不能用结果集更新数据库中的表
ResultSet.CONCUR_UPDATETABLE	能用结果集更新数据库中的表

滚动查询经常用到的 ResultSet 的方法如表 7.12 所示。

表 7.12　滚动查询经常用到的 ResultSet 的方法

方　法　名　称	描　　述
public void previous()	将游标向上移动，该方法返回 boolean 型数据，当移到结果集第一行之前时，返回 false
public void beforeFirst()	将游标移动到结果集的初始位置，即在第一行之前
public void afterLast()	将游标移动到结果集的最后一行之后
public void first()	将游标移动到结果集的第一行
public void last()	将游标移动到结果集的最后一行
public boolean isAfterLast()	判断游标是否在最后一行之后
public boolean isBeforeFirst()	判断游标是否在第一行之前
public boolean isFirst()	判断游标是否指向结果集的第一行
public boolean isLast()	判断游标是否指向结果集的最后一行
public int getRow()	得到当前游标所指向行的行号，行号从 1 开始，如果结果集没有行，返回 0
public boolean absolute(int row)	将游标移动到参数 row 指定的行号

说明 如果 row 取负值，就是倒数的行数，absolute（-1）表示移到最后一行，absolute（-2）表示移到倒数第二行。当移动到第一行前面或最后一行的后面时，该方法返回 false。

7.12　数据库连接池技术

本节将介绍数据库连接池技术、数据库连接池的配置方法及通过 JNDI 从连接池中获得数据库连接的方法。

7.12.1　连接池简介

通常情况下，在每次访问数据库之前都要先建立与数据库的连接，这将消耗一定的资源，并延长了访问数据库的时间，如果访问量较高，将严重影响系统的性能。为了解决这一问题，引入了连接池的技术。所谓连接池，就是预先建立好的数据库连接，模拟存放在一个连接池中，由连接池负责对这些数据库连接进行管理。这样，当需要访问数据库时，就可以通过已经建立好的连接访问数据库，从而免去了每次在访问数据库之前建立数据库连接的开销。

连接池还解决了数据库连接数量限制的问题。由于数据库能够承受的连接数量是有限的，当达到一定程度时，数据库的性能就会下降，甚至崩溃。而连接池管理机制，通过有效的使用和调度这些连接池中的连接，可以解决这个问题。

数据库连接池的具体实施办法如下：

（1）预先创建一定数量的连接，存放在连接池中。

（2）当程序请求一个连接时，连接池为该请求分配一个空闲连接，而不是重新建立一个连接；当程序使用完连接后，该连接将重新回到连接池中，而不是直接将连接释放。

（3）当连接池中的空闲连接数量低于下限时，连接池将根据管理机制追加创建一定数量的连接；当空闲连接数量高于上限时，连接池将释放一定数量的连接。

数据库连接池的优点如下：

☑　创建一个新的数据库连接所耗费的时间主要取决于网络的速度及应用程序和数据库服务器的（网络）距离，而且这个过程通常是一个很耗时的过程，而采用数据库连接池后，数据库连接请求可以直接通过连接池满足，而不需要为该请求重新连接、认证到数据库服务器，从而节省了时间。

☑　提高了数据库连接的重复使用率。

☑　解决了数据库对连接数量的限制。

数据库连接池的缺点如下：

☑　连接池中可能存在多个与数据库保持连接但未被使用的连接，在一定程度上浪费了资源。

☑　要求开发人员和使用者准确估算系统需要提供的最大数据库连接的数量。

7.12.2　获得 JNDI 的名称实现对数据库的连接

　　JDBC 2.0 提供了 javax.sql.DataSource 接口，负责与数据库建立连接，在应用时不需要编写连接数据库代码，可以直接从数据源中获得数据库连接。在 DataSource 中预先建立了多个数据库连接，这些数据库连接保存在数据库连接池中，当程序访问数据库时，只需从连接池中取出空闲的连接，访问结束后，再将连接归还给连接池。DataSource 对象由容器（如 Tomcat 服务器）提供，不能通过创建实例的方法来获得 DataSource 对象，需要利用 Java 的 JNDI（Java Naming and Directory Interface，Java 命名和目录接口）来获得 DataSource 对象的引用。JNDI 是一种将对象和名称绑定的技术，对象工厂负责生产对象，并将其与唯一的名称绑定，在程序中可以通过名称来获得对象的引用。

　　在配置数据源时，可以将其配置到 Tomcat 安装目录下的 conf\server.xml 文件中，也可以配置到 WEB 工程目录下的 META-INF\context.xml 文件中。笔者建议采用后者，因为这样配置的数据源更有针对性。配置数据源的具体代码如下：

```
<Context>
    <Resource name="TestJNDI" type="javax.sql.DataSource" auth="Container"
        driverClassName="com.microsoft.sqlserver.jdbc.SQLServerDriver "
        url="jdbc:sqlserver://127.0.0.1:1433;DatabaseName=db_WuLiu"
        username="sa" password="111" maxActive="4" maxIdle="2" maxWait="6000" />
</Context>
```

说明　上面配置的数据源是连接的 SQL Server 2005 数据库。

　　在配置数据源时需要配置的<Resource>元素的属性及描述如表 7.13 所示。

表 7.13　<Resource>元素的属性及描述

属 性 名 称	描　　　述
name	设置数据源的 JNDI 名
type	设置数据源的类型
auth	设置数据源的管理者。有两个可选值，即 Container 和 Application，Container 表示由容器来创建和管理数据源，Application 表示由 Web 应用来创建和管理数据源
driverClassName	设置连接数据库的 JDBC 驱动程序
url	设置连接数据库的路径
username	设置连接数据库的用户名
password	设置连接数据库的密码
maxActive	设置连接池中处于活动状态的数据库连接的最大数目，0 表示不受限制
maxIdle	设置连接池中处于空闲状态的数据库连接的最大数目，0 表示不受限制
maxWait	设置当连接池中没有处于空闲状态的连接时，请求数据库连接的请求的最长等待时间（单位为毫秒），如果超出该时间将抛出异常，-1 表示无限期等待

7.13　本　章　小　结

　　本章依据网站建设流程介绍了物流信息网开发的基本思路和过程。通过本章的学习，读者可以了解物流信息网的基本概念以及应用范围，掌握物流网站开发的基本思路和关键技术。同时要注意在开发期间所使用的开发技巧和难点问题，要将这些技术弄懂并能够合理地应用。

第 **8** 章

网络在线考试系统

（**Struts 1.2+Ajax+SQL Server 2005** 实现）

　　随着科技的发展，网络技术已经深入到人们的日常生活中，同时也带来了教育方式的一次变革，而网络考试则是其中一个很重要的方向。基于 Web 技术的网络考试系统可以借助于遍布全球的 Internet 进行。因此，考试既可以在本地进行，也可以在异地进行，增强了考试的灵活性。缩短了传统考试中要求老师打印试卷、安排考试、监考、收集试卷、评改试卷、讲评试卷和分析试卷这个漫长而复杂的过程，使考试更趋于客观、公正。本章介绍一个具有在线考试、即时阅卷、成绩查询以及考题和考生信息管理等功能的网络在线考试系统。

　　通过阅读本章，可以学习到：

▶▶　了解网络在线考试的基本流程

▶▶　掌握分析并设计数据库的方法

▶▶　熟悉并掌握 Ajax 技术

▶▶　掌握 Struts 框架与 Ajax 技术结合应用的方法

▶▶　掌握 Struts 框架提供的标签库的应用

▶▶　掌握禁止刷新页面的方法

8.1　开 发 背 景

计算机技术、Internet 技术的迅猛发展给传统的办学提供了新的模式。传统的考试方式时间长、效率低，人工批卷等主观因素也影响到考试的公正性。随着网络技术在教育领域应用的普及，应用现代信息技术的网络在线考试系统展现出了越来越多的优势，使教学朝着信息化、网络化、现代化的目标迈进。这种无纸的网络考试系统，使考务管理突破时空限制，提高考试工作效率和标准化水平，使学校管理者、教师和学生可以在任何时候、任何地点通过网络进行考试。网络在线考试系统已经成为教育技术发展与研究的方向。

8.2　系 统 分 析

8.2.1　需求分析

随着社会经济的发展，人们对教育越来越重视。考试是教育中的一个重要环节，近几年来随着考试的类型不断增加以及考试要求不断提高，传统的考试方式要求教师打印考卷、监考、批卷，使教师的工作量越来越大，并且这些环节由于全部由人工完成，非常容易出错。因此，许多学校或考试机构建立网络在线考试网站来降低管理成本和减少人力物力的投入，同时为考生提供更全面、更灵活的服务。考生希望对自己的学习情况进行客观、科学的评价；教务人员希望有效地改进现有的考试模式，提高考试效率。为了满足考生和教务人员的需求，网络在线考试系统应包含在线考试、成绩查询等功能，以满足用户的需求。

8.2.2　可行性研究

可行性分析的目的就是要用最小的代价在尽可能短的时间内确定问题是否能够解决。通过分析解决方法的利弊，来判定系统目标和规模是否现实，系统完成后所能带来的效益是否达到值得去投资开发这个系统的程度。

网络在线考试系统的可行性可从以下方面考虑。

☑　经济可行性。

定期组织考试是各个院校及时掌握学生学习成绩的有效方式，利用网络在线考试系统，一方面可以节省人力资源，降低考试成本；另一方面，在线考试系统能够快速地进行考试和评分，体现出考试的客观与公正性。

☑　技术可行性。

开发一个网络在线考试系统，涉及到的最核心的技术问题就是如何实现在不刷新页面的情况下实时显示考试时间及剩余时间，并实现到达考试结束时间时自动提交试卷的功能。如果在 Ajax 技术出现以前，要实现这些功能会比较麻烦，但现在通过 Ajax 技术可以轻松实现这些功能，这为网络在线考试系统的开发提供了技术保障。

8.3　系　统　设　计

8.3.1　系统目标

根据前面所作的需求分析及用户的需求可知，网络在线考试系统属于中小型的软件，在系统实施后，应达到以下目标：

- ☑ 具有空间性。被授权的用户可以在异地登录网络在线考试系统，无需到指定地点进行考试。
- ☑ 操作简单方便、界面简洁美观。
- ☑ 系统提供考试时间倒计时功能，使考生实时了解考试剩余时间。
- ☑ 随机抽取试题。
- ☑ 实现自动提交试卷的功能。当考试时间到达规定时间时，如果考生还未提交试卷，系统将自动交卷，以保证考试严肃、公正地进行。
- ☑ 系统自动阅卷，保证成绩真实准确。
- ☑ 考生可以查询考试成绩。
- ☑ 系统运行稳定、安全可靠。

8.3.2　系统功能结构

根据网络在线考试系统的特点，可以将其分为前台和后台两个部分进行设计。前台主要用于考生注册和登录系统、在线考试、查询成绩以及修改个人资料等；后台主要用于管理员对考生信息、课程信息、考题信息和考生成绩信息等进行管理。

网络在线考试系统的前台功能结构如图 8.1 所示。

网络在线考试系统的后台功能结构如图 8.2 所示。

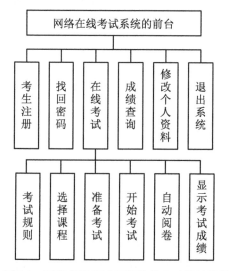

图 8.1　网络在线考试系统的前台功能结构图

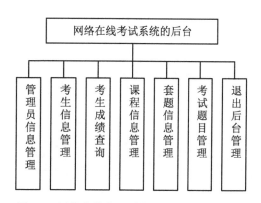

图 8.2　网络在线考试系统的后台功能结构图

8.3.3 业务流程图

网络在线考试的系统流程如图 8.3 所示。

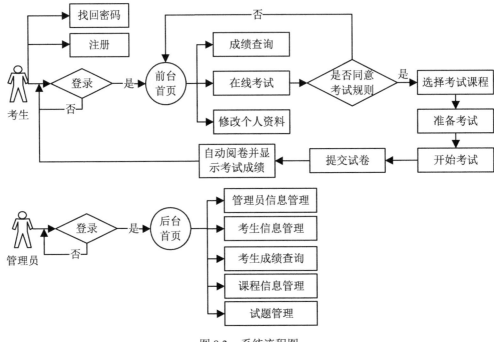

图 8.3 系统流程图

8.3.4 系统预览

网络在线考试系统由多个页面组成，下面仅列出几个典型页面，其他页面参见光盘中的源程序。

考生登录页面如图 8.4 所示，该页面主要用于实现考生登录，同时也提供了考生注册、找回密码和进入后台的超链接；在线考试页面如图 8.5 所示，该页面用于实现在线答题功能，同时提供了显示考试时间和剩余时间及自动提交试卷的功能。

图 8.4 考生登录页面（光盘\TM\08\login.jsp）

图 8.5 在线考试页面（光盘\TM\08\startExam.jsp）

套题信息管理页面如图 8.6 所示，该页面主要用于实现显示套题基本信息、批量删除套题信息等功能，同时还提供了添加套题的超链接；添加考试题目页面如图 8.7 所示，该页面主要用于将考试题目添加到数据库，同时实现了在不刷新页面的情况下，改变课程时自动显示相关课程对应的套题。

图 8.6　套题信息管理页面（光盘\TM\08\manage\taoTi.jsp）　　图 8.7　添加考试题目页面（光盘\TM\08\manage\questions_Add.jsp）

8.3.5　开发环境

在开发网络在线考试系统时，需要具备下面的软件环境。

服务器端：

- ☑　操作系统：Windows 2003。
- ☑　Web 服务器：Tomcat 6.0。
- ☑　Java 开发包：JDK 1.5 以上。
- ☑　数据库：SQL Server 2005。
- ☑　浏览器：IE 6.0。
- ☑　分辨率：最佳效果为 1024×768 像素。

客户端：

- ☑　浏览器：IE 6.0。
- ☑　分辨率：最佳效果为 1024×768 像素。

8.3.6　业务逻辑编码规则

业务逻辑编码规则是指根据实际的业务逻辑以及编码原则制定编码规则，从而使系统具有统一的标准编码规则，便于对数据进行有效的处理。

为了方便读者学习，下面介绍网络在线考试系统中涉及到的准考证号的编码规则。在系统中，为了保证准考证号的唯一性，规定准考证号由字母 CN、系统日期和 6 位的数字编号组成。其中，CN 代表中国，系统日期代表注册日期格式为 YYYYMMDD（如 20071224），6 位的数字编号代表是第几位注册的考生。例如，CN20071224000001。

8.3.7　文件夹组织结构

在编写代码之前，可以把系统中可能用到的文件夹先创建出来（例如，创建一个名为 Images 的文件夹，用于保存网站中所使用的图片），这样不但可以方便以后的开发工作，也可以规范网站的整体架构。本章中设计了如图 8.8 所示的文件夹架构图。在开发时，只需要将所创建的文件保存在相应的文件夹中就可以了。

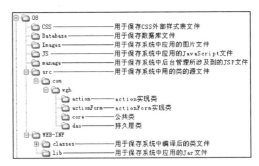

图 8.8　网络在线考试系统的文件夹架构图

8.4　数据库设计

8.4.1　数据库分析

由于网络在线考试系统对于数据的安全性及完整性要求比较高，并且为了增加程序的适用范围，还要保证系统可以拥有存储足够多数据的能力。SQL Server 2005 是一种高性能的关系型数据库管理系统，它在 SQL Server 2000 的基础上又扩展了系统性能、可靠性、安全性和易用性，逐渐成为在线事务进程和数据仓库等最好的数据库平台。综上所述，本系统采用 SQL Server 2005 数据库。

8.4.2　数据库概念设计

根据以上各节对系统所做的需求分析和系统设计，规划出本系统中使用的数据库实体分别为考生档案实体、管理员档案实体、课程档案实体、套题实体、考试题目实体和考生成绩实体。下面将介绍几个关键实体的 E-R 图。

☑　考生档案实体。

考生档案实体包括编号、姓名、密码、性别、注册时间、提示问题、问题答案、专业和身份证号属性。考生档案实体的 E-R 图如图 8.9 所示。

☑　套题实体。

套题实体包括编号、套题名称、所属课程和添加时间属性。套题实体的 E-R 图如图 8.10 所示。

☑　考试题目实体。

图 8.9　考生档案实体 E-R 图

考试题目实体包括编号、问题类型、所属课程、所属套题、选项 A、选项 B、选项 C、选择 D、添加时间、正确答案和备注等属性。考试题目实体的 E-R 图如图 8.11 所示。

图 8.10　套题实体 E-R 图

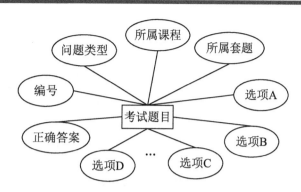

图 8.11　考试题目实体 E-R 图

8.4.3　数据库逻辑结构

根据本书第 8.4.2 节的数据库概念设计，可以创建与实体对应的数据表，创建数据表后，还可以为相关的数据表创建关系。

为了使读者对本系统的数据库的结构有一个更清晰的认识，下面给出数据库中所包含的数据表的结构图，如图 8.12 所示。

1．各数据表的结构

本系统共包含 6 张数据表，限于篇幅，这里只给出比较重要的数据表，其他数据表请参见本书附带的光盘。

☑　tb_Student（考生信息表）。

考生信息表用来保存考生信息，该表的结构如表 8.1 所示。

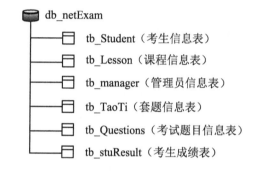

图 8.12　db_netExam 数据库所包含数据表的结构图

表 8.1　tb_Student 表的结构

字　段　名	数 据 类 型	是 否 为 空	是 否 主 键	默 认 值	描　　述
id	bigint(8)	No	Yes		ID 号（自动编号）
name	varchar(20)	No		Null	姓名
pwd	varchar(20)	No		Null	密码
sex	varchar(2)	No		Null	性别
joinTime	datetime(8)	No		getdate()	注册时间
question	varchar(50)	No		Null	提示问题
answer	varchar(50)	No		Null	问题答案
prefession	varchar(30)	No		Null	专业
cardNo	varChar(18)	No		Null	身份证号

☑ tb_TaoTi（套题信息表）。

套题信息表用来保存套题信息，该表的结构如表 8.2 所示。

表 8.2 tb_TaoTi 表的结构

字　段　名	数 据 类 型	是 否 为 空	是 否 主 键	默 认 值	描　　述
id	bigint(8)	No			ID 号（自动编号）
Name	varchar(50)				套题名称
LessonID	bigint(8)				所属课程
joinTime	datetime(8)			getdate()	添加时间

☑ tb_Questions（考试题目信息表）。

考试题目信息表用来保存考试题目信息，该表中保存着所属课程和所属套题的 ID，通过这两个 ID 可以获取所属课程和套题的信息。考试题目信息表的结构如表 8.3 所示。

表 8.3 tb_Questions 表的结构

字　段　名	数 据 类 型	是 否 为 空	是 否 主 键	默 认 值	描　　述
id	bigint(8)	No			ID 号（自动编号）
subject	varchar(50)				问题
type	char(6)				类型
joinTime	datetime(6)			getdate()	添加时间
lessonId	int(4)				所属课程 ID
taoTiId	bigint(8)				所属套题 ID
optionA	varchar(50)				选项 A
optionB	varchar(50)				选项 B
optionC	varchar(50)				选项 C
optionD	varchar(50)				选项 D
answer	varchar(50)				正确答案
note	varchar(50)		允许为空		备注

☑ tb_stuResult（考生成绩信息表）。

考生成绩信息表用来保存考生成绩，该表中的所属课程字段 whichLesson 与 tb_Lesson 表中的 Name 字段相关联，并且设置为级联更新。考生成绩信息表的结构如表 8.4 所示。

表 8.4 tb_stuResult 表的结构

字　段　名	数 据 类 型	是 否 为 空	是 否 主 键	默 认 值	描　　述
id	bigint(8)	No			ID 号（自动编号）
stuId	varchar(16)				准考证号
whichLesson	varchar(60)				所属课程
resSingle	int(4)				单选题分数
resMore	int(4)				多选题分数
resTotal	int(4)		允许为空		合计分数
joinTime	datetime(8)			getdate()	添加时间

技巧　在数据表 tb_stuResult 中，可以通过将 resTotal 字段的公式设置为([resSingle] + [resMore])，实现自动计算合计分数。

2. 数据表之间的关系设计

本系统设计了如图 8.13 所示的数据表之间的关系，该关系实际上也反映了系统中各个实体之间的关系。

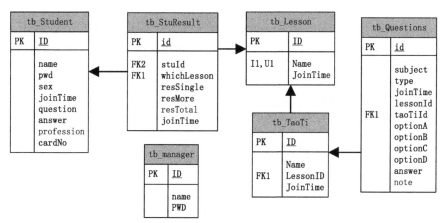

图 8.13　数据表之间的关系图

8.5　公共类设计

在开发过程中，经常会用到一些公共类，例如，数据库连接及操作的类和字符串处理的类。因此，在开发系统前首先需要设计这些公共类。下面将具体介绍网络在线考试系统中所需要的公共类的设计过程。

8.5.1　数据库连接及操作类的编写

字符串处理的类是解决程序中经常出现的有关字符串处理问题方法的类，包括将数据库中及页面中有中文问题的字符串进行正确的显示和对字符串中的空值进行处理的方法。

说明　由于本系统中使用的数据库连接及操作类与第 4 章"企业快信——短信+邮件"中使用的数据库连接及操作类相似，只是指定的数据库文件不同，所以关于该类的详细介绍请参见 4.5.1 节。

8.5.2　字符串处理类

字符串处理类是为解决程序中经常出现的有关字符串处理问题而编写的类，在本系统的字符串处理类中，只包含一个用于将指定字符串格式化为指定位数的方法 formatNO()。下面将进行详细介绍。

（1）编写将整型数据格式化为指定长度的字符串的 ChStr 类，将其保存到 com.wgh.core 包中，并导入所需的包。关键代码如下：

例程 01　代码位置：光盘\TM\08\src\com\wgh\core\ChStr.java

```
package com.wgh.core;                        //将该类保存到 com.wgh.core 包中
import java.text.NumberFormat;               //导入 java.text.NumberFormat 类
public class ChStr {

}
```

（2）在 ChStr 类中创建一个方法 formatNO()，该方法有两个 int 型参数，分别是 str（要格式化的数字）和 length（格式化后字符串的长度），返回值为格式化后的字符串。具体代码如下：

例程 02　代码位置：光盘\TM\08\src\com\wgh\core\ChStr.java

```
public String formatNO(int str, int length) {
        float ver = Float.parseFloat(System.getProperty("java.specification.version"));    //获取 JDK 的版本
        String laststr = "";
        if (ver < 1.5) {   //JDK 1.5 以下版本执行的语句
            try {
❶                NumberFormat formater = NumberFormat.getNumberInstance();
❷                formater.setMinimumIntegerDigits(length);
❸                laststr = formater.format(str).toString().replace(",", "");
            } catch (Exception e) {
                System.out.println("格式化字符串时的错误信息：" + e.getMessage());    //输出异常信息
            }
        } else {   //JDK1.5 版本执行的语句
         Integer[] arr=new Integer[1];                                          //声明并初始化数组 arr
            arr[0]=new Integer(str);                          //将要格式化的数字 str 赋值给数组 arr 的第一个元素
❹            laststr = String.format("%0"+length+"d", arr);
        }
        return laststr;
}
```

◀)) 代码贴士

❶ NumberFormat 类是一个抽象的超类，提供了一些用于将 Number 对象和数字格式化为本地字符串或者通过语义分析把本地化的字符串转换为 Number 对象的方法。通过 NumberFormat 类的 getNumberInstance 方法可以按照当前地区的规则格式化数字，返回一个 NumberFormat 类型的对象。

❷ setMinimumIntegerDigits()方法：使用该方法可以为格式化数据设定小数点前显示的最少位数，如果数据实际位数比指定位数少，则在数字前面补 0。

❸ format()方法：该方法用于返回包含格式化数字的字符串。

❹ String 对象的 format()方法为 JDK 1.5 用于格式化指定数据，语法格式如下：

```
String.format(String format,Object[] args);
```

☑ String format：用双引号括起来的字符串，由 "%" 和格式字符组成，如%d 和%s 等。其中%d 用于输出十进制的整数，%s 用于输出字符串。

☑ Object[] args：指定包含需要进行格式化数据的数组，也可以是一组用逗号分隔的输出列表。如 ""2","3","4"" 。

8.6　前台首页设计

8.6.1　前台首页概述

考生通过考生登录模块的验证后，可以登录到网络在线考试的前台首页。前台首页主要用于实现前台功能导航，在该页面中只包括在线考试、成绩查询、修改个人资料和退出系统 4 个导航链接，如图 8.14 所示。

图 8.14　前台首页的运行效果

8.6.2　前台首页技术分析

由于本系统的前台首页主要用于进行系统导航，所以在实现时，采用了为图像设置热点的方法，这样可以增加页面的灵活度，使页面不至于太枯燥。下面将对如何设置图像的热点进行详细介绍。为图像设置热点，也可以称做图像映射，是指一幅图像可以建立多个超链接，即在图像上定义多个区域，每个区域链接到不同的地址，这样的区域称为热点（即 Hot Spot）。

图像映射有服务器端映射（Server-side Image Map）和客户端映射（Client-side Image Map）两种。目前使用最多的是客户端映射，因为客户端映射使图像上对应区域的坐标以及超链接的 URL 地址都在浏览器端读入，省去和服务器之间互传坐标和 URL 的时间。

在 HTML 文件中，使用标签<map>可以为图像设置热点，语法格式如下：

```
<img src="file_name" usemap="#MapName">
<map name="MapName">
```

```
<area shape="value" coords="坐标" href="URL" alt="描述文字">
<area shape="value" coords="坐标" href="URL" alt="描述文字">
...
</map>
```

在<img>标签中设置属性 usemap，确定创建图像热点。标签<map>的属性如表 8.5 所示。

表 8.5　标签<map>的属性

标签<map>的属性	描　　述
name	图像映射的名称
shape	定义图像热点的名称
coords	设定热点区域坐标
href	设定热点区域的超链接地址
alt	设定热点区域超链接的描述文字

在标签<map>中，根据属性 shape 的取值不同，相应坐标的设定也不同。下面介绍属性 shape 的 3 种取值以及相应坐标的设定。

☑　设定属性 shape 的属性值为 rect。

属性 shape 取值为 rect，表示矩形区域，属性 coords 的坐标形式为"x1，y1，x2，y2"。其中，x1、y1 代表矩形左上角的 x 坐标和 y 坐标，x2、y2 代表矩形右下角的 x 坐标和 y 坐标。

☑　设定属性 shape 的属性值为 circle。

属性 shape 取值为 circle，表示圆形区域，属性 coords 的坐标形式为"x，y，r"。其中，x、y 为圆心坐标，r 为圆的半径。

☑　设定属性 shape 的属性值为 poly。

属性 shape 取值为 poly，表示多边形区域，属性 coords 的坐标形式为"x1，y1，x2，y2，…"。其中，xn、yn 代表构成多边形每一点的坐标值，n 的取值为 1，2，3，…，多边形有几条边就有几对 x、y 坐标。

本系统中采用的是设置多边形区域，即将 shape 的属性值设置为 poly。

8.6.3　前台首页的实现过程

（1）在页面中插入要设置热点的图片，并设置其 usemap 属性。代码如下：

例程 03　代码位置：光盘\TM\08\WebContent\default.jsp

```
<img src="Images/default_mid.JPG" width="778" height="254" border="0" usemap="#Map">
```

（2）在<map>和</map>标签中间插入设置热点区域的代码。具体代码如下：

例程 04　代码位置：光盘\TM\08\default.jsp

```
<map name="Map">
    <area shape="poly" coords="190,65,190,65,215,82,194,98,105,113,103,81" href="examRule.jsp">
    <area shape="poly" coords="313,59,402,45,435,56,406,78,311,90,313,58"
        href="manage/stuResult.do?action=stuResultQueryS&ID=${student}">
```

```
<area shape="poly" coords="380,141,508,119,541,139,521,154,385,176"
 href="manage/student.do?action=modifyQuery&ID=${student}">
<area shape="poly" coords="602,58,690,46,715,63,696,76,602,91" href="logout.jsp">
</map>
```

8.7　考生信息模块设计

8.7.1　考生信息模块概述

考生信息模块主要包括考生注册、考生登录、修改个人注册资料以及找回登录密码 4 个功能。考生首先要注册为网站用户，然后才被授权登录网站进行一系列操作的权限；登录后考生还可以修改个人的注册资料。如果考生忘记了登录密码，还可以通过网站提供的找回密码功能快速找回密码。考生信息模块的系统流程如图 8.15 所示。

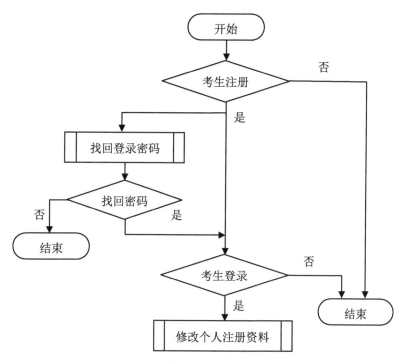

图 8.15　考生信息模块的系统流程图

8.7.2　考生信息模块的技术分析

由于本系统采用的是 Struts 框架，所以在实现考生信息模块时，需要编写考生信息模块对应的 ActionForm 类和 Action 实现类。下面将详细介绍如何编写考生信息模块的 ActionForm 类和 Action 实现类。

1. 编写考生信息模块的 ActionForm 类

在考生信息模块中，只涉及数据表 tb_Student（考生信息表）。虽然根据这个数据表可以得出考生信息模块的 ActionForm 类，但是本模块中应用的 ActionForm 类中并不是只包括这些属性。由于在修改个人资料时，需要验证输入的密码是否正确，所以还需要在考生信息的 ActionForm 类中添加一个 oldpwd 属性，同时，在批量删除考生信息时，还需要添加一个保存要删除考生 ID 号的 delIdArray 属性，由于是批量删除，所以该属性类型为字符串数组。

例程 05 代码位置：光盘\TM\08\src\com\wgh\actionForm\StudentForm.java

```java
public class StudentForm extends ActionForm {
    private Date joinTime;                          //注册时间属性
    ...                                             //此处省略了定义与数据表中字段对应的属性的代码
    private String oldpwd;                          //原密码属性
    private String[] delIdArray=new String[0];      //记录删除 ID 号的属性
    public Date getJoinTime() {                     //定义获取注册时间的方法
        return joinTime;
    }
    public void setJoinTime(Date joinTime) {        //定义设置注册时间的方法
        this.joinTime = joinTime;
    }
    public String[] getDelIdArray(){                //定义获取删除 ID 号的方法
        return delIdArray;
    }
    public void setDelIdArray(String[] delIdArray){ //定义设置删除 ID 号的方法
        this.delIdArray=delIdArray;
    }
    ...                                             //此处省略了其他控制考生信息的getXXX()和setXXX()方法
}
```

2. 创建考生信息模块的 Action 实现类

考生信息模块的 Action 实现类 Student 继承了 Action 类。在该类中，首先需要在该类的构造方法中分别实例化考生信息模块的 StudentDAO 类。Action 实现类的主要方法是 execute()，该方法会被自动执行，这个方法本身没有具体的事务，它是根据 HttpServletRequest 的 getParameter()方法获取的 action 参数值执行相应方法的。考生信息模块 Action 实现类的关键代码如下：

例程 06 代码位置：光盘\TM\08\src\com\wgh\action\Student.java

```java
public class Student extends Action {
    ...                                             //此处省略了声明并实例化 StudentDAO 类的代码
    public ActionForward execute(ActionMapping mapping, ActionForm form,
            HttpServletRequest request, HttpServletResponse response) {
        String action = request.getParameter("action");       //获取 action 参数的值
        if ("studentQuery".equals(action)) {
            return studentQuery(mapping, form, request, response);  //查询考生信息的方法
        } else if ("login".equals(action)) {
            return studentLogin(mapping, form, request, response);  //考生身份验证的方法
        } else if ("studentAdd".equals(action)) {
            return studentAdd(mapping, form, request, response);    //考生注册的方法
```

```
        } else if ("studentDel".equals(action)) {
            return studentDel(mapping, form, request, response);              //删除考生的方法
        } else if ("modifyQuery".equals(action)) {
            return modifyQuery(mapping, form, request, response);             //修改个人资料时的查询方法
        } else if ("studentModify".equals(action)) {
            return studentModify(mapping, form, request, response);           //修改个人资料的方法
        }else if("seekPwd1".equals(action)){
            return seekPwd1(mapping,form,request,response);                   //找回密码第一步时应用的方法
        }else if("seekPwd2".equals(action)){
            return seekPwd2(mapping,form,request,response);                   //找回密码第二步时应用的方法
        }else{
            request.setAttribute("error", "操作失败！");                        //将错误信息保存到 error 中
            return mapping.findForward("error");                             //转到显示错误信息的页面
        }
    }
    …  //此处省略了该类中其他方法，这些方法将在后面的具体过程中给出
}
```

8.7.3　考生注册的实现过程

考生注册使用的数据表：tb_Student。

运行网络在线考试系统，首先进入的是考生登录页面，在该页面中单击"注册"按钮，即可进入到考生注册页面，在该页面中输入个人资料及密码，如图 8.16 所示。单击"保存"按钮，系统将根据用户输入的身份证号验证是否已经注册，如果没有注册，将弹出如图 8.17 所示的提示框，否则将进入到如图 8.18 所示的页面。

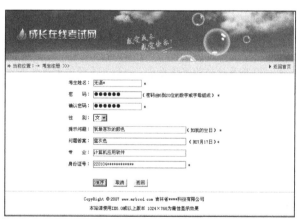

图 8.16　考生登录页面的运行结果

图 8.17　注册成功对话框

图 8.18　注册失败对话框

1．设计添加注册信息页面

添加注册信息页面主要用于收集输入的考生注册信息，及通过自定义的 JavaScript 函数验证输入信息是否合法。在设置用于收集注册信息的表单时，采用的是 Struts 框架的 HTML 标签实现的。关键代码如下：

例程 07　代码位置：光盘\TM\08\WebContent\register.jsp

```
<html:form action="/manage/student.do?action=studentAdd" method="post" onsubmit="return
checkForm(studentForm)">
❶    考生姓名：<html:text property="name" size="20"/>                            <!--添加文本框-->
❷    密码：<html:password styleId="password1" property="pwd" size="20"/>       <!--添加密码域-->
     确认密码：<html:password styleId="password2" property="pwd" size="20"/>    <!--添加密码域-->
     性别：      <html:select property="sex">                                   <!--添加下拉列表框-->
                 <html:option value="男">男 </html:option>
                 <html:option value="女">女 </html:option>
                 </html:select>
     提示问题：<html:text property="question" size="40"/>                       <!--添加文本框-->
     问题答案：<html:text property="answer" size="40"/>                         <!--添加文本框-->
     专业：<html:text property="profession" size="40"/>                         <!--添加文本框-->
     身份证号：<html:text property="cardNo" size="40"/>                         <!--添加文本框-->
❸    <html:submit property="submit" styleClass="btn_grey" value="保存"/>        <!--添加提交按钮-->
     <html:reset property="reset" styleClass="btn_grey" value="取消"/>          <!--添加重置按钮-->
     <html:button property="button" styleClass="btn_grey" value="返回"
onclick="window.location.href='index.jsp'"/>
</html:form>
```

代码贴士

❶ <html:text>标签与 HTML 中的<input type="text">元素相对应，用于在页面中生成文本框。该标签的 property 属性用于指定使用 Bean 中的哪个属性值填充该元素。

❷ <html:password>标签与 HTML 中的<input type="password">元素相对应，用于在页面中生成密码域。该标签的 property 属性用于指定使用 Bean 中的哪个属性值填充该元素，styleId 属性用于为生成的密码域指定 ID 属性值，这样做是为了能通过 JavaScript 判断输入密码与确认密码是否相等。

❸ <html:submit>标签与 HTML 中的<input type="submit">元素相对应。其中 styleClass 属性用于指定应用的 CSS 样式。

2．修改考生信息的 Action 实现类

在添加注册信息页面中输入合法的注册信息后，单击"保存"按钮，网页会访问一个 URL，这个 URL 是/manage/student.do?action=studentAdd。从该 URL 地址中可以知道添加注册信息页面涉及到的 action 的参数值为 studentAdd，即当 action=studentAdd 时，会调用保存考生注册信息的方法 customerAdd()。在该方法中，首先需要将接收到的表单信息强制转换成 ActionForm 类型，然后调用 StudentDAO 类中的 insert()方法，将考生信息保存到数据表中，并将返回值保存到变量 ret 中，如果返回值为 re，表示该考生信息已经注册，将提示信息"您已经注册，直接登录即可！"保存到 HttpServletRequest 对象的 error 参数中，然后将页面重定向到错误提示信息页面；否则，如果返回值为 miss，表示注册失败，将错误提示信息"注册失败"保存到 HttpServletRequest 对象的 error 参数中，然后将页面重定向到错误提示信息页面；否则表示注册成功，将返回的准考证号保存到 HttpServletRequest 对象的 ret 参数中，然后将页面重定向到考生注册成功页面。保存考生注册信息的方法 studentAdd()的

具体代码如下：

例程 08　代码位置：光盘\TM\08\src\com\wgh\action\Student.java

```
private ActionForward studentAdd(ActionMapping mapping, ActionForm form,
        HttpServletRequest request, HttpServletResponse response) {
    StudentForm studentForm = (StudentForm) form;      //将接收的表单信息强制转换成 ActionForm 类型
    String ret = studentDAO.insert(studentForm);       //调用添加客户信息的方法 insert()
    if (ret.equals("re")) {
        request.setAttribute("error", "您已经注册，直接登录即可！");   //保存错误提示信息到 error 中
        return mapping.findForward("error");            //转到错误提示页面
    } else if(ret.equals("miss")){
        request.setAttribute("error", "注册失败！");     //保存错误提示信息到 error 中
        return mapping.findForward("error");            //转到错误提示页面
    }else{
        request.setAttribute("ret",ret);                //将生成的准考证号保存到 ret 中
        return mapping.findForward("studentAdd");       //转到考生信息添加成功页面
    }
}
```

3. 编写保存考生注册信息的 StudentDAO 类的方法

从例程 08 中可以知道，保存考生信息使用的 StudentDAO 类的方法是 insert()。在 insert()方法中，首先从数据表 tb_student 中查询输入的身份证号是否存在，如果存在，将标志变量设置为 2；否则，先生成准考证号，再将输入的信息保存到考生信息表中，并将生成的准考证号赋给标志变量，最后返回该标志变量。insert()方法的具体代码如下：

例程 09　代码位置：光盘\TM\08\src\com\wgh\dao\StudentDAO.java

```
public String insert(StudentForm s) {
    String sql1="SELECT * FROM tb_student WHERE cardNo='"+s.getCardNo()+"'";
    ResultSet rs = conn.executeQuery(sql1);                 //执行 SQL 查询语句
    String sql = "";
    String falg = "miss";                                   //用于记录返回信息的变量
    String ID="";
        try {
            if (rs.next()) {                                //假如存在记录
                falg="re";                                  //表示考生信息已经注册
            } else {
                /****************自动生成准考证号****************************************/
                String sql_max="SELECT max(ID) FROM tb_student";
                ResultSet rs_max=conn.executeQuery(sql_max);    //查询最大的准考证号
                java.util.Date date=new java.util.Date();       //实例化 java.util.Date()类
                String newTime=new SimpleDateFormat("yyyyMMdd").format(date);//格式化当前日期
                if(rs_max.next()){
                    String max_ID=rs_max.getString(1);          //获取最大的准考证号
                    int newId=Integer.parseInt(max_ID.substring(10,16))+1; //取出最大准考证号中的数字编号并加 1
                    String no=chStr.formatNO(newId,6);          //将生成的编号格式化为 6 位
                    ID="CN"+newTime+no;                         //组合完整的准考证号
                }else{                                          //当第一个考生注册时
                    ID="CN"+newTime+"000001";                   //生成第一个准考证号
                }
```

```
/****************************************************************************/
sql = "INSERT INTO tb_student (ID,name,pwd,sex,question,answer,profession,cardNo) values('" +
        ID+ "','" +s.getName() +"','"+s.getPwd()+"','"+s.getSex()+"','"+s.getQuestion()+
        "','"+s.getAnswer()+"','"+s.getProfession()+"','"+s.getCardNo()+"')";
int ret= conn.executeUpdate(sql);                      //保存考生注册信息
if(ret==0){
    falg="miss";                                       //表示考生注册失败
}else{
    falg="恭喜您，注册成功!\\r 请记住您的准考证号："+ID;   //返回生成的准考证号
}
conn.close();                                          //关闭数据库连接
        }
    } catch (Exception e) {
        falg="miss";
        System.out.println("添加考生信息时的错误信息："+e.getMessage());  //输出错误提示信息到控制台
    }
    return falg;
}
```

4．struts-config.xml 文件配置

在 struts-config.xml 文件中配置保存考生信息所涉及的<forward>元素。代码如下：

```
<forward name="studentAdd" path="/student_ok.jsp" />
```

8.7.4 找回密码的实现过程

📑 找回密码使用的数据表：tb_Student。

运行网络在线考试系统时，首先进入的是考生登录页面，在该页面中单击"找回密码"按钮，即可进入到找回密码第一步页面，在该页面中输入准考证号，如图 8.19 所示。单击"下一步"按钮，即进入到找回密码第二步页面，在该页面的"密码提示问题"文本框中将显示提示问题，在"密码提示答案"文本框中输入密码提示问题的答案，如图 8.20 所示。单击"下一步"按钮，进入到找回密码第三步页面，用于显示找回的密码，如图 8.21 所示。

图 8.19　找回密码第一步

图 8.20 找回密码第二步	图 8.21 找回密码第三步

1．实现找回密码第一步——输入准考证号

在找回密码第一步页面中，只需要放置一个用于获取准考证号的表单及对应的表单元素即可。关键代码如下：

例程 10 代码位置：光盘\TM\08\WebContent\seekPwd.jsp

```
<html:form action="/manage/student.do?action=seekPwd1" method="post" onsubmit="return
checkForm(studentForm)">
准考证号：<html:text property="ID" size="40"/>                          <!--生成文本框-->
<html:submit property="submit" styleClass="btn_grey" value="下一步"/>      <!--生成提交按钮-->
<html:reset property="reset" styleClass="btn_grey" value="取消"/>         <!--生成重置按钮-->
<html:button property="button" styleClass="btn_grey" value="返回" onclick="window.location.href='index.jsp'"/>
</html:form>
```

在找回密码第一步页面中输入合法的准考证号后，单击"下一步"按钮，网页会访问一个 URL，这个 URL 是/manage/student.do?action=seekPwd1。从该 URL 地址中可以知道找回密码第一步页面涉及到的 action 的参数值为 seekPwd1，即当 action=seekPwd1 时，会调用找回密码第一步对应的方法 seekPwd1()。在该方法中，首先需要将接收到的表单信息强制转换成 ActionForm 类型，然后调用 StudentDAO 类中的 seekPwd1()方法，验证输入的准考证号是否存在，并将返回值保存到 StudentForm 类的对象 s 中，再将对象 s 保存到 HttpServletRequest 对象的 seekPwd2 参数中，最后根据 s 对象中的 ID 属性的值是否为空转到相应的页面。找回密码第一步对应的方法 seekPwd1()的具体代码如下：

例程 11 代码位置：光盘\TM\08\src\com\wgh\action\Student.java

```
private ActionForward seekPwd1(ActionMapping mapping, ActionForm form,
        HttpServletRequest request, HttpServletResponse response){
    StudentForm studentForm = (StudentForm) form;        //将接收的表单信息强制转换成 ActionForm 类型
    StudentForm s=studentDAO.seekPwd1(studentForm);//调用 seekPwd1()方法验证输入的准考证号是否存在
    request.setAttribute("seekPwd2", s);                        //将返回的 s 对象保存到 seekPwd2 中
    if(s.getID().equals("")){                                     //如果不存在
        request.setAttribute("error", "您输入的准考证号不存在！");     //将错误提示信息保存到 error 中
        return mapping.findForward("error");                    //转到错误提示页面
    }else{
        return mapping.findForward("seekPwd1");                //转到找回密码第二步
    }
}
```

从例程 11 中可以知道，验证输入的准考证号是否存在的 StudentDAO 类的方法是 seekPwd1()。在 seekPwd1()方法中，首先从数据表 tb_student 中查询输入的准考证号是否存在，如果存在，将该考生的 ID 号和密码提示问题保存到对应的 ActionForm 并返回，否则将对应的 ActionForm 中的 ID 属性设置为空。

说明 由于 seekPwd1() 方法的代码比较简单，这里将不给出，请读者参见光盘中的源程序。

在 struts-config.xml 文件中将页面配置到找回密码第二步页面。代码如下：

```
<forward name="seekPwd1" path="/seekPwd1.jsp"/>
```

2. 实现找回密码第二步——输入密码提示问题答案

在找回密码第二步页面中，首先添加一个表单，并将第一步中返回的提示问题的答案显示在相应的文本框中，然后在该表单中添加一个用于记录考生档案 ID 的隐藏域，最后在该表单中添加用于输入密码提示问题答案的文本框及相应的按钮。关键代码如下：

例程 12 代码位置：光盘\TM\08\WebContent\seekPwd1.jsp

```
<html:form action="/manage/student.do?action=seekPwd2" method="post" onsubmit="return
checkForm(studentForm)">
❶    密码提示问题：<html:text property="question" size="40" name="seekPwd2" readonly="true"/><!--生成密码域-->
❷    <html:hidden property="ID" name="seekPwd2"/>                    <!--生成隐藏域-->
密码提示答案：<html:text property="answer" size="40"/>              <!--生成文本框-->
<html:submit    styleClass="btn_grey" value="下一步"/>              <!--生成提交按钮-->
<html:reset styleClass="btn_grey" value="取消"/>                    <!--生成重置按钮-->
</html:form>
```

代码贴士

❶ <html:text> 标签的 readonly 属性代表生成的文本框是否具有只读属性，值为 true 代表只读。

❷ <html:hidden> 标签与 HTML 中的 <input type="hidden"> 元素相对应，用于在页面中生成隐藏域。该标签的 property 属性用于指定使用 Bean 中的哪个属性值填充该元素，name 属性用于指定填充该元素的 Bean。

在找回密码第二步页面中输入密码提示答案后，单击"下一步"按钮，网页会访问一个 URL，这个 URL 是 /manage/student.do?action=seekPwd2。从该 URL 地址中可以知道找回密码第二步页面涉及到的 action 的参数值为 seekPwd2，即当 action=seekPwd2 时，会调用找回密码第二步对应的方法 seekPwd2()。在该方法中，首先需要将接收到的表单信息强制转换成 ActionForm 类型，然后调用 StudentDAO 类中的 seekPwd2() 方法，验证输入的密码提示问题的答案是否正确，并将返回值保存到 StudentForm 类的对象 s 中，再将对象 s 保存到 HttpServletRequest 对象的 seekPwd3 参数中，最后根据 s 对象中的 ID 属性的值是否为空，将页面转到相应的页面。

说明 由于找回密码第二步对应的方法 seekPwd2() 的实现方法同第一步对应的方法 seekPwd1() 类似，这里不作详细介绍。

3. 实现找回密码第三步——成功找回密码

在找回密码第三步页面中，只需要将获取的准考证号和对应的密码显示在相应的文本框中即可。关键代码如下：

例程 13　代码位置：光盘\TM\08\WebContent\seekPwd2.jsp

准考证号：\<html:text property="ID" size="40" name="seekPwd3" readonly="true"/\>	\<!--生成文本框--\>
密码\<html:text property="pwd" size="40" name="seekPwd3" readonly="true"/\>	\<!--生成密码域--\>

8.8　在线考试模块设计

8.8.1　在线考试模块概述

在线考试模块的主要功能是允许考生在网站上针对指定的课程进行考试。在该模块中，考生首先需要阅读考试规则，在同意所列出的考试规则后，才能选择考试课程，在选择考试课程后，系统将随机抽取试题，然后进入考试页面进行答题，当考生提交试卷或者到达考试结束时间时，系统将自动对考生提交的试卷进行评分，并给出最终考试成绩。在线考试模块的系统流程如图 8.22 所示。

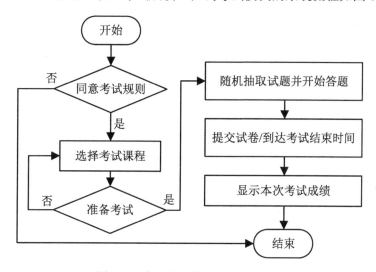

图 8.22　在线考试模块的系统流程图

8.8.2　在线考试模块技术分析

由于本系统采用的是 Struts 框架，所以在实现在线考试模块时，需要编写在线考试模块对应的 ActionForm 类和 Action 实现类。下面将详细介绍如何编写在线考试模块的 ActionForm 类和 Action 实现类。

1. 编写在线考试模块的 ActionForm 类

在线考试模块涉及的数据表是 tb_Lesson（课程信息表）、tb_Questions（考试题目信息表）和 tb_stuResult（考试成绩表），通过这 3 个数据表可以创建出对应的 ActionForm 类，由于这 3 个数据表又分别对应于 3 个不同的模块，所以与这 3 个数据表对应的 ActionForm 类可以在各自对应的模块中创建，这里不作详细介绍。

2．创建在线考试模块的 Action 实现类

在线考试模块的 Action 实现类 Student 继承了 Action 类。在该类中，首先需要在该类的构造方法中分别实例化在线考试模块的 StartExamDAO 类。Action 实现类的主要方法是 execute()，该方法会被自动执行，这个方法本身没有具体的事务，它是根据 HttpServletRequest 的 getParameter()方法获取的 action 参数值执行相应方法的。在线考试模块 Action 实现类的关键代码如下：

例程 14　代码位置：光盘\TM\08\src\com\wgh\action\StartExam.java

```
public class StartExam extends Action {
    ...                          //此处省略了声明并实例化 StartExamDAO 类的代码
    public ActionForward execute(ActionMapping mapping, ActionForm form,
            HttpServletRequest request, HttpServletResponse response) {
        String action = request.getParameter("action");        //获取 action 参数的值
        if ("startExam".equals(action)) {
            return startExam(mapping, form, request, response);     //随机抽取试题
        }else if("submitTestPaper".equals(action)){               //提交试卷
            return submitTestPaper(mapping,form,request,response);
        }else if("showStartTime".equals(action)){                 //显示考试计时
            return showStartTime(mapping,form,request,response);
        }else if("showRemainTime".equals(action)){                //显示考试剩余时间
            return showRemainTime(mapping,form,request,response);
        }else{
            request.setAttribute("error", "操作失败！");           //将错误信息保存到 error 中
            return mapping.findForward("error");                  //转到显示错误信息的页面
        }
    }
    ...  //此处省略了该类中其他方法，这些方法将在后面的具体过程中给出
}
```

8.8.3　选择考试课程的实现过程

　　选择考试课程使用的数据表：tb_lesson、tb_questions和tb_stuResult。

　　考生登录到网络在线考试的前台首页后，单击"在线考试"超链接，将进入到考试规则页面，在该页面中单击"同意"按钮，即可进入到选择考试课程页面，在该页面中将以下拉列表框的形式显示需要参加的考试课程，如图 8.23 所示。如果没有需要考试的课程，系统将给出提示对话框，并返回到网络在线考试的前台首页。

图 8.23　选择考试课程的运行结果

　　在考试规则页面中，单击"同意"按钮，将访问一个 URL 地址，该地址为/manage/lesson.do?action= selectLesson，从该 URL 地址中可以知道选择考试课程页面涉及到的 action 的参数值为 selectLesson，

即当 action=selectLesson 时，会调用查询指定考生需要考试的课程对应的方法 selectLesson()。在该方法中，首先获取准考证号，然后调用 LessonDAO 类中的 query()方法，并将获取的准考证号作为 query()方法的参数，最后根据 query()方法返回的 List 集合的大小，转到相应的页面。查询需要考试的课程的方法 selectLesson()的具体代码如下：

例程 15　代码位置：光盘\TM\08\src\com\wgh\action\Lesson.java

```
private ActionForward selectLesson(ActionMapping mapping, ActionForm form,
        HttpServletRequest request, HttpServletResponse response) {
    HttpSession session = request.getSession();              //创建并实例化 HttpSession 对象
    String stu=session.getAttribute("student").toString();   //获取准考证号
    List list=lessonDAO.query(stu);                          //查询包括考试题目的课程，但不包括已经考过的科目
    if(list.size()<1){                                       //当没有需要考试的课程时
        return mapping.findForward("noenLesson");            //转到显示提示信息并返回到前台首页的页面
    }else{
        request.setAttribute("lessonList",list);            //将需要考试的课程保存到 lessonList 中
        return mapping.findForward("selectLesson");         //转到选择考试课程页面
    }
}
```

从例程 15 中可以知道，查询指定考生需要考试的课程的 LessonDAO 类的方法是 query()。在 query()方法中，首先应用内联接和子查询从数据表 tb_lesson、tb_questions 和 tb_stuResult 中查询出指定考生需要考试的课程信息，如果存在，将相应的课程信息保存到对应的 ActionForm 中并返回。查询指定考生需要考试的课程的 query()方法的关键代码如下：

例程 16　代码位置：光盘\TM\08\src\com\wgh\action\LessonDAO.java

```
public List query(String studentID) {
    List lessonList = new ArrayList();                       //初始化 List 集合的实例
    LessonForm lessonForm1 = null;                           //声明 LessonForm 类的对象
    String sql="SELECT * FROM tb_lesson WHERE ID in(SELECT distinct lessonID FROM " +
        "(SELECT lessonId,taoTiID FROM tb_questions GROUP BY taoTiID,lessonID,type)" +
        " as lessonTaoTi GROUP BY lessonId,taoTiID HAVING COUNT(taoTiID) >1) AND" +
        " name not in (SELECT distinct whichLesson FROM tb_stuResult WHERE stuId='"+studentID+"')";
    ResultSet rs = conn.executeQuery(sql);                   //执行 SQL 查询语句
    try {                                                    //捕捉异常信息
        while (rs.next()) {
            ...                                              //此处省略了将查询结果保存到 List 集合中的代码
        }
    } catch (Exception ex) {}
    return lessonList;
```

在 struts-config.xml 文件中配置选择考试课程所涉及的<forward>元素。代码如下：

```
<forward name="selectLesson" path="/selectLesson.jsp"/>
<forward name="noenLesson" path="/noenLesson.jsp"/>
```

8.8.4　随机抽取试题并显示试题的实现过程

  随机抽取试题并显示试题使用的数据表：tb_questions和tb_stuResult。

考生登录到网络在线考试的前台首页后，单击"在线考试"超链接，将进入到考试规则页面，在该页面中单击"同意"按钮，进入到选择考试课程页面，在该页面中选择要考试的课程，并单击"确定"按钮，进入到准备考试页面，在该页面中，单击"开始考试"按钮，将关闭当前窗口，并打开新的窗口显示试题，如图 8.24 所示。

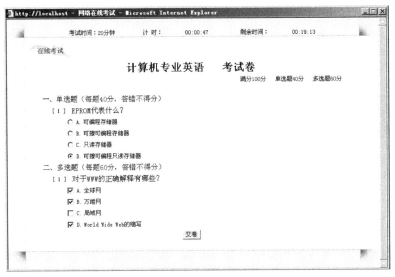

图 8.24　随机抽取试题并显示试题的运行结果

说明　在选择考试课程页面中，选择考试课程，并单击"确定"按钮后，将触发 Action 类 Lesson 中的 ready()方法，在该方法中，需要将考生选择的课程 ID 保存到 Session 中。

1. 实现随机抽取试题

在准备考试页面中，单击"开始考试"按钮，将调用 JavaScript 关闭当前窗口并打开新的窗口，用于显示试题。具体代码如下：

例程 17　代码位置：光盘\TM\08\WebContent\ready.jsp

```
<html:button property="button" styleClass="btn_grey" value="开始考试" onclick="window.opener=null;window.close();
window.open('startExam.do?action=startExam','','width=786,height=600,scrollbars=1');"/>
```

技巧　在默认的情况下，通过 JavaScript 的 window.close()方法关闭 IE 主窗口时，将弹出询问是否关闭窗口的对话框，这时，只有单击"是"按钮，才可以真正关闭此窗口，否则该窗口将不被关闭。如果在使用 window.close()方法前，先使用 window.opener=null;语句，就不会出现前面的询问对话框了。

从例程 17 中可以看出，单击"开始考试"按钮后将访问一个 URL 地址，这个 URL 地址是 startExam.do?action=startExam，从该 URL 地址中可以知道开始考试页面涉及到的 action 的参数值为 startExam，即当 action=startExam 时，会调用获取考试题目的方法 startExam()。在该方法中，首先获取准考证号，然后调用 LessonDAO 类中的 query()方法,并将获取的准考证号作为 query()方法的参数,最后根据 query()
方法返回的 List 集合的大小,转到相应的页面。查询需要考试课程的方法 selectLesson()的具体代码如下:

例程 18 代码位置：光盘\TM\08\src\com\wgh\action\StartExam.java

```
private ActionForward startExam(ActionMapping mapping, ActionForm form,
        HttpServletRequest request, HttpServletResponse response) {
    HttpSession session = request.getSession();
    if(session.getAttribute("student")==null || session.getAttribute("student").equals("")){//判断准考证号是否为空
        return mapping.findForward("dealNull");                          //转到前台登录页面
    }else{
        String student=session.getAttribute("student").toString();       //从 Session 中获取准考证号
        if(session.getAttribute("lessonID")==null || session.getAttribute("lessonID").equals("")){
            return mapping.findForward("dealNull");                       //转到前台登录页面
        }else{
            int lessonID=Integer.parseInt(session.getAttribute("lessonID").toString()); //获取课程 ID
            int questions=startExamDAO.randomGetQuestion(lessonID);       //随机抽取试题
            int ret=startExamDAO.startSaveResult(student,lessonID);       //开始考试时保存考试成绩
            List singleQue=(List)startExamDAO.queryExam(questions,0);     //获取单选试题
            QuestionsForm q=(QuestionsForm)form;         //将接收的表单信息强制转换成 ActionForm 类型
❶           q.setSize(singleQue.size());
            request.setAttribute("singleQue",singleQue);    //保存单选题到 singleQue 中
            List moreQue=(List)startExamDAO.queryExam(questions,1);       //获取多选题
❷           q.setMoreSize(moreQue.size());
            request.setAttribute("moreQue",moreQue);                       //保存多选题到 moreQue 中
❸           session.setAttribute("startTime",new java.util.Date().getTime());
            return mapping.findForward("testPaper");                        //转到显示试题页面
        }
    }
}
```

代码贴士

❶ 将保存单选题的数组 answerArrS[]初始化为指定长度，该长度为单选题的个数。

❷ 将保存多选题的数组 answerArrM[]初始化为指定长度，该长度为多选题的个数。

❸ 整句代码的意思是将开始考试的时间保存到 Session 中,为考试计时做准备。其中的 getTime()方法是 java.util.Date
对象的方法,用于返回自 1970 年 1 月 1 日 00:00:00 GMT 以来此 Date 对象表示的毫秒数。

从例程 18 中可以知道，在实现随机抽取试题并显示试题时，需要调用 StartExamDAO 类中的
randomGetQuestion()、startSaveResult()和 queryExam()3 个方法。下面对这 3 个方法进行详细介绍。

☑ 随机抽取试题的方法 randomGetQuestion()。

在 randomGetQuestion()方法中，首先获取指定课程所拥有的套题的 ID，然后将获取的套题 ID 保
存到一个数组中，并根据套题的个数获取一个随机数，即保存套题 ID 数组的指定下标，最后根据该下
标获取对应的套题 ID 并返回。随机抽取试题的方法 randomGetQuestion()方法的关键代码如下:

例程 19 代码位置：光盘\TM\08\src\com\wgh\dao\StartExamDAO.java

```
public int randomGetQuestion(int lessonID){
    int questionsID=0;
    String sql="SELECT taoTiID FROM (SELECT distinct lessonID,taoTiID from (SELECT lessonId," +
        "taoTiID FROM tb_questions GROUP BY taoTiID,lessonID,type) as lessonTaoTi GROUP BY" +
```

```
                " lessonId,taoTiID having count(taoTiID) >1)as temp WHERE lessonID="+lessonID+"";
        ResultSet rs = conn.executeQuery(sql);                    //执行查询语句
        int i=0;
        try {                                                      //捕捉异常
            /*************************获取记录总数**************************************/
            rs.last();                                             //将记录指针移动到最后一条记录
            int recordNum=rs.getRow();                             //获取记录总数
            rs.first();                                            //将记录指针移动到第一条记录
            /*****************************************************************************/
            int[] id=new int[recordNum];                          //声明并初始化 int 型的数组，长度为获取的套题数
            do {
                id[i]=rs.getInt(1);                                //将获取的套题 ID 保存到数组 id 中
                i++;
            }while (rs.next());                                    //将记录指针移动到下一条记录上
            int rand=Math.abs(new Random().nextInt(id.length));   //随机获取一个下标值
            questionsID=id[rand];                                  //获取数组中指定元素，即随机抽取的套题编号
        } catch (Exception ex) {
        ex.printStackTrace();                                      //输出异常信息
        }
        return questionsID;                                        //返回随机抽取的套题编号
}
```

☑ 开始考试时保存考试成绩的方法 startSaveResult()。

为了防止试题泄露，可以通过在开始考试时先将考试信息保存到考生成绩表中，然后等提交试卷时，再修改考试成绩实现，这样即使考生并不提交试卷，也不能再进行考试了。在 startSaveResult()方法中，需要根据传递的课程 ID 参数获取对应的课程名称，然后再将准考证号、所属课程及单选题成绩（设置为 0）和多选题成绩（设置为 0）保存到考生成绩信息表中。开始考试时保存考试成绩的方法 startSaveResult()的关键代码如下：

例程 20 代码位置：光盘\TM\08\src\com\wgh\dao\StartExamDAO.java

```
public int startSaveResult(String studentID,int lessonID){
        String lesson=((LessonForm)lessonDAO.query(lessonID).get(0)).getName();   //根据课程 ID 获取课程名称
        String sql="INSERT INTO tb_stuResult (stuId,whichLesson,resSingle,resMore) values('"+studentID+"',
'"+lesson+"',0,0)";
        int ret=conn.executeUpdate(sql);                                          //执行数据添加操作
        return ret;
}
```

☑ 获取试题的方法 queryExam()。

queryExam()方法包括两个参数，一个用于指定套题 ID，另一个用于指定试题类型的参数，如果该参数的值为 0，就代表查询指定套题中的单选题，否则为 1，代表查询多选题。需要注意的是，在该方法中，如果获取多选题，在将试题保存到对应的 ActionForm 中时，还需要先将字符型的正确答案分割为数组，再保存到相应属性中。获取试题的 queryExam()方法的关键代码如下：

例程 21 代码位置：光盘\TM\08\src\com\wgh\dao\StartExamDAO.java

```
public List queryExam(int questionsID,int flag){
        List questionsList = new ArrayList();                     //初始化 List 集合的实例
        QuestionsForm questionsForm1 = null;                      //声明 QuestionsForm 类的对象
```

```
String sql="";
if(flag==0){
    sql = "SELECT * FROM tb_questions WHERE taoTiID="+questionsID+" AND type='单选题'";
}else{
  sql = "SELECT * FROM tb_questions WHERE taoTiID="+questionsID+" AND type='多选题'";
}
ResultSet rs = conn.executeQuery(sql);                          //执行查询语句
String type="";                                                  //定义记录试题类型的变量
int id=0;                                                        //定义保存试题 ID 的变量
try {
        /************************获取记录总数****************************************/
    rs.last();                                                   //将记录指针移动到最后一条记录
    int recordNum=rs.getRow();                                   //获取记录总数
    rs.first();                                                  //将记录指针移动到第一条记录
        /**************************************************************/
    int[] idArr=new int[recordNum];    //定义并初始化数组 idArr，数组长度为单选题或多选题的个数
    for(int i=0;i<recordNum;i++) {
        questionsForm1 = new QuestionsForm();
        id=rs.getInt(1);                                         //获取 ID 属性
        questionsForm1.setID(id);                                //设置试题 ID 属性
        questionsForm1.setSubject(rs.getString(2));              //获取并设置考试题目属性
        type=rs.getString(3);                                    //获取试题类型属性
        questionsForm1.setType(type);                            //设置试题类型属性
        questionsForm1.setLessonId(rs.getInt(5));                //获取并设置课程 ID 属性
        questionsForm1.setTaoTiId(rs.getInt(6));                 //获取并设置套题 ID 属性
        questionsForm1.setOptionA(rs.getString(7));              //获取并设置选项 A 属性
        questionsForm1.setOptionB(rs.getString(8));              //获取并设置选项 B 属性
        questionsForm1.setOptionC(rs.getString(9));              //获取并设置选项 C 属性
        questionsForm1.setOptionD(rs.getString(10));             //获取并设置选项 D 属性
        if(type.equals("多选题")){
            String[] ans=rs.getString(11).split(",");            //将获取的正确答案分割为数组
            questionsForm1.setAnswerArr(ans);                    //设置正确答案属性
            idArr[i]=id;                                         //将 ID 属性保存到数组 IdArr 中
            questionsForm1.setIdArrM(idArr);                     //设置提交试卷时应用的 IdArrM 属性
        }else{
            questionsForm1.setAnswer(rs.getString(11));          //设置正确答案属性
            idArr[i]=id;                                         //将 ID 属性保存到数组 IdArr 中
            questionsForm1.setIdArrS(idArr);                     //设置 IdArrS 属性,该属性在提交试卷时应用
        }
        questionsForm1.setNote(rs.getString(12));                //获取并设置备注属性
        questionsList.add(questionsForm1);                       //将查询结果保存到 List 集合中
        rs.next();                                               //将记录指针移动到下一条记录
    }
} catch (Exception e) {
  e.printStackTrace();                                           //输出异常信息
}
return questionsList;
}
```

在 struts-config.xml 文件中配置随机抽取试题所涉及的<forward>元素。代码如下：

```
<forward name="testPaper" path="/startExam.jsp"/>
```

2．实现显示试题

在实现显示试题时，首先需要在显示试题的页面中添加一个用于收集试题信息的表单。关键代码如下：

例程 22 代码位置：光盘\TM\08\WebContent\startExam.jsp

```
<html:form action="/manage/startExam.do?action=submitTestPaper" method="post">
    ...                          <!--此处省略了用于添加收集试题信息的表单元素的代码-->
</html:form>
```

接下来的工作是应用 Struts 的 Logic 标签和 HTML 标签设置收集单选题信息的表单元素。关键代码如下：

例程 23 代码位置：光盘\TM\08\WebContent\startExam.jsp

```
<logic:iterate id="questions" name="singleQue" type="com.wgh.actionForm.QuestionsForm" scope="request"
indexId= "ind">
    [ ${ind+1} ]                                          <!--显示试题编号-->
    <bean:write name="questions" property="subject" filter="true"/>    <!--显示考试题目-->
    <html:hidden property="idArrS[${ind}]" name="questions"/>          <!--添加记录试题 ID 的隐藏域-->
    <html:radio property="answerArrS[${ind}]" styleClass="noborder" value="A"/>  <!--添加单选按钮-->
    A.<bean:write name="questions" property="optionA" filter="true"/>    <!--显示选项 A 的内容-->
    <html:radio property="answerArrS[${ind}]" styleClass="noborder" value="B"/>  <!--添加单选按钮-->
    B.<bean:write name="questions" property="optionB" filter="true"/>    <!--显示选项 B 的内容-->
    <html:radio property="answerArrS[${ind}]" styleClass="noborder" value="C"/>  <!--添加单选按钮-->
    C.<bean:write name="questions" property="optionC" filter="true"/>    <!--显示选项 C 的内容-->
    <html:radio property="answerArrS[${ind}]" styleClass="noborder" value="D"/>  <!--添加单选按钮-->
    D.<bean:write name="questions" property="optionD" filter="true"/>    <!--显示选项 D 的内容-->
</logic:iterate>
```

设置单选题表单元素后，还需要应用 Struts 的 Logic 标签和 HTML 标签设置收集多选题信息的表单元素。关键代码如下：

例程 24 代码位置：光盘\TM\08\WebContent\startExam.jsp

```
<logic:iterate id="questions" name="moreQue" type="com.wgh.actionForm.QuestionsForm" scope="request"
indexId= "ind">
    [ ${ind+1} ]                                          <!--显示试题编号-->
    <bean:write name="questions" property="subject" filter="true"/>    <!--显示考试题目-->
    <html:hidden property="idArrM[${ind}]" name="questions"/>          <!--添加记录试题 ID 的隐藏域-->
    <html:multibox property="moreSelect[${ind}].answerArr" styleClass="noborder" value="A"/><!--添加复选框-->
    A.<bean:write name="questions" property="optionA" filter="true"/>
    <html:multibox property="moreSelect[${ind}].answerArr" styleClass="noborder" value="B"/><!--添加复选框-->
    B.<bean:write name="questions" property="optionB" filter="true"/>
    <html:multibox property="moreSelect[${ind}].answerArr" styleClass="noborder" value="C"/><!--添加复选框-->
    C.<bean:write name="questions" property="optionC" filter="true"/>
    <html:multibox property="moreSelect[${ind}].answerArr" styleClass="noborder" value="D"/><!--添加复选框-->
    D.<bean:write name="questions" property="optionD" filter="true"/>
</logic:iterate>
```

最后不要忘记在表单中添加"提交"按钮，具体代码如下：

```
<html:submit property="submit" styleClass="btn_grey" value="交卷"/>
```

注意

在显示试题后，还需要加入计时与显示剩余时间的功能，具体方法请参见本章第 8.11.2 节。

8.8.5　自动阅卷并显示考试成绩的实现过程

自动阅卷并显示考试成绩使用的数据表：tb_questions 和 tb_stuResult。

在显示试题页面中，单击"交卷"按钮或是到达考试结束时间时，系统将自动阅卷并将考试成绩以对话框形式反馈给考生，如图 8.25 所示。

图 8.25　显示考试成绩对话框

提交试卷后，系统会访问一个 URL 地址，这个 URL 地址为 /manage/startExam.do?action= submitTestPaper，从该 URL 地址中可以知道自动阅卷功能涉及到的 action 的参数值为 submitTestPaper，即当 action=submitTestPaper 时，会调用获取考试题目的方法 startExam()。在该方法中，首先获取准考证号，然后调用 LessonDAO 类中的 query()方法，并将获取的准考证号作为 query()方法的参数，最后根据 query()方法返回的 List 集合的大小，转到相应的页面。实现自动阅卷功能的方法 submitTestPaper()的具体代码如下：

例程 25　代码位置：光盘\TM\08\src\com\wgh\action\StartExam.java

```
private ActionForward submitTestPaper(ActionMapping mapping, ActionForm form,
        HttpServletRequest request, HttpServletResponse response){
    QuestionsForm q=(QuestionsForm)form;         //将接收的表单信息强制转换成 ActionForm 类型
    String rightAnswer="";                        //定义保存正确答案的变量
    float singleMark=0;                           //定义保存单选题分数的变量
    float moreMark=0;                             //定义保存多选题分数的变量
    /***********************统计单选题的得分*********************************/
    String[] single=q.getAnswerArrS();            //获取考生提交的单选题答案
    int[] singleId=q.getIdArrS();                 //获取单选题的试题 ID，并保存到数组中
    float markS=40/(single.length);               //计算多个单选题的分数
    for(int i=0;i<single.length;i++){
        rightAnswer=startExamDAO.getRightAnswer(singleId[i]);//调用 getRightAnswer()方法获取正确答案
        if(rightAnswer.equals(single[i])){
            singleMark=singleMark+markS;          //累加单选题的分数
        }
    }
    /**************************************************************************/
    /***********************统计多选题的得分*********************************/
    MoreSelect[] more=q.getMoreSelect();          //获取考生提交的多选题答案
    float markM=60/(more.length);                 //计算每个多选题的分数
    String str="";                                //定义用于记录多选题答案的字符串
    for(int i=0;i<more.length;i++){
        String[] ans=more[i].getAnswerArr();      //获取考生提交的指定多选题的答案
        int[] moreId=q.getIdArrM();               //获取多选题的试题 ID，并保存到数组中
        rightAnswer=startExamDAO.getRightAnswer(moreId[i]);//获取考生提交的指定多选题的答案
```

```
        for(int j=0;j<ans.length;j++){
                if(ans[j]!=null) str=str+ans[j]+",";              //将获取的答案连接成由逗号分隔的字符串
        }
        if(str.length()>1){
                str=str.substring(0,str.length()-1);              //去掉生成字符串中的最后一个逗号
        }
        if(rightAnswer.equals(str)){
                moreMark=moreMark+markM;                           //累加多选题的分数
        }
        str="";                                                    //清空字符串 str
    }
    /*****************************************************************************/
    HttpSession session = request.getSession();
    String student=session.getAttribute("student").toString();    //获取准考证号
    int lessonID=Integer.parseInt(session.getAttribute("lessonID").toString()); //获取课程 ID
    int
ret=startExamDAO.saveResult(student,lessonID,(int)Math.round(singleMark),(int)Math.round(moreMark));
    if(ret>0){
            request.setAttribute("submitTestPaperok", "试卷已提交，您本次考试的成绩为：
"+(Math.round(singleMark)+ Math.round(moreMark))+"分！ ");
            return mapping.findForward("submitTestPaperok");       //转到显示考试成绩页面
    }else{
            return mapping.findForward("dealNull");                //转到错误处理页面
    }
}
```

从例程 25 中可以看出，在自动阅卷并显示考试成绩时，需要调用 StartExamDAO 类中的 getRightAnswer()和 saveResult()两个方法。下面对这两个方法进行详细介绍。

☑ 获取指定题的正确答案的方法 getRightAnswer()。

在 getRightAnswer()方法中，只需要根据传递的试题编号查询出该试题的正确答案，并返回即可。由于该方法的实现比较简单，这里不作详细介绍，请读者参见光盘中的源程序。

☑ 保存考试成绩的方法 saveResult()。

在保存考试成绩的方法 saveResult()中，首先需要根据传递的课程编号获取对应的课程名称，然后再根据该课程名称和准考证号更新考生成绩。具体代码如下：

例程 26 代码位置：光盘\TM\08\src\com\wgh\dao\StartExamDAO.java

```
public int saveResult(String studentID,int lessonID,int resSingle,int resMore){
    String lesson=((LessonForm)lessonDAO.query(lessonID).get(0)).getName();    //获取课程名称
    String sql="UPDATE tb_stuResult set resSingle="+resSingle+",resMore="+resMore+
        " WHERE stuId='"+studentID+"' AND whichLesson='"+lesson+"'";
    int ret=conn.executeUpdate(sql);                                            //执行数据更新语句
    return ret;
}
```

8.8.6 单元测试

在显示试题时，会遇到这样的情况，试题显示一切正常，但是在答题时，首先选择单选题的第一题的答案为 B，然后再选择单选题的第二题的答案为 D，这时就会发现，原来选择的第一题的答案被

清空。为什么会出现这种情况呢？可以先看下面的分析。

假如将应用 Struts 的 Logic 标签和 HTML 标签设置收集单选题信息的表单元素的代码设置为以下格式：

```
<bean:write name="questions" property="subject" filter="true"/>          <!--显示考试题目-->
<html:hidden property="ID" name="questions"/>                            <!--添加记录试题 ID 的隐藏域-->
<html:radio property="answer" styleClass="noborder" value="A"/>          <!--添加单选按钮-->
A.<bean:write name="questions" property="optionA" filter="true"/>        <!--显示选项 A 的内容-->
…  <!--此处省略了添加其他单选按钮及选项内容的代码-->
```

运行程序后，在查看源文件时可以看到类似下面的代码：

```
EPROM 代表什么？
<input type="hidden" name="ID" value="42">
<input type="radio" name="answer" value="A" class="noborder">
A.可编程存储器
<input type="radio" name="answer" value="B" class="noborder">
B.可擦可编程存储器
<input type="radio" name="answer" value="C" class="noborder">
C.只读存储器
<input type="radio" name="answer" value="D" class="noborder">
D.可擦可编程只读存储器

DBMS 的中文解释是什么？
<input type="hidden" name="ID" value="43">
<input type="radio" name="answer" value="A" class="noborder">
A.关系型数据库管理系统
<input type="radio" name="answer" value="B" class="noborder">
B.数据库管理系统
<input type="radio" name="answer" value="C" class="noborder">
C.数据库
<input type="radio" name="answer" value="D" class="noborder">
D.数据库管理
```

从上面的代码中可以看出，由于全部记录单选题答案的单选按钮的 name 属性值均为 answer，即全部单选题答案使用一个单选按钮组，所以就会出现前面的问题。解决该问题的方法是将单选按钮的 name 属性值设置为数组。修改后的代码如下：

```
<bean:write name="questions" property="subject" filter="true"/>               <!--显示考试题目-->
<html:hidden property="idArrS[${ind}]" name="questions"/>                     <!--添加记录试题 ID 的隐藏域-->
<html:radio property="answerArrS[${ind}]" styleClass="noborder" value="A"/>   <!--添加单选按钮-->
A.<bean:write name="questions" property="optionA" filter="true"/>             <!--显示选项 A 的内容-->
<html:radio property="answerArrS[${ind}]" styleClass="noborder" value="B"/>   <!--添加单选按钮-->
…  <!--此处省略了添加其他单选按钮及选项内容的代码-->
```

注意　在将 name 属性设置为数组时，需要在 ActionForm 类中添加相应的属性，这些属性的类型为数组。

这时再运行程序，就不会出现前面的问题了，此时再查看源文件，可以看到类似下面的代码：

```
EPROM 代表什么？
<input type="hidden" name="idArrS[0]" value="42">
<input type="radio" name="answerArrS[0]" value="A" class="noborder">
A.可编程存储器
...
DBMS 的中文解释是什么？
<input type="hidden" name="idArrS[0]" value="43">
<input type="radio" name="answerArrS[1]" value="A" class="noborder">
A.关系型数据库管理系统
...
```

8.9　后台首页设计

8.9.1　后台首页概述

网络在线考试系统的后台首页是管理员对网站信息进行管理的首页面。在该页面中，管理员可以清楚地了解网站后台管理系统包含的基本操作。网络在线考试系统后台首页包含的主要模块如下。

- ☑　管理员信息管理：主要包括管理员信息列表、添加管理员、修改管理员和删除管理员。
- ☑　考生信息管理：主要包括查看注册考生信息列表和删除已注册的考生信息。
- ☑　考生成绩查询：主要用于根据准考证号、考试课程或考试时间模糊查询考生成绩。
- ☑　课程信息管理：主要包括查看课程列表、添加课程信息和删除课程信息。
- ☑　套题信息管理：主要包括查看套题信息列表、添加套题信息、修改套题信息和删除套题信息。
- ☑　考试题目管理：主要包括查看考试题目列表、添加考试题目、修改考试题目和删除考试题目。
- ☑　退出管理：主要用于退出后台管理系统。

为了方便管理员管理，在网络在线考试系统的后台首页中显示考生成绩查询页面，其运行结果如图 8.26 所示。

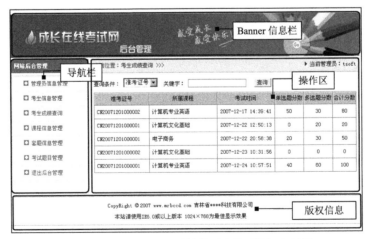

图 8.26　网络在线考试系统的后台首页的运行结果

8.9.2 后台首页技术分析

在如图 8.26 所示的后台首页中，Banner 信息栏、导航栏和版权信息并不是仅存在于后台首页中，其他功能模块的子界面中也需要包括这些部分。因此，可以将这几个部分分别保存在单独的文件中，这样，在需要放置相应功能时只需包含这些文件即可，如图 8.27 所示。

考虑到本系统中需要包含的多个文件之间相对比较独立，并且不需要进行参数传递，属于静态包含，因此采用<%@ include %>指令实现。关于<%@ include %>指令的具体使用方法请读者参见 2.6.2 节"主界面技术分析"。

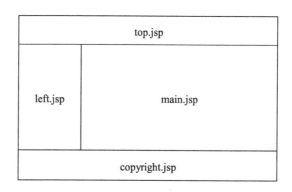

图 8.27 后台首页的布局

在实现后台首页时，最关键的就是如何实现左侧的导航栏。本系统中采用的是在 left.jsp 文件中应用 Struts 的 HTML 标签库中的<html:link>标签实现导航超链接的。下面将对<html:link>标签进行详细介绍。

使用<html:link>标签创建的超链接有以下 4 种方式：

（1）action 属性指定的匹配 Struts 配置文件中<action>元素的 path 属性值的 URL 地址。

（2）forward 属性指定的匹配 Struts 配置文件中<global-forwards>元素中定义的某个<forward>元素的 name 属性值的 URL 地址。

（3）href 属性指定的 URL 链接地址。

（4）page 属性指定的相对于当前应用的 URL 地址。

下面将详细介绍使用 href 属性和 page 属性创建超链接的方法。

☑ 通过 href 属性创建链接。

当 href 属性值以"/"开头时，链接地址为：协议+主机+端口+href 属性值；当 href 属性值是一个完整的 URL 时（如 http://www.mrbccd.com），链接地址为 href 属性值；否则链接地址为：当前地址+href 属性值。

例如，当前应用为 netExam，其根目录下保存着名称为 stuResultQuery.jsp 和 default.jsp 的两个文件，其中 stuResultQuery.jsp 文件包含以下代码：

```
<html:link href="default.jsp">返回首页</html:link>
```

则上述代码生成的链接地址为 http://localhost:8080/netExam/default.jsp。若将 href 属性值改为 /default.jsp，则生成的链接地址为 http://localhost:8080/default.jsp。

☑ 通过 page 属性创建链接。

通过 page 属性创建相对于当前应用的链接地址。page 属性值应以"/"开头，通过该属性创建的链接地址为：当前应用程序路径+page 属性值。

例如，当前应用为 netExam，其根目录下保存着名称为 stuResultQuery.jsp 和 default.jsp 的两个文件，其中 stuResultQuery.jsp 文件包含以下代码：

```
<html:link page="/default.jsp">返回首页</html:link>
```

则上述代码生成的链接地址为 http://localhost:8080/netExam/default.jsp。若将 page 属性值改为 default.jsp，则生成的链接地址为 http://localhost:8080/netExamdefault.jsp。

本系统中采用的是通过 page 属性创建链接，例如，考生成绩查询和退出后台管理的超链接代码如下所示：

```
<html:link page="/manage/stuResult.do?action=stuResultQuery">考生成绩查询</html:link>
<html:link page="/manage/logout.jsp">退出后台管理</html:link>
```

技巧 当使用<html:link>标签创建超链接时，如果需要传递参数，可以直接将参数写入链接地址中，参数名与链接地址间用 "?" 号分隔。当存在多个参数时，各参数间以 "&" 号分隔。

8.9.3 后台首页的实现过程

应用<%@ include %>指令包含文件的方法进行后台首页布局的代码如下：

例程 27 代码位置：光盘\TM\08\WebContent\manage\main.jsp

```
❶    <%@ include file="top.jsp"%>
<table width="778" border="0" align="center" cellspacing="0" cellpadding="0">
  <tr>
❷        <td width="176" align="center" valign="top" bgcolor="#FFFFFF"><%@ include file="left.jsp"%></td>
    <td width="602" valign="top" bgcolor="#FFFFFF">
❸        …            //此处省略了显示考生成绩查询的代码
    </td>
  </tr>
</table>
❹    <%@ include file="copyright.jsp"%>
```

🔊 **代码贴士**

❶ 应用<%@ include %>指令包含 banner.jsp 文件，该文件用于显示 Banner 信息。

❷ 应用<%@ include %>指令包含 left.jsp 文件，该文件用于显示系统导航菜单。

❸ 在后台首页（main.jsp）中，应用表格布局的方式显示设置查询条件的表单和以表格的形式显示考生成绩。

❹ 应用<%@ include %>指令包含 copyright.jsp 文件，该文件用于显示版权信息。

8.10 考试题目管理模块设计

8.10.1 考试题目管理模块概述

考试题目管理模块主要包括查看考试题目列表、添加考试题目信息、修改考试题目信息和删除考试题目信息 4 个功能。考试题目管理模块的框架如图 8.28 所示。

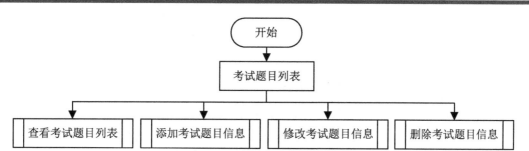

图 8.28　考试题目管理模块的框架图

8.10.2　考试题目管理模块技术分析

由于本系统采用的是 Struts 框架，所以在实现在线考试模块时，需要编写在线考试模块对应的 ActionForm 类和 Action 实现类。下面将详细介绍如何编写在线考试模块的 ActionForm 类和 Action 实现类。

1．编写考试题目管理模块的 ActionForm 类

考试题目管理模块涉及的数据表是 tb_Lesson（课程信息表）、tb_Questions（考试题目信息表）和 tb_taoTi（套题信息表），通过这 3 个数据表可以创建出对应的 ActionForm 类，由于 tb_Lesson 和 tb_taoTi 数据表又分别对应于不同的模块，所以与这两个数据表对应的 ActionForm 类，可以在各自对应的模块中创建，这里不作详细介绍。下面只介绍与数据表 tb_Questions 对应的 ActionForm 类 QuestionsForm。在该类中不仅需要包括与数据表 tb_Questions 中的全部字段相对应的属性，而且还应该包括记录删除 ID 号、单选题的试题 ID、多选题的试题 ID、单个多选题答案、在显示试题和提交试卷时获取单选题答案和在显示试题和提交试卷时记录多选题答案等多个数组类型的属性。QuestionsForm 类的关键代码如下：

例程 28　代码位置：光盘\TM\08\src\com\wgh\actionForm\QuestionsForm.java

```
public class QuestionsForm extends ActionForm {
    ...                                           //此处省略了定义与数据表中字段对应的属性的代码
    private String[] delIdArray=new String[0];    //记录删除 ID 号的属性
    private int[] idArrS;                          //记录单选题的试题 ID 的属性
    private int[] idArrM;                          //记录多选题的试题 ID 的属性
    private String[] answerArr=new String[0];     //记录单个多选题答案的属性
    private String answerArrS[];                  //在显示试题和提交试卷时记录单选题答案的属性
    private MoreSelect[] moreSelect;              //在显示试题和提交试卷时记录多选题答案的属性
    public MoreSelect[] getMoreSelect() {        //定义在显示试题和提交试卷时获取多选题答案的方法
        return moreSelect;
    }
    public void setMoreSelect(MoreSelect[] moreSelect) {//定义在显示试题和提交试卷时设置多选题答案的方法
        this.moreSelect = moreSelect;
    }
    public void setMoreSize(int size){            //初始化数组的方法
        idArrM=new int[size];                     //初始化数组 idArrM，并动态指定其长度
        moreSelect=new MoreSelect[size];          //初始化数组 moreSelect，并动态指定其长度
        for(int i=0;i<size;i++)
            moreSelect[i]=new MoreSelect();       //初始化数组 moreSelect 的每个元素
```

```
    }
    ···                                              //此处省略了其他控制属性的 getXXX()和 setXXX()方法
}
```

2. 创建考试题目管理模块的 Action 实现类

考试题目管理模块的 Action 实现类 Questions 继承了 Action 类。在该类中，首先需要在该类的构造方法中分别实例化考试题目管理模块的 QuestionsDAO 类、考试课程管理的 LessonDAO 和套题信息管理的 TaoTiDAO。Action 实现类的主要方法是 execute()，该方法会被自动执行，这个方法本身没有具体的事务，它是根据 HttpServletRequest 的 getParameter()方法获取的 action 参数值执行相应方法的。考试题目管理模块 Action 实现类的关键代码如下：

例程 29　代码位置：光盘\TM\08\src\com\wgh\action\Questions.java

```
public class StartExam extends Action {
    ···                              //此处省略了声明并实例化 QuestionsDAO 类、LessonDAO 类和 TaoTiDAO 类的代码
    public ActionForward execute(ActionMapping mapping, ActionForm form,
            HttpServletRequest request, HttpServletResponse response) {
        String action = request.getParameter("action");          //获取 action 参数的值
        if ("questionsQuery".equals(action)) {
            return questionsQuery(mapping, form, request, response);   //考试题目查询
        }else if("questionsAddQuery".equals(action)){
            return questionsAddQuery(mapping,form,request,response);   //添加考试题目时查询包括套题
                                                                      //的课程列表
        } else if ("questionsAdd".equals(action)) {
            return questionsAdd(mapping, form, request, response);     //添加考试题目
        } else if ("questionsDel".equals(action)) {
            return questionsDel(mapping, form, request, response);     //删除考试题目
        }else if("questionsModifyQuery".equals(action)){
            return questionsModifyQuery(mapping,form,request,response);//修改考试题目时的查询
        }else if("questionsModify".equals(action)){
            return questionsModify(mapping,form,request,response);     //修改考试题目
        }else if("queryTaoTi".equals(action)){
            return queryTaoTi(mapping,form,request,response);         //根据课程查询套题
        }else{
            request.setAttribute("error", "操作失败！");              //将错误提示信息保存到 error 参数中
            return mapping.findForward("error");                     //转到显示错误信息的页面
        }
    }
    ···  //此处省略了该类中其他方法，这些方法将在后面的具体过程中给出
}
```

8.10.3　查看考试题目列表的实现过程

📋　查看考试题目列表使用的数据表：tb_Lesson、tb_taoTi和tb_Questions。

管理员登录后，单击"考试题目管理"超链接，进入到查看考试题目列表页面，在该页面中将以列表形式显示全部考试题目信息，同时提供添加考试题目、修改考试题目和删除考试题目的超链接。查看考试题目列表页面的运行结果如图 8.29 所示。

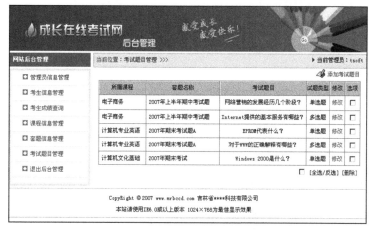

图 8.29　查看考试题目列表页面的运行结果

单击"考试题目管理"超链接后，将访问一个 URL 地址，这个 URL 地址为/manage/questions.do?
action=questionsQuery，从该 URL 地址中可以知道，查看考试题目列表涉及到的 action 的参数值为
questionsQuery，当 action=questionsQuery 时，会调用查看考试题目列表的方法 questionsQuery()。在该
方法中，首先调用 QuestionsDAO 类中的 query()方法查询全部考试题目，再将返回的查询结果保存到
HttpServletRequest 对象的参数 questionsQuery 中。查看考试题目列表的方法 questionsQuery()的具体代
码如下：

例程 30　代码位置：光盘\TM\08\src\com\wgh\action\Questions.java

```
private ActionForward questionsQuery(ActionMapping mapping, ActionForm form,
        HttpServletRequest request, HttpServletResponse response) {
    request.setAttribute("questionsQuery", questionsDAO.query(0));      //将查询结果保存到 book 参数中
    return mapping.findForward("questionsQuery");                       //转到显示考试题目列表页面
}
```

从例程 30 中可以知道，查看考试题目列表使用的 QuestionsDAO 类的方法是 query()。在 query()
方法中首先根据传递的参数值查询出符合条件的考试题目列表（此时的参数值为 01，所以查询全部考
试题目），然后将查询结果保存到 List 集合类中并返回。query()方法的具体代码如下：

例程 31　代码位置：光盘\TM\08\src\com\wgh\dao\QuestionsDAO.java

```
public List query(int id) {
    List questionsList = new ArrayList();                    //初始化 List 集合的实例
    QuestionsForm questionsForm1 = null;                     //声明 QuestionsForm 类的对象
    String sql="";
    if(id==0){
        sql = "SELECT * FROM tb_questions ORDER BY lessonId DESC,taoTiId DESC,type";//查询全部数据
    }else{
     sql = "SELECT * FROM tb_questions WHERE id=" +id+ "";   //修改时应用的查询语句
    }
    ResultSet rs = conn.executeQuery(sql);                   //执行查询语句
    String type="";
    String answer="";
    try {                                                    //捕捉异常
```

```
        while (rs.next()) {
            questionsForm1 = new QuestionsForm();              //实例化 QuestionsForm 类的对象
            questionsForm1.setID(rs.getInt(1));
            ...                                                //此处省略了获取并设置其他属性的代码
❶
        questionsForm1.setJoinTime(java.text.DateFormat.getDateTimeInstance().parse(rs.getString(4)));
            ...                                                //此处省略了获取并设置其他属性的代码
            if(type.equals("多选题")){
❷                  String[] ans=rs.getString(11).split(",");   //将获取的正确答案分割为数组
                questionsForm1.setAnswerArr(ans);              //设置 answerArr 属性
            }else{
                questionsForm1.setAnswer(rs.getString(11));    //设置 answerArr 属性
            }
            questionsForm1.setNote(rs.getString(12));          //获取并设置备注属性
            questionsList.add(questionsForm1);                 //将查询结果保存到 List 集合中
        }
    }
    ...                     //此处省略了处理异常信息及关闭数据库连接的代码
    return questionsList;
}
```

📢 代码贴士

❶ DateFormat 是日期/时间格式化子类的抽象类，它以与语言无关的方式格式化并解析日期或时间。该类的 getDateTimeInstance()方法用于获取日期/时间格式器，该格式器具有默认语言环境的默认格式化风格。再应用 parse(String source)方法可以从给定的字符串的开始解析文本，以生成一个 java..util.Date 的日期。

❷ String 类的 split()方法的语法格式如下：

```
split(String regex)
```

该方法用于返回字符串数组，该字符串数组是由给定的正则表达式拆分而得出的。

在 struts-config.xml 文件中配置查看考试题目列表所涉及的<forward>元素。代码如下：

```
<forward name="questionsQuery" path="/manage/questions.jsp" />
```

接下来的工作是将 Action 实现类中的 questionsQuery()方法返回的查询结果显示在查看考试题目列表页 questions.jsp 中。在 questions.jsp 中，首先通过 Struts 的 Logic 标签将除所属课程和所属套题之外的数据以列表形式显示在页面中，然后通过 Struts 的 Bean 标签定义两个变量，分别用于保存所属课程 ID 和所属套题 ID，再通过调用 JavaBean 中的相关方法获取并显示所属课程和所属套题。关键代码如下：

例程 32　代码位置：光盘\TM\08\src\com\wgh\dao\QuestionsDAO.java

```
<logic:iterate id="questions" name="questionsQuery" type="com.wgh.actionForm.QuestionsForm"
scope="request">
    <bean:define id="lessonID" name="questions" property="lessonId" type="Integer"/><!--获取课程 ID 的变量-->
    <bean:define id="taoTiID" name="questions" property="taoTiId" type="Integer"/><!--获取套题 ID 的变量-->
  <tr>
    <td style="padding:5px;"><%=lesson.getLesson(lessonID)%></td>           <!--显示所属课程名称-->
    <td style="padding:5px;"><%=taoTi.getTaoTi(taoTiID)%></td>              <!--显示所属套题名称-->
    <td align="center"><bean:write name="questions" property="subject" filter="true"/></td>
    <td align="center"><bean:write name="questions" property="type" filter="true"/></td>
```

```
        <td align="center"><html:link page="/manage/questions.do?action=questionsModifyQuery" paramId="id"
paramName= "questions" paramProperty="ID">修改</html:link></td>                    <!--数据修改的超链接-->
        <td align="center"><html:multibox property="delIdArray" styleClass="noborder"><bean:write
name="questions" property="ID"/></html:multibox></td>                    <!--生成用于获取删除记录的复选框-->
    </tr>
</logic:iterate>
```

说明
　　为了实现批量数据删除，在查看考试题目页面中还需要添加用于获取要删除记录的复选框及控制复选框全选或反选的工具复选框，具体代码读者可以参见光盘中的源程序。

8.10.4　添加考试题目信息的实现过程

　　📋　添加考试题目信息使用的数据表：tb_Lesson、tb_taoTi 和 tb_Questions。

　　管理员登录系统后，单击"考试题目管理"超链接，进入到查看考试题目列表页面，在该页面中单击"添加考试题目"超链接，进入到添加考试题目页面。在该页面的"属性课程"下拉列表框中选择"计算机专业英语"，在"所属套题"下拉列表框中将显示该课程所对应的套题名称，例如，2007年期末考试题 A，输入考试题目及选项后，还可以指定试题类型，默认为单选题，此时的正确答案通过下拉列表框形式指定，如果选择试题类型为多选题，正确答案将通过复选框形式指定。添加考试题目页面的运行结果如图 8.30 所示。

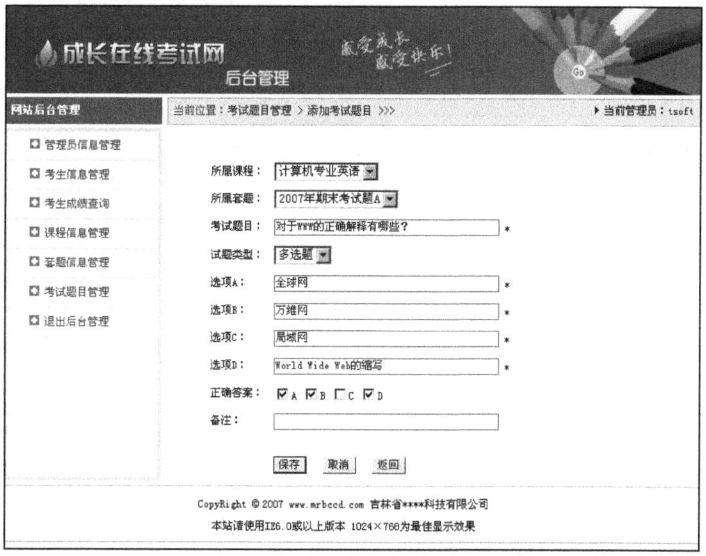

图 8.30　添加考试题目页面的运行结果

1．设计添加考试题目页面

　　添加考试题目页面主要用于收集输入的考试题目信息及通过自定义的 JavaScript 函数验证输入信息是否合法。在设置用于收集考试题目信息的表单时，是采用 Struts 框架的 HTML 标签实现的。关键代码如下：

例程 33 代码位置：光盘\TM\08\WebContent\manage\questions_Add.jsp

```
<html:form action="/manage/questions.do?action=questionsAdd" method="post" onsubmit="return checkForm
(questionsForm)">
所属课程：
<html:select property="lessonId" onchange="F_super(this.value)">   <!--生成指定所属课程的下拉列表框-->
    <html:options collection="lessonList" property="ID" labelProperty="name"/>
</html:select>
所属套题：<td id="whichTaoTi"></td>       <!--此处需要应用 Ajax 技术，动态生成选择所属套题的下拉列表框-->
考试题目：<html:text property="subject" size="40"/>           <!--生成获取考试题目的文本框-->
试题类型：
<html:select property="type" onchange="show(this.value)">       <!--生成指定试题类型的下拉列表框-->
    <html:option value="单选题">单选题</html:option>
    <html:option value="多选题">多选题</html:option>
</html:select>
选项 A：<html:text property="optionA" size="40"/>
...                                                    <!--此处省略了设置 B、C 和 D 选项的代码-->
正确答案：
    <td width="85%" align="left" id="sOption">          <!--当试题类型为单选时设置正确答案的方法-->
      <html:select property="answer">
        <html:option value="A">A </html:option>
            ...                                        <!--此处省略了设置 B、C 和 D 选项的代码-->
      </html:select>
    </td>
    <td align="left" id="mOption" style="display:none">   <!--当试题类型为多选时设置正确答案的方法-->
     <html:multibox property="answerArr" styleClass="noborder">A</html:multibox>A
        ...                                            <!--此处省略了设置 B、C 和 D 选项的代码-->
    </td>
    ...        <!--此处省略了其他文本框和添加相关按钮的代码-->
</html:form>
```

2. 应用 Ajax 技术根据选择的课程动态生成相关套题的下拉列表框

如果要应用 Ajax 技术，首先需要创建一个封装了 Ajax 必须实现的功能的对象 AjaxRequest，将其代码保存在一个名称为 AjaxRequest.js 的文件中，然后在需要应用 Ajax 技术的页面中，应用以下代码包含该文件。

```
<script language="javascript" src="../JS/AjaxRequest.js"></script>
```

说明　限于篇幅，这里将不给出 AjaxRequest.js 文件的代码，具体代码请参见本书附带光盘中的源程序。

接下来还需要编写以下 3 个自定义的 JavaScript 函数，用于指定具体的执行函数：

例程 34 代码位置：光盘\TM\08\WebContent\manage\questions_Add.jsp

```
<script language="javascript">
function F_getTaoTi(val){
    var loader=new net.AjaxRequest("questions.do?action=queryTaoTi&id="+val+"&nocache="+new Date().getTime(),
deal,onerror,"GET");                                 //调用 AjaxRequest 对象，并为其指定相关参数
}
function onerror(){                                   //编写错误处理函数
```

```
    alert("出错了");                           //设置错误提示信息
}
function deal(h){                               //编写返回值处理函数
    whichTaoTi.innerHTML=this.req.responseText; //通过 innerHTML 属性修改<div>标签 whichTaoTi 的内容
}
</script>
```

从例程 34 中可以知道，调用 AjaxRequest 对象时，会访问 URL 地址 questions.do?action=queryTaoTi，从该 URL 地址中可以知道根据选择的课程获取相关套题时涉及到的 action 的参数值为 queryTaoTi，即当 action=queryTaoTi 时，会调用查询指定课程所对应的套题的方法 queryTaoTi()。在该方法中，首先根据传入的课程 ID 查询相关套题，然后再将页面转到生成套题下拉列表框的页面。查询指定课程所对应的套题的方法 queryTaoTi()的具体代码如下：

例程 35　代码位置：光盘\TM\08\src\com\wgh\action\Questions.java

```java
private ActionForward queryTaoTi(ActionMapping mapping, ActionForm form,
        HttpServletRequest request, HttpServletResponse response) {
    //查询指定课程的套题列表
    request.setAttribute("taoTiList",taoTiDAO.queryTaoTi(Integer.parseInt(request.getParameter("id"))));
    return mapping.findForward("queryTaoTi");          //转到生成套题下拉列表框的页面
}
```

在生成套题下拉列表框的页面中除了 JSP 页面固有的 page 指令外，只有通过 Struts 的 HTML 标签生成下拉列表框的代码。具体代码如下：

例程 36　代码位置：光盘\TM\08\WebContent\manage\selTaoTi.jsp

```jsp
<%@ page contentType="text/html; charset=gb2312" language="java" import="java.sql.*" errorPage="" %>
<%@ taglib uri="/WEB-INF/struts-html.tld" prefix="html" %>        <!--通过<taglic>指令引用 HTML 标签库-->
<html:select property="taoTiId" name="questionsForm">             <!--生成下拉列表框-->
<html:options collection="taoTiList" property="ID" labelProperty="name"/>
</html:select>
```

为了实现在页面刚刚载入或是当所属课程改变时，可以调用 Ajax 技术动态生成获取所属套题的下拉列表框，需要在<body>标签的 onLoad 事件和所属课程下拉列表框 onchange 事件中调用 F_getTaoTi ()函数。关键代码如下：

```
<body onLoad=" F_getTaoTi(questionsForm.lessonId.value)">
<html:select property="lessonId" onchange=" F_getTaoTi(this.value)">
```

3．修改考试题目 Action 实现类

在添加考试题目页面中输入考试题目后，单击"保存"按钮，网页会访问一个 URL，这个 URL 是/manage/questions.do?action=questionsAdd。从该 URL 地址中可以知道添加考试题目涉及到的 action 的参数值为 questionsAdd，即当 action=questionsAdd 时，会调用添加考试题目的方法 questionsAdd()。在该方法中，首先需要将接收到的表单信息强制转换成 ActionForm 类型，再调用 QuestionsDAO 类中的 insert()方法保存考试题目信息，并根据执行结果将页面转到相应页面。添加考试题目的方法 questionsAdd()的具体代码如下：

例程 37 代码位置：光盘\TM\08\src\com\wgh\action\Questions.java

```
private ActionForward questionsAdd(ActionMapping mapping, ActionForm form,
        HttpServletRequest request, HttpServletResponse response) {
    QuestionsForm questionsForm = (QuestionsForm) form;
    int ret = questionsDAO.insert(questionsForm);
    …            //此处省略了根据执行结果将页面转到相应页面的代码
}
```

4．编写添加考试题目的 QuestionsDAO 类的方法

从例程 35 中可以知道，添加考试题目使用的 QuestionsDAO 类的方法是 insert()。在 insert()方法中，首先从数据表 tb_Questions 中查询输入的考试题目是否存在，如果存在，将标志变量设置为 2，否则将输入的信息保存到考试题目信息表中，并将返回值赋给标志变量，最后返回标志变量。限于篇幅，此处只给出查询输入的考试题目是否存在和向考试题目信息表中插入数据的 SQL 语句，详细代码请参见本书附带光盘。

查询输入的考试题目是否存在的 SQL 语句如下：

例程 38 代码位置：光盘\TM\08\src\com\wgh\dao\QuestionsDAO.java

```
String sql1="SELECT * FROM tb_questions WHERE subject='"+q.getSubject()+"' AND taoTiId='"+q.getTaoTiId()+"'";
```

向考试题目信息表中插入数据的 SQL 语句如下：

例程 39 代码位置：光盘\TM\08\src\com\wgh\dao\QuestionsDAO.java

```
sql = "INSERT INTO tb_questions (subject,type,lessonId,taoTiId,optionA,optionB,optionC,optionD,answer,note)
values ('" +q.getSubject() +"','"+q.getType()+"','"+q.getLessonId()+"','"+q.getTaoTiId()+"','"+q.getOptionA()+"','"+
q.getOptionB()+"','"+q.getOptionC()+"','"+q.getOptionD()+"','"+answer+"','"+q.getNote()+"')";
```

5．struts-config.xml 文件配置

在 struts-config.xml 文件中配置添加考试题目所涉及的<forward>元素。代码如下：

```
<forward name="questionsAdd" path="/manage/questions_ok.jsp?para=1" />
```

8.10.5 删除考试题目信息的实现过程

删除考试题目信息使用的数据表：tb_Questions。

管理员登录系统后，单击"考试题目管理"超链接，进入到查看考试题目列表页面，在该页面中选中要删除考试题目后面的复选框（如果要删除全部记录，可以直接选中"全选/反选"复选框），然后单击"删除"超链接，弹出如图 8.31 所示的提示对话框，单击"确定"按钮，将删除选中的记录，单击"取消"按钮，则不删除任何记录。

图 8.31　询问是否删除的对话框

从查看考试题目列表页面中可以知道，单击"删除"超链接时，会访问 URL 地址/manage/questions .do?action=questionsDel，从该 URL 地址中可以知道，删除考试题目页面所涉及到的 action 的参数值为 questionsDel，当 action=questionsDel 时，会调用删除考试题目的方法 questionsDel()，在该方法中，首先需要将接收到的表单信息强制转换成 ActionForm 类型，再调用 QuestionsDAO 类中的 delete()方法删

除考试题目信息，并根据执行结果将页面转到相应页面。删除考试题目的方法 questionsDel() 的具体代码如下：

例程 39 代码位置：光盘\TM\08\src\com\wgh\action\Questions.java

```
private ActionForward questionsDel(ActionMapping mapping, ActionForm form,
        HttpServletRequest request, HttpServletResponse response) {
    QuestionsForm questionsForm = (QuestionsForm) form;    //将获取的表单信息强制转换为 ActionForm 类型
    int ret = questionsDAO.delete(questionsForm);          //调用删除考试题目的方法
    …          //此处省略了根据执行结果将页面转到相应页面的代码
}
```

从例程 39 中可以知道，删除考试题目使用的 QuestionsDAO 类的方法是 delete()。在该方法中，首先需要将获取的要删除记录的 ID（以数组形式存在）转换为以逗号分隔的字符串，然后再应用 SQL 语句中的 DELETE 语句批量删除记录，最后返回执行结果。删除考试题目时应用的 SQL 语句如下：

例程 40 代码位置：光盘\TM\08\src\com\wgh\dao\QuestionsDAO.java

```
public int delete(QuestionsForm questionsForm) {
    int flag=0;
    String[] delId=questionsForm.getDelIdArray();          //获取删除记录的 ID 保存到字符串数组中
    if (delId.length>0){
        String id="";
        for(int i=0;i<delId.length;i++){
            id=id+delId[i]+",";                            //将获取的 ID 连接成由逗号分隔的字符串
        }
        id=id.substring(0,id.length()-1);                  //去掉生成字符串中的最后一个逗号
        String sql = "DELETE FROM tb_questions where id in (" + id +")";    //批量删除记录
        flag = conn.executeUpdate(sql);                    //执行更新操作
        conn.close();                                      //关闭数据库连接
    }else{
        flag=0;
    }
    return flag;
}
```

在 struts-config.xml 文件中配置删除考试题目所涉及的 <forward> 元素。代码如下：

```
<forward name="questionsDel" path="/manage/questions_ok.jsp?para=3" />
```

8.10.6 单元测试

在应用 Ajax 技术根据选择的课程动态生成相关套题的下拉列表框时，会遇到这样的情况，程序运行后，在添加考试题目页面中可以显示课程对应的套题下拉列表框，改变课程时，套题下拉列表框也会改变，但是，当修改套题名称后，再次进入到添加考试题目页面时发现套题下拉列表框中的套题名称并没有更新。产生这种情况是因为缓存的问题，要解决该问题，可以在 URL 地址的后面加上 nocache 参数，并将该参数值设置为 new Date().getTime() 即可。为了便于读者比较，下面先给出产生错误时的代码，再给出修改后的代码，请注意加粗的代码。

产生错误时使用的代码如下：

449

```
var loader=new net.AjaxRequest("questions.do?action=queryTaoTi&id="+val,deal,onerror,"GET");
```

修改后的代码如下：

```
var loader=new net.AjaxRequest("questions.do?action=queryTaoTi&id="+val+"&nocache="+new Date().getTime(),
deal, onerror,"GET");
```

8.11　开发技巧与难点分析

8.11.1　在 Struts 中解决中文乱码问题

通常情况下解决中文乱码问题采用的是编写一个将 ISO-8859-1 编码转换为 GBK 编码的方法，然后在出现乱码的位置调用该方法即可达到解决中文乱码问题的目的，但是这样做很不方便。Struts 提供了一个快速解决中文乱码问题的方法，那就是配置和扩展 RequestProcessor 类实现。下面将详细介绍在 Struts 中解决中文乱码问题的方法。

（1）创建 SelfRequestProcessor.java 类文件，该类继承了 RequestProcessor 类，并重写 process-Preprocess()方法，在该方法中设置 Request 对象的请求编码为 GBK 编码。具体代码如下：

例程 41　代码位置：光盘\TM\08\src\com\wgh\action\ SelfRequestProcessor.java

```
package com.action;
import org.apache.struts.action.RequestProcessor;
import javax.servlet.http.*;
import java.io.*;
public class SelfRequestProcessor extends RequestProcessor   {
    public SelfRequestProcessor() {
    }
    protected boolean processPreprocess(HttpServletRequest request,HttpServletResponse response){
        try {
            request.setCharacterEncoding("GBK");
        } catch (UnsupportedEncodingException ex) {
            ex.printStackTrace();
        }
        return true;
    }
}
```

（2）在 struts-config.xml 文件中利用<controller>元素配置自定义控制器组件 SelfRequestProcessor，用于对请求的参数进行转码。具体代码如下：

```
<controller processorClass="com.action.SelfRequestProcessor" />
```

配置<controller>元素主要是为了能让 Struts 识别开发者自定义的控制器组件。

8.11.2　通过 Ajax 技术实现计时与显示剩余时间

在通过 Ajax 技术实现计时与显示剩余时间时，首先需要创建一个封装 Ajax 必须实现的功能的对象 AjaxRequest，并将其代码保存为 AjaxRequest.js，然后在开始考试页面中包含该文件。具体代码如下：

```
<script language="javascript" src="../JS/AjaxRequest.js"></script>
```

由于通过 Ajax 技术实现计时与显示剩余时间表的方法类似，下面将以实现自动计时为例进行介绍。编写调用 AjaxRequest 对象的函数、错误处理函数和返回值处理函数，具体代码如下：

例程 42　代码位置：光盘\TM\08\WebContent\startExam.jsp

```
<script language="javascript">
function showStartTime(){
    //此处需要加&nocache="+new Date().getTime()，否则将出现时间不自动变化的情况
    var loader=new net.AjaxRequest("startExam.do?action=showStartTime&nocache="+new
Date().getTime(),deal_s, onerror,"GET");        //调用 AjaxRequest 对象，并为其指定相关参数
}
function onerror(){                              //编写错误处理函数
window.open('../index.jsp','','toolbar,menubar,scrollbars,resizable,status,location,directories,copyhistory,height=
600,width=778');                                //打开新窗口显示考生登录页面
window.close();                                 //关闭在线考试窗口
}
function deal_s(){                               //编写返回值处理函数
    showStartTimediv.innerHTML=this.req.responseText;    //修改<div>标签 showStartTimediv 的内容
}
</script>
```

从例程 42 中可以知道，调用 AjaxRequest 对象时，会访问 URL 地址 startExam.do?action=showStart-Time，从该 URL 地址中可以知道获取计时涉及到的 action 的参数值为 showStartTime，即当 action=showStartTime 时，会调用计时的方法 showStartTime()。在该方法中，首先需要获取保存在 Session 中的考试开始时间，并将其转换为对应的毫秒数，然后获取当前时间的毫秒数；再应用这两个时间生成两位的小时数、分钟数和秒数，并组合为新的时间；最后将其保存到 showStartTime 参数中，并转到输出计时时间的页面；计时的方法 showStartTime()的具体代码如下：

例程 43　代码位置：光盘\TM\08\src\com\wgh\action\StartExam.java

```
private ActionForward showStartTime(ActionMapping mapping, ActionForm form,
        HttpServletRequest request, HttpServletResponse response) {
    HttpSession session = request.getSession();
    String startTime=session.getAttribute("startTime").toString();    //获取考试开始时间
    long a=Long.parseLong(startTime);               //将考试开始时间转换为毫秒数
    long b=new java.util.Date().getTime();          //获取当前时间的毫秒数
    int h=(int)Math.abs((b-a)/3600000);             //生成小时数
    String hour=chStr.formatNO(h,2);                //将生成的小时数格式化为两位
    int m=(int)(b-a)%3600000/60000;                 //生成分钟数
    String minute=chStr.formatNO(m,2);              //将生成的分钟数格式化为两位
    int s=(int)((b-a)%3600000)%60000/1000;          //生成秒数
    String second=chStr.formatNO(s,2);              //将生成的秒数格式化为两位
    String time=hour+":"+minute+":"+second;         //将生成的时、分和秒组合成新的时间
    request.setAttribute("showStartTime",time);     //将生成时间保存到 showStartTime 参数中
    return mapping.findForward("showStartTime");    //转到输出计时时间的页面
}
```

说明 在实现显示剩余时间时，调用的获取剩余时间的方法为 showRemainTime()，该方法的实现方法同 showStartTime()类似，所不同的是在生成小时数、分钟数和秒数时，需要用 20 分钟对应的毫秒数减去已经用去的考试时间。

在输出计时时间的页面中除了 page 指令外，只有通过 EL 表达式才能输出计时时间的代码。具体代码如下：

例程 44　代码位置：光盘\TM\08\WebContent\showStartTime.jsp

```
<%@ page contentType="text/html; charset=gb2312" language="java" errorPage="" %>
${showStartTime}
```

为了实现在页面载入后自动计时，需要在<body>标签的 onLoad 事件中应用 window.setInterval()方法调用 showStartTime()函数。关键代码如下：

例程 45　代码位置：光盘\TM\08\startExam.jsp

```
<body onLoad="showStartTime()">
timer = window.setInterval("showStartTime()",1000);
```

由于在实现显示剩余时间时，需要加入当到达考试结束时间时自动提交试卷的功能，所以显示剩余时间的处理函数的代码如下：

例程 46　代码位置：光盘\TM\08\WebContent\startExam.jsp

```
function deal_r(){                                          //编写返回值处理函数
    showRemainTimediv.innerHTML=this.req.responseText;     //修改<div>标签 showRemainTimediv 的内容
    if(this.req.responseText=="00:00:00"){                 //判断是否到达考试结束时间
        questionsForm.submit.click();                      //提交试卷
    }
}
```

8.12　Ajax 技术

8.12.1　Ajax 概述

Ajax 是 Asynchronous JavaScript and XML 的缩写，意思是异步的 JavaScript 与 XML。Ajax 并不是一门新的语言或技术，它是 JavaScript、XML、CSS 和 DOM 等多种已有技术的组合，可以实现客户端的异步请求操作。这样可以实现在不需要刷新页面的情况下与服务器进行通信的效果，从而减少了用户的等待时间。

与传统的 Web 应用不同，Ajax 在用户与服务器之间引入了一个中间媒介（Ajax 引擎），从而消除了网络交互过程中的处理—等待—处理—等待的缺点。使用 Ajax 的优点具体表现在以下几方面：

（1）减轻服务器的负担。Ajax 的原则是"按需求获取数据"，这可以最大程度地减少冗余请求和响应对服务器造成的负担。

（2）可以把一部分以前由服务器负担的工作转移到客户端，利用客户端闲置的资源进行处理，减轻服务器和带宽的负担，节约空间和成本。

（3）无刷新更新页面，从而使用户不用再像以前一样在服务器处理数据时，只能在死板的白屏前焦急地等待。Ajax 使用 XMLHttpRequest 对象发送请求并得到服务器响应，在不需要重新载入整个页面的情况下，就可以通过 DOM 及时将更新的内容显示在页面上。

（4）可以调用 XML 等外部数据，进一步促进页面显示和数据的分离。

（5）基于标准化的并被广泛支持的技术，不需要下载插件或者小程序。

8.12.2　Ajax 中的核心技术 XMLHttpRequest

Ajax 技术之中最核心的技术就是 XMLHttpRequest，它是一个具有应用程序接口的 JavaScript 对象，能够使用超文本传输协议（HTTP）连接一个服务器，是微软公司为了满足开发者的需要，于 1999 年在 IE 5.0 浏览器中率先推出的。现在许多浏览器都对其提供了支持，不过实现方式与 IE 有所不同。

通过 XMLHttpRequest 对象，Ajax 可以像桌面应用程序一样只同服务器进行数据层面的交换，而不用每次都刷新页面，也不用每次都将数据处理的工作交给服务器来做，这样既减轻了服务器负担又加快了响应速度，缩短了用户等待的时间。

在使用 XMLHttpRequest 对象发送请求和处理响应之前，首先需要初始化该对象，由于 XMLHttpRequest 不是一个 W3C 标准，所以对于不同的浏览器，初始化的方法也是不同的。

☑　IE 浏览器。

IE 浏览器把 XMLHttpRequest 实例化为一个 ActiveX 对象，具体语法如下：

```
var http_request = new ActiveXObject("Msxml2.XMLHTTP");
```

或者用下面语法：

```
var http_request = new ActiveXObject("Microsoft.XMLHTTP");
```

> **说明**
> 上面语法中的 Msxml2.XMLHTTP 和 Microsoft.XMLHTTP 是针对 IE 浏览器的不同版本进行设置的，目前比较常用的是这两种。

☑　Mozilla、Safari 等其他浏览器。

Mozilla、Safari 等其他浏览器把它实例化为一个本地 JavaScript 对象，具体语法如下：

```
var http_request = new XMLHttpRequest();
```

为了提高程序的兼容性，可以创建一个跨浏览器的 XMLHttpRequest 对象。创建一个跨浏览器的 XMLHttpRequest 对象其实很简单，只需要判断一下不同浏览器的实现方式，如果浏览器提供了 XMLHttpRequest 类，则直接创建一个实例，否则使用 IE 的 ActiveX 控件。具体代码如下：

```
if (window.XMLHttpRequest) { // Mozilla、Safari……
    http_request = new XMLHttpRequest();
```

```
    } else if (window.ActiveXObject) {                              // IE 浏览器
        try {
            http_request = new ActiveXObject("Msxml2.XMLHTTP");
        } catch (e) {
            try {
                http_request = new ActiveXObject("Microsoft.XMLHTTP");
            } catch (e) {}
        }
    }
```

说明　由于 JavaScript 具有动态类型特性，而且 XMLHttpRequest 对象在不同浏览器上的实例是兼容的，所以可以用同样的方式访问 XMLHttpRequest 实例的属性的方法，不需要考虑创建该实例的方法是什么。

1．XMLHttpRequest 对象的常用方法

XMLHttpRequest 对象的常用方法如表 8.6 所示。

表 8.6　XMLHttpRequest 对象的常用方法

方　法	描　述
abort()	停止当前异步请求
getAllResponseHeaders()	以字符串形式返回完整的 HTTP 头信息
getResponseHeader("headerLabel")	以字符串形式返回指定的 HTTP 头信息
open("method","URL"[,asyncFlag[,"userName"[, "password"]]])	设置进行异步请求目标的 URL、请求方法以及其他参数信息
send(content)	发送请求
setRequestHeader("label", "value")	设置 HTTP 头信息并和请求一起发送

下面对 XMLHttpRequest 对象的常用方法进行详细介绍。

（1）open()方法。

open()方法用于设置进行异步请求目标的 URL、请求方法以及其他参数信息，具体语法如下：

```
open("method","URL"[,asyncFlag[,"userName"[, "password"]]])
```

open()方法的各参数说明如表 8.7 所示。

表 8.7　open()方法的参数说明

参　数	描　述
method	用于指定请求的类型，一般为 GET 或 POST
URL	用于指定请求地址，可以使用绝对地址或者相对地址，并且可以传递查询字符串
asyncFlag	可选，用于指定请求方式，同步请求为 true，异步请求为 false，默认情况下为 true
userName	可选，用于指定请求用户名，没有可省略
password	可选，用于指定请求密码，没有可省略

（2）send()方法。

send()方法用于向服务器发送请求。如果请求声明为异步，该方法将立即返回，否则将等到接收到响应为止，具体语法格式如下：

---

send(content)

参数说明如下。

content：用于指定发送的数据，可以是 DOM 对象的实例、输入流或字符串。如果没有参数需要传递可以设置为 null。

（3）setRequestHeader()方法。

setRequestHeader ()方法为请求的 HTTP 头设置值，具体语法格式如下：

---

setRequestHeader("label", "value")

参数说明如下。

☑　label：用于指定 HTTP 头。

☑　value：用于为指定的 HTTP 头设置值。

说明

　　setRequestHeader()方法必须在调用 open()方法之后才能调用。

2. XMLHttpRequest 对象的常用属性

XMLHttpRequest 对象的常用属性如表 8.8 所示。

表 8.8　XMLHttpRequest 对象的常用属性

属　　性	描　　述
onreadystatechange	每个状态改变时都会触发这个事件处理器，通常会调用一个 JavaScript 函数
readyState	请求的状态，有以下 5 个取值： 0 = 未初始化 1 = 正在加载 2 = 已加载 3 = 交互中 4 = 完成
responseText	服务器的响应，表示为字符串
responseXML	服务器的响应，表示为 XML。这个对象可以解析为一个 DOM 对象
status	返回服务器的 HTTP 状态码，如： 200=成功 202=请求被接受，但尚未成功 400=错误的请求 404=文件未找到 500=内部服务器错误
statusText	返回 HTTP 状态码对应的文本

8.13　本　章　小　结

　　至此，一个完整的网络在线考试系统已经全部完成。在程序的开发过程中，采用了 Struts 框架，使整个系统的设计思路更加清晰，同时还应用了 EL 表达式和 Struts 框架提供的标签库，大大减少了 JSP 页面中的脚本程序（Scriptlet），使页面代码更加简单明了。同时，为了使程序更加人性化，系统中还应用 Ajax 技术实现在线考试时自动计时等功能。希望读者能认真学习，并做到融会贯通。

第 9 章

编程体验 BBS——论坛系统

（Struts 1.2+SQL Server 2005 实现）

　　随着 Internet 技术的快速发展，人与人之间的交流方式逐渐增多。网络视频、网络聊天、博客已成为人们彼此沟通、交流信息的主要方式。此外，为了方便人们在某一专业领域探讨问题和发表意见，Internet 上还出现了在线论坛。在论坛上，用户可以对某一领域提出自己的问题，即发表某一主题，随后，论坛上的其他用户会根据自己的学识、经验发表意见或提出解决问题的方法。本章将通过一个完整的实例介绍在线论坛系统的开发过程。

　　通过阅读本章，可以学习到：

▶▶ 了解开发编程体验论坛的基本流程

▶▶ 掌握分析并设计数据库的方法

▶▶ 熟悉并掌握 Struts 框架的使用

▶▶ 掌握 Struts 框架提供的标签库的应用

▶▶ 掌握使用 Validator 验证框架实现表单数据验证的方法

9.1　开　发　背　景

××大学软件学院是吉林省 IT 人才重点培训基地之一，几年来，学院为社会提供了大批优秀的 IT 技术人才，为国家的信息产业发展做出了很大贡献。学院为了推广 IT 技术，准备提供一个 IT 技术交流平台，为此需要开发一个编程体验 BBS 系统。

9.2　需　求　分　析

开发编程体验 BBS 系统的目的是提供一个供编程者交流的平台，为广大编程者提供交流经验、探讨问题的社区。因此，编程体验 BBS 最基本的功能首先是发表主题，其次是其他人员根据主题发表自己的看法。此外，为了记录主题的发表者和主题的回复者信息，系统还需要提供用户注册和登录的功能。用户只有注册并登录后才能够发表和回复主题，浏览者（游客）只能浏览主题信息。根据用户的需求及上面的分析，编程体验 BBS 论坛系统需要具备以下功能：显示各论坛类别及版面、查看版面下所有根帖、查看精华帖子、查看自己发表的帖子、搜索帖子、查看根帖内容、用户注册、用户登录、发表帖子、回复帖子、进入后台、论坛类别管理、版面管理、用户管理和用户注册。

9.3　系　统　设　计

9.3.1　系统目标

对于典型的数据库管理系统，尤其是像论坛这种数据流量特别大的网络管理系统，必须要满足使用方便、操作灵活等设计需求。本系统在设计时应该满足以下几个目标：

- ☑ 采用人机对话的操作方式，界面设计美观友好，信息查看灵活、方便、快捷、准确，数据存储安全可靠。
- ☑ 全面展示系统内所有分类的帖子，并进行分页显示。
- ☑ 为用户提供一个方便、快捷的主题信息查看功能。
- ☑ 实现在线发表帖子功能。
- ☑ 提供登录模块，主要用于管理员登录系统和发表帖子时留下发表者的信息。
- ☑ 用户随时都可以查看自己发表的帖子。
- ☑ 对用户输入的数据，系统进行严格的数据检验，尽可能排除人为的错误。
- ☑ 系统最大限度地实现了易维护性和易操作性。
- ☑ 系统运行稳定、安全可靠。

9.3.2　系统功能结构

用户访问论坛首页面后，可进行查看版面下根帖信息、查看自己发表的帖子、查看精华帖子、搜索帖子、查看根帖信息、用户注册等功能。用户在编程体验 BBS 系统中通过注册成为该网站的会员并成功登录系统后，可进行发表帖子、回复帖子、查看自己发表的帖子等操作；若用户的权限为管理员，则可进入后台，进行论坛类别的管理、版面管理和用户管理的操作。下面通过结构图分别来介绍前后台所具有的功能。

编程体验 BBS 前台功能结构图如图 9.1 所示。

编程体验 BBS 后台功能结构图如图 9.2 所示。

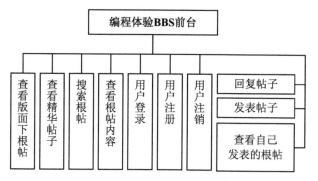

图 9.1　编程体验 BBS 前台功能结构图

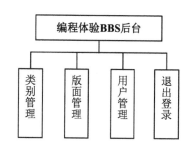

图 9.2　编程体验 BBS 后台功能结构图

9.3.3　业务流程图

编程体验 BBS 的系统功能结构如图 9.3 所示。

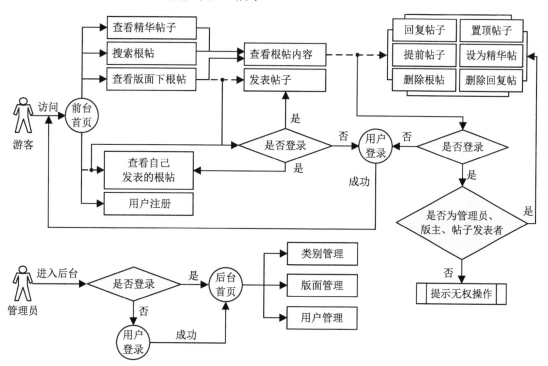

图 9.3　编程体验 BBS 的系统功能结构

9.3.4 系统预览

编程体验 BBS 系统由多个程序页面组成，下面仅列出几个典型页面，其他页面请读者运行光盘中的源程序进行查看。

系统首页如图 9.4 所示，该页面用于实现论坛类别的分类显示，同时也提供了"登录"、"进入后台"、"注册"等超链接；在查看版面下根帖的页面中，将置顶帖子和其他帖子进行分类显示，如图 9.5 所示；在查看根帖内容的页面中，不仅会显示根帖内容，而且会分页显示该根帖的回复帖，如图 9.6 所示。

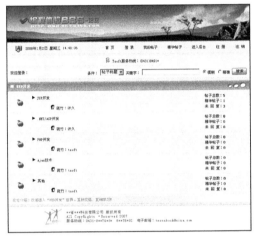

图 9.4　首页面（光盘\TM\09\view\default.jsp）

图 9.5　显示版面根帖页面（光盘\…\show\bbs\listshow.jsp）

管理员成功登录后，进入系统后台首页面，在页面的左侧栏中提供了对论坛类别、版面和用户操作的超链接，如图 9.7 所示。

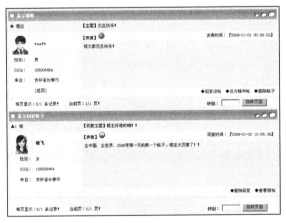

图 9.6　查看根帖内容页面（光盘\…\show\bbs\openRootShow.jsp）

图 9.7　后台首页（光盘\…\admin\view\adminTemp.jsp）

说明 由于路径太长，因此省略了部分路径，省略的路径是 TM\09\pages。

9.3.5　开发环境

在开发编程体验 BBS 系统时，需要具备下面的软件环境。

服务器端：

- ☑ 操作系统：Windows 2003。
- ☑ Web 服务器：Tomcat 6.0。
- ☑ Java 开发包：JDK 1.5 以上。
- ☑ 数据库：SQL Server 2005。
- ☑ 浏览器：IE 6.0。
- ☑ 分辨率：最佳效果为 1024×768 像素。

客户端：

- ☑ 浏览器：IE 6.0。
- ☑ 分辨率：最佳效果为 1024×768 像素。

9.3.6　业务逻辑编码规则

业务逻辑编码规则是指根据实际的业务逻辑以及编码原则制定的编码规则，这个规则可以使系统具有统一的标准编码规则，便于对数据进行有效的处理。

为了方便读者学习，下面介绍本系统中对 Action 类的编码规则。本系统中，只有管理员才能执行的功能都在一个 Action 类中实现，该 Action 类被命名为 AdminAction，在 AdminAction 类中创建方法来实现管理员的操作，这些方法的命名需要遵循程序的编码规则，其中最主要的是要遵循见名知意的编码规则，如创建名为 setTopBbs() 的方法实现置顶帖子的操作，创建名为 addBoard() 的方法实现添加版面的操作；对管理员、版主、游客都可进行的操作，在名为 BbsAction 类中实现。同样，类中处理请求的方法也遵循见名知意的原则，例如，创建名为 goodListShow() 的方法实现查看精华帖子的操作，创建名为 addBbs() 的方法实现发表帖子的操作；对于系统中为其他操作创建的对应的类分别如下：创建 IndexAction 类，用来实现用户访问论坛首页面的请求；创建 LogXAction 类实现用户登录、注销和注册的请求；创建 SearchAction 类，实现搜索帖子的功能；创建 OwnAction 类用来实现只对当前登录用户进行的操作，如创建 lookMyBbs() 方法处理"查看我的帖子"的请求。

9.3.7　文件夹组织结构

在编写代码之前，可以把系统中可能用到的文件夹先创建出来（例如，创建一个名为 images 的文件夹，用于保存网站中所使用的图片），这样不但可以方便以后的开发工作，也可以规范网站的整体架构。本系统的文件夹组织结构如图 9.8 所示。

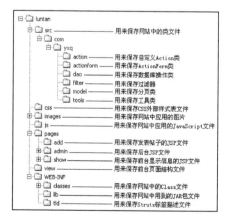

图 9.8　编程体验 BBS 文件夹组织结构图

9.4 数据库设计

数据库的设计，在程序开发中起着至关重要的作用，往往决定了后续开发中如何编码。一个合理、有效的数据库设计可降低程序的复杂性，使程序开发的过程更为容易。

9.4.1 数据库分析

本系统是一个中型的供求信息网站，考虑到开发成本、用户信息量及客户需求等问题，决定采用 Microsoft SQL Server 2005 作为项目中的数据库。

Microsoft SQL Server 是一种客户/服务器模式的关系型数据库，具有很强的数据完整性、可伸缩性、可管理性和可编程性；具有均衡与完备的功能；具有较低的价格与性能比。SQL Server 数据库提供了复制服务、数据转换服务和报表服务，并支持 XML 语言。使用 SQL Server 数据库可以大容量地存储数据，并对数据进行合理的逻辑布局，应用数据库对象可以对数据进行复杂的操作。SQL Server 2005 也提供了 JDBC 编程接口，这样可以非常方便地应用 Java 来操作数据库。

9.4.2 数据库概念设计

根据以上章节中对系统所做的需求分析及系统设计，规划出本系统所使用的数据库实体，分别为根帖实体、回复帖实体、版面实体、论坛类别实体和用户实体。下面将介绍几个关键实体的 E-R 图。

☑ 根帖实体。

根帖实体包括编号、所属版面、标题、内容、发布者、发布时间、表情、对帖子进行操作的时间、是否为置顶帖子、被置顶的时间、是否为精华帖子和被设置为精华帖子的时间等属性。其中是否为置顶帖子与是否为精化帖子属性分别用来标识帖子是否被设置为置顶或是精华帖子，1 表示"是"，0 表示"否"。根帖实体的 E-R 图如图 9.9 所示。

☑ 回复帖实体。

回复帖实体包括编号、根帖 ID、标题、内容、回复者、回帖时间和表情属性。回复帖实体的 E-R 图如图 9.10 所示。

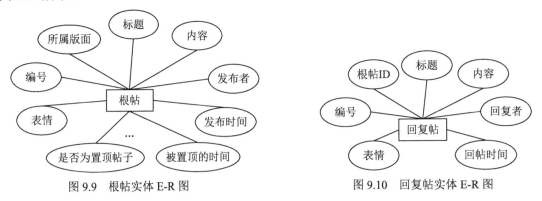

图 9.9 根帖实体 E-R 图　　　　　　　　图 9.10 回复帖实体 E-R 图

☑　版面实体。

版面实体包括编号、所属类别 ID、版面名称、版主和版面公告属性。版面实体的 E-R 图如图 9.11 所示。

☑　论坛类别实体。

论坛类别实体包括编号、类别名称和介绍属性。论坛类别实体的 E-R 图如图 9.12 所示。

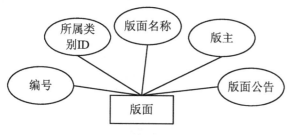

图 9.11　版面实体 E-R 图

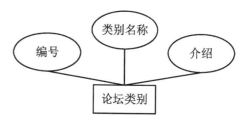

图 9.12　论坛类别实体 E-R 图

9.4.3　数据库逻辑结构

根据 9.4.2 节的数据库概念设计，可以创建与实体对应的数据表，创建数据表后，还可以创建相关的数据表之间的关系。

为了使读者对本系统的数据库的结构有一个更清晰的认识，下面给出数据库中所包含的数据表的结构图，如图 9.13 所示。

1. 各数据表的结构

本系统共包含 3 个数据表，下面分别介绍这些表的结构。

☑　tb_bbs（根帖信息表）。

根帖信息表用来保存发布的全部根帖信息，该表的结构如表 9.1 所示。

🗄 db_luntan

   ⊟　tb_bbs（根帖信息表）

   ⊟　tb_bbsAnswer（回复帖子信息表）

   ⊟　tb_board（版面信息表）

   ⊟　tb_class（论坛类别信息表）

   ⊟　tb_user（用户信息表）

图 9.13　db_luntan 数据库所包含的数据表结构图

表 9.1　tb_bbs 表的结构

字　段　名	数据类型	是否为空	是否主键	默　认　值	描　　　述
bbs_id	int(4)	No	Yes		帖子 ID（自动编号）
bbs_boardID	smallint(2)	Yes		((-1))	帖子所属版面的 ID
bbs_title	varchar(70)	Yes		NULL	帖子标题
bbs_content	varchar(2000)	Yes		NULL	帖子内容
bbs_sender	varchar(20)	Yes		NULL	帖子的发布者
bbs_sendTime	datetime(8)	Yes		NULL	帖子的发布时间
bbs_face	varchar(8)	Yes		NULL	帖子表情

字　段　名	数据类型	是否为空	是否主键	默　认　值	描　　述
bbs_opTime	datetime(8)	Yes		NULL	对帖子进行操作的时间。该操作只包括发表帖子和提前帖子。在显示非置顶帖子时，按该字段降序排列
bbs_isTop	varchar(1)	Yes		(0)	是否为置顶帖子，1 表示置顶帖子，0 表示非置顶帖子
bbs_toTopTime	datetime	Yes		NULL	帖子被置顶的时间。在显示置顶帖子时，按该字段降序排列
bbs_isGood	varchar(1)	Yes		(0)	是否为精华帖子，1 表示精华帖子，0 表示非精华帖子
bbs_toGoodTime	datetime(8)	Yes		NULL	帖子被设为精华帖子的时间。在显示精华帖子时，按该字段降序排列

☑　tb_board（版面信息表）。

版面信息表用来保存论坛中的版面信息，该表的结构如表 9.2 所示。

表 9.2　tb_board 表的结构

字　段　名	数据类型	是否为空	是否主键	默　认　值	描　述
board_id	smallint(2)	No	Yes		版面 ID（自动编号）
board_classID	smallint(2)	Yes		NULL	版面所属类别的 ID 值
board_name	varchar(40)	Yes		NULL	版面名称
board_master	varchar(20)	Yes		NULL	版面版主
board_pcard	varchar(200)	Yes		NULL	版面公告

☑　tb_bbsAnswer（回复帖子信息表）。

回复帖子信息表用来保存回复帖子的信息，该表的结构如表 9.3 所示。

表 9.3　tb_bbsAnswer 表的结构

字　段　名	数据类型	是否为空	是否主键	默　认　值	描　　述
bbsAnswer_id	int(4)	No	Yes		ID（自动编号）
bbsAnswer_rootID	int(4)	Yes		NULL	回复帖子的根帖的 ID 值
bbsAnswer_title	varchar(70)	Yes		NULL	回复帖子的标题
bbsAnswer_content	varchar(2000)	Yes		NULL	回复帖子的内容
bbsAnswer_sender	varchar(20)	Yes		NULL	回复帖子的回复者
bbsAnswer_sendTime	datetime(8)	Yes		NULL	回复帖子的时间
bbsAnswer_face	varchar(10)	Yes		NULL	回复帖子的表情

☑　tb_class（论坛类别信息表）。

论坛类别信息表用来保存论坛类别信息，该表的结构如表 9.4 所示。

表 9.4 tb_class 表的结构

字 段 名	数据类型	是否为空	是否主键	默 认 值	描 述
class_id	smallint(2)	No	Yes		ID（自动编号）
class_name	varchar(40)	Yes		NULL	论坛类别名称
class_intro	varchar(200)	Yes		NULL	论坛类别介绍信息

2. 数据表之间的关系设计

本系统设置了如图 9.14 所示的数据表之间的关系，该关系实际上也反映了系统中各个实体之间的关系。设置了该关系后，当改变 tb_user 数据表的 user_name 字段时，tb_bbs 数据表的 bbs_sender 字段也会级联更新或删除；当改变 tb_board 数据表的 board_id 字段时，tb_bbs 数据表的 bbs_boardID 字段也会级联更新或删除；当改变 tb_class 数据表的 class_id 字段时，tb_board 数据表的 board_classID 字段也会级联更新或删除。

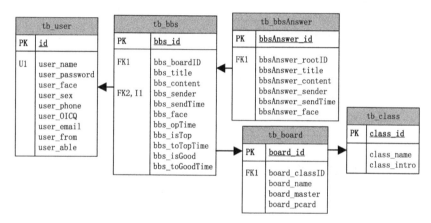

图 9.14 数据表之间的关系图

9.5 公共类设计

在开发程序时，经常会遇到在不同的方法中进行相同处理的情况，例如，数据库连接和字符串处理等，为了避免重复编码，可将这些处理封装到单独的类中，通常称这些类为公共类或工具类。在开发本系统时，用到以下公共类：数据库连接及操作类、业务处理类、分页类、字符串处理类和解决中文乱码公共类。其中，数据库连接类、分页类和字符串处理类与在第 1 章中介绍的公共类相似，这里不再介绍，读者可查看本书第 1 章中 1.5 节的内容。下面对业务处理类和解决中文乱码类进行讲解。

9.5.1 业务处理类

OpDB 类实现了处理本系统中用户请求的所有业务的操作，如列表显示根帖、版面、论坛类别、用户；获取某个根帖、版面、论坛类别和用户信息，更新所有信息的操作。几乎每一个用户请求的业务，在 OpDB 类中都对应着一个方法，具有相同性质的业务可在一个方法中实现。在这些方法中，通过调用 DB 类中的 doPstm()方法来对数据库进行操作。

OpDB 类中的方法与方法所处理的业务如表 9.5 所示。

表 9.5　OpDB 类中的方法介绍

方　　法	返　回　值	实　现　业　务
OpClassListShow()	java.util.List	获取论坛类别列表
OpClassSingleShow()	com.yxq.actionform.ClassForm	获取某个论坛类别信息
OpBoardListShow()	java.util.List	获取版面列表
OpBoardSingleShow()	com.yxq.actionform.BoardForm	获取某个版面信息
OpBbsListShow()	java.util.List	获取根帖列表
OpBbsSingleShow()	com.yxq.actionform.BbsForm	获取某个根帖信息
OpBbsAnswerListShow()	java.util.List	获取回复帖列表
OpBbsAnswerSingleShow()	com.yxq.actionform.BbsAnswerForm	获取某个回复帖信息
OpUserListShow()	java.util.List	获取用户列表
OpUserSingleShow()	com.yxq.actionform.UserForm	获取某个用户信息
OpUpdate()	int	更新论坛类别、版面、根帖、用户信息
setMark()	void	设置是否进行分页显示的标志
setPageInfo()	void	设置分页信息
getRs()	java.sql.ResultSet	将结果集记录指针移动到指定页开始显示记录的位置，并返回结果集
OpCreatePage()	void	创建分页类
getPage()	com.yxq.model.CreatePage	返回分页类

下面对表 9.5 中主要的方法进行介绍。

1．OpClassListShow()方法

OpClassListShow()方法用来实现获取论坛类别列表，在方法中首先调用 DB 类的 doPstm()方法查询数据库，接着调用 getRs()方法获取查询后的结果集，然后依次将结果集中的记录封装到 ClassForm 类对象中，并将该对象保存到 List 集合中，最后返回该 List 集合对象。OpClassListShow()方法的关键代码如下：

例程 01　　代码位置：光盘\TM\09\src\com\yxq\dao\OpDB.java

```
public List<ClassForm> OpClassListShow(){
    List<ClassForm> listshow=null;
    String sql="select * from tb_class";                      //生成查询 SQL 语句
    DB mydb=new DB();                                         //创建数据库操作对象
    mydb.doPstm(sql,null);                                    //执行 SQL 语句
    ResultSet rs=mydb.getRs();                                //获取结果集
    listshow=new ArrayList<ClassForm>();
    while(rs.next()){
        ClassForm classSingle=new ClassForm();
        classSingle.setClassId(String.valueOf(rs.getInt(1)));  //获取类别数据表中类别 ID 字段内容
        classSingle.setClassName(rs.getString(2));             //获取类别数据表中类别名称字段内容
```

```
        classSingle.setClassIntro(rs.getString(3));        //获取类别数据表中类别介绍字段内容
        listshow.add(classSingle);
    }
    return listshow;
}
```

2．OpClassSingleShow()方法

该方法实现了查看论坛类别详细内容的业务，方法中首先查询数据库获取指定条件的记录，然后将记录封装到 ClassForm 类对象中，最后返回该对象。关键代码如下：

例程 02　代码位置：光盘\TM\09\src\com\yxq\dao\OpDB.java

```
public ClassForm OpClassSingleShow(String sql,Object[] params){
    ClassForm classform=null;
    DB mydb=new DB();                                    //创建数据库操作对象
    mydb.doPstm(sql,params);                             //执行 SQL 语句
    ResultSet rs=mydb.getRs();                           //获取结果集
    if(rs!=null&&rs.next()){
        classform=new ClassForm();
        classform.setClassId(String.valueOf(rs.getInt(1)));  //获取类别数据表中类别 ID 字段内容
        classform.setClassName(rs.getString(2));         //获取类别数据表中类别名称字段内容
        classform.setClassIntro(rs.getString(3));        //获取类别数据表中类别介绍字段内容
    }
    return classform;
}
```

3．OpUpdate()方法

本系统的发表帖子、回复帖子；添加、删除论坛类别、版面信息等操作具有相同的性质，即都是根据指定的 SQL 语句来更新数据库的。OpUpdate()方法实现具有该性质的业务，方法中首先调用 DB 类的 doPstm()方法更新数据库，接着调用 getUpdate()方法获取更新操作所影响的记录数，最后返回该记录数。OpUpdate()方法的具体代码如下：

例程 03　代码位置：光盘\TM\09\src\com\yxq\dao\OpDB.java

```
public int OpUpdate(String sql,Object[] params){
    DB mydb=new DB();
    mydb.doPstm(sql,params);
    int i=mydb.getUpdate();
    return i;
}
```

9.5.2　解决中文乱码的公共类

ToChinese 类用于解决在 Struts 中遇到的中文乱码的问题。此时表单的 method 属性必须为 post。ToChinese 类的具体代码如下：

例程 04　代码位置：光盘\TM\09\src\com\yxq\tools\ToChinese.java

```
package com.yxq.tools;                                   //指定类文件所在的包
```

```
import java.io.UnsupportedEncodingException;
import javax.servlet.http.HttpServletRequest;
import javax.servlet.http.HttpServletResponse;
import org.apache.struts.action.RequestProcessor;
public class ToChinese extends RequestProcessor {
    protected boolean processPreprocess(HttpServletRequest request, HttpServletResponse response) {
        try {                                                        //捕捉异常
            request.setCharacterEncoding("gb2312");                  //设置编码格式为 gb2312
        } catch (UnsupportedEncodingException e) {
            e.printStackTrace();                                     //输出异常信息
        }
        return true;
    }
}
```

编写完该类后要在 struts-config.xml 文件中进行如下配置后才能被程序自动调用：

```
<struts-config>
    <controller processorClass="com.yxq.tools.ToChinese"/>
</struts-config>
```

9.6 前台页面设计

9.6.1 前台页面概述

本系统中所有的前台页面都采用了一种页面框架，该页面框架采用一分栏结构，分为 4 个区域：页头、功能栏、内容显示区和页尾。网站前台首页面的运行结果如图 9.15 所示。

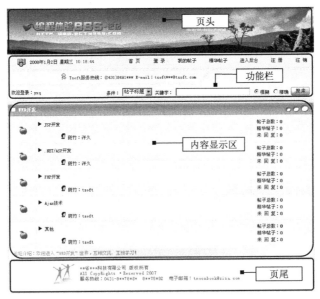

图 9.15 前台首页面的运行结果

9.6.2　前台页技术分析

本系统中，实现前台页面框架的 JSP 文件为 indexTemp.jsp，该页面的布局如图 9.16 所示。

本系统对前台用户所有请求的响应都通过该框架页面进行显示。在 indexTemp.jsp 文件中主要采用 include 动作和 include 指令来包含各区域所对应的 JSP 文件。因为页头、功能栏和页尾是不变的，所以可以在框架页面中事先指定，而对于内容显示区中的内容应根据用户的操作来显示，所以该区域要显示的页面是动态改变的，加载该页面的方法与第 1 章中的前台页面的实现技术相同。

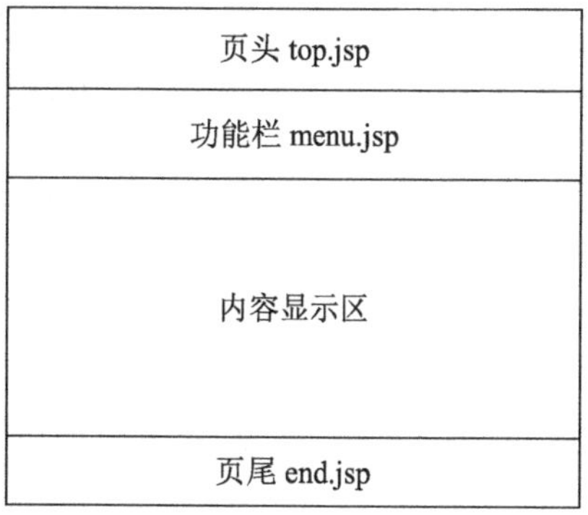

页头 top.jsp
功能栏 menu.jsp
内容显示区
页尾 end.jsp

图 9.16　indexTemp.jsp 页面的布局

9.6.3　前台页面的实现过程

根据以上两节的页面概述及实现技术分析，需要分别创建实现各区域的 JSP 文件，如实现页头的 top.jsp、实现功能栏的 menu.jsp、页尾文件 end.jsp 和首页面中需要在内容显示区显示的 default.jsp 等 JSP 文件。下面主要介绍前台框架页面 indexTemp.jsp 的实现。

以下为 indexTemp.jsp 文件中实现页面显示的代码：

例程 05　代码位置：光盘\TM\09\WebContent\view\indexTemp.jsp

```
<%
  String mainPage=(String)session.getAttribute("mainPage");
  if(mainPage==null||mainPage.equals(""))
      mainPage="default.jsp";
%>
<table>
    <tr><td><%@ include file="top.jsp"%></td></tr>          <!-- 包含页头文件 -->
    <tr><td><jsp:include page="menu.jsp"/></td></tr>        <!-- 包含实现功能栏的文件 -->
    <tr><td><jsp:include page="<%=mainPage%>"/></td></tr>    <!-- 动态加载内容显示区中的文件 -->
    <tr><td><%@ include file="end.jsp"%></td></tr>          <!-- 包含页尾文件 -->
</table>
```

9.7　前台显示设计

9.7.1　前台显示概述

论坛的前台显示主要包括首页面的论坛类别显示、某版面下根帖的列表显示、我的帖子的列表显示、精华帖子的列表显示、搜索后根帖的列表显示和根帖与回复帖内容的详细显示。

其中在根帖的列表显示系列中，我的帖子、精华帖子和搜索这 3 个功能的实现是相似的，最终都是生成一个查询 SQL 语句，并通过执行该 SQL 语句获取一个符合条件的信息集合，然后返回页面进行显示。不同的是它们生成 SQL 语句的方式，列表显示我的帖子，需要获取当前登录用户的用户名，然后生成查询 SQL 语句；列表显示精华帖，要执行的是一个固定的、已知的 SQL 语句；列表显示搜索到的根帖，需要从页面表单中获取条件和搜索关键字后，才能生成 SQL 语句。

不仅如此，这 3 种功能的页面信息显示也是相同的，不同的是通过 Struts 标签输出信息时所引用的对象不同。由于篇幅限制，对这 3 种功能在本章中不再进行讲解，读者可查看本书附带光盘中的源代码。

下面分别介绍首页面论坛类别显示、某版面下根帖的列表显示和根帖与回复帖内容的详细显示

1．首页面的论坛类别显示

该显示实现的效果是：分类显示论坛类别，并以超链接形式显示属于该论坛类别中的所有版面名称，并显示当前版面的版主和一些帖子的相关信息，如图 9.17 所示。

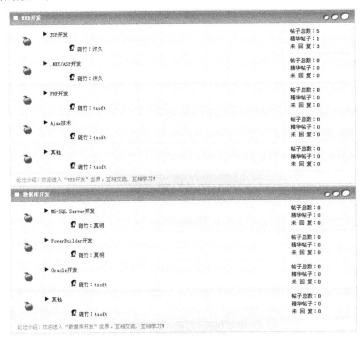

图 9.17　首页面的论坛类别显示效果图

2．某版面中根帖列表的显示

该显示实现的效果是：显示某个版面中所有的根帖。该显示方式将单独显示版面中的置顶帖子和其他帖子。对于置顶帖子的显示，将按照帖子被置顶的时间进行降序排列；对于其他帖子的显示，将按照帖子被操作的时间进行降序排列。每条根帖显示其状态、标题、回复数、发表者和最后回复信息，如图 9.18 所示。

3．根帖和回复帖内容的详细显示

该显示方式实现的效果是：显示根帖的详细信息，并显示该根帖的所有回复帖，另外，对每条帖子都显示发表者的部分信息，如图 9.19 所示。

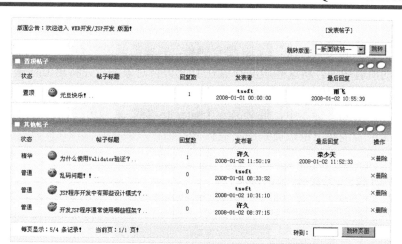

图 9.18　某版面中所有根帖的显示效果图

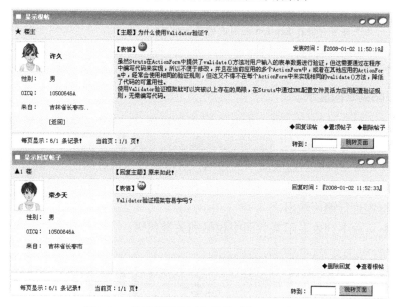

图 9.19　显示根帖及回复帖的详细显示效果图

对于前台的显示，应对某版面中的根帖和根帖的回复帖进行分页显示。

9.7.2　前台显示技术分析

按照 9.7.1 节介绍的 3 种显示方式，分别来分析各种方式的实现技术。

1．首页面的论坛类别显示

在首页面中显示论坛类别时，首先通过 Struts 中的 Logic 标签库中的<iterate>标签遍历存储在 Session 范围内的 List 集合对象，该 List 集合对象是在处理用户访问论坛首页面时的请求处理类中实现的，其中存储的是封装了论坛类别信息的 ActionForm；然后再使用 Bean 标签库中的<write>标签输出从 List 集合对象中遍历出的 ActionForm 中的属性信息，即可实现论坛类别的显示。

　　另外，还要列表显示当前论坛类别中的版面。在访问首页面的请求处理类中，获取了论坛类别的 List 集合对象后，可通过 for 语句循环该 List 集合对象，获取当前论坛类别的 ID，然后通过该 ID 值获取属于该论坛类别的所有版面，将这些版面存储在 List 集合对象中，并将该 List 集合对象以 "class"+ 当前论坛类别的 ID 值" 为关键字存储在 Session 范围内。在返回前台页面后，可在用来遍历存储论坛类别的 List 集合对象的 iterate 标签中，嵌套另一个<iterate>标签来遍历并输出当前论坛类别中的版面。

　　下面给出在页面中实现输出论坛类别的关键代码：

```
❶    <logic:iterate id="classSingle" name="classType" scope="session">
            …//省略了输出论坛类别信息的代码
❷    <logic:iterate id="boardSingle" name="class${classSingle.classId}" scope="session">
            …//省略了输出版面信息的代码
         </logic:iterate>
     </logic:iterate>
```

 代码贴士

　　❶ 遍历以 classType 为关键字存储在 Session 范围内的集合对象。

　　❷ 遍历以 "class"+论坛类别 ID 值" 为关键字存储在 Session 范围内的集合对象。其中 name 属性的值由 JSP 中的 EL 表达式指定，"${}" 为 EL 表达式，"${classSingle.classId}" 用来获取当前论坛类别的 ID 值。

2．某版面中根帖列表的显示

　　当在首页面中单击以超链接形式显示的某个版面的标题时，将列表显示该版面中的根帖，该显示要将置顶帖子与其他帖子分类显示。

　　实现该功能，首先需要获取当前版面中的根帖，这可通过当前版面的 ID 值查询数据表获取，然后分别将获取的置顶帖子列表和其他帖子列表存储在 Session 范围内，最后返回到 JSP 页面通过 Logic 标签库中的<iterator>标签进行遍历输出。

　　下面给出在 JSP 页面中列表显示某版面中根帖的关键代码：

```
<logic:iterate id="topBbsSingle" name="topbbslist">
        …//省略了输出置顶帖子的代码
</logic:iterate>
<logic:iterate id="otherBbsSingle" name="otherbbslist">
        …//省略输出其他帖子的代码
</logic:iterate>
```

　　对于根帖的回复数和最后回复人，可通过当前根帖的 ID 查询存储回复帖信息的数据表获得，查询的 SQL 语句如下：

```
//获取回复帖子数的 SQL 语句
String sql1="select count(bbsAnswer_id) from tb_bbsAnswer where bbsAnswer_rootID=?";
//获取最后回复人、回复时间的 SQL 语句
String sql2="select bbsAnswer_sender, bbsAnswer_sendTime from tb_bbsAnswer where bbsAnswer_rootID = ?
order by bbsAnswer_sendTime";
```

3．根帖和回复帖内容的详细显示

　　实现根帖内容的详细显示，可通过根帖 ID 查询数据表获取根帖的信息后封装到 ActionForm 中，

然后存储到 Session 对象内，在返回 JSP 页面后通过 bean 标签库中的 write 标签输出；实现显示根帖的回复帖，同样可通过根帖的 ID 查询回复帖数据表来获取，最后获取的是一个 List 集合对象，集合中的每个元素为封装了回复贴信息的 ActionForm，将该 List 集合对象存储在 Session 对象内，在返回 JSP 页面后，可通过 Logic 标签库中的 iterator 标签遍历输出。

另外，无论是在显示根帖还是回复帖的详细内容时，都需要显示当前帖子的发表者或回复者的信息，下面分别介绍这些功能的技术实现。

根帖的发表者的信息可通过从获取的根帖信息中取出根帖的发表者，然后将其作为查询条件查询用户信息数据表来获取，最后存储到 session 对象内。

回复帖的回复者信息可通过一个 Map 对象进行存储，该 Map 对象以回复者的用户名为关键字来存储封装用户信息的 ActionForm 类。在获取了存储回复帖的集合对象后，首先对该集合对象进行循环处理，在循环体中获取当前回复帖子的回复者的用户名，然后判断在存储回复者信息的 Map 对象中是否已经存在以该用户名作为关键字的映射，若不存在，则以该用户名为条件查询用户信息数据表获取用户信息，接下来以该用户名作为关键字存储获取的用户信息到 Map 对象中；最后返回到 JSP 页面中通过 Struts 标签和 EL 表达式输出。获取回复帖的回复者信息的关键代码如下：

```
sql="select * from tb_user where user_name=?";
Map answerMap=new HashMap();
for(int i=0;i<answerbbslist.size();i++){                          //循环处理回复帖列表
    String answerer=((BbsAnswerForm)answerbbslist.get(i)).getBbsAnswerSender();//获取当前回复帖的回复者
    if(!answerMap.containsKey(answerer)){                          //如果不存在该回复者的用户名的映射
        params[0]=answerer;
        UserForm answerUser=myOp.OpUserSingleShow(sql, params);//查询出该用户信息
        answerMap.put(answerer,answerUser);                      //保存用户信息到 Map 对象中
    }
}
```

9.7.3　首页面论坛类别显示的实现过程

首页面论坛类别显示用到的数据表：tb_class和tb_board。

1．创建 ActionForm

ActionForm 作为控制器与视图进行数据传递的中间存储器，是 Struts 中不可缺少的组件，在实现论坛类别的显示时会涉及论坛类别和版面信息的显示，所以需要创建两个 ActionForm 分别用来封装从数据表中查询出的类别和版面信息。

创建用来封装论坛类别信息的 ActionForm，关键代码如下：

例程 06　代码位置：光盘\TM\09\src\com\yxq\actionform\ClassForm.java

```
package com.yxq.actionform;
import javax.servlet.http.HttpServletRequest;
import org.apache.struts.action.ActionErrors;
import org.apache.struts.action.ActionMapping;
import org.apache.struts.validator.ValidatorForm;
public class ClassForm extends ValidatorForm{
    private String classId;                                      //存储类别 ID
```

```
        private String className;                                    //存储类别名称
        private String classIntro="欢迎访问！ ";                      //存储类别介绍
        …//省略了属性的 setXXX()与 getXXX()方法
    }
```

因为在实现该论坛时，使用了 Validator 框架来验证表单，所以创建的 ActionForm 需要继承 ValidatorForm 类，关于在 Struts 中使用 Validator 验证的介绍，读者可查看本章 9.13 节中的内容。

创建用来封装版面信息的 ActionForm，关键代码如下：

例程 07 代码位置：光盘\TM\09\src\com\yxq\actionform\BoardForm.java

```
public class BoardForm extends ValidatorForm {
        private String boardId;                                      //存储版面 ID
        private String boardClassID;                                 //存储版面所属类别的 ID
        private String boardName;                                    //存储版面名称
        private String boardMaster="tsoft";                          //存储版主
        private String boardPcard;                                   //存储版面公告
        private String boardBbsnum;                                  //存储版面中的所有根帖数量
        private String boardBbsundonum;                              //存储版面中未回复根帖的数量
        private String boardBbsgoodnum;                              //存储版面中精华帖的数量
        …//省略了属性的 setXXX()、getXXX()方法和 validate()方法
    }
```

2. 创建处理访问首页面请求的 Action 类 IndexAction

在该类中编码实现从数据表中获取论坛类别、版面信息的功能，这主要是通过调用 myOp 业务处理对象的 OpClassListShow()方法和 OpBoardListShow()方法来获取的。IndexAction 类的关键代码如下：

例程 08 代码位置：光盘\TM\09\src\com\yxq\action\IndexAction.java

```
HttpSession session=request.getSession();
OpDB myOp=new OpDB();                                             //创建业务对象
List classType=myOp.OpClassListShow();                           //查询数据表，获取所有论坛类别
if(classType!=null&&classType.size()!=0){
    for(int i=0;i<classType.size();i++){
        String classID=((ClassForm)classType.get(i)).getClassId();   //获取当前论坛类别 ID
        String sql="select * from tb_board where board_classID=?";
        Object[] params={classID};
        List oneboardlist=myOp.OpBoardListShow(sql,params);      //获取当前论坛类别中的所有版面
        session.setAttribute("class"+classID,oneboardlist);     //存储版面
    }
}
session.setAttribute("classType",classType);                    //存储类别
```

在版面中需要显示帖子的相关信息，如帖子总数、未回复数等，是通过查询 tb_bbs 数据表获取的，所以在调用业务处理对象的 OpBoardListShow()方法获取当前论坛类别的版面时，还要在该方法中编码实现获取每个版面中这些帖子的相关信息，具体代码读者可查看本书附带光盘中的源代码。

3. 配置 Struts 配置文件

显示论坛类别的请求，是用户访问论坛首页面时触发的，所以可在 index.jsp 页面中编写直接将请求转发给 Action 处理类的代码，然后在 Struts 配置文件中配置该请求并提交给指定的 Action 类进行处

理。先在 index.jsp 页面中实现请求自动转发的代码：

```
<jsp:forward page="/goIndex.do"/>
```

然后在 Struts 配置文件中对/goIndex.do 路径进行如下配置：

例程 09　代码位置：光盘\TM\09\WebContent\WEB-INF\struts-config.xml

```
<!-- 进入首页 -->
<action
        path="/goIndex"
        type="com.yxq.action.IndexAction">
        <forward name="success" path="/view/indexTemp.jsp"/>
</action>
```

4．创建用于显示论坛类别的 JSP 页面 default.jsp

在该页面中将通过 Logic 标签库中的标签遍历存储在 Session 中的集合对象，并通过<bean>标签输出信息，实现论坛类别的显示。关键代码如下：

例程 10　代码位置：光盘\TM\09\WebContent\view\default.jsp

```
<logic:iterate id="classSingle" name="classType" scope="session">
    <b><font color="white">■ <bean:write name="classSingle" property="className"/></font></b>
    <logic:iterate id="boardSingle" name="class${classSingle.classId}" scope="session">
        <a href="user/listShow.do?
    method=rootListShow&showpage=1&classId=${classSingle.classId}&boardId=${boardSingle.boardId}">
            <bean:write name="boardSingle" property="boardName"/>
        </a>
    <tr><td>帖子总数：<bean:write name="boardSingle" property="boardBbsnum"/></td></tr>
    <tr><td>精华帖子：<bean:write name="boardSingle" property="boardBbsgoodnum"/></td></tr>
    <tr><td>未 回 复：<bean:write name="boardSingle" property="boardBbsundonum"/></td></tr>
        <a href="bbs/user/getUserSingle.do?method=getUserSingle&userName=${boardSingle.boardMaster}">
            斑竹：<bean:write name="boardSingle" property="boardMaster"/>
        </a>
    </logic:iterate>
    论坛介绍：<bean:write name="classSingle" property="classIntro" filter="false"/>
</logic:iterate>
```

上述页面代码省略了部分 HTML 代码，目的在于使读者了解如何输出存储在 Session 中的论坛类别和版面信息。最终的运行结果如图 9.17 所示。

9.7.4　某版面中根帖列表显示的实现过程

📋　某版面中根帖列表显示用到的数据表：tb_bbs、tb_bbsAnswer和tb_user。

当单击论坛首页面中某个版面时，将显示该版面中的所有根帖，并且对每条根帖显示回复数、帖子发表者和最后回复人，其实现过程如下。

1．实现查看根帖列表的超链接代码

在首页面中，以超链接显示版面标题的代码如下：

例程 11   代码位置：光盘\TM\09\WebContent\view\default.jsp

```
<a href="user/listShow.do?method=rootListShow&showpage=1&classId=${classSingle.classId}&boardId=
${boardSingle .boardId}"><bean:write name="boardSingle" property="boardName"/></a>
```

在该超链接传递的参数中，method 指定了要调用请求处理类中的方法，showpage 指定了要显示的页码，classId 表示论坛类别 ID，boardId 表示版面 ID。

其中 classId 和 boardId 在传递给请求处理类后，会存储到 Session 对象中，以便在进入版面后进行其他操作时使用。例如，对发表帖子的操作，需要保存该帖子所属版面的 ID 值，因为只有进入某个版面后才可进行发帖操作，而只有单击首页面中某个版面的标题才会进入版面，所以在用户进行发帖操作时，在 Session 中就已经存在要发布的帖子所属的版面 ID，可直接获取。

2．在 Action 处理类中编写处理代码

在例程 11 中实现的超链接将请求 BbsAction 类中的 rootListShow()方法，在该方法中主要实现的是查询数据表获取版面中的帖子。实现代码如下：

例程 12   代码位置：光盘\TM\09\src\com\yxq\action\BbsAction.java

```
String sql="";
Object[] params={boardId};                                      //boardId 为从请求中获取的参数
OpDB myOp=new OpDB();
/* 查询数据库，获取置顶帖子（不包括括精华帖子）*/
myOp.setMark(false);                                            //不进行分页显示
sql="select * from tb_bbs where bbs_boardID=? and bbs_isTop='1' order by bbs_toTopTime DESC";
List topbbslist=myOp.OpBbsListShow(sql, params);               //获取置顶帖子
session.setAttribute("topbbslist",topbbslist);                 //保存置顶帖子
/* 查询数据库，获取其他帖子（包括精华帖子，也包括即是置顶，又是精华的帖子）*/
myOp.setMark(true);                                             //进行分页显示
myOp.setPageInfo(perR, currentP, gowhich);                     //设置进行分页显示需要的信息
sql="select * from tb_bbs where bbs_boardID=? and bbs_isTop='0' or bbs_isGood='1' order by bbs_opTime
DESC";
List otherbbslist=myOp.OpBbsListShow(sql, params);            //获取非置顶帖子
CreatePage page=myOp.getPage();                               //获取分页 Bean，该 Bean 中存储了分页信息
session.setAttribute("otherbbslist",otherbbslist);           //保存非置顶帖子
session.setAttribute("page",page);                           //保存分页 Bean
```

在显示根帖信息时需要显示帖子的相关信息，如回复数、帖子发表者和最后回复人等，是通过查询 tb_bbsAnswer 数据表获取的，所以在调用业务处理对象的 OpBbsListShow()方法获取根帖列表时，还要在该方法中编码实现获取每个根帖的相关信息。

3．设置 Struts 配置文件

将单击在例程 11 中实现的超链接时所触发的请求与例程 12 的请求处理类在 Struts 配置文件中进入如下配置：

例程 13   代码位置：光盘\TM\09\WebContent\WEB-INF\struts-config.xml

```
<!-- 列表显示某个版面的所有根帖 -->
<action
            path="/user/listShow"
```

```
type="com.yxq.action.BbsAction"
parameter="method"
validate="false">
    <forward name="success" path="/view/indexTemp.jsp"/>
</action>
```

4. 在 JSP 页面中显示根帖列表

在 JSP 页面中进行显示时，要将置顶帖子与其他帖子进行分类显示。关键代码如下：

例程 14　代码位置：光盘\TM\09\WebContent\pages\show\bbs\listRootShow.jsp

```
<!-- ***************显示置顶帖子*************** -->
<logic:iterate id="topBbsSingle" name="topbbslist">
    <td>置顶</td>
    <td>
        <img src="images/face/bbs/${topBbsSingle.bbsFace}">          <!-- 显示帖子表情 -->
        <a href="user/openShow.do?method=openShow&bbsId=${topBbsSingle.bbsId}">   <!-- 显示帖子标题 -->
        <bean:write name="topBbsSingle" property="subBbsTitle[18]" filter="false"/></a>
</td>
    <!-- 此处省略了显示帖子其他信息的代码 -->
</logic:iterate>
<!-- ***************显示其他帖子*************** -->
<logic:iterate id="otherBbsSingle" name="otherbbslist">
    <!-- 此处省略了输出帖子状态的代码 -->
    <td>
        <img src="images/face/bbs/${otherBbsSingle.bbsFace}">          <!-- 显示帖子表情 -->
        <a
href="user/openShow.do?method=openShow&showpage=1&bbsId=${otherBbsSingle.bbsId}"><bean:write
name="otherBbsSingle" property="subBbsTitle[18]" filter="false"/></a>          <!-- 显示帖子标题 -->
    </td>
    <!-- 此处省略了显示帖子其他信息的代码 -->
</logic:iterate>
```

最终的运行结果如图 9.18 所示。

9.7.5　显示根帖和回复帖内容的实现过程

　　显示根帖和回复帖内容用到的数据表：tb_bbs、tb_bbsAnswer和tb_user。

当单击根帖列表页面中某个根帖标题时，将显示该根帖的详细内容，以及该根帖的回复帖，并且显示帖子的发表者或回复者信息，实现过程如下。

1. 实现查看根帖内容的超链接代码

在根帖列表页面中，以超链接显示置顶根帖标题和显示其他根帖标题的代码相似，触发的都是同一个 URL 路径，以下给出其他根帖标题的超链接代码：

例程 15　代码位置：光盘\TM\09\WebContent\pages\show\bbs\listRootShow.jsp

```
<a href="user/openShow.do?method=openShow&showpage=1&bbsId=${otherBbsSingle.bbsId}"><bean:write
name= "otherBbsSingle" property="subBbsTitle[18]" filter="false"/></a>
```

2. 在 Action 处理类中编写处理代码

在 Action 处理类中编码主要实现的是获取要显示的根帖和该根帖的回复帖。关键代码如下：

例程 16　代码位置：光盘\TM\09\src\com\yxq\action\BbsAction.java

```
String sql="";
Object[] params={bbsId};                                    //bbsId 为从请求中获取的参数
OpDB myOp=new OpDB();
/*********** 查询 tb_bbs 数据表，获取要查看的根帖 ***********/
sql="select * from tb_bbs where bbs_id=?";
BbsForm bbsRootSingle=myOp.OpBbsSingleShow(sql, params);
session.setAttribute("bbsRootSingle",bbsRootSingle);
/*********** 查询 tb_user 数据表，获取该根帖发表者信息的代码 ***********/
String asker=bbsRootSingle.getBbsSender();
sql="select * from tb_user where user_name=?";
params[0]=asker;
UserForm askUser=myOp.OpUserSingleShow(sql, params);
session.setAttribute("askUser",askUser);
```

实现获取回复帖的关键代码如下：

例程 17　代码位置：光盘\TM\09\src\com\yxq\action\BbsAction.java

```
/*********** 查询 tb_bbsAnswer 数据表，获取根帖的回复帖 ***********/
myOp.setMark(true);                                          //设置为进行分页显示状态
myOp.setPageInfo(perR, currentP, gowhich);                   //设置进行分页需要的信息
sql="select * from tb_bbsAnswer where bbsAnswer_rootID=? order by bbsAnswer_sendTime";
params[0]=bbsId;                                             //bbsId 为从请求中获取的参数
List answerbbslist=myOp.OpBbsAnswerListShow(sql, params);
session.setAttribute("answerbbslist",answerbbslist);
/*********** 查询 tb_user 数据表，获取回复帖发表者信息的代码 ***********/
sql="select * from tb_user where user_name=?";
Map answerMap=new HashMap();
for(int i=0;i<answerbbslist.size();i++){                     //循环处理回复帖列表
    String answerer=((BbsAnswerForm)answerbbslist.get(i)).getBbsAnswerSender();//获取当前回复帖的回复者
    if(!answerMap.containsKey(answerer)){                    //如果不存在该回复者的用户名的映射
        params[0]=answerer;
        UserForm answerUser=myOp.OpUserSingleShow(sql, params);  //查询出该用户信息
        answerMap.put(answerer,answerUser);                 //保存用户信息到 Map 对象中
    }
}
session.setAttribute("answerMap",answerMap);
```

Map 对象中是以 key=value 的形式存储数据的，所以上述代码中的 answerMap 对象中存储的是如下形式的数据：

```
userName=com.yxq.actionform.UserForm
```

其中 userName 表示用户名，UserForm 为封装用户信息的 ActionForm，如果在 JSP 页面中获取用户名为 yxq 的用户信息，可通过 EL 表达式实现：

```
${answerMap['yxq']}
```

如果要获取该用户信息中的用户性别，可通过如下代码实现：

```
${answerMap['yxq'].userSex}
```

3．配置 Struts 配置文件

将帖子标题超链接触发的请求与例程 16 中的处理类进行关联，在 Struts 配置文件中可进行如下配置：

例程 18　代码位置：光盘\TM\09\WebContent\WEB-INF\struts-config.xml

```xml
<!-- 查看根帖 -->
<action
        path="/user/openShow"
        type="com.yxq.action.BbsAction"
        parameter="method">
        <forward name="success" path="/view/indexTemp.jsp"/>
</action>
```

4．在 JSP 页面中显示根帖内容及回复帖内容

在显示根帖时，若该帖为普通帖子，则会显示"将帖子提前"、"置顶帖子"、"设为精华帖"和"删除帖子"超链接；若帖子为置顶帖子，则只显示"设为精华帖"和"删除帖子"超链接；若为精华帖子，则只显示"置顶帖子"和"删除帖子"超链接；若既是置顶帖子又是精华帖子，则只显示"删除帖子"超链接。触发相应的超链接会实现相应的功能，但对于"将帖子提前"和"删除帖子"功能，只有当前根帖的发表者、当前版面版主和管理员才有权限操作，"置顶帖子"和"设为精华帖"只有管理员有权限进行操作。实现该 JSP 页面的关键代码如下。

显示根帖信息的关键代码如下：

例程 19　代码位置：光盘\TM\09\WebContent\pages\show\bbs\openRootShow.jsp

```jsp
【主题】<bean:write name="bbsRootSingle" property="bbsTitle" filter="false"/>
<!-- 发帖者信息 -->
<img src="images/face/user/${askUser.userFace}" style="border:1 solid;border-color:#E3E3E3"><!-- 用户头像 -->
<a href="bbs/user/getUserSingle.do?method=getUserSingle&userName=${sessionScope.bbsRootSingle.bbsSender}">
        <b><bean:write name=" askUser " property="userName" filter="false"/></b>
</a>                                                                        <!-- 用户名 -->
…//省略了显示发帖者其他信息的代码
<!-- 根帖信息 -->
【表情】<img src="images/face/bbs/${sessionScope.bbsRootSingle.bbsFace}">        <!-- 根帖表情 -->
…//省略了显示根帖其他信息的代码
<!-- 实现对根帖进行操作的超链接 -->
◆<html:link href="view/indexTemp.jsp" anchor="answer">回复该帖 </html:link>
<!-- 如果该贴不是精华帖子，并且不是置顶帖子（实际上就是普通帖子） -->
<logic:notEqual value="1" name="bbsRootSingle" property="bbsIsGood">
    <logic:notEqual value="1" name="bbsRootSingle" property="bbsIsTop">
        <!-- 显示"将帖子提前"超链接 -->
        ◆<a href="needLogin/firstBbs.do?method=toFirstBbs&bbsId=${sessionScope.bbsRootSingle.bbsId}
            &bbsSender=${sessionScope.bbsRootSingle.bbsSender}" title="帖子所属者/楼主/管理员操作">
            将帖子提前
        </a> 
    </logic:notEqual>
```

```
</logic:notEqual>
…//省略了生成其他超链接的代码
```

显示回复帖的关键代码如下：

例程20　代码位置：光盘\TM\09\WebContent\pages\show\bbs\openRootShow.jsp

```
<!-- 遍历回复帖子列表 -->
<logic:iterate id="answerbbsSingle" name="answerbbslist" indexId="idind">
        <bean:define id="answererName" name="answerbbsSingle" property="bbsAnswerSender"/>
        ▲${(page.currentP-1)*page.perR+(idind+1)}  楼
    【回复主题】<bean:write name="answerbbsSingle" property="bbsAnswerTitle" filter="false"/>
    <!-- 回复者信息 -->
    <img src="images/face/user/${answerSingle.userFace}">                                      <!-- 用户头像 -->
    <a href="bbs/user/getUserSingle.do?method=getUserSingle&userName=${answererName}"><!--用户名-->
        <b>${answerMap[answererName].userName}</b>
    </a>
    …//省略了显示回复者其他信息的代码
    <!-- 回复帖子信息 -->
    【表情】<img src="images/face/bbs/${answerbbsSingle.bbsFace}">
    回复时间：『<bean:write name="answerbbsSingle" property="bbsAnswerSendTime"/>』
    …//省略了显示回复帖子其他信息的代码
</logic:iterate>
```

最终的运行效果如图9.19所示。

9.8　发表帖子模块设计

9.8.1　发表帖子模块概述

发表帖子主要是为了互相讨论话题而设置的功能，是论坛系统中的主要功能。通常情况下，用户需要在论坛中注册一个用户名，然后成功登录，才能在论坛中发表帖子。

对本章所实现的论坛系统，用户要发表帖子，需要按照如下步骤操作：首先进行登录，登录成功后返回到首页面；然后单击一个版面标题，进入该版面；在该版面页面的公告栏中，单击"发表帖子"超链接进入发表帖子界面；在该页面中输入帖子信息，单击"发表帖子"提交按钮，完成发表帖子的操作。发表帖子页面的运行结果如图9.20所示。

图9.20　发表帖子页面的运行结果

用户发表帖子的流程如图 9.21 所示。

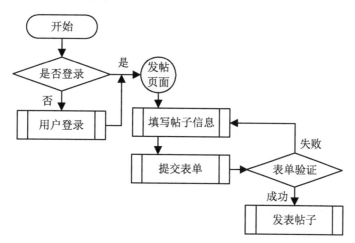

图 9.21　发表帖子的流程图

在如图 9.21 所示的流程图中，若表单验证失败，会在图 9.20 所示页面的左侧栏中显示提示信息。用户发帖成功后，页面会返回到当前的版面下，用户可在"其他帖子"一栏的最顶部看到自己刚刚发表的帖子，并且会在菜单栏下方的滚动公告栏中显示发帖成功的提示信息；若发帖失败，则不转发页面，同时显示发帖的提示信息。

9.8.2　发表帖子模块技术分析

在发表帖子模块中，主要用到的技术有：首先使用 Validator 框架验证表单和在 Action 类中获取表单数据，其次就是通过 SQL 语句向数据表中插入记录。相信读者对后两者的使用都已经非常熟悉了，这里不再介绍，下面简单介绍一下如何使用 Validator 框架验证表单。

应用 Validator 框架进行验证，读者首先需要了解的是，在 Struts 中应用 Validator 验证框架进行表单验证时，与 Form 表单对应的 ActionForm Bean 不能继承标准的 org.apache.struts.action.ActionForm 类，通常情况下应继承 org.apache.struts.validator.ValidatorForm 类。

其次，应用 Validator 框架需要将 jakarta-oro.jar 和 commons-validator.jar 两个文件复制到应用的 WEB-INF/lib 目录下，然后在 Struts 配置文件中进行如下配置：

```
<plug-in className="org.apache.struts.validator.ValidatorPlugIn">
    <set-property
                property="pathnames"
                value="/WEB-INF/validator-rules.xml,/WEB-INF/validation.xml/>
</plug-in>
```

validator-rules.xml 文件是 Struts 框架中提供的，validation.xml 文件是开发人员自己创建的，在其中为应用中的每个 Form 表单配置自定义的验证规则。

最后在 validation.xml 文件中编写验证规则，例如下面的配置：

```
<!-- 验证，发表帖子的配置 -->
```

```
<form name="bbsForm">
    <field property="bbsTitle" depends="required,maxlength">
    …//省略了配置"bbsTitle"字段的验证规则代码
    </field>
</form>
```

<form>元素用来为 Struts 应用中的 Form 表单配置验证规则，其 name 属性指定表单的名字，该名字与 Struts 配置文件中<form-bean>元素的 name 属性值匹配；<field>元素用来为由<form>元素指定的 Form 表单中的表单字段配置验证规则，其 property 属性指定表单字段的名称，depends 属性指定该字段需要遵循的验证规则。如上代码为应用中名为 bbsForm 的 ActionForm 所对应的表单配置了验证规则，所以对于任何请求，若使用了该表单，都会进行表单的验证。

9.8.3 发表帖子模块的实现过程

　　发表帖子使用的数据表：tb_bbs。

　　（1）首先创建一个用来封装根帖信息的 ActionForm，该 ActionForm 继承 ValidatorForm 类，并覆盖了 validate()方法，该 ActionForm 中的属性与本书表 9.1 所示的 tb_bbs 表结构中的字段一一对应，其关键代码如下：

例程 21　代码位置：光盘\TM\09\src\com\yxq\actionform\BbsForm.java

```
public class BbsForm extends ValidatorForm {
    private String bbsId;                                   //存储根帖 ID
    private String bbsBoardID;                              //存储根帖所属版面 ID
    private String bbsTitle;                                //存储根帖标题
    …//省略了其他属性的声明
    public ActionErrors validate(ActionMapping mapping, HttpServletRequest request) {
        String validate=request.getParameter("validate");
        if(validate==null||validate.equals("")||!validate.equals("yes"))
            return null;
        else
            return super.validate(mapping, request);
    }
    …//省略了属性的 setXXX()与 getXXX()方法
}
```

　　（2）创建发表帖子的页面。在该页面中，需要用户输入的信息有根帖标题、根帖表情和根帖内容，根帖表情在 ActionForm 类中被设置了 face0.gif 默认值，所以在设置表单验证时，无需设置该表单字段的验证规则。在发表帖子页面中还需要通过 Struts 标签输出表单验证失败后的提示信息。发表帖子页面的关键代码如下：

例程 22　代码位置：光盘\TM\09\WebContent\pages\add\bbsAdd.jsp

```
<!-- 发表帖子 -->
<html:form action="needLogin/addBbs.do" focus="bbsTitle">
        <input type="hidden" name="method" value="addBbs">        <!-- 传递要调用的方法 -->
        <input type="hidden" name="validate" value="yes">         <!-- 传递是否进行表单验证的参数 -->
```

```
        <html:errors property="bbsTitle"/>          <!-- 输出验证"主题"字段失败后的提示信息 -->
        <html:errors property="bbsContent"/>         <!-- 输出验证"内容"字段失败后的提示信息 -->
        【主题】
        <html:text property="bbsTitle" size="77" maxlength="35"/>
        【表情】
        <%@ include file="face.jsp" %>
        【内容】
        <html:textarea property="bbsContent" rows="15" cols="79"/>
        <html:submit value="发表帖子"/>
        <html:reset value="重新填写"/>
</html:form>
```

上述代码删掉了全部 HTML 样式代码，目的在于使读者清楚地了解发帖页面中的核心部分。

（3）在 validation.xml 文件中编写验证发表帖子表单的验证代码。关键代码如下：

例程 23　代码位置：光盘\TM\09\WebContent\WEB-INF\validation.xml

```
<!-- 验证, 发表帖子的配置 -->
<form name="bbsForm">
    <field property="bbsTitle" depends="required,maxlength">       <!-- 对"主题"字段进行验证的配置 -->
        <arg key="发帖主题" position="0" resource="false"/>
         <arg name="maxlength" key="${var:maxlength}" resource="false" position="1"/>
         <var>
            <var-name>maxlength</var-name>
            <var-value>35</var-value>
         </var>
    </field>
    …//省略了对"内容"字段进行验证的配置
</form>
```

对上述配置中各元素的介绍，可查看 9.13 节中的内容。

（4）设置 Struts 配置文件，在该文件中配置发表帖子表单被提交后的请求处理。配置代码如下：

例程 24　代码位置：光盘\TM\09\WebContent\WEB-INF\struts-config.xml

```
<action
    path="/needLogin/addBbs"
        type="com.yxq.action.BbsAction"
        parameter="method"
        name="bbsForm"
        scope="request"
        validate="true"
        input="/view/indexTemp.jsp">
        <forward name="showAddJSP" path="/view/indexTemp.jsp"/>
        <forward name="success" path="/user/listShow.do?method=rootListShow"/>
        <forward name="error" path="/view/indexTemp.jsp"/>
</action>
```

通过上面的配置，当提交发表帖子页面中的表单后，会先进行表单验证，验证成功后，则调用 method 请求参数指定的 com.yxq.action.BbsAction 类中的方法处理表单。

（5）在 BbsAction 类中创建处理发表帖子表单的方法。在发表帖子页面的代码中已经指定了处理表单的方法为 addBbs()，在该方法中主要实现的是获取表单数据，然后生成向数据表中插入记录的 SQL 语句，最后执行该 SQL 语句完成发表帖子操作。addBbs() 方法的关键代码如下：

例程 25　代码位置：光盘\TM\09\src\com\yxq\action\BbsAction.java

```
BbsForm bbsForm=(BbsForm)form;                                          //获取版面 ID
String boardId=(String)session.getAttribute("boardId");                //获取表单中"主题"字段内容
String bbsTitle=Change.HTMLChange(bbsForm.getBbsTitle());              //获取表单中"内容"字段内容
String bbsContent=Change.HTMLChange(bbsForm.getBbsContent());          //获取根帖发表者
String bbsSender=((UserForm)session.getAttribute("logoner")).getUserName();//获取发表时间
String bbsSendTime=Change.dateTimeChange(new Date());                  //获取表单中"表情"字段内容
String bbsFace=bbsForm.getBbsFace();                                    //将操作时间设为发帖时间
String bbsOpTime=bbsSendTime;                                          //设置为非置顶帖子状态
String bbsIsTop="0";                                                    //设置帖子被置顶时间
String bbsToTopTime="";                                                //设置为非精华帖子状态
String bbsIsGood="0";                                                  //设置帖子被设为精华帖时间
String bbsToGoodTime="";                                                //生成 SQL 语句
String sql="insert into tb_bbs values(?,?,?,?,?,?,?,?,?,?,?)";
Object[]
params={boardId,bbsTitle,bbsContent,bbsSender,bbsSendTime,bbsFace,bbsOpTime,bbsIsTop,bbsToTopTime,
bbsIsGood,bbsToGoodTime};
OpDB myOp=new OpDB();
int i=myOp.OpUpdate(sql,params);                                        //执行 SQL 语句
```

9.8.4　单元测试

在本论坛系统中，单击版面页面中的"发表帖子"超链接和提交发表帖子页面中的"发表帖子"提交按钮所触发的请求在 Struts 配置文件中应用的是同一个配置，该配置中用到的是逻辑名为 bbsForm 的 ActionForm，所以在 validation.xml 文件中需要对该 ActionForm 进行验证规则的配置。配置代码如下：

```
<!-- 验证，发表帖子的配置 -->
<form name="bbsForm">
    <field property="bbsTitle" depends="required,maxlength">        <!-- 对"主题"字段进行验证的配置 -->
        <arg key="发帖主题" position="0" resource="false"/>
         <arg name="maxlength" key="${var:maxlength}" resource="false" position="1"/>
         <var>
            <var-name>maxlength</var-name>
            <var-value>35</var-value>
         </var>
    </field>
    …//省略了对"内容"字段进行验证的配置
</form>
```

正是因为"发表帖子"超链接所触发的请求与提交发表帖子页面中的"发表帖子"提交按钮所触发的请求应用的是同一个 <action> 配置，所以当用户触发"发表帖子"超链接进入发帖页面时，也会使

程序执行对逻辑名为 bbsForm 的 ActionForm 的验证。

若遇到这种情况，可通过在请求中添加一个参数，然后再覆盖 ValidatorForm 中的 validate()方法，在该方法中通过判断该参数值来决定对当前的请求是否执行表单验证的操作。实现代码如下。

"发表帖子"超链接代码：

```
<a href="needLogin/addBbs.do?method=addBbs">[发表帖子]</a>
```

"发表帖子"表单代码：

```
<html:form action="needLogin/addBbs.do">
    <input type="hidden" name="method" value="addBbs">
    <input type="hidden" name="validate" value="yes">
    …//省略了实现表单字段的代码
</html:form>
```

ValidatorForm 中的 validate()方法：

```
public ActionErrors validate(ActionMapping mapping, HttpServletRequest request) {
    String validate=request.getParameter("validate");            //获取请求中的参数
    if(validate==null||validate.equals("")||!validate.equals("yes"))    //条件为真，则不进行表单验证
        return null;
    else                                                          //否则，进行表单验证
        return super.validate(mapping, request);
}
```

9.9 根帖操作设计

本论坛系统除了对根帖实现查看详细内容的功能外，还实现了将帖子提前、置顶帖子、设为精华帖和删除帖子 4 个功能。其中，管理员可对根帖进行所有的操作，而当前根帖的发表者和当前根帖所属版面的版主只可进行将帖子提前和删除帖子的操作。

因为将帖子提前与删除帖子功能的实现比较相似，置顶帖子与设为精华帖的功能实现也是相似的，所以在下面的章节中主要对将帖子提前与置顶帖子功能的实现进行讲解。

9.9.1 根帖操作概述

1．将帖子提前操作的概述

通常情况下，显示版面下的根帖都是按照发表时间降序排列，最新发表的帖子在第一页的最顶部显示，如图 9.22 所示，但有时用户发表的帖子还没等到有人回复就被排列后面，最终石沉大海，无人过问。

将帖子提前，就是将发表的根帖设置为在版面下第一页中的最顶部位置进行显示，将不是最新发表的帖子进行提前操作后，就会将该帖子提前到最顶部位置，如图 9.23 所示。

图 9.22　最新发表的帖子显示在最顶部

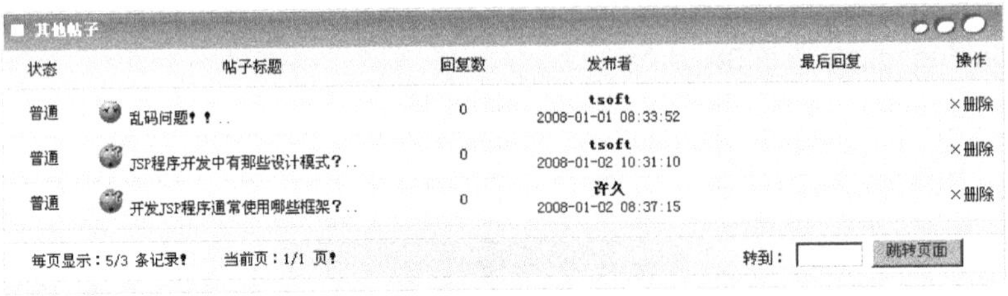

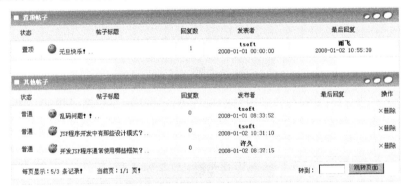

图 9.23　提前帖子

　　并不是所有用户都可对根帖进行提前的操作，除管理员和当前版面的版主外，只有当前根帖的发表者可进行提前帖子的操作，否则会提示用户无权进行操作。

2．置顶帖子的概述

　　置顶帖子就是将根帖与其他根帖单独显示，并且显示在版面最顶栏，如图 9.24 所示。

图 9.24　置顶帖子的显示位置

　　并不是所有用户都可对根帖进行置顶的操作，只有管理员才有权限进行该操作，否则会提示用户无权进行操作。

9.9.2　根帖操作技术分析

1．将帖子提前操作的技术分析

　　在数据表 tb_bbs 的设计中，设置了 bbs_toTopTime 字段，该字段用来存储帖子被操作的时间，该操作为发表帖子和提前帖子。在实现发表帖子功能时，发表帖子的时间被赋值给了该字段，在列表显示根帖时，就是按照帖子的操作时间降序显示的。

所以实现将帖子提前的功能的核心技术就是将当前被操作的根帖在数据表中对应的 bbs_toTop-Time 字段设置为当前操作的时间。实现的 SQL 语句如下：

```
update tb_bbs set bbs_opTime=? where bbs_id=?
```

2．置顶帖子操作的技术分析

在数据表 tb_bbs 的设计中，设置了 bbs_isTop 字段，该字段用来存储帖子状态。字段内容为 1，表示为置顶帖子，为 0 则表示非置顶帖子。所以，实现置顶帖子操作的主要技术就是通过执行 SQL 语句来更新数据表。实现的 SQL 语句如下：

```
update tb_bbs set bbs_isTop='1', bbs_toTopTime=? where bbs_id=?
```

9.9.3 根帖操作的实现过程

1．将帖子提前操作的实现过程

将帖子提前操作使用的数据表：tb_bbs。

（1）在查看根帖的页面中实现将帖子提前操作的超链接的实现代码如下：

例程 26 代码位置：光盘\TM\09\WebContent\pages\show\bbs\openRootShow.jsp

```
<a href="needLogin/firstBbs.do?method=toFirstBbs&bbsId=${sessionScope.bbsRootSingle.bbsId}&bbsSender=
${sessionScope .bbsRootSingle.bbsSender}" title="发帖者/版主/管理员操作">将帖子提前</a>
```

（2）在 Action 处理类中编码实现处理提前帖子的操作。该编码首先需要判断当前操作用户的身份，若当前用户是管理员或当前版面版主或当前帖子的发表者，则实现提前帖子功能，否则生成无权操作的提示信息。实现提前帖子功能的关键代码如下：

例程 27 代码位置：光盘\TM\09\src\com\yxq\action\BbsAction.java

```
UserForm logoner=(UserForm)session.getAttribute("logoner");        //获取登录的用户
String bbsId=request.getParameter("bbsId");                        //获取被提前帖子的 ID
String bbsSender=request.getParameter("bbsSender");                //获取被提前帖子的发布者
bbsSender=new String(bbsSender.getBytes("ISO-8859-1"));
String time=Change.dateTimeChange(new Date());                    //获取操作时间
String lognerAble=logoner.getUserAble();                          //获取当前登录用户的权限
String lognerName=logoner.getUserName();                          //获取当前登录用户的用户名
String master=(String)session.getAttribute("boardMaster");        //获取当前版面的版主
/* 如果当前登录的用户是帖子的发表者、帖子所属版面的版主、管理员 */
if(lognerAble.equals("2")||lognerName.equals(master)||lognerName.equals(bbsSender)){
    Object[] params={time,bbsId};
    String sql="update tb_bbs set bbs_opTime=? where bbs_id=?";    //生成 SQL 语句
    OpDB myOp=new OpDB();
    int i=myOp.OpUpdate(sql,params);                              //执行 SQL 语句，实现提前帖子操作
}
else{
    System.out.println("您没有权限提前该帖子！");
    messages.add("userOpR",new ActionMessage("luntan.bbs.first.N"));//生成无权操作的提示信息
}
```

（3）设置 Struts 配置文件的代码如下：

例程 28　代码位置：光盘\TM\09\WebContent\WEB-INF\struts-config.xml

```
<!-- 将帖子提前 -->
<action
    path="/needLogin/firstBbs"
    type="com.yxq.action.BbsAction"
    parameter="method">
    <forward name="success" path="/user/openShow.do?method=openShow"/>
    <forward name="error" path="/view/indexTemp.jsp"/>
</action>
```

2. 置顶帖子操作的实现过程

　　置顶帖子操作使用的数据表：tb_bbs。

（1）在查看根帖的页面中实现置顶帖子操作的超链接。实现代码如下：

例程 29　代码位置：光盘\TM\09\WebContent\pages\show\bbs\openRootShow.jsp

```
<a href="needLogin/admin/doTopGood.do?method=setTopBbs&bbsId=${sessionScope.bbsRootSingle.bbsId}"
title="管理员操作">置顶帖子</a>
```

（2）编写过滤器。当用户触发上面的超链接时，会执行该过滤器，该过滤器用来验证用户身份是否为管理员，首先从 Session 中获取当前登录的用户，然后判断其用户身份。实现该过滤器的关键代码如下：

例程 30　代码位置：光盘\TM\09\src\com\yxq\filter\AdminAccess.java

```
String able=logoner.getUserAble();                          //logoner 为在 Session 中存储的登录的用户
if(able.equals("2")){                                       //如果用户身份是管理员
    chain.doFilter(Srequest, Sresponse);
}
else{                                                       //否则生成无权操作的提示信息
    request.setAttribute("message","<b><li>您没有权限进行该操作！</li></b>");
    RequestDispatcher rd=request.getRequestDispatcher("/pages/message.jsp");
    rd.forward(Srequest,Sresponse);                         //返回无权操作的提示页面
}
```

（3）在 web.xml 文件中配置该过滤器的关键代码如下：

例程 31　代码位置：光盘\TM\09\WebContent\WEB-INF\web.xml

```
<filter>
    <filter-name>adminAccess</filter-name>
    <filter-class>com.yxq.filter.AdminAccess</filter-class>
</filter>
<filter-mapping>
    <filter-name>adminAccess</filter-name>
    <url-pattern>/needLogin/admin/*</url-pattern>
</filter-mapping>
```

（4）在 Action 处理类中编码实现处理置顶帖子的操作。该编码操作首先获取请求中传递的帖子的 ID 值，然后获取当前时间，最后生成 SQL 语句，并执行该 SQL 语句实现置顶帖子操作。实现置顶帖

子功能的关键代码如下：

例程 32 代码位置：光盘\TM\09\src\com\yxq\action\AdminAction.java

```
String bbsId=request.getParameter("bbsId");                              //获取帖子的 ID 值
if(bbsId!=null&&!bbsId.equals("")){
    Date date=new Date();                                                //获取当前时间
    String today=Change.dateTimeChange(date);
    String sql="update tb_bbs set bbs_isTop='1', bbs_toTopTime=? where bbs_id=?";  //生成 SQL 语句
    Object[] params={today,bbsId};
    OpDB myOp=new OpDB();
    int i=myOp.OpUpdate(sql, params);                                    //执行 SQL 语句
}
```

（5）配置 Struts 配置文件。代码如下：

例程 33 代码位置：光盘\TM\09\WebContent\WEB-INF\struts-config.xml

```xml
<!-- 前台-管理员置顶帖子、设为精华帖-->
<action
        path="/needLogin/admin/doTopGood"
        type="com.yxq.action.AdminAction"
        parameter="method">
        <forward name="success" path="/user/openShow.do?method=openShow"/>
        <forward name="error" path="/view/indexTemp.jsp"/>
</action>
```

9.10 后台页面设计

9.10.1 后台页面概述

本系统中所有的后台页面都采用了一种页面框架，该页面框架采用二分栏结构，分为 4 个区域：侧栏、页头、内容显示区和页尾。网站后台首页面的运行结果如图 9.25 所示。

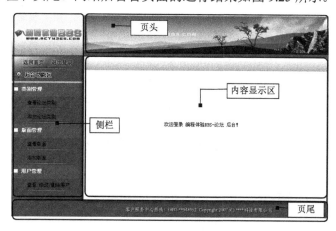

图 9.25 后台首页面的运行结果

9.10.2　后台页面技术分析

本系统中，实现后台页面框架的 JSP 文件为 adminTemp.jsp，该页面的布局如图 9.26 所示。

系统中，对后台用户所有请求的响应都通过该框架页面进行显示。在 adminTemp.jsp 文件中主要采用 include 动作和 include 指令来包含各区域所对应的 JSP 文件。因为页头、侧栏和页尾是不变的，所以可以在框架页面中事先指定，而对于内容显示区中的内容应根据用户的操作来显示，所以该区域要显示的页面是动态改变的，加载该页面的方法与第 1 章中的前台页面的实现技术相同。

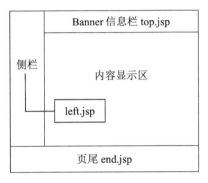

图 9.26　indexTemp.jsp 页面布局

9.10.3　后台页面的实现过程

根据以上两节的页面概述及实现技术分析，需要分别创建实现各区域的 JSP 文件，如实现页头的 top.jsp、实现侧栏的 menu.jsp、页尾文件 end.jsp 和首页面中需要在内容显示区显示的 default.jsp 等 JSP 文件。下面主要介绍后台框架页面 adminTemp.jsp 的实现。

以下为 adminTemp.jsp 文件中实现页面显示的代码：

例程 34　代码位置：光盘\TM\09\WebContent\pages\admin\view\adminTemp.jsp

```jsp
<%
  String backMainPage=(String)session.getAttribute("backMainPage");
  if(backMainPage==null||backMainPage.equals(""))
      backMainPage="default.jsp";
%>

<table>
    <tr>
        <td rowspan="3"><jsp:include page="left.jsp"/></td>      <!-- 包含侧栏文件 -->
        <td align="center"><jsp:include page="top.jsp"/></td>    <!-- 包含页头文件
    </tr>
    <tr><td><html:errors property="adminOpR"/></td></tr>         <!-- 显示提示信息 -->
    <tr><td><jsp:include page="<%=backMainPage %>"/></td></tr>   <!-- 动态加载内容显示区中的文件 -->
    <tr><td colspan="2"><jsp:include page="end.jsp"/></td></tr>  <!-- 包含页尾文件 -->
</table>
```

9.11　版面管理模块设计

9.11.1　版面管理模块概述

版面管理模块主要包括浏览版面信息、添加版面、修改版面和删除版面 4 个功能，版面管理模块的框架如图 9.27 所示。

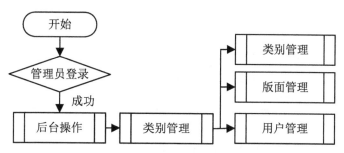

图 9.27　版面管理模块的框架图

在添加版面和修改版面的模块中，包含更新版面的版主信息，在 Action 处理类进行添加和修改之前，会先判断管理员输入的用户是否存在，若存在则继续判断该用户是否为版主，若以上条件成立则执行添加或修改的操作。

9.11.2　版面管理模块技术分析

在版面管理模块中，实现添加版面信息的功能主要是在 Action 处理类中将管理员输入的版面信息通过 INSERT 语句添加到数据表中；实现修改版面信息的功能主要是通过执行 UPDATE 语句修改指定的版面信息；实现删除类别信息的功能主要是通过执行 DELETE 语句从数据表中删除指定的版面信息。

在进行添加和修改操作前，程序需要对管理员输入的信息进行表单验证，该验证是通过 Validator 验证框架实现的，关于 Validator 验证框架的使用，读者可查看本章 9.13 节中的内容。下面主要介绍版面管理模块中涉及到的 SQL 语句。

1．INSERT 语句

INSERT 语句实现向数据表中插入数据信息，其语法格式如下：

```
INSERT INTO table_name [(column_list)] values(data_values)
```

参数说明如下。

- ☑　table_name：添加记录的数据表名称。
- ☑　column_list：表中的字段列表，多个字段之间用逗号分隔。不指定 column_list，默认向数据表中所有字段插入数据。
- ☑　data_values：向数据表中添加的值列表，多个值之间用逗号分隔。值列表中的个数、数据类型必须和字段列表中的字段个数、数据类型一致。

2．UPDATE 语句

UPDATE 语句用于更新数据表中的数据，其语法格式如下：

```
UPDATE table_name SET <column_name>=<expression>[..., <column_name>=<expression>] WHERE [<search_condition>]
```

UPDATE 语法中的参数说明如表 9.6 所示。

表 9.6　UPDATE 语法中的参数说明

设　置　值	描　　述
table_name	需要更新数据的数据表名称
column_name	要更改数据的字段的名称
expression	变量或表达式。expression 返回的值将替换 column_name 所表示字段中已有的值
<search_condition>	指定更新条件，符合该条件的记录将被更新

注意　若忽略 WHERE 子句，则会更新数据表中的所有记录。

3. DELETE 语句

DELETE 语句用于删除数据表中的记录，其语法格式如下：

```
DELETE FROM <table_name > [WHERE<search condition>]
```

参数说明如下。

☑　table_name：需要删除数据的数据表名称。

☑　<search_condition>：指定删除条件，符合该条件的记录将被删除。

技巧　如果要一次性删除数据表中的所有记录，也可以使用 TRUNCATE TABLE 语句，其语法格式如下：

```
TRUNCATE TABLE table_name
```

9.11.3　版面添加的实现过程

　　版面添加使用的数据表：tb_board 和 tb_user。

　　管理员通过单击后台主页面侧栏中的"添加版面"超链接，进入添加版面页面，在页面中的"所属类别"下拉列表框中选择添加版面所属的论坛类别，然后填写其他信息，最后单击"添加"按钮进行版面添加操作。添加版面页面的运行结果如图 9.28 所示。

图 9.28　添加版面页面的运行结果

1．创建添加版面页面

根据图 9.28，在该页面中需要实现一个下拉列表框供管理员选择论坛类别，并实现 3 个文本输入框提供管理员输入版面名称、版主和版面公告信息。实现添加版面页面的关键代码如下：

例程 35　代码位置：光盘\TM\09\WebContent\pages\admin\board\boardAdd.jsp

```
<html:form action="needLogin/admin/addBoard.do">
    <input type="hidden" name="method" value="addBoard">    <!-- 传递要调用的方法 -->
    <input type="hidden" name="validate" value="yes">       <!-- 传递是否进行表单验证的参数 -->
    所属类别：
    <html:select property="boardClassID">                   <!-- 实现下拉列表框 -->
        <html:optionsCollection name="backClassList" value="classId" label="className"/>
    </html:select>
    版面名称：
    <html:text property="boardName" size="45"></html:text>  <!-- 实现"版面名称"输入框 -->
    <html:errors property="boardName"/>                     <!-- 输出验证"版面名称"字段失败提示信息 -->
    版    主：
    <html:text property="boardMaster" size="45"></html:text> <!-- 实现"版主"输入框 -->
    <html:errors property="boardMaster"/>                   <!-- 输出验证"版主"字段失败提示信息 -->
    版面公告：
    <html:text property="boardPcard" size="45"></html:text> <!-- 实现"版面公告"输入框 -->
    <html:errors property="boardPcard"/>                    <!-- 输出验证"版面公告"字段失败提示信息 -->
    <html:submit value="添加"/>                             <!-- 实现提交表单按钮 -->
    <html:reset value="重置"/>                              <!-- 实现重置按钮 -->
</html:form>
```

上述代码删掉了全部的 HTML 样式代码，目的在于使读者清楚地了解添加版面页面中的核心部分。

2．在 validation.xml 文件中编写验证添加版面表单的验证代码

例程 36　代码位置：光盘\TM\09\WebContent\WEB-INF\validation.xml

```
<!-- 验证，后台-修改/添加版面的配置 -->
<form name="boardForm">
    <field property="boardName" depends="required,maxlength">
        <arg key="版面名称" position="0" resource="false"/>
        <arg name="maxlength" key="${var:maxlength}" resource="false" position="1"/>
        <var>
        <var-name>maxlength</var-name>
        <var-value>20</var-value>
        </var>
    </field>
    …//省略了对"版主"、"版面公告"字段进行验证的配置
</form>
```

3．在 AdminAction 类中创建处理添加版面的方法

在添加版面页面的代码中已经指定了处理表单的方法为 addBoard()，在该方法中主要实现的是获取表单数据，然后生成向数据表中插入记录的 SQL 语句，最后执行该 SQL 语句完成添加版面的操作。addBoard()方法的关键代码如下：

例程 37 代码位置：光盘\TM\09\src\com\yxq\action\AdminAction.java

```
BoardForm boardform=(BoardForm)form;
String classId=boardform.getBoardClassID();                      //获取版面所属类别 ID
String boardName=Change.HTMLChange(boardform.getBoardName());    //获取表单中"版面名称"字段内容
String boardMaster=Change.HTMLChange(boardform.getBoardMaster());//获取表单中"版主"字段内容
String boardPcard=Change.HTMLChange(boardform.getBoardPcard());  //获取表单中"版面公告"字段内容
ActionMessages messages=new ActionMessages();
String sql="select * from tb_board where board_name=? and board_classID=?";//生成查询版面是否存在的 SQL 语句
Object[] params={boardName,classId};
if(myOp.OpBoardSingleShow(sql, params)!=null){                    //如果版面已经存在，生成提示信息
    System.out.println("添加版面- "+boardName+" 版面已经存在！");
    messages.add("adminOpR",new ActionMessage("luntan.admin.update.board.exist",boardName));
}
else{
    sql="select * from tb_user where user_name=?";               //生成查询用户是否存在的 SQL 语句
    Object[] params1={boardMaster};
    UserForm userform=myOp.OpUserSingleShow(sql, params1);       //查询数据表获取用户信息
    if(userform==null){                                          //如果该用户不存在
        System.out.println("添加版面-"+boardMaster+" 版主不存在！");
        messages.add("adminOpR",new ActionMessage("luntan.admin.update.board.no.user",boardMaster));
    }
    else if(userform.getUserAble().equals("0")){                 //如果该用户存在，判断用户是否为普通用户
        System.out.println("添加版面-"+boardMaster+" 不是版主！");
        messages.add("adminOpR",new ActionMessage("luntan.admin.update.board.user.able",boardMaster));
    }
    else{                                                        //若不是普通用户，编写添加版面代码
        sql="insert into tb_board values(?,?,?,?)";              //生成添加版面的 SQL 语句
        Object[] params2={classId,boardName,boardMaster,boardPcard};
        int i=myOp.OpUpdate(sql, params2);                      //执行 SQL 语句，实现添加版面操作
            …//省略了判断操作是否成功的代码
    }
    saveErrors(request,messages);                               //保存提示信息
}
```

4．设置 Struts 配置文件

例程 38 代码位置：光盘\TM\09\WebContent\WEB-INF\struts-config.xml

```xml
<!-- 后台-管理员添加版面 -->
<action
    path="/needLogin/admin/addBoard"
    type="com.yxq.action.AdminAction"
    name="boardForm"
    scope="request"
    parameter="method"
    validate="true"
    input="/pages/admin/view/adminTemp.jsp">
    <forward name="result" path="/pages/admin/view/adminTemp.jsp"/>
</action>
```

9.11.4 删除版面的实现过程

删除版面使用的数据表：tb_board。

管理员登录后台后，单击"查看版面"超链接，进入查看版面页面，在该页面中选择一种论坛类别，并单击"显示"提交按钮，列表显示该类别下的版面，在显示出的每个版面信息中都提供了一个"删除"超链接，如图 9.29 所示。

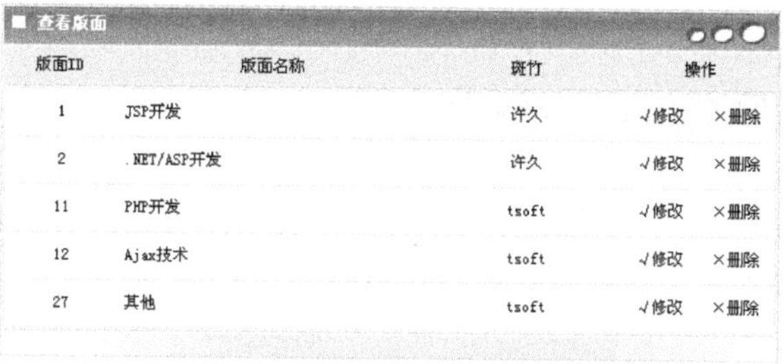

版面ID	版面名称	斑竹	操作	
1	JSP开发	许久	√修改	×删除
2	.NET/ASP开发	许久	√修改	×删除
11	PHP开发	tsoft	√修改	×删除
12	Ajax技术	tsoft	√修改	×删除
27	其他	tsoft	√修改	×删除

图 9.29 列表显示版面页面的运行结果

管理员通过单击该超链接就可实现删除版面的操作，根据如图 9.14 所示的数据表之间的关系，在删除指定的版面时，会同时删除存储在根帖表中的该版面下的所有根帖。

1．实现删除版面中"删除"超链接的代码

例程 39 代码位置：光盘\TM\09\WebContent\pages\admin\board\boardListShow.jsp

```
<a href="needLogin/admin/deleteBoard.do?method=deleteBoard&boardId=${backBoardSingle.boardId}" onclick=
"javaScript:return confirm('确认要删除该信息?')">×删除</a>
```

在该超链接传递的参数中，method 指定了要调用请求处理类中的方法，boardId 表示版面 ID。

2．在 Action 处理类中编写处理代码

在 Action 类中创建 deleteBoard()方法实现删除操作，在该方法中首先从请求中获取传递版面的 ID 值，然后生成 SQL 语句，最后执行该 SQL 语句完成删除版面的操作。deleteBoard()方法的关键代码如下：

例程 40 代码位置：光盘\TM\09\src\com\yxq\action\AdminAction.java

```
String boardId=request.getParameter("boardId");
if(boardId==null||boardId.equals(""))
    boardId="-1";
String sql="delete tb_board where board_id=?";
Object[] params={boardId};
OpDB myOp=new OpDB();
int i=myOp.OpUpdate(sql, params);
```

3．设置 Struts 配置文件

例程 41 代码位置：光盘\TM\09\WebContent\WEB-INF\struts-config.xml

```
<!-- 后台-管理员删除版面 -->
<action
```

```
        path="/needLogin/admin/deleteBoard"
        type="com.yxq.action.AdminAction"
        parameter="method">
    <forward name="success" path="/needLogin/admin/getBoardList.do?method=getBoardList&amp;type=show"/>
    <forward name="error" path="/pages/admin/view/adminTemp.jsp"/>
</action>
```

9.12　开发技巧与难点分析

9.12.1　如何通过资源文件显示汉字

应用 Struts 框架开发 Web 应用，避免不了在页面中输出预先存储在资源文件中的信息。如果想通过该文件显示汉字，必须输入汉字的特殊编码才可以在页面中正常显示。该编码可通过以下 3 种方法获取。

☑　可通过选择计算机中的"程序"/"附件"/"系统工具"/"字符映射表"命令获得。

☑　在 JDK 中提供了更为简便的方法将资源文件中的所有汉字进行编码转换，即在 MS-DOS 命令窗口下通过 native2ascii 命令将中文资源文件进行编码转换：

```
native2ascii -encoding gb2312 中文资源文件 另存为文件
```

☑　可以将 JSP 文件通过 page 指令设置成 ISO8859_1 编码后，直接在 ApplicationResources.properties 消息资源文件中输入汉字来实现。

对于第二种方法，可进行如下操作，使得转码操作更为方便。

（1）在系统盘根目录下新建一个 change.bat 文件，以记事本方式打开该文件，并输入以下内容：

```
native2ascii -encoding gb2312 11.txt 22.txt
exit
```

（2）创建 11.txt 文本文件，在其中输入内容并保存，例如：

```
login.userName=用户名
```

（3）双击 change.bat 文件，会在系统盘根目录下生成 22.txt 文件，并生成如下内容：

```
login.userName=\u7528\u6237\u540d
```

9.12.2　使用静态代码块

通过 static 关键字修饰的代码块为静态代码块，静态代码块只在程序第一次被访问时执行，所以一些在程序中不会频繁被执行的代码可以在这里实现。例如，本系统中用来生成搜索下拉列表框和人物头像下拉列表框中的选项就是在 IndexAction 类中的静态代码块中实现的，实现代码如下：

```
static{
    //生成搜索下拉列表框选项
```

```
searchSQL=new Vector();
searchSQL.add(new LabelValueBean("帖子标题","bbs_title"));
searchSQL.add(new LabelValueBean("帖子内容","bbs_content"));
searchSQL.add(new LabelValueBean("发表者","bbs_sender"));
//生成 "人物头像" 下拉列表项
headFace=new Vector();
for(int i=0;i<22;i++){
    String gif="user"+i+".gif";
    headFace.add(new LabelValueBean("头像"+(i+1),gif));
}
}
```

9.13　Validator 验证框架

使用 Validator 验证框架可以在 Struts 中通过 XML 配置文件灵活为应用配置验证规则，无需编写代码。Validator 框架能被集成到 Struts 框架中实现数据的验证，在 Struts 软件中已经携带了 Validator 框架。

9.13.1　Validator 验证框架的配置与介绍

应用 Validator 框架需要两个 JAR 文件，分别为 jakarta-oro.jar 和 commons-validator.jar，并且它们应被存放在 Struts 应用的 WEB-INF/lib 目录中。

在 Struts 中应用 Validator 框架必须在 Struts 配置文件中以配置插件的方法将 Validator 框架加入 Struts 框架中，应用 Validator 框架需要配置的插件为 ValidatorPlugIn。配置代码如下：

```
<plug-in className="org.apache.struts.validator.ValidatorPlugIn">
    <set-property
                property="pathnames"
                value="/WEB-INF/validator-rules.xml,/WEB-INF/validation.xml/>
</plug-in>
```

1．validator-rules.xml 文件

Struts 框架中已经携带了这个文件。validator-rules.xml 文件中包含了对所有的 Struts 应用都适用的一组通用的验证规则，例如，判断是否输入了数据、输入内容的长度是否符合规定等。

validator-rules.xml 文件中包含一个<form-validation>根元素，在该元素内可嵌套 0 个或多个<global>和<formset>子元素。<form-validation>元素的 DTD 定义如下：

```
<!ELEMENT form-validation (global*, formset*)>
```

其中，<formset>子元素用来描述了一组 Form 表单，可在该元素中的<form>子元素中来配置表单中指定的表单元素所要遵循的验证规则。<formset>元素通常是在 validation.xml 文件中进行配置的，而在 validator-rules.xml 文件中通常只用来配置<validator>元素。

<validator>是<global>的子元素，<global>元素的 DTD 定义如下：

```
<!ELEMENT global (validator*, constant*)>
```

<constant>子元素用来定义常量表达式，它将替换<field>子元素中指定的参数。通常<constant>元素也是在 validation.xml 文件进行配置的。

<validator>用来定义具体的验证规则，在<global>元素中可包含多个<validator>元素，每一个<validator>元素定义了唯一的一个验证规则，该元素中的主要属性如表 9.7 所示。

表 9.7　<validator>元素的属性介绍

属　　性	描　　述
name	该属性必需存在，指定了当前所配置的验证规则的逻辑名称
classname	该属性必需存在，指定了实现该验证规则的 Java 类
method	该属性必需存在，指定了实现该验证规则的 Java 类中的方法
methodParames	该属性必需存在，指定了实现该验证规则的方法所包含的参数，参数之间以逗号分隔
msg	该属性必需存在，指定了一个消息 key，与资源文件中的消息 key 匹配，当验证失败时，Validator 框架会根据该属性值在资源文件中查找对应的消息文本并输出。该属性值会被对应的<field>元素中的<msg>子元素指定的 key 值替换
depends	该属性指定另外的验证规则名称，多个验证规则间以逗号分隔。在调用当前的验证规则之前，会调用该属性指定的验证规则。若对指定的验证规则进行验证时失败，则不会调用当前的验证规则

2. validation.xml 文件

validation.xml 文件是针对某个具体的 Struts 应用的，由开发人员自己创建，可在该文件中为应用中的每个 Form 表单配置自己的验证规则。

创建 validation.xml 文件同样要按照 validator_1_1.dtd 文件中定义的语法规则。首先应包含一个<form-validation>根元素，在该元素中应包含 0 个或多个<global>和<formset>子元素，在<global>元素中可包含 0 个或多个<constant>子元素，在<formset>元素中可包含 0 个或多个<constant>子元素并至少包含一个<form>子元素。其中，<formset>元素的 DTD 定义如下：

```
<!ELEMENT formset (constant*, form+)>
```

☑　<constant>元素。

该元素既可嵌套在<global>元素中被多个<formset>元素共享，也可以嵌套在某个<formset>元素中只被当前的<formset>元素访问。<constant>元素具有以下两个子元素。

　➢　<constant-name>：该子元素用于指定常量名称。
　➢　<constant-value>：该子元素用于指定一个常量值或常量表达式，如指定一个正则表达式"^\d{6}\d*$"，则该表达式表示字符串必须是 6 位的数字。

☑　<formset>元素。

该元素描述了一组 Form 表单，其中至少包含一个<form>子元素。<form>子元素用来配置表单中指定的表单元素所要遵循的验证规则。<formset>元素的 DTD 定义如下：

```
<!ELEMENT formset (constant*, form+)>
```

<formset>元素会与默认的 Locale 进行对应，可将多个<formset>元素来对应不同的 Locale，这需要设置<formset>元素的属性。

☑　<form>元素。

该元素用来为 Struts 应用中的 Form 表单配置验证规则。必须设置该元素的 name 属性来指定表单的名字，该名字应该与 Struts 配置文件中<form-bean>元素的 name 属性值匹配。在<form>元素中至少应包含一个<field>子元素，其 DTD 定义如下：

```
<!ELEMENT form (field+)>
```

☑　<field>元素。

该元素用来为由<form>元素指定的 Form 表单中的表单元素配置验证规则，其中还包含了以下子元素：<msg>、<arg>、<arg0>、<arg1>、<arg2>、<arg3>和<var>。其 DTD 定义如下：

```
<!ELEMENT field (msg|arg|arg0|arg1|arg2|arg3|var)*>
```

> <field>元素具有以下两个重要属性。
> property 属性：该属性指定了 ActionForm 中需要验证的字段名称。
> depends 属性：指定当前字段需要遵循的验证规则，多个规则之间以逗号分隔。

☑　<arg>元素。

该元素用来填充资源文件中消息文本中的占位符，如"{1}"。该元素具有的属性如表 9.8 所示。

表 9.8　<arg>元素的属性介绍

属　　性	描　　述
name	用于指定<field>元素中给出的某个验证规则的逻辑名称，若没有设置该属性，则该<arg>元素对当前<field>元素指定的所有的验证规则所对应的消息文本有效
key	该属性必须存在，用来填充占位符。Validator 框架将根据 resource 属性的设置来确定该属性值指定是匹配资源文件中的消息 key，还是直接用于填充占位符的内容
position	该属性指定填充的是消息文本中的哪个占位符，默认值为 0，表示填充{0}占位符，为 9，则填充{9}占位符
bundle	指定消息资源文件
resource	默认值为 true，表示 key 属性值指定的是消息 key；如果为 false，则直接使用 key 属性指定的内容

<field>元素中还具有另外 4 个元素：<arg0>、<arg1>、<arg2>和<arg3>，这 4 个元素分别用来填充消息文本中的{0}、{1}、{2}和{3}占位符，但只具有<arg>元素中的 name、key 和 resource 属性。通常情况下使用<arg position="0|1|2|3"/>元素取代这些元素。

☑　<var>元素。

该元素用于向验证规则中传递参数，它具有以下两个子元素。

> <var-name>：该子元素指定向验证规则传递的参数。
> <var-value>：该子元素指定了参数的值。

表 9.9 中列出了常用验证规则需要的参数。

表 9.9　常用验证规则需要的参数名

参　数　名	描　　　　述
mask	mask 验证规则需要的参数名，在 FieldChecks 类中实现该验证规则的 validateMask()方法中，通过 Field 对象的 getVarValue("mask")方法获取该参数值
minlength	minlength 验证规则需要的参数名，在 validateMinLength()方法中通过 getVarValue("minlength")方法获取该参数值
maxlength	maxlength 验证规则需要的参数名，在 validateMaxLength()方法中通过 getVarValue("maxlength")方法获取该参数值
min	xxxRange 验证规则（如 intRange 或 floatRange）需要的参数，在 validateXXXRange()方法中（如 validateIntRange()）通过 getVarValue("min")方法获取该参数值，作为比较的最小值
max	xxxRange 验证规则（如 intRange 或 floatRange）需要的参数，在 validateXXXRange()方法中（如 validateIntRange()）通过 getVarValue("max")方法获取该参数值，作为比较的最大值

9.13.2　Validator 验证框架和 ActionForm

在 Struts 中应用 Validator 验证框架进行表单验证时，与 Form 表单对应的 ActionForm Bean 不能继承标准的 org.apache.struts.action.ActionForm 类，应继承其子类 org.apache.struts.validator.DynaValidator-Form 或 org.apache.struts.validator.ValidatorForm。

在 DynaValidatorForm 和 ValidatorForm 中都实现了 validate()方法，Struts 将通过它们的 validate()方法来调用 Validator 验证框架中的验证方法进行验证，因此，在继承这两个类实现与表单对应的 ActionForm Bean 时，无需再覆盖 validate()方法，但仍然需要在 Struts 配置文件中将<action>元素的 validate 属性设为 true。

ValidatorForm 具有一个子类 ValidatorActionForm。若将 Form 表单与它的子类进行对应，那么就可以在不同的操作对应同一个 ActionForm 类的情况下，根据用户触发的请求来对表单的验证进行配置，而不是根据提交的表单配置。

例如，一个 ValidatorForm 的子类 EmailForm 与一个 Form 表单对应，对于"保存"和"发送"两个操作都使用该 ActionForm 类，在 Struts 配置文件中的关键配置代码如下：

```
<form-bean name="emailform" type="com.actionform.EmailForm"/>
<action path="/save" name="emailform" …/>
<action path="/send" name="emailform" …/>
```

如果对用户的保存和发送操作都需要执行"验证规则 A"与"验证规则 B"，那么在 validation.xml 文件中应进行如下的配置：

```
<formset>
    <form name="emailform">
        验证规则 A
        验证规则 B
    </form>
</formset>
```

上述代码中<form>元素的 name 属性指定的是 ActionForm，因为保存与发送操作提交的都是逻辑名为 emailform 的 ActionForm，因此它们都会执行"验证规则 A"与"验证规则 B"。

如果对于保存操作，只执行"验证规则 A"，对于发送操作，只执行"验证规则 B"，就可以使 EmailForm 类继承 ValidatorActionForm 类，然后在 validation.xml 文件中进行如下的配置：

```
<formset>
    <form name="/save">
        验证规则 A
    </form>
</formset>
<formset>
    <form name="/send">
        验证规则 B
    </form>
</formset>
```

此时，<form>元素中的 name 属性指定的是用户触发的请求，而不是提交的表单。

9.14　本章小结

本章运用软件工程的设计思想，带领读者开发了一个完整的编程体验 BBS 系统。本系统采用了 Struts 框架进行开发，Struts 框架实现了 MVC 设计思想，所以应用该框架，使得开发的程序层次结构清晰，便于功能的扩展和后期的维护，并且程序中应用了 Validator 验证框架进行表单验证，Validator 验证框架通过 XML 配置文件灵活为应用配置验证规则，无需在程序中编写代码，在开发程序中使用 Validator 框架，会使程序开发变得更容易。对以上知识，希望读者能认真学习，并做到融会贯通。

第10章

在线音乐吧

（Struts 1.2+SQL Server 2005 实现）

随着生活节奏的加快，人们的生活压力和工作压力也不断增加。为了缓解压力，现在的网络中，提供了许多娱乐项目，例如，网络游戏、网络电影和在线音乐等。听音乐可以放松心情，减轻生活或工作带来的压力。本章将通过在线音乐吧网向读者介绍开发在线音乐模块的具体过程。

本章通过应用 JSP+Struts 1.2+SQL Server 2005 开发一个流行的在线娱乐网站——在线音乐吧。通过学习本章，读者可以：

通过阅读本章，可以学习到：

▶▶ 掌握读取并控制歌词同步显示的方法

▶▶ 掌握获取 LRC 歌词的行数的方法

▶▶ 掌握实现重命名上传文件的方法

▶▶ 掌握歌曲连播的方法

▶▶ 掌握顺序播放或随机播放歌曲列表的方法

▶▶ 掌握验证客户端是否安装 Windows Media Player 和 Real Player 播放器的方法

10.1　开　发　背　景

在线听音乐或下载音乐已经成为上网休闲娱乐中的重要部分，同现在的贴吧、论坛一样，受到众多用户的青睐，而开发类似系统不仅可以增加网站的浏览人数，还能带来经济上的收益。

10.2　系　统　分　析

10.2.1　需求分析

对于在线音乐网站来说，用户的访问量和下载音乐次数都是至关重要的。如果网站的访问量很低，那么就很少有企业与其合作，也就没有利润可言了。因此，在线音乐吧必须为用户提供大量的、全面的、最新的音乐，才能够吸引用户。为此，网站要尽可能地提供更多的音乐资源，如流行音乐、网络歌曲以及最新热门单曲等。另外，网站可以为企业或用户提供各种有偿服务，还需要额外为用户提供大量的无偿服务。

10.2.2　可行性分析

1. 引言

☑　编写目的。

为了给软件开发企业的决策层提供是否实施项目的参考依据，现以文件的形式分析项目的风险、项目需要的投资与效益。

☑　背景。

因为音乐软件众多，应网络用户需求，在线音乐吧应提供更方便，更快速的音乐享受，现需要委托其他公司开发一个在线音乐网站，项目名称为"在线音乐吧"。

2. 可行性研究的前提

☑　要求。

网站要求为用户有偿或无偿提供个人的爱音乐，涵盖单曲、网络歌曲与国外音乐等各方面，如流行、美声、儿童、京剧、日韩音乐和欧美音乐等。

☑　目标。

一方面为用户提供更方便更全面的服务，另一方面提高网站的知名度，为本网站宣传节约大量成本。

☑　评价尺度。

根据众多在线音乐网站成功运行的经验与用户的需求，网站中音乐的信息要准确、有效、全面，考虑对本网站及国家的影响，对一些非法、不健康的信息要及时删除。此外，应加强网站的安全性，避免在遭受到有意或无意的破坏时，导致系统瘫痪，造成严重损失。

3．投资及效益分析

☑ 支出。

根据预算，公司计划投入 6 个人，为此需要支付 10 万元的工资及各种福利待遇；在项目后期调试阶段预计需要投入 2 万元的资金，累计项目投入需要 12 万元。

☑ 收益。

甜橙集团提供项目资金 20 万元。对于项目运行后进行的改动，采取协商的原则，根据改动规模额外提供资金，因此公司可以获得 8 万元的利润。

项目完成后，会给公司提供资源储备，包括技术、经验的积累。

4．结论

根据上面的分析，在技术上不会存在问题，因此项目延期的可能性很小。在效益上，公司投入 6 个人、半个月的时间获利 8 万元，比较可观。另外，还可为公司的发展储备网站开发的经验和资源，因此认为该项目可以开发。

10.2.3 编写项目计划书

1．引言

☑ 编写目的。

为了能使项目按照合理的顺序开展，并保证按时、高质量地完成，现拟订项目计划书，将项目开发生命周期中的任务范围、团队组织结构、团队成员的工作任务、团队内外沟通协作方式、开发进度和检查项目工作等内容描述出来，作为项目相关人员之间的共识、约定以及项目生命周期内的所有项目活动的行动基础。

☑ 背景。

在线音乐吧是甜橙集团有限公司签定的待开发项目，网站性质是为用户提供最新的、最全面的音乐，可为音乐上传者提供有偿或无偿的最新音乐或者相关音乐的信息，项目周期为半个月。

项目背景规划如表 10.1 所示。

表 10.1　项目背景规划

项 目 名 称	签定项目单位	项目负责人	参与开发部门
在线音乐吧	甲方：甜橙集团有限公司	甲方：华经理	设计部门 开发部门 测试部门
	乙方：明日科技有限公司	乙方：张经理	

2．概述

☑ 项目目标。

在线音乐吧主要用来为用户提供在线听音乐和下载以及上传所喜欢的音乐等服务，例如，流行歌曲、热门歌星单曲、网络歌手创作等音乐资源，网站发布后，要能为用户寻找音乐、在线听音乐提供便利，同时也能提高公司的知名度，为公司宣传节约大量成本，整个项目需要在半个月的期限结束后，交给客户验收。

☑ 产品目标与范围。

一方面在线音乐吧能够为企业节省宣传成本，另一方面，能够收集大量音乐信息，将会有大量用户访问网站，有助于提高企业知名度。

☑ 应交付成果。

➢ 项目完成后，应交付给客户编译后的在线音乐吧的资源文件、系统数据库文件和系统使用说明书。

➢ 将开发的在线音乐吧发布到 Internet 上。

➢ 网站发布到 Internet 上后，6 个月内对其进行后期的无偿维护与服务，超过 6 个月后进行有偿维护与服务。

☑ 项目开发环境。

操作系统为 Windows 2003，安装 JDK1.6 以上版本的 Java 开发包，选用 Tomcat 6.0 作为 Web 服务器，采用 SQL Server 2005 数据库系统，应用 Struts 1.2 开发框架。

☑ 项目验收方式与依据。

项目开发完成后，首先进行内部验收，由测试人员根据用户需求和项目目标进行验收。项目在通过内部验收后，交给客户进行验收，验收的主要依据为需求规格说明书。

3. 项目团队组织

☑ 组织结构。

本公司针对该项目组建了一个由公司副经理、项目经理、系统分析员、软件工程师、网页设计师和测试人员构成的开发团队，团队结构如图 10.1 所示。

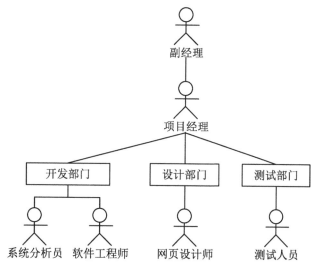

图 10.1 项目开发团队结构

☑ 人员分工。

为了明确项目团队中每个人的任务分工，现制定人员分工表，如表 10.2 所示。

表 10.2　人员分工表

姓　　名	技 术 水 平	所 属 部 门	角　　色	工 作 描 述
张某	MBA	经理部	副经理	负责项目的审批、决策的实施
汉某	MBA	项目开发部	项目经理	负责项目的前期分析、策划、项目开发进度的跟踪、项目质量的检查
李某	中级系统分析员	项目开发部	系统分析员	负责系统功能分析、系统框架设计
魏某	初级软件工程师	项目开发部	软件工程师	负责设计与软件编码
卢某	中级美工设计师	设计部	网页设计师	负责网页风格的确定、网页图片的设计
张某	中级系统测试工程师	项目开发部	测试人员	对软件进行测试、编写软件测试文档

10.3　系 统 设 计

10.3.1　系统目标

根据需求分析以及与客户的沟通，在线音乐吧需要达到以下目标。

- ☑　界面设计友好、美观。
- ☑　在首页中提供最新音乐展示，并且音乐分类明确。
- ☑　用户能够方便地查看某类中的所有音乐和音乐的详细内容。
- ☑　能够实现音乐的全选与反选功能，方便用户操作。
- ☑　对用户输入的数据能够进行严格的数据检验，并给予信息提示。
- ☑　具有易维护性和易操作性。

10.3.2　系统功能结构

在线音乐吧分为前台和后台两部分设计，前台主要实现信息的显示、音乐分类和试听排行榜功能，其中音乐分类包括选歌曲显示与演唱者与试听功能，试听排行榜显示歌曲名、演唱者和次数。后台主要实现上传音乐与删除音乐的功能。在线音乐吧前台功能结构如图 10.2 所示，后台功能结构如图 10.3 所示。

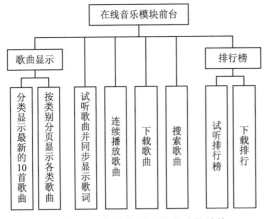

图 10.2　在线音乐吧前台功能结构

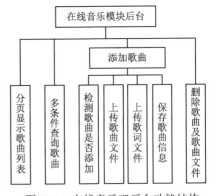

图 10.3　在线音乐吧后台功能结构

10.3.3　系统流程图

在线音乐吧的系统流程如图 10.4 所示。

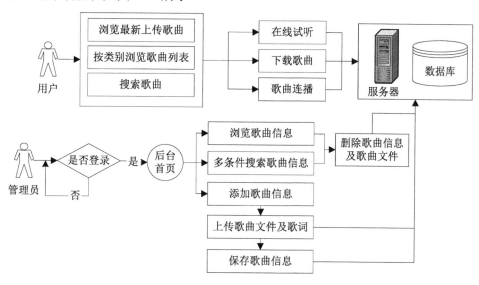

图 10.4　在线音乐吧的系统流程

10.3.4　系统预览

为了使读者对本模块有一个基本的了解，下面将给出在线音乐模块的主界面预览效果图，如图 10.5 所示。

图 10.5　主界面运行效果图

10.3.5 开发环境

开发在线音乐吧需要具备以下开发环境。

服务器端：

- ☑ 操作系统：Windows 2003。
- ☑ Web 服务器：Tomcat 6.0。
- ☑ Web 开发框架：Struts 1.2。
- ☑ Java 开发包：JDK 1.6 以上。
- ☑ 数据库：SQL Server 2005。
- ☑ 浏览器：IE 6.0。
- ☑ 分辨率：最佳效果为 1024×768 像素。

客户端：

- ☑ 浏览器：IE 6.0 及以上版本。
- ☑ 分辨率：最佳效果为 1024×768 像素。

10.4 数据库设计

数据库的设计在程序开发中起着至关重要的作用，决定了在后续开发中如何进行程序编码。一个合理、有效的数据库设计可降低程序的复杂性，使程序开发的过程更容易。

10.4.1 数据库分析

本系统是一个中型在线听音乐网站，考虑到开发成本、用户及客户的需求，决定采用 Microsoft SQL Server 2005 作为项目中的数据库。

Microsoft SQL Server 是一种客户/服务器模式的关系型数据库，具有很强的数据完整性、可伸缩性、可管理性和可编程性；具有均衡与完备的功能；具有较高的性价比。SQL Server 数据库提供了复制服务、数据转换服务和报表服务，并支持 XML 语言。使用 SQL Server 数据库可以存储大容量的数据，并对数据进行合理的逻辑布局，应用数据库对象可以对数据进行复杂的操作。SQL Server 2005 也提供了 JDBC 编程接口，这样可以非常方便地应用 Java 来操作数据库。

10.4.2 数据库概念设计

根据以上对系统所做的需求分析及系统设计，规划出本系统所使用的数据库实体，分别为供求信息实体、信息类别实体和管理员实体。下面分别介绍这些实体并给出 E-R 图。

- ☑ 音乐表详细。

音乐表详细包括音乐编号、歌曲名称、演唱者、专辑名称、文件大小、文件路径、文件格式、试听次数、下载次数、上传时间、要播放歌曲的 ID、歌曲类别 ID、歌曲类别和截取后的歌曲名，如

表 10.3 所示。

表 10.3　tb_song 数据表的表结构

字 段 名	数据类型	是否为空	是否主键	默 认 值	描 述
id	int(4)	否	是	NULL	编号
songName	varchar(50)	否		NULL	歌曲名称
singer	varchar(30)	否		NULL	演唱者
specialName	varchar(30)	是		NULL	专辑名称
fileSize	varchar(10)	是		NULL	文件大小
fileURL	varchar(100)	否		NULL	文件路径
format	varchar(10)	否		NULL	文件格式
hits	int(4)	否		0	试听次数
download	int(4)	否		0	下载次数
upTime	datetime(8)	否		getdate()	上传时间
songType	int(4)	否		1	所属类别

☑　管理员实体。

管理员实体包括编号、用户名和密码属性。管理员实体的 E-R 图如图 10.6 所示。

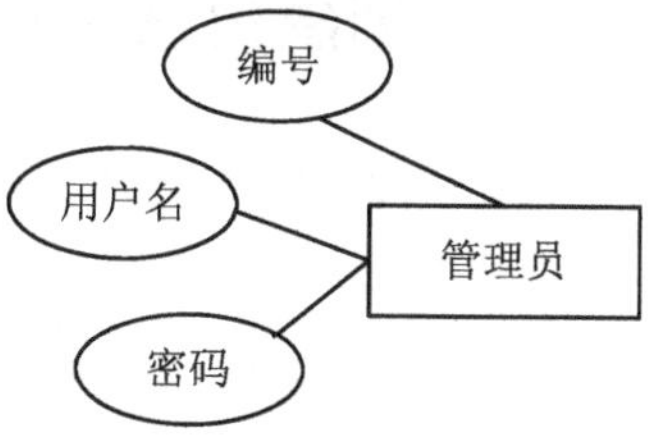

图 10.6　管理员实体 E-R 图

10.4.3　数据库逻辑结构

根据 10.4.2 节的数据库概念设计，需要创建与实体对应的数据表，分别为 tb_manager、tb_song 和 tb_songType，分别对应着在线音乐吧管理员表、歌曲表和歌曲分类。

本系统共包含 3 个数据表，下面分别介绍这些表的结构。

☑　tb_song（歌曲表）。

歌曲表用来保存时歌曲的所有类别的信息，歌曲表的结构如表 10.4 所示。

表 10.4　tb_song 数据表的表结构

字 段 名	数据类型	是否为空	是否主键	默 认 值	描 述
id	int(4)	否	是	NULL	编号
songName	varchar(50)	否		NULL	歌曲名称
singer	varchar(30)	否		NULL	演唱者
specialName	varchar(30)	是		NULL	专辑名称
fileSize	varchar(10)	是		NULL	文件大小
fileURL	varchar(100)	否		NULL	文件路径
format	varchar(10)	否		NULL	文件格式
hits	int(4)	否		0	试听次数
download	int(4)	否		0	下载次数
upTime	datetime(8)	否		getdate()	上传时间
songType	int(4)	否		1	所属类别

☑　tb_manager（管理员表）。

管理员表用来保存所有管理员的 ID 编号、账号和密码的信息，该表的结构如表 10.5 所示。

表 10.5　tb_manager 表的结构

字　段　名	数 据 类 型	是 否 为 空	是 否 主 键	默　认　值	描　　述
id	smallint(2)	No	Yes		ID（自动编号）
manager	varchar(20)	Yes		NULL	管理员账号
pwd	varchar(20)	Yes		NULL	管理员密码

☑　tb_songType（类别名称表）。

类别名称表用于区分歌曲的类别，该表的结构如表 10.6 所示。

表 10.6　tb_songType 表的结构

字　段　名	数 据 类 型	是 否 为 空	是 否 主 键	默　认　值	描　　述
id	smallint(2)	No	Yes		ID（自动编号）
typeName	varchar(20)	Yes		NULL	类别名称表

10.4.4　创建数据库及数据表

本节介绍如何在 SQL Server 2005 的企业管理器中创建数据库及数据表，在创建数据表时以创建 tb_info 数据表为例进行介绍。

1．创建数据库

（1）确认是否安装了 SQL Server 2005 数据库，若没有则需进行安装。

（2）安装后，选择"开始"/"程序"/SQL Server Management Studio 命令，在弹出的连接服务器验证处填写用户名与密码。

（3）右击"数据库"节点，在弹出的快捷菜单中选择"新建数据库"命令，将弹出"数据库属性"对话框，在名称文本框中输入数据库名称"db_onLineMusic"，其他选项保留默认。

（4）单击"确定"按钮完成数据库 db_onLineMusic 的创建。

2．创建数据表

数据库创建成功后，展开图 10.7 中的"数据库"选项，已创建的数据库会在这里显示，如图 10.8 所示。下面以创建 tb_song 数据表为例介绍创建数据表的步骤。

图 10.7　展开控制台根目录

图 10.8　成功创建数据库

（1）展开 db_onLineMusic 数据库，右击"表"节点，在弹出的快捷菜单中选择"新建表"命令，将弹出用于创建表的对话框。

（2）根据表 10.7 所示的数据表 tb_song 的结构设计数据表，如图 10.9 所示。

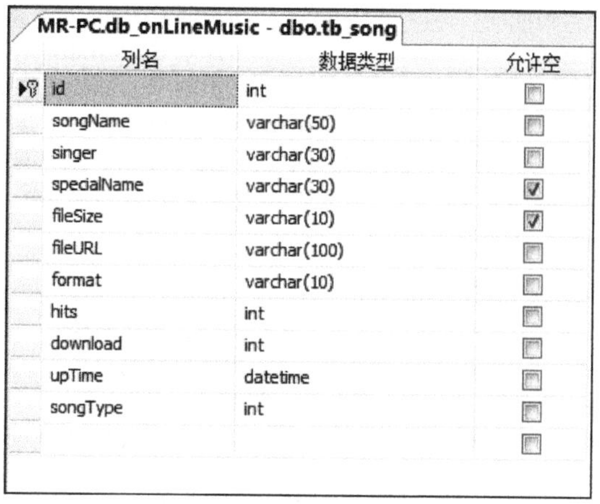

图 10.9　设置 tb_song 表结构

其中 id 字段被设置为主键。其创建方法为：在 id 行中右击，在弹出的快捷菜单中选择"设为主键"命令，即可完成主键的创建。若"设为主键"命令已被选中，再次单击可取消主键的设置。

（3）表结构设置完成后，单击左上角的"保存"按钮，在弹出的对话框中输入数据表名称"tb_song"，然后单击"确定"按钮保存数据表。

10.5　公共类设计

在开发程序时，经常会遇到在不同的方法中进行相同处理的情况，例如，数据库连接和字符串处理等，为了避免重复编码，可将这些处理封装到单独的类中，通常称这些类为公共类或工具类。在开发本网站时，用到数据库连接及操作类、分页类和字符串处理类 3 个公共类，下面分别介绍。

10.5.1　数据库连接及操作类

数据库连接及操作类通常包括连接数据库的方法 getConnection()、执行查询语句的方法 executeQuery()、执行更新操作的方法 executeUpdate() 和关闭数据库连接的方法 close()。下面将详细介绍如何编写在线音乐吧中的数据库连接及操作的类 ConnDB。

（1）指定类 ConnDB 保存的包，并导入所需的类包，本例将其保存到 com.core 包中。代码如下：

例程 01　代码位置：光盘\TM\10\src\com\tools\ConnDB.java

```
package com.core;                    //将该类保存到 com.core 包中
import java.io.InputStream;          //导入 java.io.InputStream 类
import java.sql.*;                   //导入 java.sql 包中的所有类
import java.util.Properties;         //导入 java.util.Properties 类
```

（2）定义 ConnDB 类，并定义该类中所需的全局变量及构造方法。代码如下：

例程 02 代码位置：光盘\TM\10\src\com\tools\ConnDB.java

```
public class ConnDB {
    public Connection conn = null;                          //声明 Connection 对象的实例
    public Statement stmt = null;                           //声明 Statement 对象的实例
    public ResultSet rs = null;                             //声明 ResultSet 对象的实例
    private static String propFileName = "/com/connDB.properties";   //指定资源文件保存的位置
    private static Properties prop = new Properties();      //创建并实例化 Properties 对象的实例
    private static String dbClassName ;                     //定义保存数据库驱动的变量
    private static String dbUrl;
    private static String dbUser ;
    private static String dbPwd ;
    public ConnDB() {                                       //定义构造方法
        try {                                               //捕捉异常
            //将 Properties 文件读取到 InputStream 对象中
            InputStream in = getClass().getResourceAsStream(propFileName);
            prop.load(in);                                  //通过输入流对象加载 Properties 文件
            dbClassName = prop.getProperty("DB_CLASS_NAME");   //获取数据库驱动
            dbUrl = prop.getProperty("DB_URL", dbUrl);      //获取 URL
            dbUser = prop.getProperty("DB_USER", dbUser);   //获取登录用户
            dbPwd = prop.getProperty("DB_PWD", dbPwd);      //获取密码
        } catch (Exception e) {
            e.printStackTrace();                            //输出异常信息
        }
    }
}
```

（3）为了方便程序移植，笔者将数据库连接所需的信息保存到 properties 文件中，并将该文件保存在 com 包中。connDB.properties 文件的内容如下：

例程 03 代码位置：光盘\TM\10\src\com\connDB.properties

```
#DB_CLASS_NAME(驱动的类的类名)=com.microsoft.jdbc.sqlserver.SQLServerDriver
DB_CLASS_NAME=com.microsoft.sqlserver.jdbc.SQLServerDriver
#DB_URL（要连接数据库的地址）=jdbc（JDBC 模式）:microsoft（谁提供的）:sqlserver（产品）://localhost:1433
（SQL SERVER 默认端口）;DatabaseName=db_database
DB_URL=jdbc:sqlserver://localhost:1433;DatabaseName=db_onLineMusic
#DB_USER=用户名
DB_USER=sa
#DB_PWD（用户密码）
DB_PWD=
```

首先需创建并实例化该对象。代码如下：

```
private static Properties prop = new Properties();
```

再通过文件输入流对象加载 Properties 文件。代码如下：

```
prop.load(new FileInputStream(propFileName));
```

最后通过 Properties 对象的 getProperty 方法，读取 properties 文件中的数据。

（4）创建连接数据库的方法 getConnection()，该方法返回 Connection 对象的一个实例。

getConnection()方法的代码如下：

例程 04　代码位置：光盘\TM\10\src\com\tools\ConnDB.java

```
    public static Connection getConnection() {
        Connection conn = null;
        try {                                              //连接数据库时可能发生异常，因此需要捕捉该异常
❶          Class.forName(dbClassName).newInstance();        //装载数据库驱动
❷          conn = DriverManager.getConnection(dbUrl);       //建立与数据库 URL 中定义的数据库的连接
        }
        catch (Exception ee) {
            ee.printStackTrace();                          //输出异常信息
        }
        if (conn == null) {
            System.err.println(
                "警告: DbConnectionManager.getConnection()  获得数据库链接失败.\r\n\r\n 链接类型:" +
                dbClassName + "\r\n 链接位置:" + dbUrl);     //在控制台上输出提示信息
        }
        return conn;                                        //返回数据库连接对象
    }
```

◁》)) 代码贴士

❶ 该句代码用于利用 Class 类中的静态方法 forName()，加载要使用的 Driver。使用该语句可以将传入的 Driver 类名称的字符串，当作 forName 方法的参数。如果执行时，Java VM 找不到 Driver，就会产生异常，因此需要抛出异常。

❷ DriverManager 是用于管理 JDBC 驱动程序的接口，通过其 getConnection()方法来获取 Connection 对象的引用。Connection 对象的常用方法如下。

☑ Statement createStatement()：创建一个 Statement 对象，用于执行 SQL 语句。

☑ close()：关闭数据库的连接，在使用完连接后必须关闭，否则连接会保持一段比较长的时间，直到超时。

☑ PreparedStatement prepareStatement(String sql)：使用指定的 SQL 语句创建了一个预处理语句，sql 参数中往往包含一个或多个 "?" 占位符。

☑ CallableStatement prepareCall(String sql)：创建一个 CallableStatement 用于执行存储过程，sql 参数是调用的存储过程，中间至少包含一个 "?" 占位符。

（5）创建执行查询语句的方法 executeQuery()，返回值为 ResultSet 结果集。executeQuery()方法的代码如下：

例程 05　代码位置：光盘\TM\10\src\com\tools\ConnDB.java

```
public ResultSet executeQuery(String sql) {
    try {                                    //捕捉异常
        conn = getConnection();              //调用 getConnection()方法构造 Connection 对象的一个实例 conn
❶      stmt = conn.createStatement(ResultSet.TYPE_SCROLL_INSENSITIVE,
                            ResultSet.CONCUR_READ_ONLY);
❷          rs = stmt.executeQuery(sql);
    }
    catch (SQLException ex) {
        System.err.println(ex.getMessage()); //输出异常信息
    }
    return rs;                               //返回结果集对象
}
```

📢 代码贴士

❶ ResultSet.TYPE_SCROLL_INSENSITIVE 常量允许记录指针向前或向后移动，且当 ResultSet 对象变动记录指针时，会影响记录指针的位置。ResultSet.CONCUR_READ_ONLY 常量可以解释为 ResultSet 对象仅能读取，不能修改，在对数据库的查询操作中使用。

❷ stmt 为 Statement 对象的一个实例，通过其 executeQuery(String sql)方法可以返回一个 ResultSet 对象。

（6）创建执行更新操作的方法 executeUpdate()，返回值为 int 型的整数，代表更新的行数。executeUpdate()方法的代码如下：

例程 06　代码位置：光盘\TM\10\src\com\tools\ConnDB.java

```
public int executeUpdate(String sql) {
    int result = 0;                              //定义保存返回值的变量
    try {                                        //捕捉异常
        conn = getConnection();                  //调用 getConnection()方法构造 Connection 对象的一个实例 conn
        stmt = conn.createStatement(ResultSet.TYPE_SCROLL_INSENSITIVE,
                ResultSet.CONCUR_READ_ONLY);
        result = stmt.executeUpdate(sql);        //执行更新操作
    } catch (SQLException ex) {
        result = 0;                              //将保存返回值的变量赋值为 0
    }
    return result;                               //返回保存返回值的变量
}
```

（7）创建关闭数据库连接的方法 close()。代码如下：

例程 07　代码位置：光盘\TM\10\src\com\tools\ConnDB.java

```
public void close() {
    try {                                        //捕捉异常
        if (rs != null) {                        //当 ResultSet 对象的实例 rs 不为空时
            rs.close();                          //关闭 ResultSet 对象
        }
        if (stmt != null) {                      //当 Statement 对象的实例 stmt 不为空时
            stmt.close();                        //关闭 Statement 对象
        }
        if (conn != null) {                      //当 Connection 对象的实例 conn 不为空时
            conn.close();                        //关闭 Connection 对象
        }
    } catch (Exception e) {
        e.printStackTrace(System.err);           //输出异常信息
    }
}
```

10.5.2　业务处理类

编写在线音乐模块的 ActionForm 实现类，在 Struts 框架中，ActionForm 类是一个具有 getXXX()和 setXXX()方法的类，用于获取或设置 HTML 表单数据，该类也可以实现验证表单数据的功能，ActionForm 类通常与数据表相对应。在线音乐模块中共涉及到 3 个数据表，因此需要创建 3 个

ActionForm 实现类与各数据表相对应。与管理员信息表 tb_manager 相对应的 ActionForm 实现类为 ManagerAction，与歌曲类别信息表 tb_songType 对应的 ActionForm 实现类为 SongTypeForm，与歌曲信息表 tb_song 对应的 ActionForm 实现为 SongForm，由于 ActionForm 类的创建方法比较简单，这里不进行详细介绍。SongForm 类的关键代码如下：

例程 08　代码位置：光盘\TM\10\src\com\model\SongForm.java

```java
import org.apache.struts.action.ActionForm;
import java.util.*;
public class SongForm extends ActionForm {
    public int id = 0;                              //歌曲编号
    public String songName = "";                    //演唱者
    public String specialName = "";                 //专辑名称
    public String fileSize = "";                    //文件路径
    public String format = "";                      //文件格式
    public int hits = 0;                            //试听次数
    public int download = 0;                        //下载次数
    public Date upTime=null;                        //上传时间
    public String playId[]=new String[0];           //要播放歌曲的 ID
    public int songTypeId=0;                        //歌曲类别 ID
    public String songType ="";                     //歌曲类别
    //由于在首页中显示歌曲排行时对于超长的歌曲名需要进行截取，因此这里还需要添加一个
    //用于保存截取后的歌曲名的属性
    public String songName_short="";                //截取后的歌曲名
    /*********************控制 id 属性的方法********************************************/
    public int getId(){
        return id;
    }
    public void setId(int id){
        this.id = id;
    }
    /*******************************************************************************/
    ...          //此处省略了其他控制歌曲信息的 getXXX()和 setXXX()方法
    /**************控制截取后的歌曲名的 getXXX()和 setXXX()方法*****************/
    public String getSongName_short() {
        return songName_short;
    }
    public void setSongName_short(String songName_short) {
        this.songName_short = StringSubStr(songName_short,12);
    }
    /*******************************************************************************/
    //对指定字符串进行截取
    public String StringSubStr(String str,int len){
        if(str==null){
            return "";
        }else{                                      //获取字符串的实际长度并进行截取
            byte temp[];
            int reallen=0;
            for(int i=0;i<str.length();i++){
                temp=(str.substring(i,i+1)).getBytes();
                reallen+=temp.length;               //累加字符串的长度
```

```
                if(reallen>len){
                    str=str.substring(0,i);          //截取指定长度的字符串
                    break;                            //跳出 for 循环
                }
            }
        }
        return str;
    }
}
```

　　创建在线音乐模块的 Action 实现类，Action 实现类是 Struts 中控制器组件的重要组成部分，是用户请求和业务逻辑之间沟通的桥梁。Action 类运行在一个多线程的环境中。在线音乐模块共涉及两个 Action 实现类，一个是管理员信息相关的 Action 实现类 ManagerAction，另一个是歌曲信息相关的 Action 实现类 SongAction。下面将以歌曲信息相关的 Action 实现类为例进行介绍。

　　在歌曲信息相关的 Action 实现类 SongAction 中，首先需要声明所需类的对象，并且在构造方法中实例化歌曲信息相关的 SongDAO 类（该类用于实现与数据库的交互），然后在 Action 实现类的 execute() 方法（该方法会被自动执行）中应用 HttpServletRequest 的 getParameter() 方法获取 action 参数值，再根据获取的参数值调用相应的方法完成对歌曲信息的操作。歌曲信息相关的 Action 实现类 SongAction 的关键代码如下：

例程 09　　代码位置：光盘\TM\10\src\com\action\SongAction.java

```java
import org.apache.struts.action.*;          //导入 Struts 类的 action 包中的全部类
...                                          //此处省略了导入其他包或类的代码
public class SongAction extends Action {
    private SongDAO songDAO = null;          //声明 SongDAO 类的对象
    MyPagination pagination = null;          //声明 MyPagination 类的对象
    StringUtils su=new StringUtils();        //声明并实例化 StringUtils 类
    public SongAction() {
        this.songDAO = new SongDAO();        //实例化 SongDAO 类的对象
    }
    public ActionForward execute(ActionMapping mapping, ActionForm form,
            HttpServletRequest request, HttpServletResponse response) {
        String action = request.getParameter("action");   //获取 action 参数值
        if ("main".equals(action)) {
            return main(mapping, form, request, response);           //前台首页
        } else if ("songQuery".equals(action)) {
            return songQuery(mapping, form, request, response);      //查询歌曲信息
        } else if ("tryListen".equals(action)) {
            return tryListen(mapping, form, request, response);      //查询试听歌曲信息
        } else if ("continuePlay".equals(action)) {
            return continuePlay(mapping, form, request, response);   //进行歌曲连播
        } else if ("songSort".equals(action)) {
            return songSort(mapping, form, request, response);       //歌曲排行（试听和下载）
        } else if ("navigation".equals(action)) {
            return navigation(mapping, form, request, response);     //查询导航栏信息
        } else if ("search".equals(action)) {
            return search(mapping, form, request, response);         //按条件查询歌曲
        } else if ("download".equals(action)) {
```

```
            return download(mapping, form, request, response);          //文件下载
        } else if ("songType".equals(action)) {
            return songType(mapping, form, request, response);           //查询歌曲类别
        } else if ("adm_search".equals(action)) {
            return adm_search(mapping, form, request, response);         //后台查询歌曲信息
        } else if ("add".equals(action)){
            return adm_add(mapping,form,request,response);               //添加歌曲信息
        } else if ("checkMusic".equals(action)){
            return checkMusic(mapping,form,request,response);            //检测歌曲是否已经添加
        } else if ("del".equals(action)) {
            return del(mapping, form, request, response);                //删除歌曲信息
        } else {
            request.setAttribute("error", "操作失败！ ");
            return mapping.findForward("error");                        //重定向到错误提示页
        }
    }
    …                              //此处省略了该类中其他方法，这些方法将在后面的具体过程中给出
}
```

10.5.3　分页类

由于在线音乐吧中需要进行数据的分页显示，因此需要编写一个保存分页代码的 JavaBean。保存分页代码的 JavaBean 的具体编写步骤如下。

（1）编写用于保存分页代码的 JavaBean，名称为 MyPagination，保存在 com.tools 包中，并定义一个全局变量 list 和 3 个局部变量。关键代码如下：

例程 10　代码位置：光盘\TM\10\src\com\tools\MyPagination.java

```
package com.tools;
import java.util.ArrayList;                          //导入 java.util.ArrayList 类
import java.util.List;                               //导入 java.util.List 类
import com.model.ScripForm;                          //导入 com.model.ScripForm 类
public class MyPagination {
    public List<ScripForm> list=null;
    private int recordCount=0;                       //保存记录总数的变量
    private int pagesize=0;                          //保存每页显示的记录数的变量
    private int maxPage=0;                           //保存最大页数的变量
}
```

（2）在 MyPagination 中添加一个用于初始化分页信息的方法 getInitPage()，该方法包括 3 个参数，分别是用于保存查询结果的 List 对象 list、用于指定当前页面的 int 型变量 Page 和用于指定每页显示的记录数的 int 型变量 pagesize。该方法的返回值为保存要显示记录的 List 对象。具体代码如下：

例程 11　代码位置：光盘\TM\10\src\com\tools\MyPagination.java

```
public List<ScripForm> getInitPage(List<ScripForm> list,int Page,int pagesize){
    List<ScripForm> newList=new ArrayList<ScripForm>();
    this.list=list;
    recordCount=list.size();                         //获取记录总数
```

517

```
        this.pagesize=pagesize;                                    //获取每页显示的记录数
        this.maxPage=getMaxPage();                                 //获取最大页数
        try{
        for(int i=(Page-1)*pagesize;i<=Page*pagesize-1;i++){
            try{
              if(i>=recordCount){break;}                           //跳出循环
            }catch(Exception e){}
            newList.add((ScripForm)list.get(i));
        }
        }catch(Exception e){
              e.printStackTrace();                                 //输出异常信息
        }
        return newList;
    }
```

（3）在 MyPagination 中添加一个用于获取指定页数据的方法 getAppointPage()，该方法只包括一个用于指定当前页数的 int 型变量 Page。该方法的返回值为保存要显示记录的 List 对象。具体代码如下：

例程 12　代码位置：光盘\TM\10\src\com\tools\MyPagination.java

```
public List<ScripForm> getAppointPage(int Page){
    List<ScripForm> newList=new ArrayList<ScripForm>();
    try{
        //通过 for 循环获取当前页的数据
        for(int i=(Page-1)*pagesize;i<=Page*pagesize-1;i++){
            try{
                if(i>=recordCount){break;}                         //跳出循环
            }catch(Exception e){}
            newList.add((ScripForm)list.get(i));
        }
    }catch(Exception e){
            e.printStackTrace();                                   //输出异常信息
    }
    return newList;
}
```

（4）在 MyPagination 中添加一个用于获取最大记录数的方法 getMaxPage()，该方法无参数，其返回值为最大记录数。具体代码如下：

例程 13　代码位置：光盘\TM\10\src\com\tools\MyPagination.java

```
public int getMaxPage(){
    int maxPage=(recordCount%pagesize==0)?(recordCount/pagesize):(recordCount/pagesize+1);
    return maxPage;
}
```

（5）在 MyPagination 中添加一个用于获取总记录数的方法 getRecordSize()，该方法无参数，其返回值为总记录数。具体代码如下：

例程 14　代码位置：光盘\TM\10\src\com\tools\MyPagination.java

```java
public int getRecordSize(){
    return recordCount;
}
```

（6）在 MyPagination 中添加一个用于获取当前页数的方法 getPage()，该方法只有一个用于指定从页面中获取页数的参数，其返回值为处理后的页数。具体代码如下：

例程 15　代码位置：光盘\TM\10\src\com\tools\MyPagination.java

```java
public int getPage(String str){
    if(str==null){
        str="0";
    }
    int Page=Integer.parseInt(str);
    if(Page<1){                     //当获取的页数小于 1 时，则将 Page 变量设置为 1
        Page=1;
    }else{
                                    //当获取的页数大于最大页数时，则将 Page 变量设置为最大页数
        if(((Page-1)*pagesize+1)>recordCount){
            Page=maxPage;
        }
    }
    return Page;
}
```

在 MyPagination 中添加一个用于输出记录导航的方法 printCtrl()，该方法包括 3 个参数，分别为 int 型的 Page（当前页数）、String 类型的 url（URL 地址）和 String 类型的 para（要传递的参数），其返回值为输出记录导航的字符串。具体代码如下：

例程 16　代码位置：光盘\TM\10\src\com\tools\MyPagination.java

```java
public String printCtrl(int Page,String url,String para){
    String strHtml="<table width='100%'  border='0' cellspacing='0' cellpadding='0'><tr> <td height='24' align=
'right'>当前页数：["+Page+"/"+maxPage+"] ";
    try{
    if(Page>1){
        strHtml=strHtml+"<a href='"+url+"&Page=1"+para+"'>第一页</a>   ";
        strHtml=strHtml+"<a href='"+url+"&Page="+(Page-1)+para+"'>上一页</a>";
    }
    if(Page<maxPage){
        strHtml=strHtml+"<a href='"+url+"&Page="+(Page+1)+para+"'>下一页</a>   <a href='"+url+" &Page=
"+maxPage+para+"'>最后一页 </a>";
    }
    strHtml=strHtml+"</td> </tr>    </table>";
    }catch(Exception e){
        e.printStackTrace();
    }
    return strHtml;
}
```

10.5.4 字符串处理类

字符串处理类是解决程序中经常出现的有关字符串处理问题的类。本模块中的字符串处理类包括将 ISO-8859-1 编码的字符串转换为 GBK 编码、对输入的字符串进行一次编码转换，防止 SQL 注入和验证 URL 地址是否存在的方法。下面详细介绍如何编写在线音乐吧中的字符串处理类 StringUtils。

（1）编写将 ISO-8859-1 编码的字符串转换为 GBK 编码的方法。具体代码如下：

例程 17 代码位置：光盘\TM\10\src\com\tools\StringUtils.java

```
public String toGBK(String strvalue) {
    try {
        if (strvalue == null) {                              //当变量 strvalue 为 null 时
            return "";                                       //将返回空的字符串
        } else {
            //将字符串转换为 GBK 编码
            strvalue = new String(strvalue.getBytes("ISO-8859-1"), "GBK");/
            return strvalue;                                 //返回转换后的输入变量 strvalue
        }
    } catch (Exception e) {
        return "";
    }
}
```

（2）编写对输入的字符串进行一次编码转换，防止 SQL 注入的方法。具体代码如下：

例程 18 代码位置：光盘\mr\10\src\com\tools\StringUtils.java

```
public String StringtoSql(String str) {
    if (str == null) {                                       //当变量 str 为 null 时
        return "";                                           //返回空的字符串
    } else {
        try {
            str = str.trim().replace('\'', (char) 32);       //将 "'" 转换为空格
        } catch (Exception e) {
            return "";
        }
    }
    return str;
}
```

String 类的 replace(char oldchar,char newchar)方法的作用是，用 newchar 替换原字符串中的所有 oldchar 字符后返回新的字符串。

10.6 前台页面设计

10.6.1 前台页面概述

访问在线音乐网站时，首先进入的是网站的前台首页，如图 10.10 所示。在该页面中包括页头、侧

栏、内容显示区和页尾 4 部分。其中内容显示区包括新歌速递和歌曲排行榜两部分。考虑到程序代码的条理性及可重用性，将页头、侧栏和页尾 3 部分分别保存在单独的文件中，然后通过<jsp:include>动作标识将其包含到前台首页中。前台首页的布局如图 10.10 所示。

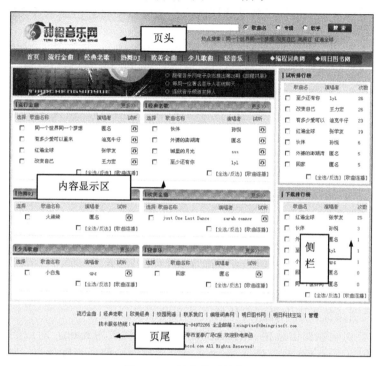

图 10.10　前台首页的布局

10.6.2　前台页面技术分析

实现前台页面框架的 JSP 文件为 main.jsp，该页面的布局如图 10.11 所示。

本系统中，对前台用户所有请求的响应都通过该框架页面进行显示。在 main.jsp 文件中主要采用 include 动作和 include 指令来包含各区域所对应的 JSP 文件。因为页头、页尾和侧栏是不变的，所以可以在框架页面中事先指定；而对于内容显示区中的内容则应根据用户的操作来显示，所以该区域要显示的页面是动态改变的，可通过一个存储在 request 范围内的属性值指定。例如，对用户访问网站首页的请求，可在处理该请求的类中向 request 中注册一个属性，并设置其值为 default.jsp，这样当响应返回到框架页面后，在 IndexTemp.jsp 中就会显示信息发布的页面。

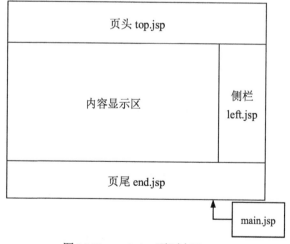

图 10.11　main.jsp 页面布局

10.6.3　前台页面的实现过程

在线音乐模块的前台首页中提供了新歌速递区。在该区域中将分栏显示各类别中最新上线的 5 首歌曲，如图 10.12 所示。

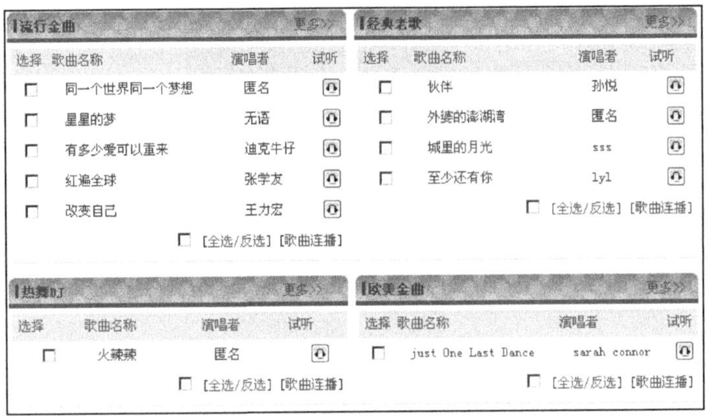

图 10.12　新歌速递区的运行结果

实现新歌速递功能的具体步骤如下。

（1）获取歌曲类别及各类别中最新上传的 5 首歌曲信息。

在进入首页前需要访问歌曲信息相关的 Action 实现类，参数为 main，对应的实现方法是 main()，在该方法中，首先调用 SongDAO 类中的 queryType() 方法获取歌曲的类别信息，然后通过 for 循环分别获取各类别中最新上传的 5 首歌曲，并保存到 HttpServletRequest 对象中，再将获取的类别信息数组保存到 HttpServletRequest 对象中，最后重定向页面到首页中。main() 方法的具体代码如下：

例程 19　代码位置：光盘\TM\10\src\com\action\SongAction.java

```java
public ActionForward main(ActionMapping mapping, ActionForm form,
        HttpServletRequest request, HttpServletResponse response) {
    List<SongTypeForm> list = songDAO.queryType();          //获取歌曲类别
    int songTypeId = 0;
    String[][] typeName = new String[6][2];
    for (int i = 0; i < list.size(); i++) {
        songTypeId = list.get(i).getId();
        typeName[i][0] = String.valueOf(list.get(i).getId());   //获取类别 ID
        typeName[i][1] = list.get(i).getTypeName();             //获取类别名称
        request.setAttribute("newSongList" + i, songDAO.query("WHERE songType=" + songTypeId
                        + " ORDER BY upTime DESC",5))  ;        //获取最新上传的 5 首歌曲
    }
    request.setAttribute("typeArray", typeName);                //保存类别信息数组到 Request 中
    return mapping.findForward("main");                         //重定向页面到首页中
}
```

在上面的代码中，应用了 songDAO 类的 queryType() 和 query() 方法。其中，queryType() 方法用于查询歌曲类别信息，该方法比较简单，只需要执行一条查询前 6 条数据的 SQL 语句并将查询结果保存

到 List 集合中即可，这里不作详细介绍，只给出相关的 SQL 语句，具体的 SQL 语句如下：

```
SELECT TOP 6 * FROM tb_songType
```

下面将介绍 query()方法，这里调用的 query()方法用于查询最新上传歌曲的信息。该方法包括两个参数，第一个参数 condition 用于指定查询条件，第二个参数 top 用于指定获取的记录数。query()方法的具体代码如下：

例程 20　代码位置：光盘\TM\10\src\com\dao\SongDAO.java

```java
public List<SongForm> query(String condition,int top) {
    List<SongForm> list = new ArrayList<SongForm>();
    String sql = "SELECT top "+top+" * from tb_song " + condition;
    ResultSet rs = conn.executeQuery(sql);                  //执行查询语句
    try {
        while (rs.next()) {
            SongForm songF = new SongForm();
            songF.setId(rs.getInt(1));                      //歌曲 ID
            songF.setSongName(rs.getString(2));             //歌曲名称
            songF.setSinger(rs.getString(3));               //演唱者
            songF.setHits(rs.getInt(8));                    //试听次数
            songF.setDownload(rs.getInt(9));                //下载次数
            songF.setSongName_short(songF.getSongName());   //截取后的歌曲名称
            list.add(songF);                                //将歌曲信息保存到 List 集合中
        }
    } catch (SQLException e) {
        e.printStackTrace();
    }
    conn.close();                                           //关闭数据库连接
    return list;
}
```

（2）在 Struts 的配置文件 struts-config.xml 中配置新歌速递所涉及的<forward>元素，该元素用于完成对页面的逻辑跳转工作。具体代码如下：

例程 21　代码位置：光盘\TM\10\WebContent\WEB-INF\web.xml

```xml
<forward name="main" path="/main.jsp"/>
```

（3）在显示新歌速递的<div>标签中，添加分栏显示各类别最新上传的 5 首歌曲的表格。具体代码如下：

例程 22　代码位置：光盘\TM\10\WebContent\main.jsp

```jsp
<%
String requestPara="";
String[][] typeArray=(String[][])request.getAttribute("typeArray");   //获取类别信息
for(int i=0;i<6;i++){
    requestPara="newSongList"+i;
    if(i%2==0){                                            //分栏显示各类别的新歌
%>
```

```
<table width="98%" height="96" border="0" cellpadding="0" cellspacing="0">
  <tr>
    <td valign="top"><%@ include file="newSongList.jsp"%></td>
    <%}else{%>
    <td valign="top"><%@ include file="newSongList.jsp"%></td>
  </tr>
</table>
  <hr size="1" width="98%" align="center">
<br>
<%}
}%>
```

由于在分栏显示各类别的新歌时，各类别的显示代码中不同的只是数据，因此这里将显示各类别新歌信息的代码放置在一个单独的文件中，应用 include 指令调用即可。

（4）编写显示各类别新歌信息的文件 nueSongList.jsp，在该文件中，将应用 Struts 的<logic>标签和<bean>标签显示指定类别的歌曲信息。关键代码如下：

例程 23 代码位置：光盘\TM\10\WebContent\newSongList.jsp

```
<%@ page contentType="text/html; charset=gb2 312" language="java" import="java.sql.*" %>
<table width="323" height="60" border="0" cellpadding="0" cellspacing="0">
  <tr><td height="27" background="images/main_title.jpg">  
<span style="font-weight:bold; color:#DD6  400"><%=typeArray[i][1]%></span>
<a style="color:#FA6E00;" href="song.do?action=songQuery&songType_more=<%=typeArray[i][0]%>"> 
更多>></a></td>
  </tr><tr><td>
  <form name="form<%=i%>" method="post" action="song.do?action=continuePlay" target="_blank">
    <table width="98%" border="0" align="center" cellpadding="0" cellspacing="0">
        …      <!--此处省略了显示表头信息的代码-->
    <logic:iterate id="song" name="<%=requestPara%>" type="com.model.SongForm"
        scope="request" indexId="ind">
      <tr><td align="center">
        <input type="checkbox" class="noborder" id="playId" name="playId" value="<bean:write
name="song" property="id" filter="true"/>"></td>
        <td height="27" class="word_gray1"> 
        <bean:write name="song" property="songName" filter="true"/></td>
        <td class="word_gray1"> 
        <bean:write name="song" property="singer" filter="true"/></td>
        <td colspan="2" align="center" class="word_gray1"><a href="#"
onClick="window.open('song.do?action=tryListen&id= <bean:write name="song" property="id" filter="true"/>',
','width=500,height=360');"><img src="images/tryListen.gif" width="16"height= "16" class="noborder"></td>
      </tr>
    </logic:iterate>
  </table>
  </form></td></tr>
</table>
```

在线音乐模块的前台首页中提供了歌曲排行榜。在该区域中将分别显示试听排行和下载排行，如图 10.13 所示。

实现歌曲排行榜的具体步骤如下。

（1）根据传递的参数获取试听排行信息或下载排行信息。在歌曲信息相关的 Action 实现类中，编写获取歌曲排行信息的方法 songSort()，在该方法中，首先获取表示是试听排行还是下载排行的参数值，然后根据该参数值获取相应的排行信息，并保存到 HttpServletRequest 对象中，再将排行类型保存到 HttpServletRequest 对象中，最后将页面重定向到歌曲排行榜页面。songSort()方法的具体代码如下：

图 10.13　歌曲排行榜的运行结果

例程 24　代码位置：光盘\TM\10\src\com\action\Song Action.java

```java
public ActionForward songSort(ActionMapping mapping, ActionForm form,
    HttpServletRequest request, HttpServletResponse response) {
    String type = request.getParameter("sortType");          //获取表示是试听排行还是下载排行的参数值
    if ("hits".equals(type)) {
        request.setAttribute("sortType", songDAO.query(" ORDER BY hits DESC",8));    //获取试听排行信息
    } else if ("download".equals(type)) {
        request.setAttribute("sortType", songDAO.query(" ORDER BY download DESC",8));//获取下载排行信息
    }
    request.setAttribute("sortTypeName", type);
    RequestDispatcher requestDispatcher = request.getRequestDispatcher("/songSort.jsp");//将页面重定向到歌曲
                                                                              排行榜页面
    try {
        requestDispatcher.include(request, response)          //此处不能使用 forward()方法
    } catch (Exception e) {
        e.printStackTrace();
    }
    return null;
}
```

在上面的代码中，调用了 songDAO 类的 query()方法来获取排行信息。

（2）在显示歌曲排行的<div>标签中，应用<jsp:include>动作指令动态包含显示排行信息的 JSP 文件。在包含文件时需要传递两个参数，一个用于指定 action 参数，另一个用于指定获取的是试听排行还是下载排行。其中，试听排行传递的参数值为 hits，下载排行传递的参数值为 download。

包含试听排行信息的具体代码如下：

例程 25　代码位置：光盘\TM\10\WebContent\main.jsp

```jsp
<jsp:include page="song.do" flush="true">
    <jsp:param name="action" value="songSort"/>
    <jsp:param name="sortType" value="hits"/>
</jsp:include>
```

包含下载排行信息的具体代码如下：

例程 26 代码位置：光盘\TM\10\WebContent\main.jsp

```
<jsp:include page="song.do" flush="true">
    <jsp:param name="action" value="songSort"/>
    <jsp:param name="sortType" value="download"/>
</jsp:include>
```

（3）将获取的歌曲排行信息显示到排行榜中。

将获取的歌曲排行信息显示到排行榜中的方法同显示各类别新歌信息类似，也是应用 Struts 的 \<logic>标签和\<bean>标签进行循环显示的，这里不再赘述。

10.7　试听歌曲并同步显示歌词

10.7.1　试听歌曲并同步显示歌词模块概述

在本章介绍的在线音乐吧中，不仅提供了在线试听歌曲的功能，而且如果歌曲提供了歌词文件，还可以实现歌词同步显示功能。例如在新歌速递区中，单击"改变自己"后面的""按钮，将打开如图 10.14 所示的在线试听页面，播放该歌曲并同步显示歌词。

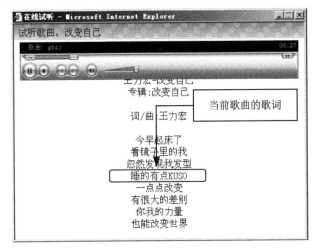

图 10.14　在线试听并同步显示歌词

10.7.2　试听歌曲并同步显示歌词模块技术分析

在试听歌曲并同步显示歌词主要是通过调用 songDAO 中的 tryListen()方法，然后再读取 LRC 歌词文件，把歌曲和歌词保存在 HttpServletRequest 中，通过 JavaScript 脚本来控制歌词达到同步的效果。其中，在线试听歌曲的方法 tryListen()写在 songAction 中。

Action 类是 org.apache.struts.action.Action 是用户请求和业务逻辑之间的桥梁，每个 Action 充当用户一项业务方法，完成用户请求的业务逻辑，然后根据执行结果把请求转发给其他合适的 Web 组件，在一个应用的生命周期中，Struts 框架只会为每个 Action 类创建一个 Action 实例，所有的用户请求均共享这个 Action 实例，并且所有请求线程可以同时执行它的 execute()方法。

在获取歌词时，应用 JavaScript 脚本的 innerHTML 属性来获取歌词内容，并初始化歌词 LrcClass 类的对象，参数为歌词内容。

10.7.3 试听歌曲并同步显示歌词模块的实现过程

1. 在<img>标签处添加试听图标

在提供的能在线试听的歌曲后面添加试听图标，并为其设置超链接。关键代码如下：

例程 27 代码位置：光盘\TM\10\WebContent\newSongList.jsp

```
<a href="#" onClick="window.open('song.do?action=tryListen&id=<bean:write name="song" property="id"
filter= "true"/>','','width=500,height=360');">
<img src="images/tryListen.gif" width="16" height="16" class="noborder">
</a>
```

2. 编写在线试听歌曲的方法

在歌曲信息相关的 Action 实现类中，编写实现在线试听的方法 tryListen()。在该方法中，首先获取要播放歌曲的 ID，并根据该 ID 调用 SongDAO 类中的 tryListen()方法获取该歌曲的信息，然后读取该歌曲对应的歌词文件（即 LRC 文件），将读取的歌词内容连接成一个字符串，并统计歌词的行数，再将歌词的行数、歌词内容、当前页的歌曲信息和当前试听的歌曲名称保存到 HttpServletRequest 对象中，最后将页面重定向到在线试听页面。tryListen()方法的具体代码如下：

例程 28 代码位置：光盘\TM\10\src\com\action\SongAction.java

```
public ActionForward tryListen(ActionMapping mapping, ActionForm form,
    HttpServletRequest request, HttpServletResponse response) {
    int id = Integer.parseInt(request.getParameter("id"));
    //声明一个数组，该数组的第一个元素为歌曲名称，第二个元素为歌曲的文件名
    String[] urlAndName = songDAO.tryListen(id);                //根据歌曲 ID 获取歌曲信息
        /** **************获取歌词********************* */
        String lrcRealPath = request.getRealPath("/");
        String mp3RealPath = lrcRealPath.substring(0, lrcRealPath.lastIndexOf("/") + 1)+ "music/" + urlAndName[1];
        request.setAttribute("realPath", mp3RealPath);          //保存要播放歌曲的完整路径
        lrcRealPath = lrcRealPath+ "music/"+
            urlAndName[1].substring(0, urlAndName[1].lastIndexOf(".") + 1)+ "lrc";    //LRC 文件路径
        File lrcFile = new File(lrcRealPath);
        songDAO.holdoutAdd(id);                                 //将试听次数加 1
        String content = "";
        int lineNumber = 0;
        if (lrcFile.exists()) {
            FileInputStream lrcf;
            try {
                lrcf = new FileInputStream(lrcRealPath);
                int rs = 0;
                //available()方法可以不受阻塞地从此输入流中读取（或跳过）估计剩余字节数
                byte[] data = new byte[lrcf.available()];
                while ((rs = lrcf.read(data)) > 0) {
```

```
                content += new String(data, 0, rs);           //将歌词内容连接为一个字符串
            }
            //分析字符串中共包括多少个中括号对"[]"
            StringTokenizer st = new StringTokenizer(content, "\\[*\\]");
            lineNumber = st.countTokens();                     //返回分析的结果
        } catch (Exception e) {
            e.printStackTrace();
        }
    }
    /** *********************************************** */
    request.setAttribute("lineNumber", lineNumber);            //保存歌词的行数
    request.setAttribute("lrcContent", content);               //保存歌词内容
    request.setAttribute("fileURL", urlAndName[1]);            //保存当前页的歌曲信息
    request.setAttribute("songName", urlAndName[0]);           //保存当前试听的歌曲名称
    return mapping.findForward("tryListen");                   //重定向页面到在线试听页面
}
```

在上面的方法中调用了 SongDAO 类中的 tryListen()方法获取歌曲的名称和将歌曲对应的文件名保存到数组中并返回。由于该方法比较简单，这里不进行详细介绍。

3．编写在线试听页面，实现播放歌曲并设置歌词同步显示

（1）通过 EL 表达式中的"${}"将获取的歌词内容输出到 id 属性为 lrcContent 的<span>标签中，并且设置该标签为不显示。关键代码如下：

例程 29　代码位置：光盘\TM\10\WebContent\tryListen.jsp

```
<span id="lrcContent" style="display:none;">${lrcContent}</span>
```

（2）通过 HTML 的<object>标签调用 Windows Media Player 播放器播放要试听的歌曲。关键代码如下：

例程 30　代码位置：光盘\mr\10\WebContent\tryListen.jsp

```
<object classid="clsid:6BF52A52-394A-11D3-B153-00C04F79FAA6" id="mediaPlayer" width="480" height="64">
<param name="url" value="${realPath}">                    <!--指定要播放文件的路径-->
<param name="volume" value="100">
<param name="playcount" value="100">
<param name="enableerrordialogs" value="0">
<param name="autostart" value="1">                        <!--设置自动播放-->
</object>
```

（3）在页面的合适位置添加一个用于显示歌词的<div>标签，并将该标签的 style 属性的子属性 overflow 设置为 hidden，即隐藏超出指定范围的内容。关键代码如下：

例程 31　代码位置：光盘\mr\10\WebContent\tryListen.jsp

```
<div id="lrcAreaDiv" style="overflow:hidden; height:260; width:480;">
</div>
```

（4）在步骤（3）创建的<div>标签中，添加一个 id 属性为 lrcArea 的表格，并根据获取的歌词行数生成指定行的单元格。关键代码如下：

例程 32　代码位置：光盘\mr\10\WebContent\tryListen.jsp

```
<table border="0" cellspacing="0" cellpadding="0" id="lrcArea" width="100%" style="position:relative; top:120px;">
  <tr><td nowrap height="20" align="center">
    <table border="0" cellspacing="0" cellpadding="0">
      <tr><td nowrap height="20"><span id="lrcLine1" style="height:20; color:#FF0000">正在加载歌词……</span></td>
      </tr>
      <tr style="position:relative; top: -20px; z-index:6;">
        <td nowrap height="20"><div id="lrcLine_will1" class="lrcLine_will"></div></td>
      </tr>
    </table>
  </td></tr>
  <%int lineNumber=Integer.parseInt(request.getAttribute("lineNumber").toString());
   for(int i=0;i<lineNumber;i++){%>
  <tr style="position:relative; top: <%=-20*i%>px;"><td nowrap height="20" align="center">
    <table border="0" cellspacing="0" cellpadding="0">
      <tr><td nowrap height="20"><span id="lrcLine<%=i+2%>" style="height:20"></span></td></tr>
      <tr style="position:relative; top: -20px; z-index:6;">
        <td nowrap height="20"><div id="lrcLine_will<%=i+2%>" class="lrcLine_will"></div></td>
      </tr>
    </table>
  </td></tr>
  <%}%>
</table>
```

（5）通过 JavaScript 解析歌词并控制歌词同步显示，当不存在歌词时显示提示信息"很抱歉，该歌曲没有提供歌词！"。关键代码如下：

例程 33　代码位置：光盘\TM\10\WebContent\tryListen.jsp

```
<script language="JavaScript">
var getLrcContent=lrcContent.innerHTML;              //获取歌词内容
if(getLrcContent!=""){
    lrcobj = new LrcClass(getLrcContent);            //初始化 LrcClass 类的对象，参数为歌词内容
    var lrc0, lrc1;
    moveflag = false;
    movable = false;
    moven = false;
    var lrctop;
    predlt = 0;
    curdlt = 0;
curpot = 0;
```

（6）定义一个解析 lrc 歌词的函数。具体代码如下：

```
function LrcClass(lyric){                             //参数为歌词内容
    this.inr = [];
    this.oTime = 0;
    this.dts = -1;
    this.dte = -1;
    this.dlt = -1;
    this.ddh;
    this.fjh;
//获取歌词中是否有时间补偿值（单位为毫秒），正数表示整体提前，负数表示整体滞后
```

```
if(/\[offset\:(\-?\d+)\]/i.test(lyric)) this.oTime = RegExp.$1/1 000;
    lyric = lyric.replace(/\[\:\][^$\n]*(\n|$)/g,"$1");
    lyric = lyric.replace(/\[[^\[\]\:]*\]/g,"");
    lyric = lyric.replace(/\[[^\[\]]*[^\[\]\d]+[^\[\]]*\:[^\[\]]*\]/g,"");
    lyric = lyric.replace(/\[[^\[\]]*\:[^\[\]]*[^\[\]\d\.]+[^\[\]]*\]/g,"");
    while(/\[[^\[\]]+\:[^\[\]]+\]/.test(lyric)){
        lyric = lyric.replace(/((\[[^\[\]]+\:[^\[\]]+\])+[^\[\r\n]*)[^\[]*/,"\n");
        var zzzt = RegExp.$1;
        /^(.+\])([^\]]*)$/.exec(zzzt);
        var ltxt = RegExp.$2;
        var eft = RegExp.$1.slice(1,-1).split("][");
        for(var ii=0; ii<eft.length; ii++){
            var sf = eft[ii].split(":");
            var tse = parseInt(sf[0],10) * 60 + parseFloat(sf[1]);
            var sso = { t:[] , w:[] , n:ltxt }
            sso.t[0] = tse-this.oTime;
            this.inr[this.inr.length] = sso;
        }
    }
    this.inr = this.inr.sort( function(a,b){return a.t[0]-b.t[0];} );
    for(var ii=0; ii<this.inr.length; ii++){
        while(/<[^<>]+\:[^<>]+>/.test(this.inr[ii].n)){
            this.inr[ii].n = this.inr[ii].n.replace(/<(\d+)\:([\d\.]+)>/,"%=%");
            var tse = parseInt(RegExp.$1,10) * 60 + parseFloat(RegExp.$2);
            this.inr[ii].t[this.inr[ii].t.length] = tse-this.oTime;
        }
        lrcLine_will1.innerHTML = "<font>"+ this.inr[ii].n.replace(/&/g,"&").replace(/</g,"<").replace(/>/g,">").
replace(/%=%/g,"</font><font>") +" </font>";
        var fall = lrcLine_will1.getElementsByTagName("font");
        for(var wi=0; wi<fall.length; wi++){
            this.inr[ii].w[this.inr[ii].w.length] = fall[wi].offsetWidth;
        }
        this.inr[ii].n = lrcLine_will1.innerText;
    }
}
```

（7）定义一个方法用于控制歌词的同步显示。具体代码如下：

```
this.wghLoad = function(tme){
    if(tme<this.dts || tme>=this.dte){
        var ii;
        for(ii=this.inr.length-1; ii>=0 && this.inr[ii].t[0]>tme; ii--){
        }
        if(ii<0) return;
        this.ddh = this.inr[ii].t;
        this.fjh = this.inr[ii].w;
        this.dts = this.inr[ii].t[0];
        this.dte = (ii<this.inr.length-1?this.inr[ii+1].t[0]:mediaPlayer.currentMedia.duration;
        if(!movable){
            lrctop = 140;
            lrcArea.style.pixelTop = 140;
            loseLight(lrcLine1);
```

```
            for(var wi=1; wi<=this.inr.length; wi++){
                eval("lrcLine"+wi).innerText = this.inr[wi-1].n;
                eval("lrcLine_will"+wi).innerText = this.inr[wi-1].n;
            }
            movable = true;
        }
        if(moven){
            moven = false;
        }else{
            if(this.dlt>0) loseColor(eval("lrcLine_will"+this.dlt));
            if(this.dlt==ii-1){
                predlt = this.dlt+1;
                if(predlt>0){
                }
                //改变歌词顶部的位置，实现歌词向上滚动
                lrcChangePosition(1,this.dte-this.dts);
            }
            if(ii-this.dlt>1 || ii-this.dlt<=-1){
                if(this.dlt==-1 || ii==0){
                    lrcTopPosition(ii-this.dlt-1);              //设置歌词的顶部位置
                    //改变歌词顶部的位置，实现歌词向上滚动
                    lrcChangePosition(1,this.dte-this.dts);
                }else{
                    lrcTopPosition(ii-this.dlt);                //设置歌词的顶部位置
                }
                if(this.dlt>=0) loseColor(eval("lrcLine_will"+(this.dlt+1)));
            }
            if(this.dlt>=0) loseLight(eval("lrcLine"+(this.dlt+1)));
            highlight(eval("lrcLine"+(ii+1)));
        }
        this.dlt = ii;
        curdlt = ii;
        curpot = ii;
    }
    }
}
```

开始播放歌词的方法。具体代码如下：

```
function wghLoad_lrc(){
    lrcobj.wghLoad(mediaPlayer.controls.currentPosition);
    if(arguments.length==0){
        lrc0 = window.setTimeout("wghLoad_lrc()",10);
    }
}
```

当页面卸载时取消对 lrc0 的延迟执行。具体代码如下：

```
window.onunload=function(){
    window.clearTimeout(lrc0);
}
```

设置歌词的顶部位置。具体代码如下：

```
function lrcTopPosition(nline){
    lrctop -= 20*nline;
    lrcArea.style.top = lrctop;
}
```

改变歌词顶部的位置，实现歌词向上滚动。具体代码如下：

```
function lrcChangePosition(step,dur){
    if(moveflag) return;
    lrcArea.style.top = lrctop--;
    if(step<20){
        step++;
        window.setTimeout("lrcChangePosition("+step+","+dur+");",dur*50);
    }
}
```

设置当前歌曲的歌词行的颜色，即让当前歌词行高亮显示。具体代码如下：

```
function highlight(lid){
    lid.style.color = "#FF0000";           //设置将要演唱到的歌词的颜色
}
```

清除当前歌词的高亮显示。具体代码如下：

```
function loseColor(lid){
    window.clearTimeout(lrc1);
}
```

演唱后的歌词行的颜色。具体代码如下：

```
    function loseLight(lid){
        lid.style.color = "#000000";           //设置演唱后的歌词的显示颜色
    }
    wghLoad_lrc();                             //开始播放歌词
}else{
    document.getElementById("lrcLine1").innerHTML="很抱歉，该歌曲没有提供歌词！";
}
</script>
```

10.8 以顺序和随机方式进行歌曲连播

10.8.1 以顺序和随机方式进行歌曲连播概述

在本章介绍的在线音乐吧中，还提供了以顺序和随机两种方式进行歌曲连播。例如，在新歌速递区中，选中"有多少爱可以重来"、"红遍全球"和"改变自己"前面的复选框后，单击"歌曲连播"

超链接，将打开歌曲连播窗口，在该窗口中，可以选择顺序播放还是随机播放，如图 10.15 所示，默认情况下采用的是顺序播放。

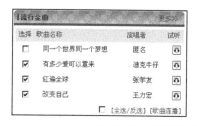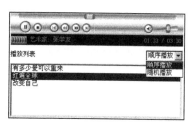

图 10.15 以顺序或随机方式进行歌曲连播

10.8.2 以顺序和随机方式进行歌曲连播分析

在 main.jsp 主面页中编写 JavaScript 函数 continuePlay()判断选择了哪些要播放的歌曲，然后在 songAction 实现类中编写 continuePlay()方法，并以 ID 数组连接以逗号","分隔的字符串，然后获取歌曲文件的路径，再调用 songDAO 类中的 continuePlay()方法获取要播放歌曲的信息并保存到 HttpServletRequeset 对象中，而在 continuePlay.jsp 播放歌曲页面中，首先通过 JavaScript 函数的 init() 的 isMeidaplay()方式判断是否安装了 Windows Media Player 播放器，而在顺序播放中通过选择歌曲的列表最大值减 1 来顺序播放歌曲，在随机播放中则使用 Math 对象中的 random()随机方法来随机抽取播放歌曲列表的歌曲。

10.8.3 以顺序和随机方式进行歌曲连播的实现过程

实现以顺序和随机方式进行歌曲连播的具体步骤如下。

（1）在提供歌曲连播的歌曲列表前面添加一个标记是否选中的复选框、用于控制复选框全选或反选的复选框和"歌曲连播"超链接。关键代码如下：

例程 34　代码位置：光盘\TM\10\WebContent\newSongList.jsp

```
<input type="checkbox" class="noborder" id="playId" name="playId" value="<bean:write name="song"
property="id" filter="true"/>">
<input name="checkbox" type="checkbox" class="noborder"
    onClick="CheckAll(this.form.playId,this.form.checkbox)">
[<span class="word_green">全选/反选</span>] [<a style="color:#FA6E00;cursor:hand;"
    onClick="continuePlay(form<%=i%>.playId,form<%=i%>)">歌曲连播</a>] 
<div id="ch" style="display:none">
    <input name="playId" type="checkbox" class="noborder" value="0">
</div>
```

<!--层 ch 用于放置隐藏的 checkbox 控件，因为当表单中只是一个 checkbox 控件时，应用 JavaScript 获得其 length 属性值为"undefine-->"。

（2）编写自定义的 JavaScript 函数 CheckAll()，用于设置复选框的全选或反选。具体代码如下：

例程 35　代码位置：光盘\TM\10\WebContent\main.jsp

```
function CheckAll(elementsA,elementsB){
```

```
    for(i=0;i<elementsA.length;i++){
        elementsA[i].checked = true;
    }
    if(elementsB.checked ==false){
        for(j=0;j<elementsA.length;j++){
            elementsA[j].checked = false;
        }
    }
}
```

（3）编写自定义的 JavaScript 函数 continuePlay()，用于判断用户是否选择了要播放的歌曲，如果没有选择，则提示"请选择要播放的歌曲"，否则提交表单进行播放。具体代码如下：

例程 36　代码位置：光盘\TM\10\WebContent\main.jsp

```
function continuePlay(playId,formname){
    var flag = false;
    for(i=0;i<playId.length;i++){
        if(playId[i].checked){
            flag = true;
            break;
        }
    }
    if(!flag){
        alert("请选择要播放的记录！");
        return false;
    }else{
        formname.submit();
    }
}
```

（4）在歌曲信息相关的 Action 实现类中，编写实现歌曲连播的方法 continuePlay()。在该方法中，首先获取要进行连播歌曲的 ID，并将获取的 ID 数组连接为一个以逗号分隔的字符串，然后获取歌曲文件的路径，再调用 SongDAO 类中的 continuePlay()方法获取要播放歌曲的信息，并保存到 HttpServletRequest 对象中，最后将页面重定向到歌曲连播页面。continuePlay()方法的具体代码如下：

例程 37　代码位置：光盘\TM\10\src\com\action\SongAction.java

```
public ActionForward continuePlay(ActionMapping mapping, ActionForm form,
        HttpServletRequest request, HttpServletResponse response) {
    SongForm songForm = (SongForm) form;
    String playID = "";
    //将要播放的歌曲 ID 连接为一个以逗号分隔的字符串
    for (int i = 0; i < songForm.getPlayId().length; i++) {
        playID = playID + songForm.getPlayId()[i] + ",";
    }
    playID = playID.substring(0, playID.length() - 1);          //去除尾部的逗号
    String realPath = request.getRealPath("/");
    String url = request.getRequestURL().toString();
    url = url.substring(0, url.lastIndexOf("/") + 1) + "music/";
    request.setAttribute("songNameList", songDAO.continuePlay(playID, url,
```

```
        "ORDER BY upTime DESC"));                    //获取连续播放的歌曲
    return mapping.findForward("continuePlay");
}
```

在上面的代码中调用了 SongDAO 类中的 continuePlay()方法，在该方法中，将根据传递的歌曲 ID 查询要播放的歌曲，并保存到 List 集合中。查询要播放歌曲的 SQL 语句如下：

```
SELECT * FROM tb_song WHERE id IN ("+playId+") "+condition
```

（5）编写歌曲连播页面，实现按顺序或随机方式播放歌曲。

① 在页面中添加一个表单及一张 3 行 2 列的表格，并将该表格第 1 行的两个单元格合并为一个单元格，将其 id 属性设置为 myPlayer，用于显示播放器。关键代码如下：

例程 38　代码位置：光盘\TM\10\WebContent\continuePlay.jsp

```
<form name="form1" method="post" action="">
<table width="363" height="185" border="0" align="center" cellpadding="0" cellspacing="0">
  <tr>
    <td colspan="2" id="myPlayer">正在加载播放器……
    </td>
  </tr>
    …            <!--此处省略了其他行的代码-->
</table>
</form>
```

② 在步骤①中创建的表格的第 2 行左侧的单元格中输入提示性文字"播放列表"，右侧的单元格中添加一个名称为 playType 的下拉列表框，该下拉列表框包括"顺序播放"和"随机播放"两个选项。具体代码如下：

例程 39　代码位置：光盘\TM\10\WebContent\continuePlay.jsp

```
  <tr>
    <td width="60" height="35">播放列表</td>
    <td width="303" align="right"><select name="playType" id="playType">
      <option value="0" selected>顺序播放</option>
      <option value="1">随机播放</option>
    </select></td>
  </tr>
```

③ 将步骤①中创建的表格的第 3 行合并为一个单元格，并在该单元格中添加一个用于显示播放列表的列表框。具体代码如下：

例程 40　代码位置：光盘\TM\10\WebContent\continuePlay.jsp

```
<tr>
  <td colspan="2"><select name="playList" size="10" id="playList" ondblclick="list_dblClick();" style=" width:360px">
    <logic:iterate id="song" name="songNameList" type="com.model.SongForm" scope="request" indexId="ind">
      <option value="<bean:write name="song" property="fileURL" filter="true"/>">
      <bean:write name="song" property="songName" filter="true"/>
    </logic:iterate>
  </select></td>
</tr>
```

④ 编写自定义的 JavaScript 函数 init()，用于在页面加载后调用相应的播放器按顺序方式播放歌曲列表。在该函数中，将首先判断客户端是否安装 Windows Media Player 播放器，如果安装，将动态加载该播放器进行歌曲连播，否则判断客户端是否安装 Real Player 播放器，如果已经安装，将加载该播放器进行歌曲连播，否则将提示"请安装相关播放器"。init()函数的具体代码如下：

例程 41　代码位置：光盘\TM\10\WebContent\continuePlay.jsp

```
function init(){
    if(isMeidaplay){ //检测是否安装 Windows Media Player 播放器
        document.getElementById("myPlayer").innerHTML="<object classid='clsid:6BF52A52-394A-
11D3-B153- 00C04F79FAA6' id='wghMediaPlayer' name='wghMediaPlayer' width='360' height='64'><param
name='volume' value='100'><param name='playcount' value='100'><param name='enableerrordialogs'
value='0'><param name='ShowStatusBar' value='-1'></object> ";
        document.getElementById("wghMediaPlayer").AutoRewind=false;
        document.getElementById("wghMediaPlayer").SendPlayStateChangeEvents=true;
    document.getElementById("wghMediaPlayer").attachEvent("PlayStateChange",checkPlayStatus);
        if(form1.playList.options.length>0){
            form1.playList.options[0].selected=true;
            document.getElementById("wghMediaPlayer").url=form1.playList.value;
            document.getElementById("wghMediaPlayer").controls.play();        //开始播放
        }
                document.getElementById("wghMediaPlayer").AutoStart=true;     //设置自动播放
    }else if(checkRealPlayer){                              //检测是否安装 Real Player 播放器
            document.getElementById("myPlayer").innerHTML="<object
classid='clsid:CFCDAA03-8BE4-11cf-B84B-0020AFBBCCFA' id='wghMediaPlayer' name='wghMediaPlayer'
width='360' height='64'> <param name='volume' value='100'><param name='playcount' value='100'><param
name='enableerrordialogs' value='0'><param name='ShowStatusBar' value='-1'><param
name='SendPlayStateChangeEvents' value='1'></object> ";
        document.getElementById("wghMediaPlayer").AutoRewind=false;
        document.getElementById("wghMediaPlayer").AutoStart=true;            //设置自动播放
        if(form1.playList.options.length>0){
            realPlayerPlay();                                               //连续播放器
        }
    }else{
        alert("请安装 Windows Media Player 或 Real Player 播放器！");
        window.close();
    }
}
```

⑤ 编写自定义的 JavaScript 函数 checkPlayStatus()，用于当使用 Windows Media Player 播放器时，在播放状态改变时连续播放歌曲。具体代码如下：

例程 42　代码位置：光盘\TM\10\WebContent\continuePlay.jsp

```
function checkPlayStatus(){
    try{
        if(document.getElementById("wghMediaPlayer").playState==10){
            if(form1.playType.value==0){                        //表示顺序播放
                if(form1.playList.options.selectedIndex<form1.playList.options.length-1){
                    form1.playList.options[form1.playList.options.selectedIndex+1].selected=true;
                }else{
                    form1.playList.options[0].selected=true;        //设置第一个列表框被选中
```

```
                    }
               }else{                                                    //随机播放
                    //生成一个 0~歌曲总数-1 之间的随机整数
                    var randomValue=Math.round(Math.random() * (form1.playList.options.length - 1)) ;
                         form1.playList.options[randomValue].selected=true;
               }
               document.getElementById("wghMediaPlayer").url=form1.playList.value;
               document.getElementById("wghMediaPlayer").controls.play();          //开始播放
          }else{
               if(document.getElementById("wghMediaPlayer").playState==8){
document.getElementById("wghMediaPlayer").detachEvent("PlayStateChange",checkPlayStatus);
                    document.getElementById("wghMediaPlayer").controls.stop();      //停止播放
                    if(form1.playType.value==0){                         //表示顺序播放
                         if(form1.playList.options.selectedIndex<form1.playList.options.length-1){
                              form1.playList.options[form1.playList.options.selectedIndex+1].selected=true;
                         }else{
                              form1.playList.options[0].selected=true;       //设置第一个列表框被选中
                         }
                    }else{                                              //随机播放
                         //生成一个 0~歌曲总数-1 之间的随机整数
                         var randomValue=Math.round(Math.random() * (form1.playList.options.length - 1)) ;
                              form1.playList.options[randomValue].selected=true;
                    }
                    document.getElementById("wghMediaPlayer").url=form1.playList.value;
                    document.getElementById("wghMediaPlayer").controls.play();    //开始播放
setTimeout('document.getElementById("wghMediaPlayer").controls.play();document.getElementById("wghMedi
aPlayer").attachEvent("PlayStateChange",checkPlayStatus);',1 000);
               }
          }
     }catch(e){
     }
```

⑥ 编写自定义的 JavaScript 函数，用于当使用 Real Player 播放器时连续播放歌曲。具体代码如下：

例程 43　代码位置：光盘\TM\10\WebContent\continuePlay.jsp

```
function realPlayerPlay(){
     if(document.getElementById('wghMediaPlayer').getPlayState()==0){
          document.getElementById("wghMediaPlayer").doStop();                    //停止播放
          if(form1.playType.value==0){                                           //表示顺序播放
               if(form1.playList.options.selectedIndex<form1.playList.options.length-1){
                    form1.playList.options[form1.playList.options.selectedIndex+1].selected=true;
               }else{
                    form1.playList.options[0].selected=true;                     //设置第一个列表框被选中
               }
          }else{                                                                 //随机播放
               //生成一个 0~歌曲总数-1 之间的随机整数
               var random Value=Math.round(Math.random() * (form1.playList.options.length - 1)) ;
               form1.playList.options[randomValue].selected=true;
          }
          document.getElementById("wghMediaPlayer").Source=form1.playList.value;
          document.getElementById("wghMediaPlayer").doPlay();                    //开始播放
     }
}
```

```
    var timer=setTimeout("realPlayerPlay()",1 000);
}
```

⑦ 在进行歌曲连播时，为了从用户指定的歌曲开始播放，还需要添加当双击列表框中指定歌曲时开始播放的功能。实现该功能时，需要编写一个自定义的 JavaScript 函数 list_dblClick()，在该函数中，也需要根据选择的播放器从指定的歌曲开始播放。list_dblClick()函数的具体代码如下：

例程 44　代码位置：光盘\TM\10\WebContent\continuePlay.jsp

```
function list_dblClick(){
    if(isMeidaplay){                                              //是否安装 Windows Media Player 播放器
    document.getElementById("wghMediaPlayer").detachEvent("PlayStateChange",checkPlayStatus);
        //将列表框的值指定给 Media Player 播放器
        document.getElementById("wghMediaPlayer").url=form1.playList.value;
        document.getElementById("wghMediaPlayer").controls.play();     //开始播放
    setTimeout('document.getElementById("wghMediaPlayer").controls.play();document.getElementById
("wghMedia Player").attachEvent("PlayStateChange",checkPlayStatus);',1000);
        }else if(checkRealPlayer){                                   //检测是否安装 Real Player 播放器
        //将列表框的值指定给 Real Player 播放器
        document.getElementById("wghMediaPlayer").Source=form1.playList.value;
        document.getElementById("wghMediaPlayer").doPlay();          //开始播放
    }
}
```

list_dblClick()函数编写完成后，还需要在列表框的 ondblclick 事件中调用该方法。

10.9　后台登录设计

10.9.1　后台登录功能概述

用户通过单击前台页面顶部的"管理"超链接，进入后台登录页面，如图 10.16 所示，为了防止任意用户进入后台进行非法操作，所以设置登录功能。当用户没有输入用户名和密码，或输入了错误的用户名和密码进行登录时，会返回登录页面显示相应的提示信息。

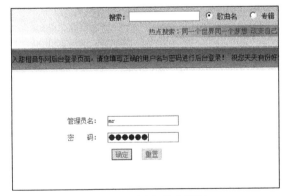

图 10.16　用户登录页面

后台登录模块的操作流程如图 10.17 所示。

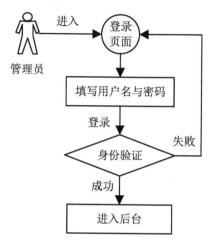

图 10.17　后台登录模块流程

在实现登录功能时，对于已经登录的用户，当再次单击前台页面顶部的"管理"超链接时，应直接进入后台主页。

10.9.2　后台登录技术分析

在后台登录模块中，已登录的用户要跳过登录页面，直接进入后台主页。实现该功能的主要技术是：在当前用户登录成功后，向 Session 中注册一个属性，并为该属性赋值，当用户再次单击"管理"超链接时，在程序中先获取存储在 Session 中该属性的值，然后通过判断其值来得知当前用户是否已经登录，从而决定将请求转发到登录页面还是后台首页。

10.9.3　后台登录的实现过程

📋　后台登录用到的数据表：tb_manager。

根据技术分析，用户单击页面顶部的"管理"超链接请求登录时，会先判断用户是否已经登录。若没有登录，则进入登录页面，在该页面中填写用户名和密码后，提交表单，在 Action 处理类中获取表单数据进行验证，验证成功后查询数据表，查询是否存在用户输入的用户名和密码；若存在，则登录成功，进入网站后台。如果用户已经登录，则直接进入后台。下面按照这个流程，介绍后台登录的实现过程。

1. 实现"管理"操作后台超链接

```
<a href="login.jsp">管理
```

上述代码实现的超链接所请求的路径为 ManagerAction，触发该超链接产生的请求将由 ManagerAction 类中的 Login()方法处理，Login()方法用来判断用户是否已经登录。

2．设计登录页面 Login.jsp

在登录页面中，应包含一个表单，并提供"用户名"和"密码"两个表单字段以便用户输入数据。Login.jsp 页面的关键代码如下：

例程 45　代码位置：光盘\TM\10\src\com\action\ManagerAction.java

```
<tr>
    <td width="74" height="30" class="word_gray1">
        管理员名：
    </td>
    <td width="181">
        <input name="manager" type="text" id="manager"
            onFocus="this.style.backgroundColor='#FBFFD9'"
            onBlur="this.style.backgroundColor='#FFFFFF'">
    </td>
</tr>
<tr>
    <td height="30" class="word_gray1">
        密    码：
    </td>
    <td>
        <input name="pwd" type="password" id="pwd"
            onFocus="this.style.backgroundColor='#FBFFD9'"
            onBlur="this.style.backgroundColor='#FFFFFF'">
    </td>
</tr>
```

3．创建封装登录表单数据的 JavaBean

该 JavaBean 用来保存输入的用户名和密码。代码如下：

例程 46　代码位置：光盘\TM\10\src\com\model\ManagerForm.java

```
public class ManagerForm extends ActionForm {
    public int id = 0;                          //编号
    public String manager = "";                 //管理员名
    public String pwd = "";                      //密码
    public int getId() {
        return id;
    }
    public void setId(int id) {
        this.id = id;
    }
    public String getManager() {
        return manager;
    }
```

4．创建 ManagerAction 类

ManagerAction 类用来处理用户登录请求。当用户触发"进入后台"超链接后，由 ManagerAction 类中的 Login()方法验证用户是否已经登录。Login()方法的代码如下：

例程 47　代码位置：光盘\TM\10\src\com\action\ManagerAction.java

```
public ActionForward login(ActionMapping mapping, ActionForm form,
```

```
            HttpServletRequest request, HttpServletResponse response){
    ManagerForm managerForm = (ManagerForm) form;
    int ret = managerDAO.login(managerForm);
    System.out.print("验证结果 ret 的值:" + ret);
    if (ret == 1) {
        HttpSession session=request.getSession();
        session.setAttribute("manager",managerForm.getManager());
        return mapping.findForward("managerLoginok");
    } else {
        request.setAttribute("error","您输入的管理员名称或密码错误！");
        return mapping.findForward("error");
        }
    }
}
```

10.10　后台添加上传歌曲管理设计

10.10.1　后台添加上传歌曲管理概述

为了方便管理员对网站进行管理，还需要为在线音乐网站加入添加歌曲的功能。在在线音乐吧中，管理员登录网站后台后单击"添加歌曲"超链接，即可打开添加歌曲页面。默认情况下，该页面中的两个"上传文件"按钮都是不可用的，当选择歌曲类别、添加歌曲名和演唱者后，单击"检测该歌曲是否上传"按钮，如果该歌曲没有上传，则歌曲文件后面的"上传文件"按钮可用，否则将给出提示。当上传歌曲文件成功后，歌词文件后面的"上传文件"按钮也将可用，这时就可以上传歌词文件了。歌曲信息添加完成后，单击"保存"按钮即可将该歌曲信息添加到服务器中，如图 10.18 所示。

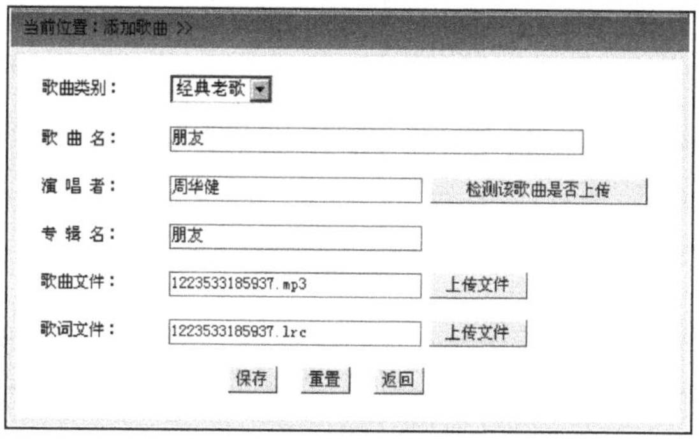

图 10.18　添加歌曲页面运行结果

10.10.2　后台添加上传歌曲管理分析

首先，添加要上传的歌曲，需使用上传下载组件 jspSmartUpload。对要上传的歌曲应进行严格的限制，例如，文件是否过大，文件的扩展名不能包括"."号，将上传后的文件名、文件大小和文件类型设置添加歌曲页面的相应表单元素中，并设置为可用按钮，最后保存在文件服务器上，在添加上传页面时将表单提交后，通过该 URL 地址可以知道在歌曲信息相关的 Action 实现类歌曲信息，并调用

songDAO 类中的 insert()方法将歌曲信息保存到数据库中。

10.10.3　后台添加上传歌曲管理的实现过程

添加歌曲页面主要由获取歌曲信息及上传文件的表单和表单元素组成。添加歌曲页面中所涉及的表单及表单元素如表 10.7 所示。

表 10.7　添加歌曲页面涉及的表单及表单元素

名　　称	类　　型	含　　义	重　要　属　性
form1	form	表单	method="post"action="song.do?action=add" onSubmit="return checkform(form1)"
songTypeId	select	歌曲类别	<%for(inti=0;i<list.size();i++){%><option value="<%=list.get(i).getId()%>"> <%=list.get(i).getTypeName()%></option> <%}%>
songName	text	歌曲名	size="50" title="歌曲名"
singer	text	演唱者	size="30" title="演唱者"
Submit5	button	"检测该歌曲是否上传"按钮	value="检测该歌曲是否上传" onClick="opendialog()"
specialName	text	专辑名	size="30" title="专辑名"
fileURL	text	歌曲文件	size="30" readonly="yes" title="歌曲文件"
upMusic	button	"上传文件"按钮	value="上传文件" disabled="disabled" onClick="window.open ('upFile.jsp', '','width=350,height=150');"
lrcFileURL	text	歌词文件	size="30" readonly="yes" title="歌词文件"
lrcUp	button	"上传文件"按钮	disabled="none" onClick="if(this.form.fileURL.value!=') {window.open('upLrcFile.jsp?fileName='+ this.form.fileURL.value,'','width=350,height=150');}"
fileSize	hidden	文件大小	
format	hidden	文件格式	
Submit	submit	"保存"按钮	value="保存"
Submit2	button	"重置"按钮	value="重置" onClick="window.location.reload();"
Submit3	button	"返回"按钮	value="返回" onClick="history.back(-1)"

10.10.4　上传歌曲文件及歌词文件

在添加歌曲信息时，需要先将歌曲文件和歌词文件上传到服务器中。本模块中实现文件上传时使用的文件上传下载组件是 jspSmartUpload。上传歌曲文件的具体步骤如下。

（1）编写用于收集上传歌曲文件信息的表单及表单元素。关键代码如下：

例程 48　代码位置　光盘\TM\10\WebContent\upFile.jsp

```
<form name="form1" enctype="multipart/form-data" method="post" action="upFile_deal.jsp">
请选择上传的歌曲文件：<input name="file" type="file" size="35">
```

```
//注：文件大小请控制在 5MB 以内，格式为 MP3 和 WMA。
<input name="Submit" type="submit" class="btn_grey" value="提交">
<input name="Submit2" type="button" class="btn_grey" onClick="window.close()" value="关闭">
</form>
```

（2）编写上传文件的代码，将选择的歌曲文件上传到服务器中该程序所在文件夹下的 music 文件夹中，并将该文件重命名。具体代码如下：

例程 49　　代码位置：光盘\TM\10\WebContent\upFile_deal.jsp

```
<%@ page contentType="text/html; charset=gb2 312" language="java" import="java.text.*,java.util.*"%>
<jsp:useBean id="upFile" scope="page" class="com.jspsmart.upload.SmartUpload" />
<%
upFile.initialize(pageContext);                                    //初始化文件上传下载组件
upFile.upload();
//格式化文件大小为两位小数
String fileSize=new DecimalFormat("#.##").format(upFile.getFiles().getSize()/1 024.00/1 024.00)+"M";
if(upFile.getFiles().getSize()>5 000 000){        //检测上传文件是否过大
    out.println("<script>alert('您上传的文件太大，不能完成上传！');history.back(-1);</script>");
}else{
    String format=upFile.getFiles().getFile(0).getFileExt();        //获取文件的扩展名，但不包括"."号
    Calendar ca=Calendar.getInstance();
    String fileName=String.valueOf(ca.getTimeInMillis())+"."+format;    //重新生成文件名
    if("mp3".equals(format) || "wma".equals(format)){                //判断格式是否合法
    //将上传后的文件名、文件大小和文件类型设置到添加歌曲页面的相应表单元素中，并设置上传歌词的按钮可用

out.println("<script>opener.form1.fileURL.value='"+fileName+"';opener.form1.fileSize.value='"+fileSize+"';
opener.form1.format.value='"+format+"';opener.form1.lrcUp.disabled=';window.close();</script>");
    try{
        upFile.getFiles().getFile(0).saveAs("/music/"+fileName);        //保存文件到服务器
    }catch(Exception e){
        System.out.println("上传文件出现错误："+e.getMessage());
    }
    }else{
        out.println("<script>alert('该文件格式不符合要求，不能完成上传！');history.back(-1);</script>");
    }
}
%>
```

10.10.5　保存歌曲信息

添加歌曲信息完成后，还需要将该歌曲信息保存到数据库中。提交表单，将访问 URL 地址 song.do?action=add，通过该 URL 地址可以知道在歌曲信息相关的 Action 实现类中添加歌曲信息所涉及的方法为 adm_add()，在该方法中，首先获取歌曲的基本信息并进行转码，防止 SQL 注入，然后调用 SongDAO 类中的 insert()方法将歌曲信息保存到数据库，再根据返回结果设置相应的提示信息，最后将页面跳转到添加歌曲完成页面显示相应的提示信息。adm_add()方法的具体代码如下：

例程 50　　代码位置：光盘\TM\10\src\com\action\SongAction.java

```
public ActionForward adm_add(ActionMapping mapping, ActionForm form,
HttpServletRequest request, HttpServletResponse response) {
```

```
SongForm songForm = (SongForm) form;
songForm.setSongName(su.StringtoSql(songForm.getSongName()));          //歌曲名称
songForm.setSinger(su.StringtoSql(songForm.getSinger()));             //演唱者
songForm.setSpecialName(su.StringtoSql(songForm.getSpecialName()));   //专辑名
int rtn=songDAO.insert(songForm);                                    //保存歌曲信息到数据库
if(rtn>0){
    request.setAttribute("info", "歌曲添加成功！");
}else{
    request.setAttribute("error","歌曲添加失败！");
}
return mapping.findForward("addok");                                 //将页面跳转到添加歌曲完成页面
}
```

在上面的代码中，调用了 SongDAO 类中的 insert()方法将歌曲信息保存到数据库。insert()方法比较简单，只需要执行将歌曲信息添加到数据库中的 SQL 语句即可，因此此处只给出向歌曲信息表中添加歌曲信息的 SQL 语句，详细代码请参考本书附带的光盘。

```
sql = "INSERT INTO tb_song (songName,singer,specialname,fileSize,fileURL,format,songType) VALUES
(""+sf.getSongName()+"',"+sf.getSinger()+"',"+sf.getSpecialName()+"',"+sf.getFileSize()+"',"+sf.getFileURL()+"',
""+sf.getFormat()+"',"+sf.getSongTypeId()+")";
```

10.11　网　站　发　布

如今有很多网络用户利用自己的计算机作为服务器发布网站到 Internet，这也是一个不错的选择，为网站的更新和维护提供了很大的便利。

在发布 Java Web 程序到 Internet 之前，需具备如下条件（假设使用的是 Tomcat 服务器）。

☑　拥有一台可连接到 Internet 的计算机，并且是固定 IP。

☑　拥有一个域名。

☑　在可连接到 Internet 的计算机上要有 Java Web 程序的运行环境，即已经成功安装了 JDK 和 Tomcat 服务器。

☑　拥有一个可运行的 Java Web 应用程序。

拥有了上述条件，就可以将已经拥有的 Java Web 程序发布到 Internet 了。发布步骤如下：

（1）申请一个域名，例如 www.yxq.com。

（2）将域名的 A 记录的 IP 指向自己的计算机的 IP。

（3）在本地计算机中创建一个目录用来存放 Java Web 程序，如 D:\JSPWeb。

（4）将 Java Web 程序复制到 D:\JSPWeb 目录下，可对其重命名，如命名为 01_CityInfo。

（5）将 Tomcat 服务器端口改为 80。修改方法为：打开 Tomcat 安装目录下 conf 目录下的 server.xml 文件，找到以下配置代码：

```
<Connector port="8080" protocol="HTTP/1.1"
        connectionTimeout="20000"
        redirectPort="8443" />
```

修改<Connector>元素中 port 属性的值为 80。

（6）建立虚拟主机，主机名为申请的域名。创建方法为：打开 Tomcat 安装目录下 conf 目录下的 server.xml 文件，找到<Host>元素并进行如下配置：

```
<Host name="www.yxq.com"   appBase="D:/JSPWeb"
    unpackWARs="true" autoDeploy="true"
    xmlValidation="false" xmlNamespaceAware="false">
    <Context path="/music" docBase=" db_onLineMusic" debug='0' reaload="true"/>
</Host>
```

<Host>元素用来创建主机，name 属性指定了主机名（域名），appBase 属性指定了 Java Web 应用程序存放在本地计算机中的位置。<Context>元素用来配置主机的 Web 应用程序，path 属性指定了访问主机中某个 Web 应用的路径，docBase 属性指定了相对于 D:/JSPWeb 目录下的 Java Web 应用程序路径。所以，若访问 www.yxq.com/city 路径，既可访问 D:/JSPWeb 目录下的 db_onLineMusic 应用程序，也可以将 path 属性设置为"/"，这样直接访问 www.yxq.com 即可访问 db_onLineMusic 应用程序。

（7）访问站点。启动 Tomcat 服务器，在浏览器地址栏中输入"http://www.yxq.com/city"，访问发布的 Java Web 应用程序。

也可通过该方法将网站发布到局域网内，只不过在<Host>元素中 name 属性指定的是计算机名称，并且该计算机名称不能包含空格或"."等非法字符，否则局域网内的其他计算机将不能访问发布的网站。

10.12　开发技巧与难点分析

虽然在应用 Struts 框架开发 Web 应用时，推荐使用 Struts 中提供的标签，但有时候不妨灵活地使用原始的 HTML 语言中的一些标识。例如，在页面中实现一个超链接，链接请求的资源为 welcome.jsp 页面，若使用 Struts 2.0 的<a>标签实现：

```
<s2:a href="<s2:url value='/welcome.jsp'/>">转发</s2:a>
```

则上述代码将生成如下 HTML 代码：

```
<a href="<s2:url value='/welcome.jsp'/>">转发</a>
```

所以该超链接请求的资源为<s2:url value='/welcome.jsp'/>，很显然不是预期的效果。可以写为如下形式：

```
<s2:a href="welcome.jsp">转发</s2:a>
```

但是，如果超链接请求的资源是动态改变的，或者传递的参数也是动态改变的，这时可以使用 HTML 语言中的标识来实现：

```
<a href="<s2:url value="/welcome.jsp"/>">转发</a>
<a href="welcome.jsp?name=<s2:url value='yxq'/>">传参</a>
```

则上述代码将生成如下 HTML 代码：

```
<a href="welcome.jsp">转发</a>
<a href="welcome.jsp?name=yxq">传参</a>
```

10.13　Struts 1.2 介绍

10.13.1　Struts 1.2 框架

本系统使用的 Struts 1.2 框架，读者可到 http://struts.apache.org/download.cgi 下载，在压缩包 struts-1.2.9-bin.zip 中有两个重要的目录 lib 和 webapps，lib 目录下的文件在创建 struts 应用程序时所需的，通常要复制到应用程序的 WEB_INF/lib 下，webapps 目录下是一些文档资料和示范应用。

Struts 通过 ActionServlet 实现了 Model2 架构，即 MVC 架构：

模型（Model）表示一个应用程序的数据并且包含访问和管理这些数据的业务逻辑，业务逻辑通常由 JavaBean 或 EJB 组件来实现，所有属于应用程序持久状态的数据都应该保存于模型的对象中，一个模型的接口提供了访问和更新模型状态，执行封装在模型中的业务逻辑的方法，模型服务被控制访问，用于查询或修改模型的状态，当模型的状态发生变化时，会通知视图更新视图状态。

视图（View）由 JSP 页面和 ActionForm Bean 组成，用于表现模型的状态，表述语句封装在视图中，因此同一个模状态可以不同形式在不同终端上进行表现，当模型中状态变化传达到视图时，视图会更新，并将用户输入的数据传递给控制器。

控制器（Controller）由 ActionServlet 类和 Action 类来实现，其任务是获取并映射用户输入到动作由模型执行，根据用户输入和执行的结果选择下一个视图。

10.13.2　Struts 的组成

从应用的角度讲，Struts=Struts 核心类+Struts 配置文件+Struts 标签库。下面分别介绍。

（1）Struts 核心类。

Struts 核心类的详细介绍说明如表 10.8 所示。

表 10.8　Struts 核心类

类 名 称	描 述
ActionServlet	中央控制器
ActionClass	包含事务逻辑
ActionForm	显示模块数据
ActionMapping	帮助控制器将请求映射到操作
ActionForward	用来指示操作转移的对象
ActionError	用来存储和回收错误
Struts 标记库	可以减轻开发显示层次的工作

（2）除了上述这些核心类，Struts 使用一些配置文件和视图助手（View Helper）来沟通控制器和模型。

Struts 配置文件详细说明如表 10.9 所示。

表 10.9 Struts 配置文件

配置文件名称	描 述
ApplicationResources.properties	存储本地化信息和标签，使应用支持国际化
Struts-config.xml	存放控制器所需的配置信息

（3）为了将 Struts 配置数据提供给视图，框架以 JSP 标签的形式提供了大量的助手类。
Struts 标签库的详细说明如表 10.10 所示。

表 10.10 Struts 标签库

标签库名称	描 述
Struts-html.tld	扩展 HTML Form 的 JSP 标签
Struts-bean.tld	扩展处理 JavaBean 的 JSP 标签
Struts-logic.tld	扩展测试属性值的 JSP 标签

10.14 本 章 小 结

在实现在线视听歌曲时歌曲可以正常播放，歌词也可以同步显示，但是每次刷新页面时，都会出现如图 10.19 所示的错误提示信息。

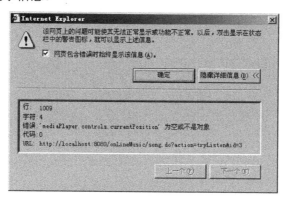

图 10.19 弹出的错误提示信息

经过仔细分析发现，在程序中应用了 JavaScript 的 Window 对象的 setTimeout()方法每隔 10 毫秒执行一次开始播放歌词的方法 wghLoad_lrc()。这样当用户刷新页面时，该方法仍然被调用，但是由于页面刷新后，还没有完全载入，在执行 wghLoad_lrc()方法中的 lrcobj.wghLoad(mediaPlayer.controls.currentPosition); 语句时，就会显示图 10.19 所示的错误提示信息。解决该问题的方法是在用户刷新页面时，取消对 wghLoad_lrc()方法的延迟执行。当刷新页面时，Window 对象的 onunload 事件将会被触发，这时只需要在该事件触发时，调用 Window 对象的 clearTimeout()方法取消对 wghLoad_lrc()方法的延迟执行即可。具体代码如下：

```
window.onunload=function(){
```

```
        clearTimeout(lrc0);
}
```

　　本章讲解的是如何应用 Struts 1.2 开发一个 Web 项目。通过本章的学习，读者应该对 Struts 1.2 框架有了初步的了解，并能够成功搭建 Struts 1.2 框架，应用该框架开发一个简单的 Web 应用程序。

　　另外，通过阅读本章内容，读者应对一个项目的开发过程有了进一步的了解，并要时刻牢记在进行任何项目的开发之前，一定要做好充分的前期准备，如完善的需求分析、清晰的业务流程、合理的程序结构、简单的数据关系等，这样在后期的程序开发中才会得心应手、有备无患。